人生不必太计较

杨建峰　主编

一本适合都市人阅读的心理励志读本

一本破解现代人郁闷心结的智慧圣经

一部开启普通人心灵智慧的经典书籍

一部升华平常人内心境界的人生宝典

南海出版公司

2014·海口

图书在版编目（CIP）数据

人生不必太计较 / 杨建峰主编. —海口：南海出版公司，2014.1（2015.4 重印）

ISBN 978 - 7 - 5442 - 7010 - 6

Ⅰ. ①人… Ⅱ. ①杨… Ⅲ. ①人生哲学 - 通俗读物 Ⅳ. ①B821 - 49

中国版本图书馆 CIP 数据核字（2013）第 289141 号

敬启

本书在编写过程中，参阅和使用了一些报刊、著述和图片。由于联系上的困难，和部分作品的作者（或译者）未能取得联系，对此谨致深深的歉意。敬请原作者（或译者）见到本书后，及时与本书编者联系，以便我们按照国家有关规定支付稿酬并赠送样书。联系电话：010 - 84853028 松雪

RENSHENG BUBI TAI JIJIAO

人生不必太计较

主　　编　杨建峰

总 策 划　杨建峰

责任编辑　张　媛　李凤君

美术设计　松雪图文

出版发行　南海出版公司　电话：（0898）66568511（出版）　65350227（发行）

社　　址　海南省海口市海秀中路 51 号星华大厦五楼　邮编：570206

电子邮箱　nhpublishing@163.com

经　　销　新华书店

印　　刷　北京德富泰印务有限公司

开　　本　889 毫米 × 1194 毫米　1/16

印　　张　27.5

字　　数　650 千

版　　次　2014 年 1 月第 1 版　2015 年 4 月第 2 次印刷

书　　号　ISBN 978 - 7 - 5442 - 7010 - 6

定　　价　59.00 元

前言

俗话说:“人生不如意十之八九。”人的一生会遇到很多高兴、幸福、顺心的事,同样也会面对悲伤、挫折和苦难。比如你期待某件东西,如果你得到了,那是一种快乐;但当你失去的时候,又会感到悲伤。

人一生遇到不顺心的事太多,如果每一件事都斤斤计较放不下,那么你就很难有快乐的时候。快乐是一种心情,只有心胸坦然,不去过多计较生活中的纷扰,没有世俗的附庸与不安,心胸才能如大海般宽广,心情才能如蓝天般明净。这是比拥有再多的财富与虚名更为真实的快乐人生。

这个世界上所有的事情,总是有一得必有一失。有人得到了财富,却可能失去了健康、家庭或感情;而有人在事业和成就少了三分,则在生活质量、身体健康或时间自由方面多得到三分。有些东西看似不公,如果你细想下去,其实是公平的。或许有人早一点得到,有些人晚一点得到,有人先失去,有人晚失去,但那个总数将会一样。不求报酬的付出,往往会得到更大的回报。相反,一个人如果对自己的每一点付出都计较于心,都希望得到最大回报,结果往往是得到的最少。

海明威说:“只要你不计较得失,人生就没有什么克服不了的事!”放弃也是一种选择,放弃一种累赘也就选择了另一种轻松自如。有时候放弃是为了更好地拥有,人生只要有了前进的智慧,放弃或拥有对于人生都是一种精彩。其实,生活中有些事情并不用太过在意,人一生的得失就像是手中握的沙子,只有以不计较的心态摊开手掌,才能获得更多。

聪明的人懂得去争气,愚蠢的人只知道生气。不要在气头上说话或行动。怒气有时候会自己溜走,稍稍耐心地等一下,不必急着发作,否则会惹出更多的怒气,付出更大的代价。忍是一种宽广博大的胸怀,忍是一种包容一切的气概。让步其实是一种以退为进的策略,体现出能屈能伸的智慧。

亨利·福特说:“不必留恋过去的成功,不应计较眼前的失败,不要畏惧未来的艰难。失败不过是给人们重新开始和更聪明行事的机会。一次老老实实的失败并不是耻辱。”失意并不可怕,只要不失志,学会善待失意,才能走出人生的低谷,赢得属于自己的一片天空。

不要再苛求十全十美,生活也不可能完美无缺,也正因为有了残缺,我们才有梦,有希望。其实,人生不必太计较,对人对事多一些宽容,保持乐观心态,懂得知足常乐的道理,就会得到完美的人生。

《人生不必太计较》以一篇篇发人深省的文章,附以耐人寻味的人生悟语,从得失、宽容、乐观、知足等几个方面,共分为“人生本就不如意”“有失必有得”“知足者常乐”等十六章。

本书告诉读者,人生最大的悲哀不是失去太多,而是计较太多,这也是导致一个人不快乐的重要原因。凡事不可太计较,顺其自然才是智者所为。对自己不苛求,对他人能宽容,放下仇恨,懂得知足。只有这样的人才能从容生活,幸福圆满。所以,人生真的不必太计较。

第一章　不必计较得与失

第二章　选择放弃更智慧

第三章　放下一切

第四章 宽容大度

第五章 将心比心,换位思考

第六章 退一步海阔天空

第七章　不必生气，不必抱怨

第八章　不必嫉妒，不必羡慕

第九章　低调谦逊境界高

第十章 信任他人，不必怀疑

第十一章　不必计较人生中的不如意

第十二章　知足者常乐

第十三章　快乐比什么都重要

第十四章　予人玫瑰手留余香

第十五章　人生需要合作与分享

第一章　不必计较得与失

一张汇款单

孙光

六年前的那个冬天，我们一行四人踏上了南下的火车。四个人怀揣着同样的梦想，那就是——挣钱。

四个人兴奋而紧张，挤成一团，在冰冷的车厢里彼此温暖着。我们听说的每一句话都跟即将开始的打工生活有关，跟蛋蛋远房的大伯有关，因为是他为我们争取到了一个工厂最后的四个打工名额，他知道，我们是从小一块儿光着屁股长大的最最要好的朋友。

那告别贫瘠山村的路遥远而漫长，整整二十四个小时，我们都没有合一下眼，那每月二百多块的工资，虽还遥不可及，却如兴奋剂一般撩拨着每个人的心。

终于到了，没有人关心那从没见过的车水马龙和高楼大厦。在蛋蛋大伯的引领下，我们来到那家工厂，没料想，我们听到的第一句话便是："四个招工名额只剩下了三个。"这句话如晴天霹雳般在我们每个人的脑海中炸响。那就是说，我们四个人中必须有一个要打道回府，不容置疑。

蛋蛋第一个站出来说，你们留下，我走。没人应声。蛋蛋他爹卧床多年，已是家徒四壁，蛋蛋需要挣钱给他爹看病抓药。大碗说，还是我走吧，我是弟兄四个当中的老大。还是没人应声。大碗的媳妇没奶，不能可怜了那嗷嗷待哺的娃娃。我说，我走，我没有负担。

我果真就走了，谁也没能留住我。我在那陌生都市的角落里呆坐了一天，但我没有后悔，虽然我的眼里写满了留恋。我知道，他们都比我更需要钱。

我又重新回到了那破落的山村，重新在那干裂的坷垃地里刨着全家人的希望。

转眼间要过年了，我回来也一月有余了，正在全家人为这年怎么过而犯愁的时候，我意外地收到了一张汇款单。在汇款单的附言栏里，写了这样一行歪歪扭扭的字：收下吧，这是我们三个凑的二百一十元钱，算是你第一个月的工资。

那一刻，泪水在我的眼里打转，那一刻，我也明白，我收下的，已不仅仅是二百一十元钱那样简单。

人生悟语

真正的友谊经得起任何考验，虽然"我"舍弃了那个宝贵的名额，但"我"得到的，不仅仅是二百一十元的汇款单，还有那浓浓的兄弟之情，这情感绝非金钱所能够替代。

把生意让给竞争对手

佚名

卡尔是位卖砖的商人，由于一位对手的恶性竞争，他的生意陷入了困境之中。

原来，对手在他的经销区域内定期走访建筑师与承包商，告诉他们：卡尔的公司不可靠，他的砖块不好，面临即将停业的境地。

卡尔并不认为对手会严重伤害到他的生意。但是，这件麻烦事使他心中升起了无名之火，他真想"用一块砖头敲碎那人肥胖的脑袋"，以此来发泄心中的愤怒。

一个星期天的早晨，卡尔听了一位牧师的讲道。主题是：要施恩给那些故意跟你作对的人。

卡尔把每一个字都记了下来。

卡尔告诉牧师，就在上个星期五，他的竞争对手使他失去了一份25万块砖的订单。但是，牧师却教他要以德报怨、化敌为友，而且举了很多例子来证明自己的理论。

当天下午，卡尔在安排下周的日程表时，发现住在弗吉尼的一位顾客，要为新盖一间办公大楼购买一批砖。可是，他所指定的砖却不是卡尔他们公司所能制造供应的那种型号，而与竞争对手出售的产品很相似。同时，卡尔也确信那位满嘴胡言的竞争对手完全不知道有这个生意机会。

卡尔感到非常为难。如果遵从牧师的忠告，他觉得自己应该告诉对手把握好这项生意的机会，并且祝他好运。但是，如果按照自己的本意，他情愿对手永远也得不到这笔生意。

卡尔内心挣扎了一段时间，牧师的忠告一直盘踞在他的心田。最后，也许是因为很想证实牧师是错的，卡尔拿起电话拨到竞争者的家里。

接到电话，对手难堪得说不出一句话来。卡尔很有礼貌地直接告诉他，有关弗吉尼亚州的那笔生意机会。

虽然那位对手结结巴巴地说不出话来，但很明显的是，他很感激卡尔的帮忙。卡尔又答应打电话给那位住在弗吉尼亚州的承包商，并且推荐由对手来承揽这笔订单。

后来，卡尔得到非常惊人的结果。对手不但停止散布有关他的谎言，甚至还把他无法处理的一些生意转给卡尔做。

现在，除了他们之间的一些阴霾已经获得澄清以外，卡尔心里也比以前好受多了。

人生悟语

生意场上，竞争在所难免，尤其与同行之间。当我们面对竞争对手时，应该采用怎样的策略呢？答案很简单，我们即便与对手发生过激烈竞争，也千万不要因此而耿耿于怀。要记住，在自己赚钱的同时别挡了别人的财路。自己让利，对方得利，最终还是会给自己带来较大的利益。

放飞手中的气球

陈志宏

他的父亲是纽约颇有名气的股票经纪人，母亲是不起眼的店员，一个与数字为伍，一个与文艺结缘。他从父母那儿继承了两份不同的天赋：数学和音乐。

他原本可以过上幸福生活，然而，在 4 岁那年，父母在吵吵闹闹中终于离了婚。父母离异之后，他随母亲生活，日子过得很清贫，好在他母亲十分疼爱他，在成长路上，还算一帆风顺。他的母亲迷恋音乐，喜欢在绿茵茵的草地上唱歌，并且擅长多种乐器。在母亲的熏陶下，他也喜欢上了音乐，并在幼时暗下决心：长大后一定要当一名职业音乐人。

8 岁那年，他随母亲到纽约市郊外一座森林公园郊游，一路上和着母亲的歌，欢天喜地。一到目的地，他和往常一样，抓起几只五颜六色的气球在绿地上奔跑，欢快得似出笼的小鸟。

看到气球，他母亲感慨颇深。儿子数学启蒙的道具正是这色彩斑斓的气球。从认 10 个数开始，便与它们结缘。5 岁的时候，他的逻辑推理能力开始形成，不借助气球能心算三位数的加减法。不过在心算的同时，他手上仍不停地拨弄气球。每个孩子都有自己最喜欢的玩具，他也不例外。气球就是他最贴心的玩具。

他在公园的林间跑呀跑，他母亲在后面边追边哼着小曲。母子嬉戏了一段时间，都感觉有点累，然后，面对面地坐在地上休息。母亲从包里取出一支精致的口琴放在嘴上，左右推移，林间立即回响起悠扬的琴声。

他瞪大眼睛，准备伸手向母亲要口琴，却又舍不得放飞气球。左右为难之际，母亲停了吹奏，朝他不住地发笑。在短短的几秒钟内，他做出选择，松开手，扑向母亲，索要她手中的口琴。气球在风中飘啊飘，倏地掠过树梢，飞向蓝天。

这一天，他学会了吹奏口琴，悠悠琴声响遍树林，这琴声也在他的人生路上回响。从此，他懂得了选择，第一次知道该舍弃的应大胆舍弃，该抓住的要毫不犹豫地抓住。打这以后，他真正地走进音乐，并沉迷其间。

在乔治·华盛顿中学毕业后，他考进著名的纽约米利亚音乐学院，正可谓如鱼得水。但是，学业尚未过半，他发现自己在这方面很难有长进，对音乐产生厌倦。与此同时，他对数字和经济发生浓厚兴趣。犹豫不决的时候，他想起 8 岁那年在郊外放飞气球的情景，脑子里总浮现那几只飞向蓝天的气球。

冥冥之中，那几只气球给他暗示，也给他力量，他毅然决然地退了学，进入纽约大学商学院学习，开发自己另一份天赋。1948 年，他获得经济学学士学位。两年后，他又以最优秀的成绩获得经济学硕士学位，并到哥伦比亚大学深造。在哥大，他遇见人生第一位伟大的良师益友，后来在尼克松政府中出任美国联邦储备委员会主席的亚瑟·博恩斯教授。

由于家中贫困，无力支付他在哥伦比亚大学的费用，他被迫中途退学。他的学业就这么拖着，这一拖就是近 30 年。漫长的人生路上，他铭记气球的教训，放弃了其他的东西，一心一意地关注经济，一刻也不放松对自己钟情的经济学的研究。

功夫不负有心人。1977 年，51 岁高龄的他终于戴上了哥伦比亚大学的博士帽。10 年后，他被里根总统任命为美国联邦储备委员会主席，成了一位跺跺脚整条华尔街都会地震的重量级人物。

他就是艾伦·格林斯潘。

我们手中总握着许多“气球”，比如名利、财富、权势、地位、爱情等等，但是，为了达到我们更远大的目标，充分实现我们的人生价值，必须放飞手中的气球，一心一意去追求。人生有涯，精力有限，只有放弃，才能腾出更多时间去创造，从而赢得成功。这个时候，不管手中的气球有多漂亮，多迷人，都要有放飞的决心。

人生悟语

生活有太多的诱惑，不懂得放弃，只能在诱惑的旋涡中消沉。生活有太多的欲望，不懂得放弃，就会在人生的道路上迷失方向。人只有一双手，不可能把世间所有的东西都握在手里，学会放弃才能拥有更多。

均等

向晴

从前,有个人得了重病,自知将不久于人世,便将两个儿子唤到床前,谆谆告诫他们:“我死之后,你们兄弟两人一定要妥善地分配财物,可不要因此起纠纷啊!”

兄弟两人满口答应一定遵守父亲的遗嘱,在父亲死后把家财均分为两份。

可当他们两人分配财产时,哥哥却说弟弟分财不均,兄弟两人最终还是发生了争执。

这时,有位自以为很聪明的老者,听说兄弟两人因分家财而起争执,便来指教他们。

他对兄弟俩说:“我教你们一个最最公平的办法,保证你们不再有意见。听我的,现在你们将所有的钱财物品都破作两份,这样就绝对平等了。”

兄弟俩一时还不太明白,老者又举例说:“比如衣裳,从中间撕开;瓶盘器物破成两半;钱币也割成两半。如此,就能做到绝对的平均分配。”

兄弟俩虽然觉得这个方法并非上策,但为了平分财物,就听从了老者的建议。

结果,家中的一切物品全被破为两半,兄弟俩绝对平均地分了家产。可是,他们俩各自到手的却是一堆实实在在的破烂。

如此分家,世间少见,这也成了人们一直传说的笑话。

人生悟语

有的时候追求平等并不是从物质角度来讲的,更多的应该是从心里所表现的。文中的兄弟得不偿失。而在生活中我们又有多少人和他们一样呢?!

可能的,才是最美的

李雪峰

市里搞了一个消防技能讲座,来听课的人很多。

培训快要结束时,搞了一次别开生面的实地演练。地点选在市郊一幢废弃的、就要被拆毁的旧楼里。怎样灭火?怎样在火海中逃生?怎样在火海中抢救贵重的东西?演练场景中,声光电和烟雾等技术、设备全部用上了,一切都演练得惟妙惟肖而活泼精彩。当然,也有许多智力测验节目,例如,怎样在浓烟滚滚中保持生命的正常呼吸,怎样才能从遍地熊熊大火中找出一条生路,等等。但我最喜欢的还是另外一些节目,它很机智,也不是很难,但答案常常出乎人的意料,甚至在大家忍俊不禁地笑过后,有一些结果确实值得我们去用心细细地玩味。例如这则“抢宝”游戏:

在一个面积很大、又分隔成很多个小珍藏室的房间里,导演在一块块十几斤重的石块上,分别写上“宝石”、“黄金”、“古画”等等,然后把一块石头放进一个房间,当然,最贵重的那块“宝石”,就放在最靠里、出入难度最大的那个小房间里。而最外边,最接近门口的地方,则放着一块石头,上面写着:“古玩,价值 100 元。”导演说,这是这个屋子里近百件“宝物”中最不值钱的一个。

这个游戏的规则是,假设这是一个藏宝室,但现在它失火了,给每个游戏者一个等长的时间,让他们到藏宝间抢运物品,最后,谁从“火”中救出的宝物价值高,谁就是优胜者。

游戏开始了:在光电模拟出来的噼噼啪啪的烈火声和一团团模拟的浓烟中,第一个人上场了,只见他身手敏捷地直潜最里边的几间密室,意图很明确,想抢运出那件最珍贵的宝物,但令他痛悔不迭的是,他还没有来得及找到密间里放着的那个宝物,就听大门口轰隆一声,时间过了,唯一的出口坍塌了,他“葬身”在火海里了。

第二个参与者上场了,他猴子一样钻进去,抱起了一件宝物,但嫌一件太少了,于是伸出另一只手又去抱第二件,他也没能“活着”出来,因为太贪婪,他也被大火给“烧”死了。

接着第三个,第四个,第五个……

但很遗憾,很多人进去,都未能“活着”出来,当然也没抢出一件有价值的宝物来。

最后,轮到一个 60 多岁的老人,这位老人腿脚不怎么灵便,也不怎么爱说话。

当导演哨音一落,他就跳了进去,他没有像其他人那样往里边的密室里跑,他抱起离门口最近的那个“宝物”就扬手甩了出来,然后又甩出了两个,当象征坍塌的声音响起时,他已抱着第四件“宝物”毫发无损地“逃”了出来。

大家都笑这位老同志虽然填补了大家抢救出的物品是零的空白,但按导演标明的价格,那些物品根本就不值得去一提。

但教练却不这么看,教练认为这位老同志十分了不起,因为在相同时间内别人连一件也没抢出,他却一个人一口气抢出了足足四件。教练问老人以前在什么地方工作,那个老人嗫嚅了很久,才低声说:“在市博物馆。”老人顿了顿说:“20 多年前,我们市博物馆曾发生过一次火灾,我亲历过那次火灾,在熊熊大火中,我曾同各位刚才的表现一样,一心想从火海中抢救一件最珍贵、最价值连城的文物,但最后却空手而出。我能侥幸活着出来,也是因为老馆长啊,他救出了紧靠门口的三幅珍贵字画,还救出了我。若不是为了救我,他至少还能救出一幅作品,甚至还可能活着走出来,但因为救我,他只救出了三幅作品,老馆长就再也没能走出那片可怕的火海。”老人说着,一串老泪涌出了眼角。

大家蓦地肃静下来,都愣愣地看着那个身躯已略略有些佝偻的老人。

老人顿了顿,又望了大家一眼说:“可你们知道吗,当初那挂在展厅门口三幅最不值钱的画儿,现在,每幅都不下 11000 万啊,11000 万啊——”

大家全愣了。

后来,我曾同许多人谈起这个老同志在火海中的故事,他们听后,都阐发了各自的感慨、感悟,但我觉得一位老教授总结得最好、最一语中的,他说:“不管一个梦想的价值有多大、多珍贵,但对一个人来说,离你最近,最可能实现的梦想才是你最珍贵的梦想!”

是的,追求梦想的时候,我们更多关注的是那些梦想成功后的社会和经济价值,而没有真正关注过这些梦想到底距我们有多远,到底有没有实现的可能性,以致使许多人山一程水一程地走尽了迢迢一生,而他的梦想依旧是梦想,留下了永远无法弥补的生命遗憾。

不论梦想有什么色彩和什么光幻,那距我们最近、最有可能实现的才是我们最美的梦想。

人生悟语

人们常常把追求的目光盯在遥不可及的远方,而对近在咫尺的宝藏却视而不见,宁愿历尽千辛万苦去寻找虚无缥缈的成功,也不愿意看看身边唾手可得的财富。幻想再美也只是幻想,只有能够握在手里的,才是最好的。

能得到的才是最好的

孙盛起

父亲是猎户出身，尽管进了工厂以后不必再以打猎维持生计，但是那杆祖传的老猎枪却依然挂在家中最显眼的地方。

那是每个中国人都在为温饱发愁的年代，既因为对过去的生活无法忘怀，更为了补充家中短缺的食物，父亲每个星期天都要和以前的老邻居张大伯上后山打猎。

我上初一那年放暑假的时候，在我一把鼻涕一把泪地软缠硬磨下，也许是觉得应该让我多长点儿见识了，一天晚上父亲终于同意带我一起去打猎。

第二天凌晨，我像模像样地背上水壶和干粮，跟着父亲和张大伯兴冲冲地出发了。天蒙蒙亮时，我们爬到了后山的脊梁，那里是野兔、黄羊之类的动物经常出没的地方。坐下来稍微休息了一会儿，我们就开始借助细微的晨光四处搜寻猎物的踪迹。忽然，父亲摆了一下手，那表明他发现了猎物。我们都停下来，屏住呼吸顺着他的手指望过去，他轻声说："野鸡。"可是我瞪大了眼睛却什么都没有看到。父亲让我待在原地不要动，他和张大伯猫着腰蹑手蹑脚地往前摸。忽然，只听"哗啦啦"一声响，前面腾起一大群野鸡，足足有20只，随后它们又像黄色的土块一样垂直落下。父亲和张大伯连忙迈开大步追过去。几乎是在同时，斜刺里一只黄羊闪电般跃下离我不远的一个断坡，顺着洪水冲就的山谷飞奔而去。我惊慌地大叫："黄羊！黄羊！"其实父亲和张大伯也许比我更早看到了那只黄羊，可是父亲追赶野鸡的脚步一秒钟也没有停顿，而张大伯却转身跟着黄羊跳下山坡，向着黄羊逃跑的方向没命地追去。我一边追赶父亲，一边在心中埋怨父亲为什么不去追黄羊，因为即使把那一群野鸡一只不剩地全打下来也抵不过一只黄羊呀！我还没有追上父亲，就听到了枪响。

父亲的那一枪打下了8只野鸡。我帮着父亲把野鸡装进面口袋里，尽管这样的收获已使我兴奋异常，但我还是禁不住问："你干吗不去追黄羊？一只黄羊够咱们吃一个月。"父亲摸摸我的头，笑着说："黄羊当然比野鸡来劲儿，可是咱们不可能打到它。你张大伯也不可能打到。""为什么？"我问。"第一，我俩枪里装的都是打野鸡的细铅砂，他不可能有时间换子弹。第二，黄羊跑起来飞快，尤其逃命的时候即使跑死也不会停下来，你想你张大伯能追得上吗？黄羊只有在事先设下埋伏，或者在近距离撞上立刻就开枪才能打到。野鸡就不同了，这家伙飞不远，而且每次都是等人走近再飞，只要你能盯住它，一般都能打到。你说，我是追能打到的野鸡好呢，还是追打不到的黄羊最后空手而归好呢？"我不由得对父亲点头，可还是有些疑问："既然这样，那张大伯为什么还要追黄羊呢？""他眼馋。人往往就是这样，有些东西明明知道得不到，却还要拼命地去追、去抓，结果不可能得到的当然得不到，能得到的有时也给丢掉了。"父亲一扳我的肩膀："记住喽，以后不论碰到多好的东西，只要那是你得不到的，就别眼馋。能抓到手里的东西才是最好的。"

果然不出父亲所料，我们顺着那条山谷走了很远，才看到张大伯灰头土脸、一瘸一拐地下山来。他不仅一无所获，还跌进了一个深坑崴了脚。见我们打了那么多野鸡，他又是羡慕又是后悔。

那次打猎在我的脑海里留下了非常深刻的记忆。也许长大后我做事讲究务实跟那次经历有着莫大的关系。高中毕业后，就在很多同学四处闯荡，有些还和别人办起了皮包公司的时候，我一分一分地抓小钱——摆过小书摊儿，推着小车卖过棉花糖，还在自由市场支着钢丝床卖过线衣线裤，因为这些都是我当时力所能及的事情。有了一点儿积蓄后，我又拒绝了朋友要我合资做油品生意的建议,而是开了一家小小的火锅店悉心经营,因为我知道,油品生意虽然赚钱快,但是我对化工方面一窍不通,对油品市场也一无所知,那些钱不是该我赚的,别人赚得再多我也没必要眼馋。而火锅店虽然每天赚钱不多,但却是我凭那时的能力完全可以经营好的,我不能因为黄羊肥美而把能抓到手的野鸡丢掉。如今,我已经有了三个火锅分店和一个设施齐备的健身房。我相信只要我脚踏实地,事业就会一步步向前发展。

生在这个世界上,我们不可避免地要经常受到各种诱惑。前进和成熟的过程,就是那些诱惑一次次被选择或者被抛弃的过程。制定一个宏伟的目标固然重要,知道自己能否达到目标同样重要。

人生悟语

星星虽然美丽,但只是天空的一种施舍,你无法控制它的明暗,只有手上的火把才能随时给你最直接的光明;阳光虽然灿烂,但只是太阳的一种恩赐,你无法让它照耀你整个生命,只有身边的火炉才能随时给你最需要的温暖。

可怕的一棵树

陆勇强

两户人家之间的空处有一棵银杏树,枝繁叶茂。秋天来的时候,银杏的果子成熟了,颗颗粒粒地掉在泥地里。孩子们捡回一些,但都不敢吃。老人们说银杏果子有“毒”性,不能多吃。

这棵树不知道是属于两户人家中的哪户,这样的日子过了许多许多年。

有一年,其中一户人家的主人去了一趟城里,知道银杏果可以卖钱,他摘了一大袋背到城里,结果换来一大沓花花绿绿的票子。

银杏果可以换钱的消息不胫而走,另一户人家主人上门要求两家均分那些钱,他的要求当然被拒绝了。于是,他找出了土地证,结果发现这棵银杏树划定在他的界限内。

于是,他再一次要求对方交出卖银杏果的钱,并且告诉对方这棵银杏树是他家的。

对方当然不认输,他从一位老人处得知,这棵银杏树是他的爷爷当年种下的,他也有证据证明这棵银杏树是他的。

两家闹起纠纷,反目成仇,乡里也不能判断这棵树是谁的,一个有土地证,但证件颁发时间已久,土地已调整多次了;一个有证人证言,“前人栽树,后人乘凉”,自古而然。

于是,两人都起诉到了法院。法院也为难,这是一件棘手的事情,于是建议庭外调解。

但两人都不同意,他们都认为这棵银杏树是自己的,为什么要共有这棵树?

案子便拖下来了,他们年年为了这棵银杏树吵架,甚至斗殴,大打出手。

这样的故事延续了10年。10年后,一条公路穿村而过,两户人家拆迁,银杏树被砍倒。这场历经10年的纠纷终于在银杏树的轰然倒下中结束了。

谁也没要那棵树,因为银杏树干是空的,只能当柴烧。为了一棵树,他们竟然争斗了10年。三千多个本来可以快快乐乐的日日夜夜,难道不比一棵树重要?为什么不去种一棵树呢?10年后,树苗完全可以长成一棵大树。问题是,他们心中只有一棵会给他们赚钱的树。

想来真的可怕,有时一个人为了得到某一种东西,往往会失去了更重要的东西。

人生悟语

对眼前的利益斤斤计较，我们就失去了许多人生的乐趣。对身边的芝麻小利不舍得松手，前面的西瓜业绩就会从我们身边匆匆溜走。不要因为一棵树而失去整片森林，懂得放手，才会收获更多。

老鞋匠的嘱咐

佚名

在苏格兰一个小镇上，一位年迈的鞋匠决定把补鞋这门手艺传给三个年轻人。

在老鞋匠的悉心教导下，三个年轻人进步很快。当他们学艺已精，准备去闯荡时，老鞋匠只嘱咐了一句："千万记住，补鞋底只能用四颗钉子。"三个年轻人似懂非懂地点了点头，踏上了旅途。

过了数月，三个年轻人来到了一座大城市各自安家落户，从此，这座城市就有了三个年轻的鞋匠。同一行业必然有竞争，但由于三个年轻人的技艺都不相上下，日子也就风平浪静地过着。

过了些日子后，第一个鞋匠就对老鞋匠那句话感到了苦恼。因为他每次用四颗钉子总不能使鞋底完全修复，可师命不敢违，于是他整天冥思苦想，但无论怎样想他都认为办不到。终于，他不能解脱烦恼，只好扛着锄头回家种田去了。

第二个鞋匠也为四颗钉子苦恼过，可他发现，用四颗钉子补好鞋底后，补鞋的人总要来第二次才能修好，结果来修鞋的人总要付出双倍的钱。第二个鞋匠为此暗喜，他自认为懂得了老鞋匠最后一句话的真谛。

第三个鞋匠也同样发现了这个秘密，在苦恼过后，他发现，其实只要多钉上一颗钉子就能一次把鞋补好。第三个鞋匠想了一夜，终于决定加上那一颗钉子，他认为这样能节省顾客的时间和金钱，更重要的是他自己也会安心。

又过了数月，人们渐渐发现了两个鞋匠的不同。第二个鞋匠的铺面里越来越冷清，而去第三个鞋匠那儿补鞋的人越来越多。最终，第二个鞋匠铺也关门了。

日子就这样持续下去，第三个鞋匠依然和从前一样兢兢业业为这个城市的居民服务。当他渐渐老去时，他开始真正懂得了老鞋匠那句嘱咐的含义：要创新，而且不能有贪念，否则必会为社会所淘汰。

再过了几年，第三个鞋匠也老了，这时也有几个年轻人来学这门手艺，当他们学艺将成时，鞋匠同样向他们嘱咐了那句话："千万记住，补鞋底只能用四颗钉子。"

人生悟语

一个用优秀的品格来支撑聪明才智的人，才是真正的聪明之人，否则，就是愚蠢之辈！

第三个鞋匠把顾客的利益放在首位，根除了自己的贪婪，从而赢得了大家的欢迎；而第二个鞋匠把利益建立在损害顾客的基础上，他根本没有明白优秀的品格是成功的必要条件，损人利己往往得到的是"小利"，失去的是"大利"，他的目光完全被自私所蒙蔽！

热气球为什么会坠落

佚名

两名探险家决定分别驾驶一架热气球旅行，希望能完成环游世界的梦想。

但才出发几个小时，就不幸遇上乱流，不但两架热气球都被吹到茫茫的大海上，连补充的燃料也被吹走了！眼看燃料即将耗尽，热气球的高度愈来愈低，就要落海，两名探险家都非常害怕。

第一名探险家为了减轻重量，把随身携带的食物扔进海中，热气球稍微往上升了一点点。他又接着把饮用水、御寒衣物全都丢掉，这么一来，热气球升得更高了！海面吹来一阵风，终于把热气球吹往岸边，这名探险家平安落地。

另一名探险家，虽然也知道该减轻热气球的重量，但当他拿起食物、饮用水准备往海里丢时，却犹豫了。探险家心想："万一我不幸落难，食物和水可是不可或缺的啊！还是不要丢好了！"当他准备抛弃御寒衣物时，又想："保暖也是很重要的，还是不要丢好了！"

最后，他的热气球的燃料完全耗尽，这名探险家落入海中，不幸溺死了。

第一名探险家之所以能够顺利脱困，是因为他了解"舍得"的道理；第二名探险家却是瞻前顾后，弄不清事情的轻重缓急，最后咎由自取。

人生悟语

我们常说"圆满"，但实际上，圆满往往只是一种奢求，现实生活比较接近人们常说的"有一好，没两好"！所以，奢望把所有好处都握在手里的人，常会累死自己；学会"舍得"的人，反而比较容易达成目标。

人生的舍得

李雪峰

一个旅人，途经一片沙漠时发觉自己水袋里的水已经一滴不剩了。在烈日炎炎的无边沙漠里，如没有水就意味着没有了生命。

看着再也挤不出一滴水的水袋，这个旅人十分惊惶，他踩着漫漫黄沙，深一脚浅一脚地找了很久，但还是没有找到他渴望的水源。旅人绝望极了，他感到自己的嘴唇已经干裂了，不停有腥腥的血迹从涸裂的唇缝里渗出来，并且很快风干在自己的唇上，嘴唇火辣辣地疼痛。同时，火球似的太阳照在他的身上，就像一簇簇的火焰燃烧在他的皮肤上，凶猛又强悍地榨着他体内的最后一点点水，他四肢酸困无力，眼花脑涨，感到自己随时都可能倒在这渺无人烟的茫茫大漠上。

还算幸运，就在这个旅人就要倒下的最后时刻，黄昏来临了，一丝丝的清风从四面八方徐徐吹过来，给了这个旅人再喘一口气的机会，旅人躺在沙漠上休息了半天，然后摇摇晃晃站起来，又坚持着趔趔趄趄地往前走。令这个旅人感到更加幸运的是，在一弯残月斜挂中天的时候，旅人在沙漠中遇到了一个破旧的木屋，木屋里有一口压井，在压井的旁边放着一个盛着半盆清水的木盆。这个风尘仆仆的旅人惊喜极了，他端起木盆就要喝水，但在他端起木盆的时候，发觉木盆下压着一块写满了字的小木块。他放下木盆，拿起小木块借着如霜的月光细细看去，只见木板上写着："请将盆里的水倒入压井，然后你会压出更多更新鲜的水来！"看完木板上的留言，焦渴得喉咙冒火的旅人看看那半盆清水和那个压井，他犹豫了好久，但还是忍着焦渴把半盆水缓缓地倒进了那口压井里，然后他就拼命地上下扳动压井的手柄，随着手柄越来越重，终于哗的一声，一股沁凉的井水从井口欢快地喷涌而出，旅人欣喜若狂地滋滋喝了个痛快，又将自己的水袋咕咕装满，然后又高兴地踏上了他的漫漫旅程。旅人知道，有了这满满一袋清水，他可以轻松地走出这个茫茫沙漠了。

还有一个旅人，他也走到了这片茫茫沙漠上，同那一位旅人一样，走到沙漠中间的时候，他的水袋也滴水不剩了，在生命的最后时刻，他也十分幸运地遇到了这个破旧的小木屋和那口压井，当然也发现了那半盆清水和那块写着留言的小木块，和那位旅人不同的是，这位旅人没有像那位旅人一样按照留言的吩咐把那半盆清水倒进压井里去，他担心如果把这珍贵的半盆水倒进压井里，最后却压不出水来，那么他会很快渴死。他实在舍不得这捧在手上的半盆清水，犹豫了半天，他还是仰脖将这半盆清水喝得滴水不剩。喝过后，待全身缓过力气，他才去摇压井的手柄，但由于没有引水，任凭他怎样拼命地摇，那口压井还是没有流出一滴水来。这位旅人只好沮丧地带着他空空如也的水袋上路了。

不久，他就渴死在了那片沙漠里，永远也走不出那片沙漠了。在生命的最后时刻，奄奄一息的他禁不住痛悔万分，他痛悔自己为什么不按照那木板上的留言，将那半盆清水果断地倒进压井里充做引水！舍去半盆水，自己反倒可能得到更多的水，甚至可以拯救自己的生命啊！

我们每个人的人生都是一片茫茫沙漠，在人生的漫漫旅途上，谁都可能会遇到让你选择舍弃或得到的时候，是选择浅薄的获取，还是选择先舍后得的更加丰富的得到，这对我们的人生成败都是一个严峻的考验。那些失败者，他们无一不是经受不住面前那些唾手可得的利益的诱惑，不愿做出暂时的放弃，于是他们失去了成功的"引水"，最后两手空空地倒在了自己人生事业的中途；而那些成功者，他们甘愿舍弃许多手边的利益，保留自己成功的"引水"，于是他们得到了自己人生成功的汩汩甘泉。

是的，不愿舍弃一条小溪的人，是难以走到自己人生的大海的；不愿舍弃一丛小草的人，是很难寻觅到人生的森林的。"舍"是"得"的引水，只有勇于舍弃，才能更丰富地得到。

人生悟语

你向往山间的清净，就必须舍弃都市的繁华；你仰慕奋斗者的成功，就必须舍弃安逸清闲的生活；你希望走遍千山万水，就必须舍弃乡土乡音的温馨与柔美。人生没有完美，勇于舍弃才能有所获得。

一直等你来

流沙

有家企业招聘员工，经资格审查后，进入笔试的有近30个人。

考试那天，天气奇热。考试进行到一半时，有一位考生突然昏倒，监考的两位工作人员慌忙奔过来，只见那考生脸色煞白，已经昏迷过去了。

两位工作人员一时手足无措。但考场上没有人站起来，他们都在奋笔疾书，只有坐在那考生后面的一个大个子考生站起身来，说："老师，快拨120。"说完，大个子放下手中的笔，想和工作人员一起，把这名昏迷的考生背下楼。

两位工作人员让他继续考试。那昏迷的考生开始抽搐，情况很危急，工作人员想把他背下楼，等急救车，但就是背不起那考生。

大个子考生见状，再次放下手中的笔，主动帮工作人员把这名昏迷的考生一起抬到楼下。

大个子考生返回考场的时候，考试结束时间快到了。

几天后，成绩公布，大个子考生排在第15位，无缘进入面试。后来工作人员调出他的试卷，发现他最后3道题没做。工作人员分析，这可能是他没有时间的缘故。

大个子的落选让工作人员感到过意不去，他们向老总反映此事，认为在那种场合，考场里没有人放弃考试去救人，唯有他这样做，非常难得。但领导认为，如果"破格"录取，就破坏了游戏规则。

大个子考生后来得知那男孩患有心脏病，因为抢救及时而脱离了危险，他很开心。

后来他进入了另一家企业工作。几年间，陆陆续续换了不少工作，一直不顺心。而当年的那家企业，经过几年的发展，已在城里颇具影响力。

4年后，那家企业扩大规模，再次招聘。大个子闻讯后，再次前来竞聘，这次他顺利地杀入复选圈，并得到了最后的面试机会。

当他走到主管办公室时，主管态度平和地询问了他的情况。

问完所有问题后，主管说："你4年之前曾应聘过。我这里还有你的资料。"

他有些惊讶，连说是的。

主管说，当年你笔试成绩不理想，没有入围。他有些吃惊，4年了，主管竟然记得那么清楚。只见主管微笑着，轻声说："也许你已经忘记了，4年前，你帮我一起背一个病人下楼，因此影响了发挥，我这些年来一直有点内疚，一直在等你来。"

他这才知道，面前这位主管就是当年监考的工作人员之一。一个月后，他如愿成为这家企业的员工。

他为这件事流过泪。他说，想不到在这个人与人之间情感越来越淡漠的世界上，还有如此的温情。

人生悟语

在利益的紧要关头，有多少人能够顾及别人的生命呢？也许，有些人能在考试上得到相当高的分数，但在人生的考场上却没能顺利过关。其实，关爱生命，关心他人，才能让人刮目相看，赢得尊重。

松鼠的智慧

智海

我刚从事写作时还年轻，收入很不稳定。我与一位心爱的姑娘订婚四年了，但一直不敢跟她结婚。生活充满了艰辛与不测，我甚至不知来年能否养活自己。我也渴望到巴黎、罗马、维也纳和伦敦去追寻自己的写作梦想。

但是，离开自己熟悉的环境，到3000英里以外的地方工作，如果对生活与前途没有十分的把握，这样行事会是一个明智的选择吗？对此，我犹豫不定。

那些日子，我常去住所附近一个静谧的公园，在那里独自思考生活中碰到的一些问题。有一天，不经意间抬头看见树上的一只松鼠。它停在一根树枝上，似乎准备跃到对面的另一根树枝上。但两根树枝间的距离太大，它这么跳过去无异于自杀。出人意料的是，它双腿一蹦跳了出去，虽然没能够得上那根树枝，但还是安然无恙地落在了另外一根较低较近的树枝上。随后，它双腿又一蹦，跃上了它原来想去的那根树枝。坐在公园椅子上的一位老人向我介绍说："很有趣。它们这样跳来跳去，我都看过几百次了。特别是树下有狗出现的时候，它们就跳得更勤。许多松鼠不能一次跳到较远的树枝，但它们不会因此受伤。"然后老人又意味深长地说："我觉得，如果这些松鼠不想一辈子待在一棵树上的话，那就得冒冒险，勇敢地跳出去。这是小松鼠的智慧。"

我忽然若有所悟。两周后，我跟女友结了婚，然后卖掉所有家当，坐船横渡大西洋——我们来到了一个陌生的地方，我们不知自己能否安然降落在"另一根树枝"上。我开始加倍努力地写作，妻子也找到了一份工作。在熬过头一年的艰难时期之后，我们的日子过得越来越宽裕，我的写作也变得得心应手，我意识到自己当初的选择没有错。

从那以后，每当生活中面临新的机遇，需要我有所取舍的时候，我就会想起那些在树枝之间跳跃的松鼠，记起那位老人说过的话："如果这些松鼠不想一辈子待在一棵树上的话，那就得冒冒险，勇敢地跳出去。"

人生悟语

人生的路并不一定总是"步步高升"，也并不一定总能达到预期的目标，但一步一个脚印地走下去，即便可能有时会倒退，也终会走向终点。就像在起跑时你会将一只脚向后退去，为的正是跑得更快啊！

轻松走向成功

佚名

有两个贫苦的樵夫靠上山捡柴糊口，有一天，他们在山里发现两大包棉花，两人喜出望外，棉花轻且贵，当下两人各背了一包棉花赶路回家。

走着走着，其中一名樵夫眼尖，看到山路上扔着一大捆布，他就和同伴商量，扔下棉花，改背布回家。他的同伴却有不同看法，认为自己背着棉花已走了一大段，到了这里丢下棉花，岂不枉费了先前的辛苦，坚持不愿换布。先前发现布的樵夫只好尽其所能背起布走。又走了一段路，背布的樵夫望见不远处的地上散落着数坛黄金，心想这下真的发财了，赶忙用挑柴的扁担挑黄金。他的同伴仍是不愿丢下棉花，并怀疑黄金不是真的。发现黄金的樵夫只好自己挑了两坛黄金，和背棉花的伙伴赶紧回家。

谁知道刚走到山下，天竟下起雨来，两人在空旷处被淋了个透。更为不幸的是，背棉花的樵夫背上的大包棉花，吸饱了雨水，重得背不动，实在不得已，只能丢下一路辛苦舍不得放弃的棉花，空着手和挑金子的同伴回家去。

人生悟语

在人生的每一个关键时刻，审慎地运用智慧，作最正确的选择，同时别忘了及时审视选择的角度，适时调整。要学会从各个不同的角度全面研究问题，放掉无谓的固执。冷静地用开放的心胸作正确抉择。每次正确无误的抉择将指引你走在通往成功的坦途上。

财主的选择

佚名

有一个财主犯了罪，被带到县衙审问。县太爷知道这个财主视钱如命，品行不端，便想好好让财主吃吃苦头，于是心生一计，提出三种惩罚的方式让财主选择：第一种是罚五十两银子，第二种是抽五十皮鞭，第三种是生吃五斤大蒜。财主既怕花钱又怕挨打，果然选择了第三种。

在人们的围观下，财主开始吃大蒜。"吃大蒜倒不是什么难事，这是最轻的惩罚。"当吃了第一颗大蒜时，财主这样想。可越往下吃越感到难受，吃完两斤大蒜的时候，他感到自己的五脏六腑都在翻腾，像被烈火炙烤一样，他流着泪喊道："我不吃大蒜了，我宁愿挨五十皮鞭！"

执行的衙役剥去财主的衣服，把他按到一条板凳上，把皮鞭蘸上了盐水和辣椒粉，财主看得胆战心惊，吓得浑身发抖。当皮鞭落在财主的背上时，财主像杀猪一般地号叫起来，打到第十下的时候，财主痛得屁滚尿流，终于忍不住叫道："青天大老爷啊，可怜可怜我吧，别再打我了，罚我五十两银子吧！"

人生悟语

选择和放弃在很多时候都是一样的，有选择便会有放弃。既已选择，然又不舍，只能让你吃更多苦头。故事中的财主可笑，而生活中好多因小失大，总是在原地转圈的人，不可笑吗？

一个苹果一生情

蒋光宇

著名影星潘虹五岁那年，外婆带她去舅舅家玩。舅舅拿了两个苹果给她，用来招待自己的小客人。

苹果又红又大，闪着诱人的光泽，好看极了。别说吃，单是闻那股香甜味，就叫人心里美美的。那年头，苹果还真是孩子们不常吃的好东西。

这两个苹果本来是舅舅留给自己的独生女儿的，也就是留给潘虹表姐的。表姐是父母的掌上明珠，是家里娇宠惯了的小公主。

但潘虹并不知道苹果是留给表姐的，兴奋地接过来，乖乖地坐到一边。她左看右看，实在舍不得吃，就把它们捧在手里。

九岁的表姐放学回到家，看到水果篮里空空的，心爱的苹果已不翼而飞了，顿时急得直跺脚，不停地叫着："我的苹果呢？我的苹果呢？"

"苹果在这里。"潘虹一边怯怯地说，一边伸出一只小手，手上托着一个又香又红的大苹果。

"喏，给你。"潘虹将更大更红的那一个递给她。

表姐高兴地接下了苹果，定定地看了表妹一会儿，然后很认真地说："今后不管我有什么，一定要给你一份。"

潘虹回忆说："那一刻，表姐必是觉得欠了表妹许多。当然，这种思维，只属于孩子，不属于成人。"

表姐长大了，快结婚了。未婚夫要给她买婚戒，她对款式、价格都没有要求，唯一的要求，就是买两份，要一模一样的。她要把自己的幸福，也分一半给表妹。

多少年过去了，潘虹成了大明星。表姐仍一如既往，每年圣诞节都从加拿大给潘虹寄圣诞礼物。就连表姐的孩子们也养成了习惯，凡是送给妈妈的礼物，也一定要给他们的潘虹阿姨一份。

潘虹深有感触地说："就为了那一个红苹果，就为了我的一次谦让，表姐还了我一生的情。其实，这一个让出去的红苹果，不仅让我赚得了表姐一生的情，也直观地教给了我一个为人处世的道理。在得到和失去之间，愿意付出的人，付出得越多得到的也会越多；不愿付出只想得到的人，却最终什么也得不到。吃亏是福，让我受用一生。"

人生悟语

分享不在乎东西的多少或珍贵与否，而在于是否舍得。如果舍得，那即使是微小的东西，也可以赢得一生的友谊。甚至，就像微笑一样，你送出一个，自己会得到更多。独乐，不如与人同乐。

两碗面

林莉

一天早晨，父亲做了两碗荷包蛋面，一碗鸡蛋卧上边，一碗上边没鸡蛋。

父亲问儿子："吃哪一碗？"

"有鸡蛋的那碗！"儿子指着卧蛋的那碗说。

"让爸爸吃那碗有蛋的吧！"父亲说，"孔融7岁让梨，你10岁了，该让蛋了！"

"孔融是孔融，我是我——不让！"儿子态度坚决。

"真不让？"

"真不让！"儿子一口把蛋咬下去了一半。

"不后悔？""不后悔！"儿子又一口，把蛋吃了下去。

待儿子吃完，父亲开始吃。原来，父亲的碗里藏了两个荷包蛋，儿子看得分明。

"记住：想占便宜的人，往往占不到便宜！"父亲指着碗里的荷包蛋告诉儿子。

儿子显出一脸的无奈。

第二次，那是个星期天的上午，父亲又做了两碗荷包蛋面，一碗蛋卧上边，一碗上边无蛋。他问儿子："吃哪一碗？"

"孔融让梨，我让蛋！"儿子笑着端起无蛋的那碗。

"不后悔？"

“不后悔!”儿子说得坚决。

儿子吃到底,也不见一个蛋;父亲的碗里,上卧一个,下藏一个,儿子看得分明。

“记住:想占便宜的人,可能要吃亏!”父亲指着蛋教训儿子说。

第三次父亲又做了两碗荷包蛋面条,还是一碗蛋卧在上边,一碗上边无蛋。

父亲问儿子:“吃哪碗?”

“孔融让梨,儿子让面——爸爸您是大人,您先吃!”儿子手一挥显得很“绅士”。

“那不客气啦!”父亲端过上边卧蛋的那碗。儿子发现自己碗里也卧着荷包蛋。

“不想占便宜的人,生活也不会让他吃亏!”父亲意味深长地对儿子说。

人生悟语

总想着占便宜的人容易吃亏。其实,利人是利己,亏人就是亏自己;让人则是让己,害人则是害己。为人处世的高明智慧是,以谦让为上策,以容人为上选。

人生的三重境界

池莉

人生有三重境界:第一重境界是看山是山,看水是水;第二重境界是看山不是山,看水不是水;第三重境界是看山还是山,看水还是水。

一个人的人生之初纯洁无瑕,初视世界,一切都是新鲜的,眼睛看见什么就是什么,人家告诉他这是山,他就认识了山,告诉他这是水,他就认识了水。

随着年龄的渐长,经历的事渐多,人就发现这个世界存在的问题了。并且,此时会发现这个世界的问题越来越多,越来越复杂,经常是黑白颠倒,事非混淆,无理走遍天下,有理寸步难行。进入这个阶段,人是激愤的、不平的、忧虑的、疑问的、警惕的、复杂的。于是,他不愿意再轻易地相信什么。在这个时候,他看山也感慨,看水也叹息,便经常借古讽今、指桑骂槐。山自然不再是单纯的山,水也不再是单纯的水。一切的一切都变成了人的主观意志的载体,所谓:好风凭借力,送我上青云。倘若圈在人生的这一阶段,那就苦了这条性命了,他会这山望着那山高,不停地攀登,争强好胜,与人攀比,怎么做人,如何处世,绞尽脑汁。机关算尽,永无满足、快乐的一天。因为人外还有人,天外还有天,日子循环往复,而人的生命是短暂、有限的,人哪能够去与永恒和无限计较呢?

许多人到了人生的第二重境界也就走到了人生的终点。追求一生,劳碌一生,心高气傲一生,最后却发现自己并没有达到自己的理想,于是,他们便会抱恨终生。

但是,总有一些人通过自己的修炼,终于把自己提升到了第三重境界。于是,茅塞顿开,回归自然。人在这时候,会专心致志做自己的事情,不与旁人再计较得失,任你红尘滚滚,我自有清风朗月;面对芜杂世俗之事、往往一笑了之。这个时候的人,看山又是山,看水又是水了。

人生悟语

得到的过程中其实也正在经历着失去。你向往名人的声誉或高贵的权利。可曾想过他们却不如你活得自由;你期望得到巨额财产,可曾想过这需要以淡泊清贫的欢愉作代价;整个人生在得得失失中度过,认真地思考一下自己的人生得失,就会发现:这就是一个不断失而复得、得而复失的过程。

坦然面对得失

佚名

后羿是夏朝著名的神箭手，夏王听说了这位神射手的本领，十分欣赏他。

有一天，夏王把后羿召入宫中来，准备领略他那炉火纯青的射技。夏王命人把后羿带到御花园里找了个开阔地带，叫人拿来了一块一尺见方、靶心直径大约一寸的兽皮箭靶，用手指着说："这个箭靶就是你的目标。如果射中了的话，我就赏赐给你黄金万两；如果射不中，那就要削减你一千户的封地。"

后羿听了夏王的话，一言不发，面色变得凝重起来，看着一尺见方的靶心，想着即将到手的万两黄金或即将失去的千户封邑，心潮起伏，难以平静。想到自己这一箭出去可能产生的结果，后羿的呼吸变得急促起来，拉弓的手也微微发抖，瞄了几次都没有把箭射出去。最后，后羿一咬牙松开了弦，箭应声而出，"啪"地一下钉在离靶心足有几寸远的地方。后羿脸色一下子白了，他再次弯弓搭箭，精神却更加不集中了，射出的箭也偏得更加离谱。

后羿收拾弓箭，悻悻地离开了王宫。夏王在失望的同时掩饰不住心头的疑惑，就问道："后羿平时射起箭来百发百中，为什么今天大失水准呢？"

有一位一直在旁边观察的大臣解释说："后羿平日射箭，不过是一般练习，在一颗平常心之下，水平自然可以正常发挥。可是今天他射出的箭直接关系到他的切身利益，根本无法静下心来发挥技术，又怎么能射得好呢？"

人生悟语

在这个世界上，属于你的，终归会属于你，只要你肯努力；不属于你的，再怎么想也没有用。无论如何，有一个好的心态是最重要的。对待得失，要有一颗平常心。如果将得失看得太重，患得患失，反而会使自己失去应该得到的东西。

第二章　选择放弃更智慧

聪明的放弃

唐慧忠

有个电视娱乐节目，内容是数钞票比赛。主持人拿出一大沓钞票，里面有大小不一的各类币种，按不同顺序杂乱重叠着，在规定的3分钟内，让现场选拔的四名观众进行点钞比赛，谁数得最多，数目又最准确，他就可以获得自己刚刚数得的现金。

游戏规则一宣布，顿时引起全场轰动。在3分钟内，不说数几万，应该也能数出几千来吧。而短短几分钟时间，就能获得几千块钱的奖励，能不叫人刺激和兴奋吗？

游戏开始了，四个参赛者开始埋头"沙沙沙"地数起了钞票。当然，在这3分钟内，主持人是不会让人安心点钞的，他还会拿起话筒，轮流给参赛者出脑筋急转弯题目，来打断他们的正常思路，并且，必须答对题目才能接着往下数。几轮下来，时间到了，四位参赛者手里各拿了厚薄不一的一沓钞票。主持人拿出一支笔，让他们写出刚才所数钞票的金额：

第一位，3472元。第二位，5836元。第三位，也数出了4889元的好成绩。而第四位，只数出区区500元。四个观众所数钞票的数目，相距甚远。

当主持人报出四组数字时，台下顿时一片哄笑，他们都不理解，第四位观众为什么会数得那么少呢？

主持人开始当场验证刚才所数钞票数目的准确性。在众目睽睽之下，主持人把四名参赛观众所数的钞票重数了一遍，正确的结果分别是：3372、5831、4879、500。也就是说，前三名数得多的参赛观众，不是多计了100元，就是多计了5元或者10元，距离正确数目，都只是一"票"之差。只有数得最少的第四位才完全正确。按游戏规则，只有第四位观众才能获得500元奖金，而其他的三位，都只是紧张地做了3分钟的无用功。看到出乎意料的结果，台下的观众先是沉默，继而爆发出热烈的掌声。

这时，主持人拿出话筒，很严肃地告诉大家一个秘密：自从这个节目开办以来，在这项角逐中，所有参赛者所得的最高奖金，从来没人能超过1000元。

全场观众若有所悟。主持人最后说："有时，聪明的放弃，是经营人生的一种策略，也是大智慧。不过，它需要的是更大的勇气和睿智。"

人生悟语

当拥有的东西已不能再带给你应有的和谐与快乐，这时就要学会取舍。人生就是一个得与失的过程，懂得取舍是一种人生的大智慧。取的同时可能是另一种失去，舍弃的同时也可以是另外一种获得。

放弃的成功

蒋光宇

1998年，著名作家毕淑敏成了心理学的研究生。经过几年的刻苦学习，到了2003年7月，离拿到心理学博士学位的日子越来越近了。但她思考再三，最终决定放弃。

这使许多人感到意外，关心她的人劝她说："现在学位很时髦，正如中组部调查时发现的一种倾向：现在一些干部的学位越填越高，年龄越填越小，官职越填越大。你为什么要放弃呢？岂不是太可惜了吗？"

她冷静、客观地回答道："因为我不能去考外语、写论文。我担心一个几十万字的心理学博士论文写下来，我可能就不会写小说了。因为风格不一样，思维的训练也不一样。考外语，是一个死功夫。我想，生命对我这个年过50的人来说是那么宝贵，不值得拿出半年时间，专门去念外语，去应对考试。"

毕淑敏放弃了争取心理学博士学位之后，在北京西四环外开设了一家心理咨询中心。她认为，这是"助人和自助的工作"，是极有兴趣探索和愿意去做的有价值的事情。

爱因斯坦也是一个很懂得放弃的人。在20世纪50年代，他收到以色列当局的一封信，信中诚恳地请他去担任以色列总统。在一般人看来，爱因斯坦若能当上犹太国的总统，自然是无上光荣的幸事。出乎人们的意料，他竟然非常明确地拒绝了以色列当局的重托与厚望。他说："我整个一生都在同客观物质打交道，既缺乏胜任总统的才智，也缺乏处理行政事务以及公正地对待别人的经验。所以，本人不适合承担这样的高官重任。"假如爱因斯坦当时没有拒绝，那么世界上就多了一个不胜任的总统，少了一个一流的科学家。

比尔·盖茨的放弃也值得一提。以他的实力，足可以买下纽约，去做房地产老板。但是他只关注自己的操作系统和软件的研究和开发，而不被市场中的暴利行业所诱惑。有位投资专家评论得妙："比尔·盖茨的过人之处，不只是在于他知道做什么，而且在于知道不做什么，知道应该放弃什么。"

推而广之，一个政治家不可能做好改革的每一个细节，一个科学家不可能精通科学的每一个领域，一个企业家不可能占领工业的每一个阵地，一个旅游家不可能走遍世界的每一个乡村，一个文学家也不可能写好各类的每一个作品……贪图无所不能，只能一无所能；试图无所不知，只能一无所知；企图无所不有，只能一无所有。少则得，多则惑。同时追几只兔子，就连一只也追不到。古今中外，概莫能外。

知道自己能够做些什么，说明自己在成长；知道自己不能够做些什么，说明自己已成熟。成功不只是要善于抓住机会，而且还要善于放弃诱惑。有所放弃，才能有所收获。每一个人要想有所作为，就要毅然决然地放弃一切不适合自己的目标、计划和行动。

人生悟语

成功人生不在于一时的得失，而在于是否懂得如何选择和适时放弃。"鱼与熊掌不可兼得"。一个人的时间有限，精力有限，必须学着远离和放弃某些东西。那些什么都想得到的人，最后反而会失去更珍贵的东西。

坚持与放弃

潘向黎

20 世纪 70 年代，身体状况大不如前的拳王阿里被医生判了运动生涯的死刑，但是他凭着顽强的毅力重返拳台。他与另一位拳坛猛将弗雷泽进行第三次较量（前两次一胜一负），进行到第十四回合时，阿里已精疲力竭，濒临崩溃的边缘，“这个时候一片羽毛落在他身上也能让他轰然倒地”。但是他知道，比到这个地步，与其说在比气力，不如说在比毅力，就看谁能比对方多坚持一会儿了。于是他竭力保持着坚毅的表情和誓不低头的气势，使对方以为他仍存着体力。最后，弗雷泽放弃了，裁判当即高举阿里的臂膀，宣布阿里获胜。这时，保住了拳王称号的阿里还未走到台中央，便眼前漆黑，双腿无力地跪倒在地上。弗雷泽见此情景追悔莫及，并为此终生抱憾。

终日搏杀在职场上的现代人和当年的老拳王有共同之处。那就是，为事业、荣誉、地位而战，承受着巨大的压力，甚至达到身心俱疲、濒临崩溃的地步。这个时候，我们能否像拳王那样，拼了性命去“再坚持一下”呢？很简单，那可能会导致健康崩溃（包括身体和心理上的健康）。日本多发于壮年上班族的“过劳死”，就是这种“再坚持一下”的黑色版本。生命只有一次，对它的珍惜并不仅仅是考虑使它发挥最大功效，也应包括在功效和磨损之间合理化经营，其中最重要的一条是给自己的追求、努力限定一个边界。当健康透支、生命受到威胁的时候，应毫不犹豫地放弃一些东西，哪怕是即将到手的成功和巨大的荣誉。放弃虽然可能带来遗憾，但是有时不放弃，你将失去一切，包括后悔的机会。从这个意义上讲，弗雷泽没有必要后悔。他的选择可能更明智、更长远，也更符合现代理念。

人生悟语

拳王阿里的故事给予我们战胜困难的勇气以及坚毅的信心与不屈的信念。但是，在生命与健康面前，还是应该选择放弃成功与荣誉。放弃虽有遗憾，但是生活的道路很长，生命对于我们只有一次。

可贵的知难而退

崔修建

在参加某国有企业厂长一职的竞聘中，经过几轮激烈的竞争，六名佼佼者脱颖而出，开始最后一轮的角逐。

主考官提出了这样的考题——如果企业只拥有 50 万元的资本，想要做一个需投资 1000 万元的项目，应该如何去运作？

于是，几位竞争者广开思路，各施绝技，纷纷亮出自己的设想。主考官面带微笑、不断颔首地听完前五位竞聘者的慷慨陈词，将目光转向眼睛不时地扫视着地面的最后一位。

这位年轻人缓缓地站起来，平静地道出自己简单的想法——既然资本有限，投资额度又很大，就应该量力而行，放弃那个诱人的大项目。这不是知难而退吗？众人一片哗然。

“你真的是这么想的吗？你不觉得放弃这样一个大项目太可惜了吗？”主考官盯着年轻人的眼睛追问。

“这是我经过反复思考后所作的抉择，如果我是决策者，我一定会坚持它。”年轻人充满自信地答道。

“回答得非常好！”主考官脱口赞叹。

众人不解地望着主考官，以为自己的耳朵出了毛病。主考官欣然解释道：“知难而进，固然可贵，然而作为一个企业的决策者，能够审时度势，知难而退，则更为难得，因为这除了需要更多的智慧，还需要足够的勇气。”

片刻的沉默后，热烈的掌声响起，几位竞聘者心悦诚服地祝贺最终取胜的那位年轻人。

人生悟语

没错，我们在生活中，常常会面临很多的局限。如果不能冷静地思考，只凭着一时脑袋发热，一味地逞能，非要知难而进，极有可能导致惨重的失败；相反，如果能够在一些巨大的利益诱惑面前摆正心态，量力而行，就会稳扎稳打，一步步走向更大的成功。

有这样一句话，“有些退却，其实正是前进”，说的正是此理。

让理想转个弯

徐连祥

他是一个农民，从小的理想就是当作家，为此，他一如既往地努力着。10 年来，他坚持每天至少写 500 字。每写完一篇，他都改了又改，精心地加工润色，然后再充满希望地投给各地的报纸杂志。可遗憾的是，尽管他很用功，可他从来没有一篇文字得以发表，甚至连一封退稿信都未收到过。

29 岁那年，他总算收到了第一封退稿信。那是他多年来一直坚持投稿的一家刊物的编辑寄来的，信里写道：“看得出你是一名很努力的青年，但我不得不遗憾地告诉你，你的知识面过于狭窄，生活经历也过于苍白，不过我从你多年的来稿中发现，你的钢笔字越来越漂亮……”

就是这封退稿信点醒了他。他毅然放弃写作，转向练钢笔书法，果然进步很快，现在他已是有名的硬笔书法家。他让理想拐了一个弯，继而柳暗花明，走向了成功。

一个人要想成功，理想、勇气、毅力固然重要，但更重要的是，在错综繁杂的人生路上，如遇到迷途，要懂得舍弃，更要懂得转弯！

人生悟语

梦想并不只在固定的地方，多注意，多思量，也许美好的梦想就在你的身边，只需要你调整一下方向，拐个弯儿就唾手可得。不要忘记，学会选择和放弃，学会转弯，往往更有助于我们实现自己的梦想。

人生的放弃

李雪峰

一个年轻人心情十分郁闷,他到法严寺去拜访寺里的禅师。

走到半路的时候,他很巧碰到了正要归寺的了一禅师。了一禅师身着僧衣,背着一个空空的竹篓,说:“我到山下给一些施主送寺里的茶叶去了。”

年轻人看着须眉雪白却满脸慈善的了一禅师问:“大师跑这么远去给别人赠茶,你自己能得到什么呢?”

了一禅师说:“我得到了这个竹篓啊。”年轻人不解,说:“这个竹篓原本就是大师的,它本来是装满了茶叶的,如今茶叶送人送没了,这个竹篓空空如也,大师如何说您得到了这个竹篓呢?”

了一禅师笑了笑说:“不错,老衲下山是背着满满一篓茶叶的,并且分量不轻,把老衲我压得腰酸背疼,走几步就要歇一歇,但是,当老衲每送出一份茶叶,我背上竹篓的分量就轻一些,茶叶送完了,我的背上就只剩下这个轻飘飘的背篓了,你说我不是得到这个竹篓了吗?竹篓轻了,我背上的东西也不再沉重了,施主你说老衲我不该感到高兴吗?”

年轻人看看了一禅师十分自得的样子说:“原来你们僧人的高兴是把自己的东西赠送出去呀,但我们芸芸众生可不一样,我们不像你们这些出家人。我们年轻时对灯读书,是要让自己变得有智慧,把别人很难挣到的钱轻而易举地挣到自己的家里来;把别人不能争到的功名、地位,千方百计地抢过来;把别人的田地置买过来;把最美的府宅建起来自己住。”年轻人顿了顿,叹息了一声说:“可这一切太难了,每每想到人生如此艰难,我便食不甘味,夜夜失眠,心情又忧闷又沉重啊!大师,您能告诉我人生如何才能轻松,心情如何才能开朗、快乐吗?”

了一禅师听了,笑呵呵地把背上的竹篓取下来放在年轻人的背上说:“背上这个篓,我就告诉你这一切人生的秘诀吧!”年轻人背上竹篓,了一禅师说:“年轻人,你不是需要金钱万贯吗?那好,这块石头就是金钱,给你了。”说着,便从路边捡了个石块放进了年轻人背着的竹篓里。又走了几步,了一禅师说:“年轻人,你不是苦苦渴望功名吗?那好,这块石头就是功名,给你了!”说着,又从路边捡起一块石头放进了年轻人背着的竹篓里。又走了不远,了一禅师又搬起一个石块说:“有了金钱,有了功名,年轻人,你不是还需要让人羡慕的社会地位吗?也给你了!”边说边将石块又放进了年轻人背着的竹篓中。就这样,年轻人竹篓里的石头越来越多、越来越沉重了,压得年轻人腰酸背痛,大汗淋漓,走起路来趔趔趄趄、踉踉跄跄,但了一禅师仍然没有停手,又搬起一个石块说:“年轻人,你还需要一个豪华府宅啊,那好,这一块石头便是了。”说着,就要往竹篓里放,年轻人急忙摆手,气喘吁吁地说:“不要了不要了,我什么也不要了,这沉重的篓子简直快把我压死了!”说着,便一屁股瘫坐在地上呼呼直喘粗气。

了一禅师却依旧神色严肃地说:“怎么能不要了呢?你一生需要的还有很多,恐怕把这一座大山都搬进篓里也远远不够,现在刚有了一点点,怎么就不要了呢?”

年轻人顿然明白了。惭愧地对了一禅师说:“大师,我明白了,人心的欲望是无限的,如果不能抑制自己心灵的欲望,那么一个人一辈子都将是沉重的,他的心灵里永远都不会有阳光和徐徐清风。”

了一禅师一听笑了,说:“是啊,年轻人,每个人来到这个尘世时,他的心灵上都背着一个空篓子，有的人能够快快乐乐、轻轻松松度过自己的人生，那是他心灵无私，从没把生命之外的多余东西据为己有。而那些一生沉闷、人生沉重的人，不过是把金钱、功名、地位这些石块、烂泥都不停地捡到了自己的篓子里罢了。”

生命是不能承受欲望之重的，要想使我们的人生洒脱，就必须让我们的心灵有所放弃，有所失才能有所得。

人生悟语

知难而进是一种勇敢，审时度势、知难而退是一种智慧。在面对遥不可及的目标时，选择放弃是一种理智的体现。人生不是一条你可以鲁莽前行的直路，所以，在必要的时候也要懂得转弯和后退。

善于放弃是一种大智慧

郭冬仙

人生在世，都会有所追求。但是人生如果总是无休止地追求，而不知道放弃，对完全没有实现可能的目标依然穷追不舍，结果不但会无端地浪费时间和精力，而且会因达不到预想目标而烦恼不已，痛苦不堪。

正确的态度是：既要有所追求，又要有所放弃，学会放弃，人生就会告别因求之不得而带来的诸多烦恼和苦闷，就会丢掉那些压得人喘不过气来的沉重包袱，就会轻装前进，就会活得潇洒和滋润。

晓亮以优异的成绩走出了一所名牌大学的校门，他赶上了国家分配工作的末班车，到某机关报到。远在他乡的父母把他视为一生的骄傲。然而，按部就班的节奏令他沉闷，小心翼翼的办公室气氛使他压抑。每天下班之后，弹奏心爱的吉他成了他最大的快乐。当晓亮发现自己对音乐的热爱已经超过了所有的其他事情时，他辞职了。他立志做一个行吟歌手，要在旅途中边走边唱，寻找生命里最美好的歌。

闻讯赶来的父母差点气疯了，深爱儿子的妈妈甚至以死相胁。从小就乖巧孝顺的晓亮，这次却表现得异常坚定。他头也不回地走了，走过青藏高原、走过大漠风尘、走过丽江风景、走过姑苏雨巷……他一路走，一路写，一路唱。3 年后，晓亮带着晒黑的皮肤，带着可贵的成熟，带着自己的歌谱和唱片公司的合约，也带着对妈妈的歉疚，回到了北京，在这里和父母相聚。这一次，只有成功的喜悦，只有母子间的珍惜，没有伤害。

人的生命只有一次，在生命的历程中，能够用来做一点事情的时间并不多。如果有些事令你魂牵梦萦寝食难安，如果你觉得那遥远的梦想更值得追求。如果你有希望也有可能去实现它，你就必须放弃已经拥有的一切。你放弃的，也许是缠绵的情丝，也许是名利的光环，也许是“铁饭碗”……没有放弃就没有拥有。

另一方面，如果你本来没有某种优势，但是却一再地坚持，希望将你的弱势变成优势，这是可悲的，代价也是巨大的。放弃自己的短项，等于加长了自己的长项，从而让自己更接近了成功的目标。知道放弃的人，是聪明的人，也是最可能成功的人。

奥托·瓦拉赫是诺贝尔化学奖获得者，他的成才过程极富传奇色彩。瓦拉赫在读中学时，父母为他选择的是一条文学之路，不料一个学期下来，老师为他写下了这样的评语：“瓦拉赫很用功，但过分拘泥，这样的人即使有着完美的品德，也绝不可能在文学上发挥出特长来。”

父母只好让他改学油画。可瓦拉赫既不善于构图，又不会润色，对艺术的理解力也不强，成绩在班上总是倒数第一，学校的评语更是令人难以接受：“你是绘画艺术方面的朽木之才。”

对如此“笨拙”的学生，绝大部分老师认为他已成才无望，只有化学老师认为他做事一丝不苟，具备做好化学实验应有的品格，建议他试学化学。父母接受了化学老师的建议，瓦拉赫智慧的火花一下被点着了。文学、艺术的“朽木之才”一下子变成了公认的化学方面的“前程远大的高才生”。在同级学生中，他遥遥领先……

奥托·瓦拉赫在众人的帮助下一次又一次地放弃了自己的短项，并找到了自己的长项，最终走向了成功。

朋友，你渴望成功吗？在成功的道路上除了获取和拥有，还要敢于并善于放弃。因为，没有忍痛的放弃就没有更多的拥有。

人生悟语

人人都渴望成功，都渴望在追求成功的道路上获取更多。但过多的欲望有时也会让我们不堪重负，所以我们必须学会放弃，放弃不适合我们的，选择我们的优势所在。吐故纳新，生命才灵动而新鲜。

用力看，就是盲

忆莲

一个在国外的朋友给我发了一个电子邮件，说附件里有一个送给我的小礼物。

打开附件，黑色的背景上浮现出大卫·科波菲尔神秘的眼睛，诡异的笑容。旁边字幕徐徐变幻，好像大卫那催眠的声音——稍后，我将带领你进入魔法世界——你将成为魔法世界的见证人——你只是魔法的一部分——在这个简单的游戏中，你将看到，我可以通过电脑深入你的思想。

然后，出现了六张扑克牌，都是不同花色的J到K，每张都不一样。

然后——在心里默想其中一张，不要用鼠标点中它。（我选了红桃Q）——看着我的眼睛，默想你的卡片。（我根本不相信，就真的挑衅般地看着他的眼睛，心想：就算你有什么厉害的软件，我不在键盘上做任何动作，你怎么可能知道我选中了哪一张？）——我不认识你，我也看不见你，但我知道你的思想。（真的吗？）——默想你的卡片，然后击空格键。

轻轻一击空格键，画面哗地一变，原来的六张牌不见了，然后出现了一行字：看！我取走了你的牌！我急忙去看，天哪！扑克牌只剩下五张，红桃Q不见了！真的不见了！

大吃一惊的我，马上再来一遍。这次选了黑桃K，几个步骤下来，黑桃K又不见了！

大卫真的通过电脑，拿走了我想的牌？怎么可能？难道真的有魔法？！百思不得其解，发了邮件问那个朋友，他说：“这是个诡计，你再想想。”

我想了半天，不得要领，于是转发给另一个朋友，他是个当年的理科高才生。过了一会儿打电话问他，他说应该是个概率的问题，正在进行分析。我一听就知道他也是一头雾水，便再去追问那个大洋彼岸的始作俑者。

对方终于回答了我。他的回答令我再次失声惊呼：竟然是这样简单！

原来,第二次出现的牌,完全是另外的一组,虽然看上去和第一次的很相似——都是J到K,但花色不一样。也就是说,第一次出现的六张牌,第二次都不会再出现,不论你选哪一张牌,结果都是一样的。但是我们为什么会上当呢?这是因为我们死死地注意其中的一张牌,当然就只看到"它""没有了"。就是这么简单。

我还是忍不住惊叹。不是惊叹这种游戏的有趣,而是惊叹它对人的普遍心理的洞察和利用。一叶障目,不见泰山。攻其一点,不及其余。许多人不就是这样吗?总是选定人生某一项内容,作为自己的一张牌,死死地盯着它,有它在就觉得人生有希望有光明有分量有温暖,如若某一时刻发现它不翼而飞,人生就彻底崩溃,信念坍塌,日月无光……根本不知道其他几张牌是否还在,是否有变化,忘了人生从来就不是只有一张牌。

我们所缺少的东西之所以显得那么重要,有时候是因为我们过分企盼、过分重视它了。我们为什么要那样在乎我们没有的东西呢?为什么要如此执着甚至要拿一生来和它死耗呢?

就算拿走了那张牌,不是还有其他的五张吗?即使它们的图案和你最初的希望不一样,难道不也可能是悦目的吗?接受并且欣赏命运发给我们的牌,也许会有意想不到的乐趣呢。所谓的惊喜,所谓的奇迹,都不是死死等来苦苦盼来的,而是预料之外,在某个神奇时刻突然降临的。

我喜欢这个游戏。大卫的诡计让我明白了:有时候,用力看其实就是盲,执着于聪明就是愚蠢。

人生悟语

生活的真谛有的时候不仅仅表现在盲目的执着,更多的应该是明白该在什么时候放弃,放弃并不等于不坚持,而是换到另外一个方式去解决问题。

装满篮子

佚名

日本明治时代,有一位著名禅师南隐。

一天,一位智者来向南隐问禅。南隐以礼相待,谈了一会,南隐发现对方自认为很聪明,对事对物都有自己很深的成见,于是不再谈禅,而是端茶送客。

临走的时候,南隐让徒弟拿来一个篮子,开始往里面装水果,准备送给智者带回去。

他们把水果装入篮子,篮子已经满了还在继续装。智者看着水果不停地从篮子里滚出来掉到地上。终于不能沉默了。大声说道:"已经满了。不能再装了。"

南隐答道:"你就像这篮子。里面装满自己的看法,让我如何对你说禅?你应该先把篮子倒空才是啊。"

一个心灵不空不静的人。不宜与之谈禅,而应首先与他谈占有与放弃的哲学。

人生悟语

把自己当作一只篮子吧,一只干干净净、美丽结实的空篮子,到人生的果园里去摘果实,我们摘满一篮,享受了美味以后,接下来怎么办呢?自然是把篮子倒空洗干净了,再装入新的果实。

为了保全生命而舍弃

佚名

劳而诺是法国著名的探险队员。1978 年,他随法国探险队成功登上珠穆朗玛峰。而在下山的路上,却遇上了狂风大雪。每行一步都极其艰难,最让他们害怕的是,风雪根本就没有停下的迹象。

这时,他们的食品已为数不多,如果停下来扎营休息,他们很可能在没有下山之前,就会被饿死;如果继续前行,大部分路标早已被大雪覆盖,不仅要走许多弯路,而且,每个队员身上所带的增氧设备及行李物品,会压得他们喘不过气来,这样下去就会步履缓慢,他们不饿死,也会因疲劳而倒下。

在整个探险队陷入迷茫的时候,劳而诺率先丢弃所有的随身装备,只留下不多的食品,轻装前行。

他的这一举动几乎遭到所有队员的反对,他们认为现在离下山最快也要 10 天时间。这就意味着这 10 天里不仅不能扎营休息,而且还可能因缺氧而使体温下降,导致冻坏身体。这对他们的生命,将是极其危险的。面对队友的顾忌,劳而诺很坚定地告诉他们:“我们必须而且只能这样做,这样的风雪天气十天半月都有可能不会好转,再拖延下去,路标也会被全部掩埋,而丢掉重物,就不允许我们再有任何幻想和杂念。只要我们坚定信心,徒手而行,就可以提高行走速度,也许这样我们还有生的希望!”

最终队员们采纳了他的意见,一路上相互鼓励,忍受着疲劳和寒冷,不分昼夜前行,结果只用了 8 天时间,就到达了安全地带。而恶劣的天气,正像他所预料的那样,从未好转过。

后来,法国博物馆的工作人员,找到劳而诺,请求他赠送任何一件与法国探险队当年登上珠穆朗玛峰有关的物品,不料收到的却是劳而诺因冻坏而被截下的 10 个脚趾和 5 个右手指尖。当年一次正确的放弃,挽救了所有队员的生命;也是由于这个选择,他们的登山装备无一保存下来,而冻坏的指尖和脚趾,却在医院截掉后,留在了身边。这是博物馆收到的最奇特而又最珍贵的赠品。

人生悟语

对于生命来讲,其他的一切都是不重要的。如果你背负过重,那你的生命将会因为有太多的累赘而最终被毁掉。因此,在某些时候,你必须学会放弃,只有学会放弃,才能使一些最宝贵的东西不会失去。

黑珍珠坠链礼物

佚名

姚老师每周三下午来教老伴弹钢琴。她虽然上过音乐学院,但主修的是声乐,毕业后分配在乐团合唱队,一唱几十年,60 岁以后,在合唱队排练时兼任钢琴伴奏。老伴弹琴只为自娱,姚老师指导她非常得法,两个人很合得来,两年多下来,姚老师已经成了我们共同的朋友。

我从美国讲《红楼梦》回来,带回一些纪念品,其中最贵重的是 3 件首饰,全是在夏威夷买的。一件是绿宝石坠链,给了老伴;一件是黑珍珠坠链,送给了姚老师。姚老师开始不收,我就解释说,夏威夷有三宝,一是火山熔岩里开采出的绿宝石,老伴最喜欢绿色,几件最常穿的衣服,跟这绿宝石坠链很般配;夏威夷的第二宝是黑珍珠,姚老师爱穿灰黄的休闲服,配黑珍珠更显高雅;第三宝是红珊瑚,我买回一个珊瑚手链,留给儿媳妇。我如实报出购买的价格,让姚老师知道那黑珍珠坠链绝不昂贵,实在只是为了感谢她两年来给我们家带来的欢乐,她听了觉得我确实是把她当作亲人了,也就道谢收下了。

我和老伴都希望姚老师接受礼物后,能马上戴到脖子上,但她却收进了提包;而且,下一个周三来我家,虽然还穿着灰黄相间的服装,却并没有戴我送她的那黑珍珠坠链,而是戴了一条白珍珠的项链。我和老伴交换了个眼色,没说什么,心里都有点疑惑。难道她忌讳黑色?

姚老师指导老伴练了约一小时琴,大家就坐到餐桌边喝下午茶。我注意到,她那白珍珠项链,品相一般。3 个人闲聊,不知怎么就聊到了一位仍在电视上露面的著名资深歌唱家,老伴就感叹,说那么多唱歌的,能有几个达到那样的知名度啊!姚老师就说,那是她大学同学,毕业以后跟她一起分到合唱团的。老伴就问姚老师:“您是不是挺羡慕她呀?”

姚老师说:“为她高兴,一点也不羡慕。”随后,姚老师讲起了当年的情况。合唱团来了专家,让合唱团每人独唱一曲,合唱团几十个人,足足唱了 3 天,专家也听了 3 天。本来,这样做是为了把合唱水平提得更高,没想到专家却从中发现了一个男中音和两个女高音,认为是 3 颗珍珠,值得培养为独唱演员。那两个女高音,一个就是姚老师,另一个就是现在的著名资深歌唱艺术家。我和老伴只是听,没提问题。姚老师就笑了。

又喝了一阵茶,姚老师继续说,那时候其实专家对她的潜力更看好,但是,她就是想站在队列里唱合唱,不喜欢站到乐队前领唱或独唱,她把自己的这种想法说出来,大家都感到惊讶。专家通过翻译跟她交谈后,说理解了她,还说,很难得,有这样的歌唱者,从灵魂深处体味到了合唱这种艺术形式的真谛。的确,大合唱是人类走向亲和的一种途径。姚老师说,从那以后她就一直留在合唱队,虽然永远不可能出名,却无怨无悔。“我不想做一颗单独闪光的珍珠,我总觉得,一颗珍珠还是跟别的许多颗珍珠在一起,更有意思。”

在姚老师再一次来教琴前,我和老伴多次放送她赠我们的 CD 盘听,那是她参与的合唱演出的录音。我们原来提不起兴致听,现在却如闻天籁。

姚老师再来时,戴了一条黑珍珠项链,我送她的那一颗坠链,在正中间。她没问我们好看不好看,我们也没用语言去评论。确实,我们理解了,有的珍珠,是永远喜欢跟别的珍珠在一起的。

人生悟语

宁愿默默无闻地站在人群中,享受和众人在一起走向亲和的美感,也不愿迈出这个团体,独自在人群外发光发亮,就像那颗被串在许多珍珠中间的黑珍珠。在这个世界上,有些人永远喜欢跟别人在一起,甚至可以放弃一些东西。尽管,这些东西在别人看来非常珍贵,可是这种“放弃”本身不是更加珍贵吗?

要学会放弃

佚名

苏格拉底带着他的学生打开了一座神秘的仓库。这座仓库里装满了放射着奇光异彩的宝贝。

这些宝贝不知道是什么时候存放的,也不知道存放者是谁。仔细看看,每件宝贝上都刻着清晰可辨的字迹,分别是:骄傲,妒忌,痛苦,烦恼,谦虚,正直,快乐……

这些宝贝是这么漂亮,这么迷人,学生们见一件爱一件,抓起来就往口袋里装。可是,在回家的路上,他们才发现,装满宝贝的口袋是那么沉。没走多远,他们便感到气喘吁吁,两腿发软,脚步再也无法挪动。

苏格拉底说:"孩子们,我看还是丢掉一些宝贝吧。后面的路还长呢!"

学生们恋恋不舍地在口袋里翻去翻来,不得不咬咬牙丢掉一两件宝贝。但是,宝贝还是太多,口袋还是太沉,年轻的人们不得不一次又一次停下来,一次又一次咬着牙丢掉一两件宝贝。

"痛苦"丢掉了,"骄傲"丢掉了……口袋的重量虽然减轻了不少,但年轻的人们还是感到它很沉很沉,双腿依然像灌了铅似的重。

"孩子们,"苏格拉底又一次劝道,"你们再把口袋翻一翻,看还可以甩掉一些什么。"

学生们终于把最沉重的"名"和"利"也翻出来甩掉了,口袋里只剩下了"谦虚"、"正直"、"快乐"……一下子,他们感到说不出的轻松,脚上仿佛长了翅膀。

苏格拉底长舒了一口气:"啊,你们终于学会了放弃!"

人生悟语

不是所有东西都可以被放弃,比如那些内心的价值观念;不是所有的东西都应该被保留,比如名缰利锁和无谓的骄傲。但生活中我们的做法却经常相反,丢掉了从小秉承的正直、快乐,却舍不得放弃名和利。其实,这二者并不对立,你的正直和快乐同样会带给你想要的骄傲。

猎豹的放弃

佚名

在非洲辽阔的草原上,生活着一群群的猎豹。

羚羊是猎豹最喜爱的食物。在捕食时,猎豹总是伏下身,一步一挪地接近羚羊,尽量不让对方发现,然后以迅雷不及掩耳之势向对方扑去。但是灵敏的羚羊往往会猛地躲闪开来,竭尽全力快速朝前逃跑。猎豹则在后面箭一般地追逐,始终目标专一地盯着前面那头边跑边不断急转弯的羚羊。只见七百米、六百米、五百米、四百米……距离越来越短,羚羊唾手可得。可是,令人惊异的是猎豹有时竟会突然停止追杀,望着咫尺之内的羚羊,悠然地走开了。

为什么?原来,猎豹虽然是动物中的奔跑冠军,追击猎物的时速可高达120公里,可是公平的大自然在赐予它无与伦比的速度的同时,却没有赐予它足够的耐力。它根本无法长时间追逐猎物,当它的奔跑速度达到110公里以上的时候,它的呼吸系统和循环系统都在超负荷运转。如果它追猎的时间过长又不成功,就有可能饿死,因为它再没有力气去捕猎了。

为了能有足够的体力对付下一次捕猎,不导致饿死的结局,猎豹的做法很果断,那就是一定要在30秒的时间内,也就是在800米的距离内,将猎物追捕到手。如果超过了这个时间和距离,它们就会坚决放弃,等待下一次机会。

人生悟语

猎豹身为动物界的短跑冠军，美食在前却能果断放弃。而在现实生活中，有许多人因为有着出众的才学品貌，总是十分自负，想要的东西就一定要拥有。结果一旦遭遇失败，身心长时间内都无法恢复。其实，即使是才华杰出者，有时也需要勇于放弃，善于放弃，这样反而更能争取到完美的人生。

强者的对手

佚名

一只老鼠向老虎挑战，要同它决一雌雄。老虎果断地拒绝了。

“怎么了，”老鼠说，“你害怕了吗？”

“我啊，非常害怕。”老虎说，“如果我同意你的挑战，从此后，你可以得到曾与老虎比过武的殊荣；而我呢，以后所有的动物都会耻笑我说竟然和一只老鼠打架。”

威廉·詹姆斯说过：“明智的艺术就是清醒地知道该忽略什么的艺术。”

不要被不重要的人和事过多打搅，因为成功的秘诀就是抓住目标不放，而不是把时间浪费在无谓的牺牲上。

你如果与一个不是同一重量级的人争执不休，就会浪费很多资源，降低人们对你的期望，并无意中提升了对方的层次。

同样，一个人对琐事的兴趣越大，对大事的兴趣就会越小，而非做不可的事越小，越少遭遇到真正问题，人们就越关心琐事。

人生悟语

如果你是强者，就该注意挑好你的对手，否则，即使是赢了，也不会有喝彩和掌声，只会无谓地浪费时间和精力，聪明的选择就是放弃那些无谓的争斗，把百分百的精力倾注到该重视的人和事上。

放弃的快乐

青衣

那天，一家人在一起看王小丫的《开心辞典》，发现越来越喜欢这个节目，因为充满了智慧和人性化的美丽。

总有许多梦想会被实现，总有陷阱在前面等待着你，王小丫的微笑却永远那么迷人。她总是问你，继续吗？如果继续就有两种结果，一个是成功，接着往前进，一个是失败，退回到你原来的起点。不进则退，不可能让你在原地待着，还能保持住已经取得的成绩。

答对十二道题的人并不多，往往是三道、六道或者九道题就被淘汰出局了，但我看了很多选手，都是一直往前，有一个人，已经到了第九道题，但因为一次失误，又回到了从前的点数。一种新玩法，非常刺激。

此时，我正在犹豫是否考研，就业压力大得让人喘不过气来，许多人都在考研，其实不过是找一个避风港而已，暂时让自己再回到象牙塔里，其实对于我而言，这样的前进，似乎意义不大。

我希望自己找到一份稳定的工作，或者再确切点说，我希望在社会上磨炼自己。弟弟在读大二，他一直说："姐，考研吧，现在考研多热啊，将来大本还上哪混去啊？"

我知道他说得不对，那些 CEO 们好多连本科都不是，学历并不能证明一切，面对两难的选择，我真的在彷徨。

那个答题的人一直很幸运，一路到了第九道题：他怀孕的妻子就在台下，去掉个错误答案、打热线给朋友、求助现场观众，他都用过了，到了第九题，当他把自己所有设定的家庭梦想都实现后，王小丫问："继续吗？"

"不，"他说，"我放弃。"

我一愣，王小丫也一愣。因为很少有人放弃，那是在全国电视观众面前，失败或成功都可以理解，本来就是一场智力加机遇的游戏。

但他还是放弃了。弟弟说："真不像个男人，要是我，一定会答。放弃干什么，太保守了，不就是答错了往回扣分吗，万一答对了呢？"

王小丫继续问他："真的放弃吗？"而且一连问了三次。

他连犹豫都没有，然后点头，真的放弃。

"不后悔？"王小丫问。

他笑："不后悔，因为应该得到的已经得到了。"

坐在电视机前的我，心里一阵激动，多好的话啊，不后悔，因为应该得到的已经得到了。

最终，他只答了九道题，没有接着冲向完美的十二道，但是他说，已经很满足了，因为人生有许多东西必须要放弃才会得到。

"必须要放弃才会得到！"多好的一句话啊！

另一个男主持人问他："如果将来你的孩子长大后问你：'爸爸，那天在《开心辞典》你为什么放弃了？'你会怎么说？"

他说："我会告诉他，人生并不一定非要走到最高点。"

主持人说："那你的孩子如果问：'那我以后考 80 分就可以满足了吗？'你怎么说？"

他笑着说："如果他觉得高兴，如果他付出自己应该付出的努力，那么我认同。"

全场响起了热烈的掌声。

那是一种更豁达的人生态度吧，从来我们都以为要追求、永远追求，要一直向前，哪怕跌得头破血流，爬山时我们要达到山顶，在半山腰上停下的人会被看不起，跑步时我们要撞到红线，仿佛那才是唯一的目的。

但我也知道，也许半山腰的风景更美丽，因为空气浓厚所以生长着各式各样的植物和动物，也许山顶上可以一览众山小，可谁知道它是不是显得更加寂寞孤单？跑步的人，如果停下来看看风景有什么不好？为什么，非要去撞那条红线？

从来不知道，原来，放弃也可以是一种快乐，一种美丽。

因为放弃是另一种姿势，是我们准确地衡量自己、把握自己做出的最现实的决定，它不是保守，不是退缩，而是为了得到最好的应该属于自己的一切。

弟弟一直在说着那个人的保守和老土，认为那个人一点也不酷，但我笑了，我知道自己应该怎么做了。

过了几天，我告诉家人，我放弃了考研，到一家公司做秘书。眼高手低，并不能找到一份好工作，而脚踏实地，寻找那片应该属于自己的天空，才是我真正要做的吧。

那天《开心辞典》对我的影响，是让我找到了一种新的生活态度，在很多时候，在学会进取的同时，也应该学会放弃。

因为理智的放弃，是美丽的。

人生悟语

放弃是一种智慧，选择放弃你能寻找到另一种释然的快乐。人生有时候就是如此，你不能背负着你所有想要的东西走完人生的全程，所以，如果想要达到目标，就必须有所舍弃。有舍才有得，学会放弃，放弃一些烦恼，你才能轻装上阵，与快乐相伴。

第三章　放下一切

把忧郁留在沙滩上

佚名

有一个富翁，他可以用钱买到任何东西，但他却感觉自己愈来愈不快乐。他相信自己得了忧郁症，寻遍名医，但空虚的心情却仍然夜以继日地折磨着他。某天，他听说偏远的海滨住着一个很厉害的医生，决定前去看诊。

医生听了他的问题，告诉他："我有个很好的处方，保证有效！"接着递给富商三个纸包。

医生叮咛："这三个纸包中各有一帖药，你一天服用一帖就好了。不过，切记必须在沙滩上服用，才会见效。"富翁半信半疑，告别医生后马上走到沙滩上，打开第一个纸包。但里面什么都没有，只写了几个字：在沙滩上躺三十分钟。富翁觉得自己被耍了，但心想死马当活马医吧，便依照指示，躺在沙滩上。一开始，他心里一直想着自己有多不快乐，但渐渐地他开始听到海浪的声音，闻到海水的咸味，发现蓝天中的云朵正随着凉风变幻……他就这么一直躺着，直到夕阳西下，他才发觉自己躺了不止三十分钟。

第二天，富翁又来到沙滩，打开纸包。里面还是什么都没有，只写着：在沙滩上找出五条搁浅的小鱼，把它们扔回海里。

富翁照做了，不知道为什么，当他看到奄奄一息的小鱼一回到海里马上就生龙活虎时，他突然觉得心情好像好一些了，于是扔了一条又一条。

第三天，他打开最后一个纸包，只见上面写着：把你的烦恼都写在沙滩上。富翁找了一根小树枝，在沙滩上不停地写着：和妻子的关系愈来愈冷淡、孩子不听话、上个月谈生意不顺利……他写得有些累了，直起腰来，看着自己一连串的烦恼。

突然，一阵大浪打上来，又很快退去了。富翁惊讶地发现，刚刚被他写满烦恼的沙地，又回复平整，仿佛什么事都没发生。

人生悟语

忧郁仿佛已经成了现代的文明病，就算我们没有罹患忧郁症，却或多或少，常会感到闷闷不乐，心口仿佛被压了一块大石头。不过，能搬开这块石头的，其实只有自己。

拂去怨恨

李雪峰

海格力斯是古希腊神话中的一位英雄，他力大无穷，可以搬山，也可以填海，打遍天下也几乎找不到一个能和他匹敌的对手。

有一天，海格力斯因为追击敌人而走到了一条崎岖、狭窄的山道上，在他就要追到对手的时候，那个狡猾而阴险的对手忽然丢下一个袋子挡在海格力斯前进的路上。海格力斯十分恼怒，他不屑地喊："连山我也能一脚踢翻，何况你这个破袋子，收起你的伎俩吧！"海格力斯边喊，边飞起一脚狠狠踢在那个袋子上，但令海格力斯吃惊的是，自己狠狠的一脚不仅未把那个袋子踢飞，反而变得比刚才更大了。

恼怒万分的海格力斯又狠狠飞起一脚踢在袋子上，那袋子不仅纹丝不动，而且又大了不少，甚至把海格力斯的道路一下子堵死了。海格力斯怒火万丈，他弯腰拔下身边的一棵大树，举起大树狠狠地砸向那可恶的袋子，但无论他多么用力，那袋子却始终完好无损，只是随着海格力斯一次又一次雨点般地狠砸，那个袋子变得越来越大，刚才还是一个微不足道的袋子，眨眼间却变得比山还大，甚至连大地和天空也要盛不下它了。而且，海格力斯砸一次，袋子里总有个人扬扬得意地讥笑海格力斯说："你这个笨熊，你砸呀，你砸呀，再过一会儿，我不费吹灰之力就足可压死你！"

海格力斯已经累得精疲力竭了，但那越来越大的袋子却依旧完好无损，而且变得越来越硬、越来越坚固。正在海格力斯束手无策的时候，从树林里跑出了一个白发苍苍的圣人，圣人喊："英雄，请千万别踢、别砸这个袋子了，要不，它一定会将天胀塌的，请马上住手！"

海格力斯大吃一惊，他不知道这么一个破袋子为什么竟有如此巨大的魔力。圣人告诉海格力斯说："这个袋子叫仇恨袋，魔力无穷。如果你犯它，心里老记着它，它就会越来越膨胀，甚至可能将世界毁灭；如果你不理睬它，对它熟视无睹，那么它就会小如当初，连一点点的魔力也没有。"

圣人感慨地说："心中盛满仇恨，是一个人毁灭自己和毁灭世界的最大祸根啊！"

拂去我们心中的怨恨，让我们的心灵多一分宽容，那么，我们人生的路上就会少掉"仇恨袋"一样膨胀起来的高山，我们就能拥有更多的平坦和阳光。假若一个人心里总是装满怨恨的火药，它可能不会炸毁别人，最容易毁灭的恰恰将会是他自己。

不让怨恨在我们的心灵占一席之地，这是我们生命平安和幸福的永恒秘诀。

人生悟语

面对一些无助的事情，或者一些不公平的待遇，我们可能会做出一些不理智的行为。其实，越是危急的时刻就越要冷静，手忙脚乱很容易使自己滑向深渊，甚至走上一条不归路。冷静应对才能化险为夷，创造奇迹。

高贵的下跪

赵风

这年，河谷县农村大丰收，年底时，县专业剧团受到好几个村子邀请，下乡唱戏。签完合同，团长又喜又忧，喜的是有戏可唱，忧的是这几年市场不景气，主要演员几乎都跑光了，好多剧目无法上演。思来想去，团长想起了镇业余剧团的杨婉儿。

杨婉儿是业余剧团的台柱子，在四乡八寨很有人缘。团长找到杨婉儿，讲定春节期间每天付给她 100 元。杨婉儿早就想到县专业剧团学学艺，拜拜师，于是便一口答应下来。

杨婉儿不但嗓子甜，嘴巴也甜，一进县剧团，逢人开口笑，见人就叫老师。可当她叫当家花旦林叶儿时，林叶儿却把嘴巴一撇，说："我咋敢当你的老师？我叫你老师还差不多。"

杨婉儿来团后，最不高兴的就数林叶儿。她一个堂堂专业剧团的主要演员，一个月工资才千把块，而一个从乡下业余剧团来的农家女娃子，一月拿三千，这叫她心里哪能舒坦？对杨婉儿哪有个好脸子？

转眼就到了春节，三天大年一过，剧团来到了第一个演出点大柳庄，演出《秦香莲》。乡亲们见演秦香莲的杨婉儿扮相俊俏，表演逼真，嗓音圆润，唱得又特别动情，便决定为剧团送"腰台"。

啥叫"腰台"？原来这是河谷县一带自古就留下的习俗，但凡村中唱戏，倘若演员们演得出彩，唱得动情，庄里就会将宰好的整猪整羊披红挂彩，派年轻力壮的小伙子抬着它们从戏场中间敲锣打鼓地往台上送，以示对演员们的赞赏和慰劳。后来送猪送羊不时兴了，逐渐演变成村民手捧托盘，托盘上摆着各家各户亲手做的糕点往台上送；由扮花旦的演员跪在台口拜接。这仪式是在演出到一半时进行的，便称之为送"腰台"。不过，后来县里成立了专业剧团，演员们的身份变了，接"腰台"时，一般都是站着接，不肯下跪了。

大柳庄是个大庄，这天送腰台的人特别多，排成了长长一大溜。再说林叶儿，她自从当上了主要演员，便端上了架子，一般情况下，她都不愿接腰台，而让那些演配角的演员去接。偏偏这天她在《秦香莲》中扮演陈世美的后妻公主一角，行当刚好是花旦，这出戏中花旦行当只有她一个，她不接腰台谁接？团长同林叶儿说了半天好话，她才十不情九不愿地来到了台上。

也是合该有事，当林叶儿接过几个台下送上来的托盘后，轮到庄中一个外号叫"愣头犟"的小伙子近前了。送腰台前，"愣头犟"喝了点酒，他跌跌撞撞地走到台口，用双手把托盘高高举过头顶，林叶儿弯下腰刚要伸手去接，"愣头犟"却把手缩了回去。林叶儿不知他是何意，脸上顿时窘得通红，立在原地不知所措。正当她进退不得时，"愣头犟"又把托盘举了起来；等林叶儿伸手去接，他又把手缩了回去。如此反复再三，林叶儿气得双手直哆嗦，一跺脚，转身就要朝后台走去。

这时，"愣头犟"却嘟嘟囔囔地说话了："咱给……给你送腰台，妹……妹子，你得……得跪着接……"林叶儿哪受得了这个气？当即把脸一沉，小声骂了一句"神经病"，就往后台走去。

"愣头犟"来气了，对着林叶儿的背影大吼一声："转来！"林叶儿不由自主一回头，见"愣头犟"脸上涨得通红，双手高举托盘，朝她猛地一下砸了过来，眼看托盘就要砸着林叶儿的头脸，突然，从后台闪出一个人影，伸手半空一捞，稳稳地接住了那飞旋的托盘。林叶儿抬头一看，正是自己平素看不上眼的杨婉儿。

杨婉儿扶着林叶儿进了后台，林叶儿刚想说点啥，没想到"愣头犟"从台下冲了进来。他冲到林叶儿面前，对她吼道："我好心好意为你……送腰台，你为啥不……不接？"这时，其他等着送腰台的人见林叶儿进了后台好半天不出来，也都不耐烦了，在台下七嘴八舌地嚷了起来。

正当台下闹闹哄哄乱成一锅粥时，杨婉儿重又回到台上，她紧走几步来到台口，对着观众深深一鞠躬，开口说道："各位乡亲，林老师双腿患有关节炎，不便下跪，请大家原谅，现在由我来接各位乡亲送的腰台，并在此先向大家赔个礼，道个歉……"说完，她"扑通"一声跪了下来，台下顿时安静下来，那些小伙子都自觉地排好队，一个个用双手把托盘高高举过头顶，朝杨婉儿走来……

送完腰台，演出继续进行。演出结束后，当杨婉儿手牵她的一双"儿女"出台谢幕时，整个戏场爆发出雷鸣般的掌声，经久不息……

林叶儿只觉心里堵得慌，便第一个冲进了后台，恨声说道："真巴不得早点离开这个鬼地方！"在后台的团长听见这话，不满地瞪了林叶儿一眼。这时杨婉儿和大家也都回到后台卸妆。团长朝杨婉儿走去，杨婉儿赶紧起身，不料脚下一个踉跄，扑倒在地，好半天也没爬起来。旁边的一个小演员连忙将她扶起，对团长说："团长，你还不知道，婉儿姐姐才真正患有关节炎，可她接腰台时，还是跪……"不等小演员说完，团长急忙蹲下身来，轻轻捋起杨婉儿的裤腿一看，只见她双膝上渗着一道道血丝，肿得就像发胀的大馒头。

团长眼眶一红，颤声说："让你受委屈了！"杨婉儿扶起团长，轻轻地说："全县的父老乡亲，都是我的衣食父母，是我的亲人，趁这新春之际，我对他们下跪，只当是为他们拜个年，有啥委屈的？要说委屈，我只怕林老师她……"杨婉儿话未说完，有人看了林叶儿一眼，只见两颗泪珠从她的眼角无声地滑落下来。

而那些正在说笑的年轻演员们，听了杨婉儿的话，立马噤声，原本喧闹的后台陷入了一片寂静之中……

放下架子，得到的是尊敬。

记住恩惠

佚名

有一次，吉伯和马沙这两位朋友一起旅行。经过一处山谷时，马沙失足滑落，幸而吉伯拼命拉他，才将他救起。于是，马沙在附近的大石头上刻下了一行字：某年某月某日，吉伯救了马沙一命。

两人继续走了几天，来到一处河边，吉伯跟马沙为了一件小事吵起来，吉伯一气之下打了马沙一耳光，于是马沙跑到沙滩上写下一行字：某年某月某日，吉伯打了马沙一耳光。

不久，他们旅游回来了，有人知道这事后好奇地问马沙为什么要把吉伯救他的事刻在石上，将吉伯打他的事写在沙上？马沙回答道："我永远都感激吉伯救我，至于他打我的事，我会随着沙滩上字迹的消失，而忘得一干二净。"

记住别人对我们的恩惠，洗去我们对别人的怨恨，在人生的旅程中才能晴空万里。

请记住别人对我们的恩惠，洗去我们对别人的怨恨。

竞选宰相的考试

佚名

流传着这样一个传说。

有一年，渤海国宰相去世，国王想从两个同样优秀的年轻大臣中选一人做新宰相。国王把他们两人留在宫中，分别让人告诉他们："祝贺你，我明天将宣布你做宰相！"

之后，国王让人领他们回到各自的房间睡觉，然后在隔壁仔细观察两人的动静。其中一位，内心过于激动，一夜未眠。而另一个人走进卧室不久，便静静地睡去，不时有鼾声传出，直到第二天仆人把他叫醒。

第二位大臣当了宰相，而一夜未眠的那位落选了。

国王说："一听说要当宰相就激动得睡不着觉，可见第一个人心里放不下事。当宰相，就要有腹中能撑船的度量。你看第二个人，拿得起放得下，这才是真正的宰相之才啊！"

人生悟语

拿得起是一种功力，放得下是一种修养。一个明智的人，拿得起有分量的东西，同样也放得下它，只要服从自己内心，就可以进行另一选择。有句老话说，"跌倒了不疼，爬起来才疼"，这就是痛定思痛的一种表现了。但是既然跌倒了，就不要念念不忘疼痛如何难以忍受，以及别人如何不理解自己，这样只能作茧自缚，让自己手足无措。

你是一个富翁

千萍

有一个朋友，下岗了，生活过得十分艰难，于是有一天闲暇，他去拜见自己无比敬仰的一位老师，痛哭着向老师倾诉自己人生的不容易和自己生活的种种艰难。他哭泣着说："我太穷了，几乎穷得一无所有，我这样贫穷地生活着还有什么意思呢？我真想离开这个世界啊！"

德高望重的老师默默听完他的哭诉，什么也不说，站起来从一本书里找出一张纸条递给他说："看过这个纸条，你便知道你是不是真的很贫穷了。"

他擦擦眼泪，接过那张纸条，拧亮身旁的台灯，默默看起来，那张纸条上写着：

如果早上醒来，你发现自己还能自由呼吸，你就比在这一周离开人世的 100 万人更有福气。

如果你从未经历过战争的危险、被囚禁的孤寂、受折磨的痛苦和忍饥挨饿的难受……你已经好过世界上 5 亿人。

如果你的冰箱里有食物，身上有足够的衣服，有屋栖身，你已经比世界上 70% 的人更富足。

如果你银行户头有存款，钱包里有现金，你已经身居世界上最富有的 8% 的人之列。

如果你的双亲仍然在世，并且没有分居或离婚，你已属于稀少的一群。

如果你能抬起头，带着笑容，内心充满感恩的心情，你是真的幸福——因为世界上大部分的人都可以这样做，但是，他们没有。

如果你能握着一个人的手，拥抱他，或者只是在他的肩膀上拍一下……你的确有福气——因为你所做的，已经等同上帝才能做到的。

如果你能读到这段文字，那么，你更是拥有双份的福气，你比20亿不能阅读的人更幸福。

这个朋友读完，静静思忖了一会儿，揉了揉眼说："我现在还在呼吸着，我已经比那100万人幸运和富有了，因为我还有生命。"老师笑了。

朋友又说："我现在虽然下岗了，但我从未经历过战争的危险，也从未被囚禁过，我是自由的，我拥有自由的生活，我已经比世界上至少5亿人富有了。"

老师又笑了。老师说："你可能银行里没有一分钱的存款，但你有衣服穿，一日三餐有饭吃，有房屋住，你已经比这世界上70%的人更富了。"

朋友叹了口气笑着说："我现在已经读完了这段文字，我又比另外那20亿不能阅读的人富有多了。"

老师听了，舒心地笑了。朋友对老师说："老师，你能将这张纸条赠给我吗？"老师笑着点点头答应了，朋友高兴地说："我现在知道自己是个富翁，我比世界上不知多少的人更幸福了！"。

朋友把他的这段故事说给我听，把这张纸条拿给我看，我也十分地高兴，因为看了这张纸条我才明白，其实自己也是一个富翁。其实你也是个富翁，只是你不知道或把自己的参照物找错了，你有房屋栖身，但你却参照别人的豪华别墅；你一日三餐衣食无忧，但你却参照别人的千金酒宴……

人生悟语

人心是贪婪的。抛开这些贪婪，我们在这个世界上可谓是多么幸运。有多少人饱受战争？有多少人无家可归？而有些人什么都拥有却不知足。抛开一切。可能你是最富有的那个人……

散步的心灵

佚名

一天，哲学家率领诸弟子走到街市上，整个街市车水马龙，叫卖声不绝于耳，一派繁荣兴隆的景象。走出一程后，哲学家问弟子："刚才所看到的商贩当中，哪个面带喜悦之色呢？"

一个弟子回答道："我经过的那个鱼市，买鱼的人很多，主人应接不暇，脸上一直漾着笑容……"弟子的话还没有说完，哲学家便摇了摇头，说："为利欲的心虽喜却不能持久。"

哲学家率众弟子继续往前走，前面是一大片农家，鸡鸣桑树，犬吠深巷，三三两两的农人来回穿梭忙碌着。哲学家打发众弟子四散了去，过了一段时间之后，哲学家又问弟子："刚才所见到的农人之中，哪个看起来更充实呢？"

一个弟子上前一步，答道："村东头有个黑脸的农民，家里养着鸡鸭牛马，坡上有几十亩的地，他忙乎完家里的事情，又到坡上侍弄田地，一刻也不闲着，始终汗流浃背，这个农民应该是充实的。"哲学家略微沉吟了一阵子，说："来源于琐碎的充实，终归要迷失在琐碎当中，也不是最充实的。"

一行人继续往前走，前面是一面山坡，坡上是云彩般的羊群。一块巨石上，坐着一位形容枯槁的老者，怀里抱着一杆鞭子，正在向很远的远方眺望。哲学家随即止住了众弟子的脚步，说："这位老者游目骋怀，是生活的主人。"众弟子面面相觑，心想，一个放羊的老头，可能孤苦无依，衣食无着，怎么能是生活的主人呢？哲学家看了看迷惑不解的众弟子，朗声道："难道你们看不到他的心灵在快乐地散步吗？"

是啊，真正自由而尊贵的生命，是懂得让心灵散步的生命。正像哲学家所解释的，金钱不会给我们带来持久的愉悦，琐碎的生活也常常会迷失和束缚了我们的手脚；只有让生命卸去一切障碍，抛开一切羁绊，止去自由，浮沉无我，让灵魂在平旷的四野，自在而放松地漫步，活出的才会是诗意的人生啊。

也许有时候，这个生命会陷于物质的困顿，精神的外围也是一片平庸；可是他却懂得时时刻刻去放逐自己的灵魂，化成一片散淡的云，自由地飘在空中，化成一叶扁舟，轻松地漂在水上。因为他知道，只有拥有了心灵的自由和轻松，生命才从本质上获得了富有和尊贵。

也就是说，一个人只有在心灵散步的时候，才让疲惫的生命真正地回了家！

人生悟语

拥有心灵的轻松、自由是一种让人惬意的生活方式、生活态度。绷得过紧的橡皮筋容易断，时常生活在紧张的状态中，让心灵饱受压力也会心力交瘁。人生在世，无论是身处佳境还是举步维艰，我们都应当寻找心灵的轻松、自由，心灵的"散步"能给自己、给他人带来生命所需的慰藉和喜悦。

太阳落山之前走回来

佚名

从前有个地主，因为给一个部落立了功，部落首领为了答谢他，便要奖励一些地给他。

首领说："你从这里往西走，做一个标记，只要你能在太阳落山之前走回来，从这里到那个标记之间的地就都是你的了。"

地主欣喜若狂，心想：免费的东西，谁不想多要一点。于是，他铆足了劲，走过一个山头又一个山头，跨过一条河流又一条河流。每往西一点，他所属的范围就大一点。范围大一点的时候，他总想着还可以再大一点点。

地主虽然很累，但是他总是一遍又一遍地对自己说：再走几步吧，这样就能得到更多的土地。接着，他又往前走，一直走到筋疲力尽的时候，他才想起该回家了，可是太阳已经悄悄藏在了山后，他找不到回去的路了。

太阳落山后，地主还没有回来。部落的首领于是赶紧派人去找。结果发现，他在远处的一个山上，累死了。

人生悟语

许多人的一生就像这个地主一样，贪欲的膨胀，使他追逐这个追逐那个，没完没了，可到头来没有一样真正属于自己，因为他太贪婪了。

上帝的最后一次考验

佚名

据说，在进入天堂之前，每一个有资格的人都还要通过上帝的最后一次考验。只有通过这一关的灵魂才可以真正进入天堂，享受其间的幸福安逸生活。

这天，有两个人通过天国的重重关卡，来到了进入天堂的路口。这时，在他们的面前闪现出两座房子。

一座金碧辉煌，一座简单朴素。透过门缝可以看见前者的院子里鸟语花香，其中堆满了美玉珠宝，并且站着数不清的美貌女子，个个有沉鱼落雁之容，闭月羞花之貌。而后者则是空空如也，什么也没有。

其中一个人心想，早就听说天堂是个好地方，里面有享不尽的荣华富贵，用不完的金银财宝，还有许多柔情似水的女子，这一看果然不假。也许，这就是所谓的天堂吧。于是，他推开了那扇金碧辉煌的大门。

但没想到的是，他刚把脚迈进去，便落入了无底的深渊。因为他推开的门叫作欲望门，是通向地狱的一扇方便之门。

而另外的一个人则怀着一种无欲无求的心态平静地推开了那扇外表朴素无华的大门。结果，他进入了天堂，真正的幸福殿堂。因为他推开的门才是名副其实的天堂之门。

上帝亲眼目睹许多马上就要进入天堂的灵魂都错误地推开了天堂隔壁的欲望小屋，觉得十分痛心。

为了提醒后来者，好心的上帝特意在这个地方竖立了一个警示牌，上面写着：欲望是通往地狱的大门。

人生悟语

“欲望是通往地狱的大门”，确实如此，沉迷于富贵与财富之中，欲望就完全不受自己控制，自己反而被欲望牵制着，一步步被引往地狱，把脚迈进去，便掉下万丈深渊。

用感激忘记仇恨

佚名

有两个男孩子，他们从小学到高中不仅在一个学校里，而且在同一个班里。两个人情同手足，终日形影不离。他俩都是独生子，很受家长的宠爱。

一个星期天的清晨，他俩相约到海边游泳。夏日的海滨，细细白沙柔软而蓬松，蓝蓝的海水不断地轻轻亲吻着他们的脚背，他们恨不得一下子投向大海的怀抱中。这对年轻好胜的小伙子互相打闹着向深处游去。

突然，风云骤变，阳光隐没在厚厚的云层里，那碧绿的海水顿时变得混沌黯黑。不一会儿，暴风雨便如同瀑布似的铺天盖地倾泻下来，狂怒的海水发出呼呼巨响。

两个小伙子在滔天的巨浪中与危险苦苦地搏斗着，可是，他们刚刚游在一起，就被一层巨浪分开了。他们高声地喊叫着，竭力保持着联系，同时，拼命往岸上游去。风越来越大，浪越来越高了，海浪时而像无数隆起的小山，把他们抛向高空，时而又如凹下去的峡谷，使他们掉进无底的深渊。

一个小伙子仍在高叫着同伴的名字，却不见回音。他心急如焚，拼命向同伴那里游去。可是，人不见了！他不顾一切地喊叫着，寻找着，直到凶猛的巨浪把他打昏。

当他醒来时，他发现自己躺在医院的病床上，他得到的第一个消息就是好友不幸溺水身亡。后来，他伤愈出院了，但他心中的忧患却日渐加剧。因为，是他主动找好友去游泳的，可是他却没把好友救出来。他失魂落魄地终日在海边徘徊，向着一望无垠的大海轻轻呼唤着好友的名字，但是只有那阵阵涛声作答。

他来到好友的家里，请求伯母的宽恕。那失去独子的母亲悲痛欲绝，终日以泪洗面，无暇顾他。他每次都怀着一颗负疚的心情悻悻而去。这种痛苦的心绪一直伴随着他离开校门，走上了社会。无论如何，他都无法从悲痛和自责中走出来。

一天，有人轻轻地敲他的房门。来了两个人，一位站在门外，另一位妇人进来，轻吻了他的额头，亲切地说："孩子，还认得我吗？"他抬头一看，来的正是他亡友的母亲。

"伯母，想不到是您来了！"他惊喜地扑上去。

妇人亲切地抚摸着他的头发说："我的孩子，过去了的事情就让它过去吧！我曾经对你也不够冷静，请你多多原谅！"说着，两行晶莹的泪水无声地流淌在她那苍白的面颊上。

"伯母！我的好妈妈！"他再也忍不住了，痛悔和欢喜的泪水尽情地涌出。然而，这已不再是难过的泪水，而是互相谅解的热泪。

她冷静了一下，说："我今天来，是想对你说，我从你身上看到我的孩子还活着。你为他倾注了自己的哀思，我从你的情感中感受到人生的欢乐。让我们互相谅解吧，让我们如同一家人那样互相体恤吧。"

从此，他心头的忧虑消除了，因为那个悲伤的母亲终于原谅了他。

人生悟语

人要学会忘记别人对自己的不好，要学会忘记仇恨！世界上没有永远的仇恨，用善良的心去对待每一个人，相信他们总有一天，会被你的所作所为感动的。

忘记

陆勇强

美国洛杉矶的一所学校，有一个名叫普赖斯的女子，她今年 42 岁了，本来正是享受生活的时候，但她却因为有超常的记忆力，让她的生活变得痛苦不堪。

普赖斯原先是纽约市人，8 岁那年，她随父母亲移居到加利福尼亚州，在洛杉矶度过了她的少女时代。14 岁那年，她发现了一个奇怪的现象，她能记起多年以前一件极其细小的事情，几年前发生的事情，好像就是几个小时前发生的一样。

本来拥有这样的好记忆应该庆幸才对。但是，当以前的记忆排山倒海涌来时，普赖斯感到了害怕。她说，任何一个外界刺激，有时坐在餐厅里喝咖啡，看到了一个场景，她的记忆就会突然打开，脑海里像放电影一样，回忆以前的事，从每天起床的时间，到遇见的朋友，到吃过的食物和做过的事情，这一幕幕在脑海中栩栩如生。

如果这些记忆都是快乐的也罢，但她的记忆把以前那些不愉快的、伤心和痛苦的事情，也一概带来，让她本来很好的心情变得很糟糕。而且因为她的大脑经常在超负荷工作，普赖斯的睡眠极其不好，她四处求医，但没有一位专家能够告诉她应该怎么做。

加利福尼亚大学欧文分校的专家为普赖斯成立了一个专家小组，但专家们也束手无策，他们根本不知道怎样让普赖斯的大脑学会忘记。

命运似乎对普赖斯开了一个玩笑，让她此生为超强的记忆力痛不欲生。但普赖斯的遭遇，却成了美国的心理学家们的心理干预案例，他们认为再也没有像普赖斯的例子这样生动了：一个人假如不能学会忘记，那他们的生活肯定会崩溃。幸福是什么？快乐是什么？幸福和快乐就在忘却里。

幸福和快乐就在忘却里，这真的是一条很好的人生箴言。但事实上，并不是每个人都能理解它。我们总是记住痛苦，记住尴尬。记住折磨，而不懂得一个人如果背负太多，生活之路走起来就不轻松了。也许你会说，这一切我都无法忘记，可是专家说，像普赖斯这样的"超常记忆综合征"患者在全世界不会超过10位，一般正常人都可以在自己的努力下忘掉不愉快的事情，每个人都可以做到。

但是，当我们遭遇痛苦时，最希望的是得到传说中的那种孟婆汤，喝下之后会忘记忧愁，忘记仇恨，忘记一切。但世界上没有这样的孟婆汤，除了可怜的普赖斯，你的一切幸福只能自救，只能靠觉悟，你对记忆的取舍和选择，决定了你的生活是否快乐和忧愁。

人生悟语

生活总是要向前的，我们的眼光也应该着眼于未来。如果我们一直沉湎于昨天的痛苦与忧愁，如果将痛苦一再延续，那么泪水足以汇成淹没自己的苦海。学会忘记，才能摆脱痛苦的包袱，才能给幸福和快乐腾出空间，才能赢得明媚的明天。

为了兄弟情

戴慕仁

庄启龙与夏白玉要结婚了，婚宴定在一家五星级酒店。

结婚那天，场面果然气派。庄家包下一个宴会厅，男女双方各20桌。新郎新娘双双恭候在宴会厅门前，诸位亲友纷至沓来，往新人怀里塞红包，新郎新娘便含笑送上一句："不好意思让您破费了。"

婚礼仪式大同小异，全凭司仪一张嘴调节气氛。

但新郎新娘敬酒时，却得面对一个身份尴尬的朋友，他叫史明，和新郎庄启龙是好同事，同时也是新娘夏白玉的前男友。

早在庄启龙和夏白玉拟定宴客名单时，就为请不请史明而纠结不已。单位是小公司，就那么十来个同事，如果请了其他人而不请史明，这显得庄启龙小家子气；但如果请吧，场面上多少会有点尴尬。

最后新郎新娘达成共识:请!至于史明来不来赴宴,由他自己决定。

那天,史明拿到请柬的一刹那有点晕,有点狼狈。这个喜酒去不去?不去,显得自己太没腔调;去吧,前恋人的喜酒肯定是杯苦酒。后来架不住同事的起哄,他便答应去了。

到了婚礼敬酒的环节,新郎新娘挨着顺序敬酒,很快到了同事那一桌。

夏白玉的脚步一顿,因为她一眼就看到了史明在埋头喝闷酒。一旁的庄启龙凑近她的耳边问:"怎么啦?"

夏白玉努努嘴说:"我怕他们闹。"

庄启龙心里明白她在撒谎。因为他也看到了史明不太对劲,便安慰她说:"没事,有我呢。"

真的到了那桌,倒也太平无事。同事们使劲起哄,反倒掩盖了三人之间的尴尬。

宴会临将结束,史明想早点离场,没想到被同事们一把揪住:"还得一起去闹洞房呢!"

史明只好说:"我爸从外地来了,我已经答应要去陪他的。"

有个同事酒喝多了,说了句狠话:"你是不是吃不到葡萄,心里酸?"

史明堂堂男子汉,拉不下面子,便拉开嗓门说:"去就去,酸个屁!"

洞房就在五星级酒店的高级套房里。闹新房的套路大同小异,嬉闹加恶作剧,这一套难不住这对新人。只有一个环节差一点让他们下不了台。当有人问道他们恋爱经过时,开始新郎新娘还镇定自若,应对如流。但有个冒失鬼哪壶不开提哪壶,追问新郎新娘恋爱中间有过什么曲折。

这一问让新郎新娘僵在那里,大家的眼光不约而同地寻找一个人,史明!还好,史明不知去向。很快,大家也都识趣地离开了。

新郎将房门锁上。现在是两人世界,庄启龙突然问夏白玉,世界上哪种女人一下子变老?

夏白玉睁大眼睛问:"哪种女人?"

"新娘!"说完,庄启龙一把将夏白玉拥入怀中。

夏白玉依偎在老公怀里问:"为什么新娘一下就老了?"

庄启龙亲了她一口说:"因为今天是新娘,明天就变成老婆了。"

两个人静静拥抱了一会儿,夏白玉想起一件事,说:"我们把红包记一下,今后还要'还债'哩。"

于是夏白玉念送礼人,庄启龙逐笔登记礼金。庄启龙随口问道:"你看到史明什么时候走的?"

夏白玉一听这话,脸就沉下来:"你什么意思呀?他什么时候走,为什么问我?"

庄启龙忙打哈哈:"不就是关心他吗?我怕他喝多了出事啊!"

这时,酒店总台打电话来,宴会厅遗留了些东西请新人去认领。庄启龙关照老婆早点洗漱休息,便开门前去处理。

夏白玉走向套房里间,刚推门进去,她差点惊叫起来,只见里间的沙发上睡着一个大男人,再仔细一看,竟是史明。

原来史明今天喝多了,他被同事架到新房,大伙闹新房时,他酒劲上来,溜进里间倒头便睡。现在被夏白玉一叫,他也醒了,懵懵懂懂地问:"我在哪里?"

夏白玉捂着狂跳不止的心脏,说:"你在我的新房里!你怎么还不走?"

这时,史明完全清醒了,他跳起来连声说:"对不起,我马上就走。"走出新房,他的手机响了,拿起一听是他爸打来的。他问儿子,都半夜了怎么还不回家?明天还要陪自己去医院开刀,应该要早点回来休息。

史明听完,安慰他爸说:"您放心吧,我已经联系了一个好大夫,还特意准备了五千元红包。"说到这里,他下意识地拍拍口袋,这一拍,差点吓出他半条性命。口袋怎么这样单薄?他急急忙忙把手伸进去,却摸出来一个小红包,里面只有五百元。这个小红包是送给庄启龙的礼金,应该在签到时已经送出去了！糟糕，看来是把两个红包搞错了。

史明顿时感到天昏地暗。送出去的人情像放进河里的鱼，那是要不回来的。老爸明天就要住院开刀，自己到哪里再去筹这五千块钱呀！他站在新房门口，进退两难。琢磨了许久，他返身又去敲门。

夏白玉开门见又是史明，就沉下脸问他："你怎么还不走？"

史明鼓起勇气说："白玉，我有话想跟你说说……"

"你什么也别说！今天是我大喜的日子，请你尊重我，也尊重你自己。"夏白玉正要把门关上，突然看到庄启龙从走廊那边过来，心里一紧张就把史明拉进房。

史明懵懵懂懂拿出手机还想给老爸打电话，被夏白玉一把夺下扔在茶几上，推他进了里间，临关门时还叮嘱道："千万别出声！"

外间里，夏白玉帮老公开了门，便催他去洗澡，好趁机放走史明。但庄启龙特别兴奋，拉着夏白玉说这说那。

这时茶几上史明的手机响了，庄启龙接起手机来，听到了一个老人的声音："史明，你怎么还不回来……"

庄启龙纳闷了：这不是史明的手机吗？再望望夏白玉，见她神色慌张，感觉不对头，便匆匆挂断了电话，盘问妻子："为什么史明的手机在这里？"

夏白玉不知该如何解释，一来二去，两人大吵起来。

史明听夫妻两人吵得不可开交，便走了出来，他对庄启龙解释说："刚才我喝多了，在你们套间里睡着了，你不要怀疑白玉。"说完，他重重地叹了一口气，欲言又止。良久，他才深吸了口气，问道："你们收到一个大红包吗？里面有五千块钱。"

夫妻俩对望了一下，刚才是登记到一个大红包，用庄启龙公司的信封装着。他们还以为这是单位的贺礼呢。

史明急着说："那是我的。"接着便将送错红包的事情和盘托出。

明白了事情的始末，庄启龙和夏白玉都觉得对不起史明。他们原本以为今天史明在酒宴上心事重重，低头喝闷酒，是因为小心眼呢。没想到，是他家里出了那么大的事情！即便如此，史明还顾及情谊，来祝贺婚礼，相比之下，他们夫妻俩瞎猜忌，太小家子气了。

夫妻俩到一边轻声商量了一下，便由庄启龙对史明说："兄弟，你有困难怎么不早说呢？你的小红包我们收下。这个信封你拿回去。"

史明接过信封，感觉分量比之前重了许多，想看个仔细。

庄启龙又说话了："不用看了，多了五千元，这是我们夫妻一点心意，希望伯父能早日康复！"

世界上没有想不通的人，只有走不通的路。

鞋子里的石头

佚名

古时候有一名修行者决定到天竺朝圣，他走了大半年，走破了好几双鞋，好不容易才到达遥远的天竺。

修行者站在天竺的土地上，仰望建筑在小山坡上的庙宇，内心忍不住激动地想：我的目标已经近在眼前，大约再走十分钟，就可以到达了！于是他加快脚步往前走。突然，他感觉鞋子里好像进了一颗石头，但修行者决定不去理会它。走了几分钟，他感觉这颗石头在磨着他的脚底，非常不舒服，但寺院已经近在咫尺，修行者便继续往前走。又过了几分钟，石头似乎磨破了他的脚皮，但他还是咬牙忍耐。

终于到达寺院且参拜完毕，修行者松了一口气，才脱下鞋子，倒出里面的石头。他原以为这颗石头很大，不料却出乎意外的小。他顺手把小石头放入口袋。

修行者缓缓地走下山坡，这才发现山坡下是一片广袤的森林，还有一条清澈的小河蜿蜒其中，狭窄的步道两旁古木参天，路边开满不知名的野花。看到这幅景象，修行者突然感觉一阵心神舒畅。他拿出口袋里的小石头，喃喃地说："石头啊石头，想不到这次使我开悟的不是天竺之行，而是你这颗小石子啊！"

人生悟语

人生的烦恼，就好比鞋子里的石头，时间愈久，愈是折磨人。但我们却时常把全部心力放在烦恼上而不自知，因此没有心情欣赏人生路上的美丽风景；我们常错以为自己的忧虑就是整个世界，而不断把小小的烦恼无限扩大。

故事中的修行人之所以有顿悟之感，就是他理解到：脱离痛苦的法门不是到圣地朝拜，而是放下——就像把鞋子里的石头倒出来一样。

紧闭双眼，永远看不见美好风景

佚名

有个年轻、单纯的女孩，某天走在街市，与一名风度翩翩的男子擦身而过。虽然只是惊鸿一瞥，但已让女孩深印脑海，她想，这就是她理想中的伴侣。

于是，她诚心地烧香拜佛，求佛祖赐予他们一段姻缘。

女孩的诚心感动了佛祖，佛祖现身对女孩说："劝你还是不要强求吧，那个男人会让你伤心。"

但女孩非常坚持："不，我下定决心非他不嫁！就算他只看我一眼也好！"

佛祖问："想让他看你一眼，你得修行五百年，这样你也愿意？"

"是的，我愿意！"女孩毫不考虑，一口答应。

女孩被变成了深山溪涧里的一颗大石头。日复一日冰冷溪水的冲刷，已经让女孩难以忍受，更让人受不了的是，四百年来，从来没见到任何一个人。

就在第四百九十九年，溪畔终于出现一个身影，但来的人却不是那名男子，而是一名石匠。石匠采集包括女孩在内的很多石头，将石头运到城里，建了一座桥，女孩化成的石头正好作为桥墩。

就在这一瞬间，女孩看见了她梦寐以求的男子。尽管男子已经轮回转世，但依然气宇非凡，女孩一眼就认出了他。但男子只是看了一眼桥墩，就匆匆走过了。

佛祖出现了，他问女孩："这下子，你还是希望他当你的夫婿吗？""是的。"女孩肯定地说。

佛祖叹了一口气："我已经说过了，他会让你伤心的。"但女孩依然坚持。

佛祖告诉女孩："你还得修行五百年，才能让他触碰一下。"女孩答应了。

这次，佛祖把女孩变成深山中的一棵树苗，四百九十九年过去了，树苗已经长成参天大树，却还是没有见到一个人，女孩忍受着深深的寂寞。不久，官府在山上开辟了一条山路，正好经过女孩身边。

路通了之后，那名男子又出现了。行色匆匆的男子，在树荫下稍微休息，顺手摸了一下树干，接着头也不回地走了。佛祖再次出现，问女孩："你还是想嫁给他吗？"女孩摇摇头："不，我累了。我喜欢他的心情依旧，但我已不想强求了。"

佛祖的脸上出现一抹微笑。"您在笑什么？"女孩好奇地问。"我在笑，这真是个最好的结局啊！有个男孩为了看你一眼，已经修行了两千年了。"

人生悟语

从古到今，爱情似乎总是人们最难解的习题。为情所困的时候，最容易做出冲动的行为，有时是伤害自己，有时是伤害别人。而种种伤害，不仅是肢体暴力，有时更是言语、心理的暴力……

这时候，何妨静下心来想一想，你的爱，究竟是"真爱"，还是毫无意义的"固执"？顺其自然、莫强求是所有人都应花时间学习的"爱情必修课"，也许，当我们在爱情中学会"放下"，才会发现，自己命中注定的伴侣，其实就在不远处呢！

其实，一切都在

佚名

有一名男子生意失败，又和妻子离婚，唯一的独子又不幸因车祸过世，几乎经历了所有人生的不顺。好几年来，他始终无法摆脱心中的沮丧，便到山中某间禅寺小住，希望幽静的环境能让他平复心情。

这间禅寺风景清幽，四周被竹林环绕，远望能见群山峻岭，仔细聆听，还能听见鸟鸣蛙唱，甚至能听见远处的瀑布声。

尽管环境如此幽美，但男子住了几个月，烦恼仍然如影随形。更让他感觉奇怪的是，老禅师始终没有和他说些什么，更别说对他加以开示了。

某天夜晚，山区突然下起暴雨。一向惜字如金的老禅师突然走到男子身边，对他说："你到外面看看，告诉我你看见什么、听见什么。"

男子到外头转了一圈，回到禅寺后，禅师问他："你有看到竹林、山巅吗？"

"没有，太黑了，我什么都看不到。"男子回答。"你有听到瀑布声吗？"禅师又问。"没有，我只听到雨声。"男子说。"所以什么都没有吗？"禅师再次问。"是的。"禅师微笑着说："不，不是什么都没有。外头有竹林、群山、瀑布……其实一切都在。"男子听了恍然大悟。

人生悟语

人生中或大或小的不顺，就好比笼罩我们的黑暗与暴雨，让我们什么都看不见、听不见，误以为身边除了绝望，还是绝望。其实，哪里是烦恼"缠着我们"，而是我们一直不肯"放下烦恼"！

当你感觉沮丧、感觉烦恼来袭时，不妨想想"其实一切都在"这句话吧！虽然放下烦恼并不容易，但只要我们沉得住气，多给自己一点时间，一定会有摆脱苦恼的一天。

一顿夜宵

乔叶

一天晚上，我读书读到深夜，突然觉得饿了，便去厨房找东西吃。找了一圈，什么也没找到。我不甘心，又找了一遍，觉得偌大的厨房总该有一点儿能够吃的东西。在寻找的过程中，饿的感觉越来越强烈地统治着我，我想，只要找到一点儿可以吃的食品，我都会毫不犹豫地把它吞咽下去。

在第二次寻找的过程中，我终于在最顶端的橱柜里，找到了一包方便面。我看了看保质期，已经快到了。闻一闻，似乎真的有些异样。我没有像自己想象的那样毫不犹豫地把它吃掉，也没有像自己以前的习惯那样把它扔掉。我知道，它真的有可能是我今夜唯一可以选择的食品了。

我打开火，开始煮它。要是煮熟了就是变质也不会影响到健康，我想。方便面的气味随着汤水的沸腾渐渐充溢了整个厨房，我忽然又觉得单是调料包里的调料太寡淡了，就又放进了一些老抽、香醋、香油和胡椒粉，厨房里的空气顿时变得缤纷起来。可这似乎还不够，我又切进了一些葱花，一些姜末儿，最后，我居然又在冰箱的旮旯里找到了一截香肠和一个生鸡蛋！这下子，锅里红的红，黄的黄，绿的绿，白的白，色泽怡人，秀色可餐。我方才觉得有点儿像碗面的样子了。

我把面端到餐桌上，看着这碗香喷喷的面，我忽然想，我当初不是只想好歹填填肚子吗？当我没有吃的东西的时候，我的想法就是一点儿食品：可当我拥有这点儿食品的时候，我对它的要求就开始水涨船高：我想要它符合健康的标准，又想让它拥有更可口的滋味，还想让它有着更丰富的内容，甚至要求它拥有一种悦目的视觉效果……于是，一点点食品就被我挖空心思地弄成了这么一碗面。

这是贪婪的结果，我知道。贪婪是源于不满足。不满足推动着我们用尽心思去装饰和充实着我们的生命，赋予它各种各样的目标和意义。我们穷尽一生的光阴为这些所谓的目标和意义去努力、去奋斗、去拼搏、去进取——可是我忽然又想，在这样一个过程里，我们又远离了多少生命里最本真的那份快乐和可爱？又抛弃了灵魂里多少最纯洁的情趣和享受？就像那碗面一样，也许，我们最需要的东西只是面本身，葱花、姜末儿、鸡蛋、香肠、老抽、香醋、味精、香油，这些东西和面其实都没有什么根本的关系，是我们的贪婪把这些东西和面联系在了一起，就像把职称的高低、房子的面积、衣服的品牌、薪水的厚薄、名声的大小、事业的成败和我们的生命及幸福联系在了一起。于是，我们常感饥饿，我们少有欢颜，我们让这些名目繁多的附属品喧宾夺主，隔断了我们原本纯净广阔的视线。我们忘记了天的湛蓝、云的飘逸、月的光华、星的神秘，忘记了那么多原本与我们血肉交融的美好与诗意，共同拥挤在一条狭隘的河道里，还为自己的异变津津乐道，沾沾自喜。

很多时候，我们都是这么做的。我们的智慧被欲望蒙蔽，阻碍了我们的双眼。于是我们可笑地醉心于自己手中的涂鸦之作，却无视着身外的绝妙山水。

我们趋之若鹜的，是杂草丛生之地。而在我们最初站着的地方，遗落的是我们亲手丢弃的颗颗宝石。

人生悟语

很多时候，我们被欲望蒙蔽了双眼，失去了方向。放下心中的欲望吧，我们的生活会更加美好。

一笑而过

张丽钧

面对失败和挫折，一笑而过是一种乐观自信，然后重整旗鼓，这是一种勇气。

面对误解和仇恨，一笑而过是一种坦然宽容，然后保持本色，这是一种达观。

面对赞扬和激励，一笑而过是一种谦虚清醒，然后不断进取，这是一种力量。

面对烦恼和忧愁，一笑而过是一种平和释然，然后努力化解，这是一种境界。

失败和挫折是暂时的，只要你勇于微笑；误解和仇恨是暂时的，只要你达观待之；赞扬和激励是暂时的，只要你不耽于梦想；烦恼和忧愁只是暂时的，只要你不被它左右。大海茫茫，百舸争流，不拒众流方为沧海。芸芸众生，人生无常，不被艰难困苦吓倒，方显英雄本色。风雨欲来，春花凋落，凭栏眺望，阳光总在风雨后；潮涨潮落，云卷云舒，闲庭信步，高挂前进的风帆，到中流击水，浪遏飞舟，前方就是成功的彼岸。

别再留恋破碎的旧梦，别再沉迷于往日的幸福光环，别再计较人生的得失，别再担忧明天的天气。既然选择了前方就只管风雨兼程，微笑着送走不愉快的阴云，不要让它们遮住你的眼睛。不要因为今天的痛苦就否定明天的幸福，不要因为小的成功而迷失了方向，不要因为眼前的风雨而否定明天的阳光。因为乌云是遮不住太阳的，是的，遮不住的！也不要因为错过了星星而哭泣，否则我们会错过月亮。

既然这一切都是暂时的，我们为什么不一笑而过，从头再来呢？

生活中罩在我们头上的光环和不如意的事情就像颜色不一的气泡，不论多么好看或难看，总有一天它会破灭。与其盯着不开心的东西，不如活动自己的手脚，舒展自己的笑脸，实实在在地为着理想而追求。这时候，光环会变虚，我们的心灵却会因为不懈的追求和微笑慢慢地充实起来。人生就会像一条缓缓流动的河流，充实而自信；微笑就会像一朵朵翻腾的浪花，带给我们进取的快乐。

我们不能否认鲜花与荆棘相伴，也不能否认阳光与风雨同在，更不能否认成功与失败并存！人生不如意之时常一二，明媚之日常八九。那就一笑而过轻松上路吧，能够使自己忧伤也能够使自己快乐，这就是一笑而过的力量。

人生悟语

笑是一种坦然，笑是一种释然，笑是一种达观，笑是一种境界。笑是一种寻觅，是一种在悲剧世界里对美好的寻觅。笑是一种反击，是一种对艰难和失败最有力的反击。笑是一种蔑视，是一种对攻击和妒忌的蔑视。笑是人性中善良、美好和坚强品质的结晶，拥有微笑，人生天空里的乌云也会变得风轻云淡。

整理心情

袁万梅

近日，我打开抽屉，发现里面拥挤不堪。除了旧日的书信，还有发黄的日记本，等等。我坐下来静静地整理，该保留的保留，该扔掉的便付之一炬。当一切重新变得井然有序，心里顿时感到轻松。

我忽然想：人活在这个世上，心里负载太多，每个人的心也仿佛是只抽屉，里面装满了往事，拥挤、沉重，令我们生出许多莫名的忧郁与烦恼。

每个人的经历中都有失意、伤痛，也有幸福的回忆。

虽然那些灰暗的日子已经远逝，但在我们心上投下了阴影。年久月长渐渐成了一种病菌在悄悄地蔓延，直到某一天引起精神上的不适。我们变得脆弱、忧郁。即使外面的世界阳光灿烂，充满诱惑，我们却情愿躲进爱的小屋，在圣母的羽翼下任痛苦的回忆慢慢地淡化。

我们心灵抽屉装得太多、太满。忧伤与怀旧，愤怒与遗憾交织在一起，很难再装进新的内容，新的知识。我们必须整理心情，抛弃不快，再装进自信、理解、希望和执着，保持最好的心态，愉快地生活。

这种整理可以是一次郊游，乡野的风能过滤心绪；也可以是一次聚会，朋友的坦诚能拓展心境。人与人之间的互相帮助，世间的温情更能涤荡心灵的尘埃。

人生应如一次轻装旅行，岁月两岸风光秀丽，只有整理心情才能在这美好的道路上走得更轻松，更远。

人生悟语

我们的内心其实就是一个抽屉，满了，清空，空了，再装满。清空和装满就是生活的过程，关键看我们用什么把抽屉装满。如果用积极和阳光，我们就幸福而满足，如果用消极和烦恼，我们就悲伤而沉沦。烦恼和幸福不是别人给的，而是自己放进去的。怎么放，放什么，全在于我们自己。

不要背着包袱赶路

冷柏

一个青年背着一个大包裹千里迢迢跑来找大师，他说："大师，我是那样的孤独、痛苦和寂寞，长期的跋涉使我疲倦到极点，我的鞋子破了，荆棘割破双脚；手也受伤了，流血不止；嗓子因为长久的呼喊而嘶哑……为什么我还不能找到心中的阳光?"

大师问："你的大包裹里装的是什么?"

青年说："它对我可重要了。里面是我每一次跌倒时的痛苦，每一次受伤后的哭泣，每一次孤寂时的烦恼……靠了它，我才有勇气走到您这里来。"

于是，灵智大师带青年来到河边，他们坐船过了河。上岸后，大师说："你扛着船赶路吧!"

青年很惊讶，说："它那么沉，我扛得动吗?"

"是的，孩子，你扛不动它。"大师微微一笑，说："过河时，船是有用的。但过了河，我们就要放下船赶路。否则，它会变成我们的包袱。痛苦、孤独、寂寞、灾难、眼泪，这些对人生都是有用的，它使生命得到升华，但须臾不忘，就成了人生的包袱。放下它吧！孩子，生命不能太负重。"

青年放下包袱，继续赶路，他发觉自己的步子轻松而愉悦，比以前快得多。

人生悟语

过去的事物我们可能难以忘记，但是过去就是过去了，永远都回不来，我们应该做的是将过去的一切不顺利抛在脑后，这样才可以让我们更加轻松地为将来奋斗！

担心的事,往往不会发生

佚名

即将当兵的青年,为自己的兵役问题深感烦恼。

父亲于是安慰他:“孩子,你有两个机会,一个是担任内勤,一个是外勤。如果是内勤,一定很轻松,根本不用担心!”青年又问:“如果倒霉担任外勤呢?”

父亲说:“那你还有两个机会啊!一个是留在本地,一个是被分配到外地。如果留在本地,就没什么好担心的了!”“那如果不幸被分配到外地呢?”青年问。

“还是有两个机会啊,一个是分配到后方,一个是前线。后方单位的责任很轻,不用担心啦!”“如果我被分派到最前线呢?”

“还有两个机会啊,一个是不会打仗,一个是战争爆发。如果不会打仗,站站卫兵也就没事了!”青年还是不死心:“万一真的开战了呢?”

父亲大笑:“如果你战死了,什么都不知道了,更没什么好担心的啦!到时候我白发人要送黑发人,是我该担心啊!”

人生悟语

也许是现代生活压力太大,让我们多多少少都罹患轻重不一的“妄想症”。热恋中的情侣担心情人背叛;上班族担心被裁员;房贷族担心缴不出贷款……我们把不存在的烦恼一直往肩膀上扛,有时候问题还没发生,我们就快被压垮了!

适度的计划,是“未雨绸缪”;过度的焦虑,是“杞人忧天”。日子总是要过下去,与其愁眉苦脸,不如带着笑容面对人生吧!你会发现,那些假设的烦恼,多半根本不会发生。

你背着几艘独木舟?

佚名

住在山城小镇中的一个农夫,有生以来第一次离开家,到另一座村庄办事。

走着走着,他遇上一条溪流,挡住了他的去路,农夫为此十分烦恼。

突然,他看见一旁有棵倾倒的树木。农夫灵机一动,拿出随身携带的小斧头,三两下就做出一艘独木舟,靠着独木舟横越了溪流。

虽然已经顺利解决了眼前的难题,但上岸后,农夫却苦恼起来,心中涌起了许多“怎么办”。

他想:“万一我又不幸遇上溪流,该怎么办?”“万一那时附近没有树木可以制作独木舟,该怎么办?”“万一我的斧头不小心遗失了,该怎么办?”

百般考虑之后,农夫决定背着独木舟走。

独木舟十分沉重,农夫没走几步就气喘吁吁。但为了防患未然,农夫仍吃力地一步步往前走,走一会儿，就必须休息一下。

农夫往后的旅程中，一切顺畅，再也没有遇到任何一条溪流，却因为背着独木舟，多花了好几倍的时间才到达目的地。

人生悟语

我们每个人都像故事中的农夫，身上也背负着"独木舟"。有些人的"独木舟"是金钱，有些人是名誉，有些人是成功，有些人是虚荣……还有人一口气背了好几艘"独木舟"，却仍不嫌重呢！

人生是一场没有地图的旅程，我们永远不会知道，未来人生的道路会是崎岖，抑或平坦，还是会遇上滔滔激流。我们没办法选择未来，却可以选择抛下背上的"独木舟"，踏着轻快的脚步向前行！

其实，压力都是自找的

佚名

有名男子认为自己的压力很大，每天都很不快乐，简直快要得忧郁症了。他决定到山上拜访一名据说很有智慧的禅师，希望能得到启发。经过曲折的重重山径，男子好不容易才来到这座位于深山中的茅屋，但门窗紧闭，禅师显然不在家。男子焦急地在门口徘徊，不久，禅师便挑着扁担回来了。

男子急忙叫住禅师："大师，您终于回来了！我是特地来向您请教的！""你来找我有什么事吗？"禅师问。男子急急忙忙开始诉苦："禅师，我觉得自己的压力太大，就快吃不消了！求求您告诉我摆脱压力、找回快乐的方法吧！"

禅师没有回答男子的问题，只是将肩上的扁担递给他，说："我刚刚下山买了一些青菜、萝卜，可以请你帮我挑一下扁担吗？"

"没问题。"男子接过扁担，顺势扛在肩上。

"应该不会很重吧？"禅师问。

"不会不会，一点儿也不重。"男子心想，只不过是几棵蔬菜而已，怎么会重呢？接着，禅师拿出竹扫帚，开始扫地，足足扫了三十分钟。

男子就这么扛着扁担，站在一旁，开始觉得肩膀有点儿酸了。禅师扫完地，回房拿出花剪，开始修整庭院中的花朵，三十分钟又过去了。男子刚才还觉得扁担很轻，现在却感觉宛如有千斤重一般。

禅师终于整理完庭院，不料却又慢条斯理地拿出茶具，显然准备要泡茶……"假如禅师真的开始泡茶，那我还要站多久啊！"男子再也忍不住了，开口问禅师："师父，这扁担好重啊！我快扛不动了！"

"那你为什么不放下来呢？"禅师笑着说。

男子听到禅师这句话，恍然大悟。原来，摆脱压力的秘诀，就是放下啊！

人生悟语

许多人习惯于自找压力，然后永无止境地抱怨压力。其实，故事中的禅师要男子放下的不仅是扁担，更是他的心！

修行人与蛤蟆精

佚名

人迹罕至的深山里，有一间小草堂，里面住了一名修行人，他已经修习了极高深的道行，却依然想要更上一层楼。

某天，他打坐即将入定时，身边突然出现一只比人还大的巨大无比的蛤蟆。蛤蟆身上散发着恶臭，对着他张牙舞爪。

修行人心想，世上哪有这么大的蛤蟆？这必定是妖魔无疑。他镇定心神，想视而不见，不料大蛤蟆愈靠愈近，最后居然往他身上扑来。

修行人忍不住吓得大叫，那只蛤蟆消失了，但他的修行也因此受到干扰。

第二日、第三日……大蛤蟆天天出现，足足持续了一个月。

修行人再也忍不住了。从不离开草堂的他翻越一个山头，请来他的师父，希望师父可以帮他斩妖除魔。

师父给了修行人一只沾有朱砂的毛笔，告诉他："这只毛笔经过加持，可以震慑妖魔。若蛤蟆再出现，你就在它额上画一个红圈，它必会消失。"修行人拿着毛笔，怀着忐忑的心情开始打坐。果然，就在修行人即将入定的时候，大蛤蟆又出现了！修行人鼓起勇气，趁蛤蟆扑来之际，在蛤蟆头上画了一个红圈，果然如同师父所言，蛤蟆立刻就消失了。修行人对师父说："师父，您的方法果然有效！但消失的蛤蟆，究竟去了哪里？"师父撩起修行人的衣服，说："你自己低头看看吧！"修行人低头一看，自己的肚脐四周，竟然出现了一个朱砂笔画的红圈！

"这究竟是怎么回事？"修行人不明就里。

"这只大蛤蟆其实并非什么妖魔，而是你心中的烦恼啊！"师父说，"烦恼本来不存在，除非你自己唤它过来！"

人生悟语

故事中的修行人，误以为蛤蟆是"外来"的妖魔，最后才发现原来是"内在"的心魔！

我们不也常和故事中的修行人一样吗？时常认为外在的烦恼源源不绝，时时骚扰着我们，但我们却不曾发现，其实是我们自己常紧抱着烦恼不肯放，用烦恼"培育"出了忧郁、沮丧、消极等负面情绪的心魔啊！有一句话说："能解决的事无需烦恼，不能解决的事烦恼也没用。"这句话真是克服心魔的良方！

压力

佚名

讲师拿起一杯水，然后问大家："各位认为这杯水有多重？"有人说200克，也有人说300克。

“是的，它只有200克——那么，你们可以将这杯水端在手中多久?”讲师又问。很多人都笑了：200克而已，拿多久又能怎么样！

讲师没有笑，他接着说：“拿一分钟，各位一定觉得没问题；拿一个小时，可能觉得手酸；拿一天呢？一个星期呢？那可能得叫救护车了。”大家又笑了，不过这回是赞同的笑。

讲师继续说道：“其实这杯水的重量是不变的，但是你拿得越久，就觉得越沉重。这就像我们承担着压力一样，如果我们一直把压力放在身上，不管压力是否很重，时间长了就会觉得越来越沉重而无法承担。我们必须做的是放下这杯水，休息一下后再拿起，如此我们才能拿得更久。所以，我们所承担的压力应该在适当的时候放下，好好地休息一下，然后再重新拿起来，如此才可承担更久。”

人生悟语

所谓的压力，可以转化成一种动力，就好似一杯水，其实并不重，但是如果总是放不下，那么最终导致的是这个杯子掉在地上永远都回不来，我们何不放一放，转化成要桌子或其他的工具来承担它呢？

放下！放下！

佚名

以前有一位道行非常高的长老，他养了一条狗，他的狗的名字很奇怪，叫“放下”。他每天都要在傍晚喂他的狗。长老在为“放下”送饭的同时，总是念念有词地唤着：“放下！放下！”

徒弟们觉得很奇怪，就问道长：“为什么要给狗起，‘放下’这个奇怪的名字？”道长不语，让他们自己去悟。

徒弟们就观察道长，终于发现：每天道长喂完狗后，就不再读经学道了，而是自己到院中打打太极拳、悠闲的散散步或者看看日落，惬意地享受生活。徒弟把观察的收获告诉了道长，道长微笑地点头说：“你们终于明白了。其实我在叫狗的时候，也是叫自己‘放下’，让自己放下许多事情。因为人们不可能在一天内做完所有的事情，在忙碌的一天中要懂得放下琐碎的事情，让心静下来，享受一下生活。”

较之于故事里的年代，我们现在的时代的节奏要快得多了。为自己腾出一些时间来看看日落、打打太极恐怕已经成为遥不可及的奢望。

人生悟语

生活工作中的诸多压力、困惑，往往让人深陷其中，不能自拔。但真正取得成功的人，懂得放下，才能修身养性，最终成为生活的强者；而整日忙碌不休的人，收获的往往只是焦虑和疲惫。工作和做人一样，要想成功，先得学会放下。

樵夫的心事

佚名

从前一位樵夫上山找一位长老谈经悟道,樵夫说他很不开心,他的生活过得太辛苦了,他的烦心事太多了,他想乞求长老给他点化一下。

长老一听完他提到的个人烦恼后,索性要樵夫左手提起茶壶和他谈话。樵夫不明白,但长老的意思他不敢违背,樵夫一边提着茶壶,一边跟长老说话。一盏茶的时间过去了,樵夫受不了这样的酸楚,自行把左手放下,却听到长老说:把这茶壶举起来说话。樵夫只好把手又举起来,心里不免问道,我手提的这么酸了。为何不让我放下手上的重物,轻松地与他对谈?

又过了一盏茶的工夫。樵夫的左手实在承受不住了,才听见长老说道:现在你可以把它放下了。看着樵夫狐疑的脸,长老居然笑了出来。

“你不喜欢提着重物跟我说话,为何你却喜欢带着烦恼来跟我说话,过着你的生活呢?手酸了,放下就好,对待烦恼,不也是这样?其实这些烦恼就像那只茶壶一样。你想提着它,就会有提不动的时候,既然提不动了提着它会累,为何不时时提醒自己放下那沉重的烦恼呢。”

人生悟语

烦恼常常是自己找的,诸多烦恼放在心里怎能不沉重,把烦恼放下,像放下茶壶一样把烦恼轻轻地放下,方能身心轻松。

美妙的叫声

佚名

有一个信徒,在湖边的木屋中虔诚的祈祷,外面几只牛蛙却呱呱大叫,吵个不停,这就扰乱了他的心智。他想办法充耳不闻,无奈都不得要领,只好推开窗户,大吼一声:“闭嘴!没看到我在祈祷吗?”

说也奇怪,他吼完一声后,牛蛙立刻就不叫了,然而,另一个意念却自心底浮起:“说不定,牛蛙的叫声跟我吟唱祷告的声音一样,也能讨上帝的喜悦。”

他决定顺服这个意念,探头伸出窗外,喝道:“大伙继续唱啊!”牛蛙整齐的合唱立刻弥漫四周。

他在侧耳细听,竟然不嫌吵了。

他发现:一旦不再存心抗拒,牛蛙的叫声还真能使寂静的夜晚增色不少。

人生悟语

放下你对别人的成见,敞开那扇拒人千里之外的心扉,用欣赏的眼光看待周围的人、事、物,你会发现一切都是那么美妙,就算是噪音也能变成音乐。

养在心里的金鱼

林清玄

一个遭到女朋友抛弃的青年来找黎老师,说他痛苦难受,而他女朋友却还活得好好的,他感到愤恨难平。

黎老师对他说了一个寓言:从前有一个人,用水缸养了一条最名贵的金鱼。有一天鱼缸无意间被打破了,这个人有两个选择:一个是站在水缸前诅咒、怨恨,眼看金鱼因失水而死;一个是赶快拿一个新水缸或者水桶什么的来救金鱼。如果是你,你怎么选择?

“当然赶快拿水桶类现有的东西来救金鱼了。”青年说。

“这就对了,你应该快点拿水缸救你的金鱼,给它哪怕一点水来滋润它,救活它。然后把已经打破的水缸丢弃。一个人如果能把诅咒、怨恨都放下,才会懂得真正的爱。”

青年听了,面露微笑,欢喜地离去。

黎老师想起在自己在青年时代,他的水缸也曾被人敲碎,黎老师也曾被一起发过誓的人背叛,如今他已完全放下了诅咒与怨恨,只是在偶尔的情况下,还会由此不免酸楚、心痛。

心痛也是好的,证明你养在心里的金鱼,它还依然活着。

人生悟语

为了已打破的鱼缸懊恼不已、诅咒怨恨,那不是解决问题的好办法,而是对自己的惩罚。放下诅咒怨恨,才会懂得真正的爱。

蜗牛的“包袱”

佚名

蜗牛极其羡慕兔子奔跑得快,它也曾竭尽全力想加快自己爬行的速度,可无论怎么努力,速度还是快不了。对此它百思不得其解。为了弄清这个问题,它只好去请教兔子:“兔子先生,我尽了最大的努力想提高自己的速度,可为什么还是爬得那么慢呢?”

兔子看了蜗牛一眼,一针见血地说:“哦依我看,这原因就在于你背上背着的那个‘包袱’太沉了。你如果能把它扔了,爬行的速度就会快得多了。”

蜗牛连连摇头说:“这可扔不得。扔掉它,下雨了,我往哪儿躲?刮风了,我往哪儿藏?扔不得,扔不得!”

由于蜗牛怕这怕那,所以至今还没扔掉背上的“包袱”,还在慢慢爬行……

人生悟语

蜗牛总想加快自己爬行的速度,可它为什么到现在还在慢慢地爬行?是因为它不愿放下背上的包袱。

生活到底是什么

佚名

一位满脸愁容的生意人来到智慧老人的面前。

“先生，我急需您的帮助。虽然我很富有，但人人都对我横眉冷对。生活就像一场充满尔虞我诈的厮杀。”

“那你就停止厮杀呗。”老人回答他。

生意人对这样的告诫感到无所适从，他失望地离开了老人。在接下来的几个月里，他的情绪变得糟糕透了，与身边每一个人争吵斗殴，结下了不少冤家。一年以后，他变得心力交瘁，再也无力与人一争长短了。

“唉，先生，现在我不想跟人家斗了。但是，生活还是如此沉重——它真是一副重重的担子呀。”

“那你就把担子卸掉呗。”老人回答。

生意人对这样的回答很气愤，怒气冲冲地走了。在接下来的一年当中，他的生意遭遇了挫折，并最终丧失了所有的家当。妻子带着孩子离他而去，他变得一贫如洗，孤立无援，于是他再一次向这位老人讨教。

“先生，我现在已经两手空空，一无所有，生活里只剩下了悲伤。”

“那就不要悲伤呗。”生意人似乎已经预料到会有这样的回答，这一次他既没有失望也没有生气，而是选择待在老人居住的那座山的一个角落。

有一天，他突然悲从中来，伤心地号啕大哭了起来——几天，几个星期，乃至几个月地流泪。最后，他的眼泪哭干了。他抬起头，早晨和煦的阳光正普照着大地。他于是又来到了老人那里。

“先生，生活到底是什么呢？”

老人抬头看了看天，微笑着回答道：“一觉醒来又是新的一天，你没看见那每日都照常升起的太阳吗？”

人生悟语

人们常说：“太阳每天都是新的。”就是说，每一天当我们睁开眼睛的时候，都是一个新的开始。忘记昨天的痛苦，忘记昨天的辉煌，每天都重新开始，昨天的失败与挫折都属于昨天，太过执着于过去，就永远不会前进。

吃人的东西

佚名

从前有两个人，他们是好朋友。有一天，他们看到一位哲学家从一个森林里惊慌失措地跑出来，觉得很奇怪，就问他：

“你为什么这么害怕呀？发生了什么事情呢？”

哲学家说：“在那片森林里，我看到了一个吃人的东西。”

“你是不是看到了一只老虎？”这两人也不安地问道。

“不。”哲学家说，“比老虎还可怕。是我在挖药草时挖出的一堆金子。”

这两个人一听到金子，马上问道：“真的有金子吗？在哪儿啊？”

“就在那边森林中。”哲学家说完这句话就走了。

这两个人立刻以飞快地速度跑到哲学家所指的地方，果然发现有一堆金币。

“那个哲学家多蠢啊！”一个人对另一个人说，“他居然不要这些金子，还把这些宝贵的金子看成是吃人的东西。真是一个大傻帽。”

另一个人说：“让我们想想该怎么办吧。在光天化日之下，现在就把它们拿回去是不安全的。我们必须在晚上悄悄地把它们拿回家去。我们一个人留在这看住这些金子，另一个人回去拿吃的东西吧。”

当一个人去拿饭时，留下看金子的那个人想：“太遗憾了。今天要是我一个人来，该多好啊！现在我得把这些黄金分给朋友一半，想想都心疼。我有一大家人，我需要得到全部的黄金。只要他一来，我就用我的剑把他杀死。”

同时，回去拿饭的那个人也在想：“我干吗要把黄金分给他一半呢？我欠了好多债务，我连一点积蓄都没有，以后老了怎么办？我不能分给他一半。等我吃好了饭，我在饭里撒上毒药，给他送去，他一吃就死了。这样，我就可以得到全部的金子了。”

想好了以后，送饭的那个人拿着放了毒药的饭，来到了他们发现金子的地方。结果，他刚到那儿，看金子的人就趁他不备捅了他一刀，当时就把他杀死了。

行凶之后，凶手看着朋友的尸体，得意扬扬地说：“可怜的朋友，是一半黄金送了你的命。现在，我该吃饭了。”他端起放了毒药的饭吃了下去，半小时以后，他就一命呜呼了。他临死的时候说：“哲学家的话是多么对呀！”

人生悟语

金子真是吃人的东西吗？不是的！钱本身不是罪恶，钱是生活的必需品，没有钱我们就不能生存下去。真实的杀人凶手不是钱，而是他们的贪欲。朋友，过分的贪婪容易使人丧失自己的本性，陷入罪恶的深渊。我们一定要牢记这样一句话：“君子爱财，取之有道。”人的欲望是没有止境的，我们要懂得放下自己的欲望。

让怨恨转个弯儿

佚名

3年前，我所在的车间生产一种代钢塑管，这种产品很抢手一直供不应求，因此我们几乎天天加班。公司各车间实行独立核算，我们车间的效益最好，工作最辛苦，按理说工人的工资也应该水涨船高，然而实际情况却不然。

车间主任姓王，长得瘦矮白净，人却粗鲁还带专横，且贪婪至极。他设了一个小金库，车间的盈余完全由他支配，对工段长和几个他倚重的工人，每月他都发给丰厚的红包，平时还经常在一起用公款吃喝。而对大多数工人,他总能找出克扣工资和奖金的理由,尤其对我这种新来的员工,他更是百般刁难。工作半年多来,我只有一次拿全了工资,奖金则完全与我无缘。

怨恨在我心中积聚。我想,我堂堂七尺男儿,靠自己的本事吃饭,那些工资是我应得的报酬而非谁的施舍,你凭什么克扣?我又凭什么要受你的欺负和压榨?我想到了辞职,但又心有不甘,觉得仅仅辞职根本无法化解心中的怨恨。

那个星期天,我路遇一个同学,寒暄中,得知他居然和我有着极其相似的遭遇。于是我们坐进一间酒吧,端着酒杯互诉"怨恨"。他说他早就做好了打算,等到这个月的工资一发下来,他就卷铺盖南下,不过临走时,他要狠狠报复一下他们经理——他侦察好了,经理每个周末都要去一个小区和"相好"幽会,到时他躲在门洞里,给经理来个突然袭击。

回到宿舍,我躺在床上翻来覆去睡不着。那个同学的话在我的耳边回响,我觉得他的报复计划虽然有些冒险和"不正当",但是却痛快解恨。几经犹豫,我决定效仿他的做法,来个"快意恩仇"!

那天中午一领到工资,我就匆匆忙忙赶回宿舍,草草吃完饭,立刻收拾好行装,然后将事先准备好的木棒塞进袖筒,兴奋而又紧张地坐在床沿等待下午上班时刻的到来。我打算上班前在车间门口"迎接"王主任,趁其不备一棒子将其打倒,然后远走高飞。

人的一生,紧要处的那一步,往往决定一个人的命运。上班时间眼看就要到了,就在我即将起身去实施自己的报复计划时,我的手机忽然响了。是父亲打来的电话,他告诉我说,母亲提前退休的手续终于批下来了。母亲患有慢性哮喘,被照顾到收发室工作,加之工厂效益不好,因此工资很低。她之所以申请提前退休,并不是为了回家享清福,而是想开一家饭馆多挣些钱。父亲说:"你应该知道你妈的心思。过几年你就要结婚娶媳妇了,你妈想为你多准备些钱。孩子,父母处处为你着想,你自己更要争气呀!一个人在外工作,难免比在家吃更多苦、受更多气,这没什么,怕只怕你把握不住自己,一时冲动做出什么傻事、错事。所以,我们不在你身边,你必须学会约束自己,遇事三思,切不可莽撞行事让自己事后后悔、让父母为你担心痛心。"

以前父母打来电话,也每每叮嘱我要好好工作、追求上进以及克制自己,这是每一个父母都会对子女说的话,对此我总是敷衍了事地哼哈几句,还经常嫌他们啰唆。可是那天,我觉得父亲简直像是感应到了我的心思似的,他的每一句话都使我的耳膜嗡嗡作响,使我的心一下一下紧缩。

挂断电话,我竭力使心情平静下来,然后问了自己几个问题:你的报复计划是不是莽撞行事?事后会不会后悔?你的举动会不会使父母为你担心甚至痛心?令我惊讶和羞惭的是,我的回答竟然都是肯定的。

我将木棒从袖中抽出,悄悄塞在床铺底下。报复的烈焰并没有在我的心中熄灭,然而父亲的话使我的怨恨转了一个弯儿,我的思维跳出"传统"报复的羁绊,仿佛来到了一片开阔地,眼前豁然开朗。我想:你之所以遭遇种种不公和刁难,是因为你在那个人眼里无足轻重,那么,有朝一日你变得重要起来甚至超过了他,你的境遇不就自然而然地改变了吗?到那时,他将如何面对你?为自己今天的眼光短浅、傲慢专横,他能不懊悔羞惭吗?毫无疑问,这对他将是一种更持久、更严厉的报复。而且最重要的是,这种报复是"公开"和"合法"的,并将成为引导我上进的动力。

那天对我来说是一个新的起点。以前,除了我工作的那个环节以外,其他生产流程我根本没有心情去了解,对公司和建材市场今后的发展等"高端"问题更是从来也没有考虑过,因为我认为那根本就不是我这个小工人应该考虑的事情。然而从那天以后,开阔起来的视野使我一面以前所未有的热情干好本职工作,一面利用闲余时间刻苦学习各种技能、了解市场、翻阅大量国内外有关建材方面的资料,在不到两年的时间里,我不仅完全掌握了公司的所有生产流程,对很多不尽合理的地方提出了改进意见并被采纳而且翻译了十几种国外很有发展前途的新型建材的资料,并将这些资料理成册呈送给公司经理。

我的努力得到了丰厚的回报：经理对我刮目相看，破格提拔我为专管产品开发的副经理。

王主任再遇到我时，神情已和从前迥然两样，谄媚的笑容和低垂躲闪的目光显得十分滑稽，在我上任前不久，他一定是听到了什么风声，不仅主动把小金库上交公司，而且自掏腰包补平了账目，对工人也变得非常和蔼。看得出来，他害怕我会报复他。我原本也确实打算向经理提议把他撤换掉，可转念一想，他的害怕和那一系列的举动说明他知错了，并且正在悔改，这对他其实已经是一种报复，那么我还有什么必要再去报复他呢？

换一个角度，我甚至应该感谢他呢！因为如果没有他的“鞭策”，岂能有我的今天？

遇到不公，每个人都会产生怨恨。泄恨的方法多多，能够让怨恨转个弯儿，成为一种提升自己、超越他人的动力，无疑是怨恨的最佳归宿。我相信，那个躲在门洞里泄恨的同学，绝不会得到我这样好的结果。

人生悟语

如果你觉得自己不受重视，请先不要怨恨不重视你的人，而应该放下怨恨检视你自己。谁也不会去重视一个没有能力的人，想得到别人的关注，首先要让自己变得强大。

忘掉忧伤

佚名

我永远也忘不了恩拉里给我讲的一段经历。他说，他和他的妻子接连两次遭受巨大不幸。头一次是他们视为掌上明珠的5岁女儿的死亡。他们真不敢相信还有继续生活下去的希望。“一年之后，上帝又重新赐给我们一个女儿。”恩拉里说，“可是不到5天，这个孩子又死去了。”

这连续两次打击实在太残酷了。“我简直悲痛欲绝，”经历过严峻考验的父亲对我们说，“我睡不着觉，吃不下饭，成天精神恍惚，几乎都快发疯了。我失去了生活的信心。”最后他只得去求教于医生。有的医生建议他服安眠药，有的劝他去旅行。各种办法他都试过了，可是没有一样管用。

“我觉得我的整个身躯仿佛正被一只钳子夹得越来越紧，根本不能自拔。”恩拉里说。凡是有过类似经历的人，都能理解他的这种内心痛楚。

“幸好上帝给我留下了一个4岁的儿子，是他把我从痛苦的深渊里解救了出来。一天下午，当我正坐在那儿沉浸于内心悲痛的时候，我的儿子过来对我说：‘爸爸，你能替我做船吗？’我哪里还有心思做船！但我儿子却缠住我不放，最后我只好答应了。这个玩具我花了大约3个钟头。船做好了，我也从这3个钟头里第一次领略到了几个月来从未感到过的精神轻松！

“这一发现使我大为震惊。我终于明白，摆脱麻烦的最好方法是找事情干。干事情需要计划，需要动脑筋，追忆痛苦往事的时间自然也就没有了。在我给孩子做船的那几个钟头里，我真的感觉到战胜了忧虑。我决心打现在起就找事情干。

“第二天我便开始在家里忙乎起来。我从这个房间跑到那个房间，到处寻找需要干的事，并把它们一一列上清单。显然有数十件东西需要修理：书架、楼梯、窗台、百叶窗、门把手、锁、滴水的龙头，等等。说来也许不会令人相信，在两周时间里，我竟发现有24件急切需要料理的事情！这两年来，清单上的大部分事情我都一一办完了。此外，我还干了许多有意义的其他工作。如今我忙得再也没有时间去忧虑了。”

工作可以排解苦闷和忧虑是有其科学依据的。这一依据就在于一条心理学上的基本原则:任何人的大脑不可能同时考虑一件以上的事情。我们不能一方面满腔热情、兴致勃勃地投身于一件有趣的工作,与此同时却又始终为另一件不快的事而烦恼。人的情绪是相互排斥的。

约翰·考珀说:"只有当人们醉心于他必须完成的任务的时候,某种出自自信的惬意和忘我精神带来的快乐才有可能平静他的神经。"

人生悟语

当劫难过后,我们的心灵比废墟更难收拾。所谓一心不能二用,如果一味沉浸在过去的痛苦中,只能把情况弄得一团糟。既然只能想一件事情,那么我们还是别去回想劫难吧,回忆只能增加痛苦。当我们一心一意忙碌于其他事情时,忧伤已经悄然离去,快乐也不知不觉地降临了。

罗纳尔多的龅牙

佚名

罗纳尔多是足球场上的"外星人",几乎每一位对手都会被他精准的射门、惊人的起跑速度所震慑,他是让所有后卫都头疼的前锋。

不过,罗纳尔多最初并不是这般出色的。虽然他拥有着非凡的足球天赋,但他的龅牙却时时刻刻妨碍着他。罗纳尔多很担心自己的龅牙被人们嘲笑。所以,他总是紧闭着嘴,避免露出自己的龅牙,在球场上也是如此。在球场上需要剧烈的跑动,如果不张开嘴就无法自由呼吸。这样自然会影响到罗纳尔多的发挥。

终于,一个细心的教练发现了他的这个小秘密。

"罗纳尔多,要想让人们忘记你的龅牙,最好的办法不是闭上嘴,而是发挥你精湛的球技。"教练把罗纳尔多叫到跟前,拍了拍他的肩膀说道。

听了教练的话,罗纳尔多先是一愣,随即张开嘴微笑了一下。

罗纳尔多明白教练的苦心,那以后,他在踢球时再也不会刻意掩饰自己的龅牙了。而他的球技也大有长进,17 岁那年他就进入了巴西国家队,并同队员们一起赢得了世界杯。就这样,他成了世界球王级的人物。

功成名就后的罗纳尔多被全世界的人所瞩目,而他再没有为自己的龅牙所烦恼过。因为,球迷把目光都盯在了他超凡的球技上。出于对罗纳尔多的喜爱,球迷们甚至认为他的龅牙很性感,十分喜欢他的龅牙。假若罗纳尔多一直不敢张开嘴,那么这个世界上就不会有这样一位可爱的超级球星了。

人生悟语

任何人都有缺点。有缺点不是我们的错,若我们一味掩饰,羞于示人,只能使这些缺点成为我们成功路上最大的瓶颈。所以,让自己坦然地放下心中的包袱,那些缺点不但不会成为我们的障碍,反而可以成就我们的辉煌。

欲望是一个陷阱

李雪峰

一个欧洲雪山探险队准备公开选聘一批探险队员，消息传出后，许多人蜂拥而至，争先恐后纷纷表示希望自己能被选拔到探险队中去。

探险队长麦克对每一个应聘者都进行了极为严格的体能测试。测试结束后，麦克对体能测试合格的二十名候选人说："最后一项是心灵测试，只有心灵测试也合格的人才可能成为一名出色的雪山探险队员。"麦克队长让工作人员把二十名候选人分别带进一个单独的房间，然后麦克队长分别给每个候选人一张纸条说："十分钟后，我来听取你的答案。"

十分钟后，麦克队长走进第一个房间里，微笑着问那个年轻人说："小伙子，假若再有十米之遥你就要登上世界最高峰珠穆朗玛峰的峰顶了，但是十分遗憾的是，有一个队员就在离你一米左右的前边，这意味着他将是第一个登上峰顶的人，而你只能是第二个，这时，你会怎么办？"

年轻人听了，立刻说："在我一米左右的前边，不就是一步或两步吗？我会毫不犹豫地超过他！"麦克队长听了，十分遗憾地说："年轻人，你不适合做雪山探险队员。"小伙子不解地问："为什么？"麦克队长没有回答他。走了十九个房间，麦克队长十九次提出这个问题，十九个年轻人差不多都是这样回答他的。当麦克队长把这个问题又一次摆在第二十号候选者面前时，这个年轻人说："没什么，就让他做第一吧，我情愿做第二名。"

麦克队长盯着这个健壮的年轻人问："为什么？"

年轻人十分坦然地说："我不想争论谁是第一名或第二名，我没有那么多的复杂欲望，我是一个雪山探险者，不管我是第几名，只要能把我自己的双脚踏在世界最高的地方就行了。"

麦克队长一听，双眼顿时亮了，欣喜地说："祝贺你，你肯定能从雪山上成功地活着回来！"其他人都不解地望着麦克队长，麦克队长顿了顿，解释说："我和雪山打了大半辈子的交道了，白雪皑皑的雪山不是闹市，不是平地，那是零下几十度的地方，是空气十分稀薄的地方，喘一口气都很艰难，你的脚下随时都是可以置人于死地的自然陷阱，在那里还心存独占鳌头的欲望，为了超越你前边的人，你势必会不按前边人的脚印走，那么你就会一脚踏入死亡的陷阱，掉入千丈冰谷之中，或者是你紧赶几步力图超越你前边的人，那么你马上就会因空气稀薄而窒息，在又冷又滑的冰川上倒下去。"麦克队长顿了顿，悲伤地说："有许多雪山探险队员就是因为这一点点的欲望而永久留在雪山上了。在气候恶劣、空气稀薄的雪山上，内心里的一点点欲望都会导致让人有一百种死法的可能，欲望，永远都是命运的陷阱，一个人内心有了欲望，他的脚下就布下了黑森森的陷阱，心怀欲望的人是永远不能到达峰顶的，只有那些内心豁达、坦荡，只顾埋头赶路的人，才能最终踏上世界的顶峰。"

何尝不是呢？那些满腹功名利禄的有几人登上过命运的顶峰呢？欲望，是他们背在心灵上的沉重包袱，是悄悄潜伏在他们命运脚下的深深陷阱，他们不是被沉重的欲望压倒，就是陷入欲望的陷阱里永远不能自拔。而那些不计名利的人，他们胸怀阳光、心荡清风，他们没有心灵的包袱，人生的峰巅迟早会捧起他们的双脚，让他们成为生命的高峰。

人生悟语

丢掉欲望，丢掉我们命运的包袱，只有这样，我们命运的步履才会轻盈，我们才能抵达人生的顶点。

老铁匠与紫砂壶

邢郡麟

老街上有一铁匠铺，铺里住着一位老铁匠。由于没人再需要他打制的铁器，现在他以出卖拴小狗的链子为生。

他的经营方式非常古老和传统。人坐在门内，货物摆在门外，不吆喝、不还价，晚上也不收摊。你无论什么时候从这儿经过，都会看到他在竹椅上躺着，微闭着眼，手里是一只半导体，旁边有一把紫砂壶。

他的生意也没有好坏之说。每天的收入正够他喝茶和吃饭。他老了，已不再需要多余的东西，因此他非常满足。

一天，一个文物商人从老街上经过，偶然间看到老铁匠身旁的那把紫砂壶，那把壶古朴雅致，紫黑如墨，有清代制壶名家戴振公的风格。他走过去，顺手端起那把壶。

壶嘴内有一记印章，果然是戴振公的。商人惊喜不已，因为戴振公在世上有捏泥成金的美名。据说他的作品现在仅存三件：一件在美国纽约州立博物馆；一件在台湾故宫博物院；还有一件在泰国某位华侨手里，是他1993年在伦敦拍卖市场上，以56万美元的拍卖价买下的。

商人端着那把壶，想以10万元的价格买下它。当他说出这个数字时，老铁匠先是一惊后又拒绝了，因为这把壶是他爷爷留下的，他们祖孙三代打铁时都喝这把壶里的水。

虽没卖壶，但商人走后，老铁匠有生以来第一次失眠了。这把壶他用了近60年，并且一直以为是把普普通通的壶，现在竟有人要以10万元的价钱买下它，他转不过神来。

过去他躺在椅子上喝水，都是闭着眼睛把壶放在小桌上，现在他总要坐起来再看一眼，这让他非常不舒服。特别让他不能容忍的是，当人们知道他有一把价值连城的茶壶后，总是拥破门。有的问还有没有其他的宝贝，有的甚至开始向他借钱，更有甚者，晚上也推他的门。他的生活被彻底打乱了，他不知该怎样处置这把壶。当那位商人带着20万现金，第二次登门的时候，老铁匠再也坐不住了。他招来左右邻居，拿起一把斧头，当众把那把紫砂壶砸了个粉碎。

现在，老铁匠还在卖拴小狗的链子，据说今年他已经102岁了。

人生悟语

能在一切环境中保持宁静心态的人，都具有高贵的品格修养。我们要努力培养自己心理上的抗干扰能力，冷静地应对世间的千变万化，“任凭风浪起，稳坐钓鱼台”。这个“台”，就是宁静的心灵。

第四章　宽容大度

包容是一条五彩路

张丽钧

一个小学校长在他的校园里巡视。当他走到教学楼后面一条正在铺筑水泥的小路前时，他发现还没有完全凝固的水泥面上有两只玻璃球。他绕过去，尽量靠近那两只玻璃球。他想，一定是孩子们在课间玩耍时一不留神把玻璃球弹到了这里，如果现在不赶紧把它们抠出来，等水泥完全凝固了，那玻璃球就成了永远的镶嵌物。他弯下腰，准备伸手去抠玻璃球。突然，有两个男孩吃吃地笑着，手拉手从他身边飞快跑过，跑出几十米后，又警觉地回过头来，似乎是担心会遭到校长的批评。校长愣了一下，猛地意识到了什么，他摆摆手，示意那两个男孩过来。

男孩们吐着舌头不情愿地走过来，手紧紧捂住口袋。校长微笑着对他们说：你们能不能借给我一样东西？两人齐声问：什么东西？校长说：你们口袋里的东西——玻璃球。两个男孩惊讶万分，低着头，不敢迎视校长的目光。口袋里一阵脆响之后，十多只玻璃球交到了校长手里。

校长俯下身子，像个淘气的孩子，把玻璃球一只一只按到了水泥路面上。两个男孩连忙向校长认错，承认先前那两只玻璃球是他俩按进去的，并表决心说“再也不敢了”，校长听了爽声大笑起来。他说：“为什么要认错呢？我表扬你们两个还来不及呢！你们看，水泥路面原本多么灰暗、多么单调，但是，镶上了几个玻璃球就显得精神、漂亮、有趣多了。告诉你们的同学，让大家把玩过的玻璃球、小贝壳、彩石子全都拿来，砌出你们自己喜欢的图案——心形、圆形、三角形，什么图形都可以，咱们要把这条路铺成一条五彩路！”

多少年过去了，当年的孩子又有了孩子。当他们满怀信任将孩子再度送进自己的母校时，总忘不了牵着孩子的手，带他们来走一走这条五彩路。少年花样的梦想融入那美丽自由的图案，被一条缎带般的甬路阐释得具体、透彻。不再年少的心澎湃着、激荡着，在分享不尽的一份包容与睿智面前，再一次领略了生活的美好，再一次汲取了奋进的力量。

人生悟语

每个人都不是完美的，生活中难免会碰到别人不经意犯的小错误，或是刻意为之的玩笑，如果我们的第一反应不是责备，而是用包容的心去平静对待，在已成定局的事情上去多加思考，也许原本看起来有瑕疵的事情和被破坏的心境也会随之而变得五彩缤纷起来。

从实招来

赵娜娜

于老太今年六十多岁，老伴去得早，女儿又出嫁了，这些年，于老太常常感到很孤单。女儿很懂事，东张罗西打听，为老妈找对象，可于老太总是摇头，要么嫌人家老头爱闹腾不安静，要么嫌人家老头没活力。于是，女儿给老妈报了一个老年大学培训班，让她学电脑、学上网，丰富一下她老人家的生活。

于老太本不想学电脑，可女儿已经给自己报上了名，不学那钱不就白花了吗？来培训班学电脑的都是些干巴老头，上课的时候，有的老头咳嗽个没完；有的老头抱着个小收音机，摇头晃脑地在听京剧；有的老头干脆缩着脑袋瓜打盹。于老太心里有数，这些老年人很多都是被儿女们硬拉着来的。课间的时候，这些老头老太就聚在一起唠嗑，于老太为了图个安静，就挪到一边去了。突然，于老太发现前排有个老头正低头写着什么，于老太走上前，发现那个老头正在抄写笔记。于老太乐了："大兄弟，你还真认真呢！你也是儿女硬逼着来的吧？"

老头抬眼看看于老太，又低下头继续抄："是……是啊。"

于老太眯着眼睛打量起眼前的这个老头："今年多大年纪了？"

老头说："六十五了。"

于老太又左右打量起这个老头，心里有了几分喜欢，别看这老头六十好几，可精神好着呢，爱学习不爱闹腾，正是自己喜欢的。于老太又细问了几句，知道这老头姓张，老家是山东沾化的，儿子也已经成家，自己也没了老伴，单身一个人过。

回到家，于老太和女儿说起了这个张老头。女儿一听眉毛就翘了上去："好呀，妈，您得抓紧点啊，这样的好老头可不多了，再不行动，这张老头落到别的老太太手里，您想哭都拿不准音啊！"于老太想想也对。

第二天，于老太趁着下课的时间，又挪蹭到张老头跟前："大兄弟，给你这个听听。"说完，于老太"哗啦"一声，把布书包里的卡带都倒在桌子上："这是《沙家浜》，这是《二进宫》，这是《四郎探母》，都是好戏啊。"

张老头惊得嘴张得老大，说："我……可我不爱听这个。"

于老太殷勤地说："你爱听吕剧？黄梅戏我家里也有啊！"

张老头还是摇头："你说的这些我都不爱听。"

于老太忙问："那你爱听啥？"

张老头说："《老鼠爱大米》。"

老鼠爱大米？于老太没听过哪部戏曲叫《老鼠爱大米》，回到家一打听，才知道这是首流行歌曲。女儿支招说："妈，看看，白忙活了吧？这老头人老心不老，有活力哟！您得知道人家喜欢什么才能行动。要抓住男人的心，先要抓住男人的胃！这句话对老头们同样适用！您老可以给他做最爱吃的东西！"几天后，女儿带回一个中年妇女："妈，我先在网上查了，他们老家沾化最有名的一道菜叫'冬枣烩大饼'，这个大姐老家也是沾化的，她做'冬枣烩饼'可拿手了，您好好学！"于老太跟着中年妇女学了起来：和面、烙饼、炒辣椒、炝锅……做了几次，中年妇女就直点头："可以出师了！您老可以自己走江湖了！"于老太本打算把张老头叫到家里吃个饭，可这老头还认生，说啥也不肯来，没办法，于老太只好把做好的“冬枣烩饼”用饭盒装好，带到了培训班上。好说歹说的，张老头这才肯吃，一转眼的工夫，一大盒饼就被吃得干干净净。于老太吃了一惊，这老头吃那么多，胃口还真好。她眯着眼问：“咋样，味道咋样？”

张老头点点头：“香，真香！”他咂巴咂巴嘴说：“这些天，你咋又送卡带又给我做好吃的呢？”这句话把于老太问得有点不自然：“这个……我……我……”

张老头不傻，他知道于老太对自己的想法后，就故意往一边躲。

于老太看张老头这个样，就跟他透了底：“咱们这么大年纪了，都是过来人，有话就不藏着掖着了，实话和你说吧，我就是想找你做个伴儿，你有啥想法？”

张老头窘得把脑袋直往下面耷拉：“这个……我……”

于老太眉头紧锁：“咋了，你不是也没老伴吗？你是嫌我，看不上我吗？”张老头连忙摇头：“不是不是。”

“那是为啥？是子女不同意？还是……”于老太有点急了。

于老太回家把这事和女儿说了，女儿想了会说：“可能是张老伯不好意思了，妈，您得趁热打铁，尽早把他拿下！”

这一天，于老太想到超市里买点白菜，途经一个小区时，她发现一个充液化气的人很像是张老头。于老太走了过去，想瞅个究竟：“你是张兄弟？”

这人连忙把头扭到一边：“你认错人了。”

于老太又问：“你不是上老年培训班的张兄弟？”旁边的一个中年妇女跟于老太说，这人是个充液化气的，在这里干了有些日子了，平时充完气，都是他帮忙把煤气罐扛到楼上去。

于老太问这人是不是头发都已经花白，中年妇女点点头，说这人可能天生就是白头发的年轻人，要不一个老头咋有这么大力气？

于老太又追上去问：“你是不是张老头？你到底是咋回事？你别装了，你就是张老头！你是不是个骗吃骗喝的？”这人摘下皮帽子，于老太终于认了出来，这人正是张老头！

张老头把于老太拉到一边：“大妈，我确实不是老头，我是个壮年汉子。”

于老太气得脸都红了：“那你装成老头干什么？骗吃骗喝啊？这年头有装嫩的，哪有装老的？你说到底是咋回事？”

“张老头”只好把实情说出来：原来，这“张老头”是个进城务工的农民，在一家液化气站打工，起早贪黑，一个月也就挣四五百块钱，最近，儿子吵着要上培训班学电脑，可培训费就要五百多，那可是自己一个月的工资啊，后来他打听到，老年大学培训班费用低得很，一学期才一百多块，于是他就冒充老年人参加培训班。他想：自己学会了，再手把手教给儿子。开始的时候，他不知道于老太对自己有意，给自己送饭不吃白不吃，他还以为于老太就是个热心肠呢，后来发现不是这么回事，于老太这是在找老伴啊，这才故意躲着于老太。

于老太听完，不禁哈哈大笑起来：“原来是这样啊，你是该躲着我，我这岁数都快赶上你妈了，不过，你咋不早告诉我实情呢？”

“张老头”无奈地摇摇头：“这也是没办法啊！我怕别人知道我不是老头，会把我撵出老年大学啊！要是有钱，谁想出这个洋相啊。”

于老太乐了：“老年培训班学费虽说便宜，可毕竟不像外面的正规学校，我权当认你儿子做孙子了，这几百块的培训费我来出，只要孩子有出息就行！”

多一点包容，多一点美好。

到对面的诊所买药

佚名

一个寒冷的夜晚，鲁兹太太正打算关上她的零售店店门。突然，有个年轻人闯了进来，递上50美元，说要一份热狗和一杯牛奶。

在接过那张钞票的一瞬间，鲁兹太太就断定那是张假钞。她瞟了年轻人一眼，年轻人低垂着头，一副穷困潦倒的模样。鲁兹太太不动声色地问道："能换一张吗？"

年轻人开始紧张慌乱起来，头垂得很低，他嗫嚅了半天说："没有，太太，我……我很想要一份热狗，我一整天没有吃东西了。"鲁兹太太觉得这是一个还没有完全丧失羞耻感的孩子，对于这样的孩子，也许一块面包的温暖远比一声呵斥更有震撼力。想到这儿，鲁兹太太不再迟疑，马上找零钱。

在年轻人转身离开的当口，鲁兹太太忽然大叫一声，手捂着胸口踉跄了几下。年轻人吓坏了，赶紧上前扶着老人。"快！"鲁兹太太把那50元的假钞塞到年轻人手里，"到对面的诊所买药，就说鲁兹太太病了。"

年轻人走后，鲁兹太太麻利地抓起电话，打到那个诊所，那是她弟弟开办的。

鲁兹太太在电话里说："如果有个年轻人来给我买药，给他三四美元的药好了。另外，他手里有一张50美元的假钞。"放下电话，鲁兹太太默默地祷告着，如果他真是个富有爱心和责任感的孩子，他就一定会回来。

一会儿，诊所的电话打过来了，弟弟告诉鲁兹太太，年轻人已经拿着药走了，没有用假钞。鲁兹太太长吁了一口气，庆幸自己没有看走眼。

那个夜晚，年轻人不离左右地陪伴着"病中"的鲁兹太太。天亮后，鲁兹太太感激年轻人"救"了自己，竭力挽留要离开的年轻人，请他帮忙照看几天零售店。

几年过去了，那个小店变成了超市，超市又有了子超市，而那个年轻人就是在美国靠零售业发迹的怀特。

在那个风雪之夜，鲁兹太太用善意的谎言，让怀特不失自尊地接受了她的帮助。

人生悟语

善意的谎言是美丽的。这种谎言不是欺骗不是居心叵测，当我们为了他人的幸福和希望而适度地扯一些小谎的时候，谎言即变为理解、尊重和宽容，且具有神奇的力量，没有任何的不纯洁。

冬日里那一缕温暖叫永远

崔修建

那时已是深冬，他和几位工友还留在北方一座城市里焦急地等待着一年的辛苦打工钱。几个人兜里的钱越来越少,他们的伙食差到了极点,每天吃的都是低价买的有霉味儿的旧大米,菜则是从市场上捡回的发黄的菜叶和菜帮,放一点儿盐煮一煮,一点儿油水也没有。有实在熬不住的,便带着深深的怨恨和失望回去了,最后只剩下他和另一个年轻人在漠然地苦等着。

一天早上,他照旧去市场上捡菜叶时,碰到几个外省的打工者,从他们无所忌讳的交谈中,得知他们常常到附近居民楼的楼道里偷一些别人储藏的过冬菜,似乎那儿可拿的菜很多,而且很容易得手。听他们说得那么轻松,就像拿自家的东西一样,他的心立刻被挠拨得痒起来。

回到栖身的阴冷工棚,他跟那个正愁眉苦脸的同伴一说,同伴的眼睛也亮了起来,难熬的苦日子让两人也不去多想什么后果了,只盼着夜晚早早来临。晚上10点多了,天空飘起了稀稀落落的雪花,他和同伴互相鼓动着朝附近一栋高校教师宿舍楼走去。

很快,他们就在一个单元的五楼的楼梯口,发现了住户储存的白菜、土豆和酸菜等,他们慌乱地装了一袋土豆,又拿了一串咸萝卜干,便急忙往楼下跑。毕竟是第一次做这种事情,他紧张得心脏都要跳出来了,他的同伴更紧张,在快到二楼时竟一脚踏空,顺着楼梯滚了下去,藏在怀里的土豆也散了一地。偏偏这时,又从外面进来几个人,他们慌张地夺路要逃,他手里的咸萝卜干也掉到了地上。一位妇女一见他们那心虚的眼神和他手里的咸萝卜干,就恍然大悟地大着嗓门喊道:"好啊,这回可抓住你们了,都说这几天这栋楼里闹小偷,放在楼道里的东西丢了不少,原来是你们干的。"

"我们是第一次来这里,以前不是我们偷的!"他争辩着,泪都要急出来了,心里直后悔今晚不该来。

听到吵嚷声,又有人从屋里出来,开始七嘴八舌地批评他们不该偷东西,有人还要打电话叫派出所来人把他们带走。这时,一位老教授走过来,仿佛很熟悉似的对他说:"是你们俩啊,怎么才走到这儿?我给你们拿的菜呢?"

"刘教授,您认识他们?"那位大嗓门的妇女一脸的惊讶。

"是啊,他们是我乡下的亲戚,在附近的建筑工地上打工,我刚才给他们拿了一点儿不值钱的菜。"刘教授微笑着向众人解释道。

"哦,原来是这样。"有人开始不好意思了。有人小声嘀咕:"看他俩那憨厚的样子,也不像是小偷,差点儿错怪人家了。"说着,人们便四下散去了。

"谢谢您,先生。"他感动得眼泪都要流出来了。

"不用谢我,我知道你们肯定有难处才来这里的。但是,我要告诉你们——无论多么难,都不要做错事。"刘教授把那个"错"字咬得很重很重。

"我们记住了!"两个人一起大声地回答。

"先把这一百块钱拿去花吧。"刘教授拉住他的手。

"不,不,您没有把我们当小偷看待,还认我们是亲戚,我们就感激不尽了。"眼前这位慈眉善目的刘教授,让他想起了故乡的祖父。

"拿着吧,小伙子,要不就算是我借给你们的吧,谁让我们是亲戚呢。"刘教授微笑着,不容推辞地将钱硬塞到他的兜里。

"您为什么要这样帮我们呢?"他激动得手都颤抖了。

"因为我知道,有时,一点点的善,就能温暖一个人,而一点点的错,也会毁了一个人。你们还这么年轻,今后的人生还长着呢。"刘教授的最后一句话特别加重了语气。

"没错,就是在那个冬天的夜晚,因为遇到了刘教授,我对那座城市和自己的人生都有了新的认识。我不再抱怨人情冷漠,不再因为个人的得失而迁怒于社会和他人,而更多的是带着爱意生活。"他在向我讲述上面的故事时,眼睛里流露着真切的感动。他告诉我,后来的日子无论多苦多难,他都坚强地挺住了，没有产生过一丝的邪念，因为他始终铭记着刘教授那温柔的目光和那慈爱的叮嘱……

听了他的讲述，我的心似乎也被什么东西撞了一下——是啊，行走在茫茫人海中，我们每个人都需要爱的馈赠与接纳，尤其是来自陌生人的真诚的爱，哪怕仅仅是极微小的一点点，或许仅仅是一抹热情的微笑，或许只是一句贴心的安慰，或许只是举手之劳的帮助，都可能久久地温暖一颗心灵，都可能因此诞生许多美好、温馨的情节。

我相信，那冬日里的一缕芬芳的爱啊，就像头顶煦和的阳光一样，将给我们的人生以不可或缺的温暖，让我们真切地感受生活中的真、善、美，感受爱的神奇与伟大……

人生悟语

用宽容化解不满，用关怀融化冷漠，那个冬日，一个小小的善举却拯救了两个差点走错路的人，让他们带着爱意生活，用同样的爱和善良来馈赠他人，一起感受生活的温暖与美好。

请宽容最后一次

孙盛起

1991年，我到美国爱荷华大学留学。那里是个种族大熔炉，汇聚了世界各个国家、各种肤色的学生，对此我既兴奋又感到陌生和孤单。由于担心受到别的国家学生的欺负，不久我就加入了由十几个中国留学生组成的“同乡会”，这样大家有事可以互相照应，使我有一种安全感。不过不得不承认，“同乡会”遇事总喜欢一拥而上和不分青红皂白对“会员”偏袒的做法，使很多其他国家的学生非常反感，也因此和一些国家的学生结了“怨仇”。

10月的一天，我去学校附近的商场购物，在扶梯上偶遇学校里唯一来自喀麦隆的同学桑乔。桑乔不久前曾因和一个中国学生发生冲突而被我们“同乡会”“修理过”，对此他一直耿耿于怀。我俩一前一后站在扶梯上，他见我是只身一人，就很轻蔑地冲我竖起中指。这是个侮辱性的手势。我毫不示弱，一把抓住他的衣领要和他理论。然而桑乔长得人高马大，我根本不是他的对手，他很轻易地把我的手扭转到背后，然后狠狠一脚将我踹下扶梯。

我被摔得几乎昏死过去，不仅脸颊被摔出很长一道口子，鲜血流了一身，在商场工作人员把我送到医院后，经检查，我的两根肋骨也有轻微裂痕。

“同乡会”的同学闻讯前来看我，很快，我们就制定了两种“解决”桑乔的办法：一是起诉他，让他遭受牢狱之苦并支付巨额赔偿；二是找机会收拾他，让他付出比我还惨痛的代价。我倾向于后者，因为在国内和别人打架吃亏时，我都是以这种“正统”的办法和对方扯平的。

复仇的烈焰在我的心中燃烧。出院后，我根本无心学习，整天琢磨着怎样找机会对桑乔下手。

如果没有发生那起震惊世界的惨案，我的复仇计划无疑就将实施。那起惨案发生在11月1日，中国留学生卢刚开枪射杀了另一名中国留学生山林华、3名爱荷华大学的教授以及副校长安·柯莱瑞女士。

听到这个消息我完全惊呆了。卢刚和山林华不是我们“同乡会”的成员，受害的另3名教授我也不太了解，而安·柯莱瑞女士却是我非常崇敬的人。一进爱荷华大学我就听到了很多关于她的故事。她在父母早年远渡重洋到中国传教时出生在上海，因此她对中国怀有一种不同寻常的特殊感情。她终身未婚，把在爱荷华大学留学的中国学生视若自己的孩子一样，对他们爱护有加、关怀备至，尤其是每年的感恩节和圣诞节，她的家就成了中国留学生的乐园。可如今，这样一位慈母般的长者却被人丧心病狂地杀害了，而杀害她的人竟然是我的“同乡”！对此我无法理解，更感到羞耻。

如果说安·柯莱瑞女士的被害令每个人都感到震惊的话，那么几天后她的葬礼对每个人的心灵又是一次巨大的震撼。

11 月 4 日，我们全校师生停课一天为安·柯莱瑞女士举行葬礼。葬礼上，安·柯莱瑞女士的好友德沃·保罗神父的一席话敲击着每个人的心灵：“假若今天是我们的愤怒和仇恨笼罩的日子，那么安·柯莱瑞将是第一个责备我们的人。”随后，安·柯莱瑞女士的 3 个兄弟举行了记者招待会，他们以她的名义捐出一笔资金，成立了安·柯莱瑞博士国际学生心理学奖学金基金会，用以安慰和促进外国学生的心智健康，减少此类悲剧的发生。同时，他们以超凡的爱心宣读了一封致卢刚家人的信：

我们经历了突发的剧痛，我们在姐姐一生中最光辉的时候失去了她。我们深以姐姐为荣，她有很大的影响力，受到每一个接触过她的人的尊敬和热爱——她的家庭、邻居，她遍及各国学术界的同事、学生和亲属。

我们一家从很远的地方来到这里，不仅和姐姐的众多朋友一同承担悲痛，也一同分享着姐姐在世时所留下的美好回忆。

当我们在悲伤和回忆中相聚在一起的时候，也想到了你们一家人，并为你们祈祷，因为这个周末你们肯定也是十分悲痛和震惊的。

安最相信爱和宽容。我们在你们悲痛时写这封信，为的是要分担你们的悲伤，也盼你们和我们一起祈祷彼此相爱。在这痛苦的时刻，安是会希望我们大家的心都充满同情、宽容和爱的。我们知道，在此时，比我们更感悲痛的，只有你们一家。请你们理解，我们愿和你们共同承受这悲伤。

这样，我们就能一起从中得到安慰和支持。安也会这样希望的。

诚挚的安·柯莱瑞博士的兄弟们

听完这封信，包括我在内的很多人都失声痛哭。我们被安·柯莱瑞女士及其家人那博大的心胸和伟大的宽容深深地震撼了。

葬礼结束后，我站在公墓的出口，将泪眼汪汪的桑乔拦住。桑乔脸上现出万分的惊恐，见几个中国学生围拢过来，撒腿就跑。我一把拉住桑乔的衣摆，然后拍拍他的肩膀，脸上露出微笑。

“希望我们能成为好朋友。”我说着，向他友好地伸出了手。

桑乔一愣，惊愕地望着我。随后，他明白了一切，张开双臂将我紧紧拥抱。“朋友！朋友！我爱你，朋友！”他开心地反复说着这句话。

人生悟语

用伤害去回报别人的伤害，悲剧只会陷入一个恶性的循环，给世间带来更多的是悲痛；而用宽容去对待伤害，仇恨便会在宽容的海洋里慢慢地消散，给人生留下更多的是温馨。给别人多一点爱的宽容，世界会因你而美丽。

宽容是一种拯救

张翔

几年前的一个秋天,有两个失落的少年在加州的一个林场里玩,恶作剧般地点燃了那片丛林,他们想象着消防警察们灭火时的慌乱和焦灼,得意不已。他们却万万没有想到,因为这一次火灾,一名消防警察在扑救火灾的时候不幸牺牲了。

这名消防警察才22岁,在全力以赴地履行自己的职责时,他被浓烟熏倒后烧死在丛林里头。更让人悲痛的是,这名消防警察早年丧父,是由一位可敬的单身母亲独自抚养长大的。成长的过程充满艰辛,儿子常常对母亲表示,成人后要好好回报她。而这正是他参加工作后的第一周,连第一次薪水都没领到就……

在查明这是一起蓄意纵火案后,整座城市顿时愤怒了,市长表示一定要将罪犯抓捕归案,让他们接受严厉的惩罚。警察开始了四处追捕。那两名被列入嫌疑人名单的少年的头像也开始出现在各个角落。

而这一切都不是这两个少年最初想象的,他们只能惊恐地离开这座城市,四处流窜。听着来自四面八方的愤怒的声音,他们陷入深深的悔恨、无奈和恐慌之中。

除了这两个少年,媒体的目光更多地投注到那位警察的单身母亲身上,他们知道,她无疑是这个世界上最伤心的人。他们将话筒对准她,等待着她悲凄的控诉和要求严惩凶手的愤怒呼吁。果然,当这位母亲出现在镜头面前时,她白发苍苍,一身素服,眼睛浑浊而忧伤。

但是当她说出第一句话时,所有人都震惊了,她是这样说的:

“我很伤心地看到我的儿子离开了我,但是我现在只想对制造灾难的两个孩子说几句话——你们现在一定活得很糟糕,很可能生不如死。作为这个世界上最有资格谴责你们的我,我想说,请你们回家吧,家里还有等待你们的父母。只要你们这样做了,我会作为一位母亲,和上帝一起宽恕你们……”

那一刻,全场的记者都无语了,没人想到这位刚刚失去儿子的母亲居然会说出这样的话,他们以为等来的声音会是哀伤,或是愤怒,没想到竟然是宽恕!

而人们更没有想到的是,这位母亲发表讲话后的一个小时,在邻城小镇的一家旅馆里,两名少年报警自首了。

两名少年告诉警察:就在那位母亲发表电视讲话的那天下午,他们因为承受不了这巨大的社会压力而购买了大量安眠药,准备一起离开这个世界。但就在这时,他们从电视里听到了那位母亲的声音。他们顿时泪水如注,尔后,将安眠药丢到一边,拨通了警察局的电话……

现在这两名鲁莽的少年已为人父,他们会时常领着自己的孩子去看望那位可敬的单身母亲,她已经是他们心灵上的另一位母亲。一个悲剧故事就这样以温馨的结局收尾了。而谁都可以想象,如果这个母亲当时说出的是另一番话语,这两条鲜活的生命就将从此逝去,母亲也会永远陷入了孤寂之中。

是的,这个世界很多时候并不需要更多悲痛的哀鸣和愤怒的责难,或许更需要的是一种博大的宽容,因为宽容有时候可能会成为一种拯救!拯救他人,也拯救自身。

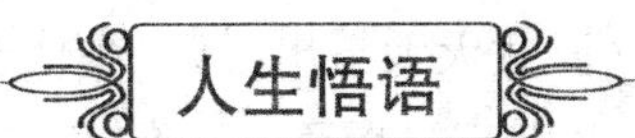

宽容有时候是一种拯救，虽然我们无法改变已经发生的悲剧，但我们能阻止悲剧的再次发生。宽容如同冬天的一团火苗，它能让我们在冰天雪地中取暖；宽容如同一把雨天的伞，它让我们在泥泞的人生路上不再举步维艰。

宽容是高贵的品质

穆欣

你对宽容如何理解？在我看来，就像你把一朵雅致如雪的兰花踩在脚下，它却把芳香的气息留在了你的脚底。这就是兰花的宽容。

莎士比亚曾在他的经典戏剧《一报还一报》中写道："任何大人物的章饰，无论是国王的冠冕，摄政的宝剑，大将的权标，或是法官的礼服，都比不上仁慈与宽容那样，更能衬托出他们的庄严高贵。"宽容是一种美德，更是人与人之间维系的纽带与桥梁。因为认识一个人，需要机缘；了解一个人，要靠智慧；而了解以后和睦相处，则要靠彼此包容。

曾看过这样一个故事：张三与李四两家是世仇，上天却偏偏安排二人毗邻而居。一个春节，张三故意将一个盛满泥土的骨灰罐放在了李四家门口。李四并未言语，只是将几粒种子撒入土中，每日施肥浇水，悉心照料。数月之后，嫩芽舒展，蓓蕾绽放，竟是一朵朵娉婷幽香的百合。李四亲手将花送到张三家中，张三既羞愧又感动，从此两家冰释前嫌，和睦共处，欢声笑语，其乐融融。

人心是易动的，懂得用宽容去打动它，诅咒的泥土也能开出美丽的百合。

生活是复杂的，而生活的道理却很简单。人人都希望过得快乐，但快乐不是因为拥有得多，而是计较得少，还有一颗宽以待人的心，人生处处都充满着幸福与美好。台湾著名作家林清玄亦曾说过："什么是成功的人？就是今天比昨天更有智慧的人，今天比昨天更慈悲的人，今天比昨天更懂得爱的人，今天比昨天更懂得生活美的人，今天比昨天更懂宽容的人。"

人生悟语

张三对李四的羞辱，李四用宽容开出朵朵百合花；人脚对兰花的践踏，兰花把香味留在足迹上。宽容本身并没有品质，是宽容形成的结果高贵美丽如兰花，气质清雅如百合。我们用宽容对待别人，别人便会用笑容回报友谊；我们以宽容对待生活，生活就会回报以更加宽阔的道路。

邻居

田禾

夏日里最酷热的时候，对面房子里搬进了几个小伙子。听管理员说，他们都是大院门口宾馆里的打工仔，合伙租的房子。除双休日外，我天天早出晚归，小伙子们早上也起得很早，晚上则要等到宾馆关门了才回来，所以我一直未与他们打过照面。他们回来后唱歌，聊天，放音乐，吹口哨，大声关门，声音弄得山响。

我知道他们都处在青春勃发、活力无限的年纪，白天在老板的眼皮底下憋了一天，就只剩下晚上这么点儿时间可以放松放松。所以好几次被吵得难以成眠的时候，我都起床走到门口了，又不忍拂了他们的兴，犹豫一下回屋，等他们闹够了，安静下来，自己再入梦。好在他们一般不会久闹。

相比往年，这个夏天老天爷要仁慈得多。可也有那么几天，光开电扇已扛不住了，打到最大挡也还是汗流浃背。隔壁的邻居，我不知道他们是否有电扇，空调是不可能有的。他们又唱又跳的，在38℃的高温下，我可以想象里面怎样的热。房子是顶层，又迎西晒。晚上回来，一打开房门就迎面一阵热浪，蒸笼似的。除了去厨房，我就躲在空调房里，看看书，写写画画，一会儿就不知今夕何夕了。

隔壁的邻居回来了，便提醒我这是炎夏。他们在屋子里吼叫或咒骂，说热啊，真热啊。然后又编了小调猛唱。有一天就有一妇女敲门，继而尖厉的女高音响起来："吵什么吵！死人了啊！明天还要做生意呢。"开门的男孩子连连说"对不起"，然后那边很快就寂然无声了。

从此他们不再吵了，上楼说话都压低了声音。他们中有一人，有天晚上去楼顶，忽然发现新大陆似的高呼"楼顶有风"。于是他们开始了"幕天席地"。他们选择的"床位"恰好在我的屋顶，想象中的大头皮鞋就在我的眼睛上方踩来踩去；我还怀疑他们想方便的时候懒得下楼，就在我的头顶上方解决。我蒙了被单睡觉，可总还是担心头顶上的水泥不堪重负，塌下来，砸在我的脸上。

我想我得告诉他们经理去，可冷静下来我又有些不忍心。我想起在外地打工的弟弟，他是否也被这热逼得上蹿下跳，不得安睡？我想我还是忍一忍，观后效。

有一个周末，我出门逛街，回家走到一楼时，发现楼梯上下一片湿。我想那几个小伙子又泼水了。他们一热就往屋里泼水降温，水流出来，浸到走廊里。我越往楼上走，发现水越多。我打开房门时，立即就倒吸一口冷气：我的家里，已是"水漫金山"了！水从门缝挤进客厅，绕进卧室，流到厨房。放眼一片泽国，我立即懵了！

我怒火中烧。肯定又是那几个臭小子干的！是可忍孰不可忍！我气冲冲地下楼去找罪魁祸首。宾馆经理一听明事由就抱拳道歉。他派人把那几个小伙子叫出来。这是我第一次面对我的邻居，他们都还是不到20岁的小男孩，一个个做低头认罪状，蔫蔫的，与晚上的鲜活判若两人。经理大声训斥他们，要他们说这是第几次，还说炒了他们都不够！我看着几个男孩子越来越低的头，不觉又动了恻隐之心。我对经理说，算了吧，都是年轻人，下不为例就行。

经理派他们去帮我收拾残局。他们自带了脸盆和抹布，很认真地把地上的水一点点吸尽。其中一个男孩边干活边说不好意思。他说：原来我们不知道屋子渗水，天太热就泼冷水降温。有一次水渗到楼下人家的屋里，那家的男人可凶了，跑上楼抓住我们就是一顿打，我们再不敢泼水了。可今天早上，单位的呼机打得急，我们一紧张就忘了关水龙头，水池里泡的是衣服，水满了就溢出来了……

小伙子一脸真诚的歉意。我开始后悔自己一冲动就去找他们经理。如果经理扣他们工钱，我岂不是良心不安？

几天后的一个周末，我正在家里看书，有人敲我的门。我开门时，见是对面的邻居。他们每人背着一个大大的行李袋，站在前面的小伙子对我说："对不起，这一个多月吵得左邻右舍都不得安宁。"我一惊，问："你们不干了？"有个小伙子的眼就红了，说："老板炒了我们了。"我的心紧了，说："别太要面子了，找老板求求情，现在找碗饭吃不容易！"打头的小伙子摇头，说："没用了，怪我们自己，尽给大家添烦。"

我怔在那儿。他们下楼，敲响另一家房门，很真诚地道歉。我忽然就觉得，我们都太自私，没有足够的耐心与宽容心。几个乡下来的打工仔，还没来得及学会适应门窗紧闭、互不干扰、互不关心的城市幽居生活，还没学会保护自己，尽管闻“过”即改，但还是被我们这些城里人给排挤走了。

人生悟语

宽容别人，就是宽容自己。多些宽容，让人生更美好。

拉面馆里的秘密

王兴莱

有个年轻人，名牌大学毕业，但不知怎的，倒霉事却接踵而来：先是没找到合适的工作，工作后又和同事相处不好，女友又同他劳燕分飞，加上这一年夏天又大病一场，让他身心疲惫。转眼到了国庆假期，年轻人临时决定一个人到南方去旅游，换个环境散散心。他选了云南一个小镇子作为目的地，到了小镇，年轻人窝在一个家庭旅馆里睡了一天，晚上，又在旅馆附近一家小饭店里喝得半醉，等他回来时，没想到旅馆的男主人还没睡，正坐在外屋喝着酒，见年轻人回来，便热情邀请他一起喝，年轻人没推辞，坐下来便喝起了酒。有酒就有话，天南海北聊了一会儿，两人渐渐熟了，年轻人就一一说了心中的郁闷，没想到男主人听完后哈哈大笑，他拍拍年轻人的肩膀，说：“小伙子，建议你明天去吃碗拉面，吃完后你就不会这么想了。”

年轻人虽然有些醉意，但听了这句话后很是不解：“心情郁闷跟吃拉面有什么关系？”男主人笑着说：“你吃了后就知道了，不过，吃面的时候，一定要弄清一个问题——为什么这家拉面馆的拉面这么好吃？”

年轻人还是半信半疑，第二天，他按照旅馆男主人的指点，找到了那家拉面馆，这店铺有个很大众的名字——夫妻拉面馆。进去一看，餐厅不小，座无虚席，找了半天，才找到一个座。年轻人一坐下，就有服务员过来招呼，不大一会儿，面就送上来了，一看，果然不错：面条细如发丝，面汤白如乳水；牛肉切成长方形，肉筋交错，一看就是好肉；香菜末、葱末绿如野萍，没一个枯星子。年轻人吃了一口，果然鲜美至极。

年轻人狼吞虎咽，很快把一碗面条吃了个精光，吃了碗好面，心情也舒坦多了，年轻人刚想走，忽然想到男主人要他弄清的那个问题。是呀，为什么这家拉面馆的面这么好吃？想到这里，年轻人没有马上离开，他从随身带的包里拿出一本书，漫不经心地看起书来。过了吃饭的点，食客渐渐少了，就在这时，年轻人看到了这样一个情景：从门口进来一对老头老太，挑着担子，一人挑的是香菜，一人挑的是小葱，那香菜和小葱，一看就知道是刚从地里拔出来的，新鲜极了。两人穿过店堂，往后面厨房去了。他俩进去不久，又进来一个人，衣衫褴褛，看上去像是个乞丐，这人进来后，大摇大摆的，挑了个座位，一屁股坐下，一拍桌子，吆喝了一句：“面，吃面，多加肉！”

年轻人一见，正在奇怪，却看见服务员很快给那乞丐模样的人端来一碗面，而且上面堆满了牛肉。那人“呵呵”笑开了，把牛肉吃完，胡乱吃些面条，筷子往桌子上一扔，钱也没付转身走了。服务员过来把碗收走，脸上没露出一丝的不快……见此情景，年轻人既十分意外，又感慨万千，看来这店的老板心眼好，对乞丐都如此善待，心有多宽，生意就有多宽，生意好，面自然会做得好，这难道就是这里的拉面好吃的原因？

年轻人低头看书的工夫，服务员过来给他续了好几次水，年轻人有些过意不去，正想离开，也就在这个时候，他看到刚才那两个老人又挑着香菜、小葱走进店来，年轻人十分诧异，时间没过不久，怎么又来送香菜和小葱呢？正这么想着，恰好一个服务员又过来给他续水，年轻人便问："你们这店里香菜和小葱用得这么快，一会儿就要让人送来？"服务员笑了："您一看就是来旅游的，不是用得快，而是求一个'鲜'，牛肉拉面对香菜、小葱要求很高，这两样东西离地时间一长，就不新鲜了，所以老板要求两个小时更换一次。"

年轻人一听，不由目瞪口呆：天哪！没想到这拉面店连香菜、小葱都要求这么严格，那面条、汤、牛肉更是可想而知了。说话间，挑菜的老头老太从后面厨房出来了，在他们身后跟着一位中年人，那中年人热情地把老头老太送到门口，老头转身对中年人说："徐老板，您留步吧，两个小时后我们又该见面了。"

年轻人看着这位"徐老板"，顿时一惊：他竟然只有一只胳膊！徐老板走进里屋后，刚才那个乞丐模样的人又走进了店里，还是嚷嚷着："面，吃面，多加肉！"一切都像电影回放那样，服务员又把一碗堆满牛肉的面端了上来，"乞丐"吃完了碗里的牛肉，嘴巴一抹，分文未付，走了。服务员毫不在意地收起了碗，没有一点不乐意……

当天晚上，年轻人买了些酒和菜，约旅馆的男主人一起喝酒，喝着，聊着，年轻人便说了白天所见之事，说完后感慨不已。男主人笑笑，对年轻人说："其实你今天吃的这碗面里有三个秘密。"年轻人一听，连忙问是哪三个秘密。男主人说："要想做好一碗面，其实很不容易，第一是要面好，碗中的料好汤好功夫好，这是最简单的秘密，可就是这样简单的秘密，很多人是不知道，很多人是知道了却做不到，所以做出来的面连看都不中看，就别说吃了，他们哪里能像这家店那样，连香菜和小葱都要每隔两小时换一次……"年轻人问："那第二个秘密呢？"

男主人接着说："这第二个秘密就是做面的人。做面的人要执着、认真，你今天也看到了，面店的徐老板是只有一只胳膊的残疾人，不知你有没有注意到那家店的名字叫什么。"年轻人说："知道，叫'夫妻拉面馆'。"

男主人喝了口酒说："是啊，你难道没想过，一个断了胳膊的人怎么能拉面呢？拉面可是要两个手的啊，所以徐老板的帮手就是他妻子，也就是说每一碗面都是由他们夫妇俩一起合作拉出来的。"年轻人一听，嘴巴张得老大。

男主人笑笑："我再说一点，你嘴巴也许会张得更大，这徐老板的妻子其实也只有一只胳膊，也就是说，两个只有一只胳膊的人，凑成了一双手，二十多年如一日，拉出了一碗碗美味可口的面条。"

年轻人彻底惊呆了，他连忙问："难道这就是第三个秘密吗？"主人却摇摇头，年轻人迫不及待地问："那第三个秘密是什么？"

到这里，男主人的面容渐渐地有点凝重起来了，他说："这第三个秘密，跟你今天看到的老头老太、讨饭吃的那个疯子，以及徐老板夫妇为什么只有一只胳膊有关。"年轻人一听，好奇心已经完全被"吊"起来了。

男主人又不紧不慢地喝了一口酒，接着说："二十多年前，徐老板夫妇刚结婚不久，两人开了一家面馆。一个夏天的晚上，两人忙完了，一起到镇外的公路边散步，不巧的是，一辆失控的卡车朝两人冲来，卡车把两人撞倒之后，后轮碾过了两人的胳膊，而且徐老板的妻子还断了三根肋骨，那辆卡车冲下了坡，翻了十几个滚，司机命是保住了，但脑袋受到严重撞击，神智从此不再清醒……出事的那一天，正好是徐老板夫妇结婚的第一百天。司机是因为喝了过量的酒才酿成这场车祸的，司机的父母跪在徐老板面前请求原谅，甚至愿意把家产变卖了，来赔偿给他，但徐老板没这么做……"

此时此刻，年轻人的眼角已有了泪花，男主人的眼里也是湿漉漉的，他接着说："讲到这里，想必你也猜到了，那个司机就是讨饭吃的疯子，而那个司机的父母从此后就种起了香菜和小葱，卖给徐老板，得到的钱，司机父母只收一半，另一半作为赔偿金给了徐老板，就这样，本该是仇人的几个人，却很好地生活在一起。如今，你也看到了，徐老板和妻子各用伤残后剩下的一只手继续拉面条，开面馆，而且生意越来越火，就连那两位老人也富了，他们有二十多亩大棚菜；最让人感慨的是，二十多年来，那个闯祸的司机却成了最幸福的人，他每天都有免费的面吃，他面里的牛肉要比一般客人多得多，而且只要他走进面店，面就端来，不管他一天吃多少碗，天天如此，这就是拉面里的第三个秘密：以恩报怨，以和消仇！”

听到这里，年轻人忽然觉得自己的心胸为之一振，豁然开朗，海阔天空，这碗面里蕴含着太多太多的东西，有执着、认真、细致、爱、无私……和徐老板他们相比，自己生活中的那些小怨小愁、磕磕碰碰算得了什么呢？人一生看似漫长，多少人抱怨生不逢时，命运不公，但说到底，芸芸众生之中，能有几个可以做好一碗拉面的？

人生悟语

幸运之神往往眷顾怀有宽容之心的人。

老板的T恤衫

任黎明

我在一家网店买了件浅紫色T恤衫，兴冲冲穿着来到公司。

一进公司，我便发现自己成了焦点，大家的目光全朝我身上看，我正暗自得意，老板从他的办公室走出来，特意多看了我几眼，才回到自己办公室。天哪，他穿的那件浅紫色T恤衫，跟我这件一模一样，我居然和老板撞衫了！

过了一会，老板将我叫到他的办公室，笑呵呵地说：“小任，你这T恤看起来很不错嘛，花多少钱买的？”我心里一紧，知道他介意了，连忙说：“我这件是在网上订购的，只花了五十块钱。”老板听了我的话，哈哈大笑几声，走过来拍了拍我的肩膀，说：“年轻真好啊，穿什么都好看。你看看我，穿着八百多块的衣服也不行！”

我顿时浑身不自在，好不容易等到中午下班，连忙打的回家，把身上这件T恤换了下来。这时女友杜艳正好回来，奇怪地问：“你穿着挺好看的，为什么要换下来？”我将跟老板撞衫的事说了，杜艳说：“看来你们老板是一个等级分明的人，你这衣服更不能换了！你只有让公司的同事都明白，你和老板的衣服在价格、档次上是完全不同的，他心里才会舒服。”出门前，杜艳抱了我一把，让我别担心，只管上班就是。

来到公司，进门没走几步，同事小张就从后面赶上来，拍拍我的肩，说：“哥们，这T恤五十块一件？”没走几步，同事小赵也笑着对我说：“帅哥就是不一样啊，五十块的T恤也让你穿得这么好看。”这也太怪了，于是，我故意在公司走了一圈，呵，好几个人在说我五十块一件的T恤。这时，老板从我身边走过，我向他打招呼，他竟然开心地点点头，朝我笑了笑。这时，清洁工阿姨走到我身后，问我：“小任，哪儿买到这么便宜的衣服？”哇，连清洁工阿姨都知道了？她看着我吃惊的表情，笑着从我背上撕下指甲盖大小的一个标价签，说：“你也太粗心了，连标价签都不撕就拿出来穿。”我笑了，原来杜艳用的是这个法子。

我以为事情过去了，没想到，快下班时，小张却愁眉苦脸地走过来，悄悄对我说：“糟了，我们几个要倒霉了。”我忙问怎么回事，他看了我一眼，说：“还不是因为你这件T恤！老板刚才都看到我们发在群里的话了。”

小张说，公司几个要好的年轻同事建了个QQ群，经常就公司的一些事发发议论。刚才，他们几个在QQ群上讨论了我和老板撞衫的事，有人说，小任和老板穿的是同样的T恤，他下午故意露出五十块的标价签，这不是让大家知道老板也穿五十块一件的衣服吗？有人说，那也不一定，小任买是五十块一件，老板要是出手，不是上千，至少也得大几百，虽说是同样的东西，要是给他出五十块的价，他肯定掉头就走，这些有钱人呀，也不知他们是真聪明还是真傻……刚才小张上了趟厕所，老板也不知怎么回事，就坐在他的位子上，用他的电脑，而小张正把那个QQ群开着，老板只要点开一看，就能一字不漏地看个清楚明白。

小张这一说，我也吓了一跳，连忙溜到厕所，给杜艳打了个电话。杜艳真是有点子，马上对我说：“别急，你想个招儿，请你们老板跟大家晚上一起到我打工的火锅店就餐……”

快下班时，公司几个年轻人一起拥进老板办公室，说今天有喜事凑了份子，要在外面撮一顿，请老板赏脸相陪。老板见年轻人下班吃饭还想着自己，十分开心，就跟着我们一起进了杜艳的火锅店。我挨着老板坐下来，点好菜，有一搭没一搭地跟老板聊着，这时，一身服务员打扮的杜艳端着油碟走过来，来到我和老板身后，装作脚下一滑，几碟子油全洒在我和老板的身上，我一下跳起来，嚷道：“有你这么端东西的吗？你洒我身上也就算了，怎么连我老板也洒呀！”

火锅店值班经理听到我的嚷声，连忙赶了过来，吩咐杜艳拿来两件白衬衫，给我和老板换上，又让她把我和老板洒了油的T恤拿去洗干净。

过了一会儿，杜艳怯怯地走过来，小声对我说：“先生……真对不起！我……我刚才用饭店的热水洗T恤上的油，没想到其中一件有点缩水，变形了……”

我一听，又跳了起来，嚷道：“什么？怎么又变形了？是哪一件？大的还是小的？”

她低着头，说：“是……小的那件，大的那件，一点问题都没有。”

我舒了一口气，故意大声说：“算你走运，变形的是我那件，不值什么钱，要是把我们老板的那件弄坏了，你就亏大了，八百多块呢！”

这时，老板拍拍我的肩，示意我安静下来，又转过头笑眯眯地对杜艳说：“算了，你也挺不容易的，下次注意点儿。”杜艳听他这么一说，如蒙大赦，朝老板深深鞠了一躬。

我又夸张地发了一阵感叹：“真是一分价钱一分货，五十块就是没法跟八百块比啊！”同来的几个家伙马上跟着附和，不停地说：“是啊是啊，还是老板有档次！”

虽说是档次不高的火锅，老板却吃呀喝的十分高兴，又特地要了一瓶茅台，最后全部由他掏钱买了单。临走时，杜艳把两件T恤送过来，我一看，老板那件虽然没变形，但上面的油污也没洗掉，就对老板说：“我知道怎么处理这种顽固性油污，你就交给我吧。”老板点点头，放心地说：“行！”

我拎着两件T恤回了家，杜艳接过T恤，将那种洗碗盘的洗洁精滴了几点在衣服的油渍上，揉搓了一会，油渍果然洗掉了，想不到的是，去了油渍的地方，却留下很大一块白斑点，再也没法去掉了！杜艳跟着也愣了，说：“我以前都用这法子的，现在咋就不灵了呢？”

T恤这个样子，怎么向老板交代呀！我急了，心一狠，说：“看来只好自掏腰包，花八百多块钱再买一件，赔给老板！”杜艳瞪了我一眼，说：“再花八百多？都顶你大半月工资了，不行！”她让我打开电脑，找到那家卖T恤的网店，一查，果然有老板的那个尺寸，她二话没说，马上就花五十块钱买了一件，并要求次日送达。

第二天，我收到了网店送来的T恤，果然跟我们老板那件一模一样，杜艳对我说：“你把这件还给你们老板去！”

我担心地问：“老板要是知道我掉了包，会不会狠狠地修理我？”

杜艳说："没事儿，你们老板就是知道了，也不会把你怎么样的。"第二天，我把这件 T 恤交给了老板，他呵呵一笑，看也没看就放在一边。一晃过了大半年，我再也没看到老板穿那件 T 恤，他也一直没提这件事，有时见了我还朝我笑一笑。

有一次，我跟杜艳说起了这件事，杜艳说："你们老板才不会在乎你有没有掉包呢。在下属面前，他要的是身份和尊重，不会把区区一件 T 恤放在心上的。再说，你们卖力使劲为他创造的财富，哪止一件 T 恤呀！"

我恍然大悟。

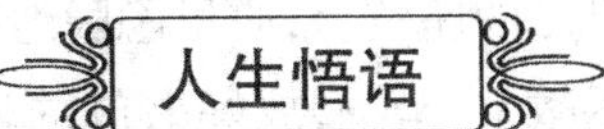

老板心里能包容多少人，就能管理多少人。

良心的扩充

思侬

有一位老人，为了让三个儿子多一些人生历练，便对他们说："你们现在出门，三个月后回来，把旅途中所做的最得意的一件好事告诉我。"三个儿子听完，就动身出发了。

三个月后，三个儿子都回来了。长子说："有个人把一袋珠宝存放在我这里，他并不知道里面有多少颗宝石，等到后来他向我要时，我原封不动地还给了他。"老人听了之后说："这是你应该做的事，若是你暗中拿他几颗，你想你会变成什么样的人？"

次子接着说："有一天我看见一个小孩落入水里，我救他上来，他的家人要送我厚礼，我没有接受。"老人说："这也是你应该做的事，如果你见死不救，你心里过得去吗？"

小儿子说："有一天我看见一个人昏倒在危险的山路上，一个翻身就可能摔死。我走近一看，竟然是我的仇敌，过去我几次想报复，都没有机会，这回我要弄死他可以说是不费吹灰之力，但我不愿意暗地里害他，所以我把他叫醒，并且送他回家……"老人没等他说完，就十分赞赏地说道："做该做的事，是不昧良心；但做到原来不易做到的事，更能彰显良心的扩充。"

人生悟语

成熟是一道明亮而不刺眼的光辉，一抹理解宽容的微笑。

轮流当天使

风为裳

高一分班那天，纪小北第一次见到万雨。万雨极有个性，拿着新发的课本啪啪地拍桌子上的灰，灰尘飞得到处都是。纪小北用手来回扇，而人家大小姐呢，没看见一样。纪小北很火大，同桌总不能这样做吧？于是开学第一天，纪小北与万雨的"巴以"战争就拉开了帷幕。

“你以为你是太阳啊？地球都得围着你转啊？你有没有点公德心，你看你把椅子都放哪了，你还想把我挤到走廊上去啊？”

这是纪小北的连珠炮。人家万雨倒好，“徐庶进曹营——一言不发”，叫纪小北的重拳打在了软棉花上。纪小北这个郁闷啊。这日子没法过了，碰到这样一个同桌，高中这三年的日子有得熬了。

第二天一早，纪小北来到教室时，万雨还没来。桌子上又是值日时落下的灰尘：纪小北拿出自己准备的小抹布，擦了擦自己的桌面。碰到万雨的桌边时，犹豫了一下：不擦，她来了，再野蛮地用书拍，受害的还不是自己，今天自己可是穿着白色的裙子呢。纪小北很迅速地把万雨的桌子擦干净，然后像做了一件大事一样，坐在自己的座位上，心里隐隐地有点盼着万雨来。

万雨背着大书包晃晃荡荡地进了教室，坐下，放好书包，掏出书。一点其他的反应都没有，甚至压根就没看桌面一眼。纪小北的心里那叫一个堵。“什么事啊，说句谢谢总不会死人吧！没教养。”她心里暗说。

第一节是英语课，不巧昨晚纪小北背完单词忘把书装进书包里了。纪小北正手足无措间，万雨啪地把书放到了两个书桌中间，也不说话。纪小北看了看那个丫头，心里有了阳光，原来她并不是刀枪不入的啊！

那节课，因为合看一本英语书，纪小北与万雨成功地实现了双边对话。纪小北发现万雨的英文发音特别准，她说：“你挺棒的啊！”万雨冲她一笑，露出两颗小虎牙，说：“那是，相当棒。”

两个女孩成了朋友。可还是会有这样那样的矛盾，会闹别扭、耍小性子。最厉害的一次是纪小北的英语破天荒地考了个 97 分，而万雨当然是满分啦。有个多事且多嘴的同学跑来跟纪小北说：“小北，有个好同桌就是不一样，这成绩都跟坐了神六似的上了天。”纪小北沉下脸，说：“你啥意思啊？”那人神神秘秘地说：“万雨说考试时她对你扶贫了呀！”

纪小北的火暴脾气一点就燃，士可杀还不可辱呢，你万雨不就是考个一百分嘛，谁稀罕瞅你的答案啊？

对纪小北的质问，万雨只咬住一句话：“我没这样说过。纪小北，你会后悔的。”

那些天，纪小北果然与万雨桥归桥，路归路。两个女孩谁也不理谁了。可是，抬头不见低头见，多别扭啊？

纪小北的钢笔没墨水了，哎，小雨……一抬头碰到万雨的目光，纪小北赶紧低下头，唉，都成习惯了。纪小北后来考虑了好些次，万雨的个性她了解，她根本就不是个八卦的人。这次一定是自己错怪了她。可是，事已至此，难道真要自己先低头认错吗？那多难为情啊？纪小北的心里别提多别扭了。

那天放学，万雨站在校园的大榆树下等纪小北。纪小北推着自行车走过来时，万雨伸出手，说：“小北，我发誓我没说那些话，我们和好吧！”纪小北睁大眼睛瞅着眼前酷酷的万雨，说：“其实……我早就知道是我错怪你了，可是，我一直不好意思开口，没想到……”

夕阳把万雨的影子拉得很长很长。万雨说：“我想过了，用别人的错误来惩罚我们的感情，不值得。谁先低头不重要，关键是，咱们和好吧。”

纪小北动情地说：“万雨，你知道吗，你有点像天使。”万雨笑了，露出可爱的小虎牙，她说：“真的，小北，咱们总是吵架，这样吧，咱俩轮流当天使。争吵或者误会时，首先低头的那个人就是天使。我们再吵架时，不论谁对谁错，总要有一个人出来当天使，哄对方开心哦！”

纪小北笑了，伸出手跟万雨击了一下掌，说：“好主意。如果总让你当天使，你会累，没准哪一天就再不理我了呢。轮流当天使，一个人钻牛角尖或者不讲道理时，另一个人就要主动当天使。这下咱们的友谊就不会破裂啦。”

两只手握到了一起，两个漂亮女生的奇怪举动引来了好些同学的目光。但她们是幸福的，为了这份友谊，她们打算磨平自己身上的棱角包容对方，轮流做天使。

排球场上万雨因为纪小北不积极主动发了脾气，两个人气鼓鼓地回到教室，没两分钟，纪小北伸着手逗万雨，她的手指头上画着各种各样的小表情，她说："万大小姐，别生气啦，生气就不漂亮啦。"同学奇怪地问纪小北："今天明明是万雨不对，你干吗还哄她？"纪小北有几分骄傲地说："因为今天轮到我做天使。"

青春飞扬的日子里，总会个性张扬。友谊里总会有磕磕绊绊，那么就轮流做彼此的天使吧，用天使的宽容、天使的大度、天使的忍让、天使的懂得爱，去守护这份友谊。只是，别忘了，一个人做天使总会累。友谊总是相互的，轮流做天使，这样的友谊才长久。

人生悟语

在拥有相互宽容、相互欣赏的交往中，每一个人都是彼此的天使，能给别人带走许多的悲伤，带来更多的快乐。纯真的友谊是一种珍贵的情感，只有用一颗天使一样美丽的心灵去守护，才能保证友谊如钻石般永恒。

梅西的球迷

李元奎

有人说，四年一届的世界杯是一个励志故事，没错，我就是从去年的世界杯中对人生有了全新的感悟，这种感悟，历时愈长，感触愈深。

本人姓李，一个平民百姓。2010 年 6 月初，我左下腹有点隐隐作痛，痛处还经常鼓出一个小包来。我到了我们这个城里最大的中心医院，托人找了个大夫，一检查，是疝气。大夫要我住院手术，我说可不可以晚一两个月，我有些事要处理，大夫答应了。

其实，有点事是不假，不过真正的原因，是我要看 6 月 11 日至 7 月 11 日开打的第 19 届南非世界杯足球赛，更确切地说，我要看我心爱的老马——球王马拉多纳。他虽然踢不动了，但这次他挂帅阿根廷队，麾下有世界足球先生、大将梅西，夺冠应不成问题。作为马哥的忠实粉丝，宁折十年寿，我也要亲眼见证他再次捧起大力神杯的奇迹。

可悲哀的是：7 月 3 日的晚上，在 1/4 决赛中，阿根廷队 0∶4 负于德国队，惨遭淘汰。我悲从中来，默默掉下两行男儿泪，次日即心灰意冷地住进了中心医院胃肠科，准备手术。

我住的是二人间病房，和我同房的病友姓范，单名一个阳字。他三十八九岁，中等个，人精瘦，他得的是胃溃疡，也是来手术的。晚上闲来无事，我俩聊天，发现彼此都是球迷，只不过我的神是马拉多纳，他崇拜的则是梅西，当话题转至昨晚阿根廷队的惨败时，我俩抬起杠来了。

范阳说："你看梅西在西班牙巴塞罗那俱乐部队踢得多威风，是因为有人给他做球，输送炮弹，跟他配合。可世界杯上，老马非叫他踢组织中场，把他限制死了——输球的责任完全在老马！"

兄弟不才，江湖人称"李杠头"，抬杠可是我的强项，尤其对方触犯的又是我的偶像马拉多纳，真是"婶可忍叔不可忍"，我当然会毫不留情地予以回击，我说："梅西这小子不爱国，把劲儿全用到俱乐部联赛上去了，踢世界杯他根本不在状态，心不在焉，整场都在梦游——他才是阿根廷队败北的罪魁祸首！"

就这样，我俩争吵了有十几分钟，最后范阳恼怒地关了灯，蒙头睡觉，不再理我。不理就不理，咱“李杠头”憷过谁?

次日早上八点,我就动了手术。一个半小时后手术完了,推回来,在床上打了一天吊瓶,又观察了一天,第三天上午,大夫就让我出院了。老婆办完出院手续,搀着我,我拄着根拐杖,往病房外面走。已经三天了,范阳这小心眼还不肯搭理我,如今要走了,总不能就这样吧?于是我主动招呼他:“范老弟,哥要走了,祝老弟手术顺利哟!”

范阳躺在床上看书,这时他假装才看到我要出院的样子,翻身坐起来,笑着说:“李哥你要走了?真羡慕你啊,回去好好休养!”说着,他装模作样地要下床送我,他老婆说她送吧,阻止了范阳。

范阳的老婆陪着我们慢慢往外走,在等电梯的时候,她面色突然一变,哭了,抽抽搭搭地说:“李哥你知道吗,其实范阳不是胃溃疡,是胃癌,很危险的那种。他三天后手术,大夫说他有可能连手术台都下不来,我们一直瞒着他……”

我听了,顿时像是挨了一记闷棍,整个人怔在那里。

范阳的老婆继续说道:“你和他为马拉多纳、梅西抬杠的事,让他非常生气非常难过。大夫说一定要让他开开心心的,这样,手术成功的可能性会高些。”

“那我……现在就去给他赔礼道歉。”我嗫嚅着说。范阳的老婆摇了摇头,说:“不必了,那样他反而会怀疑我对你讲了什么。”

我想了想,说:“三天后,我正好要来换药,到时我再见机行事,在他手术前把这个梁子给化开。”

范阳动手术的那天,一大早,我和老婆赶到医院。到了病房,范阳不在,一个陌生男子在床上坐着,他是范阳的表哥,他告诉我们,范阳昨天下午提前手术了,手术中引起了大出血,人一直在抢救室抢救。

范阳的表哥带我们乘电梯到了15楼,在一间抢救室外,范阳的老婆,还有几个亲朋好友守候在那里,她一见我们,抱着我老婆就抽泣上了。我对范阳的老婆说:“你可不可以进去告诉范阳,我这几天深入研究了一下梅西,发现他才是独一无二的天才,马拉多纳在他面前不过是小巫见大巫……”

范阳的老婆擦了擦眼泪,说:“虽然他一直昏迷着,但他听了这些,应该会高兴的。”说完,她推门悄悄走进了抢救室。几分钟后,她快步走了出来,欣喜若狂地对我说:“好了好了,范阳醒了,他非要见你不可,你快进去!”我忍着手术后伤口的隐痛,拄着拐棍,快步进了抢救室,老婆要跟进来,被护士拦住了。

我走到病床前,握住了范阳的一只冰凉的手,范阳的眼神极度涣散,目光呆滞迷离,他竭力把目光聚焦到我的脸上,然后微笑了一下,用微弱的声音对我说:“其实,马拉多纳……也很棒的……”我的眼泪“刷”地淌了下来,高声对他说:“马拉多纳算个屁,梅西才是N01!”范阳听后,眼皮一合,两个嘴角朝上一弯,永远定格在了那里……范阳死后,认识我的人都发觉我有了一个重大变化,那就是再也不跟人抬杠了,不仅不抬杠,还变成了和事佬。比如上个礼拜天,老婆和上高一的女儿为买笔记本电脑的事争吵起来,女儿要买个上万元的,要一步到位;老婆说买个四五千的就足够用了。争来吵去,她们找我评判。我说:“从一步到位这个角度来说,女儿对;从够用这个角度来说,妈妈对。”

两人大为不满,指责我“老奸巨猾”,批评我“和稀泥”。

其实,我真正想对她们说的是:生命只在呼吸间,短暂而又脆弱,我们互相疼惜都来不及,怎么还忍心用抬杠来伤害对方?

生命只在呼吸间,何不用彼此包容代替伤害?

青草的香味

程刚

老方丈要派一个优秀的徒弟，去佛教圣地取经，他在觉醒和觉尘间来回斟酌，打算几天后确定。

觉醒和觉尘知道自己是备选人后，都更加努力地表现自己。

过了几天，方丈宣布觉尘为取经人选，觉醒又失落又委屈。他心想，肯定是昨天值班时睡觉的事影响了他。可这是有原因的，他前一天照顾生病的觉尘整整一夜，所以才会犯错。

很快，觉尘高兴地上路了。可没过多久，觉醒就听说，那天晚上觉尘是装病，目的就是让觉醒不睡觉，第二天值班时出错，好让自己获得去取经的机会。觉醒为此懊恼到了极点，他恨自己为什么没有看穿觉尘的把戏。

这天，方丈找到觉醒，师徒二人坐在青草地上。方丈开导觉醒说："徒儿，你再懊悔，觉尘也已经走了。与其懊悔，不如宽容他吧。"

觉醒当即流下了泪，说："方丈，可我该如何宽容他呢？"

方丈笑了，说："你拿起鞋子，闻一闻鞋底是什么味儿。"

觉醒觉得有些莫名其妙，他脱下鞋，闻了闻鞋底说："有点青草的香味。"

方丈说："这就对了，你我走在草地上，践踏了青草，可青草还是把香味留在我们的鞋底，这就叫宽容。"

觉醒顿悟。

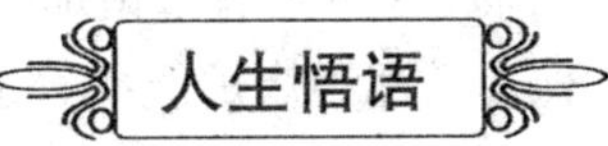

与其懊悔，不如释怀；与其怨恨，不如宽容。

区长的绰号

孙一农

袁局长管着城管局，丈夫李志明又当着区长，别人看着她人前人后挺风光，其实，她每天忙得脚不沾地，得了空就只想喘口气儿，根本顾不上风光。

这天，袁局长又在外面忙了一整天，下班回家时，忽然在家门前的楼道上看见一个可疑的人，这个人一张脸满是烟灰，一头乱发，手里还拎了只鼓囊囊的破袋子，他一见袁局长上来，眼神儿忽闪几下，迅速把身子挪到楼角的暗影儿里，还把脸对着墙皮，不让袁局长瞧见自己的模样。

袁局长见这人眼生，又是这副打扮，心里就有了警惕，故意提高声音喝问："你是干什么的？你找谁？"

随着她这一声喝，立刻涌出来一群邻居。

哪知道这家伙根本不怯场，连头都不抬，满不在乎地说："你们这是在干啥？我来找我们村的毛贼！”

袁局长大吃一惊，嚷道：“原来你还有同伙呀！快，快去个人到我家看看，是不是还藏了人！”

就在这时，袁局长家的门开了，她丈夫李志明探出头来，困惑地望了望门外：“怎么回事？我听到好像有人在找我？”

有位邻居连忙说：“李区长，这个人说要找他们村的毛贼，却跑到我们这里来了！”

李志明一听就咧嘴笑了：“谁找我呀？”跟着他伸一下舌头，接着说，“毛贼是我小时候的绰号。”

邻居们一听，“哄”一下笑开了：“哈哈，李区长小时候的绰号叫毛贼！”

袁局长哪里知道丈夫有这么难听的绰号，她觉得很难堪，不禁涨红了脸，扯了一把丈夫衣角：“你开什么玩笑？你怎么会有这么难听的绰号？我可是一点也不知道。”

那个站在楼道角落的人一听，嘀咕说：“这绰号能让你知道？这是他小时候跟我一块偷红薯得来的……毛贼，你说是不是？”

李志明一听那个人的声音，立即满是惊喜地扑上去，一把抱住那个人，不住地摇晃：“哎呀，正亮，原来是你呀，你什么时候来的？快，快进屋里坐。”袁局长一听正亮这名，马上想起来了，丈夫蛮早就跟她讲过，正亮是丈夫小时候在村里关系最铁的哥们儿，那阵子生活困难，肚子经常吃不饱，正亮没少从牙缝里省下口粮接济丈夫，丈夫好多回提起正亮，都说要报答他，可三十多年过去了，也没把正亮邀来一次。哪晓得今儿个来了，还被当成了坏人……想到这里，袁局长觉得很不好意思，她放下板着的面孔，讪讪地走上前，请正亮到家里坐。

正亮却不买袁局长的账，死活不肯离开那个楼道角，说：“你们家我就不去了，只要你们还记得我们这些穷乡下人，就行。我的事办完了，这袋红薯留给你们吃。”说着，他就把手里的袋子递给李志明。李志明急得眼睛都湿了，说：“你为什么连我家的门都不进？总不成就为了喊我的绰号才来的吧？”

正亮“扑哧”一声笑了，说：“没错，我今儿个就是专门来喊你绰号的。你可别以为我小心眼儿，我来喊你绰号，是因为你老婆前天在后市街，大声嚷嚷着喊我的绰号！”

袁局长吃了一惊，连忙细一看正亮，咳，这不是后市街那个卖烤红薯的吗？他一年前就在后市街摆烤炉卖烤红薯，经常占用人行道，他用的那种烤炉能推着走，见了城管执法的就推着跑，袁局长对他很头疼，撵过他好几回。前天下午，袁局长带着几个城管队员突击检查后市街，正亮一看城管来了，推起炉子就跑，袁局长追不上他，就在后面大喊：“站住！有种别当‘逃兵’！”围观的市民听了，全都哈哈大笑。

于是，袁局长小心翼翼地问：“你的绰号叫‘逃兵’？”

李志明一听又笑了：“可不是嘛，那时候我们一起去偷生产队的红薯，为了掩护我们，他总是被人追，他逃得比兔子还快，谁也追不上他，守护的人气不过，就给他取了个‘逃兵’的绰号，一来二去的，就叫开了……”

正亮说：“我这绰号跟你一样，也是好多年没人叫，可我现在跟你不一样，我喊你‘毛贼’，谁信？她一喊我‘逃兵’，别人就笑弯了腰。我进城一年来，每天都像在打游击，让她手下的人追得像逃兵，咱乡下人到城里谋生，咋就没一块地儿？你毛贼不也喜欢吃烤红薯吗？”李志明听得心里沉甸甸的，他思谋了一会，说：“好，今晚我就搞个意见出来，明天一早交区上讨论，好好规整一下，让你们这些从乡下进城的人都有个固定的地儿，不让你们再被撵着逃。”袁局长红着脸，给正亮鞠了一个躬，说：“正亮哥，对不起，我不应该撵你，更不应该喊你的绰号。要不，你也喊喊我的绰号吧，以前，村上的人都喊我‘丑丫头’！”满楼道的人听得哈哈大笑。

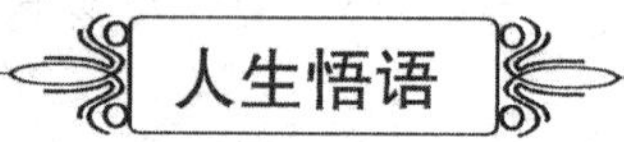

人生悟语

尊重、理解、包容，是营造和谐社会的基石。

始终要与人为善

佚名

美国前总统林肯，被誉为人类历史上最完美的统治者，人们衷心敬仰他，他的许多事迹世代被人们传诵。

然而，林肯在年轻的时候，曾经是一个不顾别人感受、特别喜欢批评别人、自以为是的人。林肯年轻时，住在印第安纳州的一个小镇上，他不仅专找别人的缺点，还爱写信嘲弄别人，且故意丢弃在路旁，让人拾起来看，很多人不喜欢他。有一次，他做得太过分了，把自己逼入了困境。

1842年秋天，林肯在报纸上写文章嘲笑一位爱尔兰籍政客杰姆士·休斯，说他虚荣心强、自大，像一只好斗的公鸡。文章发表后，市民们引为笑谈，惹得一向好强的休斯大发雷霆。他知道了文章的作者是林肯，立刻骑马赶到林肯的住处，要求决斗。

林肯无法拒绝。但他有选择武器的自由，因为他的双臂很长，所以就选择了一把长剑，并向一名西点军校的学生学习剑法。

决斗的那天，他们相约来到密西西比河的一个沙滩上，所幸，在决斗前最后一分钟，他们的助手阻止了这场决斗。

这是林肯一生中最难忘的事情，给了他一个很深的教训。尖刻的批评与嘲笑，是毫无用处的，只会激化矛盾，惹来别人的憎恨。

林肯从此改变了对人刻薄的做法，不再取笑别人，而是以博大的胸怀征服了别人，最终当上了美国总统。

在南北战争时期，林肯总统任命的几位将军都在战场上一次次失利。那时，全国有一半的人都在斥责那些将军的无能，但是林肯却一声不吭，他最常说的一句话便是："不评议别人，别人才不会评议你。"当身边的一些人开始对南方的敌人有所非议时，林肯则会说："不要批评他们，如果我们处在同样的情况下，也会跟他们一样。"

有人认为林肯对待政敌的态度不够强硬，对他说："你为什么要让他们成为朋友呢？你应该想办法消灭他们才对。"

林肯温和地说："我难道不是在消灭政敌吗？当我使他们成为我的朋友时，政敌就不存在了。"

人生悟语

对别人的不友善会给自己，也会给他人带来很大的麻烦。只有学会与人为善，学会了解、谅解别人，才会懂得别人的尊重。

数着米粒下锅

佚名

高俊家新来了一位保姆。一天，保姆端着锅，问高俊的妻子："我抓的这三把米是不是太多了？

要不要数数一共多少粒?”妻子莫名其妙,一旁的高俊也惊诧不已。

原来,她在前一家主人那里做保姆的时候,那家的女主人就曾让她数过米粒。吃过晚饭收拾完一切,保姆主动跟高俊夫妇细说端详。

那家女主人年事已高,保姆管她叫姥姥。

她一去,姥姥就跟她交代,要用玻璃量杯量米做饭。姥姥说,每次量出的米粒,上下误差不能超出八粒。

可是,那天玻璃量杯落地碎掉了,是姥姥自己失手摔碎的。保姆只好用手抓米,衡量着两把米差不多了,但姥姥非要她把那些米一粒粒数过……

高俊和妻子听着都笑了。

保姆不笑,她认真地告诉高俊夫妇说:“其实姥姥是个很好的人,她并不是很吝啬刻薄,她就那么个脾气,不论事情大小,一概要精细计算。比如养花,换土施肥都要根据书上的规定按量执行;又比如配兑消毒液,姥姥总是用量杯、量筒按说明书细细配兑。没有哪个保姆能在她那里做得长久。姥姥跟邻居们的关系也总是很紧张,甚至儿孙也不愿意和她常处,因为姥姥一天到晚总在那里‘合理精确计算’,再好脾气的人也难以长期忍受。”

妻子叹说:“这位姥姥活得多累啊!”

保姆又说:“姥姥前些时候去世了,大家都说她是心累,累死的。”

在与别人相处的过程中,最怕的就是太过认真仔细、斤斤计较。相反,如果能够在与别人相处时做到宽容别人,那么就没有处理不好的关系,没有化解不了的恩恩怨怨。

凡事斤斤计较,太过算计,既会招来别人的厌烦,也会让自己的心很累。

羊羔的说服力

王悦　编译

一个牧场主养了许多羊。他的邻居是个猎户,院子里养了一群凶猛的猎狗。这些猎狗经常跳过栅栏,袭击牧场里的小羊羔。牧场主几次请猎户把狗关好,但猎户不以为然,口头上答应,可没过几天,他家的猎狗又跳进牧场横冲直撞,咬伤了好几只小羊。

忍无可忍的牧场主找镇上的法官评理。听了他的控诉,明理的法官说:“我可以处罚那个猎户,也可以发布法令让他把狗锁起来。但这样一来你就失去了一个朋友,多了一个敌人。你是愿意和敌人做邻居呢?还是和朋友做邻居?”

“当然是和朋友做邻居。”牧场主说。

“那好,我给你出个主意,按我说的去做。不但可以保证你的羊群不再受骚扰,还会为你赢得一个友好的邻居。”法官如此这般交代一番。牧场主连连称是。

一到家,牧场主就按法官说的挑选了 3 只最可爱的小羊羔,送给猎户的 3 个儿子。看到洁白温顺的小羊,孩子们如获至宝,每天放学都要在院子里和小羊羔玩耍嬉戏。因为怕猎狗伤害到儿子们的小羊,猎户做了个大铁笼,把狗结结实实地锁了起来。从此,牧场主的羊群再也没有受到骚扰。

为了答谢牧场主的好意,猎户开始送各种野味给他,牧场主也不时用羊肉和奶酪回赠猎户,渐渐地两人成了好朋友。

要说服一个人,最好的办法是为他着想,让他也能从中受益。

人生悟语

人们之间的摩擦,能在宽容的土地上开出美丽的和睦之花。宽容如一缕温暖的春风,能拂去蒙在心头的阴影;宽容如一场绵绵的细雨,能滋润受伤的心灵;宽容如风雨过后的彩虹,能装饰我们心中七彩的梦。

以善唤醒善

宋艺涛

在一个村子附近的公路上,常有载满物资的货车经过。贫穷的村民打起了公路的主意。他们把公路刨得坑坑洼洼,过往货车必然减缓速度,他们便趁机哄抢车上的货物。

一天,有辆载满袋装淀粉的货车途经这条公路,村民们又一次将淀粉哄抢一空。货车司机没有迅速报案,而是紧跟在抢他淀粉的村民后面进了村。他请求村民们还他淀粉,村民们非但不还,还叫他快滚,否则就乱棍打死他。司机说:"你们不还我淀粉也行,但你们千万不能吃它。"村民们说,抢来的东西我们想吃就吃,想卖就卖,关你屁事。

有个村民甚至当着他的面,扯开一袋淀粉的缝线,抓起一把淀粉就要往嘴里塞。司机吓坏了,大声制止:"不能吃,这是工业用的淀粉,有剧毒!"那个村民愣住了,硬生生把手收回,他半信半疑地牵来一只狗。狗尝过淀粉后,立即倒地而死。

村民们都震惊了,他们震惊的不是狗的死亡,而是司机那颗善良的心。村民们惭愧地把抢来的淀粉一袋不少地送回了司机的车上。

从此,再也没有一个村民当车匪路霸,这条公路又恢复了以往的安宁。

人生悟语

宽容为怀,慈悲为本,必定能唤醒人心灵深处善良的本性。

拥抱犯了错误的机械师

佚名

某人一次的行为让你失望,你还会一如既往地信任他,理解他,并支持他吗?

信任、理解和支持是对他人最大的鼓励。

包布·胡佛是一位著名的试飞员,他常常在航空展览中表演飞行。

一天,他在圣地亚哥航空展览中表演完毕后飞回洛杉矶。正如《飞行》杂志所描写的,在空中300米的高度,两具引擎突然熄火。由于技术熟练,他操纵飞机着了陆,但是飞机严重损坏,所幸的是没有人受伤。

在迫降之后，胡佛的第一个行动是检查飞机的燃料。正如他所预料的，他所驾驶的第二次世界大战时的螺旋桨飞机，居然装的是喷气机燃料而不是汽油。

回到机场以后，他要求见为他保养飞机的机械师。

那位年轻的机械师为所犯的错误极为难过。当胡佛走向他的时候，他正泪流满面。他造成了一架非常昂贵的飞机的损失，差一点儿，还使3个人失去了生命。

可以想象，胡佛必然大为震怒，并且这位极有荣誉心、事事要求精确的飞行员必然会痛斥机械师的疏忽。

但是，胡佛并没有责骂那位机械师，甚至没有批评他。相反的，他用手臂抱住那个机械师的肩膀，对他说："为了表示我相信你不会再犯错误，我要你明天再为我保养飞机。"

人生悟语

包容别人的错误，并不是说姑息别人的错误，也不是一个人软弱的表现。包容是一种理解、一种涵养，而不是简单的宽容加饶恕。

我们容许别人犯错误，不能因为某人犯过错误，从此就以另种眼光去看待对方，我们为什么不能宽容对方的错误，非要耿耿于怀呢？给对方一次机会，也是给自己一次心灵的解脱。

只要你爱一点点

飞扬

有一对夫妻，男的叫赵爽，女的叫林梅，两人十分恩爱，还有一个十岁的儿子。赵爽三十多岁，在一家著名企业担任中层干部，年轻得志，人也不免飘飘然起来，便和一个叫吴芳的女下属偷偷好上了。

最近，赵爽所在的企业准备在中层干部中提拔一个副总经理，他当然想得到这个职位，就准备讨好一下总经理，赵爽知道总经理的儿子酷爱摄影，便决定送总经理的儿子一部高档数码相机，可因为工作太忙，抽不出空，于是托情人吴芳去帮他买。

这天，赵爽外出联系业务，回到公司时，已经过了下班时间，同事们都已经走了，他打开自己办公室的门，只见吴芳坐在他的椅子上，正笑嘻嘻地看着自己。原来，吴芳已经把相机买回来了，赵爽看了看包装，知道是部好相机，也没打开，随口说了声"谢谢"，没想到吴芳反对他说了句"谢谢你！"赵爽不由得一愣。吴芳娇笑着说："别装啦，我早知道了，这相机是你送给我的生日礼物，你故意不告诉我，是想给我个惊喜，是不是？"

赵爽一听，脑门上一下子沁出了细汗，糟糕！过几天就是吴芳的生日，自己怎么把这茬儿给忘了呢？这吴芳虽然漂亮，却是个难缠的主儿，要让她知道相机不是买给她的，她失望之余，少不了对自己一顿数落，说不定还会生出别的麻烦呢！赵爽支吾了几句，借口说要把相机带回家玩几天，便挟着相机离开了公司。

回到家，妻子林梅正在做饭，儿子在打电脑游戏。赵爽随手把相机放在一边，去帮妻子做饭，做完饭，他发现儿子竟拆开了相机包装，正摆弄相机，赵爽边呵斥着边把相机夺过来，重新装好。吃过饭，赵爽便把相机送到了总经理家里，走出总经理的家门，赵爽才松了口气。

两天后，赵爽来到公司，吴芳瞅着个空，偷偷问他："照片好看吧？"赵爽问："什么照片？"吴芳说："相机里的照片啊，怎么样，性感吗？"原来，那天吴芳坐在赵爽的办公室里等他，闲着无聊，就拆开了相机包装，搔首弄姿地自拍了起来，拍完了，她又把相机原样装好，后来又听赵爽说要回去研究相机，便故意不告诉他，想让他自己发现。赵爽听罢，惊出一身冷汗，总经理肯定发现了相机里的照片，这下完了！他连忙去找总经理，先假装问相机性能如何，又找了个理由想把相机要回来。总经理一听笑了："我儿子学校组织他们去外地春游，相机被他拿去玩了。"赵爽估摸着，总经理大概还没看到照片，可相机拿不回来，里面的照片早晚都会被发现的，要是他和吴芳那点儿事被总经理察觉了，那可就坏了大事了！

接下来的几天，赵爽吃饭不香，睡觉不宁，做梦都在担心照片曝光，可又想不出什么好办法。

好容易熬到竞聘结果公布的日子，赵爽心如死灰，知道一会儿总经理宣布的，肯定不会是自己的名字，然而结果公布，赵爽却傻了——副总经理的任命，竟真的落到他赵爽头上！任命仪式结束之后，总经理拍着他的肩膀，小声说："好好干啊！还有，谢谢你送我儿子的相机，里面的照片很不错嘛！"赵爽一惊，心想，这件事到底被总经理知道了！可是，总经理似乎并不在意那些照片，还是提拔了自己，这究竟是怎么回事？

回到家，赵爽看儿子在房间摆弄一部相机，走近一看，竟然和他送给总经理的是一个型号，他拿过相机，打开一看，懵了，里面居然有十几张吴芳的自拍照，只见吴芳搔首弄姿地倚在赵爽的办公桌边，明眼人一看就知道他俩的关系——这不正是自己送给总经理的那部相机吗？赵爽定了定神，正想把照片删掉，这时他觉得不对劲，猛一抬头，只见林梅站在不远处，冷冷地望着自己，赵爽有些心虚，问道："怎么啦？"林梅也不答话，打开儿子桌上的电脑，点开一个文件夹，只见里面居然有十几张和相机里一模一样的照片！事情到了这一步，赵爽也泄了气，便老老实实把跟吴芳那些事儿说了出来，说完了，赵爽问林梅："这相机怎么会在我们家？"林梅说，那天赵爽把相机拿回家，儿子在玩相机的时候，见里面有照片，就传到了自己电脑里，后来林梅无意中发现了，又问了儿子，就全明白了。她知道赵爽送礼的事，也知道总经理的儿子爱好摄影，恰好他们的儿子和总经理的儿子是同班同学，便掏钱另买了一部同款式的相机，又从网上下载了一些高水平的摄影作品存在这部相机里，然后偷偷嘱咐儿子在春游的时候把那部送出去的相机换了回来。

赵爽听着，心里真不是滋味，他羞愧地问林梅："明明都是我的错，可……你为什么还要帮我呢？"这时林梅微微一笑，说秘密其实就在吴芳的自拍照里。赵爽对着照片看了很久，也没看出什么名堂。林梅指了指照片中赵爽的办公桌，问那里是什么。赵爽一看，脸顿时更红了，办公桌上有一台笔记本电脑，这是谁都能看到的，可赵爽知道，那台笔记本下还压着一张照片，那是他和林梅第一次约会时一起拍的，照片上的两人年轻，手拉着手，笑得那样甜蜜，那样无拘无束。这张照片过去一直摆在赵爽的办公室桌上，可自打有了吴芳，赵爽不想让她看到照片，可又不舍得把照片锁进抽屉，便把它翻了过来，压在笔记本电脑下面，细心的林梅发现笔记本电脑下露出的照片的一点边角，一眼便认了出来……"其实我当时真想狠狠心见死不救算了，可当我一眼看到露出的照片，心一下子就软了，别看那张照片只是露了点边角，可我要的也就是这么一点点……"

林梅话没说完，赵爽早已泣不成声。还是妻子理解他啊，要知道，他真正留恋的还是这个家！想到这，赵爽拿起相机，把吴芳的照片一张一张删掉，接着把电脑里的照片也删了个精光。删完照片，他很认真地对妻子说："从明天开始，我一定会天天回家的。"他知道，就算他真的把和林梅的照片锁进抽屉，林梅也一定不会见死不救，因为在林梅心里，永远有那么一点点光亮，那么坚定、温暖，那里才是自己真正的家。

一点点光亮，就能撑起一个家。这一切都源于一颗宽容的心。

尊重的力量

张丽钧

前不久，我和三个中学校长应邀到英国伦敦哈姆雷区中学去做“影子校长”。踏进校门的第一天，就遇到一件让我们感触极深的事。

我们先在门卫那里做了来宾登记，然后就被引领着去校长室。体形微胖的女校长正在和一个男生谈话，见我们进来，热情地和我们一一打了招呼，然后就又将注意力转移到了那个男生身上。引领我们的人低声对我们道了声歉，将我们带离了校长室。但我们没走出几步，校长就追了出来，说：“走，我们一起去参观校园。”我发现那个男生就跟在校长身后，谦恭地埋着头。显然，校长从我的目光里看出了不解，于是说：“噢，介绍一下，这是爱德华，今天他被‘罚’充当我们参观校园的临时讲解员。”我们当中有个校长疑惑地问：“为什么说是被罚？”校长笑了，回头对爱德华说：“你自己告诉中国客人，你为什么被罚？”爱德华不好意思地说：“我和低年级一个男孩打架了。我打伤了他。”

爱德华不是一个好的讲解员，他只会指着一间间教室说：“这里是食品技术教室，那里是舞蹈教室……”总是他先开个头，校长再作详细介绍，弄得爱德华十分难为情。

快要走到体育馆的门口时，校长突然停下来，对爱德华说：“你去给客人们讲讲那里的陈列品吧。”校长说完冲我们意味深长地笑笑，停下脚步，跟正在做楼体保洁的工作人员闲聊起来。爱德华突然兴奋不已，他跑过去，指点着门口陈列架上的陈列品，滔滔不绝地告诉我们哪个奖杯是哪次比赛得来的，哪件球衣是哪个校友在哪场大赛中穿过的……我们问他，你怎么对这些信息掌握得这么全面准确呀？他得意地一笑说：“我是学校橄榄球队的。你们看，我领带上绣的这个图案，这就是橄榄球队的标志。”

等我们再度与校长会合的时候，天下起了蒙蒙细雨。校长急于将我们带回办公楼。但是，爱德华突然小声向校长提议说：“再让他们去看看琼斯的椅子吧。”校长眼睛一亮，赞赏地点点头。爱德华于是带我们来到了小喷泉旁边的“琼斯的椅子”面前。他说：“五年前，琼斯在这所学校读八年级。有一天，在他来上学的路上，被一辆汽车给撞死了……为了纪念他，同时也为了提醒人们珍爱生命，学校在这里安了这把椅子。”校长用慈爱的目光注视着爱德华，突然开口对他说：“汽车没有眼睛，也没有理智，所以，它对琼斯犯下了那样的罪过。而我们不是汽车，我们有眼睛，有理智，应该懂得爱和尊重，懂得保护弱小者和无辜者——你以为呢？”爱德华使劲儿地点头，羞愧和自责使他的双颊绯红了。就在那一刻，我深切地体会到了尊重的力量。越是知道一个人错了，越要给予他足够的尊重，让犯错的心在一份高贵的赐予面前手足无措。罚就罚得人没齿不忘，训就训得人入耳动心。即便是在施罚的过程当中，也要积极地为被罚者创造“露脸”的机会，不将已生出愧怍的心彻底打进冰窟，不让那努力探求光明的眼睛在无边的墨色中丧失了追索的热望。甚至，连死者都要给予别样的尊重——用那，不幸者的名字命名一把椅子，让恒久寂寞的心时时有人来陪，让来坐的人明白生命的美好，也明白生命的脆弱，从而更加看重自我的生命，也更加尊重他人的生命……

人生悟语

良好的人际关系是成功的第一秘诀。人与人之间的关系是平等的，在与人交流的过程中不要忽视尊重的力量，学会尊重每一个人，即使是面对一个犯错的人，也要用一颗尊重、宽容的心去理解他们。尊重的力量会成为你成功的阶梯。

唾面自干

唐汶

有一位青年脾气非常暴躁、易怒,并且喜欢与人打架,所以很多人都不喜欢他。有一天,他无意中游荡到大德寺,碰巧听到一休禅师正在说法,听完后发誓痛改前非,就对禅师说:“师父!我以后再也不跟人打架斗殴了,免得人见人厌,就算是受人唾面,也只会忍耐着拭去,默默地承受!”

一休禅师说:“何必呢,就让唾沫自干吧,不要去拂拭!”

“那怎么可能?为什么要这样忍受?”

“这没有什么不能忍受的,你就把它当作蚊虫之类停在脸上,不值得与它打架或者骂它,虽是唾沫,但并不是什么侮辱,微笑着接受吧!”一休说。

“如果对方不是唾沫,而是用拳头打过来时,那怎么办?”

“一样呀!不要太在意!这只不过一拳而已。”

青年听了,认为一休禅师说得太没道理,终于忍耐不住,忽然举起拳头,向一休禅师的头打去,并问:“和尚!现在怎么样?”禅师非常关切地说:“我的头硬得像石头,没什么感觉,倒是你的手大概打痛了吧!”

青年哑然,无话可说。

人生悟语

从唾面自干到打头手痛,这实在不是一般人能够做到的。今天我们能做到骂不还口打不还手,明天就能做到宽容大度容纳许多伤害和侮辱。唾面自干是更远处的风景,是日臻完美的人生,需要我们一步一步努力,逐渐完善自己。

爱和宽容才能赢得人心

佚名

这是一场惨烈的战争,几乎所有的士兵都丧命于敌人的刀剑之下。

命运将两个地位悬殊的人推到一起:一个是年轻的指挥官,一个是年老的炊事员。他们在奔逃中相遇,两个人不约而同地选择了相同的路径——沙漠。追兵止于沙漠的边缘,因为他们不相信有人会从那里活着出去。

“请带上我吧,丰富的阅历教会了我如何在沙漠中辨认方向,我会对你有用的。”老人哀求道。

指挥官麻木地下了马,他认为自己已经没有了求生的资格,他望着老人花白的双鬓,心里不禁一颤:由于我的无能,几万个鲜活的生命从这个世界上消失,我有责任保护这最后一个士兵。他扶老人上了战马。

沙漠里到处是金色的沙丘，在这茫茫的沙海中，没有一个标志性的东西，使人很难辨认方向。

“跟我走吧。”老人果敢地说。

指挥官跟在他的后面。灼热的阳光将沙子烤得如炙热的煤炭一样，他们的喉咙干得几乎要冒烟。

他们没有水，也没有食物。老人说：“把马杀了吧！”指挥官怔了怔，唉，要想活着也只能如此了。他取下腰间的军刀……

“现在，马没了，就请你背我走吧！”指挥官又一怔，心想：你有手有脚，为什么要人背着走，这要求着实有点过分。但是，他为战斗的失败早已处在深深的自责之中，老人此时要在沙漠中逃生，也完全是因为他的不称职。他此刻唯一的信念就是让老人活下去，以弥补自己的罪过。

于是，他背起了老人，他们就这样一步一步地前行，在大漠上留下了一串深陷且绵延的脚印。

一天，两天……十天。茫茫的沙漠好像无边无际，到处是灼烧的沙砾，满眼是弯曲的线条。白天，年轻人是一匹任劳任怨的骆驼；晚上，他又成了最体贴周到的仆从。然而，老人的要求却越来越多，越来越过分。他会将两人每天共同的食物吃掉一大半，会将每天定量的马血多喝掉好几口。年轻人从没有怨言，他只希望老人能活着走出沙漠。

他们俩越来越虚弱，直到有一天，老人奄奄一息了。

“你走吧，别管我了。”老人愤愤地说，“我不行了，还是你自己去逃生吧。”

“不，我已经没有了生的勇气。即使活着，我也不会得到别人的宽恕。”

一丝苦笑浮上了老人的面容，老人缓缓地说：“说实话，这些天来难道你就没有感到我在刁难、拖累你？我真没想到，你的心可以包容下这些不平等的待遇。”

“我想让你活着，你让我想起了我的父亲。”指挥官痛苦地说。

老人解下了身上的一个布包，说：“拿去吧，里面有水，也有吃的，还有指南针。你朝东再走一天，就可以走出沙漠了。我们在这里的时间实在太长了……”说完，老人便闭上了眼睛。

“你醒醒，我不会丢下你的，我要背你出去。”

老人勉强睁开眼睛，说：“唉，难道你真的认为沙漠这么漫无边际吗？其实，只要走三天，就可以出去，我只是带你走了一个圆圈而已。我亲眼看着，我两个儿子死在敌人的刀下，他们的血染红了我眼前的世界，这全是因为你。我曾想与你同归于尽，一起耗死在这无边的沙漠里，然而你却用胸怀融化了我内心的仇恨，我已经被你的宽容大度所征服。只有能宽容别人的人才配受到他人的宽容。”

这一次，老人永久地闭上了眼睛。

指挥官震惊地矗立在那儿，仿佛又经历了一场战争，一场人生的战斗。他得到了一位父亲的宽容。此时，他才明白，武力征服的只是人的躯体，只有靠爱和宽容大度才能赢得人心。

他安置好老人的遗体，怀着宽容之心，向希望走去。

人生悟语

荷兰哲学家斯宾诺莎曾经说过这样一句话：“人心不是靠武力征服，而是靠爱和宽容大度征服。”当我们用自己的真心和耐心去对待别人的时候，往往会在无意当中给自己留出了希望，就像故事中老人所说的“只有能宽容别人的人才配受到他人的宽容”。

最后一场演出

佚名

有一位著名的音乐家,在成名前,曾经担任过俄国彼德耶夫公爵私人乐队的队长。

突然有一天,公爵决定解散这支乐队。乐手们听到这个消息的时候,一时间面面相觑、心慌意乱,不知道如何是好。

看着这些和自己一起同甘共苦许多年的亲密战友,队长睡不安稳、食不甘味,绞尽脑汁、想来想去,忽然有了一个主意。

他立即谱写了一首《告别曲》,说是要为公爵做最后一场独特的演出,公爵同意了。

这一天晚上,因为是最后一次为公爵演奏,乐手们表情呆滞、万念俱灰,根本打不起精神。但是,看在与公爵一家相处这些日子的情分上,大家还是竭尽所能、尽心尽力地演奏起来。

这首乐曲的旋律一开始极其欢悦优美,把与公爵之间的情感和美好的友谊表达得淋漓尽致,公爵深受感动。渐渐地,乐曲由明快转为委婉,又渐渐转为低沉,最后,悲伤的情调在大厅里弥漫开来。

这时,只见一位乐手停了下来,吹灭了乐谱上的蜡烛,向公爵深深地鞠了一躬,然后悄悄地离开了。过了一会儿,又有一名乐手以同样的方式离开了。就这样,乐手们一个接着一个地离去了。

到了最后,空荡荡的大厅里,只留下了队长一个人。只见他深深地向公爵鞠了一躬,吹熄了指挥架上的蜡烛,偌大的大厅刹那间暗下了下来。

正当队长也准备像其他乐手一样,要独自默默地离开的时候。公爵的情绪已经达到了顶点,他再也忍不住了,大声地吼了起来:“这到底是怎么一回事呢?”

队长真诚而深情地回答说:“公爵大人,这是我们全体乐队在向您做最后的告别呀!”

这时候,公爵突然省悟了过来,情不自禁地流出了眼泪:“啊!不,请让我再考虑一下。”

就这样,队长用一首《告别曲》的奇特氛围,成功地使公爵将全体乐队队员留了下来。他就是被誉为“音乐之父”的世界著名音乐家——海登。

人生悟语

西晋文学家潘岳在《西征赋》中写道:“乾坤以有亲可久,君子以厚德载物。”人生在世,要学会宽容,记人之长,忘人之短。海登深知,即使是最后的演出,也要给双方留下一些美好的东西。结果,他的真情大度的告别仪式改变了最后的结局。

克林顿的度量

佚名

美国广播公司“新闻节目”的主持人戴维·布林克利在美国大选之夜说克林顿总统“浑身没长

一根有创造力的骨头,因此他是一个令人厌烦的人,而且永远如此";他还说第二届克林顿政府将"又是四年的胡闹",并称克林顿当选后的讲话是"他所听到的最糟糕的话之一"。

过了几天,戴维·布林克利又对克林顿进行了采访,并为其讽刺挖苦总统表示道歉,克林顿只是说:"当我在深夜疲惫不堪时也会说很多话,而你在大选之日肯定遭了一天的罪。"贵为一个国家的总统,面对大庭广众之下的讽刺、揶揄,没有暴跳如雷,更没有不共戴天的"吾必杀之"的拍案而起,克林顿真算是有度量。

1995 年与阿拉法特同获诺贝尔和平奖的还有以色列总理拉宾和外长佩雷斯。他们两人是一对积怨颇深的冤家对头。他们互不服气势不两立,既有权利地位的较量与角逐又有政策主张的分歧和争执。可是,就是这样一栖两雄、格格不入的幕僚,他们谁也不耍阴谋诡计,既不用明枪,也不用暗箭置对方于死地,而是求同存异,公私分明,以国家和民族利益为重,摒弃个人恩怨。

有度量的人并不是一味地退让,也不是对他人无谓地迁就。相反,这种对他人友善的接纳,同时也是一种大度风格的表现。试想,假如克林顿对那位节目主持人耿耿于怀,伺机报复;假如拉宾找个碴儿解除佩雷斯的外长职务,那么他们的威信在舆论面前将迅速土崩瓦解。

人生悟语

生活需要度量,度量就是忍耐,度量就是忘却。以自己宽阔的度量,换取他人的敬仰,将永远是一种人格的魅力。身为叱咤风云的领袖人物,却能胸怀宽广,包容天下,的确令人赞叹。我们也应该学习这种精神,处理好人际关系。

丢下那袋死老鼠

一佳

一个 22 岁的年轻人在订婚那天遭到了巨大的羞辱。当年轻人沉浸在亲戚朋友的祝福声中时,他的女朋友却牵着另一位年轻小伙儿的手对他说:"对不起,我觉得,我们在一起不会幸福。"正沉浸在幸福中的他呆若木鸡,在亲戚朋友诧异的目光中他想找个地缝钻进去。

整个小镇都知道了这件事,在订婚的良辰吉日却被心爱的姑娘抛弃,这是何等的羞辱。年轻人决定逃离这个让他觉得生活在羞辱中的小镇。于是,在一个黑夜,年轻人离开了小镇,开始了流浪生涯,从家乡瑞士到德国,又从德国到了法国。他发誓将来一定要风风光光地回到家乡,找回自己丢失的尊严。

再回到家乡已经是 30 年后的事情,当年负气出走的年轻人已经鬓角发白。但是这个时候,他已经成为伟大的文学家和思想家。他的著作《忏悔录》《社会契约论》《爱弥儿》在欧洲引起了巨大的反响,他的名字——卢梭,享誉欧洲。

在回到家乡的第二天,有位老朋友问他:"你还记得艾丽尔吗?"卢梭笑着说:"当然记得,她差一点儿做了我的新娘。"满是轻松,没有丝毫的怨恨。"当初她带给了你莫大的羞辱,自己也没有好下场,这些年来,一直生活在贫困潦倒之中,靠着亲戚们的救济艰难度日。上帝惩罚了她对你的背叛。"朋友对卢梭说。朋友本以为卢梭听到当初背叛自己的人落个悲惨下场后会感到高兴,然而卢梭却对他说:"我很难过,上帝不应该惩罚她。我这里有一些钱,请你转交给她,不要告诉她是我给的,以免她以为我在羞辱她而拒绝。"

“你真的对艾丽尔没有丝毫的怨恨吗？当初，她可是让你丢尽了脸。”朋友用质疑的语气问。

“如果有怨恨，那也是30年以前的事，如果这些年我一直对她怀有怨恨，那我自己岂不是在怨恨中生活了30年，那对我有什么好处呢？就像我提着一袋死老鼠去见你，那一路上闻着臭味的岂不是我。怨恨就是一袋死老鼠，最好把它丢得远远的。”卢梭说完从口袋里拿出一些钱来，递给朋友，然后说：“希望这些钱能帮助她摆脱困境，生活得好一点儿。”

对待曾经带给自己奇耻大辱人，卢梭选择了宽容，而不是怨恨。怨恨就像一袋死老鼠，提着它只能使自己闻到臭味。背负怨恨是相当沉重的，怀恨在心，可能伤害别人，但积聚在心中的怨恨，一定会先伤害自己。不妨去原谅那些曾经伤害过你的人，丢掉那一袋死老鼠，澄清自己的心灵，去感受愉悦的芬芳。

人生悟语

用一袋死老鼠来形容怨恨，实在是奇妙又形象。如果卢梭30年来一直带着怨恨来学习、生活和写作，那无疑是在消磨自己宝贵的生命。换到我们身上呢？我们的日记里是不是记录着谁对我们的伤害或者羞辱，赶紧扔掉吧，就像扔掉一袋死老鼠。宽容是洗净我们生命路上污秽的最好方法。

父子俩的宽容

佚名

我的爸爸是任何人都会引以为荣的人。他是位名律师，精通国际法，客户全是大公司，因此收入相当好。

我是独子，当然是万千宠爱在一身，爸爸没有惯坏我，可是他给我的实在太多了。我们家很宽敞，布置得也极为优雅。爸爸的书房是清一色的深色家具、深色的书架、深色的橡木墙壁、大型的深色书桌，书桌上造型古典的台灯，爸爸每天晚上都要在他书桌上处理一些公事，我小时常乘机进去玩。爸爸有时也会解释给我听他处理某些案件的逻辑。他的思路永远如此合乎逻辑，以至我从小就学会了他的那一套思维方式，也难怪每次我发言时常常会思路很清晰，老师们当然一直都喜欢我。

爸爸的书房里放满了书，一半是法律的，另一半是文学的，爸爸鼓励我看那些经典名著。因为他常出国，我很小就去外国看过世界著名的博物馆。我隐隐约约地感到爸爸要使我成为一位非常有教养的人，在爸爸的这种刻意安排之下，再笨的孩子也会有教养的。

我现在是大学生了，当然一个月才会和爸妈度一个周末。前几天放假，爸爸叫我去垦丁，在那里我家有一个别墅。爸爸邀我去海边散步，太阳快下山了，我们在一个悬崖旁边坐下休息。

我提起社会公义的问题，爸爸没有和我辩论，只说社会该讲公义，更该讲宽恕。他说：“我们都有希望别人宽恕我们的可能。”我想起爸爸也曾做过法官，就顺口问他有没有判过任何人死刑。

爸爸说：“我判过一次死刑，犯人是一位年轻的小伙子，没有什么常识，他在台北打工的时候，身份证被老板娘扣住了，其实这是不合法的，任何人不得扣留其他人的身份证。他简直变成了老板娘的奴工，在盛怒之下，打死了老板娘。我是主审法官，将他判了死刑。事后，这位犯人在监狱里信了教，从各种迹象来看，他已伏罪，愿意悔改。

“他被判刑以后，太太替他生了个活泼可爱的儿子，我在监狱探访他的时候，看到了这个初生婴儿的照片，想到他将成为孤儿，也使我伤感不已。因此我四处去替他求情，希望他能得到特赦，免于死刑，可是没有成功。我对我判的死刑痛悔不已。

“他临刑之前，我收到一封信。”爸爸从口袋中，拿出一张已经变黄的信纸，一言不发地递给了我。信是这样写的：

法官大人：

谢谢你替我做的种种努力，看来我快走了，可是我会永远感谢你的。我有一个不情之请，请你照顾我的儿子，使他脱离无知和贫穷的环境，让他从小就接受良好的教育，求求你帮助他成为一个有教养的人，再也不能让他像我这样，糊里糊涂地浪费了一生。

我对这个孩子大为好奇：“爸爸，你怎么照顾他的？”

爸爸说：“我收养了他。”

一瞬间，世界全变了。这不是我的爸爸，他是杀我爸爸的凶手，子报父仇，杀人者死。我跳了起来，只要我轻轻一推，爸爸就会跌到悬崖下面去。可是我的亲生父亲已经宽恕了判他死刑的人，坐在这里的，是个好人，他对自己判人死刑的事情始终耿耿于怀。如果我的亲生父亲在场，他会希望我怎么办？

我蹲了下来，轻轻地对爸爸说：“爸爸，天快黑了，我们回去吧！妈妈在等我们。”爸爸站了起来，我看到他眼旁的泪水。“儿子，谢谢你，没有想到你这么快就原谅了我。”我发现我的双眼也因泪水而有点模糊，可是我的话却非常清晰：“爸爸，我是你的儿子，谢谢你将我养大成人。”

海边这时正好刮起了垦丁常有的落山风，爸爸忽然显得有些虚弱，我扶着他，在落日的余晖下，顶着大风向远处的灯光走回去。

人生悟语

父亲的爱和儿子的宽容感动了我们。悬崖边，一个是因愧疚而收养了犯人孩子的父亲，一个是被仇恨和感激夹杂的儿子。但最后的结局却温馨异常，而解决这一切的，只是一个简单的行为：宽容。当宽容的光芒笼罩二人时，父子二人感情依旧深厚，而我们也得到了深刻的感悟。

宽容是杯甜甜的酒

佚名

有这样一个故事：母亲在做饭时，一位邻居老太太来家里借水桶。当母亲将水桶递到邻居老太太手中后，她们你一言我一语唠起了家常。当闻到煳味时，锅已经烧坏了。

中午母亲带着愧疚的眼光向回家吃午饭的儿子儿媳说明一切。儿子大度地说：“妈，没事儿，今天中午咱们正好改善改善生活，到饭店撮一顿。”

下午，儿子将一口亮得耀眼的新锅拿回了家。儿子的宽宏大量让母亲心存感激：多好的儿子啊！从此以后，母亲再也没有做过煳锅之类的事情。可对母亲如此宽容的男人，对妻子却是另一番情景。

一次，妻子跟女友逛街，耽误了接儿子。当儿子自己哭着从幼儿园回来后，丈夫顿时火冒三丈，对妻子大发脾气。当妻子低着头承认错误后，丈夫仍然不依不饶。六岁的儿子看到爸爸发那么大的脾气，吓得躲在奶奶身后不敢说话，满脸的惊恐。

母亲看到这一切，走到儿子面前将他叫到自己房间，小声地说："你还是像宽容我一样的宽容她吧！"母亲轻声轻语的一句话，像一盆凉水猛浇到了儿子怒火正旺的头上，他顿时清醒了许多。什么大不了的事呀，值得我如此不依不饶吗？儿子不是好好地回来了吗？他低下自己的头，轻轻地走到妻子身边："对不起，我不该对你发这么大的脾气！"妻子揉了一下微红的眼睛，一头扎进丈夫的怀里："都是我的错，好好骂我一顿吧，出出你心中的怒气！"

丈夫轻轻抚着妻子的长发说："我以后再也不这样了……"

是呀，人难免会有犯错的时候，但宽容却永远都是一杯甜甜的酒。像宽容自己的母亲一样，来对待将和自己相伴一生的人，是丈夫给予妻子最大的幸福！

人生悟语

世界上没有什么事是不可原谅的，因为宽容的心可以包容一切。给予别人宽容，你也将得到幸福。

复仇的磨刀人

佚名

每天天不亮的时候，村东的小河边就会传来"霍霍"的声音。如果有月亮，借着月光，就会看到一个人在小河边的石头上磨刀。

他弓着腰，一只手抓着刀柄，一只手捏着刀尖，让刀在石头上来回游走，发出"霍霍"的声音。

小河淌水，河水里的月光映着刀发出的寒光。有时，那闪光犹如火星溅起来，落在水中，一下就灭了。

没有人记得他是从哪一年的哪一天开始磨刀的，开始也没有人知道他为什么要磨刀。

有人问他磨刀干什么，他回答："杀仇人！"再问他："仇人是谁？"他总是不语。再问他，他就会闷闷地反问："你知道他，你能帮我杀他吗？"问话人无话可说了。就这样，每天天还未亮，他就在村东的小河边磨刀。没有月亮的时候，能够让人看到刀在石头上磨出的火星；有月亮的时候，就会看到刀锋上的寒光。

开始的时候，那把刀大概有二尺长，需要他双手张开，磨起来，非常费力。刀越磨越短，先是一尺九、一尺八，后来磨到了半尺……

村里人替他着急了，刀这么短了，怎么还不动手？问他，他总是不语：再问他，他就闷闷地说："不着急，再让他活一段时间！"

终于有一天，他把刀磨成了一把小巧的匕首。他再磨刀时，不用像以前那样费劲了，而且作为杀死仇人的武器，它再合适不过了。

这把小巧的匕首，在磨刀石上发出清脆的声音。在黑黑的夜里，有时擦在他处，就迸出几许火星来，礼花般散落到水中。

然而，他还是每天不停地磨它。于是，这把匕首变得越来越短，开始手还能够绰绰有余地握住刀柄，后来刀柄都有些不好握了。最后，刀身磨没了，只剩下了刀柄。

他握着刀柄在小河边，再也看不到刀锋的寒光了，再也没有火星落到水中。然后，他把木质的刀柄扔到小河里，“咚”的一声随着河水，流走了。

村里人问他：“你不杀仇人了？”他说：“不杀了，让他活着吧！”

他说这话声音很轻，就像木质的刀柄扔到了河水里面，随着河水流走了。

后来，村里的老人这样评价他，说他磨的并不是刀，而是心。

人生悟语

当一个人的仇恨从一把长刀变成一把匕首，到最后他把刀柄“咚”的一声扔进河里，这个人的报仇之心随即消失。老人评价得很对，这个人磨的是心，在磨刀中他的仇恨慢慢消失了。他用自己一天天“磨”出来的宽容向大家展示，宽容是一种强大的力量，可以让人们更和谐友爱地相处。

宽容

佚名

母亲说起这件事的时候，已经是父亲去世10年之后。在一个暖洋洋的下午，母亲在门口一边晒着太阳一边剥着花生，不经意地说起三年自然灾害中所受的饥饿。她说，邻村一位二十几岁刚做母亲的妇女，因为实在不忍心看孩子挨饿，做了一件一生中她认为最可耻的事情。跑到邻居家偷了大约一茶杯的炒米，用衣襟兜着正准备走时，不料与中途回家的主人撞了个满怀，主人一阵大呼小叫引来了全村的人。

那年头偷盗和为娼是最让人不齿的，看热闹的人群将无地自容的少妇团团围住，指责声、羞辱声，声声撕裂着少妇的心。

突然，双手蒙面的少妇冲出了人群，转眼间一头扎进了不远处的池塘。一切都在眨眼间发生，等慌乱的人们七手八脚捞起她时，人早已没了气。那刚刚会走路不久的孩子这时看到睡在地上的妈妈，一头扑上去，掀起母亲身上湿湿的褂子，死命地吮吸起母亲还带着余热的乳头。

听到这里我哭了，为那凄惨的母亲和那可怜的孩子。但母亲却很平静，接着又说了另一件父亲生前多次关照不要与外人提起的事情。60年代的生活依旧困难，当时的父亲在县机厂设在镇上的工作站上班，他的工作属于重工业，所以定量比较高，每月有24斤粮食，这在当时村民眼里是非常了不起的事情。

尽管如此，因为孩子多，仍需母亲精打细算，掺些野菜粗粮度日，可是不久，母亲发现缸里的米每天都在不正常地少，每天少得也并不多，估计也就在斤把左右。母亲是个细心的人，在一个做上记号后的晚上，发现米被动过，这肯定是被人偷了，但这人是谁呢？

这个谜团不久还是被父亲解开了。一日父亲忽然有事开锁进门，只见隔壁的女房东正顺着梯子从楼上下来，手中还拿着盛米用的升子。父亲虽然被吓了一跳，但镇静之后，反倒叫她不要害怕。女房东羞得满脸通红。父亲当晚跟母亲说，都是没办法的事，千万不要和别人提起，孩子个个饿得皮包骨头，你明天送点米过去。

父亲倒觉得忐忑不安起来，生怕女房东一时想不开。女房东从此后见到我父母就满脸通红，并在很长一段时间去了她妹妹家。我想在她的一生中，永远都担心这件事情，并永远要感激着我的父亲。

岁月随风而去,在母亲也离开我六年的今天,面对现实生活中一些人情的淡漠与世态炎凉,更加使我深深怀念一生平凡的父亲,以及他的善良、宽容和仁爱。

人生悟语

默默地保守着一个给他人自尊的秘密,善良地帮助有困难的人,以宽广的胸怀面对多彩的生活,这才是无悔的人生。

宽容能化敌为友

佚名

春秋时期,魏国与楚国相邻,两国在边境上各设界亭,亭卒们在交界地方都喜欢种瓜。不巧这年春天,天气比较干旱,由于缺水,瓜苗长得很慢。

魏国的一些亭卒担心这样下去会影响收成,就每天晚上到地里挑水浇瓜锄草。连续浇了几天,魏国亭界的瓜地里,瓜苗长势喜人明显好起来,比楚国村民种的瓜苗要高很多。

楚国的亭卒一看到魏国亭卒种的瓜长得又快又好,自己地里的瓜秧因疏于管理,瓜秧是又瘦又小,与对面界亭瓜田的长势简直不能相比,非常嫉妒,有些人晚间便偷偷潜到魏国的瓜地里去踩瓜秧。

当魏国人发现后气愤难平,报告给边县令宋就,准备以牙还牙时,县令宋就忙赶到那里,对他们说:"我看,你们最好不要去踩他们的瓜地。这样做当然是很解气的。可是,我们明明不愿他们扯断我们的瓜秧,那么为什么反过去再折断人家的瓜秧?"

亭卒们气愤至极,哪里听得进去,纷纷嚷道:"难道我们怕他们不成,为什么让他们如此欺负我们?"

宋就摇摇头,耐心地说:"别人不对,我们再跟着学,那就更不对了。如果你们一定要去报复,最多解解心头之恨,可是,以后呢?他们也不会善罢甘休,如此下去,双方互相破坏,谁都不会得到一个瓜的收获。"

村民们觉得有道理,又问:"那我们该怎么办呢?"

宋就趁热打铁地说:"你们听我的话,从今晚开始每天晚上去帮他们给瓜秧浇水,让他们的瓜秧长得好,而且,你们这样做一定不可以让他们知道,结果怎样你们自己就会看到。"

亭卒们只好按宋县令的意思去做,楚国的亭卒发现自己的瓜秧长势一天比一天好,仔细观察,发现每天早晨,他们的地都被人浇过了,而且是魏国的人在夜里悄悄为他们浇的。看到魏国亭卒不但不记恨,反倒天天帮他们浇地,惭愧得无地自容。

这件事后来被楚国边境的县令知道了,便将此事上报楚王。楚王原本对魏国虎视眈眈,听了此事,深受触动,甚觉不安,于是,主动与魏国和好,并送去很多礼物,既表示自责,亦此酬谢,对魏国有如此好的官员和人民表示赞赏。

魏王见宋就为两国的友好往来立了功,也下令重重地赏赐宋就和他的辖内百姓。结果,原来的两个敌国,就此变成了友好邻邦。

人生悟语

生活中的许多事,并不是非要争个高低的。有时候,忍让和宽容并不是懦弱怕事,而是关怀和体贴。当你以一颗宽容之心去对待别人的过错,以你希望被对待的方式去对待别人,那么,你就能得到别人的友谊和尊重,甚至能够化敌为友。

宽容与友善

霍一峰

当营业部经理时,我和一个雇员不和。我不喜欢她的目中无人,并决定找她谈谈。为了避免当众争吵,我打算在家中给她打电话。“我是否要解雇她?”翻着雇员卡,我若有所思。突然,九年前发生的一件事闯入我的脑海。

那时,我干着一份全日制工作,以资助丈夫迈克完成学业。终于,他毕业的日子要到了。我们的父母将从州外赶来参加他的毕业典礼而我也为那天做了许多计划。比如,毕业典礼后,去吃冰淇淋,然后去镇里潇洒一回。

我兴高采烈地跑进我工作的那家书店。“我要在感恩节后的那个星期六休假,”我向老板宣布,“迈克毕业了!”

“对不起,玛丽,”老板说,“假日后的周末是我们最忙碌的时间,我需要你在这儿。”

我无法相信老板会如此不通情理。“可迈克和我等这天已经等了五年了啊!”我辩解说,声音因激动而发颤。

“当然我不会在毕业典礼时,给你安排活儿。”

“我根本就不能来,罗斯,”我的脸因发怒而绷紧,“我不会来的!”我咆哮着冲了出去。

后来的那些天,我对他不理不睬。他问我话时,我也只是三言两语冷漠地应答。

我们的关系越来越紧张,虽然罗斯看起来依旧热诚,而且常常是笑脸相迎,可我知道他心里不舒服,而我也铁了心,一定要请一天假。

我们就这样冷战了几个星期。一天,罗斯问我是否愿意和他单独谈谈。于是,我们去阅览区坐了下来。我盯着我的脚,告诫自己无论发生什么都要坚强地承受。显然,老板想解雇我。

他不可能任我这样轻视他而无动于衷。毕竟,他是老板,而老板总是对的。当我不屑地冷冷地扫视他时,我惊讶地看到他眼中受伤的表情。“我不想在你我之间存有任何的怒气和不快,”他平静地说,“你可以那天休假。”

我不知道该说什么,我的愤怒,我的狭隘,我的孩子气的行为在他的谦卑面前是那样的微不足道。

“谢谢,罗斯。”我终于“挤”出了一句话,我不会忘记这事的。

现在,这段往事又跳回我的脑袋里。我怎么就忘了罗斯对我的友善呢?在过去几天里,我怎么就没能把这种友善传递出去呢?

我从雇员卡中拿出雇员的卡片,拨打了她的电话号码,并向她道歉。挂电话时,我们的关系已和好如初了。

人生悟语

上帝有办法把我们人生中所学到的东西深藏于我们的内心深处,并在需要的时候,让它们浮现出来。而且她也让我明白,有时候,对人友善比坚持"正确"更重要。

宽容只有一次

周保东

这是一家跨国公司,在苛刻的招聘条件下,还是有20人通过了初审。万超就是这20人中的一个。

一个星期后,万超接到这家公司的笔试通知:"为了真实地考查应聘者的工作能力,本公司请所有的应聘者为公司制作一首宣传歌曲的音乐小样,5天后交卷。"不愧是跨国公司啊,连笔试都和国内企业不同。可他们这个笔试要求却着实难住了万超。万超一向五音不全,更不用说是一首原创歌曲了。

5天的期限到了。也许是为了增加一次跨国公司招聘的经验,万超虽然两手空空,但还是如约来到了这家公司的笔试现场。

排在万超前面的应聘者纷纷交上了他们的音乐小样。听到他们的音乐,不仅歌词优美,而且旋律动听。万超想:"我完了。"当万超呆若木鸡地站在招聘主管面前时,看着他略带失望的眼睛,万超更加确认了这一点。

然而,事情却有了转机。

第二天,万超居然和其他19个人一样,接到了这家公司的面试通知:"恭喜你通过了本公司的笔试,这意味着你拥有了面试的机会。在这次面试中,本公司请你为公司做一套可行性营销方案。3天后,本公司将以论文答辩的形式进行面试。"

怀着惊喜,万超开始搜集资料,调查市场,整理思路……营销方案顺利完成了。但还是有个疑团在万超的脑海里盘旋:我是怎样通过笔试的呢?为什么我们20人没一个被淘汰,全都进入了面试呢?

面试开始了。在考官的引领下,万超应答自如,甚至超常发挥,把营销方案里不够完善的地方也进行了深入扩展;而其他的那些应聘者就有些不知所措了。在考官的追问下,他们不得不承认他们的营销方案是用钱买来的,包括笔试时的音乐小样。

面试的尾声,招聘主管解开了万超心中的疑团。他说,其实在笔试前他就看了他们的简历,他们发表的那些论文他也专门搜索来仔细看了,虽然你们都很优秀,但你们却没有一个是精通音乐的。之所以在笔试中那么做,就是要看看你们是否诚实。可令他失望的是,你们只有一个人是诚实的。但毕竟你们还只是学生,他决定宽容一次。然而更令他失望的是,在第二次机会面前,你们还是只有这一个人是诚实的。

最后,他带着惋惜的神情,语重心长地说:"看来你们是习惯于欺骗了,对于这种欺骗,宽容只有一次。"

就这样,20人中,只有万超最终进入了这家跨国公司。其实最后有几个人进入这家跨国公司并不重要,重要的是,20个人得到了一次宽容的机会,竟然不好好把握,一错再错。

人生悟语

我们努力让自己对所有人宽容,但是有时宽容只会让一些人得寸进尺。所以,宽容也要讲究方法,否则也不会起到更好的效果。而对于万超们自己,面对他人的宽容,要懂得感恩,懂得改过。宽容总像一股清风,在我们暴躁时它抚去毛糙,宽容是一种方向,更是一种品德,宽容是一种丰富的收获。

两个禅师的故事

文丹

从刊物上摘来的这一则小故事:有一位住在山中茅屋修行的禅师,一天晚上散步归来,看见小偷光顾自己的茅舍。禅师没有任何财物,便脱下自己的外衣,站在门口等待小偷出来,生怕惊吓了小偷。

小偷出来遇到禅师,正感到惊愕之时,禅师说:“我的朋友,你走大老远的山路来探望我,总不能让你空手而归呀!夜深了,带上这件衣服避寒吧!”说着,他就把衣服披到小偷身上。小偷满脸羞愧,低着头溜走了。

禅师望着小偷的背影消失在山林之中,不禁感慨地说:“可怜的人!但愿我能送一轮明月给你,照亮你下山的路。”第二天,禅师在温暖阳光的抚摸下睁开眼睛时,看到他披在小偷身上的外衣被整齐地叠好,放在门口。禅师高兴地说:“我终于送了他一轮明月!”

还有一则可以称得上异曲同工的小故事:在仙崖禅师的禅院中,有一个贪玩的学僧,他耐不住寺院的寂寞,常常在傍晚时分偷偷溜到后院高墙下,架起一张高脚凳,翻墙出去玩耍。

仙崖禅师发现后,没有惊动任何人。一次,学僧又翻墙出去了,仙崖禅师随后将凳子搬到一边,自己坐在墙下,等那学僧归来。夜深人静,学僧兴尽归来,不知墙下的凳子已被搬走,从墙上翻下时,感觉到脚下的凳子变软了,下来一看,原来是踩在仙崖禅师肩上。

学僧顿时吓得魂飞魄散,跪在地上不敢言语。仙崖禅师把他拉起,并安慰道:“夜深露重,小心着凉,快回禅房休息吧!”

学僧回房之后,心中忐忑不安,夜不能寐,担心禅师会当着所有学僧的面惩处自己。但事情一天天过去,禅师从来不提此事,更无他人知晓。学僧深感惭愧,从此再也没有私自外出,而是潜心修行,终成一代名僧。

如果你是禅师,你会怎样处置这两件事?我想,在第一个小故事里,一般人都会和小偷搏斗,或大喊捉贼;在第二个小故事里,一般人都会在众僧面前曝学僧的光,然后体罚其面壁思过。

如果按以上说的这样做了的结果又会怎样呢?我想会出现的结果是:在第一个故事小偷将禅师打伤或杀死,也可能是禅师将小偷打伤,但是小偷日后又对禅师进行报复;在第二个故事里学僧被体罚后觉得非常丢脸,心中闷闷不乐,无心修行,最终只是成为一名庸僧,或卷起包袱走人,还俗去了。但两位禅师处事不同凡人,他们以自己宽阔的胸襟,大智大慧地挽救了一个浪子,成就了一个名僧。

人非圣贤,孰能无过?对犯了错误的人以沉默的宽容态度待之,是无声胜有声的最好教育方式。宽容是一种良好的心理品质,宽容待人,如春风化雨,滋润万物,宽容是金,宽容的力量是无穷的!

人生悟语

人生难免经历各种失误和伤害。如果心胸狭窄只会针锋相对、两败俱伤，学会宽容地待人处事，往往可以更好地解决问题，两个禅师就是以宽阔的胸襟，改变了两个人的命运。

林肯的家教

黄力

林肯的真诚与宽容在美国历史上是有口皆碑的。在这位伟人的身上体现出的这种美德，与他继母的教育是分不开的。

由于家境困难，林肯12岁的时候不得不终止学业，去做了一个伐木工人。那个时候伐木工人的工资很低，伐一立方米的木材只有1.2美元的报酬。当时伐木全是手工劳作，所以工作的效率也很低，一个人要干两天才能伐到一立方米。伐倒了木材，工人们就在木头的尾部用墨水写上自己名字的第一个字母，表示这根木头是自己伐的，然后再去向老板要钱。林肯的全名是亚伯拉罕·林肯，所以他就在自己伐倒的木材上写上一个“A”字，但是有一天他发现自己辛苦砍伐的10多根木头被人写上了“H”，这显然是有人盗用了林肯的劳动成果。

林肯生气极了，回家对继母说：“一定是那个叫亨得尔的家伙干的，我找他理论去。”

继母看着林肯说：“孩子，你先别急，听我给你讲个故事。”

“故事？和这件事有关吗？”林肯奇怪地问。

“是的。听完了你就明白了。”于是黛丝平静地讲了起来。

“从前有一片大森林，那里有一个善良的人，名叫斑卜，他以打猎为生，经常在密林中安装捕兽套子。由于他安装的地方是野兽们经常出没的路线，所以几乎每天都有收获。有一天他又去收套子，却发现套子上只有动物脱落的毛，动物已经被别人取走了，斑卜很生气，但又不知是谁干的，他想留个条子，可是不会写字。于是他就在纸上画了一张很生气的脸，放在套子上。第二天他又去收套子，发现套子上有一片大树叶，树叶上画着一个圈，圈子里有房子，房子旁边还有一只狂吠的狗。斑卜不知道是什么意思，他想：为什么别人拿走了我的动物还要画图呢。他觉得应该和这个人见面说理，于是他就画了一个正午的太阳，还有两个人站在捕兽套边。第三天中午他又来到了这里，看到有一个浑身插满了野鸡毛的印第安人在那里等他。他们彼此语言不通只能通过打手势来对话。印第安人用手势告诉斑卜这里是我们的地盘，你不可以在这里装套子。斑卜也打手势说：这是我装的套子，你不能拿走我的果实。两个人的模样都很古怪，相互看得直乐。斑卜想，与其多个敌人，还不如多一个朋友。于是他就大方地将捕兽套送给那个印第安人了。

“这样大家就相安无事了。后来有一天斑卜打猎时遇到了狼群追赶，被迫跳下了悬崖，等到他醒来的时候，他发现自己正躺在印第安人的帐篷里，伤口上还有印第安人给他上的药。此后他就成了印第安人的好朋友，和他们生活在一起，共同打猎。”

黛丝讲完了故事，微笑着看着林肯说：“你说斑卜做得对吗？”

“他做得很好，这样就少了敌人，多了朋友了。”

“那么你宁愿要朋友还是要敌人呢？”

“当然是朋友了。”林肯毫不犹豫地说。

“对呀，孩子，你要学会宽容别人，这样才能使自己的路越走越宽广。要不然，你在社会上就会到处树敌,很难成功的。”

“我知道了,母亲。”林肯很懂事地点点头。

人生悟语

林肯的宽容肯定不单单是一个故事就塑造而成的。就如同我们在生活中一样,做一件好事并不难,难的是一辈子做好事。所以,天长日久的宽容养成了一种习惯,而习惯的积累,就形成了一种好的教养。我们能做的,除了从林肯的身上学习他的教养之外,就是从现在开始,一点一滴地积累我们的小宽容,慢慢等待着好教养的形成……

吕蒙正不记人过

佚名

吕蒙正是宋朝的大臣,不喜欢与人斤斤计较。但由于他出身贫寒,有过乞讨为生的经历,有些朝中大臣由此就瞧不起他。

他刚任宰相时,有一次正赶着上朝,有一位官员在帘子后面指着他对别人说:“这个无名小子也配当宰相吗?”吕蒙正对于这奚落挖苦的话听在耳里,疼在心里,但他心地纯正,不屑作答,于是就假装没有听见,头也不回地上朝去了。其他参政为他愤愤不平,准备去查问是什么人敢如此胆大包天。吕蒙正知道后,急忙阻止了他们。

散朝后,一位与他私交很好的大臣还是感到愤愤不平,非要去查出刚才那个人是谁。吕蒙正听说后,对朋友的一番好意表示感谢,并急忙阻止道:“如果一旦知道了他的姓名,那么就一辈子也忘不掉。这样的话,耿耿于怀,多不好啊!因此千万不要去查问此人姓甚名谁。其实,不知道他是谁,对我。并没有什么损失呀?”朋友听了他的话,被他的气度感动了,随即作罢。

这件事传出以后,朝中大臣无不佩服吕蒙正的宽宏大量,因此对他就更加尊敬了。

人生悟语

在生活中,谁都会碰到那些口吐恶言的人。这种时候,保持平和、宽容的心态是重要的,不然,如果与他们斤斤计较,就会扰乱我们的心境,制造出更多的麻烦,反给自己徒增许多烦恼。所以,学学吕蒙正的宽宏大量和装聋作哑,权当是沉默的回击,也属上策。

球星的宽容

佚名

“小巨人”姚明刚到美国时,“大鲨鱼”奥尼尔曾放话说:“要让姚明尝尝我手肘的厉害。”美国记者就此问姚明。姚明回答说:“奥尼尔的手肘看上去很有肉,撞人应该不会太疼。”姚明的幽默和宽容让美国人对他刮目相看。

还有一次，在全美直播火箭同灰熊的比赛时，前 NBA 球员、ABC 电视网电视解说员斯蒂夫·科尔在提到姚明时使用了“支那人(China－man)”一词。在美国，“支那人”是一个侮辱性的称呼。不过，科尔显然不太清楚这一点。在知道自己使用的词汇具有侮辱性后，科尔专门给姚明打了电话表示歉意。

几天后，在新闻发布会上，有记者问起这件事，姚明笑着说：“其实事情已经过去了。科尔专门打电话给我，他道歉的态度几乎可以用‘诚惶诚恐’来形容。他显然意识到自己犯错了，但他的态度说明他并不是成心的。在这个时候，我应该表示出自己的风度。”

对此，有些记者表示不理解，认为科尔的话已经伤害到中国人的情感，并希望姚明能够给予还击。而姚明却说：“据我所知，当年科尔在马刺队效力时，曾把法国队友帕克称呼为‘法国人(Frenchman)’，他可能以此类推，把我喊成了‘Chinaman’。既然他已经为此道歉，那何必还追究着苦苦不放呢？这样的话，自己也活得很累啊。”

就这样，姚明轻松地把一个可能引起争端的事件化解得风轻云淡。而他的宽容、大度，更赢得了无数人对他的尊重和爱戴。火箭队主帅范甘迪评价他说：“这是一个非常容易相处的家伙。”

人生悟语

我们永远无法长得像姚明一样高大，就像我们很少有人能拥有他的球技一样。但是，姚明的宽容和风度我们倒是要好好学习。面对别人有心或无心的过失，宽容不仅能化解一场纷争，更能为我们赢得他人的尊重，何乐而不为呢？

大度是一种优美心态

佚名

我国宋代大文豪苏东坡与佛印禅师是一对好友。一日，佛印说苏东坡“好像一尊佛”，没想到苏东坡却回道：“我看你却像一堆粪。”佛印听了，只是笑笑，没说什么。苏东坡问：“我说你像一堆粪，你怎么不生气？”佛印说：“我应该高兴才对。是佛看人，人才像佛；是粪看人，人才像粪。我怎么会生气呢？”佛印的大度给自己解了围。

1976 年，刮在我国各地的“批邓”之风仍在吹。社会上依然可见各式各样的“批邓”标语。就在这一年，邓小平去广州。一天，他去看一个菜市场，大家把他团团围住，有的鼓掌，有的要他讲几句话。可他只说了一句：“继续批邓，一直批到真理出来。”面对人海之逆风狂澜，他依旧简言“继续批邓，一直批到真理出来”。一个政治家的大度与正气，已巍然于天地之间。

季羡林先生是一个知名度很高的名人，一位学者却在某报纸上公开说他“自封大师”等等。季老的夫人以及深知季先生的许多知识分子，都因此而激愤。季老却毫无怨言，坦坦荡荡地出来开导大家。他说：“人家说得对，我本来就不是什么大师。只不过我运气好，好事都往我这儿流。我就两条，爱国和勤奋。我总觉得自己不行，我是样样通，样样松。”又说，“人家说得对的是鼓励，说得不对是鞭策，都要感谢，都值得思考。即使胡说八道，对人也有好处……”季老高风亮节，虚怀若谷，面对反对者的不尊之词，坦然相对，泰然处之，更赢得了人们的尊重与爱戴。

1996 年，美国总统大选，克林顿获胜，参与竞选的多尔名落孙山。多尔期望之高，落差之大，天差地远。电视节目主持人跟多尔调笑说：“克林顿块头大，很肥胖，有三百英磅重。”多尔说：“我从来就不想把他举起来，而只是想打败他。”面对自己的失败，从容而风趣。哪里还有什么尴尬？

人生悟语

大度是一种优美心态，是一种远见卓识，是潇洒含蓄中的沉雄同时也是远离尴尬的技巧。

做一个大度的人

郭冬仙

18 世纪的法国科学家普鲁斯特和贝索勒是一对论敌，他们对定比定律的争论长达 9 年之久，各执一词，互不相让。最后的结果，以普鲁斯特胜利而告终，普鲁斯特成为定比这一科学定律的发明者。普鲁斯特并未因此而得意忘形，据天功为己有。他真诚地对曾激烈反对过他的论敌贝索勒说："要不是你一次次地质难，我是很难深入地研究这个定比定律的。"

同时，他特别向公众宣告，发现定比定律，贝索勒有一半的功劳。

这就是大度。允许别人的反对，不计较别人的态度，充分看待别人的长处，并吸收其营养。这种大度让人感动。

曾经阅读冯骥才的"大度读人"，他说："读人时，要学会宽容，要学会大度，由此才能读到一些有益于自己的东西，才能读出高尚，才能读出欢乐，才能读出幸福。"是的，读人应该大度，为人也应该大度。春秋战国时的蔺相如，当了赵国的宰相，大将廉颇不服，每每要想法羞辱他。而蔺相如为了顾全赵国的大局，总是忍受和回避，结果感动了廉颇，亲自负荆到蔺相如家中请罪，从此将相和好，共辅赵国，以御强秦。正是蔺相如的宽宏大度，才赢得了廉颇的信任与尊敬。

法国文豪卢梭，11 岁时爱上了刚好比他大 11 岁的德·菲尔松小姐，深深地被她身上特有的那种成熟女孩的清纯和靓丽所吸引，而德·菲尔松似乎也喜欢卢梭。于是，两人轰轰烈烈地相恋了。

但不久卢梭就发现，德·菲尔松所做的一切，只是为了激起她所暗恋的另一个男人的醋意，用她自己的话说，"只不过是为了遮掩一些其他的勾当"。卢梭那颗早熟而敏感的心受到了巨大的伤害，他发誓再也不见这个玩弄别人感情的女人。

20 年后，已经大名鼎鼎的卢梭荣归故里，在波光粼粼的湖面上，他看到了坐在另一条船上的德·菲尔松。她衣着简单，面容憔悴，神情黯淡，完全没有了往日的风采。如果换成一个鼠肚鸡肠的人，他一定会凑过去和她重提旧事，让她后悔，让她无地自容，这是多好的复仇机会啊。即使仅仅过去打个招呼，对极要面子的德·菲尔松也是一种很好的示威。但卢梭悄悄把船划开了，他觉得和一个四十多岁的女人算陈年旧账毫无意义。

卢梭是一个快乐的人，他因为宽容而轻松，因为轻松而快乐。宽容大度是一只灵巧的手，它能够解开伤害这个死结。

俗话说，"量小失众友，度大集群朋"。为人只有胸襟宽阔，才能赢得友谊，增进团结。也只有度量恢宏的人，才能解人之难，谅人之短，补己之过，从而产生很大的感召力，使人乐于亲近。而胸襟狭窄者则嫉人之才，妒人之能，讥人之短，从而在他的周围产生一种无形的排斥力，使人对他敬而远之。

一个大度的人，才会善于发现别人的优点；一个大度的人，面对别人的优点会赞美而不会忌妒；一个大度的人，才能把别人的快乐当作自己的快乐。

做一个大度的人吧，凡事"得宽怀处且宽怀"。

人生悟语

我们中国有句古话“大肚能容,容天下难容之事”。这句话当然是比喻,大肚,说的其实是风度。一个人能把天下所有的伤害、嫉妒、赞美、苦难都化为平淡,那么这个人的风度无疑能让所有人敬佩。能做到这个境界的人,就是一个大度的人。一个大度的人,会比所有人都快乐。

宽恕

佚名

他与好朋友合伙做一桩生意。约定收益对半分成。

然而,朋友竟瞒着他,将他投入的资金转入另一桩生意。因此,他俩合伙做的那桩生意,他只得到很少一点收益。明白了真相,他气愤地与那个朋友彻底绝交。这件事后,他总是用一种异常戒备的心态来提防别人。他感觉自己身边没有一个可以交心的朋友了。

他内心感到非常孤寂,就去找了心理医生。医生问:“你现在还在怨恨对方?”他毫不隐瞒地承认。

医生笑着给他讲了个故事:有个猎人捕捉到两只漂亮的鸟,将它们关在不同的笼子里,希望能卖个好价钱。

一只鸟,非常憎恨可恶的猎人。它不吃一点东西,几天之后,便饿死了。另一只鸟,开始也非常憎恨猎人。但后来,它发觉猎人没有要立即杀死它的恶意,便不再怨恨,而是思考着如何飞出鸟笼,重获自由。它不再拒绝食物,而是努力蓄积力量。

不久,有人将剩下的这只鸟买去放生。它重新获得了自由。

心理医生说:“如果你像第一只鸟那样,一味地怨恨下去,就永远摆脱不了烦恼的笼子。你应该学会宽恕,任由怨恨滋长,等于把毒素往自己体内注啊。”

原谅别人一次,就是个好的开始。常抱宽恕的心,不是受害者,而是能够面对逆境的强者!

人生悟语

原谅别人一次,就是个好的开始。常抱宽恕的心,你就不再是受害者.而是能够面对逆境的强者!

获救

佚名

孙柳村的张、李两姓乃三代仇家,前些年还时有斗殴发生。

一天,老张、老李从集镇夜市出来,凑巧相遇,仇人相见,互不搭理,两人一前一后,相距丈余,各自赶路。

走着走着，老张突然听到走在前边的老李"啊呀"一声惊叫，上前一看，原来是老李误入小河，坠入冰窟，月色下，只见他两只手挣扎着来回晃动。老张急中生智，折下一段柳枝，将枝梢递到老李手中，将其拖离险境。老李获救上岸，问道："为何救我？"老张回答："为了报恩。"

"报恩？恩从何来？"

"你救了我啊。"

"我怎么救了你？"

"这条路上，今夜只走着你我两人，倘若不是你那一声'啊呀'，第二个坠入冰窟的就是我，我岂有知恩不报之理？"

老张、老李当年曾互相打斗过的双手，此时紧紧地握在一起了。

人生悟语

有的时候，宽恕与原谅，就这么简单！

宽恕是一种风范

佚名

一个周五的早晨，格兰的礼品店依旧开业很早。格兰静静地坐在柜台后边，欣赏着礼品店里各式各样的礼品和鲜花。

忽然，门被推开了，走进来一位年轻人。他的脸色很阴沉，眼睛浏览着店里的礼品和鲜花，最终将视线固定在一个精致的水晶乌龟上。

"先生，请问您想买这件礼品吗？"格兰亲切地问。年轻人的眼光依旧很冰冷。"这件礼品多少钱？"年轻人问。

"50元。"格兰答道。

年轻人听完价格，伸手掏出50元钱甩在柜台上。

格兰很奇怪，自礼品店开业以来，还从没遇到这样豪爽、慷慨的买主呢。

"先生，您想将这个礼品送给谁呢？"格兰试探地问了一句。

"送给我的新娘，我们明天就要结婚了。"年轻人依旧面色冰冷地回答着。

格兰心里咯噔一下："什么？要送一只乌龟来羞辱自己的新娘，那岂不是给他们的婚姻安上一枚定时炸弹？"格兰想了一会儿，对年轻人说："先生，这件礼品一定要好好包装一下，才会给你的新娘带来更大的惊喜。可今天这里没有包装盒了，请你明天再来取好吗？我一定会利用今晚为您赶制一个漂亮的礼品盒……"

"谢谢你！"年轻人说完转身走了。

第二天清晨，年轻人早早地来到礼品店，取走了格兰专门为他赶制的精致的礼品盒。

年轻人匆匆地赶去参加婚礼——新郎不是他而是另外一个年轻人！

年轻人快步来到新娘跟前，双手将精致的礼品盒捧给新娘。而后，迅速转身跑回家，焦急地等待着新娘愤怒与责怪的电话。在等待中，他的泪水扑簌簌地流了下来，有些后悔自己这样做。

傍晚，婚礼刚刚结束的新娘便给他打来了电话："谢谢你，谢谢你送我这样好的礼物，谢谢你终于能明白一切了，能原谅我了……"电话另一边新娘高兴而感激地说着。

年轻人万分疑惑，什么也没说，便挂断了电话。但他似乎又明白了什么，迅速地跑到了格兰的礼品店。推开门，他惊奇地发现，在礼品店的橱窗里依旧静静地躺着那只精致的水晶乌龟！

一切都明白了，年轻人静静地望着格兰。而格兰依旧静静地坐在柜台后边，冲着年轻人轻轻地微笑了一下。年轻人冰冷的面孔终于在这瞬间写满了感激与尊敬："谢谢你，谢谢你让我又找回了我自己。"

其实格兰只是将水晶乌龟这样一件定时炸弹似的礼物换成了一对代表幸福和快乐的鸳鸯，竟在这短短的时间内最大程度上改变了一个人冰冷的内心世界。原谅是一种风格，宽容是一种风度，宽恕是一种风范。给人一点宽恕，它将带给自己一个重新获取新生的勇气，去直面一生中的另一个幸福时刻。

人生悟语

怨恨犹如加载在我们身上的一副枷锁，它改变不了已成的事实，却会令我们失去心灵的自由，得不偿失。因此，当你被怨恨缠身时请及时选择宽恕，因为，宽恕别人更是释放自己。宽恕别人，受益最大的其实是自己。

默默的宽恕

佚名

43年的时间似乎已经很长，长得足以使人忘记一个熟人的名字，我自己就有过这样的经验。有一位我曾经很熟悉的老夫人，我现在已经记不起她的姓名了，她原本是我在威斯康星州的迈阿密送报纸的时候认识的一位客户。那是1954年的岁末，那一年我12岁。虽然已经隔了这么多年，她曾经给我上的一堂宽恕他人的课还像是昨天刚刚发生过的一样，我只希望有一天我能把它传授给其他什么人。

那件事发生在一个风和日丽的午后。那天，我正和一个朋友躲在那位老夫人家的后院里朝她的房顶上扔石头。我们饶有兴趣地注视着石头从房顶边缘滚落，看着它们像子弹一样射出，又像彗星一样从天而降，我们觉得很开心很有趣。

我拾起一枚表面很光滑的石头，然后把它掷了出去。也许因为那块石头太光滑了，当我把它掷出去的时候，不小心，它从我手中滑落，结果砸到了老夫人家后廊上的一个小窗户上。我们听到玻璃破碎的声音，就像兔子一样从老夫人的后院里飞快地逃走了。

那天晚上，我一想到老夫人后廊上被打碎的玻璃就很害怕，我担心会被她抓住。很多天过去了，一点动静都没有。这时候，我确信已经没事了，但我的良心却开始为她的损失感到一种深深的犯罪感。我每天给她送报纸的时候，她仍然微笑着和我打招呼，但是我见到她时却觉得很不自在。

我决定把我送报纸的钱攒下来，给她修理窗户。3个星期后，我已经攒下7美元，我计算过，这些钱已经足够修理窗户了。我把钱和一张便条一起放在信封里，我在便条上向她解释了事情的来龙去脉，并且说我很抱歉打破了她的窗户，希望这7美元能抵补她修理窗户的开销。

我一直等到天黑才鬼鬼祟祟地来到老夫人家，把信封投到她家门前的信箱里。我的灵魂感到一种赎罪后的解脱，我重新觉得自己能够正视老夫人的眼睛了。

第二天，我去给老夫人送报纸，我又能坦然面对老夫人给予我的亲切温和的微笑并且也能回她一个微笑了。她为报纸的事谢过我之后说:“我有点东西给你。”原来是一袋饼干。我谢了她,然后就一边吃着饼干,一边继续送我的报纸。

吃了很多块饼干之后,我突然发现袋子里有一个信封,我把它拉了出来,当我打开信封的时候,我惊呆了。信封里面是7美元和一张简短的便条,上面写着:“我为你骄傲。”

人生悟语

每个人都不可避免地犯错误,但这并不要紧,要紧的是有没有承认错误,诚心道歉。

好玩是小孩子的天性,“我”在一次玩耍中砸破了老夫人的小窗户,这位老夫人恰好是“我”熟悉的客户。对于这件事,“我”的良心深感不安,便把赔偿客户的7美元和一张道歉的便条放在信封里送给老夫人。结果,老夫人丝毫没有责怪“我”,她完全在心里默默的宽恕了“我”。我们在人生的道路上要学会如此的宽恕之心,会得益匪浅。

马夫之罪

佚名

齐国国君齐景岛称赞马说:“马真是一种帅气的动物,光是看见马奔跑的样子便觉得很有力量。”

齐景公非常喜爱马。他有一匹非常心爱的马,他就像珍惜自己的生命一样珍惜这匹马。他还叫来自己最信任的马夫照顾这匹马。齐景公对马夫说:“这是我特别喜欢的马,你要好好照顾它,万一它生病死了,你也别想活。”

马夫从那天起,全心全意地照料这匹马,每天喂它吃最好的食物,给它梳理马毛。可是突然有一天,马夫出错害死了马,他立刻吓得脸色苍白:

“出……出……出大事了!这怎么办呢?”

齐景公知晓后,气得暴跳如雷:“居然害死了我的马!立刻把那个混蛋马夫给我抓来!”

马夫很快被带到了齐景公面前。

“竟敢害死我的马,你知罪吗?”齐景公问。

“小……小人错了,饶……饶小人一次吧,饶小人一次吧!”马夫苦苦哀求。可是不论马夫怎么哀求,齐景公都没有宽恕他。

“闭嘴,来人啊,立刻把他拖出去砍了!”齐景公的话音刚落,大臣们便拔出了刀。马夫害怕得全身发抖。

就在这时候,有一个人站出来挡在了马夫前面。这个人就是齐国聪明的宰相晏子。晏子是齐景公最信赖的大臣。但正在气头上的齐景公对晏子也发起了火:“你这是要干什么?还不赶快让开!”

晏子并没有退缩。他镇静地说:“殿下还记得所有国君的榜样尧和舜吗?”

“当然记得。”

“那您还记得在尧舜时代,国君怎么对待犯了重罪的人吗?”

齐景公下意识地回答:“当然是审判他们了。”

这样,齐景公就不能再随意下令杀掉马夫了,因为他不想成为不审判犯人就随便杀人的昏君。

齐景公没办法,便打算在审判马夫之后再杀掉他。

"审判了也一样。害死了我心爱的马,那马夫该死!"审判一开始,晏子便说:"不知道自己的罪状就被处死,这样做是不好的。所以在马夫被处死之前,应该把他的罪状一条一条地告诉他。"

齐景公回答:"那就这么办吧!"

晏子开始对着马夫说他的罪状:"罪人,你听好了。你有三大罪状:第一,国君让你养马,你却偷懒害死了马,让国君伤心,这是死罪;第二,你让国君因为一匹马而杀人,这又是一条死罪。"

齐景公听了晏子的话,赞同似的点着头。晏子一字一句地说着:"第三,如果国君因为一匹马而杀人,百姓听说后一定会恨我们的国君,诸侯听说后一定会轻视我们的国家,你让国君的马病死,使老百姓对国君积下了怨恨,使国家力量变弱,这是第三条死罪。"

晏子说完这些话,又恭敬地对齐景公说:"犯人的罪状都已经一条条宣布完了,殿下,现在请您下令处死犯人吧!"

齐景公深深叹了口气,过了好久才命令说:"来人啊,放了马夫!"

宣判结后,齐景公自言自语地说:"哎……即使杀了马夫,死了的马也不能复活。我差点儿因一匹马而失去一切呀!"

人生悟语

马死了,齐景公立刻火冒三丈,下令杀死马夫。但如果马夫真的被处死了,百姓就不会再爱戴齐景公。别的国家的国君也会因为齐景公的愚蠢而嘲笑他。还不如从一开始就接受马已经死了的事实,大方地原谅马夫。反正杀了马夫,已经死掉的马也不会再活过来了。生活中总会有些我们无能为力的事。一碰到这种事就发火是非常愚蠢的。了解事情的经过,原谅做错事的人,该放弃的时候就放弃,带着这样一颗宽恕的心来生活才是明智的。

爱心不败

李智红

前苏联著名作家叶夫图申科在《提前撰写的自传》中,曾讲到过这样一则十分感人的故事:

1944 年的冬天,饱受战争创伤的莫斯科异常寒冷。两万德国战俘排成纵队,从莫斯科大街上依次穿过。尽管天空中飘飞着大团大团的雪花,所有的房屋和街道都堆满了白皑皑的积雪。但所有的马路两边,依然挤满了围观的人群。大批的苏军士兵和治安警察,在战俘和围观者之间,划出了一道警戒线,用以防止德军战俘遭到围观群众愤怒的袭击。

这些老少不等的围观者,大部分是来自莫斯科及其周围乡村的妇女。她们的父亲,或是丈夫,或是兄弟,或是儿子,都在德军所发动的侵略战争中丧生。她们都是战争最直接的受害者,都对悍然入侵的德寇怀着满腔的仇恨。

当大队的德军俘虏出现在妇女们眼前时,她们目光忧愤,双手全都攥紧了愤怒的拳头。要不是有苏军士兵和警察们在前面竭力阻拦,她们一定会不顾一切地冲上前去,把这些杀害自己亲人的"刽子手"撕成碎片。

俘虏们都低垂着头,胆战心惊地从围观群众的面前缓缓走过。突然,一位上了年纪、穿着破旧的妇女走出了围观的人群。她平静地来到一位警戒的警察面前,请求警察允许她走进警戒线去好好看看这些俘虏。警察看她满脸慈祥，没有什么恶意，便答应了她的请求。于是，她来到了俘虏身边，颤巍巍地从怀里掏出了一个印花布包。打开，里面是一块黝黑的面包。她不好意思地将这块黝黑的面包硬塞到了一个疲惫不堪、拄着双拐艰难挪动的年轻俘虏的衣袋里。年轻俘虏怔怔地看着面前的妇女，刹那间便已泪流满面。他毅然扔掉了双拐，“扑通”一声跪倒在地上，给面前这位善良的妇女，重重地磕了几个响头。其他战俘受到感染，也接二连三地跪了下来，拼命地向围观的妇女磕头。于是，整个愤怒的气氛一下子改变了。妇女们都被眼前的一幕深深感动，纷纷从四面八方涌向俘虏，把面包、香烟等各种东西塞给了这些曾经是敌人的战俘。

叶夫图申科在结尾处写道：“这位善良的妇女，刹那之间便用宽容化解了众人心中的仇恨，并把爱与和平播种进了所有人的心田。此时，眼前的这些战俘已经不再是敌人，他们已经是人了，因为他们的心中，已经被播种了爱与和平……”

战争把人变成了“敌人”，而爱，把敌人又变成了“人”。叶夫图申科的话，道出了人类面对“敌人”时，所表现出的最伟大的善良以及最伟大的生命关怀。

人生悟语

宽恕敌人需要多么博大宽广的心胸才能做到？报复只能让自己痛苦，宽恕才是化解仇恨的最好方法。将对亲人的爱转化为对世界的爱，忍住悲伤的泪水，伸出友善的手，在这种大爱面前，感动粉碎了仇恨的丑陋，世界也将因此而更加美丽。

冲动是魔鬼

韦强

小边有一辆小货车，经常往返县城拉货。这一天，他送完货回家，觉得一身轻松，快活地吹着口哨，把车开得飞快。开着开着，前面有个急转弯，小边仗着技高胆大，再加上天天跑这条路，过弯时丝毫没有减速。没想到，路上刚好走着一个肥肥胖胖的农村妇女，她大概刚从田里上来，光着两只脚丫，大摇大摆地走在路中间。

小边一看大惊失色，按喇叭已经来不及了，情急之下把刹车一踩到底。还好，车及时刹住了，不过，车头还是撞了一下女人的屁股。不用说，女人被撞了个“狗啃屎”，她身上的肉太多，费了好大劲才爬起来，脸上全是沙子。小边吓出了一身冷汗，可见了女人这模样，又差点乐出声来，急忙一手捂住嘴巴。

女人胡乱地抹了把脸，一扬头，冲着小边张嘴就骂：“你想撞死老娘呀，你小子没长眼睛啊？”小边本来想说声对不起，一听她骂得这么难听，就把话又咽了回去。女人得理不饶人，双手往腰上一叉，咒骂声滔滔不绝地从她两片厚嘴唇里飞出来。那些话骂得既难听，又狠毒，不是一般人能骂得出口的。

小边知道今天不走运，惹了一个难缠的骂街高手。他几次张大嘴巴，可对方根本就不给他还击的机会。最后他干脆闭上嘴巴，一声不吭，坐到了路边，还慢悠悠抽起了烟，心说我看你能骂到几时。

一支烟抽完，胖女人的骂声丝毫不见减弱，反而越骂越响，袖子都卷了起来，大有大干一场的架势。小边仍然忍者为上，扔掉烟头，又点燃了第二支烟。到第三支烟抽完的时候，胖女人仍然不见一点收嘴的迹象，这女人咋就一点儿不累呢？小边知道自己不是人家的对手，还是强压着一肚子火，一支接一支地抽他的烟。不知过了多长时间，小边再次去掏烟时，发现刚买的一包烟竟然全抽光了。再看看表，天哪，都过了两个钟头了。

小边这下终于急了，怒发冲冠地冲女人吼了一句："你骂够了没有？"

"我就骂你这个猪头，"胖女人见小边还击，似乎兴头更高了，"老娘今天非把你骂死不可……"

小边压压火，自认倒霉，摸出五十块钱扬了扬："这钱就当我赔给你的，拿去吧！"胖女人瞧也不瞧，只顾着骂，看样子，她也不是为了要钱，居然只为了骂街痛快而已。

"走开！"小边忍无可忍了，"别挡着我的车！"说着，小边一扭车钥匙，把车发动起来，又大力连按了几下喇叭。

没想到，这一下火上浇油，可着实把胖女人激怒了，她不但没让开，反而一屁股坐到地上，一把鼻涕一把泪，竟然给小边唱起了哭丧歌。

小边气得全身都在发抖，咬牙切齿地憋出一句："这可是你自己找死！"正在这时，远处响起一个男人的大声吆喝。小边抬头一看，只见一个高大的汉子大步流星地冲他们飞奔过来。胖女人一见这男人，立刻一骨碌从地上爬起来："他爹，你来得正好！"

那汉子光着上身，壮得像头牛，小边一听胖女人喊他，禁不住一惊：完了，这胖女人已经这么厉害，再加上她的老公，自己这回可真是在劫难逃了。骂不是女人的对手，打架更不是汉子的对手。就听那胖女人打机关枪一样，把事情的来龙去脉告诉了自己的男人。那汉子很快就搞明白了是咋回事，他往老婆身上打量打量，又向小边这里看了一眼，突然"啪啪"两下，就给了胖女人两个耳光。胖女人捂着脸，嚷道："你发疯了，他在那边，我是你老婆！"汉子没理她，径直朝小边走过来。汉子刚才这一下，大大出人意料，见汉子过来了，小边抢先说道："大哥，对不起了，是我不对在先……"

汉子却咧嘴一笑："没事，谢谢你了，兄弟，你快走吧！"小边没想到汉子竟会这么好说话，反倒愣住了："大哥，你……"

汉子又说："真的谢谢了，快走吧，没事了！"说着走过去把胖女人拉到一边，胖女人被两巴掌打服了，再不敢吭声。

小边顾不得细想，借这个机会把车开了过去。到底逃过了这一劫，小边一边连呼幸运，一边还是糊里糊涂弄不明白：那汉子咋会帮起自己来了？不但打了胖女人，还跟他说谢谢，这也太通情达理了吧！

第二天，小边又送货进城，来到昨天出事的地点时，他特意放慢了速度，往两边一看，果然看到昨天那汉子正在田里干活。小边把车刹住停在路边，招呼那汉子。

汉子把手在身上胡乱擦着，走了过来："哦，是你呀，有什么事？"小边跳下车为他敬上一支烟："大哥，昨天真是不好意思，那位大嫂是你爱人吧？"

"她呀！"汉子连连点头，露出一脸憨厚的笑容，"她就是那样，兄弟，你别跟她一般见识，当她是个疯子就行了。"这话说得小边都有点不好意思了："大哥，您真是个好人，其实是我先撞了她，您怎么能打她呢！"

"我不打她打谁呀？"汉子激动地说，"她不知好歹，你说当时要是你的刹车不灵，她还能站在那儿骂街吗？不被撞死也落个残废啊，捡回了一条命，她还不知足呢！"汉子拍拍小边的肩膀继续说："我谢谢你，那可是真心话，我这媳妇我知道，说话可难听了，骂起街来没完没了，你也真大度，要是换成别的司机，一发火不顾三七二十一把车开过去，我老婆不就完了？"

小边听得心头一惊，自己真的没想到，汉子居然是这么想的。他不由自主回忆起当时的情况，额头顿时冒出了冷汗：当时，要不是这位大哥及时出现，自己也许就会失去理智硬把车开过去，那现在，肯定不可能轻松地站在这里聊天了。打这以后，小边再也不开快车了。

人生悟语

学用宽恕抚平愤怒，实乃做人的大智慧。

大人不记小人过

刘臻理

李局长的儿子李同结婚了，李家在老家柳林庄摆了五天婚宴，今天是第五天，前来赴宴的是李同的同学和老师们。十点钟以后，宾客络绎来到，李同的同学也是三六九等、职业各异，交通工具啥样都有：轿车、"面的"、"皮卡"、摩托车……李局长父子及新郎官的十来个哥儿们，笑容可掬地站在大门口迎接着客人。十一点钟，村主任从院里走出来问李局长："哥，人到得差不多了吧？要不就开始了？"

李同没等父亲说话，抢着说："再等会儿，我高三时的几位老师还没到。"村主任笑了："一个教员，有什么好拿捏的？早点儿动身多好。"李同说："叔，你不知道，老师们工作忙，再说，他们又没有车，骑单车来，七八里地，怎么也得二十来分钟啊！"村主任狡黠地挤挤眼说："教师的地位不是提高了吗？怎么还没给每人配辆车？"村主任刚说完，大家一齐哄笑起来："哈哈哈……"

这时，有人突然说："别笑了，你们看，来了几个骑单车的，是不是他们？"

李同一看，快步迎了上去："是他们，我得上前迎迎。"

说话间，几位老师已经来到了大门前，李局长热情地和他们握手："老师们辛苦，要知道你们骑车子来，我派车接一下好了，怨我疏忽，怨李同大意，原谅、原谅，请进、请进……"这些教师中，为首的是当年教李同语文的高老师，他一边应答着李局长的寒暄，一边打量着大门两边那副红底金字、豪华大气的婚联，看着看着，他突然停住脚步十分专注地看了起来，一会儿，他问道："李同，这对联是谁写的？"

李同答道："是我王叔，我们村主任写的，怎么样？"

高老师接着又问："那么，这又是谁贴的呢？"

"王叔和大家一起贴的，老师，怎么了？"

"字写得怎样很难评判，因为没有硬标准，但内容和形式上各有一个硬伤：内容上，对联中有错别字；形式上，上下联位置颠倒，这么隆重的场合，怎么能出这样的差错？"高老师面对嘈杂的众人一字一句地说着，那神态，令新郎官李同立刻想起了当年讲台上那位一丝不苟的语文老师。

于是，喧闹的众人马上静了下来，大家面面相觑，这时候，村主任，也就是对联的书写者、主要张贴者，从院里走出来问："怎么回事？"有人告诉他，高老师说对联上有错别字，对联贴得也不对，村主任鼻子里"哼"了一声，嘀咕道："真没白戴着螺丝转儿的眼镜，就是有文化。"

人群中爆发出一阵笑声："哈哈哈……"

高老师不为别人的讪笑所动，他指着对联念道："'红梅叶芳淑女于归吉祥地，白雪献端好男领创幸福家'，你们听听，什么叫'红梅叶芳'？那是'红梅吐芳'；什么叫'白雪献端'？那是'白雪献瑞'，明白了吧？另外'红梅'一句，最后的'地'字是仄声，所以应该是上联，贴在大门的左边，读者的右边；而'白雪'一句，最后的'家'字是平声，所以是下联，应该贴在大门的右边，读者的左边。大家看，是不是贴反了？"人群中许多人在点头，笑声也没有了。

李局长瞟了一眼村主任，村主任依然昂首挺立，一脸自信，他说：“这位高老师也许就是高，但是——我也不怕丢人了，这副对联不是我写的，是我从书上一字不差抄来的，高老师你难道比书本还高？另外，现在是什么社会？是改革开放的新时代，什么上下左右，平平仄仄，全是陈芝麻烂酱，根本没用，贴对联，就是图个喜庆，怎么贴都行，大伙说对不对？”村主任这么一说，也有人点头称是，院子里出现了一阵骚动。李局长毕竟是局长，见此情景，忙说：“李同，快把老师们让到家里去，咱们今天先喝酒，再说别的……大家快往院里请。”

“不，李局长，我是要喝酒，但是喝酒之前我想看看那本书，还要和主任分分上下左右。”高老师拒绝了李同的礼让，坚决地向村主任伸出了手，“拿来我看看。”村主任也不含糊，他让一个小伙子拿出一本《对联集锦》，又亲手递给了高老师：“高老师，第 133 页，请过目。”

高老师接过书来，看看封面，又翻翻内容，笑笑说：“这是本盗版书，错误百出，不足以做范本。”这时，村主任的脸色一下子阴沉了下来：“高老师真是‘骆驼的屁股’——高眼，来到门前一眼就看出了俩错别字，拿出书来翻翻，又看出是盗版书来。高，实在是高，哈哈哈……”

村主任这么一说，惊得众人瞠目结舌，李局长父子一时也不知如何应付，但是，高老师并没有被激怒，他笑着说：“主任，请过来看，‘比翼双飞’你该知道吧？你这宝贝书上竟印成了‘比冀双飞’，它是不是盗版你该明白了吧？”说着，他把书递给了村主任，“主任说现在对联不再分平仄，那不是一两句话能说清的事，何况主任也不想听，也没必要听；至于主任说现在不分上下左右，我觉得还是有必要和你多说两句，因为你是一村之长啊，不定什么时候还真用得上……”

这时，人群居然静了下来，就连村主任也仰起头等着下文，高老师继续说道：“按我国现在的主流礼仪制度，观众、读者的右为上，为尊，为主；左为下，为卑，为客。这在稍微正规的场合都是不能颠倒的，大家可以看电视新闻，国家领导人接见客人时，是怎样站位、怎样就座的，还有追悼会上……”这时，村主任突然一声断喝：“你住口！人家办喜事，你说什么追悼会？胡言乱语，信口开河，我看你根本就不配当老师！”村主任这么一说，在场的每一个人都惊呆了，大家都看着高老师，担心他会有过激的言行，然而高老师还是大度地笑笑，说：“是，我不仅不配当老师，还不配和主任在一起喝酒。”说着，他掏出五十元钱，交给一旁愣着的李同，说：“李同，怪老师给你家添了乱，抱歉，抱歉。这礼钱你先收着，喜酒我改日再喝，不过，记着，对联还是要改写。”说完，高老师快步走到自行车前，冲大家摆摆手，刚要说“再见”，手机突然响了起来，他掏出手机，瞄一下显示屏，便接听起来，几句话一说，李局长和村主任顿时目瞪口呆，在场的人也全都鸦雀无声——电话是刘县长打来的，刘县长请高老师明天陪他去北京，找一个姓张的老总，谈有关招商引资的事，从电话中说话的语气和内容看，刘县长和张总全是高老师的学生……

“好，明天六点半寒舍恭候，再见！”高老师收起手机，便准备跨上自行车，就在这一瞬间，李局长三步并作两步，奔了过来，一把抓住高老师的车把说：“高老师，你千万不能走，说句不怕大家挑眼的话——你要走了，我姓李的脸上无光不说，整个酒场儿就算阴了天。”他扭脸冲着村主任喊了一声：“还不过来给高老师赔礼道歉！”

村主任这时也明白是怎么回事了，他满脸堆笑地走到高老师面前，说：“高老师，别和小老弟一般见识，常言道——‘大人不记小人过，宰相肚里能撑船’，要不，我给你磕个头，算行拜师礼，一会儿你给我好好上上课。”说着，他一把夺过高老师的单车，李局长推着高老师的后腰，往院子里走去。

走到大门口，村主任冲几个小伙子大声说：“快把我写的这破对联揭下来，一会儿我给高老师铺纸、研墨，请高老师给咱们写副好对联。”

这当儿，人群中不知谁喊了一声：“主任干脆给高老师脱靴挠痒吧！”

“脱就脱，挠就挠，只要对联写得好。”村主任笑着说，“伺候伺候老师那是应当的。”

人群中不知谁又喊了一声："那村主任你是杨国忠还是高力士？"

"我是谁都行，只要咱们高老师高兴，大家说对吧？"

"哈哈哈……"院里院外爆发了一阵欢快的笑声……

宽恕别人的过失，就是在为自己赢得生机。

恨的成本

流沙

老先生是位画家，但并未成名。天下像他这样的画家多如牛毛，但像他这样生活的人却不多。

老先生早年被划作右派，历经劫难。曾经有一位工厂里的干事，经常到他那儿去讨教，不料，因这位干事告发他的一幅画作存在严重的问题，他被捕入狱，关了五年，在劳教农场里得了一场大病，差点死掉。

劳教期满后，回到乡下，养了五六年才得以恢复。老先生命好，盼来了平反。人逢喜事精神爽，此后一段时间，老先生身体挺棒，还一度做到县政协的委员、副主席。

老先生在县里位高权重的时候，当年那个告发他的干事在某局任主任，对于当年的事，他一直担惊受怕着。

两人别后第一次正面相见是在县政协组织的一次座谈会上，干事也在列，而老先生是主持人。

在座谈会上，一向谈风甚健的干事一直沉默无语，不敢抬头直视老先生。会议快结束的时候，老先生温和地说："请×局的×主任来谈谈。"

干事愕然，但老先生却笑容满面，鼓励有加。干事便放下心来，侃侃而谈。

干事谈罢，老先生连声称好。这件事，在圈子里被传为不计前嫌的美谈。

不久，老先生离休，无权无势，闲居闹市。而那位干事却被提拔成为局长，对于老先生，常有不恭之词。话儿传到老先生那儿，老先生却大笑，继而说："可叹啊可叹。"然后，若无其事。老先生说："恨一个人，肯定投入愤怒、痛苦、时间、精力……这么巨大的成本我是支付不出的，因为我付不出，所以我放弃。"

这种超然脱世的境界，并不是人人都能具备的。

憎恨，是一匹脱缰的野马，它出现时，如果我们听之任之，由它撒野放狂，就会弄得自己遍体鳞伤。其实，对待憎恨，我们是不是可以算一笔成本和收益账？成本巨大、耗费空前的愤怒，只会伤害自己，那何不放弃呢？

人生悟语

用宽恕的心去驾驭憎恨的怒火，我们才能解开仇恨这个死结，才能化敌为友，化阴霾为阳光。心宽才能地广，宽恕不仅是一种胸怀，更是一种人生的境界。

蚊虫帮了大忙

佚名

寒冷的北极并不总是冰天雪地，它也有温暖如春的季节。每年的七八月份，北极地区的冰雪开始大规模地消融，气温逐渐回升，出现短暂的绿草如茵的丰美景象。这是北极地区难得的一抹春色。

然而，随着气温的升高，同时也会使大量的蚊虫肆虐丛生。由于当地物种稀少，饥饿难耐的蚊虫们便飞到人类聚居的地方，吸食人们的血液。

许多初到这个地方的游客都会注意到这样一个有趣的现象，当地的印第安人对这些嗡嗡乱叫的蚊虫十分仁慈，从不轻易伤害它们。即使被叮咬，也只是涂些药水了事。

一次，一个游客从背包里掏出一瓶杀虫剂，还没有喷洒，便被一个印第安老人止住了。

老人说："虽然这些虫子很烦人，但你却不知道，它们以后还要帮我们大忙呢。"

原来，驯鹿是当地人的主要肉食来源。在天气暖和的时候，大批的驯鹿便会自发成群结队地向低纬地区迁移，因为那里有大量的水草。如果没有人赶，它们是不愿意在严寒到来之前准时回来的，并且靠人力驱赶的作用也是微乎其微的。

这时，平日里特别烦人的蚊虫的巨大威力便显示了出来。

因为天气一冷，这些蚊虫便飞到暖和的低纬地区逃命。这样自然就会与驯鹿不期而遇。吸食血液的蚊虫是驯鹿无法抵御的天敌。

驯鹿抵御不了蚊虫的进攻，又无处躲藏，并且前边的气候还不适宜生存，于是就只能往回跑，这一跑就钻进了人们事先已经设好的包围圈里。

蚊虫先是吸食人们的血液，这次又为人们带来生活必需的驯鹿，也可以说是将功补过了。

聪明的印第安人正是掌握了自然界的规律，才能在忍受一时痛苦中获得长久的食物和生存保障。

人生悟语

印第安人宽恕了蚊虫，蚊虫为他们赶来了驯鹿，为他们的生活提供了保障。宽恕他人，往往受益的是自己，而斤斤计较只会让自己蒙受重大的损失。

丢失的手指

王悦　编译

贾森·威瑟斯是一个木匠，事故发生时36岁，他右手的4根手指在事故中被圆锯锯断了。当时我刚开始第二年临床培训。"医生，你一定要帮帮我，"他在急救室里请求我说，"我需要工作。"这个病人和我一样都结了婚，有孩子要抚养。而且和我一样，他也靠双手吃饭。"你们有什么办法吗?"

他含着眼泪问,“你们能把我的手指接上去吗?”

他的工友聪明地把断指放在装有冰的塑料袋里。截断面很平整,除了食指的皮肤和软组织损伤严重外,其他断指看上去都还理想。但要把4根手指都接上,仍然不是件容易的事。

我给贾森使用了吗啡和消炎药,清理好伤口,让他去拍X光片。看起来他属于适合重接断指的病人。他年轻,他的工作需要用右手,但还有一个因素要考虑——“你不吸烟,对吗,贾森?”我问。“我吸烟。”他说他每天要抽掉一包半的香烟。

这就复杂了。马特·威尔克医生是梅奥医院手部手术的主刀。他痛恨给吸烟者做重接手术,因为烟民手术的失败率比不吸烟者高很多。“我不想站一整晚给某个家伙做重接手术,然后让他的一支烟把全部努力都毁掉。”威尔克医生不止一次地这样说过。

但这次我决定和命运赌一场,“你必须戒烟,”我对贾森说,“首先吸烟是一个人对自己最大的犯罪。第二,吸烟使血管收缩。假设我们把你的手指接回去,并且能使血液充分循环到手指里,但只要你抽哪怕一支烟,所有这些工作就等于白做。血管一收缩,你的手指就保不住了。”贾森坐在急救室里看了我一眼,从口袋里掏出一包香烟扔在地上:“医生,如果你们把我的手指接上,我一定戒烟。”我相信了他。我给威尔克医生打电话,向他解释了贾森的情况,极力说服他为贾森进行重接手术。“贾森说他会戒烟,”我说,“他说,他一口也不抽了。”“他们都那么说。”电话那头一片死寂。我再也忍不住了:“他是个木匠,威尔克医生,那是他的右手,他有两个年幼的孩子。”电话里仍然没有回音,为什么威尔克医生要那么固执呢?最后他终于说:“你觉得我们应该施行重接手术?”

“是的,先生。”

“你相信这个人会戒烟?”

“是的,先生,我相信他。”

威尔克医生叹了口气:“好吧!和手术室联系。他们准备好了就通知我。”

和所有重接手术一样,贾森的手术漫长极了。我和威尔克医生手持微型手术器械,弓着背,凑在手术显微镜上工作了整整6个小时。贾森的食指受损太严重,没法接上,不过我们保住了其他3根手指。我们把细小的血管和神经接好,并修复了肌腱。手术后的三天,贾森的情形可以说是很不错。他的手指本来颜色灰暗,毫无光泽,我每天去他的病房两次,打开纱布检查术后的情况,在第4天,他的手指有了些血色。到了第5天,毫无疑问,重接手术有了成效。贾森和他的妻子激动万分。第10天,贾森出院了,我让他一周后来复查。在他出院的第二天,我接到贾森妻子的电话,她惊慌失措地说:“不好了,他的手指看起来糟透了。”我让她直接把贾森送到急诊室。他们到达急诊室时,我已经等在那里了。贾森太太说得没错,贾森的手指冰冷,几乎全变黑了。我觉得被泼了一头冷水“贾森,我很抱歉。”他一句话也没说,只是盯着地板。他的嘴巴变成一条线。我想起一件事——不可能,他不可能那么蠢!“贾森,”我的声音低得像耳语,“你没抽烟吧?”他没有回答。

“噢,贾森。”我只能摇头,我们俩都知道这意味着什么,我越想越失望,渐渐地失望变成了气愤。这个自我毁灭的傻瓜!所有的努力,几千美元的医药费,就这么付诸东流了。我不知道该怎么告诉威尔克医生。

在后来的10天里,我们不得不又给贾森的手动了3次手术,摘除坏死的组织,到最后他的手只剩下了孤零零的拇指。整个过程中威尔克医生说话甚少。我则等着他最后的爆发,等他骂我是个笨蛋,浪费了他的时间。手术后的几天里,我怒气冲冲地对待贾森,我的态度明显是在说:“你背叛了我。”

终于威尔克医生把我拉到一边。

“他要爆发了。”我心想。

“迈克,”他说,“你右手有几根手指?”

我莫名其妙地回答:“5 根。”

“贾森右手有几根手指?”

“除了拇指,就没有了。”

“那你干吗显出一副受害者的样子? 你是医生,不是法官。那人的确干了傻事。但医生不能只治疗聪明人。原谅贾森吧,他一辈子都会受影响,他的苦恼已经够多了。”

我如梦初醒。威尔克医生让我明白了:病人需要的是我们的帮助,而不是审判。我鼓起勇气向贾森真诚地道了歉,我们为他制订了康复计划,给他联系了残疾人职业培训学校。虽然救不了他的右手,但我们至少可以让他的生命更有价值。

人生悟语

世上每一个人都有自己的生活方式,谁也不能把自己的要求强加在别人的身上,无论别人的做法在你的眼中是对是错,他们都有选择以自己方式生活的权利和自由。懂得尊重和宽容他人,是做人的美德,也是一种做人的智慧。

对不起,我的美国老师

于筱筑

千禧年,我千方百计弄到了去参加一个跨国金融培训班的名额。可是我一点也不高兴,因为那个培训班居然在以色列,与我期待中的资本主义国家实在是大相径庭。可是我还是背着行囊挥挥手就出发了,那种悲悲啼啼的角色不适合我。小女子也要勇敢地闯天下呵。

但是我的千禧之旅实在是很不顺利——好不容易到了耶路撒冷,我就病了。不过培训中心安排的酒店还算舒服,我躺在床上一下子就睡到了天亮。睡眼惺忪的我猛然地醒悟过来:今天是培训班开课的第一天! 我从床上一跃而起,以最快的速度刷牙洗脸冲进教室。可是还是迟了,一个矮小的老头已经站在讲台上开讲了。糟糕,我望着教室里面不同肤色不同种族的男女同学,心里羞愧极了,只好战战兢兢地在教室门口喊了一声“Sholom”(希伯来语的“Hello”)。那个老头看着我,用英语说了一句“Come in”。我赶忙灰溜溜地钻进了教室。

我正准备安下心来认真听讲,肚子里乱七八糟的东西突然又揭竿而起。无奈之下我只好举手示意要出去一下。等我再次跑进教室时,他已停止了讲课。他看了我很久,然后用英语说:“你的名堂怎么那么多?”

看来我的理解误差不大。英语国家的同学都一阵哄笑。“死老头!”我在心里恶狠狠地诅咒,继而发誓要让他对我刮目相看。下课的时候,他路过我身边。我站起身来,不卑不亢地解释自己刚来,有点水土不服……而他,只是若有所思地点点头。

我可不是好欺负的! 一天,我早早地跑到教室把黑板刷子放到黑板架上面,看着他踮着脚伸长胳膊也够不着,我就在底下窃笑不止;我还把他的讲义换掉,让他走出去之后又匆匆进来;我更加拼尽全力认真听好他讲授的各种营销案例和管理方法,因为我知道,在座的各位虽然以“学生”自居,却都是各国各大公司派来的精英。而此时,矮个子 Eric 的严谨治学和学识渊博也渐渐让我刮目相看。随着时间的推移,我开始慢慢熟悉耶路撒冷。这个在我脑海中一直战火纷飞的城市,它的人民其实非常热情,尤其是那些以色列犹太小伙子,虽然平时都是忙忙碌碌的,但是在路上都不忘对你露出一个个善意的微笑。

当时美国刚刚轰炸了我们的大使馆，所有的中国学生都是“谈美切齿”。自从知道他来自美国华盛顿之后，我就更加不喜欢这个叫 Eric 的其貌不扬的老头，刚刚积累起来的对 Eric 的一点点“敬畏”已经荡然无存，而且我的恶作剧也变本加厉。我冠冕堂皇地借此标榜自己强烈的民族意识。

为期一个月的培训要结束了，我除了准备答辩外，空余的时间都跑到街上乱转，想淘点宝贝带回国。有一天我正在街上的伊斯兰教堂附近乱逛，远远地看到 Eric 朝我走来，一时避之不及，只好硬着头皮朝他走去。他微笑着跟我打招呼，我也对他微笑，然后他要跟我结伴而行。

跟他一起我连逛的兴致都没有了——两个人的审美观简直是天壤之别嘛。我一边用“Yes”、“Good”、“Wonderful”之类跟他虚与委蛇，一边用汉语骂着“死洋鬼子，帝国主义到处欺凌弱小炸我中国大使馆，下次把黑板刷再放高点把教案再藏得更秘密点”之类的话。回到家后我仰天长笑，真是痛快淋漓啊。

最后答辩那天，下起了鹅毛大雪，轮到我的时候，我已经冻得瑟瑟发抖了。走进门，Eric 就迎上来，接过我手中的大衣和包，给我端来一杯咖啡，一时间我竟然被他感动得不知道说什么才好。

我走到中间的椅子上坐下，看见有一个胖胖的红头发中年妇女坐在主席台的左边，我的心里“咯噔”了一下，我知道以色列中年女性最难对付了，她们有一种天生的母性，爱把你当小孩子一样，和她们谈话永远占不到上风，而且她从来没有教过我。

咬咬牙，我把心一横，反正我的专业知识是过硬的，你放马过来吧。

接下来的事情又是我始料未及的——Eric 居然坐到了主席台的右边。看来他才是这次答辩的主考官。

如果说看到主席台上的红头发中年妇女和 Eric 先后让我吃了两惊的话，那接下来“红头发”说的话简直是枚凭空丢出的炸弹，划出一条优美的曲线后，轻轻地落在我的头上。我不能确定刹那间我的心脏是以何种速度跳动的，甚至它是否还在跳动，但是整个答辩的内容我事后一点儿都想不起来了……

“主考官能够说非常流利的汉语和英语，你可以选择以何种语言作答。”

天哪！Eric 会汉语?！那我骂他的话他都听懂了?！那他早就知道所有的恶作剧都是我在整他了?！那他一定恨我入骨了！

我的一切“恶行”都在脑中幻化成一堆问号和惊叹号，而我的毕业答辩将面临的是一串省略号还是一个完整的句号?

我懊丧极了，后悔极了，我回去怎么跟公司交代呢？我把中国人的脸都丢尽了，我……

怎么办呢？美国鬼子 Eric 是绝对不会让我通过的啊。

我想过去找 Eric，但是最终还是没有去。错归错，与我的培训无关，我这样安慰自己。

离开耶路撒冷的时候，大家都来送我。人群中我也看到了那位红头发的中年妇女，我和她拥抱。她告诉我 Eric 已乘昨天的班机回国了，有一封信托她交给我。

上车之后，我惶惑地打开 Eric 的信。

他对我表示了深深的歉意，除了为第一天的误会之外，还为民族之间的大义恩仇。他还专门为我写了培训合格的鉴定。他说，如果我有可能去美国，他会安排我的实习或者是工作。

直到读完最后一个字，我才醒悟，那个为我端茶挂衣服的老人，那个矮矮的其貌不扬的老人，居然是全美经济学界顶尖的教授。

可是他是那么平易近人、那么谦逊、那么宽容善良。他的这一切，用鲁迅先生的话，不由分说地榨出我皮袍下的“小”来。

我深深地吸一口气，闭上眼的刹那，脑海里仿佛出现他温和的样子，而耳边是他在信上的话：

“不是所有的美国人都会飞扬跋扈。对不起，我的中国学生。”

人生悟语

生活如海，宽容作舟，泛舟于海，方知海之宽阔；生活如山，宽容为径，循径登山，方知山之高大；生活如歌，宽容是曲，和曲而歌，方知歌之动听。宽容别人就是善待自己，走出偏见，你能收获许多珍贵的感动。

高尔基面对假冒

蒋光宇

那年高尔基出访意大利，在一座小城里看到一张海报，上面写着："今天剧院将上演俄罗斯大作家高尔基的话剧《敌人》，演出后高尔基将亲自登台与观众见面。"高尔基感到很吃惊，因为没人知道他已来到这座城市。

小城里的人都想一睹著名作家高尔基的尊容，所以买票看剧的人格外多。高尔基坐在观众席上，看了一阵之后，他感到剧情改动太大，便悻悻地离开了剧院，信步走到海边静坐。他蓦地想到，演出后"高尔基"还要与观众见面呢，便赶紧返回剧院继续看个水落石出。

观众们正在那里鼓掌高喊："我们要见高尔基！"随后，假冒的"高尔基"登台亮相，只见他满脸笑容，频频向观众挥手致意。

高尔基想："这个演员长得倒是挺像我，应该和他认识一下。"

观众离开剧院后，高尔基走上舞台，跟那位假冒者握了握手说："你好，'高尔基'先生！"

见到真的高尔基，假冒者着实大吃一惊，不由得用手捂住脸，坐在了椅子上。等他情绪稳定了之后，他低声地说："难道真的是您吗？"

高尔基平静地回答："是我。"

假冒者深表歉意："请原谅，我应该向您解释清楚。"

假冒者告诉高尔基："尽管过去我也努力演戏，可得到的报酬很少。为了改善一家人的生活，我找了这个新角色，就是假冒您这位剧作者。"

高尔基又问："是谁建议你假冒我的呢？"

假冒者回答道："是饥饿。现在您可以骂我一顿了。"

高尔基大度地说："为什么要骂你呢？如果假冒能为你改善生活起点作用。那我是非常高兴的。不过，我还是建议你尝试一下光明正大的公开模仿，走出一条真善美的艺术之路。"

假冒者握着高尔基的手，激动地说："谢谢您！您有像大海一样宽广的胸怀……"

后来，这位假冒者真成了一位颇受欢迎的模仿秀演员。就连高尔基也认为，他对自己的模仿惟妙惟肖。

人生悟语

宽容如同美丽的鲜花，艳丽了自己，也芳香了别人。生活中，有些人在不经意间冒犯了你，你可以选择斤斤计较，用伤害去对待别人的过错；你也可以选择宽容，用友爱去展示自己的宽广胸怀，而爱人者才能得到别人永远的敬爱。

宽恕是心灵的创可贴

孙盛起

我以为我和崔莹的友谊牢不可破,因为我有恩于她。

大二那年的寒假,崔莹到一家美容店打工,结果由于用电不慎导致电褥子失火,烧毁了店里的很多东西。老板让她赔偿各项损失共计八千多元。这个数字对于家住西北农村的崔莹来说就像一座大山,万般无奈之下,她只好求助于我,因为我是她唯一住在本市的同学。虽然由于崔莹平时沉默寡言独来独往,我们的关系很一般,但她既然走投无路向我求助,我总不能见危不救冷眼旁观吧?于是我从父母和朋友那儿凑齐八千元钱,帮她走出了困境。至此,我们开始成为好朋友。

大学毕业时,我俩相约应聘同一家公司,因为这样我们就能更加长久地在一起了。

经过多方比较,我们选择了一家文化策划公司。那家公司开出的薪酬很高,因此应聘的人很多,竞争十分激烈。通过几轮筛选,我和崔莹以及另外三个人成为了最后的候选者。决定性的时刻就要到了,我觉得这时候应该采取一些主动的举措以抢得先机,因此花了两个晚上的时间写了一份策划书,我相信,将这份策划书呈交上去,被录用的机会将会大大增加。当然,这种事我不能撇下崔莹单干,因为我们早已约好的:要么一同被录用,要么一同走人。我把策划书交给崔莹,让她依样也写一份,然后我们一起去交给人事主管。

第二天的情景以及崔莹的眼神令我刻骨难忘。下午,人事主管将我们应聘的几个人召集到公司,宣布崔莹和另外一个人被公司录用,随后他阐述了录用理由,讲到崔莹时,他让我们传看崔莹写的策划书,说其中的几个策划很有创意并且实用,公司需要的正是这种有独特想法的人才。我接过策划书,一下子惊得目瞪口呆——那正是我写的那份呀!只字不差,只是名字变成了崔莹。我的脑子里一片空白,木然地看着崔莹。崔莹手足无措,目光躲躲闪闪,眼神里充满了愧疚和恐惧。我扬起头,从崔莹身边默默走过,仿佛她根本不存在。

回到家里,愤怒和感伤使得我涕泗横流。这就是我自以为牢不可破的友谊吗?在利益面前,它就像一张外表华丽的蝉翼,脆弱得不堪一击!

手机忽然响了,我一看号码,是崔莹打来的,于是将手机狠狠摔在一边。她怎么还好意思给我打电话?她应该羞愧得永远躲着我!然而,铃声一直响个不停,我被催得几乎发疯。终于,我忍无可忍,抓起了电话,我要告诉她从此以后我没有她这个朋友,告诫她永远别再来骚扰我!

崔莹啜泣着请求我的原谅,我立刻用尖刻的语言予以回应,到后来她无法说话,只是哭,哭得上气不接下气。听着她的哭声,我心中涌起一种把这个忘恩负义的人撕成了碎片的快感。

然而,撂下电话,我觉得我的心也被撕成了碎片。

黄昏时,妈妈下班回家,一进门,就高兴地喊我去看给我带回来的东西。这时候,任何东西也不可能使我开心。我烦躁地用被子蒙住头。妈妈走进我的房间,猛地掀开被子,一部精致漂亮的 MP4 赫然呈现在我的眼前。

我奇怪妈妈怎么会心血来潮给我买这个东西。妈妈说东西不是她买的,是张霞阿姨给我买的。

张霞?这个名字妈妈有好多年再没有提起了。记得我上大一的时候,有一段时间张霞阿姨天天到我家来,和我妈商量在公园租地建卡丁车场的事。妈妈的热情极高,又是四处筹款又是托人和公园洽谈选地压价,忙得不可开交。然而,妈妈的所有努力最后却因张霞阿姨的撤资而付诸东流。

为此妈妈非常气愤，发誓永远再不和张霞阿姨往来。妈妈说到做到，从那以后我再也没有见过张霞阿姨的面，妈妈也绝口不提那个名字。那么，今天是怎么回事？我疑惑地看着妈妈。

看到我一脸的不解，妈妈坐下来，沉吟了一会儿说：“傻丫头，你以为和她绝交是对她一个人的惩罚吗？不，在惩罚她的同时，我也惩罚了自己。我和你张霞阿姨是多年的朋友，因为那件事这几年再没有来往，即使在公司相遇也视若路人，对此，我相信她的心里是痛苦的，可是我的心里也同样在受着折磨呀！那种折磨，起初是怨恨，慢慢地就转化成了惋惜和懊悔。前几天，她忽然主动和我打招呼，你不知道那一刻我心里有多高兴，就好像从身上卸去了一副沉重的担子。经过这件事，我终于明白了一个道理，那就是伤害发生了，如果一直将这伤害记恨在心，那么就好像给自己戴上了一副枷锁，不仅使自己觉得更委屈、更痛苦，心上的伤口也很难愈合。而一旦你宽恕了对方，那么对你来说就是一种解脱，你立刻会感到一种超然的、洒脱的轻松。”

妈妈的话就像灭火剂，将我心头的怒火一点一点浇灭。晚上，我躺在床上思考了很久，我想到了在此之前我和崔莹相处时的快乐，想到了她躲闪愧疚的眼神，想到了她对贫穷的恐惧，想到了她对那份工作的渴望，想到了她泣不成声的哀求……她那么做虽然不应该但也有她的理由，况且她已经知错了并懊悔不已，那么我还有什么不可以宽恕她的呢？

半夜，我拨通了崔莹的电话。当我向她表述我的宽恕的那一瞬间，我的内心被一种很奇妙的柔软、温暖的感觉所充满。

每个人在生活中都难免会受到伤害。面对伤害，愤怒和仇恨固然可以把对方撕成碎片，但自己心上的伤口并不会因此而愈合，甚至心情会被搞得越发糟糕不堪。而宽恕，恰似一张心灵的创可贴，它不仅能给你的心灵按摩止血，还会把你令人佩服的品格、气度向人们展现。

人生悟语

给人宽恕就是予己快乐，如果我们只把眼光盯在别人的过错上，自己便容易被愤怒的烈火烧得隐隐作痛；如果我们能给别人多一些谅解，宽容的泉水便会抚平曾经的创伤，甘甜自己的心灵。

请赦免他们死罪

澜涛

他是一名德国人，因为生意的关系，他被总公司派到中国担任当地的合资企业的厂长。家庭观念十分强烈的他，到中国后不到半个月，就将妻子和孩子接到了中国。他觉得，一个人无论事业多么成功，如果不能给家人带去温暖和爱，都不是完美的。然而，厄运却在一天晚上突然而至。那天夜里，他和妻子、孩子正睡得香甜，突然听到房间内有异常响声，便起床查看，结果，发现有盗贼进入房间行窃，他立刻上前试图制止盗贼。让他没有想到的是，盗贼共有6人，并且各个携带利器。双方立刻打斗在一起，很快，他因寡不敌众倒在血泊中。这时，他的妻子和8岁的女儿被惊醒，从卧室中走出来，6名窃贼见状，又将尖刀斧头等砍向他的妻女……

他和他妻女的尸体第二天被人发现时，都圆瞪着眼睛，死不瞑目。

血案发生后不久，6名歹徒就被公安部门缉拿归案，最大的只有20岁，最小的刚刚15岁。

很快，他的亲属以及总公司表示要派代表到中国就相关事宜进行谈判。中国有关方面十分重视，连夜准备了多种处理方案，准备进行一场“艰苦的谈判”。而6名犯罪嫌疑人的家人则惊恐不安，都觉得，6个孩子将凶多吉少。

谈判开始了，中方代表向德方代表详细介绍了案发过程，被缉拿归案的6名犯罪嫌疑人的具体情况，以及6名犯罪嫌疑人家人所能提供的经济补偿等。最后，中方代表表示，一定会按照相关法律严惩这几名犯罪嫌疑人。这时，一直沉默着的德方代表开口了，询问按照中国的法律，这6名犯罪嫌疑人可能遭受到的判罚。中方代表表示，6名犯罪嫌疑人中，主犯极有可能被判处死刑。

死亡这一字眼的出现，让谈判室一下陷入沉静。少顷，德方代表提出要集体商量一下。随着德方代表们的退场，谈判室内的空气更加紧张了，所有人都担心德方代表会提出苛刻的要求。大约10分钟后，双方代表再次坐到谈判桌上，让中方所有人员意外的是，德方代表只提出一个条件：“赦免这6个孩子的死罪！”

有记者采访德方代表，问为什么会提出这样的要求？德方代表中的一人满眼含泪地说道：“一个人的生命是最宝贵的，死亡带给我们的伤痛太重了，就不要让类似的伤痛再降临到这6个孩子的家人身上了。”

现场一片沉寂，所有人都落下泪来。

比仇恨更有力量的，是包容仇恨的宽厚。

人生悟语

深邃的天空容忍了雷电风暴一时的肆虐，才有了它的风和日丽；辽阔的大海容纳了惊涛骇浪一时的猖獗，才有了它的浩渺无垠。宽容是一种高尚的品格，能在世间闪烁出耀眼的光芒。

让心灵网开一面

李丹崖

上世纪六七十年代，在离美国田纳西州不远的一个小镇上，住着格林先生和他的邻居约翰。他们两个年龄差不多大小，也同时拥有相同面积的大片农场，在整个小镇上，他们是实力最为雄厚的两个农场主。

尽管格林先生只有小学文化，但是，由于他勤奋好学，精于管理，再加上他为人忠厚和善，所以，在他35岁那年，农场面积已经扩大为邻居约翰的两倍还多；而约翰呢？虽然他是大学肄业，但是他却好吃懒做，又嗜赌如命，所以，他的农场经营情况每况愈下，还欠下了一大笔债务，以至于他不得不变卖大部分的土地来抵债。

一天，债主又带着一大帮人到约翰家来讨债，并扬言如果约翰再不偿还欠款，他们就将依照合同，把约翰家的剩余土地全部划到自己的名下。此时，农场已是约翰一家赖以生存的唯一经济来源，如果再失去仅有的农场，他们一家将无以为生。

约翰被逼无奈，只得跑到邻居格林先生家，向他借了两万美金，这才算化解了这场危机。

时光如流，一转眼8年过去了，然而，约翰却一直没有把这笔钱还给格林先生，尽管他已经不缺这笔钱了。一天，约翰多喝了几杯后，突然间萌生了一个坏想法：如果杀了格林，那不就不要偿还那笔巨款了吗？于是，一天晚上，他趁格林先生开车进城的机会，就亲自驾驶着一辆重型卡车，加足马力撞向格林先生的轿车。“哐——”的一声，格林先生的轿车应声被掀翻，瞬间着起了大火。约翰以为格林这次再也活不成了，正打算扬长而去，不想，这时格林先生却从火海里爬了出来，他浑身血肉模糊，一条腿拖在地上，明显是被撞断了，手捂着胸口，不停地抽搐。约翰看格林还没有死，并认出了自己。为了免除后患，不肯善罢甘休的约翰就跑上前，凶狠地朝格林先生的头上猛踹了几脚，格林先生瞬间就失去了知觉，不再动弹了。

后来，一位路过的朋友把格林送到了医院抢救，并帮他报了警。三天后，格林才算从昏迷中艰难地苏醒过来。警察立即赶到了格林的病房，然而，此时的格林先生却只说自己喝醉了酒，拒绝指认约翰伤害过自己。

半年后，格林先生因伤口感染，不幸在医院的病床上死去。临终前，他把所有的子女都叫到自己的病床边，语重心长地对他们说："我之所以当初没有让警察拘捕约翰，正是怕给他的家人再带来同样的伤害。从今以后，不管我出现任何不幸，你们都要答应我，永远不要对约翰家的任何一个孩子说一句辱骂或仇恨的话，这样，他们才能和你们一样快乐地成长，成为社区里受人尊重的公民。毕竟，我不在了，你们以后还要做邻居，心中装着憎恨的邻居是无法友好相处的，这样的生活也不会快乐……"

这的确是一个最难信守的承诺。尤其是对于几个十七八岁的年轻人，他们年轻气盛、容易冲动，但是，由于格林先生的遗言在先，为了让他的灵魂安息，格林与约翰两家暂且相安无事，没有再出现任何干戈。

同年冬天，越战爆发。格林先生的儿子吉姆和约翰的儿子布朗都应征入了伍，恰巧两人又被分在同一个队伍里。不同的是，在一次战斗中，布朗不幸牺牲，是被一枚炮弹炸死的，其实，他原本可以不死的，然而当那枚炮弹落在了战友的身边时，他还是毫不犹豫地推开了不知情的战友，让炮弹在自己的身边爆炸了！

那个被布朗救下的战友名叫吉姆·格林。正是格林先生的儿子！

当部队领导收拾布朗的遗物时，在他的日记里发现了这样一句话：

"如果你和他人之间只有一座独木桥，那么，请你以博大的胸怀去加宽这座生命的桥梁；如果你和他人之间的关系只是一粒微小的纽扣，那么，请用你宽广的心灵去拉长这条生命的半径……这些，我伟大的邻居都做到了！当我的爸爸害死了邻居格林先生时，是他们让心灵网开一面，才保住了我们完整的家庭，直到今天，我才感觉到了在这个世界上有一种最为美丽芬芳的花朵，它的名字叫作'宽容'。可惜的是，这是邻居一家栽种的花朵，如果有机会，我也会回报以我的邻居更加芬芳的一株！"

人生悟语

在伤害面前，一个人如果选择了计较，那么他将长久地生活在痛苦之中；而一个人如果选择了宽容，那么他的生命将充满阳光与感动。宽容别人，就是解放自己，还心灵一份纯净。学会宽容，世界会变得更加广阔；忘却计较，人生才会拥有更多快乐。

医治灵魂的良方

马德

他是一个成绩差的学生，但并不想让别人瞧不起。

他想改变自己在班里的落后位置，于是便萌生了一个荒唐的想法。一次考试的时候，他坐在了一位平素要好而又成绩优秀的同学后边，前边试卷的答案，他看得一清二楚。

考试结果正好合了他的心意，他考得不错。同学们开始对上课睡觉下课疯玩的他惊叹不已，都以为他有一个超常的脑袋。一天的语文课，班主任李老师也郑重地表扬了他，看来，老师也没有发现事情的蛛丝马迹，他心中窃喜。

又一次考试的时候，内心的惯性让他故伎重演。然而，令他纳闷的是，后来的每一次考试，他总被排在那位同学的后边，而在这之前，那个位置必须通过偷换才能得来呀。

"纸里包不住火"。同学们逐渐知道了事情的原委，开始对他表现出鄙夷和不屑。他开始有些承受不住。本来，他想摆脱这种情形，然而每次考试不变的位置安排，让他既难堪又难受，终于，他去找了班主任李老师。

还没等他说什么，老师就先开口了："我知道你会来找我的，从你成绩突然上升的那一次开始，我就觉得其中必定有蹊跷。后来，我知道了，你在抄袭。那时候，我有批评你的冲动，但我最终没有去找你。因为，我清楚，一个虚荣的生命的底色是要强，而你也不例外。所以，我故意每次都那样安排座次。我想总有一天，你的自尊会把自己激怒，让虚荣的你沉没，而让要强的你浮现出来，或许那一天，正是你和我都等待的一天。"

"那么现在，你来找我，就该是那个要强的你来找我了。我一直认为你是聪明的，再加上你的要强，你最终会成为最棒的……"老师轻拍着他的肩膀说。

他找老师的那一天，是高二的下半学期，也正是从那一天起，他好像彻底变了一个人。第二年的高考，他竟然考上了南京的一所高校，出乎了所有人的预料。

若干年之后，当这位在事业上颇有建树的同学回到母校做报告时，颇为感慨地说："当我的人生走上岔路时，老师没有批评我，而是远远地站成一棵树，在地下用爱的根须与我的心灵悄悄相握，在地上用善意的枝丫去静静包容，他春风化雨般的抚慰和引领，是我一生都不会忘记的。"

作为老师，我以为，倾注力量，巧用智慧，拿出全部爱心，然后再用包容的文火去煎，或许是医治所有灵魂的良方！

人生悟语

爱与宽容是医治灵魂的良方，谁都可能有犯错的时候，给予别人的过失以适当的包容，小小的付出或许会改变一个人的一生。让宽容如同阳光一样洒落在别人的身上，温暖了自己，也灿烂了别人。

宽容如药

李丹崖

他是整个高二年级公认的坏孩子，旷课、打游戏、逃学、欺负女孩子，甚至是顶撞老师……除了几个同样调皮捣蛋的男同学，几乎没有人愿意跟他坐在一起，哪怕是邻桌！

但是，他还是有一样非常拿得出手的本事，那就是漫画。可以说，任何老师的课他都不听，更是很少动笔，除了画漫画。

一天，班里新来了一位姓张的英语老师，是个刚刚毕业的女大学生，人长得也很漂亮，刚上了一节课，同学们就深深地喜欢上了她，当然，他也是。但是，向来劣迹斑斑的他与其他同学对老师的喜欢方式不同。他不是在老师的课堂上认真听讲,而是一边瞅着老师,一边画漫画。

那是第二堂课,老师正带领着同学们朗读新单词,只有他,低着头趴在桌子上,画着不知所云的漫画。他画得很投入,以至于老师都走到了他跟前,他还没有发觉。当老师走到他跟前提醒他时,他仿佛一下子吓坏了,把整个身子都趴在漫画上,生怕老师看到画面上的内容。但是,尽管他捂得很严实,还是被看到了,那上面画的不是别人,正是那个女老师,而且还是穿得很少的那种!

看到这里,女老师顿了一下,想发怒。但是,看了看眼前无助的他,却只是没收了他的画,转身走了。老师继续讲自己的课,而他却一个字都听不进去。因为,以他的经验推断:一场关于自己的批斗就要开始了。于是,他想到了逃跑。

下课铃响了,他正准备趁机溜走,不料却被老师叫住了。他暗叫不好。但是,还是被老师喊到了办公室。办公室里只有他和老师两个人,他噤若寒蝉地站在那里,他想,无论老师怎么骂都可以,只要不向校长告发他!"坐下吧。"老师发话了。他简直不敢相信自己的耳朵,老师竟然叫他坐下,这在平常是从来没有的。正这样想着,老师拿出了他在课堂上画的画,一边端详一边告诉他:"谢谢你为我画的漫画,你的画画得很漂亮,也很有想象力。但是,下次不要在课堂上画画了。上课了就要认真听讲,有不会的问题就问我好吗?"

不会吧!老师不但没有批评,反倒夸自己。老师接着说:"到班级上课之前,我就了解到了你的情况,你的父母离异了,你妈妈把所有的希望都寄托在了你身上。你美术这么好,为什么不参加学校美术班呢?凭你的资质,到时候,考个艺术类本科应该不是难事!不早了,你妈妈还在家里等你呢,回家吧。"

他迈着沉重的步子走出了老师的办公室,早已经泪水滂沱。那天,他再也没有像往常一样钻进网吧打游戏,而是早早回到了家里——他要整理自己的课本。

那次谈话以后,他仿佛变了一个人。他每堂课都认真听讲,再也没有逃过课,还报了美术班,先前那些不愿和他接近的同学,此刻也都纷纷前来帮助他。经过一年半的努力,他不光考上了艺术类本科,而且还是重点院校!

他就是我的同学张林!如今,他已经本科毕业,正在读研。每当他回忆起往事,总会动情地告诉我们:"多亏了张老师!如果没有她,我很难想象自己的现在……"

是在别人"错"的伤口无情地撒上一把揭穿的"盐"?还是用自己宽容的"药水"去帮别人慢慢清洗呢?事实证明,只有选择了后者,才是人与人之间沟通的最佳途径。因为,宽容如药,不光洗尽了别人疮口上"错"的铅华,还在别人痊愈的心灵上涂上了一层爱的护肤霜!

人生悟语

宽容就像清凉的甘露,能够浇灌干涸的心灵;宽容就像火热的壁炉,能够温暖冰冷麻木的生命;宽容就像特效的良药,能够治疗迷失的灵魂。有时候,你付出的也许只是一个细小的宽容,但带给别人的却是一种铭记一生的感动。

睦邻之道

邓笛 编译

因丈夫托比工作变动,我们一家需要搬迁到南非的德班市居住。我们首先物色了房子,发现一个荷兰人家庭刚刚居住过的房子十分不错，户型合理，采光充足，离丈夫的工作单位也较近。我们租下了这幢房子，我们一家都很高兴。可是，当我们搬进去之后，才明白那个荷兰人家庭为什么要搬走：隔壁邻居家的狗每天晚上都不停地叫。

确切地说，这条狗整夜都在叫唤。如果夜晚天不是很黑，它会冲着各种影子咆哮；它看到星星吠叫，看到月亮也叫唤；如果天黑得不见一丝亮光，它又会像一个怕黑的胆小鬼一样不安地悲号不已；如果有人经过，它会扯起嗓子怒吼，“汪汪汪”，对别人破坏了它的安宁表示强烈不满；如果夜深人静，它又会孤独地发出呜咽。

一连几个晚上，我都无法入眠。托比抱怨说：“我躺在床上都不敢翻身，生怕弄出的响动被那条该死的狗听到，那样它就会变本加厉地吼叫。”我不知道该说什么好，只是屏住呼吸，听女儿们有没有睡着。但是我听到的只有那只狗没完没了的叫声。

在我们以前住的地方，晚上偶尔也会听到一两声狗叫，但是没有大碍，完全可以置之不理。然而，这只狗总是不停地叫，实在闹心得很。我们有两个女儿，她们需要充足的睡眠。现在看来，前景十分悲观。

我设法与那个荷兰人家庭取得了联系。“那只狗是一个大问题，”那家的主妇听我说明情况后告诉我，“我曾经和那家人交涉过，我说请让你家的狗闭嘴吧，它吵得我们的孩子无法睡觉。但是，那家人素质太低，根本不采取任何措施。我们搬走，原因就是那条狗。”

狗每晚还是不停地叫。

我们一家人都在忍受。

我开始思考那个荷兰人家庭为什么会交涉失败。我把在我们家做事的老伯叫到身边。“阿基利，”我说，“你岁数大，有生活经验，你能告诉我有什么办法让隔壁家的狗晚上不再叫唤吗？”

“带上一点礼物去看望邻居家的主妇，”阿基利说，“她不是傻子，会明白你的来意的。”

“什么样的礼物？”我问。

“不在于礼轻礼重，有什么拿什么。”阿基利建议道，“你不是养了鸡吗？”

“你是说让我带上一些鸡蛋？”我问。

“正是。”阿基利说，然后又补充道，“夫人，你必须按照我教你的去说。”我在一只小竹篮里装了一些鸡蛋，敲响了邻居家的门。邻居家的主妇愉快地欢迎我的来访。我送上了鸡蛋。“远亲不如近邻，我很关心你们家的情况。”我按照阿基利教我的去说，“你家是不是遇到了什么麻烦事？我们听到你家的狗整夜都在叫唤。需要我们帮忙吗？”

邻居笑着收下了鸡蛋。她对我的关心表示感谢，并说她家没有什么麻烦事。

回到家后，我对这种方法是否奏效心存疑虑。然而，从此以后，邻居家的狗真的不再叫唤了。后来，我们两家一直友好相处，关系亲密得像是一家人。那只狗见到我们总是亲热地大摇尾巴，白天的时候它偶尔也会叫几声，但晚上绝对保持安静。

邻居相处，尽量保持客气礼貌是唯一的睦邻之道。若和邻居有了一次争执，以后什么事都可能成为吵架的由头，结果就会闹得鸡犬不宁。所以，遇事忍一口气，大事化小，小事化了。忍无可忍了，也要把“尽量保持客气礼貌”当作是一种解决问题的方式。

人生悟语

处理矛盾的方式有很多种，而宽以待人，以一种友爱的方式去解决问题是最好的一种。无止境地忍受抱怨，或者无谓地争吵谩骂，会让事情向更坏的方向发展，只有在宽容与爱的泥土上才能种出美丽的和睦之花。

一盒假饭票

汤红霞

那年夏天，在我收到一所中专录取通知书的同时，父亲不幸被稻场上的脱谷机卷去了一只手。

我很小的时候母亲就远走高飞，是老实巴交的父亲守着贫瘠的村落抚养我长大的。这突来的横祸让我们父女俩悲痛不已，但父亲没有放弃我的学业，他卖了不足40公斤的猪，又卖了部分粮食，四处找村人求借，很艰难地拼凑着我的学费。一直到10月份以后，我才提着陈旧不堪的行李跨进市里学校的大门。而那时已开学一月有余，新生军训也过了。

坐在教室里，我流着泪暗暗发誓，一定要节约，要把一分钱掰成两半用，最大程度减少父亲的负担。因为学校正试行封闭式教学，我不可能在课余去谋点兼职什么的，节约的唯一途径只能是从牙缝里省。对于一日三餐我是这样安排的：不吃早点，正餐就买2两米饭和2毛钱的素菜，吃得最多的是酸辣土豆丝，只因它更易下饭。

那时我还是个15岁的大孩子，对食物有着惊人的渴望和需求，身体仍在拔节似的长高。每次到食堂，当鼻子里飘进粉蒸排骨或煎鸡蛋的香味时，我总会及时地把嘴巴闭得紧紧的。如果不这样，我想我会失态如村口那只小黑狗，流下长长的口水来。我嫉妒别人碗里的丰厚，在心里，我千百次地用意念将他们的佳肴吞得精光。

繁重的学习以外，我还肩负着校文学社副主编的重任，且不时参加校内举办的各项体育竞赛。超负荷的身体支出，长期的营养不良，使我在近一年的时间里变得面黄肌瘦，身体疲软，整天无精打采。

暴食一顿鱼肉的念头反反复复地、越来越强烈地折磨着我。好多次咬着牙将1元的餐票拿出来捏在了手心，但递进食堂窗口前，父亲老迈的驼背和那只血淋淋的断臂却总是劈面而来，将我的贪婪欲望转化为深深的自责。终究，1元还是换成了2角。

那天是周四上午的最后一堂自习课，没吃早餐的我早已饥肠辘辘，一边在手里悄悄把玩着餐票，一边烦躁不安地等待下课开饭。这时教室外有文学社的成员找我，交给我一份新生的申请书。从抽屉里取文学社公章时，我一不小心把红红的印油涂在了餐票上。就在一刹那，一个大胆的想法电光火石般在脑海里闪现出来。

我的脸因激动而发红，暗骂自己真笨，怎么早没想到这一点呢？那些餐票，和学校的管理体制一样还不够完善，只是一张方方正正的硬纸壳，一面彩色一面空白，空白的一面是用记号笔手写的金额和红红的印章。只要模仿上面的笔迹，再私刻一个公章，印油一按不就行了么？书法是我的强项，至于公章，找块大橡皮在上面雕上那些字就可以取代！

几天后，我的一沓面值1元的餐票诞生了。到底是做贼心虚，我心里忐忑不安。把那些假票翻来覆去地看，一会儿觉得万无一失，一会儿又觉得字迹不太逼真，印章也模糊。但渴求已久的愿望已让我来不及去多想，我心若离弦恨不得飞去食堂，我要马上买两份粉蒸肉饱餐一顿！

学校的食堂有4个窗口，其中3个窗口都是凶神恶煞的中年妇人，边不耐烦地吆喝着快点快点，边手脚麻利地在轮流递去的饭盒上忙活。只有2号窗口，打饭的厨子是个30多岁的聋哑人。据说他的传奇之处在于，他可以根据别人说话的口型判断出对方的话语。他脸上常挂着憨厚的笑容，勺里送出的分量只多不少。这样一来，每天开饭时间他面前都排着长长的队伍。

我走进食堂。选择窗口时我的腿因紧张而发颤，我担心被人认出，那样我会声名狼藉，在学校里面的种种荣耀也许全都会化为乌有！而那3个凶女人让我不寒而栗，看来只能选择2号窗口下手了。退一步说，就算他发现了是假票，趁他是个哑巴无法说话的一时半刻，我还来得及偷偷溜掉。

队伍前面的人已空，轮到我了。与他眼神交接的瞬间，他又向我咧嘴一笑。每次在他手里买饭时他都这样，莫非他认识我？我一下子慌了，不知所措。我的磨蹭让队伍推挤起来，后面的人群发出牢骚声。我不得不硬着头皮把票递过去："两份粉蒸肉。"他接过票看了一眼，然后再看了我一眼，眼神里有着很明显的诧异——是诧异一直买土豆丝的我突然大方了呢，还是……

我的脸很不争气地刷一下红到了脖子根，头也不自觉地低了下来。完了，肯定完了！我想撒开腿跑，可是饭盒还在他手上，那饭盒是我进校时花两块钱买的，舍不得白白扔掉。前后不过几秒钟的时间，我的后背就黏糊糊一片了。惴惴不安之际，高高堆着粉蒸肉的饭盒突然出现在我的视线中。抬头，是他一如往常的憨笑。我长吁一口气，唉，真是草木皆兵啊！还好是虚惊一场！

有了那些高蛋白高脂肪的滋养，我的脸色逐渐红润起来，干瘦的身体慢慢长得圆润了。每次，看见他在窗口咧嘴微笑的表情，我心里就会乐开花：这聋哑人就是聋哑人，到底辨别力差些。再转念一想，又免不了得意地佩服自己是个不可多得的人才。

时间一直流转到次年11月中旬的一天中午，我径直奔向2号窗口，却意外地发现换了人。闪身退出来，我一个个窗口挨着找，也没见那个憨笑的熟悉面孔。从我进入校园起，就没见他休息过一天，那么现在只有两种可能：要么他得了重病，要么离职了。这样想着想着就沮丧起来，在我内心里，恶毒地希望他是得了重病。因为病好后他还可以再来，要是离职了，我就再也不能顺畅无阻地用假票狂吃海喝了，就算能，也还得在别人手上重冒一次风险。

我快快地返回教室，途经收发室时，门卫交给我一个小小的邮盒。我疑惑不已，快步回到教室，急忙拆开了邮盒。

让我意外的是，小小的纸盒里竟是两捆餐票！我随意拿起一捆一看，脑子"轰"的一下就炸开了——竟然全是我曾"花"出去的假票！

讶异、尴尬、恐慌、困惑，各种各样的情绪在瞬间打倒了我，我突然有种呼吸困难的感觉。回过神，我的手被蛇咬了一口似的缩回来，边左右环顾边慌张地盖上了盒子。到底是怎么回事？是谁终于发现了我的假票又给打回了？是食堂交给了校领导的吗？想起餐票的下面还压着一封信，我更惶恐不已，一定是校领导顾及我的面子，以这种方式来揭发我，并让我在"认罪书"上签字！

我的心坠到了深渊，手颤抖着把信拿出来打开。想不到，里面没有刀削斧凿般的刚劲字体，却只有歪歪扭扭的几行：

> 很早就看过校报上你的照片和简介，所以知道你的班级和姓名。很喜欢你的作文。我母亲病重，我要回大别山去照料她，可能不会再回来了。你的那些票退回给你，以后别再用了，被人识破就麻烦大了。我在食堂有50元押金，我和他们商量不要现金，优惠给我60元的餐票。他们答应了，我觉得蛮划得来。你以后可以用这些票偶尔加加餐，别老吃土豆丝，身体会跟不上的……

原来是他，那个早就明察秋毫，却一直对我的自以为是默默纵容着的善良残疾人！

我的胸口像被什么狠狠地撞了一下，他的清澈眼神，他的哑语手势，他的憨笑，突然间就从我对他一片混沌的印象中无比清晰地浮现出来。看着另一捆面值1元的60张餐票，滚烫的泪水扑簌簌落了我一脸。

深山陋屋，病弱老母，身患残疾，他应该比我更需要金钱来维持生存啊！可他却用这样的方法，整整帮助了我一年！自始至终，我都不知道他的姓名，没听过他的声音，他只是我生命里匆匆而行的一个过客。而他，不但完整地保护了一个花季女孩视为生命的脸面和尊严，还留下了无私的关爱和温暖。那些餐票，给了我那年最春意盎然的冬天。我用它们买到世界上最可口的美味，每一次吃着吃着就落了泪。

那些香美和温暖，随着胃的吸收渗透进我的血液，滋养了我以16岁为起点的、长长的一生。

人生悟语

一个残疾人无私朴实的举动，无声无息地维护了一个女孩的自尊心。那份默默的关怀犹如肥美的养料，滋养了女孩的心灵，让她懂得了诚实正直地做人的可贵。宽容的关怀，善良的爱护，比严厉的责骂更能引导人向正确的方向发展。

体谅他人是一种美德

佚名

堂贝尼托·胡亚雷斯是1858～1872年的墨西哥总统、墨西哥著名的资产阶级革命家和杰出的民主主义者。他是个纯血统的印第安人，牧童出身，连续当了四任总统。微贱的出身和他建立的丰功伟绩，使他成为一个传奇人物。

一次，胡亚雷斯到维拉克鲁斯视察。他被迎进了萨莫拉州长的官邸。州长给共和国总统安排了最好的房间，但胡亚雷斯借口奥坎波的房间更接近浴室，恳求和他交换。在总统的一再要求下，奥坎波让步了。第二天清晨，胡亚雷斯走出房间到浴室去，没有水。他拍了几下手掌，来了一个名叫佩特隆娜的女仆，她是个乡村妇女，已经不很年轻，还很有点儿脾气。“你要什么？”这个女仆问道。

“请打一点儿水来。”胡亚雷斯请求她。

“你要乐意，就等着吧。好个爱干净的印第安人！我总得先招待总统吧！”

胡亚雷斯什么话也没说，就回自己的房间里去了。过了一刻钟左右，总统又请她打点儿水来。

“你要乐意就等着，我得先伺候胡亚雷斯先生！真不像话！没见过你这么不识相的人！这么着急，您就自己动手嘛，水龙头就在那儿！”说着，给他指点了庭院一角的一个盥洗处。

胡亚雷斯没对发脾气的佩特隆娜说什么话，自己走过去接水洗漱。

到了吃午饭的时候，这个女仆穿上了她最好的衣服，心情紧张地盼望着见到共和国总统，希望有机会荣幸地伺候他。突然间，她看见那个不识相的印第安人穿着一身黑色大礼服，在主人萨莫拉的陪同下，沿着走廊穿过大厅。

“那家伙也来了。”这个敦厚的女仆想道。

当女仆看见大家一直等那个印第安人坐到他的高背椅子上之后才敢入座，她吓得面无人色，浑身哆嗦，不由得惊叫一声。大家转过身来瞧这尴尬的女仆，她哭得悲悲切切。胡亚雷斯站起身来，亲切地拉着她的胳膊说：“别哭了，小姐，请不要担心，没有什么了不起的事情。如果您的工作是招待大家，那您就干去吧，因为这里每个人都应当尽自己的本分。”

人生悟语

能体谅他人、宽容他人，这是一种美德，这是件很严肃、很重要的事。愿意对那些普普通通的人体贴入微、宽宏大量，这种美德是无价之宝。

得饶人处且饶人

刘俊杰

讨债真理

俗话说，借钱容易讨债难。四叔前些年借给别人十万块，结果这几年年底去要时，却一次也没见到欠债人，只留下老婆在家，一年还个三五千的把他打发走。转眼又到年底，四叔这回铁了心，不把钱全部讨回来，誓不罢休。正好侄子阿牛想跟四叔学做生意，四叔就带着他一起去讨债。

欠债人家住在几百里外的一个小村子，阿牛跟着四叔来到那户人家一看，心立刻凉了一半。只见几间破旧低矮的瓦房，窗门七零八落，没一点儿生气。他想，这样的人家能拿得出近十万来吗？

欠债人的老婆见他们来了，并不吃惊，只是淡淡地说："你们来了？进屋吧。"四叔点了下头，冲阿牛一摆脑袋，走了进去。不出四叔所料，那小子果然又不在家。屋里就这女人和一个四五岁的女孩。阿牛心想，这家伙真不是东西，非但欠债不还，还做起了缩头乌龟，拿老婆当挡箭牌。

四叔是这里的常客了，一点都不客气，一屁股坐下抽起了烟。女人端来两碗水，阿牛下意识地从椅子上站起来，想说句客气话，却见四叔丢了个眼色过来，这才猛然想到，他现在的身份可是一个追债人。出发的时候，四叔就特地叮嘱他，追债人有三不软：第一，心不能软；第二，嘴不能软；第三，手不能软。

女人把碗放下，默默地转身到院子里抓了只鸡，接着就生火烧水，杀鸡买酒，一声不吭地忙活起来。

不一会儿，女人就把鸡煮好端上桌，摆齐碗筷，倒满水酒，请他们吃饭。四叔冲阿牛一摆头，大马金刀地坐到桌子前，拿起筷子就吃。

女人却没有坐上来，只是给女儿夹了几块鸡肉，坐在一边喂，还不时地站起来给他们倒酒。两碗酒下了肚，四叔这才切入正题，说道："阿妹，你老公又躲起来了吧？今年他留下几千给我呀？"

女人说："今年……他一分钱也没有留下，他一年都不干活，整天赌钱，又欠了好多债，真是没钱了。"说着话，她眼眶已经红了。四叔一听，不由放下筷子，冷笑一声："哼，一分钱都没有？阿妹，我跟你说实话吧，今年你就是给我一万，我也不能就这么走了。我们把行李都带来了，不把债收够，这个年就只好在你家过了。"

女人耷拉着脑袋，半晌不说话。四叔看来真是火了，"咕嘟咕嘟"大口喝酒，把碗拍得"砰砰"响。后来，女人终于又开口了："大哥你放心，他不还我也会还的，这样吧，我去借借看。"

说罢，女人带着女儿出去了。过了半个小时，女人就回来了，手上居然还真拿着一沓钱，说是从村子里借的，一共是三千块。

四叔大声说："阿牛，收起来，数数看。"阿牛一看女人眼眶红红的，眼角还带着泪痕，心里真有点不是滋味，但还是硬着头皮走过去，从她手中接过钱，飞快地数了一遍，然后收了起来。四叔又把碗重重一放："你告诉你老公，今年我们叔侄俩收不够钱就不走了。嘿嘿，我就不信他不回来过年，看谁挨得过谁吧！"

女人哽咽着说："我也不知道他躲在哪儿，再说，见了他也没有用，他借不到钱的，这里没有一个人信他。明天、明天我再回娘家想想办法。"

等女人离开，四叔低声说道："你别信她的话，那小子估计就躲在这个村子里。她想用三千块就打发我，没门！"

阿牛一想：也对，要不，一个女人家，哪能轻而易举就借到三千块？刚才倘若心一软，这三千块就要不到了。看来，四叔说的三不软还是个真理。

故伎重演

晚上，女人把自己的床让出来给他们睡。第二天，阿牛和四叔起床一看，女人已经做好了饭。见他们起来了，女人又默不作声地烧水给他们洗脸。忙完了，女人说要回娘家借钱，说完就要带着女儿出门。

"慢！"四叔一指女孩，"要不，我帮你照看吧。"女人怔了怔，就把女儿放在一张凳子上，哄了几句，然后走了。阿牛奇怪地望着四叔，四叔一笑："她一去不回怎么办？咱们总不能把她家搬回去吧？"阿牛这才明白，四叔原来是怕女人带着女儿逃走。

接着，四叔就像在自家一样，大大咧咧地找酒喝。阿牛走出屋子随便逛逛，村民知道他是来要债的，都纷纷替那个女人求情，说她太不容易了，老公是个赌鬼，挣不到钱也罢了，还要女人挣钱给他花，不给就把女人往死里打。阿牛回来把村民的话跟四叔一说，四叔不屑地一撇嘴巴："别信！他们村的人，肯定向着他们。"

等到下午，女人还没回来。阿牛看着女孩说："难道她也躲起来了？这可怎么办？"四叔想了想，说别管她，她不回来，就把这女娃带回去。阿牛一惊，这可是犯法的啊！心里一个劲地盼着事情千万别发展到这一步。

四叔若无其事地去鸡窝里抓了只鸡，煮熟上桌，这时女人刚好回来了。只见她脸色发白，两眼肿得像核桃，她从怀里掏出一沓钱递给阿牛，说："我把娘家的钱都借完了，连我弟弟准备结婚的钱也借来了，只有这么多。"说着，她忽然捂着脸哭了。

四叔面无表情地喊："阿牛，数数。"阿牛机械地数了一遍，五千六百块，有好多都是十块、二十块的小票。看来，真像女人说的，她娘家已经倾尽所有了。四叔一句话也不说，点点头，招呼阿牛坐上桌吃饭。女人惴惴不安地坐在一边看着他们，眼神里充满了期待。吃完饭后，四叔仍旧一言不发，起身进屋躺下就睡。

女人期待的眼神顿时一片暗淡，她默默地和女儿吃起饭来。阿牛跟进屋低声问四叔怎么办，四叔责怪地看他一眼："怎么，你心软了？"阿牛脸一红，支支吾吾地说："看样子，也榨不出油来了……"四叔嘿嘿一笑："你等着，明天她肯定还会拿回来几千。"

第三天起床后，女人又做好了饭菜等着他们。然后她留下女儿，一言不发地出去了。中午时分，女人就回来了，果然又借了三千多块，大多是小票，甚至连五块的也有不少。女人把钱交到阿牛手上，什么话也不说，带女儿进屋去了。

阿牛把钱收好，心里不得不佩服四叔的老到，多待一天，这不又追回了三千多。看来，女人的眼泪还真是信不得，别看她一次比一次说得困难，天晓得他们到底有多少钱！四叔若有所思地喝了一碗酒，问道："阿牛，你怎么看？"

阿牛想了想说："咱们就一直住下去，一天几千，就算这个年不回家过，把债追回也值了。"没想到，四叔轻轻一拍桌子，叹道："不，明天咱们就回家，还有五天就过年了，难道还真在这儿过年吗？"

善良为本

第四天早上，两人吃过女人做好的饭，拿了行李就走。女人一直把他们送到村口，一路上不停地说着对不起。在去镇上的路上，阿牛笑着问："四叔，你怎么突然就心软了？"

四叔呵呵一笑："不是我心软，而是我看出来了，她老公就是条虫，这笔债就得靠老婆来还，可她确实是山穷水尽了，再逼也逼不出多少来。"说着，伸手拍拍他肩膀，"得饶人处且饶人，明年再来吧。"说完走了几步，突然又猛地收住脚，喊道："回去！"掉头就往村里跑去。

阿牛愣了几秒钟，急忙向四叔追去，边跑边问："四叔，还回去干啥？"四叔没答他，只是撒腿狂奔。阿牛忽然脑子一亮：对，杀个回马枪！这时候女人的老公应该回家了！两人跑回屋子前一看，门关上了。四叔握紧拳头使劲敲，阿牛也在一旁助起威来，大声喊："快开门，我们知道你在里面！"

可过了好一会儿，门就是不开。四叔急了，抬起一脚，猛地一踹，门轰然倒下。两人冲进屋里，四处一看，怪了，不但没见到女人的老公，连女人和孩子都不见了踪影。四叔怔了一下，扭头冲出屋外，扯起嗓子大喊："快来人啊！"

不一会儿，很多村民跑了过来，问他们怎么回事。四叔大声问："你们村里有人想不开，会到什么地方去？"村民大吃一惊，异口同声地说："后山的老虎崖！"四叔一挥手："快、快去找，有人到那里去了！"

阿牛和四叔跟着一帮村民跑到了后山的山崖，一眼就看到女人带着女儿向崖顶爬去。几个婆娘上去七手八脚地拖住了她，女人两腿一软，瘫在地上，话也不说，只是号啕大哭。村民都明白着呢，女人为什么要来这里寻死，大家纷纷劝她："就快过年了，挺一挺今年就过去啦，追债的不是走了吗？"说着，一帮村民不由分说硬是把女人拖回了家，女人仍是坐在地上哭个不停。四叔在人群外看了半晌，忽然叫阿牛把这几天女人还的钱拿出来，他把钱放到女人面前，说："我们明年再来吧！"说完，转身拉着阿牛走了。

两人走到镇上坐上了车，阿牛看看一直沉着脸的四叔，忍不住问道："四叔，你怎么预感到她会寻死啊？"四叔感慨万千地叹了口气，说："我前几年来追债，走的时候她都对我说，这笔债明年一定会还，一定会还。可今年她一个字也没提，只是说对不起，对不起。唉，她是不想活过今年了，所以只能跟我说对不起啊！"阿牛默默地点点头，他明白了，四叔的心其实一直都是软的，心不软的人不会这么想。

在绝望处给予希望和宽恕，是人性的光辉所在。

将士为何冒死奋战

佚名

一次，楚庄王因为打了大胜仗，十分高兴，便在宫中大设晚宴，招待群臣，宫中一派热火朝天。庄王也兴致高昂，叫出自己最宠爱的妃子许姬，让她轮流着替群臣斟酒助兴。

忽然，一阵大风吹进宫中，蜡烛被风吹灭，宫中立刻漆黑一片。

黑暗中，有人扯住许姬的衣袖想要亲近她。

许姬便顺手拔下那人的帽缨并赶快挣脱离开，然后许姬来到庄王身边，告诉庄王说："有人想趁黑暗调戏我，我已拔下了他的帽缨。请大王快吩咐点灯，看谁没有帽缨就把他抓起来处置。"

庄王说:“且慢!今天我请大家来喝酒,酒后失礼是常有的事,不宜怪罪。再说,众位将士为国效力,我怎么能为了显示你的贞洁而辱没我的将士呢?”

说完,庄王不动声色地对众人喊道:“各位,今天寡人请大家喝酒,大家一定要尽兴。请大家都把帽缨拔掉,不拔掉帽缨不足以尽欢!”

于是,群臣都拔掉自己的帽缨,庄王再命人重新点亮蜡烛,宫中一片欢笑,众人尽欢而散。

三年后,晋国侵犯楚国,楚庄王亲自带兵迎战。

交战中,庄王发现自己军中有一员将官,总是奋不顾身,冲杀在前,所向无敌。众将士也在他的影响和带动下,奋勇杀敌,斗志高昂。这次交战,晋军大败,楚军大胜回朝。

战后,楚庄王把那位将官找来,问他:“寡人见你此次战斗奋勇异常,寡人平日好像并未给过你什么特殊好处,你为什么如此冒死奋战呢?”

那位将官跪在庄王阶前,低着头回答说:“三年前,臣在大王宫中酒后失礼,本该处死。可是大王不仅没有追究、问罪,反而还设法保全我的面子。臣深深感动,对大王的恩德牢记在心。从那时起,我就时刻准备用自己的生命来报答大王的恩德。这次上战场,正是我立功报恩的机会,所以我才不惜生命,奋勇杀敌,就是战死疆场也在所不辞。大王,臣就是三年前那个被王妃拔掉帽缨的罪人啊!”

一番话使楚庄王和在场将士大受感动。楚庄王走下台阶将那位将官扶起,那位将官已是泣不成声。

人生悟语

成就大事的人,往往是善于从大处着眼的人。得饶人处且饶人,着眼于长远的未来,这样才能比别人走得更远。

留三分余地给别人

佚名

《宋稗类钞》中载有这样一件事:宋朝有个名叫苏掖的常州人,官至州县监察官。他家中十分有钱,但却非常吝啬,常常在置办田产或房产时,不肯付足对方应得的钱。有时候,为了少付一分钱,他会与人争得面红耳赤。他还会趁别人困窘危急之时,压低对方急于出售的房产、地产及其他物品的价格。从而牟取暴利。有一次。他准备买下一户破产人家的别墅,竭力压低房价,为此与对方争执不休。他儿子在一旁看不下去了,忍不住发话道:“爸爸,您还是多给人家一点钱吧!说不定将来哪一天,我们儿孙辈会出于无奈而卖掉这座别墅,希望那时也有人给个好价钱。”苏掖听儿子这么一说,又吃惊、又羞愧,从此开始有所醒悟了。

人生悟语

留三分余地给别人,就是留三分余地给自己。凡事不能只考虑眼前的得失,考虑到以后的生存和发展才是最明智的选择。

留一条路给别人

蔡孟彦

小彦的父母都是做鱼货买卖的,早出晚归,很辛苦。

高二那年,有一次,爸爸要小彦跟妹妹收拾行李,住到外地的表哥家。原来小彦爸爸的朋友犯了案,为求跑路费向小彦爸爸借钱,他不答应,那人就恐吓说要绑架孩子。

就这样,小彦度过第一次离家的日子。因为恋家,就不断打电话回去,有时父母未接电话,他就十分担忧。于是下决心,无论如何都要跟父母一起面对,小彦便和妹妹回了家。

小彦爸爸说:"我知道你们会回来,算了,钱就给他好了。家人分离,滋味很难受。"

不过也因为这件事,小彦爸爸决定不再做鱼货买卖,因为码头边有流氓靠勒索过活,他不想以自己辛苦挣来的钱去填那些人的嘴。后来小彦上了大学,法律研究生毕业后,有一天小彦告诉爸爸说,要把那个人送入监牢。

然而小彦万万没想到,当初满怀怨恨与不舍的爸爸竟笑着说:"得饶人处且饶人,当初若不是他的恐吓,我也不会提早退休,也许今天我跟你妈已经操劳死了。"他又说:"日后你坐到审判席上,得多想想别人的处境,给犯错的人一条路走。"

人生悟语

给犯错的人一条活路,实乃人生的向善修行。

用孔雀翎决斗

佚名

一位旅行家到马来半岛旅游。半岛地处热带,雨林葱郁、繁花似锦,五颜六色的奇异鸟类在空中飞翔鸣唱;海岸边,碧波起伏、沙滩如玉;岛上的土著居民一身阳光染就的健康肤色,从容而快乐。自然风光让旅行家如痴如醉,淳朴民风更让他流连忘返。特别是偶然遇到的一场奇异的决斗场面,更让他眼界大开。

决斗者是两名萨凯部落的男青年,几乎一样健壮、一样帅气。他们满脸严肃地走到决斗的地点。赤裸着上身,一副不是鱼死就是网破的神情。令旅行家大惑不解的是,决斗者的手中,既没有枪,也没有剑,而是一人握着一根孔雀翎。孔雀翎就是孔雀的尾羽。他们握住上端的羽梗,将下端圆圆的中间有一只美丽"眼睛"的尾部指向对方,找好适当距离站定。

决斗开始了,只见他们举起"武器",把那美丽的"眼睛"触向对方赤裸的上身,而且专找那些最薄弱的地方,千方百计地给对方搔痒。随着时间的推移,两人的表情也发生着微妙的变化,由怒气冲冲慢慢地变成了"忍俊不禁",最后,一方终于难耐"折磨",控制不住笑出声来,决斗即告结束。决斗的双方竟然怒气全消,互相拍拍肩膀,一前一后地离开了。

旅行家问导游:“这是不是一场特意安排的幽默表演?”导游肯定地答复说:“绝对不是。这是萨凯部落的一个传统习俗,什么时候产生的不知道,但确实已流传了好多年。在这个部落里,一个人若以为受到了别人的侮辱。便可以用决斗来泄愤。决斗的方式只有一种,就是你刚才看到的。决斗的时间没有限制。可以从早到晚,直到一方笑出了声,方告结束。先笑者为输家。笑过之后,冤家对头往往会握手言和。刚才的两个小伙子是一对情敌。为一个姑娘互不相让,所以只好决斗。决斗后胜者高兴,输者也心悦诚服,因为世代相传的游戏规则早已转化为自觉遵守的观念。这样的决斗,不仅能使难题迎刃而解。而且双方身体都不会受到伤害,更不会造成流血。”

旅行家的心灵受到了强烈的震撼,他绝对没有想到在这个近乎原始的地方。竟然存在着如此高超的生存智慧,如此充满艺术魅力的维护尊严的方式。

人生悟语

人人都有尊严,人人都需要维护自己的尊严,但由于方法不同,效果就会有天壤之别。是用孔雀翎维护尊严,还是依靠你死我活的决斗维护尊严?起决定作用的似乎不是物质财富的多少和文化水平的高低而是善良宽容。

花开二度

全戈

第一天上班,苗圃老板指着霍默向我介绍:“他是欧洲最好的园艺师,不过,他确实有点老了。”

我没有任何花房工作经验,但是,老板看我是从园艺专业毕业的大学生,就雇我了。老板陪我走到一号花房。“这里是天竺葵,里面都是白色的两翼昆虫。”他轻快地说,“知道怎么处理吗?”

“当然。”我很自信地说。霍默领我来到放杀虫剂的架子边。“需要帮忙吗?”他问。“不,谢谢。”我把化学药剂倒进一个喷雾瓶中,加入水,仔细地为每一株植物喷上药液,它们肯定会杀死那些小昆虫。

第二天上班,我就直奔一号花房。打开门时,浓烈的药水味向我扑面而来。天呐,每一朵花儿都变成了难看的褐色。毫无疑问,被炒鱿鱼在所难免。忽然我看见了霍默。他正熟练地将植物上的死叶子摘下来,“把老花修剪掉!”他说,“这样,新花才能开放。母亲节开不了,到了六月,它们将会是你所见过的最灿烂的天竺葵。”霍默既没有指责我,也没有教训我。我试图道歉时,他只是耸了耸肩。“犯错!我们谁不犯错呢。”霍默还为我摆平了所有的事情。

六月终于来了。当所有的天竺葵一起绽放的时候,花儿开得比以前更大更漂亮。我凝视着它们,心里对霍默充满感激。有时候,给“错误”一次改正的机会,它就能再次开花。

人生悟语

有时候,给“错误”一次改正的机会,它就能再次开花。

原谅别人，其实是善待自己

佚名

有对新婚不久的夫妻，某天两人高高兴兴地牵着手到森林散步，意外发现一种非常美味的野菇，夫妻俩足足采了一大篓回家。隔天丈夫出门打猎，过了好几天后才返家。他想起前几天采的美味野菇，忍不住往篓子里多瞧了几眼，不看还好，一看立刻大发雷霆！

他责骂妻子："你真是自私！竟然趁我不在时偷吃野菇！"

妻子一头雾水，回答："没有啊！我哪有偷吃？"

"你还撒谎！"丈夫生气地说，"野菇明明变少了，你还睁眼说瞎话！"

"野菇事件"愈演愈烈，丈夫说的气话愈说愈难听，甚至连"休妻"二字都脱口而出。最后妻子掩面而泣，连行李都没收拾，就回娘家去了。

大约半年过去，丈夫早已遗忘了那篓野菇，却仍对前妻的自私念念不忘，逢人就说："那女人自私又贪吃！我真庆幸自己把她给休了！"某天突然下起大雨，谷仓漏水，丈夫到谷仓抢救作物时，才再度看到那篓野菇。但他赫然发现，野菇仍是满满一篓。丈夫愣住了。原来，当时妻子为了让野菇能保存更久，把它们拿去晒干。晒干的野菇体积变小，丈夫才误以为妻子偷吃；直到干野菇浸泡到雨水，才恢复成原来的体积。于是丈夫到前妻娘家，希望接回妻子，但被告知妻子早已在几个月前改嫁，而且现在过着幸福的日子。丈夫再怎么后悔，也来不及了。

人生悟语

故事中的男子和妻子大吵一架，甚至不惜休妻，最后发现不过是误会一场。换个角度，这名妻子其实也算"因祸得福"，因为一篓野菇，看清丈夫爱斤斤计较、小心眼的本性，若真和这种人共度一生，恐怕只会痛苦不断吧？

但我们也难免因为愤怒而夸大事态。例如看到讨厌的同事，无论他做什么事，我们都觉得厌恶，尽管人家可能根本没有恶意。

停止拿放大镜检视别人，是原谅别人，更是原谅自己！

"马贩子"与赛马师

佚名

美国前总统杰斐逊喜欢多种运动，但最热爱的运动还是骑马，而且他的马术相当精湛。

他有一匹视若珍宝的上等好马，对它更是呵护有加。在就任美国第三任总统期间，托马斯·杰斐逊经常骑着这匹好马到郊外练习马术。

一天，杰斐逊在处理完国事之后，又同往常一样，骑着他那匹心爱的宝马，独自一人驱马来到华盛顿郊外的一个地方练习马术。

他策马来到一个十字路口时，碰到一个也正在练习马术的人。这人名叫琼斯，在当时很有名气，他不仅是一位知名的赛马师，同时还是个做马匹买卖的生意人。

琼斯并不认识杰斐逊，更不知道他就是当时的美国总统，见他骑着一匹骏马，便以为他是一个马贩子。

鲁莽、冒失的琼斯径直走上前来，和杰斐逊搭讪起来，并用行话评论起杰斐逊的那匹马来，从品种的优劣谈到年龄的大小，最后又谈到了那匹马价值的高低，并表示愿意用自己胯下的马与杰斐逊交换。

杰斐逊也不认识琼斯，但出于礼貌，还是彬彬有礼地和琼斯聊了起来。他非常赞同琼斯对自己这匹宝马的评价，却婉转而又礼貌地拒绝了琼斯提出的交换建议。

见杰斐逊不肯换马，琼斯鼓起如簧之舌不停地游说，并且不断地抬高出价，大有不达目的不罢休的架势。

杰斐逊却丝毫不为所动，一再拒绝琼斯的换马要求，并做出要离开的样子。

见自己所有的建议都被对方冷冷地拒绝，琼斯被激怒了，他开始变得粗鲁起来，言谈举止越来越狂傲粗野。

琼斯拦住杰斐逊的马，缠着要和他打赌骑马比赛。如果杰斐逊输了，就把马换给自己。

但杰斐逊并不认同他的打赌，因为杰斐逊是个有涵养的人，能够很好地控制自己的情绪，所以他仍然是很谦虚地拒绝了。

见自己所有的努力都白费了，琼斯不禁恼羞成怒。他趁杰斐逊不防，扬起手中的马鞭，在他的马臀上抽了一鞭，想让马突然狂奔起来，使杰斐逊在猝不及防中摔下来。

然而，那匹宝马虽然受痛狂奔起来，但杰斐逊却没有像琼斯想象的那样摔下来，而是依然稳稳地骑在马鞍上，用自己精湛的马术控制着烦躁不安的奔马，同时也很好地控制住了自己的情绪。

琼斯惊呆了，但也只是粗鲁地付之一笑。他再次骑马靠近杰斐逊，开始谈论起政治来，大肆污蔑现任总统托马斯·杰斐逊，说他每根手指上都戴着戒指，又说他穿的衣服很昂贵，卖掉一套换来的钱可以买下一座种植园外加两只手表。

等琼斯说完，托马斯·杰斐逊微笑着说："您说的不对，托马斯·杰斐逊穿的衣服还不如你的华丽呢！"

琼斯不屑地说："你一个马贩子，知道什么呀？"

杰斐逊说："您要不相信，我可以带您去见见托马斯·杰斐逊。"

不知不觉间，他们已经骑马进入了市区，并沿着宾夕法尼亚大道来到总统官邸的门前。

杰斐逊勒住缰绳，有礼貌地邀请琼斯进去做客。

琼斯惊诧不已，问道："怎么？难道你住在这里？"

杰斐逊说："我目前就住在这里。"

琼斯不相信地问道："嗨，马贩子，你究竟叫什么名字？"

"我叫托马斯·杰斐逊。"

琼斯闻言，脸色顿时变得煞白，扭转马头，用马刺猛踢自己的马肚，一边狂奔一边扭头喊道："我叫里查德·琼斯！"

望着琼斯远去的身影，托马斯·杰斐逊总统微笑着耸了耸肩，然后策马跨进了大门。

人生悟语

用一颗包容的心去原谅别人，你会发现自己同时也收获了很多。

如果别人能够内心愧疚，你会收获一份尊敬。如果别人不能察觉自己的错误，你也避免了被别人的错误所伤害，以至于影响自己生活的情绪。而且因为你对别人的原谅，不仅成就了你自己的雅量，还衬托了别人的粗鄙，这实在是一举两得的事，何乐而不为呢？

宽恕敌人

高建群

孩子就要大学毕业，走上社会了。我对孩子说:“你应当永远怀着感恩的心情，感谢生活的全部赐予。感谢早晨的第一道阳光，感谢春天的每一朵花开，感谢陌生人的每一个笑脸，感谢前辈对你的每一次提携。你要学会感恩，懂得感恩的人会永远处在一种宗教般安详明净的心态中。

“你还要学会感谢一切的苦难。生活将这些苦难给了你，而不给别人，正是对你的偏宠呀！它要让你成为一个大人物。你还要学习宽恕敌人。在人生的某一阶段，你的面前会横着一个敌人。‘原谅他们吧，他们自己不知道！’《圣经》里的这句话说得何等好呀！那么原谅吧，或者说宽恕吧，这原因一半是为了对方，一半是为你。”

十年前，有一位朋友告我的一部著作名誉侵权。民事诉讼在今天来说已经是很平常的事情了，但在那时，这是一件严重的事情。算卦的曾说过，我后半辈子有一难，想不到这难在这时候遇上了。这是真的告状，不是编闲传，一切都在像模像样地进行。

我先后出了三次庭，是公开审理。最大的一次是在政法学院一千多人的大礼堂里。面对法庭，我感到自己像一只被剥光了皮、挂在架子上的羊一样，听任宰割，藏也没个藏处。“打倒我真的对你就这样重要吗?”我泪流满面，痛苦地喊道。

这已经是十年前的事了。我今天把它写出来，是想说明这件事当时对我伤害和打击的程度。

我终于从这次打击中挺了过来。噩梦醒来是早晨。这次重要的经历将我铸成了金刚不坏之身。那一次在央视做现场直播，主持人很诧异我的泰然自若，说我的表现甚至要超过同一期做节目的央视名嘴崔永元。我苦笑着说，我有阅历，是阅历培养了我。还有一次，在网站上舌战网虫，我说，你们有什么尖刻的话、刁钻的问题，统统冲我来吧，我不怕。

事过境迁，那一场官司已是旧事了。我常常怀着感恩的心情，感谢在我身处逆境时，帮助过我的朋友。这是一笔人情债，我将用一生的时间来还。

另外，我还感激当年告我的那位朋友。他在我人到中年时，送了一份大礼给我。是他成就了我。“敌人有时候比朋友给你的帮助还要大！”这是不知谁说过的一句话，这句话正该我在这里说出。

我们也早就成了朋友。前年在榆林采风，我主动把他介绍给当地领导，说这是一个作家，我的一位朋友。有些人不理解，尤其是那些当年帮助过我的人，对我颇有微词。我对他们说:“大家都活得很累，彼此宽容，彼此包容，这才是境界呀！”我还说，“这也是为了我呀！为了我的心态安宁，为了自己走向文化人的那种自我道德完善！”

人生悟语

忘记别人给予你的所有不愉快，记住别人给予你的哪怕一丁点儿好处。这样，你会很快乐，别人也会很快乐。而你的朋友圈子就会像滚雪球一样越滚越大。

得理也要饶人

佚名

烈日炎炎。乔治在家里不停地扇着扇子，恶劣的天气加上突然的停电让他心情烦躁。他一边怨愤地用毛巾擦脸，一边到厨房去倒开水。不料，乔治刚进厨房就蹦了出来，还冲着楼上大骂不止。一旁的老伴看到丈夫的反常，就知道一定是发生了异常的事情，就放下手里的活，跑到厨房看个究竟。原来，在自家厨房的墙角处正在渗出一些淡黄色的液体，还一滴一滴地落到自己刚买的土司上。

“肯定是楼上那小子干的！”乔治想都没想就冲到楼上邻居家，因为，他断定这是楼上邻居家漏水造成的。他要对这个不负责的邻居大发雷霆。

邻居前来开门，乔治进门就破口大骂：“你小子的良心叫狗吃了，干吗在厨房到处放水，把我刚买的土司都给糟蹋了！”

楼上是一个 20 岁出头的小伙子，对这位贵客的突然“造访”，他多少显得丈二和尚摸不着头脑。“我根本就不会做饭，怎么可能在厨房放水？”小伙子一头雾水地反问道。

“你干了亏心事还想狡辩！”面对这个抵赖的邻居，乔治大为不悦，为了能够尽快揭发邻居的“丑行”，乔治不经过小伙子允许，就跑到小伙子的厨房看个究竟。但是，乔治转瞬之间傻了眼，因为，正如小伙子所说，他搜查了半天，也没有发现有用过水的迹象，连地板都是干的。

“我早就说过，我根本不会做饭，怎么可能会用厨房呢？”小伙子继续道。

乔治觉得这太不可思议，就拉着小伙子到自己家的“现场”去看个仔细。

乔治家厨房的墙上，淡黄色的液体仍在滴个不停，乔治理直气壮地说：“这是怎么回事？”邻居小伙子不慌不忙地说：“能搬个梯子过来吗，我想到墙壁的外面去看看。”

“行，就依你！”乔治飞速搬了个梯子过来。

到了室外，小伙子迅速地爬到梯子上。待到爬上梯子顶端，只见小伙子自信地笑了：“我说过不是我干的吧！不信你上来看看。”

乔治莫名其妙地爬到梯子上，然后，只见他一脸尴尬。原来，乔治家的墙外形成了一个巨大蜜蜂巢，近些天来炎热的天气竟然把蜜蜂巢里的蜂胶物质晒化了，蜂胶物质被晒化后，里面储存的蜂蜜都流了出来，并顺着墙壁缝隙渗透到了乔治家的屋里，原来，滴在乔治家土司上的正是蜂蜜。

真相大白，乔治红着脸从梯子上挪下来，那速度，比搬梯子时明显慢多了……

这是发生在英国布里斯托尔市的一个真实故事。乔治的尴尬，有力地告诫着我们，在人与人的日常交际中，我们永远不要鲁莽行事，因为，有时候我们所发现的有关对方的所谓“马脚”或“证据”，并不一定是由对方直接造成的，或许压根和对方就没有任何关系。冲动是魔鬼，一颗明察秋毫的心，永远要比极端的指责要好得多！

人生悟语

常言道，有理不在声高。有理也不要急躁，有理还要看这道理是否讲对了地方，讲对了人。在事情没有完全弄清楚之前就武断地下结论、鲁莽地责怪人，是一种不成熟的表现。

俗话说，得饶人处且饶人。有些鸡毛蒜皮的小事，自己心里知道是非对错就可以了，心平气和地沟通，有话好好说，所有的事情都会迎刃而解。

宽容比自由更重要

郝铁川

1874 年 11 月 30 日的夜晚，伦敦的布伦海姆宫灯火辉煌，一群贵族男女在这里翩翩起舞。突然，一位活泼、美丽的贵族夫人连声叫喊肚子痛，人们赶紧把她扶到就近的一个临时女更衣室。温斯顿·丘吉尔——一个早产儿，就这样非同寻常地来到人间。

丘吉尔是英国显赫的贵族公爵马尔巴罗家族的后代。英国除了王室以外，公爵家庭总共不超过 20 个，马尔巴罗家族按封爵次序名列第十位。丘吉尔的母亲詹妮是美国百万富翁杰罗姆的女儿，1873 年与丘吉尔的父亲伦道夫结婚，1895 年 1 月 24 日伦道夫因病医治无效，溘然去世，终年 46 岁。这时的詹妮虽已 40 多岁，但依然美艳惊人，风姿绰约。不久，她便萌生了嫁给一个 25 岁男人的想法。然而消息一经传出，立刻遭到众多亲友的反对。就在詹妮几乎要放弃了的时候，詹妮 25 岁的儿子、与母亲要嫁之人同岁的丘吉尔，坚决地握住她的双手："亲爱的母亲，就算全世界都反对您，我也会勇敢地站在您这边，所以，请您也一定要勇敢。"儿子坚毅、鼓励的目光，让詹妮义无反顾地披上了洁白的婚纱。但这桩婚姻并没有维持多久。10 多年过去了，詹妮的儿子丘吉尔已经凭借卓越的才能跻身政坛。60 岁的詹妮再次迎来婚礼。这次的决定同样遭到众人强烈的反对，尤其是儿子的那些反对派们。詹妮犹豫了。这次与上次不同，丘吉尔打小就怀有雄心壮志，并且具备实现远大理想的能力。她不想因为自己贻误儿子的前程。然而，令她意想不到的是，儿子再一次握住了她的手：如果让我在我的仕途与您的幸福之间作选择，我情愿选择后者。请您不要再有任何顾虑。母亲幸福，我才幸福。詹妮又一次无比快乐地迈入了婚姻的殿堂。婚礼上，儿子依然像上次一样，坚强地站在她的身边，而另一边则是比儿子还要年轻的 36 岁的新郎。能够两次接受母亲的婚姻，也许很多人都做得到。而面对巨大的压力，丘吉尔两次接受和自己年龄差不多的人作自己的继父，这需要多么豁达的胸怀。

1908 年 8 月 15 日，伦敦报纸登载了一条引人注目的消息。33 岁的内阁贸易大臣温斯顿·丘吉尔先生与 23 岁的克莱门蒂娜·霍齐娅小姐订婚。举行婚礼的这一天热闹非凡，宾朋满堂，欢歌笑语。证婚人是财政大臣劳合·乔治，而他选择的男傧相却是他在下院的一个坚决反对者——休塞西尔勋爵。当时丘吉尔推行一系列争取工人拥护的社会改革，包括休塞西尔勋爵在内的贵族集团坚决反对这些改革。这反映了英国政治生活中一个很有意思的特点：人们可以在下院和政治集会上相互咒骂，如同仇敌，但在个人生活中却能成为好友。在政治生活中虽然是公敌，却不妨碍他们在私人生活中称兄道弟。恩格斯在《在马克思墓前的讲话》中也这样说过："马克思是当代最遭嫉恨和最受污蔑的人。……而我敢大胆地说：他可能有过许多敌人，但未必有一个私敌。"西方近代的这种文化现象是多么的耐人寻味。

宽容比自由更重要！这宽容来源于对每个人权利的尊重：我虽然不赞成你的观点，但我坚决捍卫你发表观点的权利；我虽然不支持你的行动，但我坚决维护你合法行动的自由！

人生悟语

每个人看待同一个事物的态度、角度都不会相同，即便是一样的结果对不同的人也会产生不一样的影响。站在自己的立场上，可能很多人与我们意见不合。但是每个人都有选择的权利，尽管我们不支持，但是我们起码要尊重并宽容别人的抉择。

七里禅师

佚名

一个年轻人因为家境贫寒，走投无路做了强盗。

一天傍晚，他闯进一个禅堂进行抢劫。他把又明又亮的刀子对着正在蒲团上打坐的七里禅师，凶恶地说："赶快把柜里的钱全部拿出来！要不然，我就要了你的老命！"

"我这里没多少钱，都在抽屉里放着，柜子里没有一文钱。"七里禅师依旧是打坐的姿势，只轻轻抬了抬眼皮，说，"你自己去拿吧，厨房里还有一些米，你也可以带走，只是请施主给我留点，不然明天我就要挨饿了！"

强盗拿走了禅堂里所有的钱财以及所有值钱的东西，惶惶然地就往门口走去，在临出门的时候，七里禅师说："我送了你这么多东西，你应该对我说声谢谢啊！"

强盗转回身，心里十分慌乱，说了声："谢谢。"他以前从来没有遇到过这种情况，这种情况让他有点儿不知所措。他愣了一下，觉得自己不应该把所有的东西都拿走，于是，他掏出一把钱放回抽屉，又留下了一些东西。

做贼总有失手的一天。有一天，强盗被官府捉住了。根据他的供词，差役把他押到七里禅师的寺庙去见七里禅师。

差役问道："老禅师，多日以前，这个强盗是否来过你这里抢过钱？"

"他没有抢我的钱，是我给他的。"七里禅师缓缓地说，"他临走时还对我说声'谢谢'，就这样。"

七里禅师的宽容感动了强盗，他紧紧地咬住嘴唇，泪流满面，一声不响地跟着差役走了。这个强盗服刑期满后，立刻去叩见七里禅师，求禅师收他为弟子，七里禅师不答应。他在七里禅师前长跪三日，七里禅师终于收留了他。

人生悟语

宽容是一种很巨大的力量，它能开启人的善心，让人真心向善，创造罕见的奇迹。

冒牌管家

怀沙

一天中午，埃德蒙先生刚到客厅门口，就听见楼上的卧室有轻微的响声，那种响声对于他来说太熟悉了，是阿马提小提琴的声音。

"有小偷！"埃德蒙先生急忙冲上楼，果然，一个大约十三岁的陌生少年正在那里摆弄小提琴。他头发蓬乱，脸庞瘦削，不合身的外套里面好像塞了某些东西，毫无疑问，他是一个小偷。埃德蒙先生用结实的身躯挡在了门口。

这时，埃德蒙先生看见少年的眼里充满了惶恐、胆怯和绝望。那是一种非常熟悉的眼神。刹那间，让埃德蒙先生想起了往事……愤怒的表情顿时被微笑所代替，他问道："你是丹尼尔先生的外甥琼吗？我是他的管家。前两天，丹尼尔先生说你要来，没想到来得这么快！"

那个少年先是一愣，但很快就回应说："我舅舅出门了吗？我想先出去转转，待会儿再回来。"埃德蒙先生点点头，然后问那位正准备将小提琴放下的少年："你也喜欢拉小提琴吗？"

"是的，但拉得不好。"少年回答。

"那为什么不拿着琴去练习一下，我想丹尼尔先生听到你的琴声一定很高兴。"他语气平缓地说。少年疑惑地望了他一眼，但还是拿起了小提琴。

临出客厅时，少年突然看见墙上挂着一张埃德蒙先生在歌德大剧院演出的巨幅彩照，他的身体猛然抖了一下，然后头也不回地跑远了。

埃德蒙先生确信那位少年已经明白是怎么回事，因为没有哪一位主人会用管家的照片来装饰客厅。

那天黄昏，回到家的埃德蒙太太察觉到异常，忍不住问道："亲爱的，你心爱的小提琴坏了吗？"

"哦，没有，我把它送人了。"埃德蒙先生缓缓地说道。

"送人？怎么可能！你把它当成了你生命中不可缺少的一部分。"埃德蒙太太有些不相信。

"亲爱的，你说的没错。但如果它能够拯救一个迷途的灵魂，我情愿这样做。"看见妻子并不明白他说的话，他就将经过告诉了她，然后问道："你觉得这么做有什么不对吗？""你是对的，希望你的行为真的能对这个孩子有所帮助。"妻子说。

三年后，在一次音乐大赛中，埃德蒙先生应邀担任决赛评委。最后，一位叫里特的小提琴选手凭借雄厚的实力夺得了第一名时，他一直觉得里特似曾相识，但又想不起在哪里见过。

颁奖大会结束后，里特拿着一只小提琴匣子跑到埃德蒙先生的面前，脸色绯红地问："埃德蒙先生，您还认识我吗？"埃德蒙先生摇摇头。"您曾经送过我一把小提琴，我一直珍藏着，直到有了今天！"里特热泪盈眶地说，"那时候，几乎每一个人都把我当成垃圾，我也以为自己彻底完了，但是您让我在贫穷和苦难中重新拾起了自尊，心中再次燃起了改变逆境的熊熊烈火！今天，我可以无愧地将这把小提琴还给您了……"

里特含泪打开琴匣，埃德蒙先生一眼瞥见自己的那把阿马提小提琴王静静地躺在里面。他走上前紧紧地搂住了里特，三年前的那一幕顿时重现在埃德蒙先生的眼前，原来他就是"丹尼尔先生的外甥琼"！埃德蒙先生眼睛湿润了，少年没有让他失望。

人生悟语

善待别人也就是善待自己。有时宽厚仁慈的心可以拯救一个人的灵魂，更可以净化我们的心灵，培养我们的高尚品质。这是一种伟大的善举，它让我们的世界充满了阳光。

信任是最美的原谅

李忠东

在美国商业机器公司，有一位高级负责人因工作失误而损失了1000万美元的巨款。沉重的压力使他精神紧张，终日萎靡不振。

几天后，这位负责人接到了董事长约翰·欧佩尔接见的通知。在办公室里，他被告知调任同等重要的一个新职务。这一结果大大地出乎意料，他十分惊讶地问道："董事长，我犯了如此重要的错误，您为何不把我开除或降职？"

"先生，如果我那样处理的话，岂不是在您的身上白白地花费了1000万美元的'学费'？"欧佩尔回答说。

谈话还不到10分钟，但却给了这位高级负责人以深刻的教育和极大的鼓励，成为其巨大的内在动力。他在新的起点上奋发拼搏，以惊人的毅力和智慧为公司的发展立下了汗马功劳。

我们不必为从前做过的一些蠢事而耿耿于怀，或者千方百计地将其忘记，不断地谴责自己会使自己失去前进的动力。我们需要的只是将过去的种种记忆，不论好的还是坏的，都浓缩为蚌壳包裹的沙子。待到有一天时机成熟了，就会有人发现，一颗美丽的珍珠形成了。

美国商业机器公司的创始人华特曾经说过这样一句话："成功的法则就是把犯错误的速度提高一倍。"话听起来颇为极端，但不无道理。错误是正确的先导，我们没有理由去害怕错误。它们不仅有时会衍生美丽，而且常常带来机遇。我们何必因为害怕错误而畏首畏尾，踌躇不前呢？

在这个世界上，还没有不犯错误的人，谁都希望自己犯了错误之后能得到别人的原谅。原谅别人就是信任别人，把他能够做的事交给他继续做下去。不信任的原谅，其实还算不上真正的原谅。信任是最美的原谅，信任才能让人变得更加美好。

"只有一个方法，可以使过去成为有价值和建设性的经历，那就是镇静地分析我们过去的错误。因错误而获益，然后忘记错误。"欧佩尔说，"我们允许下属出错，如果哪个人在经过几次犯错误之后变得'茁壮'了，在公司看来是很有价值的。"

越是知道一个人错了，越要给予他足够的尊重，让犯错的心在一份高贵的赐予面前恢复常态。即便是在施罚的过程当中，也要积极为被罚者创造"露脸"的机会，不将已生出悔意的心彻底打进冰窟，不让那对探求光明的双眼在无边的黑暗中丧失了追索的热望。

宽容是广阔无垠的大海，虽然不时掀起惊涛骇浪，但却有博大的胸怀；宽容是一望无际的草原，尽管难免留下马蹄践踏的空隙，可是能容忍各种草类共同生长；宽容像冰山上的一轮骄阳，溶化了怨恨和猜疑的冰雪；宽容如波浪滚滚的大河，荡涤着以邻为壑的污泥浊水。

一位名人说得好："宽容为文明之考验。"愈是睿智的人，愈有宽广的胸怀。不肯原谅别人的人，就是不给自己留有余地，须知每一个人都会有过错而需要别人原谅的时候，宽容是一种美德，懂得宽容，才能更深刻地领会为人的真谛。

宽容能产生一种巨大的向心力，它带来的凝聚力使人们团结在一起；宽容是一种豁达和挚爱，它可以把嫉妒焦虑扫地出门，化干戈为玉帛；宽容蕴含着深厚的涵养，它教人怎样善待生活，善待他人，使心灵得到慰藉与升华。

有哲人说："紧握拳头，抓住的只是空气；伸开五指，触摸到的将是整个世界。"当你面对周围所有的人，不管他们给你带来爱或帮助，还是恨或伤害，你都能秉持一颗感恩的心，明了他们的行为对你生命的意义，并以超脱的心感激和联络他们，那么你就会发现那颗感恩之心会在自己的周围营造出一种春天的氛围，世界将变得更加美好和璀璨，爱你的人会加倍爱你，伤害过你的人也有可能从你的宽容中觉醒过来

名人曰："人才如花，用人如待花。艳花大多不香，香花大多不艳，艳而香的花大多有刺。艳者取其艳，容其不香；香者取其香，容其不艳；艳且香者取其艳香，容其有刺。善用人者无废人，善用物者无废物。"对于企业的管理者来说，他们才能的一个重要方面表现为识人、用人和容人的水平。只有用对人，才能做成事。欧佩尔在这一点上，做得非常到位。他在激烈的竞争中深刻地认识到，信任是一种力量，它能够激发人的潜能，使事情发生意想不到的变化。用人不疑才能凝聚人心，要把众人的智慧和力量凝聚起来，需要高度的信任，信任能增强团队精神，信任能降低管理成本。提高

企业的后劲在于人才，企业无法估量的资本是人才，人才可以称之为企业的无形财富。身处当今瞬息万变的信息时代，应用最新的科学技术最多最快，对人才和知识的渴求显得尤为迫切。

人生悟语

原谅别人就是信任别人，把他能够做的事交给他继续做下去。不信任的原谅，其实还算不上真正的原谅。信任是最美的原谅，信任才能让人变得更加美好。

丢失的手机

梁红美

手机没了

这天中午，李敏有事要给丈夫打电话，却怎么也找不到自己的手机。她突然想起上班乘公交车时，车上很挤，一个长相猥琐的男子狠狠挤了她一下，不吱声就下了车，肯定是他偷走了手机。

那只手机李敏已经用了好几年，却一直不肯换新的，因为那是丈夫送给她的第一件礼物，一直当宝贝爱惜着。现在被偷了，就像丈夫被人偷走了，心里一阵阵难受。李敏试着用公司的电话拨打自己的手机，没想到自己的手机还开着，对方竟然还接了电话，只是不吭声。李敏连忙叫道："喂，你——是不是你偷了我的手机？快还我——"

对方一声不响，挂了机。李敏赶紧再拨，又通了，但小偷让手机一直响着，不接。李敏一连拨了十几次，那小偷既不关机也不接电话，似乎在考验李敏的耐性。

李敏慢慢冷静下来，盘算怎样才能打动这个小偷，说服他把手机还给自己。既然这小偷没关机，说明还是有希望的。突然，李敏脑子一亮，想到了一个法子：自己的手机不是设定与 QQ 绑在一起吗？手机信息可以发到自己的 QQ 上，QQ 信息也能发到手机上的！小偷不接电话，短信总会看吧？她心里一阵激动，连忙在公司的电脑上用另一个 QQ 号登陆，向自己的手机发了一条信息：

"我不知道你是谁，也不知道你为什么走上这条路。你也看到了，我的这个手机早就过时了，就是拿到二手店也卖不到 100 块钱。但这个手机对我却意义重大，如果你肯还给我，我愿意给你 200 块钱。"

信息发出后，李敏的 QQ 上没有收到回复，她就又拨打手机，虽然通着，但小偷仍然不接。于是，李敏又给他发了条信息：

"看来你还不相信我，怕我设圈套来诱你。你放心，我不会报警的，因为我真的只想拿回自己的手机。如果你不想同我见面，我们可以约个地点，我先把钱放上去，你拿了钱再把手机放上去。"

满腹心事

那小偷还是不理睬李敏，李敏继续给他发信息，打电话，试图说服他，来来回回折腾了好几个小时，小偷硬是不为所动，丝毫没有回应。李敏气得直想报警，又知道这点小事，没有线索，警察也没办法。她又给丈夫打电话，希望丈夫能帮着想想法子。可电话打回家，没人接听，又打丈夫的手机，通了，却一直没接。李敏快烦死了。她一咬牙，继续给那个小偷发信息：

"也许你觉得我的做法有些可笑，但你知道吗，我和丈夫是在大学里认识的，这只手机是他用一个暑假做家教赚的钱为我买的，是他送给我的第一件礼物，我当时感动得都流了泪，马上就答应了他的求婚。我们毕业后就结了婚，日子过得很清贫，但很快乐。后来他和别人合伙开公司，钱多了，很快就有了房子和车子。我听他的话，辞了工作，留在家里一心一意服侍他。想不到，他回家的时间却越来越少，经常在外地出差，老是对我说很忙，其实我知道他是在外面有了女人。我非常痛苦，也非常慌张，不知道该怎么办。我想过跟他撕破脸，想过找出那个第三者，揍扁她！可我爱我的丈夫，舍不得放弃他！我没有另外的办法，只能忍了，接着装傻、装糊涂，让他以为我什么都不知道，继续骗我。

“你一定在心里嘲笑我是个傻女人，可有什么办法，我心里只有他，而且，只有我懂他。他只是一时糊涂，经不住外面花花世界的诱惑，只是一个贪玩的孩子，一时忘了回家。如果我不要他了，我怕他想回家的时候，却无家可回。那时候，没人疼他，关心他，他就太可怜了。我的丈夫我最懂，这是我一眼就能够看到的结局，我又怎么舍得他受这样的苦呢？

“不过现在好了，就算他的心没回来，人已经回到我身边了，因为他的生意垮了，公司破产了。他整个人跟着垮了，提不起一点精神，我看在眼里，心里比中了大奖还高兴。我真没想到他回来得这么快。

“他放不下老板的架子，不肯出去找工作。我就让他待在家里，自己重新出来工作，赚钱养家，回到家再体贴入微地服侍他。我只想他安安静静地在家待着。男人就像一头猎豹，在外面受了伤，得有个养伤的地方，得有伴儿替他舔伤口，得花点时间养精蓄锐。将来，他有的是时间出去冲杀。”

李敏写着写着，触动了心里的伤心事。她打一行字，流一行泪，还是不停地打。已经忘记对方是一个小偷，也忘记了自己写这些文字的目的。她像是突然找到一个倾诉对象，一下子打开了自己心灵的窗户，把压抑了这么久的心思全部释放出来，写在QQ上，给对方发过去。

“不过我的猎豹真是个小心眼儿，自己以前在外面拈花惹草不说，对自己老婆却一百个不放心。因为我现在的老板也是大学同学，在校时曾追过我，就以为我的心思也跟着活络了，我晚上回家稍迟一点，他都会大发无名火，还偷偷查看我的手机短信。男人在这方面，永远都是个孩子，小心眼儿。不过，我并不生气，因为我看到他又开始在乎我，重视我，我心里其实蛮高兴的……”

出乎意外

李敏把心里闷了很久的话说出来后，一下子畅快起来，再也不提手机的事了。突然，桌上的电话响了，李敏连忙拿起话筒，却没有声音。她连问两声，还是没有动静，正要挂下，对方突然讲话了：“老婆——”

是丈夫打来的！李敏吓了一跳，问：“怎么是你？我打你好几次电话都没接。晚上你想吃什么？我下班时带回去。”

丈夫没有接李敏的话，他哽咽着，轻轻地喊：“老婆——”

李敏愣了，忙问：“老公，你这是怎么了？”

“老婆，对不起，我让你受了这么多的苦，你却一直对我这么好。我太糊涂，太混蛋，太对不起你了！其实你的手机没丢，是我在你上班前偷偷从你包里拿出来的，想看看会有什么人给你打电话，发短信。你刚才的话，我都看到了。”

李敏吓了一跳，万万没想到“偷”手机的是自己的丈夫。又一想，她开心了，乐呵呵地说：“老公，你这么啰唆干啥？快告诉我你晚上到底想吃什么，我好买回来……”

人生悟语

在对的时间遇到对的人，他愿意包容你、珍视你，就是一辈子最幸福的事。

第五章 将心比心，换位思考

握手

吴所谓

玛丽·凯化妆品公司的徽标上两个字母 P 和 L 的含义，是盈与亏（profit and loss），两者就像昼与夜一样主宰着这个世界。弄不好，就会与 L（亏）握手；把握得当，就会与 P（盈）拥抱。玛丽·凯对这两个字母做出了另一番解释：它们也意味着人与爱（people and love），若以这种方式与人打交道，自然会受到盈利的青睐。

爱是一个很宽泛的词，并不好把握。玛丽是从金律（你们愿意别人怎样对待你，你们也应该那样去对待别人）入手的，这其实就把握住了爱的本质。说到底爱是一种体验，你只有体验过爱，才知道什么是爱。当然，你体验过不爱，也能知道什么是爱。

玛丽发达之前是一名推销员。有一次，销售经理召集他们开会，经理在会上发表了非常鼓舞人心的话。会议结束时，大家都希望同经理握握手。玛丽排队等了三个小时，终于轮到她与经理见面。经理在同她握手时，甚至连瞧都不瞧她一眼。经理用眼去瞅她身后的队伍还有多长，经理甚至没意识到他是在与谁握手。善良的玛丽理解他一定很累。可是，自己也等了三个小时，同样很累呀！自尊心受到了伤害的玛丽暗下决心：如果有那么一天，有人排队等着同自己握手，自己将把注意力全都集中在站在面前同自己握手的人士身上——不管自己有多累！

正是凭着这样的决心，玛丽虽是化妆品行业的门外汉，但她不断去握化妆品专家的手，去握广大美容顾问的手，终于创建了玛丽·凯化妆品公司，并使它在世界上声名鹊起。玛丽也就赢得了她心中那种握手的机会。

她多次站在队伍的尽头同数百人握手，常常持续好几个小时。无论多累，她总是牢记当年自己排那么长的队等候同那位销售经理握手时所受到的冷遇，这促使她总是公正地对待每一个人。如有可能，她总是设法同对方说点亲热的话。也许只同对方说一句话，如“我喜欢你的发型”，或“你穿的衣服真好看”等等。她在同每一个人握手时，总是全神贯注，不允许任何事情分散自己的注意力。

这样的握手，会使数百人都觉得自己是世界上最重要的人。根据金律，数百个重要的东西也会反馈给玛丽，她的公司就这样成为了全世界重要的公司之一。

人生悟语

记住，当你与外界沟通时，看着对方的脸，让目光传达你的善良、趋势、热忱，从而传递理解、感动和爱。

将心比心

姜桂华

母亲给我讲过这样一件事:有一次她去商店,走在她前面的年轻妇女推开沉重的大门,一直等到她进去后才松开手。当母亲向她道谢时,那位妇女对母亲说:“我的妈妈和你的年纪差不多,我只是希望她遇到这种情况的时候,也有人为她开门。”听了母亲说的这件小事,我的心温暖了许久。

一日,我患病去医院输液。年轻的小护士为我扎了两针也没有扎进血管里,眼见针眼泛起了青包。疼痛之时我正想抱怨几句,却抬头看到了小护士额头上布满了密密的汗珠,那一刻我突然想起了我的女儿。于是我安慰她说:“不要紧,再来一次!”第三针果然成功了。小护士终于长出了一口气,轻声说:“阿姨,对不起。我真该感谢你让我扎了三针。我是来实习的,这是我第一次给病人扎针,太紧张了,要不是你的鼓励,我真不敢给你扎了。”我告诉她,我也有一个和她差不多大的女儿,正在医科大学读书,她也将有她的第一个患者,我真希望女儿第一次扎针也能得到患者的宽容和鼓励。

如果我们在生活中多点将心比心的感悟,就会对老人生出一份尊重,对孩子怀有一份怜爱,会使人与人之间多一些宽容与理解,少一些计较与猜疑。

人生悟语

“老吾老以及人之老,幼吾幼以及人之幼”。将心比心,设身处地地为别人着想,你会发觉尘世间多了一缕温暖,多了几许感动,多了一份真情。虽然身处寒冬却犹似置身于艳阳三月,虽然漂泊他乡却仍觉温馨如家。

鞭炮声照常响起

路华

老茂的儿子考上大学,到城里读书,老茂便跟着儿子进了城,在城里开了家专卖喜庆用品的小店。小店顺利地开了张,这天早上刚开门,一个男子就走进店里,拿出一沓钱,说:“请你把柜台上所有的鞭炮全撤下来!”老茂吓了一跳:这是干什么?

男子看出老茂的惊慌,忙说:“你别怕!我不是欺行霸市的黑社会,我只是要你从现在开始,一直到明天打烊,这段时间里一只鞭炮也别卖,其他日子你爱咋卖就咋卖!”老茂一听放了心,说:“我的店才开张,图的是个顺利,你让我停两天的买卖,总得有个理由吧。”

男子点点头,原来这男子老板的儿子杀了人,被判了死罪,定在明天枪决,到时肯定会有不少人放鞭炮庆贺。他老板不想在明天听到鞭炮声,就发动下属,出钱让全城的商店停卖鞭炮。老茂问:“是不是你老板的儿子太坏了,大家都恨他?”

男子看了老茂一眼,说:“你是刚从外地来的吧?我们这城市有个不成文的规矩,只要遇上枪决犯人这样的事,就放鞭炮!我们老板失去儿子已经够痛苦了,再让他听鞭炮声,这不是往他心上戳刀吗?”老茂又问:“让你们老板明天离开这里,不就听不到了吗?”

“唉,他就这一个儿子,得留下来给儿子收尸啊!”老茂人生地不熟,不想得罪人,便答应下来。男子说了声“多谢”,将两千块钱给了老茂,就走了。男子前脚走,后腿就跟进来一个络腮胡子,一进来就对老茂说:“请你把店里的鞭炮按进价加百分之五,全部卖给我!”老茂忙说,刚才来了个男子,让他不要卖鞭炮。络腮胡子不屑地说:“那人肯定是姓蔡的派来的,姓蔡的儿子作恶多端,杀人偿命,当然要放鞭炮!实话跟你说吧,我要把城里的鞭炮全买下来,明天中午见人就发,让大家一起庆贺这件好事。”

原来那位男人的老板姓蔡。老茂刚刚答应不卖的,转眼再卖给络腮胡子,心里便有些过不去。正在犹豫,络腮胡子咬咬牙,说:“我加价百分之十,总可以吧?”老茂这次进的鞭炮很多,加价百分之十,是一笔可观的收入。他的心“怦怦”乱跳一阵,咬咬牙,点了点头,说:“行!那你付了钱赶紧把货拉走,千万别让蔡老板知道。”

络腮胡子十分高兴,掏出钱包就要付钱,这时,老茂的手机响了,他拿出来一接,脸色马上变得煞白,挂了电话就对络腮胡子说:“对不起,我现在有紧急的事得马上处理,没空做这生意了。”老茂一说完就关了店门,急匆匆地走了。

老茂能有什么事比赚钱的生意更急呢?还别说,老茂真遇上了急事。因为,刚才他儿子打来电话,开口就说:“爹,我想杀人!”老茂一听,吓得手机差点掉到地上。自己的儿子一向胆小怕事,只会一门心思读书,他刚从乡下进城上大学,咋就蹦出这么个可怕的念头来?

老茂问他想杀谁,儿子咬牙切齿地说:“我想杀我们宿舍那几个家伙,他们瞧不起我,嫌我穷,嫌我是农村仔,动不动就嘲笑我!昨天,他们偷看我的日记,知道我喜欢班上一个女生,就在我床上撒了一泡尿,要我照照自己的模样……”

儿子说了就挂了电话,老茂再打过去时对方已经关机了。你说,老茂他能不急吗?老茂叫了辆的士,朝儿子的学校飞奔而去,赶到儿子学校时,天已经黑了,到了儿子宿舍,进去一问,宿舍里的同学都说不知道老茂的儿子去了哪里。老茂浑身冷汗直冒,不停地拨打儿子的手机,但一直都是关机。

老茂找了一夜也没找到儿子,一直到天亮了,他还是不放弃,不停地拨儿子的电话,四处找,又折腾了一个白天,还是没有儿子的任何消息,他累得再也走不动了,这才在路边找了个石凳坐下来。哪知刚坐下,手机就响了,急忙拿出来一接,手机里传出儿子熟悉的声音:“爹,你在哪里?”

老茂的眼泪“刷”地一下流下来,哭着说:“孩子,千万别做傻事啊!”儿子说:“爹,我到你店里来了!本来我想看你一眼后就动手的,现在你放心,我不杀人了,我这就回去上课!”儿子说,他在店门口坐了一夜,一直到天亮了还没见到爸爸,就在附近转悠,到了下午,突然满城响起鞭炮声,比过大年还热闹。他听旁边的人说,今天政府枪决了一个杀人犯,人们在庆贺这件喜事。老茂的儿子一听就愣住了,想,假如杀了人,肯定也要被枪决的,人们也会像今天这样放鞭炮庆贺,那时爹听了这样的鞭炮声,他该多难受呀,这样死太不值得了!于是,他决定好好活着,活得比他想杀的人更好。老茂知道儿子不想杀人了,高兴得差点跳起来,结结巴巴地说:“儿子,想明白就好,想明白就好……”

将心比心也是一种智慧。

别人的母亲

郭选

最近林刚打工的公司出了点事,老板放了林刚一个月的假,工资照发,这可是从来没有过的好事。林刚赶忙收拾东西,准备回家。总得给母亲捎点东西回去啊,林刚在超市里转了一圈,出来时背包里塞得满满的:优质奶粉、各式果脯……林刚的父亲去世早,母亲把他拉扯大可受了不少苦,现在自己能打工挣钱了,也该让娘开心开心了。

乘火车、转汽车,经过一天一夜的奔波,林刚终于回到了那个熟悉的小屋,一进门,他蓦地一惊,只见娘半躺在床上,用绷带吊着胳膊,姐姐坐在一边,眼圈红红的。他急忙走到床边,关切地问:"娘,您这胳膊是咋的了?"

"没啥……走路绊倒摔的……你咋回来了?"看娘吞吞吐吐的,最后还反问他,想把话题引开,林刚觉得事情有点不对头。在他的一再追问下,姐姐终于说出了事情的原委。

前天,娘回家时看到路上散落着几个苹果,就拾进了篮子里。不想于石家的二小子追了上来,硬说娘偷了他家果园里的苹果,娘和他争论,二小子脾气暴躁,挥拳就打,一拳就把娘打倒在地,胳膊也摔折了。

"他于石欺人太甚,我去和他们拼了!"林刚气如斗牛,掂起一根棍子就冲了出去。姐姐在后面大声喊:"你不能去,于石他是村主任,他们家人又多,你打不过他们的!"但此刻林刚热血上涌,也顾不得那么多了,他大踏步来到于石家,"咣"的一声把大门踹开,怒吼道:"二小子,你出来,看我今天不把你的头打烂!"

听见喊声,于石先跑了出来,接着几个村里的乡里的干部也从屋子里跑出来,原来干部们正在开会呢。林刚一把抓住于石,将他推搡在地上,气冲冲地喝道:"你为啥怂恿二小子打我娘,你让他出来!"几个村干部一拥而上,七手八脚拽住林刚,夺下他的棍子,有个乡干部皱着眉说:"这是谁,怎么这样粗野?不行的话我给黄所长打个电话,把他带到派出所里管教管教。"于石从地上爬起来,拍打拍打身上的土,尴尬地笑笑,说:"别、别,乡里乡亲的,不值得。年轻人脾气暴,遇事欠考虑,正常……"那个乡干部训斥林刚道:"你看看,于主任多大度,你还不快住手,换了别人,能给你了事吗?"

这时候,林刚的母亲在姐姐的搀扶下颤巍巍地过来了,她着急地说:"刚子,快给我回去,你要再不回去,我就往墙上碰……"林刚只得硬把火气压了下去,一边扶着母亲往回走,一边回头狠狠说道:"于石,叫你家二小子等着,我跟他没完!"

第二天,林刚一大早就到了派出所,等了老半天,才等到上班时间,一个民警接待了他。林刚义愤填膺地把事情说完,民警做了笔录,就让他先回去,说等调查了之后再说。林刚的火气压不下去,又赶到了乡里,找乡长反映情况,乡长正忙着去开会,没等他把事情说完就借故走了。林刚沮丧极了,闷闷不乐地往回走,路上他暗下决心,明天就上县里,说什么也要为母亲讨一个公道。

快走到村里的时候,前面过来一个骑着摩托的人,正是于石家的二小子。林刚一见,把自行车一扔,横眉怒目地就堵在了路中间。二小子猛一刹车,差点没摔在地上,正要发火,抬头一看是林刚,身子立即矮了半截,他强装镇静地咋呼:"你……你想干什么,想打架吗?我可不怕你!"

林刚真想冲上去,一拳打翻他,然而一刹那间,他又改变了念头,冷笑一声道:"打你?打你我还怕脏了手呢，我也要把你娘的胳膊打折，看看你这个当儿子的心里啥滋味！”

“你敢！”二小子像受到了莫大的羞辱，斗鸡似的梗着脖子说，“你敢动我娘一指头，我就跟你拼个你死我活！”

林刚哼了一声，说：“我娘打得，你娘就打不得吗？”

“这……”二小子说不出话来，最后昂头说道，“不管怎样，你就是不能打我娘！”林刚不想再和他斗嘴，径直推起自行车走了过去。走了好远，回头还看见二小子推着摩托在后面跟着，唯恐林刚真的到他家去找事。

回到家，姐姐担心地告诉林刚，听人说，今天于石到县医院检查身体去了，不知是不是想借昨天林刚推倒他的事，反过来讹诈一把。“最怕的是，他借口摔出什么病，验出了伤来，报警把你抓走，那可怎么办？”姐姐担心地说道。林刚却不以为然，他估计还闹不到那个地步，即使于石真的那样办了，也没啥可怕的，一人做事一人担，为了母亲，一切都是值得的。姐姐最终还是不放心，晚上干脆就住在了娘家。一夜无话，天刚蒙蒙亮的时候，忽然响起一阵急促的敲门声，林刚和姐姐都起来了，赶紧去开门。门一开，几个警察一拥而入，扭住了林刚。姐姐惊诧地大喊：“你们为什么抓他，他犯了什么法？”吵嚷声惊动了村民，很多人披着衣服围了过来。姐姐一眼看到于石站在自家大门旁边，向这边张望着。姐姐不顾一切地冲过去，指着他道：“你真是太欺负人了！你儿子把我娘的胳膊打伤，我们也没有告你们抓你们，我弟弟推了你一下，你就叫人抓他，你……你是不是人啊……”

于石面红耳赤地摆着手道：“不、不是我……”村民们听了姐姐的话，都很气愤，一时群情激昂，纷纷围住了警车。于石见犯了众怒，慌了，额头上渗出了汗珠，结结巴巴地辩解道：“真不是我报的警……乡里乡亲的……我能把事做那么绝吗……”

没等他说完，姐姐毫不相让地喊道：“这事情明摆着是你干的，你还不承认，除了推你那一下，我弟弟还会犯什么法？”于石没有办法，拉了拉旁边的一个警察，说：“你们让黄所长说说，到底是为什么事？”

黄所长挥挥手让大家静下来，然后指着另几个警察说道：“这几位同志，是从东湖市——也就是林刚打工的那个城市来的，林刚在那里具体出了什么事，还是让他们说吧。”一个东湖市的警察接口道：“林刚在东湖市当保安，前几天，有一个拾荒的老太太到他们公司里去了，他们怀疑人家老太太偷东西，就打了老太太，林刚扇了老太太几巴掌，还把人家的腿弄折了，涉嫌故意伤害他人，我们要带他回去接受审问。”

“刚子，这是真的吗？”只听一个颤抖的声音问道。林刚抬头一看，正是娘，他满脸通红地嗫嚅道：“是……”原来，林刚打了老太太之后，老太太的儿子就愤怒异常，非要讨个公道不可。老太太是靠拾荒供儿子读大学的，非常辛苦。眼看这件事越闹越大，老板就让林刚和其他几个参与打人的保安回老家避一避风头，由他在那里花一点钱把事情摆平。没想到老太太的儿子不同意私了，坚持要把打人者绳之以法，于是就出现了刚才这一幕。

“刚子，你……你……”林刚的母亲喘了好几口气，才说，“对一个老太太，你咋就下得了那样的狠手呢？你娘是娘，人家的娘就不是娘了吗？”林刚羞愧难当，好一会才说：“娘，我错了——”

这时，于石走了过来，拍拍林刚的肩，说：“天下的母亲都是一样的，咱们要是都把别人的母亲当自己的母亲看待，那咱自己的母亲也就不会受到伤害……刚子，我家二小子错了。你放心去吧，回头我就领着他上派出所，该咋处理就咋处理……”

林刚点点头，又回头深情地望了母亲一眼，一低头钻进了警车……

人生悟语

正如林刚问二小子的那句话“我娘打得，你娘就打不得吗”，如果林刚见到拾荒的老太太时，能想到自己的娘，将心比心就不会打伤老太太了。

最好的消息

余世鲁

阿根廷著名的高尔夫球手罗伯特·德·温森多有一次赢得一场锦标赛。领到支票后,他微笑着从记者的重围中走出来,到停车场准备回俱乐部。

这时候一个年轻的女子向他走来。她向温森多表示祝贺后,又说她可怜的孩子病得很重——也许会死掉——而她却不知如何才能支付起昂贵的医药费和住院费。

温森多被她的讲述深深打动了。他二话没说,掏出笔在刚赢得的支票上飞快地签了名,然后塞给那个女子。

“这是这次比赛的奖金。祝可怜的孩子走运。”他说道。

一个星期后,温森多正在一家乡村俱乐部进午餐,一位职业高尔夫球联合会的官员走过来,问他一周前是不是遇到一位自称孩子病得很重的年轻女子。

“是停车场的孩子们告诉我的。”官员说。

温森多点了点头。

“哦,对你来说这是个坏消息,”官员说道,“那个女人是个骗子,她根本就没有什么病得很重的孩子,她甚至还没有结婚。温森多,你让人给骗了,我的朋友!”

“你是说根本就没有一个小孩子病得快死了?”

“是这样的,根本就没有。”官员答道。

温森多长吁了一口气。“这真是我一个星期来听到的最好的消息。”温森多说。

人生悟语

当你得知,曾经以自己的悲惨命运来博取同情的人,其实际遇并不差时,你该为自己感到后悔,还是为对方感到庆幸?故事中温森多的态度,就给我们树立了很好的榜样。

当我们试图以一颗真诚的心去体恤别人的时候,最重要的是“换位思考”,学会感同身受,就会更加体恤别人。

买菜的比喻

佚名

一位老板向一位管理专家诉苦说,他的公司管理极为不善。专家到公司上下走了一回,心中便有了底。

专家问老板:“你到菜市场去买过菜吗?”

老板愣了一下,答道:“是的。”

专家继续问:“你是否注意到,卖菜人总是习惯于缺斤少两呢?”老板回答:“是的。是这样。”“那么,买菜人是否也习惯于讨价还价呢?”“是的。”老板回答。“那么,”专家笑着提醒他,“你是否也习惯于用买菜的方式来购买职工的生产力呢?”老板大吃一惊,瞪大眼睛望着专家,然后拍拍脑袋,恍然大悟。

最后,专家总结说:“一方面是你在工资单上跟职工动脑筋,另一方面是职工在工作效率或工作质量上跟你缺斤少两——也就是,你和你的职工是同床异梦,这就是公司管理不善的病灶之所在啊!”

人生悟语

管理是双向的,将心比心才能上下一心。若你在工资上缺斤少两,职工就会在工作上讨价还价。

失而复得的第 6 枚戒指

佚名

美国经济大萧条时期,一位 18 岁的姑娘曼萨好不容易找到一份在一家高级珠宝店当售货员的工作。

在圣诞节的前一天,店里来了一个 30 岁左右的男顾客。他虽然穿着很整齐干净,看上去很有修养,但很明显,这也是一个遭受失业打击的不幸的人。

此时,店里只有曼萨一个人,其他几个职员刚刚出去。

曼萨向他打招呼时,男子不自然地笑了一下,目光从曼萨的脸上慌忙躲闪开,仿佛在说:你不用理我,我只是来看看。

曼萨去接电话,一不小心把一个碟子碰翻,六枚精美绝伦的戒指落到地上。

她慌忙去捡,却只捡到了 5 枚,第 6 枚戒指怎么也找不着。这时,她看到那个 30 岁左右的男子正向门口走去,她顿时意识到戒指被他拿去了。

当男子的手将要触及门把手时,她柔声叫道:“对不起,先生!”

那男子转过身来,两人相视无言,足有几十秒。

“什么事?”男人脸上的肌肉在抽搐,他再次问,“什么事?”

“先生,这是我头一回工作。现在找个工作很难,想必您也深有体会,是不是?”曼萨神色黯然地说。

男子久久地审视着她,终于,一丝微笑浮现在他的脸上。

他说:“是的,确实如此。但是,我能肯定,你在这里会干得不错。”

停了一下,他向前一步,把手伸给她:“我可以为你祝福吗?”

“谢谢你的祝福。”曼萨也伸出手,两只手紧紧握在一起。曼萨用十分柔和的声音说:“我也祝你好运!”

男子转过身,走向门口。

曼萨目送他的背影消失在门外,转身走到柜台,把手中的第 6 枚戒指放回原处。

人生悟语

理解对方是处理和解决问题最好的方法,让我们试着站在对方的立场上去想问题,给对方留足面子,这样我们就会赢得他人的尊重与感激。

理解对方,就要站在对方的角度去感受!

一句话的启示

语梅

大学二年级的暑假,我在家乡的一家报社当见习记者,并将此视为成为文人的第一步。

我们编辑部有一个编辑,他的散文常见诸有名的杂志,总发表些机智但令人难堪的见解。我极希望自己也能练就他那样的能够洞察别人一切缺点的目光。

那年夏天来了个巡回演出团。

我一直渴望选择有趣的题材,写些让我们的编辑拍案叫绝的东西,这是一个好机会。

有关演出的评论,将由一位正式记者来写,但我还是决定去观看首场演出,并写篇评论给编辑看看,如果我的文章有点分量的话,他也许会让它见报的。当然,仅只是他的几句赞语就够我陶醉一番了。

那晚,剧场爆满。人们对剧团在这么短的时间里能够建好剧场并排出四部剧目深表赞赏。大多数演员同我年纪不相上下——19岁左右。我发现那个黑头发的漂亮女主角挺紧张的,还说错了一句台词。那位男主角进入舞台时走错了方向,但他马上即兴加了几句台词,平息了其他演员的慌乱。为了文笔犀利,我把前面两点写进了我的评论文章,后面这点没提。

第二天,报上发表了那位正式记者的评论。她热情赞扬了每个演员做出的努力。我也把文章交给了编辑,他看后哈哈大笑。“挺有趣。蛮尖锐。我要发表这篇文章。”

第二天,我把我发表在报上的文章足足读了五遍。我似乎看见我眼前的道路上撒满了鲜花,我的文章不断变成铅字。

在街上碰见剧团经理时,我正沾沾自喜。“您觉得我的评论如何?”我自鸣得意地问。“你伤害了多少人?”他的话很简短,可却像一支箭,一下子将我这只飘在空中自我陶醉的气球戳瘪了。是啊,为了得到我渴望的荣誉,我全然不顾那刻薄的文字会怎样伤害那些演员。我怔怔地站在那里,我准备接受他的怒斥,他却语调温和地说:“你很有文采。可你要知道,有的工作都是很难的,生活也是如此。与其竭尽所能地挑刺和拆台,倒不如相互帮助,共同把事情做好。”

这是大约25年前的事,但直到今天,每当我要去批评他人所做的努力和尝试时,我便会想到那个剧场经理,也想到那位正式记者。她的文章在着眼于赞扬演员出色的工作和鼓励他们更上一层楼的同时,恳切地指出了有待于改进的地方。

不久前,有人在街上跟我说:“我常拜读您的文章,我非常欣赏您看待事物的积极态度,您似乎从来都不吹毛求疵。”他的称赞又使我想起了那位剧场经理……

人生悟语

我们是多么希望可以在努力之后得到一片赞扬,每个人的心里都一样,所以我们做什么事情都要先设身处地地想一下他人,假如自己是对方,心里又作何感想呢。所以,不要过于否定,这不仅可以鼓励他人,也是自己提升的原动力。

千里马和毛驴的故事

佚名

有这样一则故事，说一个主人有一匹千里马和一头毛驴，它都给主人干活：驴拉磨，马驮着主人周游四方。但是，驴却经常遭到马的羞辱。

吃饭的时候，马第99次辱骂驴说："没出息的家伙，一天到晚就围着一个石磨转来转去。眼睛还被蒙着，瞎走瞎忙。这样活着有什么意思？不如早点死了算了，熬驴皮胶吧！"

驴再也忍受不了马的侮辱，伤心得大哭着跑了，第二天，主人发现驴不见了，便把马套到磨上。

马说："我志在千里，怎么能为您拉磨呢？"

"可我要吃面啊！没有面粉，总不能囫囵吃麦粒呀！"说着，主人用布蒙住了马的眼睛，并在它的屁股上重重地给了一掌。

马无可奈何地跟驴一样围着磨转起圈来。

才拉了一天磨，马就感到头昏脑涨，浑身酸疼得受不住了。它在地上打了一个滚儿，长长地出了一口气说："哎，没想到驴干这活儿也不容易呀！今后再评论别人，一定要先换到它的位置上试试再说。"

人生悟语

做什么事情都不能想当然地自以为是。一个凡事想当然、不经实践就乱发言的人是不会受到别人尊重的。如果想了解他人的真实感受，就应该亲身体验一下，只有这样才能更懂得体谅和理解他人。

不都是别人的错

佚名

一个学生向老师抱怨，班里有某同学特别令人讨厌，总是喜欢跟他比，影响了他的学习。老师问这个学生："你喜欢吃苹果吗？"

学生愕然，但还是回答："不喜欢，但我喜欢吃梨。"

"你不喜欢吃苹果？"

"对啊！"

"那有没有人喜欢吃苹果呢？"

"当然有！"

"那你不喜欢吃苹果是苹果的错吗？"

学生笑笑说："当然不是！"

"那你不喜欢他，是他的错吗？"

"好像不是呀！"

“你喜欢吃梨？”

“对！”

“如果你的好朋友来了，你会请他吃吗？”

“会啊！”

“你怎么知道他也爱吃呢？”

“问呗。”

“那还好，但很多人就不是这样，觉得自己喜欢的，他人也必须喜欢。是自己的问题还是别人的问题呢？”

“自己的。”

孩子若有所悟地点了点头，说：“我知道了，老师，我以后不会随便议论别人的不好了！因为我不是他，我怎么知道他的感受呢！”

老师欣慰地点了点头。

人生悟语

如果习惯以自己的标准衡量别人，把自己的喜好当作别人的喜好，就容易人为地制造许多不和谐。应该放下偏见，正视他人，我们的生活将变得轻松而美好。

认输未必是输了

佚名

从前，山上有两座庙，甲庙的和尚经常吵架，互相敌视，生活痛苦；乙庙的和尚却一团和气，个个笑容满面，生活快乐。

甲庙的住持想不通为什么两座庙的氛围有这么大的差距，就好奇地前来请教乙庙的小和尚：“你们为什么能让庙里永远保持愉快的气氛呢？”

小和尚回答：“因为我们经常做错事。”

甲庙的住持正感疑惑时，忽见一名和尚由外面匆匆地回来，走进大厅时不慎滑了一跤。

正在拖地的和尚立刻跑了过去，扶起他说：“都是我的错，把地擦得太湿了！”站在大门口的和尚也跟着进来，懊恼地说：“都是我的错，没告诉你大厅正在擦地。”被扶起的和尚则愧疚地自责道：“不！不！是我的错，都怪我自己太不小心了！”

前来请教的甲庙住持看了这一幕，心领神会，他已经知道答案了。

我们往往为了保护自己而推卸责任或与人争吵，殊不知认错未必是输，因为认错不但能表现出个人修养，还可以化解矛盾。

人的一生，总会扮演各种不同的角色：家庭中，当子女不孝时，我们应该检讨自己是否未尽教养之责；公司里，当属下绩效不佳时，我们应该检讨自己在教导管理方法上是否出了问题；社会上，当大家责怪环境恶劣时，我们应该检讨自己是否就是那个破坏环境的人。

人生悟语

转换一下角色，设身处地为对方着想，那么处理事情的模式将会是另外一番风貌。

空间的价值

佚名

故事发生在美国北部的一个小镇，这个小镇在新世纪的今天仍然保持着淳朴的民风和上个世纪的建筑格局，因而成为一个旅游怀旧的好地方。深知小镇发展根本的人们，尽自己最大的努力维护着小镇的风貌，甚至换一片屋上的瓦也要经过全镇推举出来的长老会的批准。

随着时间的推移，到小镇来旅游的人越来越多，小镇的商业设施已不能满足游人的需要。有两个洞察这一商机的年轻人——约翰和杰克分别向长老会提出了申请：他们要在小镇上建一个超市，用来向人们提供日用品和旅游纪念品。

长老会经过反复磋商，终于同意了这两个人的要求，但却附加了一个条件：那就是超市必须建在距离小镇10公里以外的地方，以免破坏小镇的格局。

约翰和杰克马上筹集资金，开始建造自己的超市，他们深知，要想赚到更多的钱，就必须想尽办法战胜对手。约翰曾到过一些大城市，了解规模对于一个超市的重要性，因此，他充分利用了长老会给予他的这块土地，建成了一所豪华的超市，并尽可能使店里货物种类更齐全。

而杰克却只使用了土地的一半建成了自己的超市；当然，由于规模经营的关系，店里的货物远没有约翰的种类齐全。约翰暗自高兴：这次我可要赚大钱了。

但事情的发展却完全出乎约翰意料，两家超市同一天开张，经营状况却出现了一边倒的现象：大部分游客和小镇上的人都拥进了杰克的超市，而约翰这边却很萧条。尽管约翰使出了浑身解数，又是有奖销售，又是歌舞表演，但最终也未能扭转自己破产的命运。

破产的约翰决定远走他乡，在临行前，他拜访了自己的对手，并对杰克说：“我承认我的失败，但我想知道，我究竟输在哪里？”

杰克微笑着对约翰说：“在经营超市的经验上，你比我强，所以你在那块土地上盖出了尽可能大的一个超市。但是，我亲爱的朋友，你忽略了一个重要的问题：这里距离游客的观光地——我们的小镇还有10公里的距离，所以，无论是观光的游客，还是返回的游客，甚至是小镇上的居民，他们都是驾车前来，所以，我为他们留出那片空地——停车场，这使他们对我心存好感，而这也就成为他们到我超市购物的基本理由。所谓与人方便，自己方便，那片空间的价值就在于此！”

人生悟语

把一小块空地留给游客停车，杰克就能得到游客的青睐，这充分说明一个道理：心里时刻装着别人，为别人着想，最大限度地去为别人创造条件和提供方便的人，也会得到别人的感激和回馈，因为这样，我们的世界才更温暖。

上帝的帮助

佚名

一天，一场非常大的雨从天而降。雨越下越大，渐渐地，洪水开始淹没城市。人们纷纷举家逃往别的地方。

可就在这时，还有一个神父固执地在教堂里祈祷。

他深信，凭借自己大半生虔诚的祷告，上帝一定不会不管他，肯定会来解救他的。

一会儿，洪水已经淹到神父的腰了，可他依然在祷告。

突然，一个救生员开着小艇过来，对神父说："神父！快上来，不然洪水会把你淹死的！"

神父说："不！我要守着我的殿堂！我深信上帝会来救我的！"于是，救生员很无奈地离开了。

不久，洪水已经淹没过神父的头了，他只好勉强地站在桌子上，可他依然没有停止祷告。这时，一个警察开着小艇过来，对神父说："神父！快上来，不然洪水会把你淹死的。"神父说："不！我要守着我的殿堂！我深信上帝会来救我的！"于是，警察也无奈地离开了。

又过了一会儿，洪水已经把教堂淹没，神父只好抓着十字架，在教堂屋顶上祷告。

这时，一架直升机开了过来。飞行人员丢下绳梯之后，对着神父大叫："神父！快拉着绳梯爬上来！不然洪水会把你淹死的！这可能是您逃生的最后一次机会了！"

神父摇了摇头，意志坚定地说：

"不！我要守着我的殿堂！我深信上帝会来救我的！他绝不会对我不管不顾的。"

于是直升机也无奈地离开了。

但是，洪水还是一直涨，一直涨，神父最后被淹死了。

神父见到了上帝，他十分生气地质问说："你是怎么回事？我已经如此虔诚地祷告了，乞求你去解救我，可你还是让我丢了性命。如果这样的话，你的子民还会相信你吗？"

上帝委屈地说："你到底想怎么样呢？我已经派了两艘小艇和一架直升机去救你了，难道要我派航空母舰你才肯坐吗？"

人生悟语

上帝尽力去救这个神父了，只是所用的方式与神父想象的不一样。人们往往喜欢把自己的观点强加于人，常常认为对方应该按照自己的想法去做。其实，对待同一件事，每个人采用的处理方式都不一样，理解、体谅更有助于事情的解决。当上帝对你伸出手时你只需要抓住上帝的手。

承担

杨基宽

有一位为人非常谦虚的主管跑来向我递辞呈，我大吃一惊，因为他是一位完全以部属为重的人，以每年公司分红为例，他总是将自己的一份转给部属。失去他，将会是公司的一大损失，而且每年的考绩都显示他很受部属的支持。

我询问原因。绕了个大圈子后，他很委婉地说出离职的原因。原因是他有一位能力很强的副手，但因为他曾对这位副手的某些企划案提出一些不同意见，可是副手却不见得完全认同他的看法，以至于他观察到副手有些闷闷不乐。显然，这位主管想离开，因为将心比心，他不忍看到副手有志难伸，所以他想空出位置来让副手有自己挥洒的空间，避免自己成为别人的障碍。了解后，我找来那位副手，告知他的主管要离开的事，并询问他是否知道主管离开的理由，他说他不清楚。

为了避免给副手太直接的冲击，我先跟他分享一个故事。故事描述，有间庙宇，被建在一片大湖的中央。大湖一望无际，庙中供奉着传说中菩萨戴过的佛珠链子，庙里只有一艘小舟供和尚出外运送补给用，外人无路接近，把佛珠链子放在湖中庙里，更显现佛珠链子的珍贵与安全。庙里住着一位老师父，带着另外几位年纪较轻的和尚修行。直到有一天老师父召集他们说："菩萨链子不见了！"

和尚们都不敢相信，因为庙中唯一的门二十四小时都会由这几位和尚轮流看守，外人根本进不来。和尚们议论纷纷，因为他们都从和尚变成了嫌疑犯。

老师父安慰这群和尚，说他并不在意这件事情，只要拿的人能够承认犯错，然后好好珍惜这串佛珠链子，老师父愿意将链子送给喜欢的人。所以老师父给他们七天静思。

第一天没有人承认，第二天也没有，令人窒息的气氛一直持续到第七天，还是没有人站出来。老师父见没有人承认便说："很高兴各位都认为自己是清白的，表示你们的定力已够，佛珠链子不曾诱惑得了你们，明天早上你们就可以离开这里了，修行可以告一段落了。"

隔天早上，为了表示自己的清白，和尚们一大早就背着行囊，准备搭舟离开，只剩一个双眼失明的瞎和尚依然在菩萨面前念经，众和尚心中松了一口气，因为终于有人承认拿了链子，让冤情大白。老师父一一向无辜的和尚道别后，转身询问瞎和尚："你为什么不离开？链子是你拿的吗？"

瞎和尚回答："佛珠掉了，佛心还在，我为修养佛心而来！"

"既然没拿，为何留下来承担所有的怀疑，让别人误会是你拿的？"师父问道。

瞎和尚回答："过去七天中，怀疑很伤人心，自己的心，还有别人的心，需要有人先承担才能化解怀疑。"

老师父从袈裟中拿出传说中的佛珠链子，戴在瞎和尚的颈子上："链子还在，只有你学会了承担！"

说到这里，我把主管离职的原因告诉了他，并提醒他："你还没学会承担，因为别人心中有你，而你心中只有自己。"

人生悟语

心中只有自己的人，自私自利，看不到别人的长处，根本就不懂得承担。而心中装着别人的人，坦荡无私，处处为别人着想，勇于承担。前者让人讨厌，后者让人尊敬。

听懂你的心

佚名

在一家远近闻名的幼儿园里，有一位善解人意的园长。据说她能听懂每个孩子的心。

有一天，一个慕名而来的年轻母亲带着她的儿子——一个不合群，在哪家幼儿园都待不长久的小男孩，找到了这位园长。园长先和孩子握了握手，说："欢迎你来到这里！你真是个漂亮的小男孩！"

小男孩听到赞扬，脸上露出了微笑。

然后，他乖乖地跟着园长参观这所幼儿园。在路过一道围墙的时候，小男孩指着上面那些五颜六色、乱七八糟的图画说："这是谁涂的呀？"

“这可能是哪个淘气的孩子涂的，以后你可不能乱涂乱画。”小男孩的母亲赶紧说道。

可是那位园长却低下头来微笑地说：“这是专门给孩子们画画用的，只要你高兴，随时可以在上面画画。”

小男孩似乎对她的回答很满意，他没再纠缠这个问题，径直朝前走去。

一会儿他们来到了一间教室，里面有十来个孩子正坐在地上堆积木。其中有一个小女孩堆得特别好，她的城堡马上就要完成了。

这时，小男孩就说：“天天玩，没意思！”其实他是嫉妒人家堆得好。

小男孩的妈妈便接口道：“没意思就玩别的，又没人拦着你。”

这时园长摸摸小男孩的头，说：“天天堆积木好像是没什么意思，你看，外面还有那么多的玩具，你想玩什么就玩什么。”说完就带着他走出了教室。

参观完后，妈妈问小男孩愿不愿留在这里，小男孩点了点头。这让他的妈妈大为惊讶，她对园长说：“我真不敢相信！这可是他第一次表示愿意留在幼儿园。我不知道你到底用了什么办法？”

园长笑着说：“其实很简单，只要把自己当成他就行了。”

人生悟语

与别人交往的不成功，往往是由于我们把自己的想法和感受太多地强加给了别人，愈是强硬，愈是容易引起别人的反感。试着设身处地地为他人着想，以感同身受的心理去理解别人，就会发现，与人有效地沟通和良好的交往并没有想象的那么难。

第六章 退一步海阔天空

比比谁是贤妻

种豆人

今天是刘应强去武术学校培训的日子。刚上完一堂课，刘应强突然接到他老婆范春花的电话，范春花在电话里哭哭啼啼地说被人欺侮了，让刘应强去帮她出气。刘应强是个火暴脾气，挂了电话，跟老师请了假，直奔老婆说的地点。

刘应强一到，范春花扫了身后的粮食店一眼，把事情经过一五一十地说了。原来今天一大早，范春花赶到菜场附近摆摊，她的摊位正好挡在一家粮食店的门口，粮食店的瘦老板很不高兴，对范春花嚷道："这位大嫂，你怎么能把摊子摆在我家店前呢？你这样我们还怎么做生意？"

范春花好容易才把摊子摆好，她不服气地说："凭什么？这儿虽说是你家门口，却是公家的地，你管得着吗？"瘦老板见跟范春花说不通，就作势要上前收她的摊子。范春花一看急了，她扑上前就挠了瘦老板一下，瘦老板猝不及防，一下子被她挠破了脸，他不由也火了，向范春花高高举起了拳头……

刘应强听到这里顿时怒了，就要冲进粮食店去，却被范春花一把拉住了："算了吧，那家伙刚刚出去了，现在店里只有他老婆……"但刘应强哪里肯听？他冲到粮食店里，看到一个女人正在喂孩子吃奶，便不由分说，"啪啪"给那女人两个巴掌，女人被打得莫名其妙，她怀里的孩子也吃了一惊，吓得哇哇大哭起来。这时，范春花忙拉住他，说："她男人不在家，你别难为她一个女人了，这门面上有他的手机号，你打过去骂骂他！"

刘应强听了，果真在门面招牌上找到了瘦老板的手机号，拨通后就破口大骂，那边的瘦老板也不是省油的灯，两人各不相让地骂了一通，最后刘应强撂下一句狠话："咱们走着瞧，老子定要你尝尝我的厉害！"瘦老板也不甘示弱："有本事等我晚上回来好好算账！我还怕你不成！"范春花见势不对，连忙拉着刘应强回家，刘应强看着忐忑不安的妻子，就安慰她，拍拍她的手，说："你真是我的好贤妻，跟着我吃了这么多苦，还处处为我着想……但你别怕！现在我好歹也学了几天武术，只要有人敢欺侮你，我一定要为你出这口气！"

范春花迟疑地说："要不就算了吧？反正你也打了他老婆，我们又没吃亏……"

"那哪行！他小子敢跟我说狠话，我决不能轻饶他！"范春花看着老公，欲言又止。

等到晚上，范春花把刘应强看得死死的，不让他出门。等范春花睡着之后，刘应强偷偷起身，出了门。刘应强来到粮食店门外，已是深夜，他给瘦老板发了条短信：老子来了，就在你家店门外，有本事出来跟老子拼个你死我活！刘应强发完短信就后悔了，听早上通话的口气，那瘦老板恐怕也是个血性子，两人真打起来，总有人会吃亏，再说两家的孩子正在嗷嗷待哺，万一有个好歹，两个家可怎么办？就在这时，手机震动了！对方回信息了！

刘应强的手不由哆嗦起来，等他打开信息一看，他竟然乐了，只见回复内容是这样的：哥们儿，何必苦苦相逼呢？大家都是做生意混碗饭吃的，相逢一笑泯恩仇吧！见对方说了软话，刘应强顿时强硬起来，马上回信息把对方狠狠地骂了一顿，直骂得对方体无完肤。

没想到那瘦老板还真是个软骨头，骂他也不恼火，反而告诉刘应强哪里是本市摆地摊的地点，每天只收两块钱的管理费，生意还很火，还回复给他一个“笑脸”的表情。刘应强知道对方不会出来跟他打架了，于是得意扬扬地回去了。

第二天一早，刘应强把昨晚的事告诉了范春花。中午，范春花真的跑到瘦老板说的那个地摊市场去看了，那里果真和瘦老板说的一模一样。刘应强不免有些得意，逢人就吹自己是怎样用一条短信吓趴了一个瘦鬼，让他“招供”出了这个市场信息。

这天晚上范春花收摊回来，突然对刘应强说：“不如我们买点礼物去看看瘦老板和他老婆吧？”刘应强一脸吃惊：“你说什么？”范春花说：“我现在想想总觉得不安心呢，你当时打了人家，他们还一点不记仇，还给我们指了一条明路，做人不能不凭良心啊！”刘应强鼻子里一哼：“那是他打你在先，后来又怕我打他！你以为他是心甘情愿的？”听了这话，范春花突然不安起来：“那天是我先把摊子挡在他的门口，不过他并没有打我……他把拳头举了半天，可最后还是放下了，他说男子汉不兴打女人……”刘应强听了不由一愣，觉得瘦老板那话像根鞭子抽在他身上，他想起自己那天打瘦老板老婆的一幕，脸上不由发起烧来。这两周的武术课上下来，他也懂了一些习武为人之道。

第二天一早，刘应强夫妻俩买了一些礼品来到了瘦老板的粮食店，瘦老板对他们的到来很诧异，他下意识地摸了摸自己脸上的那道抓痕，那可是范春花与他争执时留下的。刘应强两口子看了看他的脸，尴尬起来，范春花歉意地说：“对不起，我上次不应该那样对……”

“文艺，你该去学校了！”她的话还没说完，就被一个女人打断了，那女人正是瘦老板的老婆，女人边说话边替瘦老板拿来了外衣。瘦老板听了女人的话后，又照照镜子，迟疑地说：“可我的脸……”女人“扑哧”一笑，说：“你就说是猫抓的，为这个你两个礼拜都没去学校了，瞧你这点出息！”

瘦老板乖乖地穿上外衣匆匆地出去了，刘应强一看他的外衣怔住了，上面印着“骄子武术学校”几个小字。瘦老板走后，女人轻声说：“我老公并不知道我挨打的事，你就不要说漏嘴了。还有，那天我老公等你到半夜，见你没来就先睡了，你发短信时是我收的，也是我回的，你不会介意吧？”

原来如此！可刘应强眼下却顾不得多想这个问题了，他心里有另外一个疑问：“你老公也在‘骄子武术学校’学武术？我怎么没见过他？”女人淡淡地一笑：“他是‘骄子武术学校’的名誉校长……”

刘应强顿时愣住了，半天说不出一句话来，心想，怪不得在学校学习两周了，还没见过王文艺校长呢，原来都是自家两口子给闹的。而范春花这时却在想另一个问题——总以为自己是个贤妻，哪知道跟人家一比，差远了！

人生悟语

如果说“温良恭俭让”是衡量君子的标准，那么这个“让”字的学问可真不小……

给自己让路

牟丕志

山林中住着许多动物，一天，山神召集所有的动物开会，说是要举行搬运木头的比赛。大家听到这个消息，都十分兴奋，纷纷摩拳擦掌，准备在赛场上一比高低。

动物们各自盘算着夺取冠军的事。黑熊力量很大，它心里盘算着，如果比赛顺利的话，自己拿个冠军头衔是很有希望的。野猪浑身都是力气，而且经常从事体力劳动练就了一身硬功夫，它渴望得到这个冠军。猎豹奔跑速度快，身手敏捷，它想，自己如果能发挥出速度快的优势，夺取冠军是不成问题的。大象力大无穷，它想，这搬运的工作是自己的特长，如果能够正常发挥水平，这夺冠军就如囊中取物一样。大家都憋足了一股劲，准备在赛场上大显身手。

黄羊也报名参加了比赛。大家觉得黄羊力量不大，跑得也不是很快，于是大家认为黄羊只是参与而已，没有夺冠的实力，是最有可能落在最后的。

按照比赛规则要求，大家将木材从河东岸运到河西岸，必须走过架在河上的一座独木桥。在不落水的情况下，谁运送的木材多，谁就算赢。

比赛开始了，黄羊扛着木头走到桥边，当它正想过桥时，发现黑熊运完了一根木材回到了桥边。黄羊想，还是让黑熊先过吧，自己晚过去一会儿，不会对比赛成绩有什么大影响，而且，两边都想过桥，总得有先有后，同时过桥肯定是不行的。就这样，黄羊每当到桥边，只要发现有别的动物走到桥边，它总是让别的动物先过桥。观看比赛的动物都纷纷说黄羊过于善良，每次过桥总是给别的动物让路，这样肯定会输掉整个比赛的。

两个时辰到了，山神宣布比赛的结果，黄羊获得比赛冠军。大家都不相信这是真的，但经山神细说比赛经过，大家才恍然大悟。

原来，只有黄羊肯为其他动物让路，所以它每次都能顺利地过桥，可是其他动物却不肯为对方让路，结果，很多动物在桥上对抗，你不让我，我不让你，浪费了大量的时间。大象和黑熊在桥上动武，结果双双跌到桥下，丧失了继续比赛的资格。猎豹和野猪在桥上谁也不肯给谁让路，结果它们结了仇，相约到河边去角斗，它们斗了一个时辰，也没有斗出高下，却忘记了比赛这码事。还有许多动物都陷入了这样或那样的麻烦中，根本无法运送木材。只有黄羊自始至终一刻不停地送运木材，它运送的木材堆积得如小山一般，它是名副其实的冠军。

山神最后说，给对方让路，就是给自己让路。这就是黄羊取胜的秘密。

退一步海阔天空，你后退一步，其实什么也没失去，却反而赢得了别人的敬意和友谊。

化敌为友

蒋光宇

1754 年，美国独立以前，弗吉尼亚殖民地的议会选举在亚历山大里亚举行。后来成为美国总统的乔治·华盛顿上校,作为那里的驻军长官也参加了选举活动。

选举后期,主要是两个候选人在竞选。大多数人都支持华盛顿推举的候选人。但有一个叫威廉·宾的人,则坚决反对。为此,他同华盛顿发生了激烈的争吵。争吵中,华盛顿失言,说了一句冒犯对方的话,这无异于火上浇油。脾气暴躁的威廉·宾怒不可遏,重重的一拳把华盛顿打倒在地。

华盛顿身边的朋友围了上来,摩拳擦掌,群情激愤,要揍威廉·宾。驻守在亚历山大里亚的华盛顿部下听说自己的司令官被辱,马上荷枪实弹跑过来助战,气氛十分紧张。

在这种一触即发的情况下,只要华盛顿一声令下,威廉·宾就会被痛打一顿。然而,华盛顿克制了自己,使自己的头脑冷静下来。他用命令的口吻平静而坚定地说:"这不关你们的事!"就这样,事态才没有扩大。

第二天,威廉·宾收到了华盛顿派人送来的一张便条,要他立即到当地的一家小酒店去。威廉·宾马上意识到,这一定是华盛顿约他决斗。于是,富有骑士精神的威廉·宾毫不畏惧地拿了一把手枪,只身前往。

一路上,威廉·宾都在琢磨如何才能打倒身为上校的华盛顿。但当他到达那家小酒店时,却大出意料之外:他见到了华盛顿一张真诚的笑脸和一桌丰盛的酒菜。

"威廉·宾先生,"华盛顿热诚地说,"犯错误乃是人所难免的事,纠正错误则是件光荣的事。我相信,我昨天是不对的,你在某种程度上也得到了满足。如果你认为到此可以和解的话,那么请握住我的手,让我们交个朋友吧!"

威廉·宾被华盛顿的神态感动了,忙把手伸给华盛顿:"华盛顿先生,也请你原谅我昨天的鲁莽和无礼。"

从此以后,威廉·宾成为华盛顿忠实的朋友和坚定的拥护者。

当华盛顿被打倒在地时,是很容易失去理智,做出一些可能令他悔恨终生的蠢事的。难能可贵的是,华盛顿在盛怒之下能恢复冷静,在绝对优势之下能不以强凌弱,反而能以退让、宽容和友善的态度来解决问题,化干戈为玉帛,化对手为兄弟。

这个故事使人想到了《孙子兵法》中的话:使敌人举国降服是上策,击破敌国就略逊一筹;使敌人全"军"降服是上策,击破敌人的"军"就略逊一筹;使敌人全"旅"降服是上策,击破敌人的"旅"就略逊一筹……因此,百战百胜算是高明的,但还不算是高明中最高明的;不经交战而能使敌人降服,才算是高明中最高明的。

善于化敌为友,无疑是高明中最高明的。没有化敌为友的胸怀,就不能成就大业,更不能承担起整个国家。

人生悟语

华盛顿以退让、宽容和友善的态度化解了矛盾。人生最完美的胜利不是毁灭敌人,而是把敌人变成自己的朋友。

羚羊的离开

佚名

在一个原始森林里,一条巨蟒和一头豹子同时盯上了一只羚羊:豹子看着巨蟒,巨蟒看着豹子,各自打着自己的算盘。

豹子想:如果我要吃到羚羊,必须首先消灭巨蟒。巨蟒想:如果我要吃到羚羊,必须首先消灭豹子。于是,几乎在同一时刻,豹子扑向了巨蟒,巨蟒也扑向了豹子。

它们撕咬在一起。豹子咬着巨蟒的脖颈想:如果我不下力气咬,我就会被巨蟒缠死。巨蟒缠着豹子的身子想:如果我不下力气缠,我就会被豹子咬死。于是,双方都拼死命地用着力气。

羚羊看到这一切,安详地踱着步子走了。而豹子和巨蟒则双双到地,它们全然没有察觉到羚羊已经离开。

猎人看到这场争斗,无限感慨地说:“如果两者同时扑向猎物,然后平分猎物,而不是扑向对方,两者都不会死;如果两者同时走开,一起放弃猎物,两者都不会死;如果两者中一方走开,另一方扑向猎物,两者都不会死;如果两者在意识到问题的严重性时互相松开,两者也都不会死。”

人生悟语

谦让,是一种心平气和的谦卑与互让,是一种心明眼亮的谦虚与互利,是一种心比天高的谦逊与互惠,是一种心安理得的谦敬与互存。

巨蟒和豹子的悲哀就在于把本该持有的谦让转化成了你死我活的争斗。

你可以选择不“勇敢”

孙盛起

放学了,学生们熙熙攘攘地拥出校门。我刚回到办公室,手机响了。

我接听电话,一个急促的声音传来:“孙老师吗?我是张雨的父亲。张雨在回家的路上被几个坏人打伤了,你快来医院看看吧!”我大吃一惊,急忙赶往医院。

急诊室里,张雨脸上、衣服上满是灰土和血迹。他的头被打破了,医生已经给他清洗完伤口,正在缝针。张雨的父亲表情凝重,母亲泪水涟涟,然而从张雨的脸上却看不到一点儿痛苦,从他的嘴角我还隐约感觉到了一丝笑意,看来他把自己的受伤当成了一种荣耀。

走出急诊室,学生们围上来,七嘴八舌地告诉我事情的经过:放学后他们一起回家,分手时,从巷子里忽然出来四五个比他们年龄稍大的男孩子拦住张雨,向他要钱,张雨不给,那几个人就从袖子里抽出铁棒一边威胁一边强行搜身,张雨不肯示弱,竭力反抗,结果被打翻在地……

张雨头上的伤口缝了七针!

送张雨回家后,我安慰了他几句,夸奖他的坚强。张雨面露得意之色,看得出,他对自己的表现很满意:被抢时勇敢,受伤后坚强。

然而,我随后的话令他的得意之色顿消。我说:“你当时不应该反抗。你完全没有必要表现得那么勇敢。”在场的学生以及张雨的父母,对我的话感到很吃惊,室内一阵静默。过了一会儿,张雨委屈而困惑地问:“我做得不对?老师和课本上不是一直教育我们要敢于和坏人坏事作斗争吗?”

我拉过张雨的手,那上面有好几处擦伤。我怜惜地轻轻抚摸那些擦伤,说:“没错,是要敢于和坏人坏事作斗争,可那要分场合看情况。你现在是初二的学生,年龄小、能力有限,面对的又是四五个手持铁棒年龄比你大的坏人,你怎么可能斗过他们呢?在这种场合,你首先应该想到的是如何保护自己免受伤害,而不是和他们斗。也就是说,你应该选择顺从,选择不那么勇敢。明知不可为而为之,不是勇敢而是莽撞。”张雨若有所思。

我继续说:“你是不是觉得如果不反抗很没面子?我讲一个列宁的故事吧。那是十月革命刚胜利不久。有一天,列宁坐车去克里姆林宫开会,途中忽然遇到一群拦路抢车的劫匪。警卫员正要拔枪反抗,列宁连忙摆手制止,然后很顺从地下车,任凭劫匪把车开走。因为他知道,劫匪人多势众,如果打起来,他们根本不是对手,结果只能是车毁人亡。车被抢走后,列宁步行赶到克里姆林宫,并以这次被抢为例作了很著名的演讲,说明有时妥协是必要的,比如屈辱地和德国订立和约退出第一次世界大战。你能说列宁懦弱、不勇敢,很没面子吗?当然不能。通过这件事,人们反而更加钦佩列宁的睿智,因为他能够审时度势,清楚地知道什么时候应该勇敢,什么时候不需要勇敢。列宁在这方面为我们树立了一个榜样。”

张雨的心里依然存有疑虑,他问:“那以后遇到这种事情,我该怎么办?”我说:“把钱掏给他们,及时通报父母、老师,然后到派出所报案。”张雨的父母连连点头。

从张雨家出来,我长出一口气。不知道通过这次教训,张雨以及其他学生能够学到多少“进退之道”,增加多少自我保护的意识,但我知道我必须尽到一个教师的职责,使学生们尽可能地少受到伤害,尽管我的一番言论和我从小受到的教育以及教科书上的某些观点相悖。

人生悟语

如果你没有鸟儿那样的翅膀,那么你不要随便尝试从悬崖上跳下;如果你没有鱼儿那样的鳃片,那么你不要随便尝试畅游海底。做人需要勇敢,更需要量力而行,能够审时度势才能更好地生活。

退步原来是向前

李丹崖

太阳已经下了山,月亮还没有出来。寂静的九虎寺禅院里,外出的师傅还没有回来。为了布置寺院,两位小和尚正在寺院前的围墙上专心致志地作画。

他们画的是一幅《龙争虎斗图》,为了这幅画,他们已经足足忙碌了好几个时辰,但是,总觉得还不够完美。

画中:龙在云端,盘旋将下;虎踞山头,作势欲扑。为了达到理想的效果,两位小和尚已经对这幅画进行多次修改,但是,还是觉得画中的龙和虎缺少动态之美。他们殚精竭虑地思忖着,额头上聚满了豆大的汗珠。

这时师傅从外面归来,两位小和尚赶忙向师傅请教。师傅看了看他们的画后笑着说:“你们所画的龙和虎,外形上都很真实,但是,你们没有弄清楚它们的特性:龙在发起进攻前,头必须向后退缩;虎若向上扑跃时,头也必须压得很低才行。龙的颈向后缩得幅度越大,虎的头越是贴近地面,它们就会冲得越迅猛,跳得越高远。”

两位小和尚听了师傅的点拨,心悦诚服地说:“怪不得我们所画的龙和虎都动态不足,原来,我们一味地强调它们的进攻,把龙头画得太靠前了,虎头也画得太高了。”

师傅这时借机开导他们道:“这与参禅悟道、为人处世的道理是一样的,懂得适时退一步,才能冲得更远;懂得谦卑之后,才能跃得更高啊。”

小和尚不解地问："退了之后又怎能向前，谦卑的人又怎能更高呢？"

师傅这回没有说话，执笔写下这样一偈：

手把青秧插满田，低头便见水中天；

身心清净方为道，退步原来是向前。

两位小和尚异口同声地吟完此偈，会心地笑了。禅院里月光一片皎洁，师傅的话也像这月光一样洗涤了他们的心灵。

生活中，我们总是为了进一步而争得面红耳赤，撞得头破血流，闹得鱼死网破。这样做不光于事无补，反倒适得其反，僵化了局面，使我们无法再次抬起前进的双脚。那么，这时候，我们为什么不想着退一步呢？

退一步积蓄力量，争取下一次一举击破；退一步变换策略，争取下一次一战告捷；退一步瞅准机遇，争取下一次游刃有余；退一步看清玄虚，争取下一次不再重蹈覆辙；退一步坚定操守，争取到一生的好名声。

流水在奔流入海的途中，需要退步绕行以冲出重围；运动员在三级跳远之前，需要退步助跑以跳得更远；武警在攀援之前，需要退步起跳以翻越障碍。

生活中，有太多的事需要我们退一步，退一步才能拥有柳暗花明的豁然，退一步才能赢得海阔天空的豪迈，退一步才能摆脱只缘身在此山中的局限，退一步才能避免成为笼中之鸟的悲哀。

退一步并不是示弱，而是气度非凡；退一步并不是委曲求全，而是卧薪尝胆；退一步并不是不通世故，而是襟怀坦荡；退一步并不是甘居人后，而是鼓劲向前。

人生悟语

前进不一定就是代表成功，后退不一定就意味着失败。人生是一个漫长的旅程，不停不歇地奔跑只会让自己累得倒下，懂得休息的人才能走得更远。后退不是畏缩，而是为了更好地选择和积蓄力量，从而更好地前进。

越长越短的非洲象牙

查一路

非洲象牙的名贵举世皆知，可这并非是非洲象的福音。相反，名贵的象牙却给大象们带来了厄运。偷猎者的目光瞄准了大象。一段时间，长着长长象牙的非洲象几乎被猎杀殆尽。

流落和离散的幸存者，在蛮荒的非洲草原，躲开了猎杀者的视线。当它们惊恐地度过一个又一个茫茫的旱季，成功地存活下来后，人们惊讶地发现，非洲象的象牙已失去了原来的长度，而且有越长越短的趋势。生物学家预测，如果猎杀不止，在未来的某个时间，非洲象的象牙会逐渐短到消失。非洲象会变种成不再长象牙的大象。

这一奇怪的现象以及非洲象的"特异功能"，让生物学家也无法解释。大象何以意识到招致杀身之祸的就是象牙。无论是有意识还是无意识，客观的情况是，非洲象在体内抑制了象牙的生长。既然偷猎者的目光贪婪地盯在象牙上，象牙越来越短，甚至消失，非洲象的安全系数也将越来越大。

名贵的象牙既是非洲象的精华所在，又是招来猎杀的祸根：当自身的实力不足以保护自身的"优势"，"优势"遭人觊觎和垂涎时，倒不如隐藏优势，等待时机。

上世纪60年代初,美国汽车独霸北美市场,而日本汽车因产量太少,在北美市场占有率很低,不到4%。因此,美国的汽车厂商根本没有把日本汽车放在眼里。但日本汽车厂商在暗地里同美国同行较劲,他们根据北美人的消费习惯,设计了许多深受当地人欢迎的新型汽车,一度将日本汽车在北美市场的占有率提升到30%。直到这时,美国汽车厂商才如梦初醒,赶紧商量对策,可惜已让日本汽车厂商抢占了市场先机,很大一部分利润都给他们赚走了,美国汽车厂商为此懊悔了好长时间。

优势不是摆设,而是一剑封喉的利器。投奔曹操的刘备,貌似忠厚驽钝,终日在后园种菜,隐藏了自己的野心,待以时日,东山再起;聪明的杨修,仅凭灵活的脑瓜和伶俐的口舌,时不时与曹操斗智,最终死在曹操的刀下。

将优势藏一点,并不是坏事。盘马弯弓,引而不发,一旦出击,犹如幽林中的响箭;关隘上的伏兵,隐藏已久,又突如其来。这样才可以将优势的价值演绎得淋漓尽致。

锋芒太盛,有时会灼伤自己,收敛自己的傲气,才能走得更远。不要逞一时之强,而造成一生之苦,暂时的低头,才能换来一生的头颅高昂。学会低调,懂得退让,才会在趾高气扬的浮躁人群中一鸣惊人。

这里的午夜静悄悄

袁翼

欣喜归,意外知真相

乔大虎告别老婆玉莲,出门打工。这天,他出差给老板办事,有了一个可以顺道回家的机会。当他赶到县城时,已经错过了晚班车。乔大虎想,干脆抄近道走山路,三个多钟头准能到家。

主意打定,乔大虎就在地摊上买了把水果刀,拿在手里以防万一。他又摸摸脸——胡子拉碴,蓬头垢面的。他想,已经半年多没见老婆了,为了给老婆一个惊喜,先洗洗去。

乔大虎疾步走进街头一家小理发店。店里,一个十六七岁的小师傅,正在无精打采地干坐着。乔大虎一看,咦,这丫头不是村里杀猪匠王豹子的闺女月儿吗?月儿见是乔大虎,先是一愣,然后撅起小嘴,扭过头,冷冰冰地不理他。乔大虎明白,月儿还在记他的仇呢。

乔大虎年轻时,跟月儿的妈妈翠花谈过一段时间对象。后来,王豹子听信传言,怀疑乔大虎和自己的老婆翠花藕断丝连,不干不净。有一天,就故意找他的茬,两个汉子吵着骂着就干起了架,结果打得天昏地暗,差点出了人命。这么一闹,村里人都知道了,王豹子越发觉得在人前抬不起头来。而乔大虎更是一肚子委屈,他是个规矩人,压根就没和翠花做过那号亏心事!

乔大虎尴尬地站在门口,进退两难。但一想,我一个做长辈的,怎么能跟孩子计较?再说,月儿店里生意这么冷清,照顾她生意应该没错。想到这里,他抬腿进了门,一屁股坐在椅子上,将水果刀往台面上一搁,笑着说:"月儿,当师傅了呀,手艺一定不错,来,让你叔开开眼!"月儿只好动手洗理。

乔大虎路上也累了,借机打起了盹。等他睁眼一看,顿时哭笑不得。原来,月儿把他的头,理得长的长、短的短,狗啃一般,要多难看有多难看。再看月儿,正得意地站在一旁,捂着嘴乐呢。这丫头，故意耍小心眼！乔大虎也不气恼，摸了一把头发，哈哈笑道：“月儿，你把叔的脑壳当实验田了啊。得了，干脆给你叔来个光头吧！”

光头很快就剃好了，乔大虎拍着自己的“葫芦”，高兴地说：“真不错，这大热的天，又凉快，又省事！”月儿大概也觉得刚才做得过分了，不好意思地朝他笑了笑。

乔大虎大步流星往回赶，到了家门口，已经是半夜了，四下里黑漆漆的。想到马上就能见到玉莲了，他兴奋得手都微微发抖，可敲了几次门，屋里玉莲都没有反应。也许玉莲白天太累了，这会儿睡熟了吧？他举起手，又重重地敲了起来。好一会，屋里才传来玉莲发颤的声音：“谁？谁呀？”

乔大虎听到玉莲的声音，激动得声音也有些变调了：“玉莲，我是大虎呀，我回来了，快开门！”

门“呼啦”一声开了，就见玉莲穿着一身长衣长裤，站在面前。乔大虎张开双臂，就扑了上去，想抱住老婆啃上几口。哪知，玉莲猛地后退一步，惊恐地叫起来：“王秃子，又是你！滚，快给我滚！”说罢，“砰”地就将门关死了！乔大虎心里“咯噔”一下，愣住了。

门内，传来玉莲低低的哭诉声：“王豹子，你一肚子坏水，竟然想到冒充我家大虎，我差点上了你的当。求求你放过我吧！你这样纠缠我，给人看见了，以后你我哪还有脸见人？要是传到大虎耳朵里，以他的性子，会跟你拼命的！你和大虎，都是上有老、下有小的人，要是你俩出了事，咱们两家也就毁了！你不为我想，总该为你家翠花想想吧？你走吧，以后你要是再敢来，我可真要喊人了，你就是真的杀了我，我也要喊人的！”

乔大虎呆了，像一截木头杵在门前。显然，玉莲把自己当成王豹子了。

的确，玉莲是看错人了。王豹子的个头、身材都和乔大虎差不多，不同的是王豹子是个光头，而且是村里唯一的光头，因此还有个“王秃子”的绰号。巧的是，今晚乔大虎也剃了个光头，刚才光线暗，玉莲瞧见大虎那惹眼的光头，加上心里太紧张，就以为是王豹子又来骚扰自己了。

乔大虎是个精明人，听完玉莲的话，自然明白是怎么回事了：这王豹子狗胆包天，趁自己出门在外，竟想占玉莲的便宜，说不定玉莲已经吃过他的哑巴亏了！

想到这里，乔大虎只觉得血气直冲脑门，脑瓜“嗡嗡”直响，身上像火烤着了一样。他咬牙切齿，一跺脚，暗暗骂道：“狗日的王豹子，你当真吃了豹子胆了？敢动我乔大虎的老婆，老子这就杀了你！”

怒似虎，握刀赴仇家

乔大虎握着水果刀，沿着漆黑的山路，跌跌撞撞地朝王豹子家奔去。此刻的乔大虎，像一只被激怒的猛虎，只要他寻见王豹子，那肯定是白刀子进，红刀子出！

乔大虎一阵风似的来到王豹子家的门前，“呼哧、呼哧”喘着粗气，怒气冲天地挥着拳头，将木门擂得山响。他怕王豹子做贼心虚，听出自己的声音，躲着不开门，所以也不喊不叫。可是，屋里黑灯瞎火的，好久也没有动静。半晌，那门才“吱呀”一声开了。

开门的是翠花，她一打开门，就转过身朝房里走，边走边睡意蒙眬地说：“豹子，回来了啊？洗澡水在堂屋的盆里，快去洗一把……”

乔大虎立刻明白了，王豹子还没回来，这翠花和玉莲一样，一定是看见了自己的光头，就错把自己当成王豹子了。

黑暗中，乔大虎看着翠花穿着白色睡衣，扭摆着好看的腰身进了里屋。接下来该怎么办？乔大虎眨着眼有了主意，他一声不吭，悄悄掩上门。他知道，翠花白天忙得陀螺转，回床后，马上就会睡着的。自己正好藏在门后面，只要王豹子敲门或是推门，就可以在他毫无防备的情况下，突然出手，一刀捅死这头蛮牛！

谁知，乔大虎刚在门后面蹲下，翠花就在里屋柔声催促道："怎么还不洗澡啊？早洗早休息，明天还要起早呢。"

乔大虎这下犯难了。翠花是个好女人，当年要不是因为两人性格不合，自己是不会和她分手的，自己要杀的人可不是她，是她该死的丈夫。可是眼下，如果不按翠花说的做，让她发现了，说不定会坏自己的大事。这么一想，乔大虎鼻孔一响，含含糊糊地应了一声，然后摸着黑，轻手轻脚慢慢洗起澡来。好一会，乔大虎估计翠花睡着了，就穿好衣服。刚蹑手蹑脚往大门边摸，又听见翠花在屋里咕哝："洗好了吧，快点上床，磨蹭什么呀，都一点了！你又不是不晓得，我一个人睡不着……"

乔大虎没了退路，只得应付一下，让翠花尽快安心睡觉。他硬着头皮朝里屋走，脑子盘算开了：睡就睡吧，我不吭声，等她睡着了，再悄悄溜下床就是了。可等他进了里屋一看，就愣住了。

床上，翠花一丝不挂地背对着自己侧卧着，白皙丰满的身子像玉雕一样。乔大虎看着看着，呼吸渐渐粗重起来。他已经大半年没碰女人了，血液里那种本能的欲望，像脱缰的野马左冲右撞，又像千万条虫子在叮咬，一时间他周身血涌，心乱如麻：狗日的王豹子，家里有如花的老婆，你还不知足！你不仁，休怪我不义了！他终于再也不能自制，猛地搂住了翠花。

迷惑中，情怨两难断

就在这节骨眼上，乔大虎突然想起了玉莲。我这么做，对得起玉莲吗？还有蒙在鼓里的翠花，她也是无辜的呀！再说，我要真把这缺德事做了，那不是和王豹子一样该杀吗？又有什么资格杀王豹子呢？乔大虎脑子冷了下来，双手慢慢松开了翠花。

不料，翠花却反过身，一把抱住了他："豹子，你咋啦？"

翠花温软的身子，让乔大虎再次心猿意马。不能再这样下去了！乔大虎惊慌失措，推开翠花，脱口叫道："翠花，你搞错了，我不是豹子，我是大虎！"翠花却死死地抱住乔大虎，平静地说："我晓得你是大虎，豹子从来不像你那样凶巴巴地敲门，我在门缝里，已经认出你了！"

"那……那你咋还这样？"乔大虎惊讶极了。

翠花啜泣着说："开门时，我看见你右手背在后面，我猜那手上一定拿着刀，你一定是来杀豹子的，我不能让你杀他！我也恨豹子，他不是人！他欺负了玉莲，还无耻地到处炫耀，话都传到我耳朵里了！可说良心话，豹子除了脾气暴躁，心眼小，犯了这个罪，其他方面还真没什么大毛病，你杀了他，我们家可就完了！"翠花说得不错，要说王豹子这人，还真不错，平时对翠花也挺好的。几年前，翠花父母病倒在床上，翠花的亲兄弟们都不闻不问，要不是王豹子孝顺，前前后后花了十几万，包治疗包养活，翠花父母早就过世了。翠花的公公、婆婆呢，也都是药罐子，翠花身体也虚弱，这个家全靠王豹子撑着，没他确实不行。

乔大虎的心暗暗软了些，可话还说得硬邦邦："不行，我一定要杀了他，不杀他，今后我脸往哪搁？"翠花一听，声泪俱下，伤心地哭道："不！大虎，你要是去杀豹子，你的命也会没了！你我虽然没夫妻缘分，但在我心里，你一直是我的哥哥，是我的亲人，我不能让你送死，不能失去丈夫，又失去哥哥啊！我晓得你的为人，只有让你做了那种亏心事，你才有可能放弃杀豹子的念头，也才能保住你的命啊！"

乔大虎听罢，心头猛一颤，只觉得眼一热，两串委屈的泪水滚滚而下，哽咽着说："我晓得，可豹子偏偏不放过我老婆，一直想报复我！可是，我真的冤啊，翠花，天知，地知，你知，我知，我们之间清清白白！他狗日的豹子，怎么能欺负我家玉莲！这口气，叫我怎么咽得下去？"

翠花闭上双眼，泪流满面："大虎，豹子是冤枉你了，看在咱俩过去的情分上，求求你放过他吧！你要是觉得心里太憋屈，我现在就给你……你放心，豹子去城里给月儿送米、送菜去了，不会回来，今晚我都是你的……”乔大虎用力挣脱开来，蹲在地上，双手抱头，痛心疾首地说：“翠花，你胡说什么呀！我是那样的人吗？我要是做了这样的事情，岂不是猪狗不如！我这就走，我不杀豹子就是了！”说完，“噌”地站起来，转身跑出房门。

好男儿，顶天立地行

突然，乔大虎见到堂屋里，立着一个高大的黑影，挡住了他的去路。黑影是个光头，虎背熊腰，手里拎着一把白亮亮的杀猪刀！

“王豹子！”乔大虎吓了一跳，不由自主地叫了起来。真是冤家路窄！他不由脊背发凉：此刻，自己赤手空拳，如果王豹子扑过来，自己肯定要吃大亏。

乔大虎下意识地退后一步，攥紧拳头，脑门青筋“突突”直跳，正想着怎么夺路逃命，只见王豹子手里的杀猪刀，“咣当”一声掉在地上，接着“扑通”一声，整个人直挺挺地跪下来，一边“啪啪”抽着自己的耳光，一边放声痛哭道：“大虎兄弟哇，我对不起你！我不是人，我猪狗不如！”乔大虎把头扭向一边，一声不吭。翠花闻声跑出来了：“豹子，你咋回来了？”王豹子说，乔大虎前脚刚走，他后脚就到月儿店里，听月儿说乔大虎突然回来了，还带着把刀，心里一惊，就掉头追回来了。乔大虎和翠花说的话，他一字不漏都听见了。王豹子说着说着，将头撞在地上，撞得“砰砰”直响：“大虎兄弟，我是心胸狭窄的小人，真的误会你了，你大人不计小人过！月儿说得不错，你是个好人！要是换成别的男人，早对翠花动歪心思了！兄弟，谢谢你放过翠花，放过我！来生，我要给你做牛做马！”

乔大虎“哼”了一声，冷冷地说：“别谢我，要谢就谢你老婆翠花，她是个好女人！往后，你要好好待她！要不，我决不饶你！”

王豹子痛哭流涕道：“是的，是她救了咱俩！不过，大虎兄弟，我告诉你，玉莲嫂子也是个好女人啊！她怕你晓得了，我俩会再生出什么事，就把委屈埋在心里，我也打心眼里敬重她！其实，我死皮赖脸地粘着她，根本就没碰着她。我在外面吹牛造谣，只是想报复你，让你跟我一样抬不起头。我混账啊！”

乔大虎长长吁了一口气，伸手将王豹子拽了起来，长叹一声道：“唉！这也不能全怪你，我也太莽撞了，差一点闹得不可收拾！还好，一切都过去了，这善恶祸福，就在一念间啊！”

乔大虎出了门，步履轻快地回家。午夜，四野里蛙声一片，显得那么祥和、安宁。清凉的晚风徐徐吹来，他周身格外轻松。

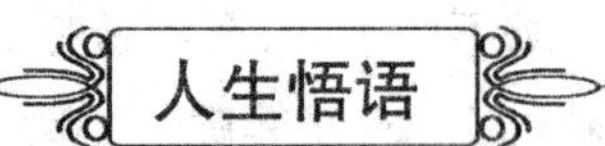

善恶祸福，就在一念之间。退一步，海阔天空。

吃鸡的猫

佚名

从前，赵国有个人家里老鼠成灾，他便到邻居那去求助，邻居给了他一只猫。但是这只猫不仅善于捉老鼠，也善于捉鸡。一个月后，家里的老鼠是被捉干净了，鸡也被猫吃个精光了。

他的儿子感到这样不是办法，就对父亲说：“为什么不把这只馋猫赶走呢？”

父亲说："这就是你不懂了。我们的祸患是老鼠，而不在于有没有鸡。假如家里有老鼠。它就会偷吃我们的粮食，咬坏我们的衣物，洞穿我们的墙壁，损坏我们的家具，我们就会挨饿和受冻了。这不是比没有鸡更有害吗？没有鸡，我们不吃鸡肉就是了，离饥饿和寒冷还远着呢！可要是把猫赶走了，我们恐怕就不只是没有鸡肉吃那么简单了。"

人生悟语

做任何一件事情，都应该权衡利弊。有时为了维护大的利益，就要容忍小的弊端。"忍一时风平浪静，退一步海阔天空"说的正是这个道理！

大肚能容天下事

佚名

唐代有一位名臣叫娄师德，性情温和，为人厚道，为官40年，从不与人结怨。

狄仁杰做宰相，就是娄师德推荐的，可是狄仁杰却不知道。狄仁杰上台后反而排挤娄师德。武则天问狄仁杰："娄师德贤明吗？"狄仁杰说："作为将帅，他能谨慎小心地保卫边疆，是不是贤明，臣不知道。"武则天又问："娄师德识才吗？"狄仁杰说："我曾和他同过事，没听说他推荐过谁。"武则天说："你就是娄师德向我推荐的。他还推荐过其他人，可是从来不向别人说。"狄仁杰听了，感到非常惭愧。狄仁杰说："大德不求报。娄公是一个大德之人。我不了解他，排挤他，可他从来没有说推荐过我。他包容我、宽恕我的时间也太久了，我真无颜面对他。"

坦荡做人，不但敞开胸怀，还要大肚能容天下事。成功者善让，即遇事不与人无谓地争高论低，而是通过退让的办法，去专注地做自己的事情。很多人之所以不能成大事，其中要害之一就是好争而不好让。坦荡荡，这是千百年来留传下来的一种品德。做人要胸襟宽广，要有宽容平和之心，这不仅是一种魅力，更是事业有成之必备习惯。

娄师德的弟弟被派到代州驻守。临别时，娄师德一再嘱咐，与人相处要学会忍让。他弟弟说："哥，你放心。就是有人朝我脸上吐唾沫，我也不会还口，用手擦掉就算了。"娄师德说："不可以擦。别人把唾沫吐在你的脸上是想出气，你把唾沫擦了，他的气还出不了。让它自己干就是了。"陆游在《闻里中有斗者作此示之》一诗中说："唾面使自干，彼忿自消磨。"

主动让"道"是一种宽容，即在人际交往中有较强的相容度，相容就是宽厚，容忍，心胸宽广，忍耐性强。有人说过这样一句话："谁若想在困厄时得到援助，就应在平时待人以宽。"就是说，一个以敌视的眼光看人，对周围的人戒备森严，心胸狭窄，处处提防的人，不可能有真正的伙伴和朋友，只会陷入孤独和无助中；而一个宽宏大量、与人为善、宽容待人、能主动为他人着想、肯关心和帮助别人的人，则讨人喜欢，被人接纳，受人尊重，具有魅力，因而能更多地体验成功的喜悦。

古人云："地之秽者多生物，水之清者常无鱼。故君子当存含垢纳污之量。"人不能太清高了，因为世界本来就很复杂，什么样的人物都有，什么样的思想都有，如果你事事与人计较，只会自己堵住自己的路。一个人必须具有容纳污秽与耻辱的能力，再加上包容一切善恶贤愚的态度，才能有融洽的人际关系。因此，古往今来成大事的人，无不具有宽容的品质。如果我们能爱心永存，真诚待人，宽以待人，就能尽可能地获得别人的好感、依赖和尊敬，就能较好地与周围的人和睦相处，就能在人生旅途中顺利地前行。

人生悟语

在人生旅途中，能够主动让道、宽容一些的话，那么将会省去很多的麻烦，也能减少我们的烦恼。宽容忍让的习惯与作风，不仅给你增加了魅力，也给你带来意想不到的收获。

宽容总像一股清风，在我们暴躁时它抚去毛糙，在我们怒火难消时它成一片荫凉。宽容是一种方向，更是一种品德。当我们敞开胸怀，对一件事情后退一步、一笑了之的时候，才发现，后退之后，面前一片海阔天空。而这，是宽容的一种收获。

后退两步的人生

俞彪

白天上班的时候，和同事为了一件工作上的事情争论得不可开交，最后两人闹得很不愉快。晚上回到家里，我还在生她的气。

吃过晚饭，我照例打开电脑进入我的电子邮箱，看到同事给我发过来一封信。我有些奇怪，白天才和她闹翻了，她晚上给我发邮件干什么？况且有什么事情，不能在办公室说呢？但我还是决定打开邮件，想看看她在信里说些什么。

随着我鼠标的点击，只听见“砰”的一声响，电脑屏幕上出现了一堆什么也看不清的乱码和马赛克，乱码上面还有一些大红的色彩。除了这些，别的什么也没有了。

看到屏幕上的这副景象，我是又惊又气。惊的是担心这是一封病毒邮件，我的电脑将可能遭到彻底毁坏；气得是她竟然这么“卑鄙”，用这种手段来报复我。

我当即拿起电话，准备痛骂她一番。既然她这么不顾同事之间的情谊，我对她又有什么客气可言呢。

就在我准备拨电话号码的时候，我看见刚才还是什么文字都没有的电脑屏幕，这时在右下角，却跳出一行字来：“请后退两步，再看这封邮件。”

于是我后退了两步，再抬眼朝屏幕看去，发现了一个奇怪的现象：刚才我靠近电脑看到的那些乱码和马赛克，由于后退了两步，已经变成了清晰的“抱歉”两个字；刚才看到的那些大红的色彩，现在看去，原来是一个心的图案。我终于明白了同事这封邮件的含义：她是在用心向我道歉！

原来许多时候，我们需要后退两步才能看清真相，才能海阔天空。

人生悟语

也许有不少人听过这样一句话：世上最宽阔的是海洋，比海洋宽阔的是天空，比天空更宽阔的是人的胸怀。一件小事，与其为了它去吵架不如忍耐一下。也许，坐下来，冷静地分析一下事情的来龙去脉，倒比瞪着眼，争吵来得实际。只要能用真诚炽热的心去对待别人，我们就学会了珍惜友谊。

第七章　不必生气，不必抱怨

案头放一盆沙子

罗西

大学毕业后，我到一家外资企业上班。我的工作有点像秘书，但大家都叫我“助理”。在大学里，我出尽风头，也很高傲。从一个学生领袖到做别人的“助理”，我很难受，特别是老张小李什么的动不动就唤我去打杂时，我就会发无名火，觉得很没尊严，我又不是奴才，凭什么指挥我干这个又做那个。不过，事后冷静一想，他们并没有错，我的工作就是这些“一地鸡毛”，刚进来时，王经理也这么事先对我说过，但一涉及具体事情，我的情绪就有点失控。有时咬牙切齿地干完某事，又要笑容可掬地向有关人员汇报说：“我做好了！”

有几次，还与男同事争吵起来，从此以后，我的日子更不好过了，他们几乎不理我，孤傲不成，倒是孤独了。

这天，女秘书小吴不在，王经理便点名叫我到他办公室去整理一下办公桌并为他煮一杯咖啡。

我硬着头皮去了。王经理是厉害的，可以说老奸巨猾，他一眼就看出我的不满，便一针见血地指出：“你觉得委屈是不是？你有才华，这点我信，但你必须从这个起点做起！”

我心里一惊，他竟懂我心！我笑了笑，表示感谢。他还叫我先坐下来，聊聊近况。可我身旁没有椅子呀！我总不能与他并排坐在长条双人沙发上吧？他到底在开什么玩笑？

这时，王经理意有所指地说：“心怀不满的人，永远找不到一把舒适的椅子。”难得见到如此亲切慈祥的面孔，我放松了很多。原来，他不像一个“剥削者”，他更像我的一个合作伙伴。只不过，他是长辈，我需要尊重他。

手脚忙乱地弄好了一杯咖啡后，我开始整理他的桌子，其中有一盆黄沙细细的、柔柔的，泛着一种阳光般的色泽。我觉得奇怪，这干吗用呢？又不种仙人球，这人真怪！

王经理似乎看出了我的心思，伸手抓了一把沙，握拳，黄沙从指缝间滑落，很美！他神秘一笑：“小罗，不要以为只有你心情不好，有脾气，其实我跟你一样，但我已学会控制情绪……”

原来，那一盆精致绝伦的沙，是用来消气的；是他一位研究心理学的朋友送的，一旦他想发火时，可以抓抓沙子，它会舒缓一个人紧张激动的情绪，这盆朋友的礼物，已伴他从青年走向中年，也教他从一个鲁莽的少年打工仔，成长为一名稳重、老练、理性的管理者。王经理说，先学会管理自己的情绪，才会管理好其他的人。

我的心一下子爽朗了许多。忍不住抓了一把那黄金般的沙子，真的，我如同看见了黄金，并且像拥有阳光一样，拥有了它。

人生悟语

在我们心怀不满、怒火中烧的时候，若没有冷静和理智的约束，就容易变得莽撞，就可能造成无法弥补的过失。情绪就好像火，控制得当，可以用来烹煮、取暖，但若用火不慎，就可能酿成火灾。

不怪上帝

朱芳

阿瑟·阿什——美国著名的网球明星、温布尔登网球公开赛冠军——在一次输血时感染上艾滋病，于 1993 年不治身亡。在阿瑟·阿什生前患病期间，曾有无数来自世界各地的球迷给他写信。其中有一位球迷在信中表示困惑："为什么上帝对你如此不公，让你染上这样的病？"

对此，阿瑟·阿什用如下一段话来回答：

"全世界有 5000 万孩子喜欢网球，有 500 万在学习打网球，有 50 万在打职业网球，够资格参加巡回赛的选手有 5 万名，能参加大满贯赛事的有 5000 名，而在温布尔登网球公开赛上露脸的只有 50 名，闯入半决赛的是 4 名，最终的冠军争夺战在 2 名选手之间展开。

"所以，当我终于过关斩将、手捧金杯时，我感谢上帝，同时也感谢自己。因为我相信事在人为，个人成就不是偶然的，有拼搏才会有一切。如今，我身患绝症，我不怨上帝，也不怪自己，因为我知道有些事人无法左右，当不幸来临时，我们只能面对。"

人生悟语

当遇到麻烦和困苦时，我们总是埋怨上天的不公，抱怨为什么忍受苦难的总是我。但当一帆风顺、春风得意时，我们可没想过去找上帝说，感谢您对我的眷顾。阿瑟·阿什在面临绝症时，没有埋怨上帝，他懂得感恩，并且平静而积极地面对一切。平静地面对不幸才是积极的生活态度。

不气

蒋光宇

西藏有个叫爱地巴的年轻人，每当生气的时候就跑回家去，然后绕着自己的房子和土地跑三圈。后来，他的房子越来越多，土地也越来越广。可遇到生气的时候，仍然要绕着房子和土地跑三圈，哪怕是累得气喘吁吁，汗流浃背。

当爱地巴上了年纪之后，走路已经要拄拐杖了，可遇到生气的时候，还要坚持绕着房子和土地转三圈。

一次，他又生气了，拄着拐杖走呀走，走到太阳快要下山了，还要坚持走下去。他的孙子怕他有闪失,一直跟着他。

孙子问:“爷爷!您一生气就绕着房子和土地转,这里面有什么秘密?”

爱地巴对小孙子说:“年轻时,我一同别人吵架、争论、生气,就绕着自己的房子和土地跑三圈,我边跑边想——自己的房子这么小,土地这么少,哪有时间和精力去跟人生气呢?一想到这里,我的气就消了。气消了,我就有了更多的时间和精力来工作、学习了。”

孙子又问:“爷爷!您年纪大了,成了富人,为什么一生气还要绕着房子和土地转呢?”

爱地巴笑着说:“我生气时绕着房子和土地转三圈,一边转一边想——我的房子这么多,土地这么广,又何必同别人计较呢?一想到这里,我的气就消了。”

下面还有一个更耐人寻味的消气故事。

古时有一位妇人,常为一些琐碎的小事而生气。她也知道自己这样不好,便去求一位高僧为自己谈禅说道,开阔心胸。高僧听了她的讲述,一言不发地把她领到一座禅房中,落锁而去。

妇人莫名其妙,气得跳脚大骂。高僧来到门外,问她:“你还生气吗?”

妇人说:“我只为我自己生气,我怎么会到这地方来受这份罪。”

“连自己都不原谅的人怎么能心如止水?”高僧说完,便拂袖而去。

过了一会儿,高僧又返回来问她:“还生气吗?”

“不生气了。”妇人说。

“为什么?”

“气也没有办法呀!”

“你的气并未真正消除,还压在心里,爆发后将会更加剧烈。”高僧说完就离开了。

高僧第三次来到门前时,妇人告诉他:“我不生气了,因为不值得气。”

“你还在考虑值不值得,可见心中还有权衡,还是有气根。”

高僧说完又离开了。

当高僧的身影迎着夕阳立在门口时,妇人问道:“大师,什么是气?”

高僧不语,只是将手中的茶水倾洒于地。

妇人视之良久,顿悟。叩谢而去。

何苦要气?气,原来是别人吐出而你却接到口里的那种东西。

你把它吞下去,便会反胃;你不理睬它,它便会消散了。

人生悟语

佛经说要“放得下”、“走出去”——放得下就是要让心解脱,远离怨恨;走出去就是要心怀善意,有容乃大。

不是为了生气

佚名

德高望重的老和尚非常喜欢盆栽,闲暇时便照顾一盆盆奇木。某天,小和尚一不小心,竟摔破了一盆盆栽。小和尚大惊失色,因为他打破的盆栽,恰好是师父已经照顾了二十年的盆栽!小和尚的师兄见状,幸灾乐祸地说:“你完了!师父一定会把你赶出师门!”

小和尚自知犯错，哭着去请罪："师父……对不起！我打破了您的盆栽。"

"是哪一盆？"师父淡淡地问。

小和尚怯怯地说："是您最心爱的那盆……"

"碎片扫干净了吗？"师父又问。

"扫干净了……"小和尚紧闭双眼，等着师父下令自己离开师门。不料，师父却说："喔，扫干净就好，下次当心一点。你可以去做自己的事了。"小和尚吃惊地说："师父！我还可以留在寺院中。"这下换师父莫名其妙："当然可以，你为什么这么说？""我以为师父一定会非常生气，把我赶出去……"小和尚说。师父抚着胡子，呵呵笑道："我养盆栽是为了陶冶性情，不是为了生气！"

人生悟语

"不是为了生气"，这是一句多么有智慧的话！尤其人与人之间的相遇，更不是为了生气！我们是为了爱情而结婚，不是为了生气结婚；我们是为了理想而工作，不是为了生气而工作……偏偏有一种人就像长满刺的仙人掌，不时要刺别人几下，惹别人生气，自己也发火，最后搞得不欢而散！

更何况，生气从来不曾真正解决问题！既然生气不能改变任何现实，那又何必生气呢？

第一份薪水

文筱筑

到芬兰的第一年，整个夏天我都在农场打工。早上5点起来，骑车到郊外，开始摘果子。每天要摘四五百公斤，足足可以装十几大麻袋，然后还要抬到场外去过磅。生活很辛苦，一个夏天下来，我晒得又黑又瘦。

秋天来的时候，我托人找到一家旅馆打工。我第一眼看到蒂姆的时候就很不喜欢他：胖胖的一个老头，眼镜架到鼻子上，很精明的样子。他看过我的工作申请表之后，冷冷地说，如果我愿意的话，可以在那里试用一个星期。

开始试用后，蒂姆让人教我铺床和整理房间，每天负责一层楼的打扫工作。我干得很认真，一丝不苟。可是尽管这样，蒂姆每天来检查的时候，还是会挑出一些几乎不是毛病的毛病。譬如在玻璃台上发现一根头发，或者在阳台上看到一片枯叶，他都会很严厉地批评我，或者下楼梯一路都喋喋不休。我常常在心里愤愤不平。可是我还是不敢有丝毫的懈怠，我很在乎这份工作。

一个星期之后，蒂姆通知我下周开始可以正式来上班了。然后他递给我一个信封。我知道这是我一个星期的酬劳，我向他鞠了一个90度的躬，然后兴高采烈地离开。

路上我很欣喜地打开信封，却发现只有30欧元。这是个少得可怜的数字。我郁闷极了，回去后我拨通蒂姆的电话，礼貌地问，30欧元是怎么回事。他在那边很不高兴地告诉我，试用是没有工资的，这只是gift。是一个小礼物。挂了电话，我气愤极了，我的芬兰朋友明明告诉我试用也是会有工资的，虽然会低些。

我考虑了很久，还是决定去上班。因为我实在是很需要钱：我要买医疗保险，我还想存够钱买一台电脑。上班了我才发现工作远远比我想象的要辛苦，现在我要一个人负责3个楼层20多个房间的打扫。我要从上午8点一直干到下午3点。我的手臂每天都累到发酸，可是我咬牙告诉自己必须要坚持。我得生活。

11月感恩节到来的那天,我领了我第一个月的工资。从旅馆出来,天上飘着大片大片的白色雪花,打开信封,我看到了整整400欧元。我恨不得亲它们一口,多漂亮的一沓纸啊。

回到家,洗了个澡,工作了一天的我浑身都脏兮兮的。梳洗好出来,我第一件事就是把钱拿出来放好。可是,我一下子懵了。钱不见了,我疯了一样冲出门,一路往回去找。雪很大,跑到广场的时候,我快绝望了。怎么会丢呢?怎么会丢呢?会不会是蒂姆拿了,或者他捡到了?

我跑回旅馆,看到蒂姆在柜台后面看书。我带着最后一丝希望问他:"蒂姆,你看到我装工资的信封了么?"他摇摇头。

我再也忍不住开始哭起来。我辛苦了一个月的成果没有了,我的新年愿望也落空了。我往回走的时候,蒂姆叫住我:"小姑娘,你怎么了?今天是感恩节,你哭什么?"我转过头看着他。"我为什么不哭?我从来到这里就不顺利极了:上课语言我听不懂,每天只能休息几个小时,可是楼上的芬兰人在午夜还放着音响,辛苦了一个月的工资也不知道丢在哪里了,我还要用它买医疗保险……"我一口气发完我所有的牢骚。

他突然从柜台后面拿出一束剪去花朵的玫瑰枝条,递给我:"我给你的感恩节礼物。"我愣了一下,接都没接。天啊,他居然送给我这样的礼物,这狡猾、吝啬的小老头,我讨厌他。

晚上我一个人去了城里。飘飘的雪无止境地落着,美丽的烟花在深邃的夜空中绽放,像一个闹钟,提醒着每一个人,圣诞节又快来了,可是我这么难过。我想买一条围巾给自己的愿望都落空了。来芬兰的这些日子里,我没有一天过得幸福。

回到住的地方时,天色已晚。很冷,一下车我几乎被冻得打了个冷战。我哆嗦着开门的时候,听到有人叫我。都这么晚了,天气这么冷,我怀疑地转过头去,我看到了蒂姆。他走过来,递给我一个信封说:"你的工资掉在旅馆里了,当时我没有看到。现在拿来还给你。当时我送给你带刺的枝条,是要告诉你不仅要感激幸福,我们更要感激苦难。这一些挫折的经历,将会是你生命里最宝贵的财富。"

他的脸色发青,说话的声音颤颤的,这么冷的夜里,他等了我多久?拿着沉甸甸的信封,我又哭起来:"谢谢你,蒂姆。"

从那以后每次面对挫折的时候,我都会想起蒂姆的那句话:我们更要感激苦难。现在,我在芬兰拿到建筑学硕士学位。我一直想把蒂姆后来送给我的工资去退还给他,因为后来我在挂大衣的衣橱里发现了那不见的400欧元。可是我再去找他的时候,他已经不在了,他辞了工作回了乡下。他可能已经不再记得我。可是,我永远都会记得我来芬兰的第一场雪,以及那个叫蒂姆的老人为我所做的一切。

人生悟语

太多的抱怨,会让我们的心灵蒙上尘土,而看不到生活的美好。其实只要用心感悟,你就能看到生活阳光灿烂的一面,你就会发现生活的点点滴滴之中,其实都渗透着沉沉的爱意,都值得我们铭记和感激。

何必为小事抓狂

清早起来,妇人就觉得丈夫的脸色很不好看。

"我等一下要回城里的娘家办一点事。"妇人叮咛着。男子臭着脸看报纸,没有回答。

“你可以载我去吗？”妇人又问。

男子冷冷地对妻子说：“你可以自己搭公交车去。”

“你怎么了？心情不好吗？”妇人试探。

男子像炸弹一样，突然爆发：“你昨天是不是又买了一件新毛衣？”

“原来你在为这件事生气。”妇人不以为然，仍在收拾包包，准备外出。

他开始一连串的抱怨：“我们还有房贷要缴，小孩也要上学了，你答应过我不随便乱花钱！但是你却……”

“今天早上只有一班公交车，我再不去搭车就来不及了，等我回来再说吧！”妇人丢下这句话就出门了，留下丈夫一个人在家生闷气。

大约过去了半小时，男子突然听到窗外传来一阵骚乱。他听到邻居在大喊：“不得了啦！通往城里的桥断了！一辆公交车掉了下去！”

男子从椅子上弹了起来，匆匆赶到河边。河边犹如人间炼狱，河床上的公交车几乎摔成废铁，河面上飘着旅客的行李，救援队已经到达了，抬出一具具尸体，浑身是血的幸存者被搀扶上岸……

“有谁看到我AA？有谁看到我太太？”男子发狂一般，抓了人就问，但所有人都只是摇摇头。男子在河边一直等到晚上。

救援队员劝他：“很多罹难者都被冲到下游了，你再等也没用，请你节哀。”

男子失魂落魄地走在回家的路上，不停地喃喃自语：“要是我载她回娘家就好了。”

不料，他推开大门，却看到妻子端坐在客厅。“你跑到哪里去了？”妻子的话还没说完，就被满脸是泪的丈夫一把抱住。不明就里的妻子继续说：“你在哭什么？我今天想去店里退毛衣，但店家不让我退货，我又没搭到公交车……”

人生悟语

故事中的男子虚惊一场，但如果妻子真的因此遇难，他恐怕会自责一辈子：何必为了一件毛衣和妻子吵架。

当我们在气头上的时候，其实就好像带着放大镜看世界，明明只是一点芝麻绿豆大的小事，我们却可以将它想得比天塌下来还严重！这样不但气坏了自己，也让身边的人不好受。人生在世，不过短短几个寒暑，我们不能决定生命的长短，却能决定是要让“怒气”盈满生活，还是要让“快乐”陪伴我们每一天！下次你心爱的人因为小事惹你生气，试着一笑置之吧！

华盛顿“报仇”

佚名

1754年，身为上校的华盛顿率领部下驻防亚历山大市。当时正值弗吉尼亚州议会选举议员，有一个名叫威廉·佩恩的人反对华盛顿所支持的候选人。

据说，华盛顿与佩恩就选举问题展开激烈争论，说了一些冒犯佩恩的话。佩恩火冒三丈，一拳将华盛顿打倒在地。当华盛顿的部下跑上来要教训佩恩时，华盛顿急忙阻止了他们，并劝说他们返回营地。

第二天一早，华盛顿就托人带给佩恩一张便条，约他到一家小酒馆见面。

佩恩料想必有一场决斗，做好准备后赶到酒馆。令他惊讶的是，等候他的不是手枪而是美酒。华盛顿站起身来，伸出手迎接他。华盛顿说："佩恩先生，人非圣贤，谁能无过。昨天确实是我不对，我不可以那样说，不过你已经采取行动挽回了面子。如果你认为到此可以截止的话，请握住我的手，让我们交个朋友。"

从此以后，佩恩成为华盛顿的一个狂热崇拜者。

人生悟语

华盛顿的"复仇"实在是一个有趣又令人敬佩的故事。可以想象，如果华盛顿允许手下人反击并就此和佩恩结仇，也许这不会影响他后来成为总统，但是必定会成为华盛顿的一个人生缺憾。华盛顿也正是通过一次次很有风度地控制自己，才谱写了他的人生华章。

脚前脚后

佚名

第一次登陆月球的人，其实共有两位，除了大家所熟知的阿姆斯特朗外，还有一位是艾德林。当时阿姆斯特朗所说的一句话，"我个人的一小步，是全人类的一大步"，早已是全世界家喻户晓的名言。

在庆祝登陆月球成功的记者会中，有一个记者突然问艾德林一个很特别的问题："由阿姆斯特朗先下去，成为登陆月球的第一个人，你会不会觉得有些遗憾？"

在全场有点尴尬的注目下，艾德林很有风度地回答："各位，千万别忘了，回到地球时，我可是最先出太空舱的。"他环顾四周笑着说："所以我是由别的星球来到地球的第一个人。"大家在笑声中，都给予他最热烈的掌声。

人生悟语

阿姆斯特朗和他那句著名的格言几乎掩盖了航天员为登月所做的一切努力。而被光芒掩盖的艾德林则用大度和幽默为我们展示了当初他也是航天员的其中一位。脚前脚后的差别，就像第一名和第二名。区别的是先后，显示的却是他成功的理由。

牢骚太盛防肠断

千萍

我小时候和奶奶一起住在阿肯色州的斯坦斐。奶奶开着一处小店。每当有以牢骚满腹、喋喋不休而出名的顾客来到她老人家的小店时，她总是不管我在做什么都会把我拉到身边，神秘兮兮地说："丫头，来，进来！"当然我都是很听话地进去。

奶奶就会问她的主顾："今天怎么样啊，托马斯老弟？"

那人就会长叹一声:“不怎么样。今天不怎么样,赫德森大姐。你看看,这夏天,这大热天,我讨厌它,噢,简直是烦透了。它可把我折腾得够戗。我受不了这热了,真要命。”

奶奶抱着胳膊,淡漠地站着,低声地嘟囔:“嗯,嗯哼,嗯哼。”边向我眨眨眼,确信这些抱怨唠叨都灌到我耳朵里去了。

再有一次,一个牢骚满腹的人抱怨道:“犁地这活儿让我烦透了。尘土飞扬真糟心,骡子也犟脾气不听使唤,真是一点儿也不听话,要命透了。我再也干不下去了。我的腿脚,还有我的手,酸痛酸痛的,眼睛也迷了,鼻子也呛了,我再也受不了了!”

这时候奶奶还是抱着胳膊,淡漠地站着,咕哝道:“嗯,嗯哼,嗯哼。”边看着我,点点头。

这些牢骚满腹的家伙一出店门,奶奶就把我叫到跟前,不厌其烦地对我说:

“丫头,你听到这些人如此这般地抱怨唠叨了吗?你听到了吗?”我点点头,我奶奶会接着说:“丫头,每个夜晚都有一些人——不论是黑人还是白人,富人还是穷鬼——酣然入眠,但却一睡不起。丫头,看那些与世永诀的人,温柔乡中不觉暖和的被窝已成为冰冷的灵柩,羊毛毯已成为裹尸布,他们再也不可能为糟天气或倔骡子去抱怨唠叨上 5 分钟或 10 分钟了。记着,丫头,牢骚太盛防肠断。要是你对什么事不满意,那就设法去改变它。如果改变不了,那就换种态度去对待,千万不要抱怨唠叨。”

据说人在一生中接受如此教育的机会并不多。而奶奶在我到 13 岁的时候,抓住每个这样的机会来教育我。牢骚满腹不仅使人颓废,而且导致危险——它在给猛兽发信号:猎物就在你鼻子底下哩。

人生悟语

做人不应该总是抱怨,而是应该积极面对。抱怨和牢骚只会令事情走向不可挽回的极端,使我们失去方向。改变能改变的,接受不能改变的。只有这样才能让生活变得更加美好。

你说什么?我听不到哦

天天

这句经典之语出自美国最高法院大法官露丝·贝德,她选择自己男友的标准也很独到:“他是我所有交往过的唯一在乎我智慧的男人。”

恋爱 4 年结婚,婚礼当天早上,露丝在楼上做最后的准备,男友的母亲走上楼来,把一样东西放到露丝手里,然后看着露丝,用从未有过的认真对露丝说:

“我现在要给一个你今后一定用得着的忠告,那就是你必须记住,每一段美好的婚姻里,都有些话语值得充耳不闻。”

男友的母亲在露丝的手心里放下一对软胶质的耳塞。

这让沉浸在一片美好祝福声中的露丝十分困惑,更不明白在这个时候,塞一对耳塞到她手里究竟是什么意思,但没过多久,她与丈夫第一次发生争执时便一下明白了老人的苦心。

“她的用意很简单,她是用她一生的经历与经验告诉我,人在生气或冲动的时候,难免会说出一些未经考虑的话,而此时,最佳的应对之道就是充耳不闻,权当没有听到,而不要同样愤然回嘴反击。”露丝说。

但对露丝而言，这句话产生的影响绝非仅限于婚姻。

作为妻子，在家里她用这个方法化解丈夫尖锐的指责，修护自己的婚姻生活。作为职业人，在公司她用这个方法淡化同事过激的抱怨，优化自己的工作环境。她告诫自己，愤怒、怨憎、忌妒与自虐都是毫无意义的，它只会掏空一个人的美丽，尤其是一个女人的美丽。每一个人都有可能在某个时候说一些伤人或未经考虑的话，此时，最佳的应对之道就是暂时关闭自己的耳朵——

宝贝儿，你说什么？我听不到哦……

人生悟语

有些话，根本不值得我们去计较，但是我们又总是管不住自己的心。最明智的做法，就是适时地“封闭”自己的耳朵，把那些伤害我们的话语挡在外面。忽略掉那些无端的指责、嘲弄、忌妒的话，把它们当作尘埃一样扫出内心，我们才能够平静而快乐地面对生活。

人生是一门控制的艺术

马德

那段日子，朋友的心中始终涌动着一团怒火。

他总觉得单位的一个领导成心为难他，与他过不去。工作上，处处找他的麻烦；考勤上，似乎只盯着他；就连奖金，有几次也无端被扣。更让朋友不能接受的是，有几次开大会，这个领导竟当着单位近百号人的面指名道姓地批评他。

朋友觉得，这是对他的欺负。怒火，在朋友的胸中熊熊燃烧，已经到了不可遏制的地步。朋友觉得，“士可杀不可辱”，人活一口气，与其这样受气苟活着，不如与对方拼了。

朋友开始策划报复。他还订了一个“计划”——在本子上写“正”字。对方每欺负他一次，他就在本上画上一画。朋友决定，当他写到第10个“正”字的时候，就与对方拼了。

用朋友的话说，他之所以这样做，是想给自己一个机会，也给那个王八蛋一个机会！

那些日子，朋友每写下一画，都咬牙切齿。他觉得，每一画里，都淬进了他的屈辱、鲜血和怒火。而且，每一画都仿佛要从纸上斜刺出来，幻化成一把剑、一把刀。他胸中的火山已经到了喷发的边缘。那些天，他所有的心绪都和报复有关。满脑子里只有一个词：报复、报复、报复。

然而，单位后来的一次搬家，竟然把他写“正”字的那个本子给丢了。他找了半天也没有找到。本子上到底写了几个“正”字，他自己也忘了。他有点恼火，也有点泄气，他不知道这是上天的旨意，还是命运有意捉弄他。

不久，单位班子调整，那位领导被削职为民，而他竟喜剧般地成了单位的一个小头目，而且，还管着这个不共戴天的仇人。他完全可以凭借自己手中的权力，以同样甚至更狠毒的方式去打击报复这个仇人，然而，那一刻，他竟出奇地平静了下来——他突然没有心思去报复这个仇人了。

朋友说，真正平静下来之后，他发现，有时候，有些事也并不完全怨那个领导，是他自己做得不好。而且越是闹情绪，越是拧着劲对着干。更重要的是，隔一段时间回头再看，当时觉得伤了尊严需要拼了性命去争取的那些事，放在人生的大背景中去看，实在是鸡毛蒜皮，不值得一提。

这是发生在朋友身上的真实故事。朋友不无感慨地说：“人活一辈子，不如意事十有八九。如果碰上了让自己生气的人、生气的事，也不要死钻牛角尖，要学会控制。魔鬼与天使，有时候仅一步之隔。说实话，我现在很感谢那个欺负过我的人，他给我的人生上了一课。”

或许，我们的人生，也曾有过与我朋友相类似的经历。实际上，活在这个世界上，我们都需要一种超越得失之上的隐忍，需要一种对生命、对人生冷静把握和从容掌控的态度。是啊，火气太大了，最后烧伤的，往往只会是我们自己。虽然，我们不能像《圣经》中所说的“有人打了你的左脸，把右脸也伸出来给他”那样，但是我们必须要有足够的大度和宽容，从而去最大限度地包容这个世界。本来，有许多人可以成就大事情，却因为睚眦必报、斤斤计较，而迷失在人生琐碎的得失上，最后一无所成。

那天，朋友和我说的最后一席话是：“现在，我都不敢想，我要真的和他拼了，我就可能连性命都丢了，你说，我赢得的尊严又有什么用呢？看来，人生啊，实在是一门控制的艺术。”

人生悟语

情绪好比心中的一头牛，你若能控制住它，它就会兢兢业业地为你的快乐和你的好人缘工作，如果你控制不住它，它不但会撞伤你自己，还会跑出来撞伤你身边的人。

生活不相信抱怨

李剑红

最近我进了一个聊天室，里面大约有十多个人，好像除了我以外，大家都已经彼此熟悉。他们的谈话大多是在抱怨生活，抱怨现在在中国赚不了大钱，抱怨政府处理腐败为什么不能防患于未然，抱怨自己没有生在战争年代而成为大英雄，甚至抱怨自己为什么不是个女孩再长得漂亮一些就可以嫁给一个有钱的老外等，抱怨得花样繁多，抱怨得振振有词，抱怨得涕泪交流……那种抱怨如“洪水”般势不可挡……

从引我进入聊天室的网友那里了解到，里面的人大都有体面的工作，有些还有一定的社会地位，只是没有能够赚大钱，满门心思想出国去赚钱又缺少机会，导致心理失衡，结果常常聚到那个聊天室里集体发牢骚。

出了聊天室，我的心情无法平静。我们常常习惯去抱怨而不习惯自己去努力进取，因为努力进取改变现状比较难，而抱怨别人、抱怨客观环境却很容易。那个聊天室里人们的抱怨就像一面夸张的“哈哈镜”，它也照出了我自身的苍白和丑陋。

记得有人说过这样一句话：“我一直都抱怨自己买不起鞋子，直到我遇到了一个没有脚的人。”生活不可能尽善尽美，阳光下也会有阴影，就看你用什么样的心态去看待生活。乐观者看见半杯水会说“它满了一半”，悲观者看见同样的半杯水则说“它有一半是空的”。乐观者往杯子里倒水，而悲观者却从杯子里取水。

奥斯特洛夫斯基全身瘫痪、双目失明，他没有抱怨生活，写出了不朽的巨著《钢铁是怎样炼成的》，而这本书激励了全世界一代又一代人。贝多芬中年双耳失聪，这是对一个音乐家最致命的打击，但他没有选择抱怨，他用嘴衔着竹签感觉琴键的颤动，写出了举世闻名的《命运》交响曲，他说：“我要扼住命运的喉咙，不让它把我吞噬。”

“播下一种行为，收获一种习惯；播下一种习惯，收获一种性格；播下一种性格，收获一种命运。”请不要把抱怨当作习惯，失败并不是最可怕的，可怕的是失去生活的信心，是身败心也败。没有人能够打败你,但不包括你自己!

就像"莫斯科不相信眼泪"一样,生活也不相信抱怨。"牢骚太盛防肠断,风物长宜放眼量。"

鲁迅说自己不是"天才",他只是把别人喝咖啡的时间用来写作,让我们也把抱怨的时间用来充实自己,珍爱生活,生命会更加多彩!

人生悟语

其实我们都清楚地知晓自己为什么喜欢抱怨,因为抱怨不花费精力,张张嘴就成。可是,抱怨最浪费我们的时间,在喋喋不休的牢骚中,别人又做成了一件事情,我们却开始了新的抱怨……循环往复,何日是终?就此打住,开始实际的努力吧,那是解决抱怨的最务实的办法。

生气的理由

绿叶

塞车严重,仍亮着红灯,时间急迫,你烦躁地看着手表的秒针。终于亮起绿灯,可是你前面的车子却迟迟不启动,开车的人正在发呆。你愤怒地狂按喇叭。那个人似乎惊醒了,仓促地发动车子。而你却还陷于不快的情绪之中。

美国研究应激反应的专家理查德·卡尔森说:"我们的恼怒有80%是自己造成的。"这位加利福尼亚人在讨论会上教人们如何不生气。他还就此写了一本书,把防止激动的方法归纳为:"请冷静下来!要承认生活是不公平的。任何人都不是完美的,任何事情都不会按计划进行。"从20世纪50年代起,应激反应这个词才被医务人员用来说明身体和精神对极端刺激(噪音、时间压力和冲突)的防卫反应。

现在研究人员知道,应激反应是在头脑中产生的。即使是非常轻微的恼怒情绪,大脑也会命令分泌出更多的应激激素。这时,呼吸道扩张,大脑、心脏和肌肉系统会吸入更多的氧气,血管扩张,心脏加快跳动,血糖值升高。

埃森医学心理学研究所所长曼弗雷德·步舍德洛夫斯基说:"短时间的应激反应是无害的。"还说:"使人受到压力是长时间的应激反应。"他的研究调查结果显示:"61%的德国人感到在工作中不能胜任,30%的人因为无法处理好工作和家庭的关系而有压力,20%的人抱怨与主管之间的关系紧张,16%的人说在上班时精神紧张。"

理查德·卡尔森提出一条黄金规则,即"不要让小事情牵着鼻子走"。他建议:"要冷静,要理解别人。表现出感激之情,别人会高兴,自我感觉也会更好。"

学会倾听别人的意见,不仅生活有趣,也可以博得别人的好感。每天至少对一个人说,你为什么赏识他;不要只看别人的缺点,这种做法会导致双方不愉悦;不要顽固地坚持自己的权利,这只是浪费精力;不要总试图纠正别人,要经常面带微笑;不要打断别人的话,不要让别人为你的过失负责;接受不成功的事实,天不会因此而塌下来。请忘记凡事必须完美的想法,你自己也不是完美的,这样,生活才能轻松愉快。

当你抑制不住生气时,请反问自己:"一年后,生气的理由是否还那么重要?"这会使你对许多事情得到正确的看法。

人生悟语

当然，我们从来不会无缘无故地生气，也正因为此，我们认为自己的生气理直气壮。可是，如果过一段时间回头来分析生气的理由，连我们自己都觉得很不值得。那就对了，为一个怎样的理由生气，恰恰就对应了我们拥有怎样的价值观。为一件很小的事生气，只能说明我们在别人眼里很渺小。

替罪羊

佚名

来看这样一个场景：时间是下午5点多，宾馆柜台上服务员正忙着为新顾客登记，一个人报出他的姓名后，服务员很快说："是的，A先生，我们已经为你预备了一间上好的单人房。"

那人却说："可是，我订的是一间双人房。"柜台服务员很有礼貌地说："先生，让我再检查一次。"他抽出旅客预订房间的资料查阅，然后说："很抱歉，先生。你的电报明明指定要一间单人房间，如果我们有空余的双人房，我是愿意为你安排的。但现在确实没有多余的双人房。"那位顾客发火了，大叫道："我不管那……那份电报说的是什么。我就是要一间双人房！"然后他开始威胁："你知道我是谁吗……我会想办法让你被开除的。等着瞧吧！"

在一连串咒骂声中。这位柜台服务员依然竭尽所能给予安慰："先生，非常抱歉，但我们的确是依照你的指示来办的。"最后那位顾客嚷道："你们旅馆的管理是这样糟糕，即使请我住，我也不会住的。"说完怒气冲冲地走了。

下一个顾客接着走向柜台，看到柜台服务员刚受到这么恶劣的责骂，可能会很消沉。可是那位服务员依然很热忱、愉快地与顾客B打招呼："晚安，先生。"当他处理完B的房间手续。B对他说："我非常欣赏你刚才的表现。你很善于控制自己的情绪。"

"先生，"服务员说，"我实在没有必要为那种人生气。你晓得，他其实并不是在对我发脾气。我只是个替罪羊。那位可怜的家伙可能跟太太有严重的摩擦，可能他的生意快垮了，也可能是他感到处处不如人，而刚才是使他感到自己像个大人物的好时机。我只是给他机会，让他失调的神经获得一些满足感。其实，他也许是个很好的人。大部分人都是如此。"

人生悟语

看到这个场景你有什么感想？下次有人跟你作对时要记住，在这种场合获胜的方法是，控制自己的情绪，让对方尽情发泄，然后再忘掉它。千万不要让别人破坏了自己的好心情。

通用公司的裁员名单

佚名

2003年7月，美国通用公司公布了裁员名单，规定内勤部办公室的艾丽和密娜达一个月之后离岗。那天，大伙儿看到她俩都小心翼翼的，更不敢和她们多说一句话。因为，她俩的眼圈都红红的。这事摊到谁身上都难以接受。

第二天上班，这是艾丽和密娜达在通用公司的最后一个月。艾丽的情绪仍很激动，谁跟她说话，她都像灌了一肚子的火药，逮着谁就向谁开火。裁员名单是老总定的，跟其他人没关系，甚至跟内勤部都没关系。艾丽也知道，可心里憋气得很，又不敢找老总去发泄，只好找杯子、文件夹、抽屉撒气。

“砰砰！”“咚咚！”大伙儿的心被她提上来又摔下去，空气都快凝固了。人之将走，其行也哀，谁忍心去责备她呢？

艾丽仍旧不能出气，又去找主任诉冤，找同事哭诉。“凭什么把我裁掉？我干得好好的……”眼珠一转，滚下泪来。

旁边的人心里酸酸的，恨不得一时冲动让自己替下艾丽。自然，办公室订盒饭、传送文件、收发信件，原来属艾丽做的工作，现在都无人过问。

不久听说，有一些人到老总那儿替艾丽说情，好像都是重量级的人物，艾丽着实高兴了好几天。不久又听说，这次是“一刀切”，谁也通融不了。艾丽再次受到打击，气愤愤的，许多人开始怕她，都躲着她。

艾丽原来很讨人喜欢，但后来，她人未走，大家却有点讨厌她了。

密娜达也很讨人喜欢。同事们早已习惯了这样对她：“密娜达，把这个拉一下，快点儿！”“密娜达，快把这个传出去！”密娜达总是连声答应，手指像她的舌头一样灵巧。

裁员名单公布后，密娜达哭了一晚上，第二天上班也无精打采，可打开电脑，拉开键盘，她就和以往一样地干开了。密娜达见大伙不好意思再吩咐她做什么，便特地跟大家打招呼，主动揽活。她说：“是福不是祸，是祸躲不过，反正这样了，不如干好最后一个月，以后想干恐怕都没机会了。”密娜达心里渐渐平静了，仍然勤快地打字、复印，随叫随到，坚守在她的岗位上。

一个月满，艾丽如期下岗，而密娜达却从裁员名单中删除，留了下来。主任当众传达了老总的话：

“密娜达的岗位，谁也无可替代；密娜达这样的员工，公司永远不会嫌多！”

艾丽一味抱怨不幸，在怨天尤人的愤怒情绪中，把事情搞得越来越糟，结果错过了解决问题的机会。不叫她走人，那才怪哩！

人生悟语

人生是由无数大大小小的考试连缀起来的，学生时代的考试是用试卷测验知识，而成长中的考试则是对人内心的测验，于是，人的最本质的东西一下暴露无遗。艾丽的牢骚、抱怨和愤怒让她把一切都失去了。而密娜达则成功地展示了她最好的潜质。我们都看到了，最好的留下来了。

写出你的愤怒

董刚

一直都很乖的儿子这几天火药味十足，我们说的话他总要表示反对。那天，儿子放学后没有回家。第二天就要考试,他还这么贪玩,我们焦急万分。儿子回来后,没等他解释,我就冲着儿子发了一通火。我说:"如果不想读书,现在就可以去流浪,我们绝不会阻拦。"事实上儿子是在学校帮着老师准备第二天的考场。当知道缘由后,我向儿子道歉。儿子虽然接受了,但是心里还是有些想不开。我问儿子:"是不是心里有很多对我们不满的话想说,那就写出来吧。给我们写一封信,让爸爸妈妈知道自己哪里做错了。"

其实,我的提议只是想缓和一下紧张的气氛,儿子长大了,在他的成长过程中,委屈和愤怒是不可避免的,我希望儿子能够坦然一些。儿子接受了我的提议,虽然他刚刚学会写作文,有很多字写不出来只好用拼音来代替,但是他仍然坐在自己的房间里,认真地写着。从他的表情中可以看出,儿子是在努力回忆我们带给他的怨气,用他所能掌握的词语进行反击。

一个小时过去了,儿子终于写完了信,只见他把信检查了一遍,叠好并且撕碎。我不解地问:"怎么了,写得不好吗,至少应该给我们看一下啊。"

儿子一脸阳光地说:"我想你们已经不用看了,当我写信的时候,我已经把所有的怨气都发泄出来了,现在觉得好多了。真的,我想你们是对的,请原谅我在信中对你们进行了质疑,我爱你们。"

书写和说话是我们生活中的一部分,其实,这两种方式也是我们排遣烦恼的方式。比较而言,书写的表达方式更有魅力,当你写下心中对他人的愤怒的时候,其实也能让自己的内心平静很多。

人生悟语

把愤怒通过纸和笔表达出来,就需要动脑子、动手、动纸和动笔。于是,愤怒一路下来,等到形成文字,便已经烟消云散了。是的,愤怒的消失需要通道,否则,积怨只会让双方的距离越拉越远。烦恼吗?愤怒吗?抽张纸,拿支笔,用这种特殊的通道,让自己烦躁的心情平复下去,快乐起来吧!

羞辱是一门选修课

王聃

上世纪80年代初,年逾古稀的曹禺已是蜚声海内外的戏剧大家。有一次,美国同行阿瑟·米勒应约来京执导新剧本,作为老朋友的曹禺特地邀请他到家作客。午饭前的休息时分,曹禺突然从书架上拿来一本装帧讲究的册子,上面裱着画家黄永玉写给他的一封信,曹禺逐字逐句地把它念给阿瑟·米勒和在场的朋友们听。这是一封措辞严厉且不讲情面的信,信中这样写道:"我不喜欢你新中国成立后的戏,一个也不喜欢。你的心不在戏剧里,你失去伟大的通灵宝玉,你为势位所误!命题不巩固、不缜密,演绎分析也不够透彻,过去数不尽的精妙休止符、节拍、冷热快慢的安排,那一箩一筐的隽语都消失了……"

阿瑟·米勒后来撰文详细描述了自己当时的迷茫:"这信对曹禺的批评,用字不多却相当激烈,还夹杂着明显羞辱的味道。然而曹禺念着信的时候神情激动。我真不明白曹禺恭恭敬敬地把这封信裱在册子里,现在又把它用感激的语气念给我听时,是怎么想的。"

阿瑟·米勒的茫然是理所当然的,毕竟把别人羞辱自己的信件裱在装帧讲究的册子里,且满怀感激地念给他人听,这样的行为太过罕见,无法使人理解与接受。但阿瑟·米勒不知道的是:这正是曹禺的清醒和真诚。尽管他已经是功成名就的戏剧大家,可他并没有像旁人一样过分爱惜"自己的羽毛”——荣誉和名声。在这种“傻气”的举动中,透露的实质是曹禺已经把这种羞辱演绎成了对艺术缺陷的真切悔悟。此时的羞辱信对他而言,已经是一笔鞭策自己的珍贵馈赠,所以他要当众感谢这一次羞辱。

人生悟语

当众感谢别人对自己的羞辱,这是多么令人敬佩的清醒。而曹老先生还把那封信装裱起来,时刻对自己的艺术缺陷进行悔悟,更是难能可贵。大师之所以成为大师,从来不会毫无理由。曹老的这份坦荡让我们明白,羞辱有时是个好东西,它比赞美更让我们知晓自己。

雅量

佚名

萧伯纳知道有人管他叫驴子的时候,他并不生气,反而把这当成是一种赞美,高兴地接受了。

他以驴子自勉,因为驴子有谦逊、质朴、勤勉和知足的特性,对粗食和轻视都能泰然处之。

他说:“没有一个人会因为这样的特质而动怒的。”

有人批评林肯有两张面孔。林肯指着自己那张相当平凡而且不怎么好看的脸说:“如果我有另外一张脸的话,你想我还会戴着这张脸吗?”

英国首相丘吉尔有次出席一次质询会议,有位强悍的女议员指着他破口大骂:“如果我是你太太,我一定会在你的咖啡里下毒!”此时全场肃然,大家都在担心丘吉尔将如何应对。只见丘吉尔不慌不忙地缓缓答道:“如果你是我太太,我一定将此咖啡一饮而尽。”

人生悟语

雅量,自然不是一般的度量可以比拟。萧伯纳和驴子、林肯和两张脸、丘吉尔和破口大骂的女议员,他们的对比,高下立判,雅量和小气立现。我们已学会判断卑劣与高尚、优雅与粗俗,现在要做的是一个简单的选择:是做有雅量的前者,还是粗俗的后者。

因一块玻璃碎片而丧命

佚名

一只骆驼在沙漠里跋涉着。正午的太阳像一个大火球,晒得它又饿又渴,焦躁万分,一肚子火不知道该往哪儿发才好。

正在这时,一块玻璃瓶的碎片把它的脚硌了一下,疲惫的骆驼顿时火冒三丈,抬起脚狠狠地将碎片踢了出去。却不小心将脚掌划了一道深深的口子,鲜红的血液顿时染红了沙粒,升腾起一股烟尘。

生气的骆驼一瘸一拐地走着,一路的血迹引来了空中的秃鹫,它们在骆驼上方的天空中叫着盘旋着。

骆驼心里一惊，不顾伤势狂奔起来，在沙漠里留下一条长长的血痕。

跑到沙漠边缘时，浓重的血腥味引来了附近的狼。疲惫加之流血过多，无力的骆驼像只无头苍蝇般东奔西突，仓皇中跑到一处食人蚁的巢穴附近。

鲜血的腥味儿惹得食人蚁倾巢而出，黑压压的食人蚁群向骆驼扑过去。一眨眼，食人蚁群就像一块黑色的毯子一样把骆驼裹了个严严实实。

不一会儿，可怜的骆驼就鲜血淋漓地倒在了地上。

临死前，这个庞然大物追悔莫及地叹道："我为什么跟一块小小的玻璃碎片生气呢？"

人生悟语

平和才是吉祥安适的美好状态，每当遇到一些不开心的事时，就要想着，为它伤神不仅解决不了问题，反而还会加重问题的严重性。

放宽心态看一切，以一种平和的心态去面对，花落时忘却，花开时快乐，才能使自己的心灵得到升华和超脱。

留足时间消消气

佚名

一个人因为一件小事和邻居争吵起来，争论得面红耳赤，谁也不肯让谁。最后，那人气呼呼地跑去找牧师，牧师是当地最有智慧、最公道的人。

"牧师，您来帮我们评评理吧！我那邻居简直就是一堆狗屎！他竟然……"那个人怒气冲冲，一见到牧师就开始了他的抱怨和指责。

"对不起，"牧师打断他说，"正巧我现在有事，麻烦你先回去，明天再说吧。"

第二天一大早，那人又愤愤不平地来了。不过，显然没有昨天那么生气了。

"今天，您一定要帮我评出一个是非对错，那个人简直是……"他又开始数落起别人的劣行。

牧师不快不慢地说："你的怒气还是没有消除，等你心平气和后再说吧！正好我的事情还没有办好。"

一连好几天，那个人都没有来找牧师了。

一天，牧师在前往布道的路上遇到了那个人，他正在农田里忙碌着，他的心情显然平静了许多。

牧师问道："现在，你还需要我来评理吗？"说完，微笑地看着对方。

那个人羞愧地笑了笑，说："我已经心平气和了！现在想来也不是什么大事，不值得生气的。"

牧师仍然不快不慢地说："这就对了，我不急于和你说这件事情就是想给你时间消消气啊！记住：不要在气头上说话或行动。"

人生悟语

人与人之间发生各种各样的矛盾总是无法避免。若是怒气冲天地去对待，那么后果将不堪设想。因为人在气头上容易说一些伤害对方的话，容易做一些冲动的事情。

心平气和地去化解才能"化干戈为玉帛"，怒气有时候会自己溜走，稍稍耐心地等一下，不必急着发作，否则会惹出更多的怒气，付出更大的代价。

再等两天

王国华

17 岁那年,我读初中三年级。我的父亲在市场上摆摊儿做小买卖,挣点钱以养家糊口。一天中午,我放学回到家里,见屋子里聚了很多人,有亲戚有朋友,大家议论纷纷,而母亲和哥哥却满面愁容。我心里"咯噔"一下,预感到有什么不好的事发生了。一问才知道,原来父亲被抓走了。

事情是这样的:今天早晨,市场管理所一位女工作人员到各个摊位上去收费。耿直的父亲认为有些费用不合理,便同那位工作人员争辩了几句。女工作人员争辩不过父亲(后经查,他们的收费项目中确实有不合理收费),就报警说父亲妨碍公务,带头抗税。于是,随后赶来的公安人员把父亲带到了派出所。一个上午过去了,父亲到现在还没有回来。

我听后气愤极了。下午我和哥哥到市场上将父亲剩下的货处理完,便开始四处打听那个女工作人员的去向,终于找到了她的办公室。在她下班后,我在后面一直悄悄地跟踪到她的家,并画了一张路线图。

在第二天的课堂上,我满脑子想的都是该如何报复那个女工作人员,根本没有心思上课。中午放学的时候,班主任张老师叫住了我:"你先等一会儿。"看其他同学都走了,她才问我:"你昨天下午没来上课,今天上课时又魂不守舍,究竟发生什么事了?"没想到老师竟对我观察得这么细致。一向很坚强的我在慈母一般的老师面前终于露出了柔弱的一面——我放声哭起来。张老师听我断断续续地讲完事情的原委,安慰了我一番,最后她对我说:"我很理解你此刻的心情,不过我有一个小小的请求,希望你能答应。""请求?"我有点不明就里。"是的。无论你有什么样的打算,请你一定等两天以后再说。等上两天,答应我,好吗?"看着老师那期盼的眼神,我点点头。

一天后,我最初的愤怒开始淡化。又过了一天,父亲平安地回来了。他同时带回一个消息——自己被减免了三个月的税费。我们都没想到,这件事竟会有这么一个皆大欢喜的结果!

然而我心里又产生了一丝后怕。我难以想象,如果自己真的采取了报复措施,我的命运将会发生怎样的巨变。我深深感谢自己的老师当时没有用大道理来说服我,而是让我先冷静下来缓和心情。她让我的生活沿着正常的轨道一直运行到今天。

人生悟语

有时候,高声只是对自己错误的掩饰,是为自己的心虚壮胆。"有理不在声高",慢条斯理的辩解更能得到人们的信服,温文尔雅的态度更能引起人们的共鸣。能够保持平稳的情绪,才能在气势上压倒对手。

在心里装个"暂停按钮"

孙盛起

二战末期,一个法国士兵得胜还乡。黄昏时分,士兵终于翻过最后一道山坡,那曾经洋溢着欢笑的房舍呈现在他的眼前。他兴奋地向那里狂奔。可是,他的脚步在房舍旁的草垛边骤然停住,因为他看到他朝思暮想的妻子——新婚不久就被迫和他洒泪分别的妻子从屋里走了出来,而身后还跟着一个三四岁的孩子!只见妻子将房前晾晒的衣服收起后,边回屋边训斥孩子:“妈妈可不能给你保密。你爸爸快回来了,等他回来他会好好教训你的!”士兵惊呆了。怎么?她有孩子了?那么,孩子的爸爸是谁?喜悦和兴奋霎时被失望所吞噬,士兵感到头晕目眩。还未等他从晕眩中清醒过来,又一个打击接踵而至:一个健壮的年轻人拎着一篮蔬菜从远处匆匆走来,甚至连门也没有敲就进入屋内,随之屋里传出愉快的笑声。士兵痛苦万状,愤怒和绝望撞击着他的胸膛。他断定,刚才进屋的年轻人就是孩子的父亲,也就是说,妻子抛弃了他!士兵踉踉跄跄爬上山坡,痛不欲生地躺到地上。几年的血雨腥风,妻子是他的精神支柱,是他顽强生存和英勇杀敌的力量源泉,而如今,这根支柱轰然倒塌。他颤颤巍巍地掏出枪,将枪口对准了自己的脑袋……

那么,事情真如那个士兵想象的那样吗?事实上,妻子并没有抛弃他,她无时无刻不在盼望着他的归来;而那个孩子的父亲不是别人,正是他自己,只是他和妻子分别时并不知道妻子已经怀孕;至于那个年轻人,那不过是他的妻子请来的帮工而已。

这正应了一句话——冲动是魔鬼!这魔鬼不知给多少人带来了不应有的烦恼、痛苦乃至悲剧。

我相信,我们很多人都吞咽过冲动的苦果。有多少家庭纠纷、同事间的矛盾甚至违法犯罪都是由冲动导致的。冲动使我们仅仅专注于“那一刻”的感受,使我们深陷于“那一刻”的情绪里无法自拔,因此武断专横不计后果,或者无中生有放大痛苦,其结果往往是把并不严重的事情搞得追悔莫及。

那么,怎样才能使我们在受到刺激时控制住自己的情绪,少一分冲动而多一分理智呢?其实,在刺激和回应之间,依然有空间存在。这是一个选择的空间,尽管这个空间很狭小,但是装上一个按钮绰绰有余,这个按钮就是——暂停。

让我们在回应刺激之前跳出当时的情绪暂停一下吧!停下来想一想,思考思考:事情是这样的吗?我这么做能解决问题吗?会不会于事无补或者把事情越搞越糟……有了这宝贵的暂停时间,我们内心深处的价值观就会起作用,就能指导我们避免做很多的错事傻事。

试想,假如那个士兵的心里有一个“暂停按钮”,在他对自己臆想出来的打击做出回应之前使激愤的情绪暂停一下,问问自己是不是该去核实一下自己的判断,或者自己生存的意义是不是仅仅在于“她是我的妻子”,那么结果将会是多么圆满!

人生悟语

如果人们任由怨恨滋生,它就会像雪球一样越滚越大,最终会把人压得透不过气来。用宽容豁达去化解怨恨,才能让心灵跳出狭隘的羁绊,生命也将因此变得豁然开朗,五彩斑斓。

张良捡鞋

佚名

《史记·留侯世家》记载:秦朝末年,张良在博浪沙谋杀秦始皇没有成功,便逃到下邳隐居。一天,他在镇东石桥上遇到一位白发苍苍、胡须长长、手持拐杖、身穿褐色衣服的老人。老人的鞋子掉到了桥下,便叫张良去帮他捡起来。张良觉得很惊讶,心想:你算老几呀?敢让我帮你捡鞋子?张良甚至想伸出拳头揍对方,但见他年老体衰,而自己却年轻力壮,便克制住自己的怒气,到桥下帮他捡回了鞋子。

谁知这位老人不仅不道谢,反而大大咧咧地伸出脚来说:“替我把鞋穿上!”张良心底大怒:嘿,这糟老头子,我好心帮你把鞋捡回来了,你居然还得寸进尺,要让我帮你把鞋穿上,真是过分!

张良正想脱口大骂。但又转念一想,反正鞋子都捡起来了,干脆好人做到底。于是默不作声地替老人穿上了鞋。张良的恭敬从命赢得了这位老人“孺子可教”的首肯。又经过几番考验,这位老人终于将自己用毕生心血注释而成的《太公兵法》送予张良。

张良得到这本奇书,日夜诵读研究,使之后来成为满腹韬略、智谋超群的汉代开国名臣。

人生悟语

张良克制自己的不快,为老人拾鞋、穿鞋,看上去好像很窝囊,但这并不是软弱的表现。明知自己比老人身强力壮,处处礼让,这既表现为对老人的尊重,也表现为对自身品格的完善。张良正是在不断礼让的过程中,磨砺了意志、增长了智慧,最终成为“运筹帷幄之中,决胜千里之外”的杰出军事家、政治家。

招谁惹谁啦

佚名

有一位经理,一大早起床,发现上班时间快要来不及了,便急急忙忙地开着车往公司急奔。

一路上为了赶时间,这位经理连闯了几个红灯。最后在一个路口被警察拦了下来。给他开了罚单。

这样一来,上班更是要迟到了。到了办公室之后,这位经理如吃了火药一般。看到桌上放着几封昨天下班前便已交代秘书寄出的信件,经理更是生气,把秘书叫了进来,劈头就是一阵痛骂。秘书被骂得莫名其妙,拿着未寄出的信件,走到总机小姐的座位,照样是一阵狠批,秘书责怪总机小姐,昨天没有提醒她寄信。

总机小姐被骂得心情恶劣之至,便找来公司内职位最低的清洁工,借题发挥,对清洁工的工作,没头没脑地又是一连串声色俱厉的指责。

清洁工底下,没有人可以再骂下去,她只得憋着一肚子闷气。

下班回到家,清洁工见到读小学的儿子趴在地上看电视,衣服、书包、零食,丢得满地都是,当下逮住机会,便把儿子好好地修理了一顿。

儿子电视当然是看不成了,愤愤地回到自己的卧房,见到家里那只大懒猫正盘踞在房门口,儿子一时怒由心中起、恶向胆边生,立即狠狠地踢一脚,把猫儿给踢得远远的。

无故遭殃的猫儿,心中百思不解:“我这又是招谁惹谁啦?”

人生悟语

处于情绪低潮当中的人们,容易迁怒周遭所有的人、事、物。但人的行动不仅受情感的支配,而且要受理性的控制。要想维护自己的正当利益,仅采取愤怒这一种反应方式是不够的,而应该经由理性思维去找出更好的应对招数或策略。

不带着怒气作战

佚名

欧玛尔是英国历史上唯一留名至今的剑手。他有一个与他势均力敌的敌手,彼此斗了三十年还不分胜负。在一次决斗中,敌手从马上摔下来,欧玛尔持剑跳到他身上,一秒钟内就可以杀死他。

但敌手这时做了一件事——向他脸上吐了一口唾沫。欧玛尔停住了,对敌手说:“咱们明天再打。”敌手糊涂了。

欧玛尔说:“三十年来我一直在修炼自己,让自己不带一点儿怒气作战,所以我才能常胜不败。刚才你吐我的瞬间我动了怒气,这时杀死你,我就再也找不到胜利的感觉了。所以,我们只能明天重新开始。”

但这场争斗永远也不会开始了,因为那个敌手从此成了他的学生,他也想学会不带一点儿怒气作战。

人生悟语

中国古语讲:“小不忍则乱大谋。”如果你想和对方一样发怒,你就应想想这种爆发会产生什么后果。如果发怒必定会损害你的身心健康和利益,那么你就应该约束自己、克制自己,无论这种自制是如何的吃力。

夏娃的二十个孩子

佚名

上帝把亚当和夏娃逐出了伊甸园,所以他们只得在荒地上造一所房子,他们日复一日地辛勤劳动,汗流满面,才有饭吃。亚当种田,夏娃纺线。夏娃每年生一个孩子,但是孩子都不一样,有的漂亮,有的丑陋。

过了很久以后,上帝派了一个天使到他们家里,向他们说,上帝要来视察他们的家庭。夏娃看到上帝这样关怀,非常高兴。打扫房屋,插着鲜花,在石子路上铺着灯芯草。

此后她把生得漂亮的孩子都叫来了,给他们洗脸、洗澡、梳头、穿新洗的衬衫,教他们在上帝面前恭恭敬敬地鞠躬,同上帝握手、回答问话要谦逊、要有理智。但是不准那些长得丑的孩子出来见上帝。她把一个孩子藏在干草下面,第二个藏在屋顶下,第三个藏在麦草里,第四个藏在火炉里,第五个藏在地窖里,第六个藏在水缸下面,第七个藏在酒坛下面,第八个藏在旧皮袄里面,第九个和第十个藏在给他们做衣服的布下面,第十一个和第十二个藏在给她做鞋子的皮子底下。

她刚做完就听见有人敲门。亚当和夏娃从门缝里看见是上帝,便恭恭敬敬地开了门。上帝走进来,漂亮的孩子们排队站着鞠躬,同上帝握手,并且跪下。

上帝开始给他们祝福,把双手放在第一个孩子的肩膀上说:“你做一个伟大的国王。”对第二说:

"你做一个公爵。"对第三个说:"你做一个伯爵。"对第四个说:"你做一个骑士。"对第五个说:"你做一个贵族。"对第六个说:"你做一个公民。"对第七个说:"你做一个商人。"对第八个说:"你做一个学者。"他把他所有的祝福词都给了他们。

夏娃看见上帝这样善良仁慈,心想:"我要是把生得丑的孩子也叫出来,或许上帝也能给他们祝福。"

她跑过去从干草里、麦草里、火炉里等丑孩子躲藏的地方把他们叫出来。于是来了一大群粗野、龌龊、满身癣疥的孩子。

上帝边笑边看他们说:"我也要给他们祝福。"他把手放在第一个孩子身上,对他说:"你做一个农民。"对第二个说:"你做一个渔民。"对第三个说:"你做一个铁匠。"对第四个说:"你做一个硝皮匠。"对第五个说:"你做一个织工。"对第六个说:"你做一个鞋匠。"对第七个说:"你做一个裁缝。"对第八个说:"你做一个陶工。"对第九个说:"你做一个车夫。"对第十个说:"你做一个船夫。"对第十一个说:"你做一个信差。"对第十二个说:"你做一个仆人。"

夏娃听到这一切,说:"上帝,你说的祝词非常不公平!他们都是我的孩子,你给他们的恩惠应该完全相等才对。"

但是上帝回答说:"夏娃,你不懂得。整个世界是由你的孩子构成的,我应该这样做,也必须这样做;如果他们都是公爵和大人先生,谁来种麦子、打麦子、磨面粉、做面包呢?谁来打铁、织布、做木工、造房子、硝皮子、裁布缝衣服呢?每个人应该有自己的职责,大家互相支持,大家才有饭吃,好像身体的四肢一样。"

夏娃回答说:"啊呀,上帝,请你原谅我的鲁莽,但这对孩子们自身还是不公平啊。"

上帝笑了笑说:"很公平,肉体所做的,便是肉体所承受的。"

夏娃听后无语。

人生悟语

肉体所做的,便是肉体所承受的。抱怨命运的不公,只会徒增你的烦恼。

烦恼来自刻意

佚名

于右任是我国著名的书法家和政治家,他喜欢留长胡子。

一次,有个小孩儿摸着于右任的长胡子,好奇地问:"于爷爷,请问您晚上睡觉时,这把长胡子是放在棉被里还是棉被外呢?"

孩子的这一问,把于右任给问住了。"是啊,我平常睡觉时,胡子是在被里呢,还是在被外?"于右任一时答不出来。

晚上他上床睡觉时,还记着白天孩子所提的那个问题,决心留意一下自己睡觉时,胡子究竟是在被里,还是在被外。结果,不管他把胡子放在棉被里,还是放在棉被外,都觉得很不自在,整晚为这个问题辗转难眠。

事后,一次闲聊,他跟人提起了这件事,听到的人无不哈哈大笑。但还是有人很好奇,问他:"那您是怎么解决这个问题的,胡子究竟是在被里,还是在被外呢?"

于右任笑着说："像这种事，平时根本不必在意，胡子有时在里面，有时在外面，一切顺其自然，就不会有那么多烦恼了。"

人生悟语

人的心态决定着人的行为。人的许多烦恼都来自于患得患失或耿耿于怀，我们常常在不经意中失去了本来拥有的平和。本不该在意的事情，如果你在意了，就会徒增烦恼。其实，有些事情，保持一颗平常心，顺其自然就好，不必太在意。

不听劝的老鹰

佚名

群鸟之王老鹰夫妇来到了这个森林。他们为了即将诞生的鹰孩子们寻找着鸟巢。"这里太漂亮了，我太满意啦！""嗯，好的。我们就在这里生下小鹰，然后抚养他们吧！"老鹰夫妇看中了一棵最茂盛的柞木，然后开始筑起巢来。正在他们不停地衔着树枝和树叶，一根一叶认真地筑巢时，下面传来了田鼠的声音。

"老鹰大哥！老鹰大哥！"

鹰爸爸看了看下面，原来是只光露出鼻头儿的小田鼠。小田鼠小心翼翼地说着："老鹰大哥，不要在这棵树上筑巢啦！这棵柞木。马上就要倒掉啦！"

"你这个小田鼠，连个头也不敢伸出来，还敢对我指手画脚！"

老鹰夫妇生气极了。很多动物看到老鹰就要逃之夭夭，可这个胆大的小田鼠竟敢上来捣乱！想到这里，老鹰夫妇哭笑不得。

"但是，那棵柞木真的要……"

"烦死了！你给我马上消失，滚回窝里去！否则就吞了你！"老鹰夫妇气势汹汹地叫道。小田鼠无奈，只好钻进地里去了。

温暖的鸟巢终于筑好了。不久后，可爱的鹰孩子们也来到了这个世界。

"哦，看我们的孩子多可爱！"

"哈哈，是啊！真可爱！我马上去衔一点食物。"

老鹰夫妇轮流为鹰孩子们寻找食物。鹰孩子们一天天茁壮成长起来，老鹰夫妇幸福极啦。

有一天，小田鼠又从地里冒出来了，诚恳地说："老鹰大哥，现在还不晚，马上离开那个巢吧！"

老鹰夫妇同样对小田鼠的劝告置之不理。"滚！要不然有你好受的！"

小田鼠叹了口气，离开了。

到了那天，鹰爸爸出去弄早餐。"嗯，今天我要给你们弄点嫩嫩的兔肉来！"

鹰爸爸一会儿工夫就猎到了三只兔子。一想到老伴和孩子们能够美餐一顿，鹰爸爸开心极了。

但是，匆匆忙忙赶回鸟巢的鹰爸爸被眼前的一幕惊呆了：硕大的柞木横倒在地，老伴和孩子们被扁扁地压在了树木下面。

"怎么会有这么残忍的事情呢……"

原来，鹰爸爸去寻找早餐时，这棵树根腐烂的柞木倒了，鹰孩子们坠落到地上，鹰妈妈为了保护孩子不幸一同被压死在树下。

“我不是劝过你不要在这棵树上筑巢吗！这颗柞木的根已经烂的不成样子了！”又是小田鼠的声音，它露出脑袋继续说：“你说的没错，我是个不起眼的小家伙，但对于树根的情况，我比谁都一清二楚啊！”

鹰爸爸懊恼极了，流着悲伤的眼泪哭诉道：“我为什么对小田鼠发火呢？如果早听它的，发火之前稍微考虑一下，问问究竟，那就不会有这样的惨事发生了！我的孩子们啊，我的老伴啊！”鹰爸爸后悔莫及啊！

人生悟语

我们要对别人的劝告表示感谢，你要相信对方的劝告是为你着想的。当听到扫兴的话时，当碰到生气的事情时不要着急发火，在发火前先深呼吸，然后考虑下对方为什么会这样。忍一下，事情就会有不同的结局。

卖油老人的本领

佚名

宋朝的时候，有个叫陈尧咨的大将，他出了名的会射箭。人们纷纷称赞他射箭的本领。

“这世上再也找不出第二个人比陈尧咨更会射箭了。”

“说得对啊，只要陈尧咨想射，不管是天上飞的鸟，还是数十步外的杏子，都逃不过他的箭。”

“那是当然了，陈尧咨射箭的本事绝对是数第一的！”

所有人都称赞陈尧咨，陈尧咨自己也骄傲地想：“这世上恐怕没人比我更会射箭了。”

虽然陈尧咨的射箭本领已经是第一了，但陈尧咨从不偷懒，每天都坚持花几个小时练习，锻炼自己的箭艺。

有一天，陈尧咨像往常一样在门前空地上练箭，练了几个小时都是百发百中，额头上满是汗水。这时刚好有个卖油的老人经过，他停下脚步看陈尧咨射箭。看了好一会儿，老人一句称赞的话都没有说，只是在箭射中靶心时微微点头。

陈尧咨有些生气。

“哎，难道你不认为我的箭法很高明吗？怎么一句话都不说呢？”陈尧咨停了下来，不满地问道，“喂，我的箭法怎么样？难道不高明吗？”

老人慢悠悠地回答道：

“我觉得您箭射得好是因为您练得多，熟能生巧罢了。好像也能算是特别了不起的事情！”

陈尧咨脸气得通红。“什么？竟敢小看我这射箭的本领！你眼睛没问题吧？看见我百发百中还能说出这样的话？”陈尧咨大发了一通火后，老人笑了起来：“呵呵，这话真的让您这么生气吗？”

卖油老人翻了两下行李，拿出一个瓶口细长的酒瓶，陈尧咨不满地问：“你想干什么？”

“我想给您看看我练熟的本领。您能拿枚铜钱来吗？”

陈尧咨翻了翻口袋，掏出一枚铜钱递了过去，铜钱中间有一个很小的方孔。

老人将铜钱放在瓶口上，然后用勺子舀了油，慢慢往瓶里倒。那油像一条细丝一样，通过铜钱上的细孔流进了瓶子里，竟然一点也没有粘到铜钱上。

陈尧咨看得目瞪口呆：“你是怎么办到的？”卖油老人笑着说：

“这很简单，就像您射箭一样，我也是熟能生巧。”

“哈哈，你说得对！”陈尧咨这才明白老人所说的话，随即消了气。

人生悟语

这时候从心底冒上来的一团火就是“生气”的“气”。有时候因为误会或是错觉会生气；有时候想要把害怕、丢脸、害羞的感觉藏起来，也可能会生气。但我们也不能随便乱发脾气，那样只会把身边的人都吓跑。

如果想要表达自己心中的“气”应该先问问自己是哪里不对，为什么别人会对自己说那样的话，要仔细想想自己为什么会生气。

心态的力量

佚名

1965年9月7日，世界台球冠军争夺赛在美国纽约举行。路易斯·福克斯的得分一路遥遥领先，只要再得几分便可以稳拿冠军了。

就在这个似乎大局已定的时刻，路易斯·福克斯发现一只苍蝇落在主球上，他挥手将苍蝇赶走了。可是，当他俯身准备击球的时候，那只苍蝇又飞回到主球上来了，他在观众的笑声中再一次起身驱赶苍蝇。被驱赶走的苍蝇好像是有意跟他作对，他一回到球台俯身准备击球的时候，苍蝇就又飞回到主球上来，引得周围的观众哈哈大笑。这只反复讨厌的苍蝇破坏了路易斯·福克斯的情绪，他的情绪逐渐冲动到了极点，以致失去了理智，竟愤怒地用球杆去击打苍蝇。球杆碰动了主球，裁判判他击球，他因此失去了一轮机会。路易斯·福克斯方寸大乱连连失误，而他的对手约翰·迪瑞则愈战愈勇，迅速赶上和超过他，最后夺走了冠军的桂冠。

第二天早上，人们在河里发现了路易斯·福克斯的尸体。他投河自杀了！

当时的不少媒体无比惋惜地惊呼：“一只小小的苍蝇，竟然击倒了所向无敌的世界冠军！”

人生悟语

痛定思痛，与其说是一只小小的苍蝇击倒了所向无敌的世界冠军，倒不如说是世界冠军的情绪造成了他失败的结果。由此可看出控制自己的情绪对一个人的至关重要性。

悲观者与乐观者的两种结局

佚名

在很早以前，一个村子里有两个人，都想要通过茫茫的戈壁到沙漠另一边的绿洲去开拓新的生活。而且他们都知道在沙漠的中间有一座暹罗人留下的古堡遗址，传说神秘的暹罗人的后代经常在那里出没，并且经常在古堡旁边的两条小路上，分别放着两杯清水，专给穿越沙漠的人救命用。

一年夏天,他们两个人于三天的时间里先后动身了。他们要穿越沙漠,找到绿洲,去过更幸福的生活。

第一个人,当他走到古堡的时候,水已经喝完了,他轻而易举地找到了那个水杯。但是,当他发现只有半杯水的时候,他又气又恼,对着上天大骂起来:"可恶的暹罗人,真是太小气了,只给我留半杯水,想渴死我啊!"他刚骂完,只见天公大怒,一阵强风,飞起的沙粒落在了水杯里。他又抱怨起来:"可恶的天气,把沙子刮到我的水杯里,这水怎么喝……"可他还没抱怨完,一阵狂风把他手中的水杯刮走了,水洒落在沙粒中,使他连这半杯水也没有喝上。

结果没多久,他就被活活渴死在沙漠里了。

三天后出发的第二个人,当他走到古堡的时候,水也已经喝完了,而且精疲力竭。他挣扎着找到了那个水杯。当他看到杯子里还有半杯水的时候,他立即端起水杯一饮而尽。然后他跪在地上,对上天叩拜道:"感谢老天啊,感谢好心的暹罗人留下的这半杯水,这就等于救了我的命啊……"

少顷,狂风大作,沙尘弥漫。他赶紧躲在了古堡的残垣断壁下。不久,风就停了。结果他走出了沙漠,并终于找到了绿洲,过上了幸福的新生活。

人生悟语

悲观者,眼睛里看到的往往是自己缺少的东西,而不是拥有的东西,心里满怀着对别人的抱怨而不是感恩;而乐观者,心里总是充满了阳光,对所得到的哪怕是一丁点儿东西,都会抱着万分的虔诚去感恩,因此而赢得良好的机遇,获得想要的成功。

小不忍则乱大谋

佚名

古代有个尤翁,他开了个典当铺。

有一年年底,他忽然听到门外有一片喧闹声。

他出门一看,原来门外有位穷邻居。站柜台的伙计就对尤翁说:"他将衣服压了钱,空手来取,不给他,他就破口大骂。有这样不讲理的人吗?"

门外那个穷邻居仍然是气势汹汹,不仅不肯离开,反而坐在当铺门口。

尤翁见此情景,从容地对那个穷邻居说:"我明白你的意图,不过是为了度年关。这种小事,值得一争吗?"于是,他命店员找出那个典当之物,共有衣服蚊帐四五件。

尤翁指着棉袄说:"这件衣服抗寒不能少。"又指着外袍说:"这件给你拜年用。其他的东西不急用,那就留在这里吧。"

那位穷邻居拿到两件衣服,不好意思再闹下去,于是立刻离开了。

当天夜里。这个穷汉竟然死在别人的家里。

原来,穷汉同人家打了一年多的官司,因为负债过多,不想活了。于是就先服了毒药,他知道尤翁家富有,想敲诈一笔。结果尤翁没吃他那一套,没傻乎乎地当了他的发泄对象,于是就转移到了另外一家。

事后有人问尤翁,为什么能够事先知情而容忍他。尤翁回答说:"凡无理挑衅的人,一定有所依仗。如果在小事上不忍耐,那么灾祸就会立刻到来了。”

人们听了这话都很佩服尤翁的见识。

人生悟语

古希腊哲学家毕达哥拉斯认为人在盛怒下常常会做出不理性的行为,他说:“愤怒从愚蠢开始,以后悔告终。”培根则告诫道:“无论你怎么表示愤怒,都不要做出任何无法挽回的事来。”在现实生活中,一时愤怒,酿成大错或大祸的事,绝非少见。

如果没有那只鸟

乔叶

我是个很容易急躁的人,婚后,在许多琐事上,我都习惯与林锱铢计较,争吵不休。

一天下午,下班回到家。我打电话告诉林,让他在下班的路上捎几个馒头。他回电话说没问题。

天渐渐地黑下来,我把粥和菜都已经做好了,可是他还没有回来。

我有些担忧,又有些生气。

终于听到了门响。他回来了,两手空空。

“馒头呢?”我的怒火升腾起来。

“没买。”他的脸色居然很平静。

“你让我怎么打发今天晚上这顿饭?为什么总把我的话当耳边风?”我气愤地嚷道。

林一直没有作声。等到我发作完毕,他才走到我的身边,小心地卷起了衣袖——他的胳膊上居然缠着一层厚厚的纱布!我吃惊地看着他!

“下班的路上,我被一个骑摩托车的人撞伤了。那个人跑掉了,我只好自个儿去医院包扎。口袋里的钱全部都交了医药费,所以就没有钱买馒头了。”林有条不紊地解释着。

我捧着他的胳膊,想起自己刚才的蛮横很愧疚,好久说不出话来。

“很疼吧?”我终于问。

林摇摇头:“其实我很庆幸。”

“庆幸?”

“是的,我一直庆幸撞倒我的是一辆摩托车,而不是一辆卡车。否则,我连听你骂我的机会都没了。”

我的泪水一下涌了出来,一瞬间,我忽然想起了曾经读过的一个故事——

一雌一雄两只鸟共同生活。冬天到了,雄鸟每日辛辛苦苦地出去捡果子以备冬蓄。他终于捡了满满一巢,可是过了不久,他发现果子忽然少了。雄鸟责备雌鸟:“捡果子多么难啊,你居然一个人偷吃了许多。”雌鸟辩解说:“果子是自己少的,我没有偷吃。”雄鸟不相信,并为雌鸟无力的辩解感到十分生气,便逐走了雌鸟。后来天下了大雨,风干萎缩的果子被雨水泡得胀大起来,又成了满满的一巢。然而此时只剩下雄鸟在整日哀啼:“雌鸟啊,你现在在哪里?”

当时读了这个故事,并不是十分在意,似乎也不大明白故事的意思。但是现在,我突然顿悟了。

不要说一巢果子,就是一树果子、一山果子、一世界果子又有什么意义呢?如果没有了那只鸟。

同样,不要说几个馒头,就是一桌佳肴、一件丽服、一幢华屋、一身金饰又有什么意义呢?如果,如果没有了那个人。从此,我学会了遇事冷静。因为我知道:有时候误会的代价是很昂贵的,昂贵得让我们一生都承载不起。有时候看似粗糙的一个手势,就会埋下一种命运的沉痛。

人生悟语

有时,我们看到的可能并不是事情的全部。所以,生活中不管发生了何种变故,在没有了解事情的真相之前,不妨先让剧烈跳动的心脏平静下来,给自己留点冷静思考的时间。怒火平息之后,理智将使误解一一澄清。

没有人注定不幸福

佚名

没有人是天生注定要不幸福的,除非你自己关起心门,拒绝幸福之神来访。

一个周末的傍晚,心理学教授在阳台上整理白天拿出来暴晒的旧书,却观察到一幕生活的悲剧。与教授相隔一条防火墙的邻居在阳台上洗碗。她动作十分利落,水声与碗盘声铿锵作响,像发自她内心深处的不平与埋怨。

这时候,她丈夫竟从客厅端来一杯热茶,双手捧到她面前。

这个画面很让教授感动,为了不惊扰他们,他轻手轻脚地收起一摞书本,往屋里走。正要转身时,女人突然对男人没好气地说:“别在这里假好心啦!”惊讶不已的教授,从眼睛的余光中瞄到丈夫低着头又把那杯茶端回屋里——那杯热茶一定在瞬间冷却了,像他的心。

继续洗碗的她,还是边洗边抱怨:“端茶来给我喝?少惹我生气就好了。我真是苦命啊!早知道结婚要这么做牛做马,不如出家算了。”

也许她需要的不是一杯热茶,而是他未分担她的家务。但是,这是可以商量的,而且也并不需要把情绪发泄在对方身上,特别是在对方对你献殷勤的时候。

同样还有一个故事,情况相同,结果却有着根本的变化。

在一辆下班回家的公车上,转程靠站时,乘客顿时多了起来。最后上车的是一对上班族男女。可能因为人多,男的不时地用手臂围住女的,并轻声地问:“累不累?”“待会儿想吃些什么?”

只见女的不耐烦地回答:“我已经够烦了,吃什么都还不是你决定,每次都要问我。”男的一脸无辜地低下头,而后说了令人印象深刻的话。

“让你决定是因为希望能够陪你吃你喜欢的东西,然后看到你满足的笑容,把今天工作的不愉快暂时忘掉。我的能力不足,你工作上所受的委屈我没法帮你,我所能做的也只有这样。”

女的听了后,满怀愧疚地说声“对不起”。男的这才似乎重燃信心地说:“没关系,只要你开心就好。”然后亲吻了女子的头发。

公车到站,下车前再回头看看这对情侣,男的依旧保护着心爱的人。

人生悟语

如果你也是一位上班族,自己同样在今天的工作上有些许不愉快,如果没有听到这一段对话,回家后的你,是不是也会是一副全世界都对不起自己的臭脸面对心爱的人,只在乎自己的委屈,却忽视对方的感受,不自觉地伤害最亲密的人呢?

第八章　不必嫉妒，不必羡慕

不嫉妒别人

澜涛

加入到这家公司的第一天，就有同事告诉我，我所在部门的部长已年满60岁，虽然一个部长做了20年，他自己没有做出什么惊天动地的事，但是从他手上出来的人，不少成了大器，其中不乏身家数千万的私企老板、上百亿资产大企业的董事长等。于是，我对这个貌不惊人的老部长别有一分敬意，工作上也十分认真仔细。

一次，在部门所有同事夜以继日地加班加点中，一份看似不可能完成的工作及时完成了，不仅维护住了公司的声誉，还为公司带来了一份效益可观的合同。公司决定对两名表现特别出色的员工给予物质奖励。奖励虽然不多，但因为只奖励了两个人，这引发了其他部分员工的不平与抱怨。我也是深感不公平的一个，因为，那段日子，几乎人人都废寝忘食，以公司为家般地工作着，却只奖励两个人，给人的感觉是在否定其他人。当然，也有例外，比如和我关系十分要好的梅子就表现得异常平静。我不由得有些诧异，按道理说，梅子应该是付出最多的。我找到梅子，向她述说着自己的抱怨，并询问她为什么看上去毫无怨愤。梅子笑着对我说道："我认为我只是做了我该做的事情，本来就不应该得到什么奖励的。"梅子的话让我更加惊讶，我暗想，梅子的姿态一定是伪装出来的，她内心里也一定觉得不公。但接下来诸如此类的几次奖励中，虽然依然都没有梅子，但梅子每次都是满脸笑容地祝贺获得奖励的同事，而且在此后的工作中，她也总是一如既往地努力着，丝毫见不到她的情绪。这让我不得不确信梅子是一个缺少嫉妒心的人。

我进入公司大约半年后，老部长要退休了，就在大家猜测着新部长会是谁时，在老部长的推荐下，只有26岁的梅子成为了新部长。所有人都很诧异，包括梅子本人。老部长解释道："梅子年纪不大，但不嫉妒别人，世上不嫉妒别人的人不多，这样的人更能够公正公平地处事。"

不嫉妒他人，这该是怎样宽阔的胸襟，怎样磊落的情怀。而越宽阔的胸襟才能够越多地吸纳向往的脚步，越磊落的情怀才能够越多地吸引追求的目光。从梅子担任部长那天起，我懂得了一个道理：如果我们真的别无优势，那就努力让自己不嫉妒别人，这样，一样可以收获海阔天空的美丽。

人生悟语

懂得欣赏别人，才能更多地发现别人的优点，才能从他们身上汲取提升和完善自我的能量。对别人的成功，给予真诚的祝贺；对别人的优点，给予真诚的赞美，既是一种风度，也是一种智慧。

“比较”是烦恼的墓志铭

周毅

曾经读过这样一段文字。

人不快乐，不外乎三个原因：妒忌羡慕别人，觉得别人对自己不好或者对不起自己，对自己或别人太“认真”。假如能解决这三个关键问题，你将省去人生95%的烦恼。

妒忌或羡慕别人，无非产生两种结果：一是尽力地赶上甚至超过别人，二是闷闷不乐觉得自己没用无能。真正学会怀着平和向上的心态去赶超别人的人少之甚少，因为绝大多数怀有妒忌或羡慕之心的人情绪都不够稳定，郁郁寡欢者居多。

“他本事不大，凭什么过得比我好？”“她长得不如我，凭什么嫁个有钱人？”“他干得不比我多，凭什么钱比我拿得多？”“她文凭不比我高，凭什么就当了总经理助理？”“他儿子并不聪明，凭什么就上了好大学？”“她挣得不比我多，凭什么就有房有车？”……这么一比，除了心态失衡，何来良好心境去赶超别人？

一些人比较自我，想得最多的是别人为什么对自己不好，却很少去想自己为他人做了些什么；别人似乎总在做对不起自己的事，却很少去想自己是否有对不起他人的地方。收入不高，认为领导不重用自己，却不想自己为公司做了多大贡献；闹了点矛盾，认为同事太过分，却不想自己是否做得出格；夫妻反目，总觉得对方不忠，却不想自己是否真的关心爱护过对方……诸如此类，导致的结果，也只能是心态失衡，苦闷不堪。

对自己或别人太“认真”中的“认真”之所以打引号想必一定有特定含义，这里的认真绝非赞美，恐怕是“较真”“较劲”之意。过于较真的人，往往心胸狭小，越比越不开心；和自己较劲的，甚至容易得心理疾病，要不怎么会有那么多人得了抑郁症？过分羡慕或忌妒别人，总觉得别人对不住自己，一味地和自己或他人较真的人，之所以这样，还是因为“比较”二字使然——越比越气，越比越恼，越比越悲。由此产生了不健康的心态，甚至影响生活、工作和健康。形象一点说，“比较”是烦恼的墓志铭，实在要不得！

人生悟语

有句俗语叫“人比人，气死人”，也许平日里的攀比和比较不会真的发生人命，可这种没有意义的比较却能让人烦恼丛生。所以我们尽量避免在无意义的事情上做无谓地比较，因为比较是烦恼的发生地，是嫉妒的滋生处。

妒的国王

佚名

佛经上有一则故事——在远古时代，摩迦陀国国王饲养了一群象。象群中，有一头象长得很特殊，全身白皙、毛柔细而光滑。后来，国王将这头象交给一位驯象师照顾。这位驯象师不仅照顾它的生活起居，还很用心教它。这头白象十分聪明、善解人意，过了一段时间之后，他们已建立了良好的默契。

有一年，这个国家举行一个大庆典。国王打算骑白象去观礼，于是驯象师将白象清洗、装扮了一番，在它的背上披上一条白毯子后，才交给国王。

国王在一些官员的陪同下。骑着白象进城看庆典。由于这头白象实在太漂亮了，百姓都围拢过来，一边赞叹、一边高喊着："象王！象王！"这时，骑在象背上的国王，觉得所有的光彩都被这头白象抢走了，心里十分生气、嫉妒。他很快地绕了一圈后，就不悦地返回王宫。一进王宫，他问驯象师："这头白象，有没有什么特殊的技艺？"驯象师问国王："不知道国王您指的是哪方面？"国王说："它能不能在悬崖边展现它的技艺呢？"驯象师说："应该可以。"国王就说："好。那明天就让它在波罗奈国和摩迦陀国相邻的悬崖上表演。"

隔天，驯象师依约把白象带到那处悬崖。国王就说："这头白象能以三只脚站立在悬崖边吗？"驯象师说："这简单。"他骑上象背，对白象说："来，用三只脚站立。"果然，白象立刻就缩起一只脚。

国王又说："它能两脚悬空，只用两脚站立吗？""可以。"驯象师就叫它缩起两脚，白象很听话地照做。国王接着又说："它能不能三脚悬空，只用一脚站立？"

驯象师一听，明白国王存心要置白象于死地，就对白象说："你这次要小心一点，缩起三只脚，用一只脚站立。"白象也很谨慎地照做。围观的百姓看了，热烈地为白象鼓掌、喝彩！

国王越看，心里越不平衡，就对驯象师说："它能把后脚也缩起，全身悬空吗？"

这时，驯象师悄悄地对白象说："国王存心要你的命，我们在这里会很危险。你就腾空飞到对面的悬崖吧？"不可思议的是这头白象竟然真的把后脚悬空飞起来。载着驯象师飞越悬崖，进入波罗奈国。

波罗奈国的百姓看到白象飞来，全城都欢呼了起来。国王很高兴地问驯象师："你从哪儿来？为何会骑着白象来到我的国家？"驯象师便将经过一一告诉国王。国王听完之后，叹道："人为何要与一头象计较、嫉妒呢？"

人生悟语

人生在世，一定要有一颗平静的心，切不可心怀嫉妒。俗话说："己欲立而立人，己欲达而达人。"别人有所成就，我们不要心存嫉妒，应该平静地看待别人所取得的成功，这是拥有幸福人生的秘诀。

光环中的鱼

符开洪

史蒂文最近有点烦，原因是公司里的同事个个都过得比他好，他心理很不平衡。时间一长，他不但精神萎靡不振，而且还寝食难安。妻子琳达劝他去看看医生。医生没有给史蒂文开药，而是让他去野外散散心，将注意力暂时转移到那些能够放松身心的事情上去，比如钓鱼，就是一件能够让他放松身心卸下压力的事。史蒂文采纳了医生的建议。

以后，几乎每天他都会在傍晚时分去湖边钓一会儿鱼。可是，每次还没等到夕阳的余晖散尽，他便匆匆回家。琳达不解地问："怎么这么快就回来了？难道钓鱼不能够令你放松身心？"

史蒂文说："我每次钓的鱼都这么小，实在提不起兴趣再钓下去了。哈里森每天都能钓到大鱼，哈里森是我的同事，我看到他每天傍晚都在我对面钓鱼，他钓的鱼都很大，我亲眼看到的。"

琳达建议说："不如，明天你提出跟哈里森换地方怎么样？"史蒂文一拍脑袋说："对呀。"

当史蒂文提着水桶去找哈里森的时候，半路上遇到了迎面而来的哈里森。哈里森迫不及待地对史蒂文说："史蒂文老兄，我有个请求，我每天都看到你一条一条地往上钓大鱼，每次当我看见那些鱼在夕阳的余晖里闪着令人兴奋的光芒时，我就激动不已，我钓的鱼却那么小。我想，我们每天换一次地方，这样每个人都有机会钓到大鱼，你看我的想法怎么样？"

史蒂文朝哈里森的桶里一看，原来他的鱼跟自己的一样大。

我们每天都在羡慕别人，却没想到别人也在羡慕我们。如果将别人置于光环之下，那么，不管我们的生活怎么幸福，也不及别人的好。

人生悟语

生活中我们每天都要面对他人，如果我们把所有人都当作对手，那么别人所有的成绩在我们眼里都会被放大。日复一日积累出来的嫉妒会燃烧掉我们更多的精力，直到筋疲力尽。所以，光环可能是虚伪的，努力去做的事情，才是实在的。

两只老虎

佚名

有两只老虎，一只在笼子里，一只在野地里。

在笼子里的老虎三餐无忧，在外面的老虎自由自在。两只老虎经常进行交谈。

笼子里的老虎总是羡慕外面老虎的自由，外面的老虎却羡慕笼子里的老虎安逸。一日，一只老虎对另一只老虎说："咱们换一换。"另一只老虎同意了。

于是，笼子里的老虎走进了大自然，野地里的老虎走进了笼子里。从笼子里走出来的老虎高高兴兴，在旷野里拼命地奔跑；走进笼子里的老虎也十分快乐，它再不用为食物而发愁。但不久，两只老虎都死了。一只是饥饿而死，一只是忧郁而死。从笼子中走出的老虎获得了自由，却没有获得捕食的本领；走进笼子的老虎获得了安逸，却没有获得在狭小空间生活的心境。

人生悟语

人们都觉得别人比自己活得好，殊不知，各有各的幸福，富人有富人的烦恼，穷人有穷人的欢笑，人不仅要认识到自己有能力有价值，同时也要认识到自己有缺点和毛病。只有舍弃了完美的梦幻，才能找到自己的真正位置。

你要当铁匠，还是当国王

佚名

有个年轻的国王在城堡里闷得受不了了，于是换上百姓的衣服，带着随从跑出城堡游玩。国王来到一个市集，看到一个老人在打铁。老铁匠的技巧纯熟，打铁的声音非常有节奏，叮叮当当，仿佛音乐一般，国王忍不住听得入迷了。

国王于是对铁匠说："老先生，您的工作真是有趣啊！"

"胡说！"铁匠不以为然地说，"铁器很重，火炉很热，我辛苦一整天，却赚不到多少钱，一点也不有趣。"

国王好奇地问："那你认为什么样的生活才有趣呢？"

"当然是当国王啊！"铁匠不假思索地说，"国王可以住在华丽的城堡里，有吃不完的美食、喝不完的美酒，有无数的下人服侍他，还可以娶很多老婆！这种日子该有多好呀！"

国王想，不如自己做件好事，实现老人的愿望，让他当一天国王吧！

当天晚上，国王留在铁匠家中，和他一起喝酒，趁机把铁匠灌醉，吩咐侍从将他带回城堡，为他换上华服，将他放在柔软又舒适的床上。

国王也命令城堡中所有的人，务必把铁匠当成国王一般看待，平时大家怎么对待国王，就怎么对待铁匠。

第二天，铁匠起床时吓了一大跳，不知自己身在何方。就在此时，一名侍女推开房门，对他说："陛下早安！请让我为您整理一下，接着请您用早餐。"

铁匠吓呆了，茫然地让侍女更衣梳洗。当走入金碧辉煌的餐厅时，他更是不敢相信自己的眼睛。镶金的餐桌上，摆着丰盛的食物，许多是他从没看过的鲜果珍馐！铁匠快乐地大快朵颐起来。躲在一旁的国王满意极了，决定不再偷看，让铁匠好好享受这一天。

当晚，铁匠又在睡梦中被送回自己的家。

几天过去，国王又换上便服，拜访铁匠。他想，那一天必定是铁匠毕生难忘的一天，他应该非常高兴才是。

不料，铁匠一看到国王，连忙说："上回和你喝酒之后，我做了一个好恐怖的噩梦。"

"噩梦？怎么会呢？"国王有点失望。

"那是一个很真实的梦，我梦见自己变成国王，早餐才吃几口，就进来几个大臣说要跟我商量国事，他们说的话我一个字也听不懂；接着又有人要我批阅公文，一个下午就这样结束了；到了晚上，我本来以为可以轻松一点，可是我的几个老婆却开始争风吃醋……幸好，隔天醒来，我才发现那是一场梦。"

人生悟语

国王自以为让铁匠做了一天的美梦，没想到对铁匠而言，却是噩梦一场。

荣华富贵人人羡慕，但却很少有人能反过来思考，我们必须付出什么代价？功成名就，你可能需要日理万机，整日在工作中打转；飞黄腾达，你可能必须担心事业无法长青，时常与客户应酬周旋……

我们总是羡慕、甚至嫉妒别人的生活、工作，却没有想到自己从未看见的痛苦。如果换颗知足的心，试着享受自己的生活，你一定能过得更快乐！

不存在的花园

佚名

有个女孩不幸发生车祸，两只脚都摔断了，于是住进医院的外科病房。病房非常狭小，只在两端各摆了一张床，房间采光很差，只有一面小小的窗户。唯一靠窗的病床已经住进另一名妇人，她刚进行完手术，手上还打着石膏。断腿的女孩不能走动，躺在床上只能瞪着天花板，实在闷得发慌，不停地唉声叹气。

妇人突然开口说话了："你要好好休养，外面庭园里的花开得好美呢！等你伤好了，就可以去赏花了！"女孩随口问道："是什么颜色的花？"妇人望向窗外，对女孩转述："有红的、黄的、白的……衬着翠绿的草皮，看起来真是美极了！"

从此之后，妇人每天都向女孩描述窗外的风景："庭园里有一棵好高的大树，树荫很浓密，树下有一个秋千，现在就有一对情侣坐在上面！""附近有一个小湖泊，湖水似乎非常干净，正有一个男人在那边钓鱼。哇！他钓到一条大鱼了！""今天天气好极了！好多家长带着小朋友到这里放风筝，还有人带着狗在丢飞盘呢！"

起初，女孩兴致勃勃地听着，想象窗外美丽的庭园，偶尔和妇人讨论几句。但一天一天过去，不满的情绪逐渐在女孩的心中萌芽。女孩忍不住想："我运气真不好，为什么没排到靠窗的位置？""真不公平，为什么她可以睡靠窗的病床，我却不行？""真讨厌，她为什么不快点出院，这样我就可以去睡她的床位了。"

又过了几天，妇人终于拆了石膏，准备出院。临别时，妇人与女孩道别："祝你早日康复！"但女孩只是别过头，对妇人不理不睬。

妇人才踏出病房，女孩就迫不及待地告诉护士，她想换到靠窗的病床。

"可是……"护士迟疑了一下，"那好吧！"

女孩终于如愿以偿，换了床位。她吃力地撑起身体，急切地想推开窗户看看美丽的风景，不料，窗户一开，女孩却怔住了。

窗户其实紧邻着隔壁的一栋医院大楼，只看得到一片惨白的墙壁。

人生悟语

故事中的女孩因为莫名的嫉妒，对妇人摆出恶劣的态度，想必当她发现妇人编造窗外的种种风景只是为了让她心情开朗时，心中一定满是挥之不去的愧疚吧！

嫉妒像一只虫，蚕食着我们的心灵，甚至常让我们扭曲他人的本意。想拔除这只"嫉妒虫"，我们必须学习衷心为别人的幸运祝福，学着站在对方的角度思考。只要打开心窗，你也能看到无限美好的人生风景！

柏拉图的椅子

佚名

当我们遭人嫉妒时，我们要有宽广的心胸；当我们嫉妒别人时，我们要提醒自己：要有品位，不要有酸味！用这样的态度去欣赏别人的优点，用这样的胸襟来看待别人的成就，你将觉得无比轻松、愉快和美好。

柏拉图年轻时就非常有成就。有一次，朋友送给他一把精致的椅子作为礼物，以表示对他年轻有为的敬佩。几天以后，一群人到柏拉图家里做客，看到了那把漂亮的椅子并问明来源之后，其中一个人突然跳上那把椅子，疯狂地乱踩乱跳！并边踩边嚷着："这把椅子代表着柏拉图心中的骄傲与虚荣,我要把他的虚荣给踩烂!"

众人包括柏拉图在内全都吓了一跳!但柏拉图很快明白是怎么回事,便不疾不徐地回房里拿出块抹布,温和地把被踩得脏兮兮的椅子擦拭干净,并请那位疯狂踩椅子的朋友坐下,诙谐但具深意地说:"谢谢您帮我踩掉心中的虚荣,现在我也帮您擦去心中的嫉妒,您可以心平气和地坐下和大家喝茶、聊天了吗?"

那位"疯子"听了这话,脸一下变得通红。

人生悟语

嫉妒别人和遭人嫉妒,是我们都会遇到的情况。当我们嫉妒别人时,要注意保持理智和清醒,不能让嫉妒冲昏头脑;当我们遭人嫉妒的时候,一定要有宽阔的胸怀,原谅嫉妒者的行为。

孙膑和庞涓

佚名

魏惠王花了好些金钱,想招待天下豪杰。当时有个魏国人叫庞涓的来求见。向他讲了些富国强兵的道理。魏惠王听了挺高兴,就拜庞涓为大将。

庞涓真有点本领。他天天操练兵马,先从附近几个小国下手,一连打了几个胜仗,后来连齐国也被他打败了。打那时候起,魏惠王更加信任庞涓。

庞涓自以为是了不起的能人。可是他知道,他有一个同学齐国人孙膑,本领比他强。据说孙膑是吴国大将孙武的后代,他藏有祖传的《孙子兵法》。

魏惠王也听到孙膑的名声,有一次跟庞涓说起孙膑。庞涓派人把孙膑请来,让他与庞涓一起在魏国共事。哪知道庞涓存心不良,背后在魏惠王面前诬陷孙膑私通齐国。魏惠王十分恼怒,把孙膑办了罪,在孙膑的脸上刺了字,还剜掉了他的两块膝盖骨。

幸好齐国有一个使臣到魏国访问,偷偷地把孙膑救了出来,带回齐国。

齐国将军田忌听说孙膑是个将才,把他推荐给齐威王。

后来,齐威王拜田忌为大将,孙膑为军师,发兵去救赵国。孙膑坐在一辆有篷帐的车子里,帮助田忌出主意。

后来,孙膑设下计谋,把魏国打败了,那个爱嫉妒的庞涓也因为兵败自杀了!

人生悟语

嫉妒不如羡慕,不服气就应该自己进步,通过自己的努力去超过别人,这才是真正有才能的人做的事情。一个有才能但品德不好的人,总是担心别人抢了自己风头。

心生嫉妒的山羊

佚名

从前有一个农夫,养了一头山羊和一头驴。山羊看到农夫给驴子的食物比自己丰富,心生妒忌,于是想着一定要想一个办法陷害下那头驴。

山羊对驴说:“你看,主人对你多不好呀,每天要你干那么多粗活,那不是太劳累你了吗?”驴以为羊是为自己着想感激地问山羊:“那我该怎么办好呢?”山羊说:“你假装发狂跌到水沟里,那么以后就可以休息了。”于是驴按照山羊的话去做,过水沟时假装跌到水沟里,身体受了伤。农夫发现后请了一个兽医来医治,兽医告诉农夫说:“要用山羊的肺,敷在驴子的伤处,才能治好。”农夫听了,杀了山羊,取了它的肺,医好驴的伤。

故事中的山羊,看到别人得到一点好处,不是替别人高兴,而是妒忌别人比自己好。于是动了一个不好的念头,挑拨离间,想要害死驴,结果害人不成反害己,这就是妒忌别人的下场。当我们看到别人有什么长处,我们应该试着去欣赏对方的才能,充实自己的不足。

换个角度想,别人能够得到什么好处,也是他自己努力付出得到的。

俗话说:“一分耕耘,一分收获。”当我们看到别人在享受丰硕的成果时,您可曾想过别人付出多少代价。不要妒忌别人,与其妒忌别人,不如起而效行,努力实践达到自己的愿望。

人生悟语

万事万物皆各有所长。陶瓷脆弱但不会生锈;钢铁容易生锈但坚固耐用。钢铁和陶瓷各具备不同的优点。人也一样,不同的性格,组成不同的人,能言善道与木讷寡言的人各具有其优缺点。不用妒忌别人的长处,也许别人也很羡慕我们的长处呢!万事万物应该共生共荣,相互辉映才对。爱护别人,利人利己;妒忌别人,害人害己。

别让嫉妒毁了你

佚名

一连几天,我的心情都不是很好。情绪烦躁,吃不香睡不好,不佳的心理状况直接导致我的健康每况愈下。我心里很清楚,我原本是很健康的,自从克里奇搬来和我成为邻居后,我就变成了现在这个样子。

克里奇和我开着一样的凯特汽车,没想到前不久他竟然买了一辆新的劳斯莱斯,那可是我梦寐以求的汽车啊!我知道自己的经济能力还没达到享受劳斯莱斯汽车的程度,但每天看着邻居神气的样子,我的心里实在不好受。

我的朋友莱克斯劝告我,养一只小狗吧,这样也许会慢慢好起来。莱克斯给我送来了一只小狗,小狗很可爱,名叫汤姆。我给汤姆买了很多好吃的香肠。刚开始的时候,汤姆还吃些香肠,自从见到了克里奇,它便再也不肯吃我买的东西了。

汤姆总是用爪子去敲克里奇的门,有一次克里奇给了它一根香肠,很快便被汤姆吃得精光。从此,汤姆几乎每天都会去克里奇家要一些食物来吃。这样过了一段时间后,克里奇只得摊开双手,表示他家里已经没有好吃的东西了。可是汤姆并不甘心,依然不停地用爪子去敲克里奇的门。于是克里奇只好拿出一些吃剩的冷面包。令我吃惊的是,连我给的香肠都不肯吃的汤姆,竟然会吃邻居克里奇给的冷面包!莫非汤姆吃腻了好东西,喜欢上了冷面包?可是当我给汤姆冷面包的时候,它却连看都不看一眼!我实在没办法了,只好带着它敲开了克里奇的家门。我说:“克里奇先生,这只狗好像跟你很有缘,不如你就收养了它吧。”克里奇有些惊喜地问:“你是说,将汤姆送给我?”我说:“是的,因为它现在不吃我的东西,它只吃你的东西。”尽管我的心里很不愿意,但还是将汤姆送给了克里奇,克里奇高兴地收养了汤姆。

还没过几天,汤姆便用爪子来敲我的门。我给了它一根香肠,它很快便吃了个精光。当汤姆吃完了我买的所有香肠和狗粮后,我再也不想给它买任何吃的东西了。因为它已经不属于我,而属于我的邻居克里奇。

那天当我开车去上班的时候,我看到克里奇在后面追了上来。克里奇焦急地问:“您家里还有香肠吗?”我摇了摇头。克里奇接着问:“狗粮也没有吗?”我又摇了摇头。“那么,”克里奇再次问,“您家里难道连吃剩下的冷面包也没有吗?”

后来,汤姆还是被我的朋友莱克斯带走了。莱克斯告诉我,这是科学家最新试验出来的一种狗,因为给它加入了人类的嫉妒因子,所以它总是这山望着那山高,总以为别人的东西都是好的。朋友莱克斯送给我那只狗的用意实在很明显,也很让我汗颜。

我和邻居克里奇恍然大悟。我当即向克里奇道歉说:“对不起,我不应该嫉妒你的劳斯莱斯汽车。”令我意外的是,克里奇居然也向我道歉:“应该说对不起的是我,哈里先生。我嫉妒你家的房子比我的漂亮,所以我将自己原来的汽车外加一个后花园卖了,才买来一辆劳斯莱斯汽车,想让自己的心理得到一点平衡。”

人生悟语

俗话说,妒火烧身。如果让嫉妒占据了整个心胸,人生中便少了快乐,多了郁闷,甚至会伤人伤己。所以,如果想成功地驾驭人生这只在大海里飘荡的帆船,豁达的处世态度是非常重要的。

可怕的嫉妒者

佚名

有一个嫉妒心很强的人,有一天遇见了上帝。他对上帝抱怨道:“上帝啊,您太不公平了。我和别人都是一个鼻子两只眼,没什么区别,为什么别人有很多的东西,我都没有?”

上帝笑着说:“好吧。现在我可以满足你任何的一个愿望,但前提是:无论你得到什么,你的邻居都会得到双份。”

那个人高兴坏了。心想自己这下可以成为天下最富有的人了。但他细心一想,更大的烦恼却油然而生。他想:如果我得到一份田产,我邻居就会得到两份田产;如果我要一箱金子,那邻居就会得到两箱金子;如果我要一处豪宅,那穷得叮当响的邻居就会有两处豪宅……这简直太不公平了。

他想来想去,总不知道提出什么要求才好。他想:现在是我在求上帝,为什么要邻居得到便宜?他实在是太不甘心了。最后,他一咬牙,一跺脚,对上帝说:“唉,我想了半天,你还是挖我一只眼珠吧……”

人生悟语

在狭隘、自私心理下产生的嫉妒,是非常消极的。这种嫉妒往往会产生可怕的力量,使嫉妒者与被嫉妒者都受到伤害。所以,我们一定要保持善良、宽阔的心胸,不能让狭隘、自私与嫉妒为伍:既伤害别人,又伤害自己。

雨伞对雨衣的嫉妒

佚名

一到下雨天，雨伞就得到主人的重用，因此，它过得很快活。

可好景不长。过了一段时间，碰到下雨的天气，主人觉得打着伞骑车出门很不方便，于是就穿起了雨衣，因此使雨衣得到了重用。面对这种情况，被丢在一边的雨伞感到非常失落。以前，自己受重用的时候，它和雨衣是好朋友。可现在，它对雨衣一点好感都没有了，心里有的只是对雨衣的嫉妒。它想：我用什么办法能让主人重新重视我呢？

一天，雨衣刚工作完，就舒舒服服地躺在一边睡起觉来。雨伞觉得这是个大好的机会，于是就轻手轻脚地来到雨衣旁，悄悄用伞头把雨衣扎了个大洞。雨衣由于睡得太香了，竟然没有一点察觉。而雨伞干完这一切，则心满意足地回到了角落。

又是一个雨天，主人把雨衣拿出来，发现有个破洞，很心疼。于是就拿起了雨伞。雨伞心里高兴坏了，以为主人又重新重视它了。可它的高兴劲还没过，就发现主人拿起了桌子上的剪刀，还没等它想明白是怎么回事呢，就突然感到身上一阵剧烈的疼痛——原来，主人从雨伞上剪下来一块布，缝在雨衣上。因为主人的手巧，补丁变成了一朵美丽的花，雨衣比以前更漂亮了。

而雨伞，却带着伤口和疼痛，变成了一把破伞，被丢在了垃圾箱中悲伤地哭泣。

人生悟语

嫉妒者的痛苦是双倍的痛苦，因为他既要为别人的幸福而痛苦，又要为自己的不幸而痛苦。所以，当我们嫉妒别人的时候，一定要保持清醒的理智，不要被嫉妒蒙住了心灵。否则，就难免做出既伤害别人又使自己痛苦的事。

只会画驴的大师

佚名

宋代的山水画家朱子明，画得一手好画，正因为画得一手好画，所以被许多同行们嫉妒。有意无意间，朱子明便被同行们贬低，有人说他的画技差得太远。有人说，朱子明会画什么，就会画个驴！朱子明是画驴，但那只是偶尔为之。可大家说他就会画驴，如此的贬低就是一种污辱了，朱子明为此很是郁闷。渐渐地，世人都知道朱子明只是个画驴的，也就不再向他求画了。

一天，皇上出城，在市面上看到有人摆地摊儿卖画，卖的竟是一张张驴图。皇上很少见到画驴的，十分新鲜，问随从，天下谁画驴画得好？

随从就去满世界打听。几天后，回禀皇上，说有一个叫朱子明的人专画驴。皇上便传朱子明来宫里为他画驴。朱子明哭笑不得，这是大家在贬他啊，皇上怎么能当真！但面对圣旨，朱子明只能遵命，他便来到宫里画驴。结果，这件事使朱子明名声大噪，一夜之间成了天下第一画驴的人。

朱子明曾研究山水，苦苦追求其一生，可谓艰难曲折，一生都想着怎么才能成大气候，却因为别人的嫉妒，骂他只会画驴。没想到，翻过来，掉过去，一头驴子竟成全了他。

朱子明在晚年的回忆录中，曾感谢嫉妒他的人，感谢他们在骂声和贬义中成全了他，使他成为画驴的大师。

人生悟语

有才华的人，往往会因为别人的嫉妒而遭到贬低，但一个人真正的才华不会因此而消失。而相反，有时候，别人的嫉妒虽然会给我们造成一定地打击，但也能成为一种使我们认识自己潜力的契机。只要抓住这种契机，也许我们就会有“柳暗花明又一村”的惊喜。因此，我们要理智地对待别人的嫉妒。

孔雀的不满

佚名

乌鸦坐在树枝上，深深地叹了一口气。虽然看见树下有吃的，但它连张开翅膀飞向天空的心情都没有。

“瞧瞧我这一身黑不溜秋的羽毛，我自己看了都觉得恐怖。”乌鸦举起一边的翅膀，仔细看了一遍。怎么看，那些羽毛怎么不顺眼。

其实乌鸦对自己的长相没有什么不满。不过那是在孔雀搬来之前。当孔雀来到树林之时，你都不知道乌鸦有多么惊讶。“天哪，原来世上还有羽毛长得那么漂亮的鸟……”

当孔雀开屏，展示它那美丽的羽毛时，乌鸦的眼睛都直了。花花绿绿的翎毛，是那样的绚丽夺目，光彩照人。

“神太不公平了。他把世上所有漂亮的颜色都赐给了孔雀，而给我的，却只有黑色。”

其实，不只乌鸦因为孔雀而感到不满。连拥有甜美歌喉的黄鹂鸟在见了孔雀后，也长长地叹了一口气。

“我的羽毛黑黢黢的，一点儿也不显眼。如果我不唱歌的话，估计大家连我在哪儿都不知道吧？再看看孔雀，谁都会对她一见钟情的。”

一天，一直在那儿自卑、抱怨的乌鸦和黄鹂决定去找神。顺便，去质问一下，为什么不让自己也跟孔雀一样漂亮。

乌鸦和黄鹂来到神居住的地方，正要进门的时候，你猜它们看到了什么？在它们面前，不是孔雀那巨大而优雅的翎毛吗？

“孔雀来找神做什么啊？”乌鸦和黄鹂赶忙屏住呼吸，仔细地聆听孔雀都跟神说些什么。

“神，我最近太不幸了，我一点儿都不幸福。”孔雀垂头丧气地看着神。

“你！你居然说你不幸福！到底是怎么一回事啊？”神担心地看着孔雀。

孔雀哭丧着脸说道：“我对自己的嗓音感到不满。您为什么让我的声音这么难听啊？没我漂亮、身子那么小的黄鹂的声音都比我动听。你不知道，每当黄鹂在树林里放声歌唱的时候，我有多么的羡慕它。神，您也赐我像黄鹂一样动听的歌喉吧。”

“什么？你说你声音难听？”神听了孔雀的话，气得快吐血了。拥有最美翎毛的孔雀，竟然对自己感到不满意，在那儿一个劲地抱怨。神大声地斥责孔雀道："你真是对你所拥有的东西一点感恩之心都没有。你说你羡慕黄鹂的嗓音？你看看你漂亮的身体吧。你还要抱怨吗？我给了你彩虹般的翎毛，你却依然不懂得自爱……你真是只不知足的蠢鸟。"

听罢，孔雀羞愧得不知如何是好。

神愈发严厉地指责道："没有一种动物能拥有所有一切的美好，因为我给每一种动物都赐予了一样长处。"

"是什么啊？"孔雀小声问道。

"鸵鸟虽然没有你漂亮，但它跑得很快。秃鹫拥有无敌的勇敢。乌鸦虽然羽毛黑漆漆的，但它拥有聪明的头脑。而你羡慕的黄鹂，虽然没有其他的长处，但唱歌很好听。现在你知道了吗？所有的动物都有它自己的长相和长处。所以，你别再抱怨了，知足吧。否则，我就把你那漂亮的翎毛全部拔掉。"

孔雀低着头，一句话都说不出来。乌鸦和黄鹂躲在一边听完神和孔雀的对话，笑着回到了树林。从此以后，它们不再羡慕孔雀了。因为乌鸦比谁都聪明，而黄鹂则拥有世界上最动听的歌喉。

人生悟语

与其花时间去羡慕别人，你倒不如多花些时间去寻找一下自己的长处。不是你没有特长，只是你没有发现而已。所以，不管是什么事，都自信地去尝试吧。

换个角度看自己

佚名

很长一段时间，我心情很糟，总觉得世上任何人都比自己强，自己看自己，越看越渺小，渺小到不能再小的地步。一日一位要饭的走到门前，同情的同时，忽然觉得有时自己甚至连一个要饭的都不如，至少要饭的在穷得无路可走时，能丢下尊严，卑躬屈膝地站到别人面前请求施舍。仔细想想，无论落到何种地步，我都难有这种超人的勇气。

越羡慕别人的长处，越轻看自己，于是躲开身边的人，不愿和别人打交道。上班时，不出办公室，下班后，不出家门，这样的日子虽然过得很平静，但心情总是那么压抑。因为偶然与无奈，我进入了一个新的单位，但意想不到的是，新的环境、人员竟无意中改变了我那自卑的性格。我渐渐地学会从另一个角度来看自己、看别人；竟然发现自己许多过去看不到的长处，换一个角度、换一个环境看自己，心情竟然舒畅起来。

每个人都有自己的长处和短处，总看到别人的长处，自己就觉得渺小，而总看到别人的短处，自己就觉得伟大。伟大和渺小两种感觉在人生中其实都不可取。看到别人的长处，也应看到自己的长处，我们每个人都有被别人羡慕的时候，正视自己，正视现实。明白这一点，尽管很晚，但毕竟明白了。

当你在人生中遇到转不过弯的时候，不妨换一个环境、换一个角度，重新审视自己，努力改变自己，你会发现天空是那么的蓝，供我们选择生存的路是那么多，没有必要自寻烦恼。在这个世界上，自己不会成为最好的一个，但也绝不会是最差的一员。

每个人都有自己的长处和短处，每个人都应当了解自己的长处和短处。如果你总觉得别人比自己强，那么你就会觉得自己很渺小，陷入自卑的境地而不能自拔，更不可能努力进取了。然而，如果你学会从另一个角度来看自己、看别人，就能发现自己许多过去看不到的长处，也看到自己的短处。这样，你就能客观地正视自己，正视现实，生活得快乐自在。

人生悟语

不要羡慕别人的长处，也不要讥笑别人的短处。既然每个人都有自己的长处和短处，那么我们就要懂得扬长避短，有所作为。

自己先改变了，身边的一些人就可能会跟着改变；身边的一些人改变了，很多人才可能会跟着改变；很多人改变了，更多的人就可能会改变。正是在这个意义上，可以说，先改变自己才可能改变世界。

羡慕别人不如自己努力

佚名

李谦予读初中的时候成绩一直很差，特别是语文总是不及格。那时候，李谦予好羡慕前三名的同学能拿到奖状。一次期中考试后，看到拿着奖状的同学的神气样，李谦予的羡慕不自觉地流露了出来。李谦予的班主任老师看到李谦予的神态后说："羡慕别人没有用，羡慕别人不如自己努力。"老师轻轻的一句话，深深地印在了李谦予心里。从此，李谦予暗自努力，成绩稳步上升，到初中最后一个学期，李谦予终于也拿到了前三名的奖状。

李谦予家里兄弟姐妹多，又穷，读初中了，李谦予还是只能穿姐姐不能再穿的衣服。女孩子爱美，看到同龄的女生穿上新的花衣服，李谦予好羡慕。这时候，李谦予想到了"羡慕别人不如自己努力"，李谦予开始利用中午放学后的那点时间拾废品，一个学期后，李谦予也穿上了自己挣钱买的新花衣。那一刻，李谦予好开心。

李谦予大学毕业后刚好碰上国家不包分配，李谦予看到早自己一年毕业的师姐们都找到了工作，李谦予好羡慕；但她已经知道"羡慕别人不如自己努力"。于是，李谦予在打工的同时努力地学习，结果，一年后她考上了公务员。当了公务员后，因为整天要按时上班还要看领导脸色，李谦予感到很不快乐。

此时，李谦予正好结交了一个自由撰稿人的姐妹，看到她自由地写作，自由地挣稿费，李谦予好羡慕。李谦予从小最怕语文，知道自己的文字功底差，但想想自己初中时从差等生到前三名、拾废品也穿上了新花衣等努力了就得到了回报的往事，李谦予决定利用业余时间跟她学习写作。三年后，李谦予辞掉了工作，因为她也可以靠写作生活了。

"羡慕别人不如自己努力"，贵在"自己努力"，难在"持之以恒"。只要持之以恒地努力，我们的"羡慕"就会成为自己的现实。但是，现实生活中大多数人却只知道羡慕别人，不去坚持努力，结果只能一辈子生活在羡慕之中。

人生悟语

其实，我们所羡慕的，正是别人的努力得到的。所以，我们要想让自己也成为他人的羡慕对象，只有一种办法，那就是坚持不懈地朝着自己的目标奋斗！是的，羡慕别人不如自己努力。每个成功者的背后，都洒过艰辛的汗水。我们看到了自己与成功者之间的差距，要赶上成功者，除了奋起直追，没有其他选择。

第九章 低调谦逊境界高

猜猜谁是天使

张小石

下面是一位在加拿大生活过7年的朋友讲的小故事——

我在多伦多工作的时候，常常要去幼儿园接儿子。有一天，我去迟了，幼儿园里只剩了5个孩子，正由老师带着做游戏。我没有打断他们，站在一边观看。

老师在桌子上放了些木头和布做的玩偶，有狼、狐狸、兔子、小鸡和小鸭。老师说："下面我让这些动物演戏，然后你们猜猜——谁是天使？"

森林里要举办歌手大赛，但狼、狐狸、兔子、小鸡和小鸭中，只有一个能参加，其他的都得当拉拉队。狼说："我的嗓门很粗，唱摇滚肯定能赢。"狐狸说："凭什么一定要唱摇滚呢？我善于唱西部牛仔曲子。"兔子说："我可是情歌高手啊！"小鸡不满意："我以前在合唱队，是主力呢！"小鸭嘎嘎叫："唐老鸭的嗓子唱遍了全世界！"

这么着，大家都想参加比赛。最后，狐狸说："这么争不行，我看，还是让狼去吧，它比我们都凶猛，不要惹恼了它。"狼一听，很惭愧："难道我不是大家的朋友吗？我从来没有欺负你们。唱歌的事，不是比谁凶猛，算了，我不争了，我推荐兔子去参赛。"小鸡和小鸭非常不满，一起叫道："如果让兔子参加，我们就回家，不当拉拉队。"狐狸一听，高兴了："狼放弃了，选了兔子；而小鸡、小鸭不赞成，要回家——那么，只剩下我了，好吧，我去参赛！"狼笑了："这样不公平。首先，我宣布退出，因为'狼嚎'的确难以在唱歌比赛中取胜。我愿意做你们的拉拉队，但是，你们之间得先举行选拔赛。"

戏演到这里，老师问："孩子们，猜一猜，它们中谁是天使？"

——朋友说："当时我站在旁边看得蛮有兴致，但老师的问题连我也觉得不好回答，感觉这戏演得还不充分，没有体现出天使来。孩子们的回答也不一致，老师只是笑着点头说'有道理'。最后，老师公布答案：'天使之所以能飞起来，是因为它乐意看轻自己……那么，在这里只有狼是真正的天使了……'"

这个貌似幼稚的游戏令我感慨：一，讲谦虚，这应该是我们中国人的祖传美德，没想到西方人也讲谦虚，并且把它上升到"天使"的高度来认识；二，只要条件符合，连狼也可以当天使，这与我们一会儿将某人宣传成圣贤，一会儿又将其画成魔鬼的做法相比，充满了宽容。

其实我觉得，任何一个人（或民族），最终得看其立足的基础，只要这个基础符合表现，无论谦虚还是骄傲，都是一种事实求是的态度。最后一点很重要：想当天使去飞翔的重要条件是——乐意看轻自己。

人生悟语

如果立足于“乐意看轻自己”的基础之上，实事求是的谦逊态度可以使凡人仿佛天使。正如孔子所说：“知之为知之，不知为不知，是知也。”其实，只要拥有“乐意看轻自己”的谦逊心态，我们每一个人都可以是天使。

沧海一粟

佚名

有一天，苏格拉底与弟子们在一起，一位富有的弟子向他的同学们炫耀他们家在雅典的附近拥有一片肥沃的土地，广阔得一眼看不到边。

当他口若悬河地大肆吹嘘的时候，一直在旁边默然无语的苏格拉底拿来一张世界地图，不动声色地对他说：“麻烦指给我们大家看一下，亚洲在什么地方？”

那学生得意扬扬地指着地图上说：“这一片全是。”

苏格拉底又问：“那好，希腊在哪里？”

学生趴到地图上，半天才把希腊找出来，因为希腊和亚洲相比，确实太小了。

苏格拉底又问：“雅典在哪里？”

学生找了半天，最后搔了搔头，指着地图上的一个小点说：“雅典太小了，好像在这里吧？”

苏格拉底看着他，接着问道：“现在请你指给我们看，你们家那一片广阔无边的肥沃土地在哪里？”

学生急得满头大汗。他当然找不到，他很尴尬地回答：“对不起，我找不到。”

人生悟语

想知道自己的渺小，请抬头看看蓝天、看看大海。不管我们拥有什么、拥有多少、拥有多久，任何人所拥有的一切，与广袤的天地相比，与无边无际的宇宙相比，都不过是沧海一粟，实在是太微不足道了。

成功的副作用

佚名

小村庄中的一名青年迷上了杂耍，决定以此为志向。他的家人非常反对，认为学杂耍不会有什么出息，顶多当个被人讪笑的小丑罢了，就连村庄里的人，也都瞧不起他。这名青年于是离开故乡，漂洋过海，到其他国家拜师学艺。

由于他对杂耍很有兴趣，也很勤奋，每天夜以继日地练习，进步神速，很快就打响名号。尤其他能同时将十颗球抛掷向空中却不会有任何一颗球掉落的绝活，最为观众津津乐道。

很快,青年就成了远近驰名的杂耍大师,靠着演出收入,累积了不少财富,再也不是当年的穷小子了。他穿上质地最好的衣服,佩戴贵重的珠宝,买了头等船票,决定衣锦荣归,好让当时瞧不起他的人刮目相看。

由于他非常有名,船上的乘客看到他,纷纷要求签名,也有人起哄要他表演。

这名青年于是随手向身旁的旅人要了三个橘子,表演起来,围观的人愈来愈多,许多人帮他加油。

他又增加橘子的数量,要起十个橘子仍面不改色,观众爆出一阵阵喝彩。

最后,他取下手上昂贵的蓝宝石戒指,并把戒指往高空抛去再接住,而且愈抛愈高。观众们都紧张得屏气凝神,有人劝他:"不要抛了吧?万一掉到海里怎么办?"但这名青年对自己的技巧非常有自信,所以依然神色自若。

他更用力地把蓝宝石戒指抛向高空,高度之惊人,观众几乎已经看不见戒指的踪迹。随着高空出现的一道反光,戒指开始往下坠落。

就在他即将接到戒指、观众也开始鼓掌叫好时,突然,一阵大浪打来,船身晃动了一下。

戒指"扑"的一声掉到海里了。这名年轻人与观众都十分诧异。

"真可惜啊!"几秒钟后,才有人不舍地说。

"不,这很值得,"青年微笑着说,"我用一枚戒指,换到了最宝贵的人生经验。"

人生悟语

这名青年用戒指换到的经验,就是谦虚。

很多人确实靠着实力奋斗打拼,也终究得到功成名就的丰硕果实,但当他们品尝成功喜悦的同时,却也吸收了成功的"副作用"——骄傲自大。

骄傲,是人际的绝缘体,让虚伪巴结你的人多,真心喜欢你的人少;骄傲,更是人生的一堵高墙,让你误以为自己的一切已经完美,因而不愿探出头去,看看墙外壮丽的风光。

电话里的单口相声

姜钦峰

1984 年中央电视台第二届春节联欢晚会上,马季表演的单口相声《一个推销员》成为经典。这个段子对虚假广告予以了辛辣的讽刺,切中时弊,幽默诙谐,令人捧腹。

当晚会直播结束时,所有人都松了口气,心情激动地互相拥抱在一起。台里订好了夜宵,大家卸完妆,都上了门口的大客车,准备去饭店庆功。临出发前,清点人数,唯独少了马季。导演黄一鹤又进去找人,发现马季还在里面打电话,正对着话筒说相声,很投入的样子,不像是跟人开玩笑。黄一鹤看得一头雾水,实在弄不明白他唱的究竟是哪一出?

原来,那是设在春晚现场的观众热线电话。因为马季身兼主持人,最后一个卸妆,当他卸完妆,往外走时,正好听到电话铃响了。此时晚会已经结束,接听电话的工作人员也已离开。大过年的,马季不忍让人家失望,便"多管闲事"接了电话。他拿起话筒,刚"喂"了一声,对方马上听出是马季的声音:"请问是马季老师吗?可找到您了!我是首钢的工人,刚听同事说,您表演的那个宇宙牌香烟的相声太精彩了,可惜我刚才在高炉的岗位上值班,没听到。哎呀,这可怎么办啊?"兴奋中透出无限惋惜。马季说:“这个好办啊,我现在给您补上不就成了吗……”于是,出现了黄一鹤撞见的那一幕。

这个电话,马季接了十几分钟。那时马季已年过五旬,身体肥胖,健康状况也不是太好,他既主持又表演,上下穿梭,忙前忙后,一台晚会下来,早已累得汗流浃背、筋疲力尽。然而为了满足一个陌生观众的愿望,他又强打精神,对着话筒重新表演了一段相声!

大师驾鹤西去!时隔二十几年,当黄一鹤导演回忆起这段往事时,依然忍不住泪湿青衫。

听过一句话:一个人一时的成功,可能取决于聪明才智;但一生的成功,一定是做人的成功。或许,这就是演员与大师的区别吧。马季是当之无愧的一代相声宗师,薪尽火传,大师留给我们的笑声,还有他的人格魅力,永远是最宝贵的财富。

大师就是一面镜子,我们不妨都对着照一照,自己得到了什么,又失去了什么?

人生悟语

庸俗的人与成功者的区别也许在于,庸俗的人只满足于完成工作,而真正能以平凡的岗位折服别人的成功者认真地对待工作中的每一个细节,即使取得一定的成就也从来不沾沾自喜、居高临下,而是以平等的姿态认真地对待每一个人,用自己的热情和爱心去为别人服务。

骄傲不可怕,只怕你没发现

佚名

小镇中有一间国医馆,师父的功夫非常高明,无论什么疑难杂症,他都能搞定。但让人很受不了的是,他非常骄傲,时常对来国医馆推拿的人说:“你这毛病,只有我能治好!”“你上辈子一定有烧好香,才会遇上我这么厉害的人!”许多年以前,这名师父收了一名徒弟,他闲来无事,就以谩骂这名徒弟为乐:“动作这么慢,我真是倒了八辈子霉才请到你!”“笨得像一头猪!你妈真是白生你了!”……而且他特别喜欢当着顾客的面教训徒弟,丝毫不给人留一点面子。

很多人看不下去,私下劝这名徒弟:“你已经学了许多年,不如自己出来创业吧?”但徒弟却始终不愿意背叛师父。

某天,徒弟不小心犯了一点小错,师父却大发雷霆,并开除了他。

徒弟为了糊口,在不得已的情况下,只能自己架设了一个简陋的小摊子,做推拿生意。师父听说后哈哈大笑:“这小子真不知道自己有几斤几两重!他的功夫还差得远呢!”但很快,师父就发觉自己国医馆的生意一落千丈,客人似乎都跑到徒弟的小摊子去了。

师父百思不解,决定变装,暗中观察徒弟的状况。

正巧一名行动不方便的老妇人来到徒弟的摊位前,徒弟马上上前搀扶,并亲切地问:“老婆婆,上次回去舒服点了吗?”

整个过程中,徒弟也不断地和她闲谈:“吃过饭了没?”“儿女不在身边,您要好好保重自己的身体啊!”……

但师父却对这种种关怀视而不见,只注意到徒弟的推拿手法依然很生涩。

回到家,他苦思良久,为什么大家宁可选择手艺差的徒弟,却不光顾自己的国医馆?几个月后,他的国医馆倒闭了,反而是徒弟的生意愈来愈好,最后顶下了师父的店面。

人生悟语

很少有人会承认自己很骄傲，但我们是否有可能早已被朋友列入“骄傲黑名单”却不自知？

可怕的骄傲与可爱的谦虚

蒋光宇

1952年，刘绍棠的文学创作引起了人们的关注，他被誉为“神童作家”。年仅16岁的他，就被调到团中央工作。1957年春天，在北京文艺界的一次座谈会上，他的发言有些过激。第二年，风华正茂的他被错划为三类右派，开除了党籍。

在那种“以阶级斗争为纲”的年代，时任团中央第一书记的胡耀邦，为挽救刘绍棠和其他同志做出了相当多的努力，但无力回天，只能连连叹道：“损失惨重，损失惨重啊！”

在刘绍棠准备到大运河边的儒林村接受改造时，胡耀邦与他谈了一次话。胡耀邦问：“你知道你为什么犯错误吗？”

刘绍棠回答：“我是因为书本主义，堕入了个人主义的万恶深渊……”

胡耀邦没等他说完，就打断他的话，大声地说：“你什么也不是，就是骄傲！”刘绍棠临走时，胡耀邦握住他的手嘱咐说：“好好干，20年后还是一条好汉！”

“你什么也不是，就是骄傲！”这话击中了要害，讲得太精辟、太深刻了！骄傲，足以让一个风华正茂、前途无量的新星身败名裂！与骄傲相反，谦虚却能把一个战果辉煌、赫赫有名的将军映衬得更加璀璨夺目。

美国南北战争时，北军格兰特将军和南军李将军率部交锋。经过一番空前激烈的血战，南军一败涂地，李将军被送到浦麦特城去受审，签订降约。

当有人请格兰特将军讲一讲指挥这次激战的得意之笔时，他不仅对自己卓越的军事指挥才能只字未提，而且将胜利归功于天气和时运。他说：“这次战役的胜负，在很大程度上是由外界环境决定的。当时敌方军队在弗吉尼亚，几乎天天遭遇阴雨天气，害得他们不得不在雨中泥中挣扎。相反，我军所到之处，几乎每天都是好天气，行军异常方便。而且有许多时候往往是在我军离开一两天后便下起雨来。所有这些，不是幸运是什么呢？”

当有人请格兰特将军讲一讲对李将军的看法时，他不仅对败军之将没有丝毫的轻蔑，反而对其标准的军人风度表示了由衷的赞赏。他说：“李将军是一位值得我们敬佩的人。他虽然战败被擒，但态度仍旧镇定异常。他仍然穿着全新的、完整的军服，腰间佩戴着政府奖赐他的名贵宝剑。而我却只穿了一套普通士兵穿的服装，只是衣服上比士兵多了一条代表中将军衔的条纹罢了。”

有人听后大惑不解地问：“一个败军之将，居然也昂首挺胸、衣冠楚楚，岂不是太不自量力了？”

格兰特将军解释道：“李将军虽然战败，但仍能坦然忍受耻辱，这正是他勇敢坚毅的地方。他这样做，是表示他把失败当作一种经验，而绝非仅仅是一种耻辱。如果能再给他一次机会的话，他仍能挺身奋战，争取光荣。所以说，他虽是败军之将，但却一直保持着一位伟大军人的风度。”

有人问：“您为什么坚持不谈自己在激战中的功劳与贡献？”

格兰特将军答道：“骄傲是可怕的，因为它能把一个出类拔萃的人搞得身败名裂。谦虚是可爱的，因为它能把一个功成名就的人镶嵌得更加璀璨夺目。每一个人，永远都不能过分强调个人的作用，更不能把个人的作用强调到决定整个战局的地步。”

人生悟语

人之常情，总爱自夸，以己之长，攻人之短，痛快之余，毫无收获反而惹人怨恨；若能持谦虚之心，以恭敬的态度待人接物，也算是一种成长吧！

你不是永远的主角

风为裳

在张灵羽眼里，林天丛似乎天生就应该是当主角的材料。在KTV唱一曲《东风破》比周杰伦还周杰伦，篮球场上漂亮的灌篮不知让多少对手目瞪口呆，还有，学习成绩也总是遥遥领先。弄得张灵羽没事就瞅他，说：“你老实交代，你到底是什么特殊材料制成的，人和人都是吃米长大的，差距咋就这么大呢？”

林天丛给了张灵羽一个笑死人不偿命的笑容，慢腾腾地说：“笨丫头，有些人天生就是主角，而有些人再怎么努力，也只是个小配角。”

这话张灵羽听了很不舒服，但是想想人家的确出色。出色的人总是高高在上，总是不食人间烟火，总是看不起普通学生。所以，班级里的人对林天丛敬而远之，只有张灵羽不怕他，时不时打击打击他。告诫这狂妄的家伙：早晚有一天，他会从高处摔下来的。

林天丛没想到这天来得这么快。所谓山外有山，人外有人。打败林天丛的是班级里新转来的同学白凡。白凡长得像优质偶像潘玮柏不说，唱起歌来更是气死刘德华，逼疯张学友。人家不打篮球，玩的是街头篮球，还会跳高难度的街舞，玩滑轮。更重要的是白凡性格好，人缘好，没有架子，不像林天丛那样傲不拉叽地拒人千里之外，做事时，他总是能考虑到周围人的感受，不事事争先，所以，白凡以所向披靡之势聚集了众多粉丝。班级里选举，白凡总是轻松就拿到最多选票，而同样很出色的林天丛连第二都拿不到。

张灵羽对林天丛说：“怎么样，服了吧？”林天丛把嘴撇到耳根子后面说：“绣花枕头，看看考试成绩再说吧！”

期中考试，白凡成了东方不败，除了物理比林天丛少了一分，其他的都在林天丛之上。班里的快嘴李跑到白凡身边说：“难道你就是传说中的完美男人？”

林天丛摔了书，从教室里走了出去。

放学时，张灵羽跟在林天丛后面。林天丛走了几步，回头说：“笨丫头，跟着我干什么？是不是想看我倒霉的样子啊？”张灵羽扬扬头，说：“小气鬼，没出息。”林天丛居然扬了扬拳头，说：“你说谁呢？”张灵羽说：“我没想到你心胸这么狭窄。从前，你在班级里是主角，事事都由你拿第一，人人都围着你转，你就以为你是上帝啦？现在呢，怨天尤人！没出息。”

林天丛狠狠地瞪了她一眼，说：“你等着瞧，我还会把第一都争回来的。”

张灵羽跟在他后面，说：“给你讲个故事。知道演《梧桐雨》里面那个谢家树的演员李宗翰吧，那个电视剧一举成名后，很长一段时间，他都找不到合适的剧本，他要当主角，还要演好戏，自己跟自己较劲，他拒绝了无数邀请，以至于后来再没人找他拍戏了。那段时间他几乎得了忧郁症。后来，这件事被潘虹知道了，潘虹给他带口信说：‘你知道你是谁吗？不演烂戏？不当配角？笑话，谁敢说自己是永远的主角？’后来，李宗翰开始主动寻求机会，《一脚定江山》《徽娘宛心》《爱就爱了》一部部戏演下来，他的演技得到了观众的认可。没人把他当成主角，他却成了他要演的那个人。”

林天丛回头瞅了张灵羽一眼，说：“你到底要跟我说什么？”

张灵羽说：“林天丛，你很聪明，你能悟得到。”

那天晚上，林天丛都在想张灵羽这个笨丫头讲的故事。青蛙只能看到井口大的天，所以它才狂妄自大。从前，自己那么张扬，看不起同学，甚至在班级里除了张灵羽敢跟他顶嘴，他都没有别的特别要好的朋友，他觉得那是他们嫉妒他，可是，人家白凡呢？

林天丛看着天花板想：平时总叫张灵羽傻丫头、笨丫头，没想到这丫头还真的有点思想。想着想着就睡着了。梦里，他没有自己灌篮，卖弄球技，而是给队友创造了进球的机会。还有，别人问他题时，他也不会再加上一句“这都不会”了！他笑了，笑得阳光灿烂。

第二天，他在校门口遇到张灵羽时，张灵羽悄悄对他说：“号外，我知道白凡的弱点了。他怕水，不会游泳，标准旱鸭子。”林天丛笑着弹了张灵羽一个脑瓜崩：“套我的吧？你一个女孩家家的，看男生游泳干吗？”张灵羽嘟起嘴，可没忍住笑了。林天丛说：“我想明白了，我不是主角，人家白凡更没把自己当成高高在上的主角。与同学相处时，把心态和姿态都放平、放低，这样才会招人喜欢。”张灵羽夸张地张大嘴巴，说：“你不愧为我的偶像啊，这么高深的思想你一个晚上就悟出来了？高山仰止，高山仰止！”林天丛作揖，说：“拜姑娘指点，从今天起，小生只做配角，为人民服务，力争上游，行了吧？”白凡从他们身边过，说：“大清早，这是哪出啊？”林天丛笑了笑说：“拜师。哎，对了，偶像，有空跟你交流一下，你是怎么成为全才的？”白凡手掌照着一侧脸划了一下，做了个冒汗的动作，说：“全才？饶了我吧，我不会游泳，是标准的旱鸭子。”

啊？张灵羽的资料准确无误。他回头找那古灵精怪的丫头。丫头嬉笑着拉住白凡的胳膊说：“我表哥，白凡。”

人生悟语

人生来就是平等的，没有人接受得了别人瞧不起自己。你自以为天下第一，以俯视的姿态看身边的人，身边的人自然对你敬而远之。只有以平等的目光看待别人，有了好成绩不张扬，有了缺点虚心求教，人才能有进步，也能在交往中如鱼得水。

起用比自己更优秀的人

佚名

约翰·亚当斯是美国历史上第二位总统，他为美国的独立立下了汗马功劳。

亚当斯在接替华盛顿就任总统时，美国正面临着与法国关系破裂的危机。到了1797年底，两国处于剑拔弩张、一触即发的交战前夕。

常识告诉亚当斯，要打胜仗，必须要有得力的统帅指挥。有很多人劝他亲自统帅军队，但他认为自己并不具有军事上的特别才能。思来想去，他认为华盛顿才是唯一能够唤起美国军魂、团结全美人民的统帅。最后，他下定决心请华盛顿出山。

亚当斯的亲信们得知后，一致表示反对。他们认为，如果华盛顿复出，会再次唤起人民对他的崇敬和留恋,这样势必对亚当斯的威望和地位造成威胁。

千军容易得,一帅最难求。亚当斯毫不动摇,他认为国家的利益和命运高于一切。他授权汉密尔顿立即给华盛顿写了一封信,请求华盛顿再次担当大陆军总司令,指挥美军打败入侵者。

与此同时,亚当斯又亲自给华盛顿写了封信。信中诚恳地写道:“当我想到万不得已而要组织一支军队时,我就把握不准,到底是该起用老一辈将领,还是起用一批新人,为此我不得不随时要向您求教。如果您允许,我们必须借用您的大名去动员民众,因为您的名字要胜过一支军队。”

华盛顿接到信后很受感动,表示愿意立刻肩负重任。幸运的是,就在华盛顿准备领军出征的前夕,亚当斯终于通过外交斡旋的途径同法国达成了和解。

这件事被美国人民传为佳话,亚当斯的正直与豁达也被广为传诵。

后来,有位著名的记者采访亚当斯,问道:“您为什么不怕华盛顿复出会再次唤起人民对他的崇敬和留恋,进而威胁您的威望和地位呢?为什么敢于起用比自己更优秀的人呢?”

亚当斯开始没有直接回答,而是先给这位著名记者讲了自己少年时的一件往事:

年幼的时候,父亲要亚当斯学拉丁文。他觉得那玩意儿很无聊,恨得他牙痒痒。因此,他对父亲说:“我不喜欢拉丁文,能不能换个事情做?”

“好啊,约翰,”父亲说,“你去挖水沟好啦,牧场需要一条灌溉渠道。”

于是,亚当斯真的到牧场去挖水沟。可是,拿惯笔的人,拿不惯锹。那天晚上,他就后悔了,整个身子疲惫不堪。只是他的傲气不减,不愿意认错。于是,他咬紧牙关又挖了一天。傍晚时,他只好承认:“疲惫压倒了我的傲气。”他终于回到了学拉丁文的课堂上。

在以后的岁月里,亚当斯一直记着从挖水沟这件事中得到的教训:必须承认人有所长,也有所短;人有所能,也有所不能。认为自己样样都行,实际上恰恰是自己的不自量力。

亚当斯深有体会地说:“真正出色的领导者,绝非事必躬亲,而是知人善任,特别是敢于起用比自己更优秀的人才。如果高层领导者事无巨细,一律包揽,那只能成为费力不讨好的勤杂工式的领导者。”

正是因为亚当斯知人善任,才能凭借众多的优秀人才,特别是凭借着那些比自己更优秀的人才,一步一步地攀登上了成功的巅峰。

与优秀的人在一起,不仅需要勇气,更需要的是诚实。这首先需要你坦然承认自己的不足,有勇气面对自己的不足,只有这样,你的心态才会放平,你的姿态才会降低。

人生悟语

与优秀的人在一起,不仅需要向别人学习,更需要的是了解自己。不是别人能做到的,你就可以做到,其实人与人之间是有差距的,别人能做到的,你未必能。无法看清自己,永远地自我感觉良好,你就永远无法成为优秀的人。

谦虚是诚实的影子

张鸣跃

老师在黑板上写了一个题目:请将你的能力与品行做一次真实的评价,写出300字的自我鉴定交上来。

很快都交上来了。

48份卷子有一个共同特点：谈及能力时都有疏漏，谈及品行时都似自我批评式的检讨，总之都在真实线之下，都貌似谦虚。

老师把两个学生叫到台上。一个是军，智商极高，成绩拔尖。一个叫明，很迟钝，成绩很差。

老师让军和明分别把自己的答卷念出来。

大家有点吃惊了：军和明的答卷好像是一个人写的，不少用词都一样，某方面"还可以"呀，某方面"还有欠缺"呀，总之是一份合二为一的中性评价，还都说得过去，都不失谦虚。

老师问军："什么是谦虚？"

军答："谦虚是一种美德……"他似乎知道还不全面，但却没再说出什么来。

老师问明："你说呢？"

明说："谦虚使人进步，骄傲使人落后……"他似乎也知道还不全面，但也没再说出什么来。

老师问大家："有谁知道，谦虚是什么？"

同学们开始一个接一个举手发言，但说出来的都是军和明那种回答的另一种说法，如同说糖是甜的，糖就应该是甜的，谁也说不出糖究竟是什么东西，糖就是糖，谦虚就是谦虚。

老师说："谦虚首先应该是真实的，这48份答卷，总的来说是一样的谦虚，48名同学的能力与品行肯定是不一样的，那么，我问大家，这同样的谦虚是真实的吗？"

同学们无言了。

老师在微笑等待。

台上的军说话了："老师，我承认我写时只是为了谦虚而谦虚，我心里有一种骄傲，因为我知道我比别人强。现在，我想知道，谦虚究竟是什么？"

老师笑了，拉起军的手说："是你心里的骄傲错了，你的谦虚就成了那种骄傲的变脸，每个人都有比你强的地方，你的假谦虚封锁了你，你看不到别人的长处，所以，目前你除了学习成绩之外，大多方面都已落后了。比如明，在某些方面，你远远不如他，据我所知，这个假期，他打工挣了800元钱给家里，而你玩电游至少花了家里1000元，是不是？"

军愣了一下，咬紧嘴唇点了点头。

明走近老师，低头说："老师，我也错了，我写时心里有好多委屈……"

老师笑说："你的委屈也错了，你就是你，你的谦虚应该是力求让各方面都赶上别人，比如学习，学习方面军是最好的，你请教过他吗？"

明红了脸，摇了摇头。

老师让军和明都下去了。

同学们异常安静，都眼巴巴地看着老师，都知道错了，都等着老师的下文。

老师在黑板上画一幅画——

天上有太阳；

太阳下一座大山；

山下一棵树；

树下一个人。

老师说——

太阳的谦虚是它的光，它有多少真实的质量就发出多少光来，从不虚张，也从不收敛；山的谦虚是它的姿态，无论白天还是黑夜，无论晴天还是雨天，它都那样站着，因为它知道，它是一座山，不是太阳，也不是花草禽兽；树的谦虚是它的成长过程，它能看见它的影子，它有多高，影子就有多长，它每天都在成长，因为它知道，它是一棵树，而不是山和太阳；人的谦虚也应该是一种真实的影子，没有太阳和山那样的伟大,就不能有太阳和山那样的谦虚,只能和树那样,让谦虚成为谋求成长的一种方式,让真实的现状和需求像影子那样展现给自己,然后展现给别人,从而获取相应的理解与帮助。

“谦虚是真实的影子……”

同学们终于明白了,吟叹出来了,都展现出一种感恩的笑脸,这也是一种谦虚。

人生悟语

著名的数学家华罗庚曾说过:“钻研然而知不足,虚心是从知不足而来的。虚伪的谦虚,仅能博得庸俗的掌声,而不能求得真正的进步。”

让出唯一的车位

佚名

2008 年,美国总统大选如火如荼地进行着,两大党派针锋相对,奥巴马和麦凯恩被推到了竞选的风口浪尖。

当两个候选人为了谁更合适当总统,争论得热火朝天时,有些人却在处心积虑地想找到让奥巴马颜面扫地的故事,想让他败在自己过去不良的行为上。

可是,奥巴马生活中谦虚谨慎,工作中公正称职,身边的人都喜欢他,他已经赢得了大量精英支持者,没有立刻出来戳他的脊梁骨。

于是他们就在奥巴马的一次违章停车上做起了文章,指责他不是个奉公守法的好市民,哪堪一国之重负?

此时,获诺贝尔奖的贝克教授站出来说:“多数情形,人们犯规甚至犯法,并不是因为当事人很坏,是个坏蛋。相反,那完全是理性选择的结果。”

贝克教授用自己的权威成功为奥巴马解了围,让奥巴马很意外,因为他完全不认识贝克教授。

接着,贝克教授对媒体讲了个故事:

一天奥巴马去纽约市主持一个会议,因为塞车眼看就要迟到了,和他一起到达停车场的是个老人,他们几乎同时看到了这个唯一的车位。

老人说:“年轻人,你的工作更重要,你先停吧。”

奥巴马将车退了出来,做了个手势让老人停了进去,说:“我没有什么重要的事情,还是您先停吧。”这样为了开会不迟到,奥巴马就只有将车停在了外面并接受罚单。

要说明的是,这个老人就是贝克教授。

人生悟语

假如奥巴马毫不谦虚地认为自己正在做的事情才是最重要的,去争夺这个车位,那么,他就永远也不可能得到贝克教授的声援。也许,不经意间的一件小事,就已经成为你成功的基石。

“满招损,谦受益”,漫漫人生路,是非坎坷不间断,唯有保持一颗谦虚谨慎的心态,才能笑看云卷云舒,闲看花开花落。

弱小与强大

李雪峰

一位趾高气扬的将军到燃灯寺进香。焚香完毕，将军被人前呼后拥着来到禅房。寺里的方丈永济大师正在闭目静坐参禅，未能热忱远迎，将军很不高兴。将军想，我在边疆作战，战功显赫，早已名震天下，到哪里不是被人高接远送？这区区燃灯寺的方丈竟敢对我如此傲慢，不行，我一定要给他一点儿颜色瞧瞧！

将军怒气冲冲地问永济大师："和尚，知道我是谁吗？"永济大师不卑不亢地说："施主是名扬天下的大将军啊。"将军说："既然知道我是将军，为何不出门迎接我？"接着不屑地对永济大师说，"我统率千军万马，在疆场上纵横驰骋，视人如草芥，今日到你这山野小寺，你区区一个老和尚竟敢如此怠慢，你知道不知道，凭我的威名，如今天下没有我办不到的事情，而你这个和尚，只不过会诵经念佛，能干出什么丰功伟业呢？"

永济大师依旧不卑不亢，待将军说完，向将军施个喏说："将军是否愿听老衲为您讲个故事呢？"将军沉吟了一会儿，傲慢地点点头同意了。永济大师便开始不急不忙地给这位将军讲故事。永济大师说，一只老虎在古松树下休息，它看见一只正在匆匆忙忙赶路的蚂蚁。老虎问蚂蚁说："你这蚂蚁，见到我这山林之王也不知叩拜行礼，你匆匆忙忙要去哪里呢？"蚂蚁说："大王你不知道吧，山那边有个大森林，里边古树参天、百花盛放，美丽极了，我要到那里去听百鸟唱歌，看花朵竞艳呢。"

老虎哈哈大笑，说："你这区区的小蚂蚁，要翻过这座高耸入云的大山，不是同登天一样难吗？但对于我这个山林之王来说，这座山却不值一提。"老虎顿了顿又说："这样吧，你爬到我的身上来引路，我带着你一起去。"

蚂蚁不同意。老虎说："你真蠢啊，我名震山林，跑起来可以追上风，而你这区区蚂蚁就是奔跑一生，也不一定就能到达那片森林。"蚂蚁说："那片森林我能去，但你却不一定去得了。"老虎一听，哈哈大笑说："我在山林里生活了这么多年，还不知道这个世界上有我不能到达的地方呢！"然后赌气对蚂蚁说："走，我倒要看看，在这个世界上，有哪个地方是我这山林之王不能去的。"老虎说着就一跃而起，爬起山来。

但老虎爬到山顶就愣了，因为山的背面是万丈悬崖，悬崖的对面就是那片美丽的森林，老虎在山顶走来走去，但怎么也越不过那片万丈悬崖，而蚂蚁爬上山顶，很轻松地就沿着崖壁爬下去，走进了那片美丽的森林里。

永济大师讲完，意味深长地对将军说："将军，虎虽大，也有它不能走到的地方；蚂蚁虽小，却能走到虎走不到的地方去啊！"

将军听了，沉吟良久，然后满脸愧意地对永济大师说："大师，谢谢您的教诲，请原谅我刚才的不敬和出言不逊！"

永济大师笑了。

是的，生活里有许多这样的悬崖，那些卑微者凭借自己的顽强和坚忍不拔可以成功逾越，而那些大人物却会由于自身的庞大而束手无策，不要自恃自己的庞大，也不要鄙视别人的弱小。成功与否，在很多时候不是由强弱决定的。

人生悟语

强大,未必能雄霸天下;弱小,也未必就灭绝。所以,强大者不可得意忘形,弱小者不必自惭形秽。为人亦如此:不可高估自己,亦不要小觑别人。

越谦和越接近高尚

蒋光宇

黑格尔是学识渊博的德国大哲学家,也是极谦和的人。

对黑格尔来说,谦和已经成为一种习惯。那次朋友们聚会,一位朋友问他:"您一贯谦和的习惯是怎么养成的呢?"

他没有直接回答,而是讲了他小时候的一件事:

有一天上午,父亲邀他一同到林间漫步,他高兴地答应了。

父亲在一个拐弯处停了下来,专心地听了一会儿,问黑格尔:"孩子,除了小鸟的歌唱之外,你还听到了什么声音?"

他仔细地听了一会儿,自信地回答:"我听到了马车的声音。"

父亲说:"对,是一辆空马车。"

黑格尔惊讶地问父亲:"我们都没看见,您怎么知道肯定是一辆空马车呢?"

父亲答道:"从声音就能分辨出是不是空马车,因为马车越空,噪音就越大。"

从此以后,黑格尔将父亲的话牢记在心。每当有想粗暴地打断别人说话的冲动的时候,每当要出现自以为是、贬低别人的苗头的时候,他都会想到父亲的提醒:"马车越空,噪音就越大。"

托马斯·杰弗逊是美国的第三任总统,也是极谦和的人。

1785年,他接替富兰克林出任驻法全权公使。有一天,他去法国外长的公寓拜访。

"您代替了富兰克林先生?"外长问。

杰弗逊回答说:"不,我是接替他,没有人能够代替得了富兰克林先生。"

外长不解地说:"在我看来,您和他都是美国建国时期的伟大人物。流传千古的《独立宣言》就是由您执笔,经富兰克林先生修改而成的。你们两个人双峰并峙,交相辉映,互相尊重,亲密合作,是分不出高低上下的。"

杰弗逊又回答说:"不,我代替不了他。富兰克林先生除在思想、政治领域之外,在众多的其他领域也都取得了巨大的成就。在这个意义上说,确实没有人可以代替得了他。"

这使我想到了泰戈尔的一句话:"伟人多谦虚,小人多骄傲。"

乔·路易是美国纵横拳坛、打败众多高手的著名拳王,也是极谦和的人。

有一天,他和朋友骑车一起外出,在路上被一辆货车刮倒了。货车司机怒气冲冲地跳下车,强词夺理地把他们痛骂了一顿。

等货车司机走了以后,朋友纳闷地问乔·路易:"你为什么不用拳头修理修理那个无理取闹的混蛋?"

乔·路易微微一笑,幽默地说:"谦和基于力量,傲慢基于无能。如果有人侮辱了歌王卡罗索,你想一想,卡罗索会为他唱一首歌吗?"

乔·路易平时为人十分谦和，与赛场上的勇敢顽强判若两人，被人誉为“谦和的拳王”。

谦和与高尚是近邻，谁越谦和，谁也就越接近高尚。谦和像一件神奇的衣裳，谁穿上它，谁就会变得更加俊美。

人生悟语

处世当若竹，虚怀若谷，为人当如兰，清气幽香。养成谦逊的好习惯，就等于推开了一扇通往高尚的大门。

最高的境界

矫友田

有一位德高望重的武术大师，应邀出席一个大型的武术交流会。当他和众多来自五湖四海的武术高手坐在一起的时候，人们却很少听到他发言。

在会场上，大师总是微笑着坐在一旁，聆听别人娓娓地讲述他们的习武心得。在会场前方，有一个简易的“演武台”。那是主办方为了方便到会的武术高手们切磋功夫而临时搭建的。其实，那也就是一块10平方米左右的红毡毯。

有些武术高手，在谈论之余，纷纷登台演练上一番拳脚。凡是登台的，大都是一些武术派系的代表人物，因而他们一个个都身怀绝技。每一招、每一式都颇显功力，博得到会的观众们、记者们和其他武术高手们的喝彩声不断。大师也被他们的功夫给深深吸引住了，不时地为他们送上掌声。

临近中午的时候，一名非常年轻的武术家，走到大师的面前。他双手抱拳，恳切地说：“从一开始习武的时候，我就有个心愿，那就是能够有个机会跟大师过上几招。今日，大师可否赐教一番？”

大师赶紧起身回礼，然后带着歉意说：“非常抱歉，老朽习武的唯一目的就是强身健体，从不以功夫高低论高下，敬请小师傅海涵。”

那名年轻的武术家倍感失望地从大师面前走开了。其实，他已经是当天第16个欲邀请大师比试功夫，却被大师婉拒的人。

但是，现场的人们都不肯放弃这个一睹大师身手的机会，纷纷鼓掌，请求大师能够登台一展身手。大师自知盛情难却，便整理了一下衣衫，走上演武台。他练了一套大洪拳。虽然只有短短几分钟的时间，但是大师的身形矫健、拳脚生风，博得观众们的喝彩声此起彼伏。

俗话说：“行家一出手，便知有没有。”在座的那些武术行家们，从大师的拳脚之风中，隐隐地感到有两股深厚的内力传来。他们惊叹不已，有的甚至忘记了喝彩。

大师演练完毕，对现场的观众深施一礼。随后，在人们的掌声中，他面带微笑、步态轻盈地回到自己的座位上。

午宴的时候，一些武术爱好者与各派别的武术高手们，纷纷走上前去，虚心跟大师请教：“您是通过什么秘诀，将自己的功力修炼到至高的境界的呢？”

大师仍然面带微笑，摇了摇头说：“武术是没有至高境界的，没有一个人一定比哪一个人高。我也没有什么特别的办法。当然，非要说个秘诀，也有一个，那就是我从开始练武的时候，每天都比别人多练两遍。”

众人听了之后，都朝大师投去无限敬佩的目光。

任何一门学问都是无限的。一个大智的人，从来不会因为自己一时达到的高度而自傲。古语说："长江后浪推前浪。"也许，你在今天还是某一个领域的领军人物，但是明天就有可能被人超越了，更何况数年或数十年后呢！

但是，人品却有一个至高的境界，那就是拥有一颗仁爱的心和一个谦逊博大的胸怀。一个具有这种品质的人，无论他走到哪儿，都会受到别人的尊重；无论过去多少年，在他的身上，仍然闪耀着魅力！

人生悟语

《易经·谦》有语："谦，尊而光，卑而不可逾。"用现在的话来说，就是"谦虚是不可战胜的"。正所谓："博大以精深，谦逊以平和！"

谦和是安全

蒋光宇

班克·海德是位资深演员，不仅演技精湛，而且聪明过人。"年年岁岁花相似，岁岁年年人不同。"无情的岁月在她的脸上刻下了道道皱纹，使她失去了昔日的羞花闭月之貌。

有一天，她偶然听到跟她在百老汇同台演戏的一位年轻女演员极其傲慢地对众人说："班克·海德实在没有什么了不起的，我随时可以抢她的戏。"

班克·海德知道，这是一个很有发展前途的年轻演员，但不改掉目空一切、自高自大的毛病，是不可能有所作为的。于是，她从旁边走出来.既心平气和又针锋相对地说："年轻人，说句不够谦虚的话吧，我甚至不在台上也可以抢了你的戏。"

这位年轻的女演员听后，不以为然，针尖对麦芒地说："您过于自信了吧？"

班克·海德说："那我们就在今晚演出的时候试试看。"

当天晚上，班克·海德和那名年轻女演员同台演出。演出快结束的时候，班克·海德要先退场，留下那名女演员独自演出一段电话对话。

班克·海德在台上表演完饮香槟的动作之后，把盛着酒的高脚杯放在桌边上，随即退下场。高脚酒杯有一半露在桌外，眼看就要跌下去了，观众们担心、紧张，几乎都注视着那个随时都可能掉到舞台上的高脚杯。

那位年轻的女演员只好在观众们心不在焉的表情下演完那场戏。不用细说，观众紧张的吃笑声，破坏了她本来可以大出风头的演出。

为什么高脚杯没从桌边掉下来呢？原来，老练的班克·海德退场前用透明胶布把高脚杯粘在了桌边上。

那位年轻的女演员从此事中领悟到：如果能把遇见的每个人都当成老师，才能学到许多课堂上无法学到的知识，同时也能化解许多不必要的阻力和麻烦。对于一个刚出道的年轻演员来说，更是如此。

那位年轻的女演员主动找到了班克·海德，诚心诚意地承认了自己的错误。

班克·海德大度而关切地说："花开能有几日红，年轻莫笑白头翁。如果年轻美貌是一个人的推荐信，那么优秀品质则是一个人的信誉卡。"然后，拿出了一个厚厚的笔记本，送给了那位年轻的女演员。班克·海德在笔记本中，记下了多年舞台生涯的丰富经验和教训，并在笔记本的首页给那位年轻的女演员写下了这样的话：

“向尊长谦恭是本分；向平辈谦虚是友善；向下属谦让是高贵；向所有人谦和是安全。”

人生悟语

人与人相处，最重要的就是要有谦逊的风度。成熟的稻穗，头必定垂得很低；成熟的人，对人必定是谦逊的。万事成于谦虚，败于骄矜；做人要懂得虚怀若谷，要如大地之谦和，才能承载万物，成就万事。

天下第一高手

佚名

有一名大将军非常喜欢下围棋，认为自己棋艺高超。某天，皇帝得知边防出现战乱，便派他前去镇守。将军领着一行人走在京城大道上，偶然间看到一户人家的门口挂了一张大大的布幔，上面写着：京城第一围棋高手。将军看了很不服气，便派手下去打听。

不一会儿，手下回报：“报告大人，那张布幔据说是由宰相所颁发，居民也都说他下棋的功力确实了得。”将军决定暂缓行程，进屋去较量较量。

号称“京城第一围棋高手”的男子是一名老人，他得知将军的来意之后，和将军闲聊了几句，接着摆好围棋，两人便下了起来。第一盘棋，老人输了。将军因此有些得意。第二盘棋，第三盘棋……直到第五盘棋，将军也都很快获胜了。

将军觉得再这样比下去也没什么意思，便起身告辞，并跟老人说：“老先生，您这‘京城第一围棋高手’的布幔该拆下来了！我看您的棋艺比我差得远呢！”

老人一句话也没说，只是默默地送将军走出宅第。将军很快就平定了边防的叛乱，回程时又经过老人家，探头一看，“京城第一围棋高手”的布幔竟然还是高高的挂在老人家门前。将军很不高兴，下马找老人，跟他说：“老先生，我再来找您下棋。若您还是连输五盘，您门口的布幔我可就带走了！”

“没问题。”老人答应了。但是，这回将军却连输了五盘。

将军问老人：“怪了，比起上次，您仿佛变成了另外一个人。为何您的棋艺可以在短短几天内进步如此神速？”

“报告将军，”老人恭敬地说，“上次老朽知道您有任务在身，不想挫您锐气，以免您的心情受到影响，因而耽误了正事；这回我知道您任务完成，所以才拿出实力，还请您不要见怪。”

将军听了，用力拍桌站了起来，大声说：“您哪是‘京城第一围棋高手’？您根本是‘天下第一围棋高手’！来人啊！去准备一块刻有‘天下第一’的匾额送给老先生！”

人生悟语

常把自己的长处挂在嘴边的人，绝对是个半吊子；相反，那些从不自夸的人，往往才是暗藏智慧的人。故事中的老人之所以被称为高手，不仅因为他超群的棋艺，更因为他的智慧。他能忍住不表现自己，以成就他人，该需要多深的修养啊！

也许我们达不到老人的修养境界，但我们可以学习做一个谦虚的人，别忘了自古流传的那句老话“满招损，谦受益”，真是一点也没错！

神奇的格言

庞凯

保险推销员甘道夫年轻时，拜访过一位很有名气的书商。在他家里，甘道夫看到许多徽章及奖杯。于是，甘道夫问他：

“这些徽章和奖杯是如何得来的?”

“我曾获得美国最佳书商的称号。”

“你是如何成为第一名的?”

“因为我知道神奇的格言。”

“什么神奇的格言?”

“我会向客户说‘我需要你的帮助’，当你诚心诚意地向别人求助时，没有人会说‘不’。”

“你要求什么帮助?”

“我请他给我三个朋友的名字。”

甘道夫知道了这位先生当年成功的秘密，这位先生是向客户索求三个被推荐的名单，为什么是三个？而不是五个，十个呢？根据心理学家分析说，人们习惯性用“三”来思考，此外，很少人有三个以上的好朋友。

一句“我需要你的帮助”的确帮了甘道夫许多忙，在取得三个朋友的名字之后，甘道夫会向客户了解他的朋友的年龄、经济状况，然后在离开之前甘道夫会对客户说：

“您会在下周前与他们见面吗？如果会，您愿不愿意向他们提起我的名字？或者是，您会不会介意我提到您的名字呢？我会用我与您接触的方式，与他们接触。”

“我需要你的帮助”的确是一个好方法。甘道夫牢牢记住这句话，因为很多人都愿意提供这种微不足道的帮助，他的客户群像滚雪球一样扩大，通过真诚的交往和不懈的努力，甘道夫终于成为历史上第一位一年内销售超过10亿美元寿险的成功人士。

有时候，成功就是这样难以置信。当你一遍又一遍地说“让我来帮助你”也不见效的时候，不妨说一句“我需要你的帮助”。

人生悟语

助人比让人助更令人快乐。当你用低姿态真诚地向人求助时，人们一般会予以同情，很少有人会袖手旁观。所以，让我们记住这七个字并且大声说出来：我需要你的帮助！

别吹嘘你钓到了鱼

佚名

初秋时节的一天，鲍比头一回从叔叔手里接过鱼竿，跟着他穿过树林去钓鱼。多年的垂钓经历使叔叔深谙何处小鱼最多,他特意将鲍比安排在最有利的位置上。鲍比模仿别人钓鱼的样子,甩出钓鱼线,宛若青蛙跳似的在水面疾速地抖动鱼钩上的鱼饵,眼巴巴地等候鱼儿前来叮食。好一阵子什么动静也没有,鲍比不免有些失望。

"再试试看。"叔叔鼓励鲍比。

忽然,诱饵消失得无影无踪了。

"这回好啦,"鲍比暗忖,"总算来了一条鱼了。"鲍比赶紧猛地一拉鱼竿,岂料扯出的却是一团水草……

鲍比一次又一次地挥动发酸的手臂,把钓线扔出去,但提出水面时却总是空空如也。鲍比望着叔叔,露出恳求的神色。

"再试一遍,"叔叔若无其事地说,"钓鱼得有耐心才行。"

突然间,好像有什么东西在拽鲍比的钓线,随即一下子将它拖入深水之中。鲍比连忙往上一拉鱼竿,立刻看到一条逗人爱的小鱼在璀璨的阳光下活蹦乱跳。

"叔叔!"鲍比掉转头,欣喜若狂地喊到,"我钓了一条!"

"还没有哩。"叔叔慢条斯理地说。他的话音未落,只见那条惊恐万状的小鱼鳞光一闪,便箭一般地射向河心。

钓线上的鱼不见了。鲍比功亏一篑,眼看快到手的捕获物又失去了。

鲍比感到万分的伤心,满脸沮丧地一屁股坐在草地上。

"记住,小家伙,"叔叔微笑着,意味深长地说,"在鱼儿尚未被拽上岸之前,千万别吹嘘你钓到了鱼。我曾不止一次看见大人们在很多场合下都像你这样,结果干了蠢事。事情未办成之前就自吹自擂一点用也没有,纵然办成了也无须自夸,这不是明摆着的吗?"

人生悟语

看见鱼儿上钩了,我们常常按捺不住内心的喜悦,得意忘形起来,于是到手的鱼儿又逃走了。无论何时何地,"在事情未办成之前就自吹自擂一点用也没有,纵然办成了也无须自夸"。尚未办成的事情,千万不要吹嘘,因为谁也说不准将要发生什么。

将茶杯放得比茶壶低一些

佚名

一个满怀失望的年轻人千里迢迢来到法门寺,对住持释圆和尚说:"我一心一意要学丹青,但至今没有找到一个令我满意的老师,许多人都是徒有虚名,有的画技还不如我。"

释圆听了,淡淡一笑说:"老僧虽然不懂丹青,但也颇爱收集一些名家精品。既然施主画技不比那些名家逊色,就烦请施主为老僧留下一幅墨宝吧。"

年轻人说:"画什么呢?"

释圆说:"老僧最大的嗜好,就是爱品茗饮茶,尤其喜欢那些造型流畅古朴的茶具。施主可否为我画一个茶杯和茶壶?"

年轻人听了,说:"这还不容易。"于是铺开宣纸寥寥数笔,就画成了一个倾斜的水壶正徐徐吐出一脉茶水来,注入那茶杯中去。

年轻人问:“这幅您满意吗?”释圆微微一笑,摇了摇头,说:“你画得是不错,只是将茶壶和茶杯的位置放错了,应该是茶杯在上,茶壶在下啊。”年轻人听了,笑道:“大师为何如此糊涂?哪有茶杯往茶壶里注水的?”

释圆听了,说:“原来你懂得这个道理啊!你渴望自己的杯子里能注入那些丹青高手的香茗,但你总是将自己的杯子放得比那些茶壶还要高,香茗怎么能注入你的杯子呢?只有把杯子放低,才能得到一脉茶水,人只有把自己放低,才能吸纳别人的智慧和经验。”

年轻人思忖良久,终于恍然大悟。

人生悟语

水往低处流,地势越低,水汇聚得就越多。这也是人们所说的“洼地效应”。水虽然柔弱,但水滴石穿,再坚硬的物体,也会被水滴穿。

登上珠峰的第一人

佚名

一位新西兰的登山者和他的夏尔巴人向导,历经千辛万苦,终于攀登到了与珠穆朗玛峰峰项只有短短两米的距离。在此之前,世界上还从来没有人达到这样的高度。

他们两人中的任何一个只要向前迈出几步,就可以成为登上珠峰的第一人。而这几步,对于谁来说都已经是易如反掌的事情。

居住在大都市的新西兰登山者,深知第一个登上顶峰是自己多年以来梦寐以求的理想。但在登上巅峰前的几步,他战胜了自己的欲望,决定把这个必将载入史册的荣誉让给他的向导。他认为,只有和珠峰朝夕相处的夏尔巴人,才更有资格第一个登上顶峰。于是,他对向导说:“这是在你的家乡,还是请你先上吧。”

因为他们都戴着氧气罩,这位老实、厚道,只是为了赚些酬劳的向导,并没有听清楚登山者的话,而是从他的表情和谦让的手势中明白了他的意思,但向导绝对不明白首先登上珠峰的重大意义。

向导向前走了几步,登上了世界之巅,在那里留下了人类有史以来的第一行脚印。

新西兰登山者随后跟上,他们在世界之巅紧紧拥抱,高呼着:“我们成功了!”

新西兰登山者叫希拉里,向导叫丹增,他们冲顶的时间是1953年5月29日。这一天,在人类登山史上记下了光辉的一页。

50年后,在隆重纪念人类登上世界之巅的时刻,人们并没有忘记希拉里的谦让精神。人们赞扬他,说他“在冲顶的那一瞬,战胜了比珠峰还高的欲望”。

一个人不为一己之利去争、去夺、去斗,扫除报复之心和忌妒之念,自然就心底无私天地宽。

人生悟语

在人生的道路上要能谦让三分,即能天宽地阔,消除一切困难,化解一切纠葛。

老师弹奏的一支歌

佚名

有一个叫薛谭的人，很喜欢唱歌，但是他的家乡没有懂音乐的老师。虽然先天的条件很好，但由于得不到名师指导，再加上缺乏音乐基本功的训练，他无法成为最好的歌手。于是他决定离开家乡，到各地去寻访名师。

当时，有一位名叫秦青的音乐大师，他不但精通乐理，而且还会弹琴唱歌。薛谭寻访到秦青，要拜他为老师。秦青看到薛谭一路克服了很多困难，千里迢迢来寻师学艺，很受感动，就同意了他的请求，决定收下这个徒弟。

举行完拜师礼后，薛谭便从基础理论开始，进行系统学习。

开始的时候，薛谭很用功，上课认真听讲，课后及时复习，不懂就问。这样，他学习很扎实，进步很快。不仅学会了乐理，而且也学会了唱歌。秦青很高兴，多次在众人面前表扬他。

薛谭虽然还没有完全掌握秦青的艺术技巧，但他自己却认为已经全部掌握了。于是，他就向秦青告辞，要回家去。秦青就说："好吧，咱们相处的这一段时间，有了师生情谊，明天为师给你送行。"

第二天，秦青和学生们到郊外十里长亭给薛谭送行。在送别会上，互相敬酒，当喝得兴致正浓时，学生们每人唱一支最优美动听的歌儿献给薛谭。最后，学生们提议请老师也唱一支。

秦青很愉快地接受了。只见他一边弹琴一边唱了起来。手指在琴弦上敏捷地跳来跳去，有急有缓，有轻有重，歌声凄凉悲壮，有时低沉，有时高亢。歌声飞过森林，森林发出回响，蓝天上的白云也停在那里，久久不愿意离去。

这支歌深深地打动了薛谭的心，他想：老师弹唱的技艺举世无双，有许多东西自己还没有学到呢。

想到这里，薛谭向秦青鞠躬敬礼，说："先生，我错了，从今以后再也不骄傲了！我不回家了，我还要留下来，继续向先生学习。"

从此以后，薛谭再也不敢说回家了。在秦青的耐心教育下，他终于成为当时最有名的一位歌手。

人生悟语

薛谭以前有了进步就自满，认为自己学得已经很好，不需要再学了。但其实自己还有很多东西不会，就这样放弃，实在可惜。要知道，学无止境，虚心学习每一样东西，不能有骄傲自满的心理，这样才不会被一时的胜利或赞扬冲昏了头脑。

跪射俑的启示

佚名

在秦始皇陵兵马俑博物馆，有一尊被称为"镇馆之宝"的跪射俑。

仔细观察这尊跪射俑，我们就会看到：它左腿弯曲，右膝跪地，上身微左侧，双目炯炯，凝视左前方。两手在身体右侧，一上一下成持弓弩状。就连衣纹和发丝，也依然清晰可见。

跪射的姿态，古称为坐姿。坐姿和立姿是弓弩手射击的两种基本姿势。坐姿射击的重心稳，用力省，便于瞄准，同时目标小，是防守和设伏时比较理想的一种射击姿势。

秦兵马俑坑至今已经出土清理各种陶俑一千多尊，除跪射俑之外，都有不同程度的损坏，均需人工恢复。唯独这尊跪射俑，保存最完整，是唯一未经人工修复的陶俑。

许多人不禁会问，跪射俑为什么会保存得如此完整？

专家说，这得益于它的低姿态。

首先，跪射俑身高只有1.2米，而普通立姿兵马俑的身高都在1.8米至1.9米之间。兵马俑坑都是地下坑道式土木结构建筑，当棚顶塌陷、土木俱下时，高大的立姿兵马俑首当其冲，低姿的跪射俑受损自然会小一些。

其次，跪射俑作蹲跪姿，右膝、右足、左足三个支点成等腰三角形支撑身体，重心低，增强了稳定性，与两足站立的立姿俑相比，不容易倾倒、破碎。

因此，经历了两千多年的沧桑岁月，它依然能完整无损、栩栩如生地呈现在我们面前。

跪射俑之所以保存得如此完整，得益于它的低姿态。

人生悟语

做人也是同样的道理，在适当的时候保持适当的低姿态，绝不是懦弱和畏缩，而是一种聪明的处世之道，是人生的大智慧、大境界。

被陈凯歌相中的年轻人

佚名

2008年12月5日，陈凯歌导演的《梅兰芳》盛大公映。浙江越剧团演员余少群在片中出演“青年梅兰芳”，其表现可以用“惊艳”来形容，风头盖过黎明。

在12月4日晚央视电影频道直播的“梅兰芳首映盛典”上，对于主持人经纬称赞他在片中的风头盖过黎明的说法，他当场谦虚地表示：“很高兴能得到大家的褒奖。不过黎明老师也有他的长处，知名度更高，且有多年演技的磨炼。”

余少群14岁时不顾家人反对考取了艺校，学了整整6年汉剧。在校期间，他享受人才津贴。毕业后，余少群拜师汉剧艺术大师陈伯华，成为其关门弟子。23岁时余少群成功举办了个人艺术专场演出。

不久，他被上海越剧院相中，作为特殊人才被引进上海，转行学起了越剧，不到一年又参与电视连续剧的演出。由于谦虚好学的余少群在参加“红楼梦中人”选秀活动中表现出色，他被《梅兰芳》剧组看中，出演从学戏到成名阶段的京剧大师梅兰芳。

余少群自己也一直都在谦虚地表示：“我比很多人都幸运，我相信自己能做好每一件事情。”对于这部电影，余少群表示曾经感到的压力：“我的经历和梅兰芳的经历有些相似，我们都是唱戏的。我虽然在舞台上站了10年，但自己的经历不算丰富，担心不会那么快地进入状态。”

对于这部戏，余少群没有被压力压倒，反而有股冲劲，最后得到了广泛的好评。而新拍电影版

《红楼梦》也定下了他出演贾宝玉——余少群在艺术道路上走得很"幸运"。

影响人生成功最重要的因素不是一个人的才华、家庭背景等,而是他的社会关系或好人缘。而要想获得好人缘,关键就在于你是否拥有一颗谦虚的心。

人生悟语

面对主持人称赞余少群在片中风头盖过天王黎明的说法时,余少群谦虚的风范让身边的人感到轻松。我们也有理由相信,这样的演员会得到更多的朋友和更大的成功的机会。

"蛇王"被蛇咬了之后

佚名

布莱恩让是泰国著名的耍蛇人,他耍的不是一般的蛇,而是令人毛骨悚然的剧毒眼镜蛇。

1998年,26岁的布莱恩让和一千条眼镜蛇同在一个玻璃柜中"同居"了整整7天而安然无恙,创下了当时的吉尼斯纪录,被誉为世界"蛇王"。

2004年3月19日,泰国气候炎热,空气沉闷。许多人从曼谷开车赶赴布莱恩让的住所,观看他高超的耍蛇技艺。

布莱恩让和往常一样,把一条条"驯服有素"的眼镜蛇从竹筒里倒出来和他一起表演。其间,一条眼镜蛇屡次不听"号令",蜷盘着长长的身子赖在舒适、清凉的竹筒里,但抵挡不住主人的"威逼利诱",很不情愿地登台表演。

布莱恩让十分娴熟地控制着几十条眼镜蛇,任它们自由灵活地游弋、穿行并缠绕在自己的身体上。突然,就是刚才企图赖在竹筒里偷懒的那条蛇,猛地对布莱恩让发起攻击,在他的胳膊肘上咬了一口,鲜血立刻流了出来。

观众们被这突如其来的意外吓坏了,惊慌地叫出声来,纷纷提醒并劝说布莱恩让去医院治疗。布莱恩让脸上显出几分尴尬,额上沁出许多汗珠,但他却装作什么事也没发生一样,继续表演着。

可是,观众们发现,布莱恩让原本从容、利落的动作逐渐凌乱、迟钝,并且大汗淋漓起来。大家再次劝阻他停止表演,赶紧救治。然而,布莱恩让尽管已头晕目眩、呼吸困难,明显地感到力不从心,但他仍强撑着说:"没事的,我的表演从来没有出现过这样的差错和失误……"接下来,他的情形越来越糟糕,而他却坚持不肯中断表演。

大家面面相觑,交头接耳一番后,心照不宣地纷纷快速离去,好使布莱恩让抛却"面子",抓紧时间救治。

观众刚一离开,布莱恩让就像醉汉一般倒在地上。家人连忙把他送到最近的医院。可是,医生检查后十分痛心地说:"眼镜蛇的毒素已侵袭了他的整个中枢神经和心脏。"

年仅32岁的蛇王布莱恩让停止了呼吸,一命呜呼。曾经的荣誉和称号,随着他生命的终结,成为永久的回忆。

非常奇妙的是:就在同一天,地球的另一端,布莱恩让的同行——美国知名耍蛇人大卫,也在表演过程中遭到袭击,一条眼镜蛇在他的腹部狠狠咬了一口。

遭到攻击后,大卫立刻示意摄像师和助手停止表演,并用双手不停地往外挤压伤口处的毒血,遏止毒素蔓延和扩散的速度。同时驾车赶赴就近的医院寻求帮助和救治。医院动用直升机,在最短的时间内，调来抗毒蛇血清为大卫注射。

大卫最终得到了救治，几个星期后痊愈出院。

人生悟语

大卫为什么能蛇口脱险？因为大卫为自己的生命赢得了宝贵的时间，而“蛇王”顾及脸面，丧失了机会，最终一命呜呼。很多时候，人们明明知道做某件事是错的，但为了面子还是硬着头皮去做，最终因小失大，悔之晚矣。

乌龟飞上天

佚名

池塘里住了一只乌龟，它一直很想离开这里，到外面见识见识，无奈池塘很深，无论乌龟怎么爬，都爬不出去。有一天，机会来了！池塘边飞来一群大雁，乌龟于是要求这些鸟儿：“请带我一起离开这个池塘！”

大雁有点为难地说：“可是，你又不会飞，该怎么离开这里？”

“这简单！”乌龟咬下身边的一截芦苇，说，“只要两只大雁咬着芦苇两端，我再咬住芦苇中间，你们就能载着我飞了！”

大雁同意了。几天后，大雁继续迁徙的旅程，并依照约定，带着乌龟一起走。

乌龟顺利地飞上了天空，看着地上生活了一辈子的池塘愈来愈小，心里得意极了！

不久，它们经过一个小村落，村民看到乌龟竟然飞上了天，纷纷跑出来看这难得的奇观。有人大喊：“这些鸟儿真是太聪明了！居然想到这么好的方法让乌龟飞上天！”

乌龟听到后很生气地说：“不！这是我想出来的点子！”

乌龟才一开口，就掉了下去，摔得头昏脑涨。一睁开眼睛，乌龟发现自己恰巧落在另一个池塘里，这个池塘比从前的更小、更脏。抬头一看，大雁早已飞得不知去向。

人生悟语

故事中的乌龟因想争个名，而害惨了自己。我们不也从小争到大吗？争考试名次、争热门职位、争公司排名、争我的好友怎么跟别人比较亲、争老公的工作怎么比我重要……这个故事告诉我们：聪明人争的是一生，而不是一时。心有不平的时候，抬起头来，向前看，你会发现终点还很远呢！

这已经是过去

佚名

1954年，巴西的男女老少几乎一致认为，巴西足球队一定能荣获世界杯赛的冠军。然而，天有不测风云，足球的魅力就在于难以预测。在半决赛时，巴西队意外地输给了法国队，结果没能将那个金灿灿的奖杯带回巴西。

球员们比任何人都更明白，足球是巴西的国魂。他们懊悔至极，感到无脸去见家乡父老。他们知道，球迷们的辱骂、嘲笑和扔汽水瓶子是难以避免的。

当飞机进入巴西领空之后，球员们更加心神不安、如坐针毡。可是，当飞机降落在机场的时候，映入他们眼帘的却是另一种景象：巴西总统和两万多名球迷默默地站在机场，人群中有一条横幅格外醒目："这已经是过去！"

球员们顿时泪流满面，低垂的头都扬了起来。

4 年后，巴西足球队不负众望赢得了世界杯冠军。

回国时，巴西足球队的专机一进入国境，16 架喷气式战斗机即为之护航。当飞机降落在道加勒机场时，聚集在机场上的欢迎者多达 3 万人。在从机场到首都广场将近 20 公里的道路两旁，自动聚集起来的人群超过了 100 万。这是多么宏大而激动人心的场面！

人群中又出现了四年前那条横幅："这已经是过去！"

球员们慢慢地把高高扬起的头低了下来。

人生悟语

人们常说"胜不骄，败不馁"。但真正能做到是不容易的，但巴西人民做到了。失败是属于过去，同样，成功也属于过去。

知道你在跟谁锯木头吗

英涛

她是个电视主持人，因为职业的缘故，几乎是无人不识，风光无限。也许因为少年得志，所以，在与人的沟通上她比较固执己见，渐渐地，很多人误以为她很傲慢，于是郁闷越积越多。甚至，在台里要开始整顿栏目时，有人传言要换了她。好长一段时间里，她总觉得处处不顺心，工作状态也异常地差。

那天，她和朋友开车到离城市很远的乡村去散心。在一个山里人家的大门外边，他们看到一个十岁左右的小男孩在卖力地锯着一堆木材。别看他年纪不大，手势却熟练得跟老师傅似的。当他看到这两个衣服光鲜时髦的城里人出现在面前，一点也没有异样的表现，不像一般乡下小孩那么露怯。

她不禁童心大发，走过去就要帮小孩拉锯，可是在城市长大的她，对这种活儿实在是从未尝试过，手脚笨拙得像个大狗熊似的。小孩倒挺有耐心，认认真真地教她怎么使力，怎么握锯子。她手忙脚乱了一阵后终于学会了。

锯了一会儿，她终于忍不住很自得地对小孩说："小朋友你可知道，你正在跟某某某锯木头？"

小孩子头一扬，说："我不知道。可是我要告诉你，你正在跟张剑杰锯木头！"

她一呆。是啊，在锯子的两头没有谁比谁更了不起，只要是拿起了锯子，两边的人就是平等的，就需要有默契的交流和配合，这样才能把木头锯好，所以，锯子两头的人都是同等重要的。工作上、生活中也是一样，没有谁比谁的姿态应该更低，你面对的人，和你应该有同等的位置。

回去后，她与人的交往轻松了，当然，节目也做得更轻松，更重要的是，人也活得轻松了。

人生悟语

与人交往，彼此就好比在天平的两端，唯有把对方放在同等的位置，人际的天平才能平衡。只有去掉傲慢与偏见，实现心与心的平等沟通，人与人之间的对话才能更加坦然，相处得才能更为融洽。

第一次和第五万次

连聆婕

葛优是内地影视界声名显赫的实力派明星，也是影迷朋友们最为喜爱的演员之一，这无疑与他为人谦和、低调和处事恰如其分有关，特别是他对待粉丝的态度着实令人称道。

了解葛优的人都知道，平时葛优走在人群中，总是面无表情，目视前方，可一旦有影迷认出来，他一定会换上一副敦厚灿烂的笑脸，甚至会哈下腰客客气气地给他签名，毫无大牌影星的做派与高傲。

一次，他与冯小刚导演一同外出办事，路遇一个年轻人围着他俩走了好几圈，始终不敢相信自己的眼睛，弄得冯小刚都有些不耐烦了。后来这个年轻人面向葛优试探性地说："葛优？"葛优客气地点了点头。年轻人立刻请葛优签名，他慌乱地摸遍所有的口袋，终于找出一张折叠过的白纸："不好意思，只有这张纸。"葛优却笑呵呵地安慰他："没事，不是欠条就行。"年轻人如愿地离开了。

冯小刚感慨起来："我真是没想到，以你的名气和地位，换个演员哪会有这样的耐心啊！你怎么就能做到对所有的影迷都这么客气……"葛优望着他，以兄弟间私下里少有的认真口吻道："这事儿是这样的：对我来说，这签名也许是第五万次；可对他呢，这是第一次。"

态度端正，言谈举止则谦恭，做人处世则妥帖。五万次与第一次不能说差距小，但只要把五万次当作第一次来认真谨慎地对待，还有什么事情不能做好呢？

人生悟语

待人应该谦虚谨慎，不卑不亢，不因地位和境遇的变化而改变。有的人一旦功成名就之后，就自高自大起来，这样只会暴露他的渺小和浅薄。正视自己的价值，谦逊地对待别人，只会彰显你的高贵。

哥伦布的智慧

佚名

1492 年，哥伦布发现了新大陆。从海上回来，他成了西班牙人民心目中的英雄。国王和王后也把他当作上宾，封他做海军上将。可是有些贵族瞧不起他，他们用鼻子一哼，说："哼，这有什么稀罕？只要坐船出海，谁都会到那块陆地的。”

在一次宴会上，哥伦布又听见有人在讥笑他了。“上帝创造世界的时候，不是就创造了海西边的那块陆地了吗？发现，哼，又算得了什么！”哥伦布听了，沉默了好一会儿，忽然从盘子里拿个鸡蛋，站了起来，提出一个古怪的问题：“女士们，先生们，谁能把这个鸡蛋竖起来？”

鸡蛋从这个人手上传到那个人手上，大家都把鸡蛋扶直了，可是一放手，鸡蛋立刻倒了。最后，鸡蛋回到哥伦布手上，满屋子鸦雀无声，大家都要看他怎样把鸡蛋竖起来。

哥伦布不慌不忙，把鸡蛋的一头在桌上轻轻一敲，敲破了一点儿壳，鸡蛋就稳稳地直立在桌子上了。

“这有什么稀罕？”宾客们又讥笑起哥伦布来了。

“本来就是没有什么可稀罕的，”哥伦布说，“可是你们为什么做不到呢？”

人生悟语

当别人完成一件事情时，要给予欣赏和鼓励，学会赏识别人，学会与别人分享成功之喜悦，这才是一个人的魅力所在。如果像嘲笑哥伦布的贵族们一样，不仅是不谦虚的表现，更是自己看不起自己的表现。

狐狸的悲哀

孙明喜

猎人捕获过各种各样的动物，唯独没有捕获过狐狸。因为这种动物太狡猾，奔跑速度也不慢。往往猎人刚端起枪，狐狸就跑得无影无踪。

可是，猎人决意与狐狸一比高低。他知道在一座山上有一只老狐狸，于是他备足枪弹上了山，在狐狸经常出没的草丛里藏了起来。

狐狸真的来了，它跳到岩石上逡巡一阵，锐利的眼睛立刻发现草丛里有不速之客。它意识到，猎人的目标不是别的动物而是自己，这一回它不跑了。它相信自己绝顶聪明，有敏捷的反应和判断能力，只要猎人一有动静，它就会逃之夭夭。

狐狸做了个假动作，猎人果然开了枪，把它面前的土打得乱飞。狐狸哈哈大笑：“嘿，就你这点水平，还想打我？笑话！”

猎人没有理会狐狸的嘲笑，继续瞄准射击。“砰！”“砰砰！”“砰砰砰！”射出的子弹全部落空。

狐狸得意地笑了。它把身边的一块圆石头滚下岩石，石头飞快地跑着。猎人以为狐狸跑了，马上站起就追。他被缠绕的草绊了一下，跌了个大马趴。猎人的脑门跌了个大包，手也有些颤抖，满身草屑，十分狼狈。

狐狸站在岩石上，笑得合不拢嘴，它一边高兴地跳着舞蹈，一边大叫道：“哈哈哈！看你那老样儿，子弹快用完了吧？接着再来，我愿奉陪到底！”

猎人揉了揉脑袋，边上子弹边对狐狸说：“你可以嘲笑我，因为我确实很难打中你。即使如此，我失误一次，损失的不过是一颗子弹；而你只要一次失误，损失的就是你的生命。”

狐狸的脸色变了，强烈的危机感包围了它。它抖动身上的毛发，打算远远逃开，可是刚才舞蹈的时间太长了，它的腿脚有些酸软，此时猎人扣动了扳机。

子弹射中了狐狸的心脏，它重重地摔在了地上，临死前的那一刹那，它十分后悔——因为，原本它是有机会逃走的。

人生悟语

故事中的狐狸够骄傲的，跳舞跳到了腿脚酸软，在现实生活中，这样的人也不少，骄傲的人必将失败。因为骄傲的人只能看到自己的长处和优点，也就必然夸大个人的主观力量，认为只要他一出现，什么问题都会迎刃而解。这样，他就会自己蒙蔽自己的眼睛，看不到生活和学习中的缺点和错误，看不到已经发生或可能发生的困难。中国有句古话：骄兵必败，无数经验也证明了：由于看不到缺点，看不到困难，因而疏忽大意，一百件事情，九十九件没有不失败的。

花朵静悄悄地开放

佚名

寺院里收留了一个年方16岁的流浪儿，这个流浪儿头脑非常灵活，给人一种脚勤嘴快的感觉。灰头土脸的流浪儿在寺里剃发沐浴之后，就变成了干净利落的小沙弥。

法师一边关照他的生活起居，一边苦口婆心、因势利导地教他为僧做人的一些基本常识。看他接受和领会问题比较快，又开始引导他习字念书、诵读经文。也就在这个时候，法师发现了小沙弥的致命弱点——心浮气躁、喜欢张扬、骄傲自满。

例如，他刚学会几个字，就拿着毛笔满院子写、满院子画；再如，他一旦领悟了某个禅理，就一遍遍地向法师和其他僧侣们炫耀；更可笑的是，当法师为了鼓励他，刚刚夸奖他几句，他马上就在众僧面前显摆，甚至不把任何人放在眼里，大有唯我独尊、不可一世之势。

为了改变和遏制他的不良行为和作风，法师想了一个用来启发、点化他的非常美丽的教案——这一天，法师把一盆含苞待放的夜来香送给这个小沙弥，让他在值更的时候，注意观察一下花卉的生长状况。

第二天一早，还没等法师找他，他就欣喜若狂地抱着那盆花一路招摇地主动找上门来，当着众僧的面大声对法师说："您送给我的这盆花太奇妙了！它晚上开放，清香四溢，美不胜收；可是，一到早晨，它又收敛了它的香花芳蕊……"

法师就用一种特别温和的语气问小沙弥："它晚上开花的时候，吵你了吗？"

"没有，"小沙弥高高兴兴地说，"它的开放和闭合都是静悄悄的，哪能吵我呢。"

"哦，原来是这样啊，"法师以一种特殊的口吻说，"老衲还以为花开的时候得吵闹着炫耀一番呢。"

小沙弥愣怔一阵之后，脸刷地一下就红了，诺诺地对法师说："弟子领教了，弟子一定痛改前非！"

山深愈幽，水深愈静。真正有学问有道行的人，真正成功和芬芳的人生，不见得要张扬和炫耀。

人生悟语

谦虚使人进步，骄傲使人落后。这是再简单不过的道理，然而，我们却往往忽略了这一点。在生活中，有一部分人总是喜欢过度自我表现、自我张扬，结果往往会得意忘形，渐渐落在别人后面。让我们做一株努力开花而不大声炫耀的夜来香吧。

火心要空

佚名

那是一个秋收的季节。

父亲和母亲带妹妹去挖红薯。去之前,父亲和母亲先洗了一大鼎锅红薯放在锅里加好水让我在家里熬红薯,以后好用来酿红薯酒待客。父亲交代我要注意不要离开,小心火灾,还说看到火小了要及时加柴,但一次不能加太多……我平时偶尔帮父母烧过火加个柴,烧火是再简单不过的了。因此,我不耐烦地说:"知道了,知道了,我都十岁了,放心去吧!"父亲见我这样说,就最后叮嘱一句说:"你只管烧好火,其他的事你别管,我算计好了时间的,等我送红薯回来的时候,这一锅红薯就熟了,然后我再换一锅。"

父亲他们走了后,我不敢离开,因为那时我就知道火灾是无情的。我坐在火灶前不时地给里面加点柴。开始,火总是不大不小,火苗照着我的脸蛋。大锅里的水咕噜、咕噜叫的时候,我知道水要开了。果然,再等了一会儿,我开始闻着了红薯的香气。可也就在这时候,火越来越小。火一小我就急,一急就往灶里加柴。可是,不知道为什么,火还是越来越小,最后,火都没了,只剩下烟往外冒了。我以为柴没晒干,我抽出来看看,然后又换,我还用嘴吹啊吹的。我弄得满脸是灰,鼻子都擦黑了,可依旧没有原来的火苗那么旺。

父亲挑着红薯回来看我到的样子说:"怎么了? 红薯没熬熟,火却烧不起来了是不?"我不好意思地点点头。父亲走过来看了看说:"俗话说'火要空心,人要虚心',我走的时候还没交代完,你就'知道了、知道了',你现在知道了吧,人呀,一骄傲连火都烧不好!"父亲说着把火灶里的灰渣扒拉出来,一会儿,火苗就欢快地舞蹈起来了。

后来,每当我取得一点成绩想沾沾自喜的时候,父亲的话就会在我耳边响起:"火要空心,人要虚心。"

于是,我会静下心来清除心中的"灰渣",继续默默地为自己的人生添一把"柴"。

人生悟语

火要空心,才能烧得旺;人要虚心,才能有进步。父亲交代"我"烧一锅红薯,"我"觉得这样的事儿再简单不过了,于是不耐烦地打断父亲的嘱咐。当父亲走后,"我"便紧守在火灶前不时地给里面加点柴,开始时火还算比较旺;可是不久,火却越来越小了,到最后熄灭了。这是为什么呢? 这是因为火灶里已塞满了灰渣,火没有了空间,自然烧不了。

当我们骄傲时,心中便塞满了很多像"灰渣"一样没有用的东西,使我们无法吸收新东西,获得进步。可见,我们应当虚心做人。

骄傲自大的富兰克林

佚名

年轻时候的富兰克林,非常地骄傲自大,而且言行简直就是不可一世,无论到哪里都显得咄咄逼人。造成他这个坏脾气的最大原因是因为他的父亲对他太纵容了,从来都不对他的这种行为做出训斥。不过他父亲的一位挚友倒是看不下去了,有一天,把他叫到面前,用很温和的语气对他说:“富兰克林,你想想看,你不肯尊重他人意见,事事都自以为是的行为,结果将使你怎样呢?人家受了你几次这种难堪后,谁也不愿意再听你那么骄傲的言论。你的朋友们也会远远地避开你,免得他们会受你一肚子的冤枉气。如果你还这样下去,那么你从此就不能交到好朋友,你也不能从他人那里获得半点知识了。再说你现在所知道的事情才是那么一点点、很有限,这样是不行的。”

听了这一番话后,富兰克林感到震惊,他也看清楚了自己过去的错误,决定从此以后要痛改前非,在待人处世的时候处处都改用研究的态度,言行也变得谦恭温和了,时时慎防有损别人的尊严。在不久后,他便从一个受人鄙视、拒绝交往的自负者,变成了一个到处受人欢迎和爱戴的人际交往高手。

如果富兰克林没有接受意见改变自己的毛病,仍然是一意孤行,说起话来还是不分大小,不把他人放在眼里,那么他的结果一定不堪设想。他也正是因为醒悟得早,才拥有了丰富的人际关系资源,后来才成为美国的一位伟大的领袖。

人生悟语

富兰克林,不仅为美国的独立做出了杰出的贡献,而且一生勤于创造发明,赢得过不下一百个学位和头衔;但在他的墓碑上,却刻着他生前为自己撰写的几个简单文字:印刷工富兰克林之墓。确实,谦虚是一种美德,也是一种修养。谦虚者可以包容别人、善待别人,学习和吸取别人有益的经验和知识,从而提高自己,避免浅薄无知。常怀谦虚之心,会多一分清醒,少一分陶醉;常怀谦虚之心,会多一分合作,少一分孤立;常怀谦虚之心,会多一分警惕,少一分危险。

看轻你自己

佚名

他已在这家公司干了10年,是整个机电系统闻名的销售经理。不错,他头脑活络,路子又广,他的位置可谓举足轻重。

他以前接到总经理的电话,会“闻声而起”,赶往总部。而现在,他可以一边和朋友们搓麻,一边和总经理聊天:“老总啊,我现在很忙,正在和客户谈话。”

公司改制的时候,他本有望再进步一次,升为主管销售的副总经理。可不知哪个环节出了问题,他仍然当他的销售经理,而一个汽配门市主任“一步登天”成了他的顶头上司。他的愤懑溢于言表,到处说自己不想干了。董事长找他谈话,让他安心工作,董事会会考虑对他的安排。但时间过去多日,董事会没有带来任何好消息,他原有的许多权益反而被取消了。

一怒之下,他真的辞职不干了。他原本以为公司里再也挑不到一个比他更合适做销售经理的人了。而现实却是,在他提出辞职的时候,董事长并没有多大的惊讶,只是要他仔细考虑一下,他说已经考虑好了。董事长答应下午给他答复。过了两个小时,董事长打电话给他说:“请去办理离职手续吧。”

他就这样离开了公司。他想看公司产品销售不出去的笑话;但事实又一次回击了他。公司产品仍然源源不断地销往外地。他离去之后,公司运转一切正常。他企图拉拢那些商人朋友,却没有一个人理睬他。因为他们是商人,他们以利润作为自己的终极目标。

这时,他后悔了,也恍然大悟,公司并不是非要自己不可啊!但为时已晚。

须知,一家公司维持一个公司正常运转的不是某个人,它是一台十分复杂的机器,需要许多部件配合。你做出了一些成绩,不能当成这是你一个人的功劳,你只是这台机器上的一个“零部件”。诚然,对于一台机器而言,每个部件似乎都不可缺少,但不要忘了,寻找一个部件重新让机器运转起来,那是一件十分容易的事情。

当你自以为是的时候,你应该冷静仔细地想一想,你到底为单位创造了多少价值,这个岗位是否非你不可,你还有多少能耐,公司是否真的委屈了你。因此,千万不要自以为是,不要好高骛远,更不要以“出走”相要挟,那样最终被戏弄的还是你自己。你以为你是谁?看轻你自己!离开了谁地球都照样转。切记一条老掉牙的真理:谦虚使人进步,骄傲使人落后。

人生悟语

看轻你自己,就是要谦虚、低调,不要把自己看得那么重要,不要自以为是。本来,他是一个能力突出的销售经理;可是他在取得不错的业绩后就变得傲慢了,不像以前那么积极了。结果,他在公司改制时不能升为主管销售的副总经理。为此,他愤愤不平,提出辞职。想不到,公司并没有盛情挽留他。这时,他才终于明白,公司缺了他照样正常运转。总结他失败的原因,就在于他傲慢的态度。

孔子的谦虚故事

佚名

春秋时代,孔子被人们尊为“圣人”,他有弟子三千,大家都向他请教学问。他的《论语》是千百年来的传世之作。孔子学问渊博,可是仍旧虚心向别人求教。

一天,他们驾车去晋国。一个孩子在路当中堆碎石瓦片玩,挡住了他们的去路。

孔子说:“你不该在路当中玩,挡住我们的车!”

孩子指着地上说:“老人家,您看这是什么?”

孔子一看,是用碎石瓦片摆的一座城。孩子又说:“您说,应该是城给车让路还是车给城让路呢?”孔子被问住了。

孔子觉得这孩子很懂得礼貌,便问:“你叫什么?几岁啦?”孩子说:“我叫项橐,7岁!”

孔子对学生们说:“项橐7岁懂礼,他可以做我的老师啊!”

还有一次,他到太庙去祭祖。他一进太庙,就觉得新奇,向别人问这问那。

有人笑道:“孔子学问出众,为什么还要问?”

孔子听了说:“每事必问,有什么不好?”

他的弟子问他:“孔圉死后,为什么叫他孔文子?”孔子道:“聪明好学,不耻下问,才配叫‘文’。”弟子们想:“老师常向别人求教,也并不以为耻辱呀!”

有一次,孔子和学生到鲁桓公庙里,看到座位上摆着欹器,孔子向守庙的人问道:“这是什么器具?”

“这是放在座位右边的器具。”守庙的人回答。

孔子端详了一会儿，若有所思地说："我所知放在座位右边的器具，当它空着的时候是倾斜的，装了一半水的时候就变正了，装满了水就会倾覆。"

说完，他要学生们弄点水来，倒进去试试。果然，欹器里面装了一半水时就正了，水一盛满就倾覆了。

"盛满后有没有办法使它不倾覆呢？"子路问孔子。

孔子看了子路一眼，然后对学生说："绝顶聪明的人，用持重来保持他的聪明；功满天下的人，用谦逊来保持他的功劳；勇力盖世的人，用谨慎来保持他的本领，这就是所说的用退让的办法来减少自满。"

人生悟语

骄傲是人生不断前进的绊脚石，骄傲的人必定会失败。中国有很多反映骄傲的古话，"知识使人谦虚，无知使人骄傲"，"半瓶子水哗啦响，满瓶子水没声响"，说的都是要谦虚的道理。因为只有谦虚才会让你保持冷静平和，正确地认识你自己，也才能进一步地充实和丰富你自己。所以，大话说得越大的人，往往就是懂得越少的人。

谦虚的爱因斯坦

佚名

爱因斯坦是20世纪世界上最伟大的科学家之一，他的相对论以及他在物理学界其他方面的研究成果，留给我们的是一笔取之不尽、用之不竭的财富。然而，就是他这样一个人，还是在有生之年中不断地学习、研究，活到老，学到老。

有人去问爱因斯坦，说："您老可谓物理学界空前绝后的人物了，何必还要孜孜不倦地学习呢？何不舒舒服服地休息呢？"爱因斯坦并没有立即回答他这个问题，而是找来一支笔、一张纸，在纸上画上一个大圆和一个小圆，对那位年轻人说："在目前情况下，在物理学这个领域里可能是我比你懂得略多一些。正如你所知的是这个小圆，我所知的是这个大圆，然而整个物理学知识是无边无际的。对于小圆，它的周长小，即与未知领域的接触面小，他感受到自己未知的少；而大圆与外界接触的多，所以更感到自己未知的东西多，会更加努力地去探索。"

1929年3月14日是爱因斯坦50岁生日。全世界的报纸都发表了关于爱因斯坦的文章。在柏林的爱因斯坦住所中，装满了好几篮子从全世界寄来的祝寿的信件。

然而，此时的爱因斯坦却不在自己的住所里，他在几天前就到郊外的一个花匠的农舍里躲了起来。

爱因斯坦9岁的儿子问他："爸爸，您为什么那样有名呢？"爱因斯坦听了哈哈大笑，他对儿子说："你看，瞎甲虫在球面上爬行的时候，它并不知道它走的路是弯曲的。我呢，正相反，有幸觉察到了这一点。"

人生悟语

事实上也是如此，没有一个人能够有骄傲的资本，因为任何一个人，即使他在某一方面的造诣很深，也不能够说他已经彻底精通，彻底研究全了。"生命有限，知识无穷"，任何一门学问都是无穷无尽的海洋，都是无边无际的天空，所以，谁也不能够认为自己已经达到了最高境界而停步不前、趾高气扬。如果那样，则必将很快被同行赶上、很快被后人超过。

谦虚镶边更灿烂

淡笑生

布思·塔金顿是美国著名小说家、剧作家，曾两度荣获普利策文学奖。

一天，作为特邀嘉宾，他出席了美国红十字会举办的艺术品展览会。会上，两位豆蔻年华的少女好像认出了这位大名鼎鼎的作家，兴高采烈地跑过来，说道："作家先生，您能为我们签个名吗？我们实在太崇拜您了。"塔金顿谦和地说："我没带自来水笔，用铅笔好不好？""太好了，非常感谢！"一个女孩掏出笔记本，双手递上去。塔金顿爽快地拿起铅笔，挥洒自如地写上祝福的话语，再郑重其事地签上自己的名字。

女孩接过笔记本，仔细看了一遍，忽然，脸上充满了失望。她抬起头，上下打量着塔金顿，接着遗憾地问："您不是罗伯特·查波斯吗？""我是布思·塔金顿，《爱丽丝·亚当斯》的作者，你们没有看过吗？我还拿过两次普利策奖。""对不起，我不认识你。"女孩把头转向同伴，"朋友，借你的橡皮用一下。"

刹那间，塔金顿仿佛失去了所有意识。他的自负与骄傲全都消逝得无影无踪。从那以后，他常提醒自己："无论成绩大小，千万别把自己看得太重要。智慧是宝石，如果用谦虚镶边，就会更加灿烂夺目。"

人生悟语

如果你拥有出色的才能，再加上谦虚的态度，那么你将显得更加出色。是的，智慧是宝石没错，如果再用谦虚镶边，就会更加灿烂夺目。

谦逊的贝罗尼

佚名

19 世纪的法国名画家贝罗尼，有一次到瑞士去度假，但是每天仍然背着画架到当地去写生。

有一天，他在日内瓦湖边正用心画画，旁边来了三位英国女游客，看了他的画，便在一旁指手画脚地批评起来，一个说这儿不好，一个说那儿不对，贝罗尼都一一修改过来，末了还跟她们说了声"谢谢"。

第二天，贝罗尼有事到另一个地方去。在车站看到昨天那三位妇女，正交头接耳不知在议论些什么。过一会儿，那三个英国妇女看到他了，便朝他走过来，问他："先生，我们听说大画家贝罗尼正在这儿度假，所以特地来拜访他。请问你知不知道他现在在什么地方？"

贝罗尼朝她们微微弯腰，回答说："不敢当，我就是贝罗尼。"三位英国妇女大吃一惊，想起昨天的不礼貌，一个个红着脸跑掉了。

人生悟语

才识、学问愈高的人，在态度上反而愈谦卑，希望自己能精益求精，更上一层楼。也正因为如此，他们往往具有容人的风度，和接受批评的雅量。反之，我们对于自己并不在行的事情，就不要随便发表议论，听在专家耳里，不是越发显得你的肤浅吗？

请为你的傲慢买单

佚名

2007 年 9 月 5 日，在北京海淀远大路某银行，一名顾客将 99 元钱分 99 次存入银行卡中，前后耗时达 3 小时，引起后面排队者的不满。而此时，银行里的工作人员却对此熟视无睹。

最后，引来媒体关注，银行值班经理才出面调停。

该顾客再三声称自己不是无理取闹，也知道自己的行为不文明，不道德，但银行内部工作人员的傲慢和冷淡着实让人恼火。该顾客几次电话投诉均无下文，后又遇银行值班经理，再次遭到不予理睬的态度，所以一怒之下，出此下策。

媒体介入后，银行经理对该顾客赔礼道歉，真相大白的人们纷纷指责银行部门的失职。因为工作人员对顾客的傲慢和不屑，使此银行的商业形象大打折扣。且不论工作人员因自己傲慢的态度会受到什么惩罚，就银行自身来说，舆论的讨伐对其后期大规模的经营运作都带来了负面影响，这是一种无形的损失。

无独有偶，最近又看到了一个经典的小故事，让我再一次领悟，为人处世，无端的傲慢切不可要。

一对衣着朴素的老夫妇，在没有事先约好的情况下，就直接去拜访当时哈佛的校长。校长的秘书在片刻间就断定这两个乡下老人根本不可能与哈佛有业务来往。先生轻声地说："我们要见校长。"秘书很不礼貌地说："他整天都很忙。"女士回答说："没关系，我们可以等。"过了几个钟头，秘书一直不理他们，希望他们知难而退，但他们一直等在那里。秘书终于决定通知校长："也许他们跟您讲几句话就会走开。"

校长不耐烦地同意了，校长很有尊严而且心不甘情不愿地面对这对夫妇。女士告诉他："我们有一个儿子曾经在哈佛读过一年书，他很喜欢哈佛，他在哈佛生活得很快乐。但是去年，他意外死亡。我丈夫和我想在校园里为他立一纪念物。"

校长并没有被感动，反而觉得可笑，他不客气地说："夫人，我们不能为每一位曾读过哈佛而死亡的人建立雕像。如果我们这样做，我们的校园看起来会像墓园一样。"

女士很快地说："不是，我们不是要竖立一座雕像，我们想要捐一栋大楼给哈佛。"

校长仔细地看了一下这对夫妇简朴的衣着，然后吐一口气说："你们知道建一栋大楼要花多少钱吗？我们学校的建筑物超过 750 万美元。"这时，这位女士沉默了。校长很高兴，总算可以把他们打发了。只见这位女士转向她丈夫说："只要 750 万就可以建一座大楼？那我们为什么不建一座大学来纪念我们的儿子？"她的丈夫点头同意。

就这样，斯坦福先生和夫人离开了哈佛，来到了加州，成立了斯坦福大学来纪念他们的儿子。

故事结束没有再提到哈佛校长，但是不难想象，他在得知事情真相后是如何尴尬与羞愧。他不是一个称职的好校长，因为他的傲慢让哈佛失去了一个发展壮大的好机会，这是一个巨大的损失。

从以上两件事中不难看出，银行的值班经理、银行的工作人员、哈佛校长和校长秘书都为自身的傲慢付出了沉重的代价。也许他们自身的利益并没有因为事件本身受到太大的牵连，但是作为一个领导，作为一个职员，如果置团队利益而不顾，那么他们今后事业的发展又从何谈起呢？

所以，请在你不屑于对待某人或某事的时候，仔细地想一想再做决定，千万不要轻易摆出傲慢的姿态，因为你可能在今后的日子里会为自己一时的无知而付出代价，你可能要用金钱、机遇甚至良心为你曾经的傲慢买单。

人生悟语

傲慢与谦虚是为人处世的两种不同态度。傲慢让人感到对方居高临下、盛气凌人；谦虚让人觉得对方平易近人、温文尔雅。生活中，很少有人会在心里喜欢那些耍派头的人，所以傲慢之人往往被拒在千里之外。傲慢，或许可以做事，但谦虚才能做人。因此，千万不要轻易摆出傲慢的姿态，否则你会付出惨痛的代价。

伟大的拾贝者

佚名

1642年12月25日，牛顿出生于英格兰林肯郡格兰瑟姆附近的沃尔索普村的一个农民家庭。牛顿出生前三个月，他同样名为艾萨克的父亲就已经去世了。牛顿3岁时，他的母亲改嫁给了一位牧师，而把牛顿托付给了他的外祖母。

牛顿的舅舅威廉·艾斯考夫是剑桥大学的毕业生，他时常来探望小牛顿，并充当他的启蒙老师。受舅舅的影响，1661年6月，牛顿考取了剑桥大学。在剑桥大学三一学院，牛顿学习优秀，掌握了大量的数学、几何及天文学知识，为他以后的研究工作奠定了坚实的基础。

牛顿一生为世界科学做出了巨大贡献，他的三大成就——光的分析、万有引力定律和微积分学，为现代科学的发展奠定了基础。因此，他也被称为近代科学的开创者。但是牛顿每当在科学上获得伟大成就时，从不沾沾自喜、自以为很了不起。

当年，牛顿费尽心血发现“万有引力定律”后，没有急于发表，而是继续孜孜不倦地深思了数年，计算了数年，从未对任何人讲过一句。后来，牛顿的朋友，天文学家哈雷（哈雷彗星的发现者）在证明一个关于行星轨道的规律遇到困难时，专程登门请教牛顿。牛顿把自己关于计算“万有引力”的书稿交给哈雷看。哈雷看后才知道他所要请教的问题，正是牛顿早已解决、早已算好的问题，心里钦佩不已。

在1684年11月某一天，哈雷又到牛顿的寓所拜访。当谈到有关天文学的学术问题时，牛顿拿出论证“万有引力”的论文，请哈雷提意见。哈雷看后，对这部巨著感到非常惊讶。他再三奉劝牛顿尽快发表这部伟大著作，以造福于人类。可是牛顿没有听从朋友的好意劝告去轻易地发表自己的著作，而是又经过长时间的一丝不苟的反复验证和计算，确认正确无误后，才于1687年7月将《自然哲学的数学原理》发表于世。

曾经有人问牛顿：“你获得成功的秘诀是什么？”牛顿回答说：“假如我有一点微小成就的话，没有其他秘诀，唯有勤奋而已。”

1727年3月20日清晨，牛顿逝世。他的临终遗言是："我不知道世人对我怎样评价。但我却这样认为：我好像是一个在海滩上玩耍的孩子，时而为拾到几块晶莹剔透的石头而欢呼，时而为拾到几片美丽的贝壳而雀跃。可是，对于面前的那一片浩瀚无垠的大海，我却一无所知，而那才是真理的真正之所在。"

人生悟语

谦虚不是软弱，是自知，是广阔的胸怀，是虚怀若谷的情操，是一种对知识、真理追求的真诚态度。真正的科学家不可能不是谦虚的，因为他做的事情越多，他就看得越清楚：还有更多的事情没有做。无论什么时候，都不要以为自己已知道了一切。

我不能误导他

佚名

一位世界一流的小提琴演奏家在给别人指导时，从来不说话。每当学生拉完一曲，他总是要把这一曲再拉一遍，让学生从倾听中得到教诲。"琴声是最好的教育。"他如是说。

他收了一位名不见经传的新生，在拜师仪式上，学生为他演奏了一首短曲。这个学生很有天赋，把这首短曲演奏得出神入化，天衣无缝。学生演奏完毕，这位大师照例拿着琴走上台。但是这一次，他把琴放在肩上，却久久没有奏响。他沉默了很长时间，然后，把琴从肩上又拿下来，深深地叹了口气，走下了台。

众人惊慌失措，不明白发生了什么事。这位大师微笑着说："你们不知道，他拉得太好了，我没有资格指导他。最起码在刚才的一曲上，我的琴声对他只能是一种误导。"

全场静默片刻，然后爆发出一阵热烈的掌声。

一个盛名之下的大师，面对一个无名小辈，在大庭广众之下，敢于承认自己的不足，真心地褒扬对方的优秀，既不怕降低自己的威信，也没有用自己的光芒去打压对方。他在拥有一流琴艺和一流师名的同时，也依然拥有磊落的胸怀和可贵的谦逊，这才是真正的大师。

人生悟语

才识、学问越高的人，在态度上反而越谦逊，他能时时以一种欣赏的目光看到别人身上的长处，以磊落的胸怀与人以诚相待。无疑，这样的人会处处受人尊重，他的谦虚和真诚，在何处都能赢来掌声。

学会低头

佚名

被称为美国人之父的富兰克林，年轻时曾去拜访一位前辈。那时他年轻气盛，挺胸抬头迈着大步，一进门，他的头就狠狠撞在了门框上，疼得他一边不停地用手揉搓，一边看着比他身高低矮的门。出来迎接他的前辈看到他这副模样，笑笑说："很痛吧！可是，这将是你今天来访问我的最大收获。一个人要想平安无事地活在世上，就必须时时刻刻记住'低头'。这也是我要教你的事情。"

富兰克林把这次拜访得到的教导看成最大的收获，并把它列为一生的生活准则之中。这对他后来功绩卓绝、成为一代伟人不无帮助。

年轻人最容易犯的通病就是心高气盛，恃才傲物，以为自己是鸿鹄，别人都是燕雀，眼睛总是高高向上，根本不把周围的一切放在眼里。直到有一天，被眼前的门框撞了头，才发现门框比自己想象的要矮得多。

要想进入一扇门，就必须让自己的头比门框更矮；要想登上成功的顶峰，就必须低下头弯起腰做好攀登的准备。

那些登上顶峰的成功者们，不论是在舞台上发表演说还是乘机出访，总是微微低着头俯视脚下的人群，因为他们站在高处；而他们脚下成千上万的人们，总是高高抬起头向上仰视着台上的成功者，因为他们站在低处。

只有站在低处的人，才是高高抬着头；因为他脚下什么都没有，他只能往上看。

人生悟语

学会低头，就是一种谦虚做人的态度。不少成功者都是懂得谦虚做人的人，虽然他们身处高位，但他们总是微微低着头。这就是谦虚做人的表现。年轻时的富兰克林心高气盛，恃才傲物。结果，他去拜访一位前辈时，头狠狠地撞在了门框上。从这件事中，富兰克林学会了低头，这使他最终成为一代伟人。是的，只有学会低头的人，才能取得杰出的成绩。学会低头的人，需要学会低下自己的头，这不仅是一种谦虚做人的姿态，而且是对别人的一种尊重。

养由基戒骄

佚名

养由基是楚国一位著名的神箭手。年轻的时候，勇武过人，练就了一手好箭法，百发百中，周围的人没有一个能够胜过他。

一天清晨，养由基拿上心爱的弓箭去赛场练箭。经过一片空地时，他发现有许多人在围着观看什么，还伴随着阵阵的叫好声。

发生了什么事？养由基一时好奇，就挤进人群，想看看究竟发生了什么事。原来这里在五十步外设了个标靶，有一个年轻人正拉开弓，准备表演射箭。只见那人环视了四周，示意大家静下来，然后轻松地张弓开射，一连三箭都正中红心。

围观的人好一阵喝彩，个个都说"果然是我国屈指可数的神箭手"，那人也扬扬得意地向四周围观的人拱拱手，表示道谢。

养由基见了这种场面，很不以为意，淡淡地笑了笑，说："还行，不过离真正的神箭手，那还差上十万八千里呢！"那人听养由基的口气这么大，非常生气，就很不屑地问道："那你倒是说说，真正的神箭手是怎么样的？"

养由基瞧也不瞧那人，拿着自己的弓箭走到空地中央，冷冷地说："我觉得，射五十步外的红心，目标太近了点，也太大了点，一般的射手都应该做得到。如果能射中百步外的柳叶，那才算真正的本领！”说完，他随手指了指一百步之外的一棵杨柳树，叫人在那棵树上任选一片叶子，涂上红色当作靶子。接着，他就拉开随身携带的弓，凝神定气，“嗖”的一箭射去。人们跑过去一看，箭正好射穿了这片杨柳叶的中心。

在场的人都惊呆了，之后，就是一阵热烈的喝彩声。

但是，就在这一片喝彩声中，站在养由基身旁的一位老者却冷冷地说：“哼，有了这百步穿杨的本领，难道你就可以教人家射箭了吗？”

这一句话惹怒了养由基，他听这老者的口气这么大，不禁傲慢地转过身去问道：“阁下准备怎么教我射箭？请赐教！”

老者平静地说：“你别误会，我并不是要教你怎么弯弓射箭的，而是来提醒你应该怎样保持射箭名声的。你有没有想过，一旦你力气用尽，只要有一箭不中，你那百步穿杨的名声就会受到影响。一个真正善于射箭的人，不光要精于射箭，更应当知道如何保持自己的名声！”

养由基听了这番话，仔细地想了想，觉得很有道理，便郑重地再三向他道谢。再后来，养由基时时告诫自己，改掉好生骄傲的心态，终于成为一个真正的“百步穿杨”的神箭手。

人生悟语

一个人有出众的才华方能取得骄人的成绩，可是即使才华多么出众，都不能失去谦虚的品质。天外有天，人外有人，只有虚心、认真地听取他人的正确意见，才是真正显现才华、变一时的胜利为长久胜利的关键，而这才是更重要的。

高估自己亦贪婪

佚名

大专毕业，他刚在国企里头干了两年会计，就遭遇了下岗分流，他成了他们厂里最年轻的下岗职工。在很长的一段时间里，他一直非常烦闷，

因为他始终没有凭着自己的大专文凭找到一份合适的工作。每一次，他走进人头攒动的人才市场，看到那一份份条件要求一个比一个高的招聘简章时，他就心乱如麻。他的心总是被那一行行要求大学本科以上文凭的字句所刺痛，他知道自己要接受这些无意的伤害，但是接受伤害并不代表着就能有所收获，他还是一次次怀着一颗失望的心离开人才市场。

但是，他还是没有放弃寻找工作，因为他知道自己不能回避生活。

那天中午，他又一次怀里揣着简历从人才市场走出，漫无目的地走在街上。经过一栋高耸的大楼的时候，他抬头看到了那个世界闻名的公司标志——这是一家世界五百强的外国企业。他口中吐出一声叹息。如果能在这种企业里上班该多好啊！

就在他要低头从大楼的门前走过的时候，他忽然看到一群人正围着门口的一张公告在看，他好奇地走上前去。很巧，这个企业原来也在招人，他又探头一看，居然是招财务会计，那不正是他所学的专业吗？他心里顿时升起一股冲动。

然而，很快，他的冲动又消退下来，因为后面紧跟着一条：以上职位需大学本科以上学历。他的心又一次被刺痛了。

他沉默了一会，毅然决定再试一次。他想，这种著名企业大概会给他足够的尊重的。

他走进了大楼，按图索骥地来到了21楼的招聘办公大厅。当他刚踏进门的时候，他又是一阵惶然，这里挤满了人，俨然一个小小的人才市场，然而这所有的人却都是奔着那稀少的几个职位而来的。

面试正在缓慢地进行着，应聘的人一个个走进去，然后都很平静地走了出来。这些小小的细节给他那彷徨的心注入了些许的安定，因为他从面试的缓慢进程和应聘者的平静表情中感觉到了招聘者态度的认真。

等了一个多小时之后，工作人员终于叫到了他的名字。他走进了招聘室，三名招聘官坐在那里微笑地看着他。他强装自信地将简历递了过去，招聘官刚看了一眼就抬头看他，他顿时红着脸解释说："我的文凭稍微离你们的要求有点距离，不过我在工作上会更加努力学习的，希望你们不要介意。并且我有两年的工作经验……"

招聘官微笑着点头说："没有关系，我们了解一下你的其他情况吧……"

他们的面试交谈开始了。

整场面试交谈，都显得亲切而顺利，他虽然文凭不高，但是工作的经验依然让他能对答如流。

在面试即将结束的时候，招聘官忽然问他一个问题："你对薪水有什么要求吗？"

他犹豫了一下，刚要回答的时候，招聘官又问道："30万年薪怎么样？"

他顿时满脸惊讶，他的嘴张得大大的，他从来没有想到他所竞争的职位居然可以获得这么高的薪水。当年他在国企的工资只有1200块钱一个月，而他在别的外企工作的同学，薪水也没有这一半的高。就在那一刻，他甚至开始心虚起来，他觉得自己的能力甚至有点配不上这么高的薪水。

"你对薪水有什么看法？"招聘官又一次问他。

他摇头坦诚地说："坦白地说，这个薪水真的有点高了，这让我感觉自己的责任很重。我都有点担心自己能不能胜任这样的重任。不过，如果你们给我这个机会，我会努力做到最好的！"

三名招聘官都笑了起来，对他点起了头。

面试过后的第四天，他接到了通知，他居然被录用了，他高兴得热泪盈眶……

当然，去了那个企业才知道，他的年薪其实是15万，30万是他们财务经理的年薪，不过这也足够令他满意了。而当他问起经理为什么要录用他时，经理说："首先你的业务过硬。我们招的是财务人员，所以我们的要求格外严格，我们需要一个有自知之明并且诚实的员工。而我们故意开高年薪只是为了考验一下应聘者的心态而已。而事实上，几乎所有的人都被这个高薪所震撼，但是几乎所有的人都假装镇定，理所当然地接受了这个年薪，唯独你说了一句'有点高了'，所以我们经过考虑录用了你。因为我们一直认为，一个人必须诚实地面对自己的价值，而过分高估自己的价值其实也是一种贪婪。作为一个财务人员，是永远不能陷入贪婪的，明白吗？"

他恍然大悟，原来自己是以一种诚实的自我认识敲开了成功的大门。

三年之后，他成了公司的财务总监，他的年薪果然升到了30万，但是他依然清醒而谦虚，他依然很努力地工作，以证明这个薪水所对应的价值。因为他心里始终记得他的经理曾对他说的一句话——高估自己的价值也是一种贪婪。

人生悟语

中国有句古训："人贵有自知之明。"一个能正确认识自己的人，才能时刻提醒自己，在生活中保持平和的心境，这样，就不会因为一时的失意而妄自菲薄，也不会因为一时的得意而妄自尊大，自欺欺人。

善于合作的黑田长政

佚名

在日本的战国时代，有一位叫作黑田长政的武将，每个月都召开两到三次“不可以生气”的意见发表会。参加这种会议的，除了元老家臣之外，大部分是足智多谋或有当国策顾问资格的人，总计不过七人。

在会议开始前，黑田长政总是对参加者发表例行致辞：“任何人都不可把在会议中听到的话放在心上，也不可以传扬出去，更不可以在会议中生气，但是，可以自由发表自己的意见。”

在参加者都宣誓服从以上训示后，会议马上开始。会中，有人批评黑田长政也有人指出他赏罚不公或某项政策不对，更有人为开除的家臣鸣冤。总而言之，都是平时很难听到的真心话。

据说，有时黑田长政在听了家臣们的话后，很生气。家臣们就会问他：“您怎么了？是不是生气?”此时黑田长政一定回答说：“不，不，我一点也不生气。”

这种意见发表会非常有益，所以黑田长政在他的遗书中说：“今后，这样的意见发表会，仍须依照我创立的原则，每个月至少召开一次。”

在当时，武将的职责是指挥三军作战，性情大都非常刚烈，加上握有生杀大权，所以人人敬畏。如果有人敢违抗命令或直言劝谏，一定会被处死。因此除了视死如归的忠臣，谁也不敢直言不讳。

但是，如果每一位君主都听不得别人的意见，势必永远被甜言蜜语所蒙蔽，误国又误民。有率直心胸的黑田长政，为了听取有益邦国的直言，因此召开了意见发表会。但他也是凡人，所以在家臣面对面地指责他时，当然也会生气。但他采取了自我约束的方法，唯恐一时冲动，加罪忠良之士，因此在开会之前，事先声明“不可以生气”以避免冲突发生。这实在是个明智之举。

人生悟语

黑田长政之所以继续召开这种会议，是因为他觉得，自己不是万能的，不可能知道一切事物，他需要用别人的忠告来弥补自己的不足。换句话说，他希望自己的国家绵延强盛。他更明白，谦虚地接受别人的意见，是迈向这种理想的不二法门，所以他能够把家臣的指责，当作鞭策自己的良言。无论在哪一个时代，每个人都需要用谦虚的心胸来听取别人的意见。黑田长政之所以能够长久维持爵位，是因为他能够用谦虚的心胸，来接受别人的意见。

被兔子杀死的狮子

佚名

从前，一只兔子和一只狮子住在相近的地方。他们虽是邻居，但是狮子很骄傲，总是夸自己力气大，看不起兔子，还常常欺侮兔子，吓唬他。兔子实在忍不下去了，就想法报复。

一天，兔子跟狮子说：“喂，狮子大哥！我前两天遇见一个长得跟你一模一样的动物，他这样跟我说:‘有敢跟我比赛的么?如果有,就叫他来比;如果不敢来比,就都得服我管,侍候我!’这真是气死人的大话呀!这个家伙真是目中无人呀!”

狮子说:“你没有跟他提我么?”

兔子说:“不提还好,我一提你,他在鼻子里哼了一声,说了好些难听的话,说你当他的跟班他都不要!”

狮子气极了,忙问:“他在哪里?在哪里?”

于是兔子把狮子领到山后,远远地指着一口深井,说:“就在那里面。”

狮子走到井边上,气汹汹地向里面一望,果然有一个跟他一模一样的敌人,也气汹汹地瞪着自己。狮子对他吼了一声,敌人也对狮子吼了一声。狮子气得头上的毛都立了起来,敌人也把头上的毛立了起来。狮子张牙舞爪吓唬敌人,敌人也张牙舞爪来吓唬狮子。狮子气极了,使足全身力气,纵身就往井里一扑。

骄傲的狮子,就这样掉到井里淹死了。

人生悟语

盲目骄傲自大的人,往往在看不清自己的同时,还会轻视别人,并因此犯下愚蠢的错误。一个人如果太骄傲,那么一个看起来比他弱小的人也可以超过他。只有谦虚对待身边的每一个人,才可能越来越强大。

别把自己看得太重

佚名

约翰留胡子已有多年,却忽然准备把胡子剃掉。不过,他还是有点犹豫:“朋友、同事会怎么想,他们会不会取笑我啊?”经过数天的深思熟虑,他终于下决心只留下小胡子。

第二天上班时,约翰已有足够的心理准备来应付最糟的状况。结果出乎意料,没有人对他的改变作任何评价。大家都匆匆忙忙来到办公室,紧紧张张地做着各自的事情。事实上,一直到中午休息时,没有一个人说过一个字。

最后他忍不住先问别人:“你觉得我今天这样子如何呢?”

对方一愣:“什么样子?”

“你没注意到我今天有点不一样吗?”

同事这才开始从头到脚地打量他,最后终于有人嚷出:“噢!你留了八字胡了。”

著名表演艺术家英若诚也讲过一个类似的故事。

他出生成长在一个大家庭中。每次吃饭都是几十口人坐在大餐厅中一起用餐。有一次他突发奇想,决定跟大家开个玩笑。吃饭前,他把自己藏在饭厅的一个不被人注意到的柜子中,想等大家找不到他的时候他再跳出来。

可令英若诚尴尬的是,大家根本没有人注意到他的缺席。所有的人酒足饭饱后,大家逐个离去,他这才蔫蔫地走了出来,到饭桌上吃了些大家吃过的残汤剩菜。

自那以后,他就告诫自己:永远不要把自己看得太重要,否则就会大失所望。

人生悟语

人际关系交往的过程中,每个人都要注意摆正自己的位置。不要把自己看得太重,就不会失重;不把自己看得太高,就不会失落。用一种平和的心态对待周围的一切你就容易获得快乐和满足。

客人的好建议

佚名

有位客人到某人家里做客,看见主人家的灶上烟囱是直的,旁边又有很多木材。客人就对主人说:“您家的烟囱应该改成弯的,而旁边的木材应该移走,否则的话将来有可能会引起火灾。”主人听了以后很不以为然,没有按照客人说的去做。

不久主人家里果然失火,四周的邻居赶紧跑来救火,最后火被扑灭了。于是主人烹羊宰牛,宴请四邻,以酬谢他们救火的功劳。但并没有请当初建议他将木材移走、烟囱改曲的人。

有人对主人说:“如果当初听了那位先生的话,今天也不用准备筵席,而且也没有火灾的损失,现在论功行赏,原先给你建议的人没有被感恩,而救火的人却是座上客,真是很奇怪的事呢!”

主人顿时省悟,赶紧去邀请当初给予建议的那个客人来吃酒。

人生悟语

生活中,我们会有自己看不到的缺点和错误,要学会虚心接受他人的建议、意见。否则,可能会导致严重的后果。

你并非什么都会

佚名

正在念三年级的杰克,是个聪明好学的孩子。

这次,他在班上得了一张最佳朗读的奖状,他心中充满了骄傲。他觉得自己太优秀了。一回到家里他就跟女佣玛丽说:“看看你能不能念这个我会念的,玛丽。”

这个老实、没读过书的姑娘拿起课本来,仔细地看了一遍,然后结结巴巴地说:“唉,杰克,我不知道怎么念。”

杰克这下子骄傲得像只孔雀了,小家伙冲进客厅,得意忘形地跟爸爸喊道:“爸爸,玛丽不会读书,可是我只有八岁,就得了朗读奖状。看一本书却不会读,我不知道玛丽她有什么感觉。”

爸爸一句话也没有说,走到书架旁,拿了一本书,递给他说:“她的感觉就像这样。”

那本书是用拉丁文字写的,杰克大字不识一个。

小杰克一生也没有忘记那次深刻的教训，不论什么时候，只要想在人前自吹自擂，他就马上提醒自己："记住，你不会念拉丁文。"

人生悟语

我们在取得成绩的时候，不能得意扬扬。因为知识是无止境的，我们不知道的东西还是很多的。

我会输给很多人

李雪峰

一位作家的寓所附近有一个卖油面的小摊子。一次，这位作家带孩子散步路过，看到生意极好，所有的椅子都坐满了人。

作家和孩子驻足围观，只见卖面的小贩把油面放进烫面用的竹捞子里，一把塞一个，仅在刹那之间就塞了十几把，然后他把叠成长串的竹捞子放进锅里烫。

接着他又以迅雷不及掩耳的速度，将十几个碗一字排开，放盐、味精等作料，随后他捞面、加汤，做好十几碗面前后竟没有用到 5 分钟，而且还边煮边与顾客聊着天。

作家和孩子都看呆了。

在他们从面摊离开的时候，孩子突然抬起头来说："爸爸，我猜如果你和卖面的比赛卖面，你一定输！"

对于孩子这一句突如其来的话，作家莞尔一笑，并且立即坦然承认，自己一定输给卖面的人。作家说："不只会输，而且会输得很惨。我在这世界上是会输给很多人的。"

他们在豆浆店里看伙计揉面粉做油条，看油条在锅中胀大而充满神奇的美感，作家就对孩子说："爸爸比不上炸油条的人。"

他们在饺子馆，看见一个伙计包饺子如同变魔术一样，动作轻快，双手一捏，所有的饺子大小如一，晶莹剔透，作家又对孩子说："爸爸比不上包饺子的人。"

人生悟语

整天高昂着头走路的人，很容易跌进命运预设的坑。谦卑不是卑微，而是源于对自己的正确了解。懂得越多的人，会知道自己未知的领域还有更多。只有见识短浅的人，才会常以为自己胜人一筹。

把鲜花送进对手的怀抱

佚名

这是一场激烈的世界职业拳王争霸赛。

正在比赛的是美国两个职业拳手，年长的叫卡菲罗，35岁；年轻的叫巴雷拉，28岁。

上半场两人打了六个回合，实力相当，难分胜负。在下半场第七个回合，巴雷拉接连击中老将卡菲罗的头部，打得他鼻青脸肿。

短暂的休息时，巴雷拉真诚地向卡菲罗致歉。他先用自己的毛巾一点点擦去卡菲罗脸上的血迹，然后把矿泉水洒在他的头上。巴雷拉始终是一脸歉意，仿佛这一切都是自己的罪过。

接下来，两人继续交手。也许是年纪大了，也许是体力不支，卡菲罗一次又一次地被巴雷拉击倒在地。

按规则，对手被打倒后，裁判连喊三声，如果三声之后仍然起不来，就算输了。每次倒地后卡菲罗都顽强地挣扎着起身，每次都不等裁判将“三”叫出口，巴雷拉就上前把卡菲罗拉起来。卡菲罗被扶起来后，他们微笑着击掌，然后继续交战。

裁判和观众都感到吃惊，这样的举动在拳击场上极为少见。

最终，卡菲罗以108:110的成绩负于巴雷拉。

观众潮水般涌向巴雷拉，向他献花、致敬、赠送礼物。巴雷拉却拨开人群，径直走向被冷落一旁的老将卡菲罗，将最大的一束鲜花送进他的怀抱。

两人紧紧地拥在一起，相互亲吻对方被击伤的部位，俨然是一对亲兄弟。

卡菲罗真诚地向巴雷拉祝贺，一脸由衷的笑容。他握住巴雷拉的手，高高举过头顶，向全场的观众致敬。

卡菲罗虽然败了，但败得很有风度；巴雷拉赢了，却赢得十分大气。

人生悟语

尊重、理解自己的对手，看淡结果的得与失，那么，你的心会因这份平和而充满宁静和坦然。这样，在面对你的竞争对手的时候，你也可以微笑着、气定神闲地迎接挑战，胜利了，赢得辉煌；失败了，同样美丽。

第十章　信任他人，不必怀疑

万分之一加万分之一等于百分百

一哲

那天，我去火车站送朋友。在火车站的广场上，看到一个大男孩蹲在那里，一脸痛苦的表情。男孩面前有一个小石块，石块下压着一张纸，纸上写着两行字：本人是一名大学生，钱包被人偷走，渴望好心人能资助我回家，定当加倍酬谢。

我走过去，打量男孩，男孩也抬起头来，看我。我看见男孩的眼里有泪花儿。“大姐，你能帮助我吗？”男孩低声说。

“你家在哪里？”

“江苏，我在沈阳读书，要在北京转车回家。不知道钱包什么时候被偷走了，身上连一分钱也没有了。大姐，你能给我点儿钱，买张火车票吗？”男孩说完，用渴望的眼神看着我。

我心里一颤，还没说话，朋友一把把我拉到一旁，小声说：“别听他的，现在骗钱的太多了。”

我想了一下，又看了一眼男孩，说：“我看他不像骗子，帮他一把吧。”朋友劝我：“你太善良了，这男孩十有八九是骗子。”我摇摇头说：“我相信他说的是真的，你看他的表情不像假的。”朋友说：“哪个骗子不会伪装，我告诉你，你被骗的可能是万分之九千九百九十九。”“那也有万分之一的希望没被骗呀，也许这万分之一的希望就是真的。”我对朋友说。

我决定要帮助这个男孩，我相信自己的直觉，他是真的丢了钱包。我从口袋里拿出钱包，掏出二百块钱走过去。“小兄弟，我相信你不是骗子，这个你拿去买车票吧，再买些吃的东西。”男孩双手接过钱，激动地说：“大姐……谢谢，谢谢……你给我留个地址吧，我到家后一定把钱加倍还给你……”“不用了，我相信你，赶快去买票吧。”我笑着说。

“大姐，你就留个地址给我吧，如果不把钱还给你，我心里会不安的。”男孩坚定地说。

在男孩的一再要求下，我把自己的地址和姓名留给了男孩。送走朋友后，回到家里，我把这件事和家人说了，没想到家人众口一词，说我被骗了。我心里觉得很不是滋味。为什么没有人支持我呢？难道我真的是被骗了吗？我也开始有些怀疑自己，怀疑那个男孩。

就在这件事过去七天后，我收到了一张四百元的汇款单，汇款人正是那个男孩。我高兴得跳了起来，把汇款单拿到家人面前，骄傲地说：“我没有受骗吧！”那一刻，我觉得很欣慰。

就在收到汇款单的第三天，我收到了男孩写来的一封信。男孩说：“当我决定在广场上向人求助的时候，我想过，肯定会有许多人认为我是骗子，而不会伸手帮助我。但是我没有办法，我想在一万个人中间，有九千九百九十九个人会不信任我。但是，只要还有一个人可能信任我，我也要去求助。见到你之前，不知道有多少人从我面前经过，没有一个人停在我面前，直到你的出现。谢谢你，大姐，你给我的不仅仅是二百块钱，还有难得的信任，同时也让我相信，这个世界上还是好人多……”

读着男孩的信，我不由自主地落下泪来。那个男孩怀着万分之一的希望向他人求助，而我是怀着万分之一的希望去相信他不是在骗我，两个万分之一相加，就等于百分百的信任和完美。

当我们处于困难中时，向人求助，也许会一次次被拒绝，请不要心灰意冷，仍然要对他人充满期待和信任。或许，在生活中，我们一次次受骗，但请不要用怀疑的眼光去打量每个人，不要以冷漠的心态看待我们生活的世界。无论怎样，我们都应该相信这个世界仍有温暖，有善良，有友爱。

人生悟语

信任是给予别人最大的尊重。让我们的心充满善良与友爱，不要因为生活中偶尔的欺骗而怀疑爱心的价值。真诚往往不在你的身边，敞开心扉，接受每一个微笑，帮助每一个需要帮助的人吧！

纽约之心

刘宇婷　译

我曾在一家地方电台做了将近六年的访谈节目主持人，在节目中我曾与众多不同凡响的人物交流过。然而，给我触动最深的却是一个卖热狗的小贩，而我们却从未说过一句话。

起初，我在本地的日报上读到了有关他的报道，当时我就认定这个叫佩特罗斯的人理应得到公众的认可和赞赏。你不禁要问，一个卖热狗的小贩能有什么了不起的事迹值得一提呢？简而言之，他将我信仰的一切化为行动。在纽约这个繁华却冷漠的大都市里，佩特罗斯给予素不相识的陌生人以完全的信任。

佩特罗斯的热狗车就停在中央公园西大道和第九十六街相交的拐角。二十多年来，他每日风雨无阻的身影已成为这里一道熟悉的风景。佩特罗斯的慷慨善良是出了名的。他的热狗车上，除了各种调料外，始终放着两个额外的盒子。一个盒子里装着准备送给过路小孩的棒棒糖，另一个盒子里装着乘公共汽车需要的硬币。这里是商务旅行者集中之地，时常有旅客发现自己在匆忙之中忘了准备硬币。这时，佩特罗斯会乐呵呵地递上一枚说：“来，拿着这个。”

他的热情大方还不止如此。炎热的夏日，经常有跑步锻炼的人在拐角处停下来，口干舌燥，气喘吁吁。这时，佩特罗斯会迅速地从冷柜中取出一瓶矿泉水说：“来，拿着这个，下次给钱！”如果对方马上掏钱，往往被他拒绝。

“我信任他们。也许他们在别的地方需要用钱，”他常带着浓重的希腊口音说，“再说他们总是还钱。”

佩特罗斯的故事坚定了我的信念，让我愈加相信人的本性是乐于奉献的。虽然这个世界每天都在上演着暴力和恐怖，我仍相信有更多默默无闻的佩特罗斯就在我们身边。

我决定为此做点什么。于是我策划了一期特别节目，并派记者前去采访佩特罗斯。作为一名亲善大使，记者将带去我们对他的赞美和祝福。我还给他捎去一件海军蓝的T恤衫作为礼物，T恤上印着我的座右铭：“我信任你！”

在二月的春风中,记者手持录音机,带着礼物,来到他的热狗车前。直到此时我们才发现他几乎不懂英语!

第二周,我在节目中用希腊的音乐做背景,播放了下面这段录音:

“很……很好。人们好。我信任他们。谢谢!我信任好人。”

这就是他的全部话语。

当我写下这篇文字时,佩特罗斯的照片就放在我的桌面上,一顶蓝黄相间的遮阳伞下,一位五十多岁长着络腮胡子的男人站在热狗车旁。他拿着我赠他的T恤衫,略带羞涩地微笑着,眼神中透出和善的光芒。

他的故事给了我希望。

他没有从熊熊燃烧的房屋里救人,也没有走遍全国搞慈善募捐,他所做的是我们每个人都应该去做却往往没有做到的事——关爱、帮助和信任我们身边的每一个人。他做得出于本心,自然流露,这才是这平凡故事中的最不寻常之处。

人生悟语

并不是所有的人都能做出一番惊天动地、惠泽人类的大事业。平凡的我们,只需在生活中的点滴小事上做到真诚以待,并将其贯穿整个人生,同样会使平凡的生命变得不同凡响。

100美元的故事

一冰

暑假终于到了,约翰迫不及待地往家乡赶,他要去看望他的奶奶。

奶奶是德国人,爷爷是美国人,他们在一起幸福地生活了大半辈子。去年,爷爷去世了,奶奶不愿意离开他们共同生活过的地方,一个人生活在小镇上。约翰和父母都放心不下奶奶,因为奶奶一生都不懂英语。只会说德语,除了爷爷和家人,她再也不愿意跟别人交流;更糟糕的是她的眼睛,因为患有白内障,视力非常差,可奶奶拒绝跟孩子们一起生活。给爷爷办完丧事,约翰父母临走前,给奶奶留下了一个可以随时在异地存款的存折,和100美元的现金,作为奶奶的生活费。他们不知道,孤单的奶奶将来该如何生活。

约翰到了奶奶家,看到奶奶的屋子干净整洁,她的人也很精神,便放下了心。看到孙子,奶奶也非常高兴,她挎上菜篮子,说:“我去给你买你最爱吃的鳕鱼!”然后她去了窗台,约翰看到窗台上放了一大把钱,有整的,有零的,有面值大的,也有面值小的,奶奶把那些钱拿在手上,就出去了。

“钱怎么能乱放呢?而且还是在窗台上,只要窗子一开,外面的路人随手就能拿走。”约翰想,等奶奶回来,他就让奶奶把钱放到了电视柜上面,并整理了一下数目,他发现总数目是368美元。奶奶说:“其实也没有必要,我这一年,还从来没有丢过钱呢。”但她还是采纳了孙子的建议。

第二天,奶奶出去买了东西回来,还是顺手又把钱丢在了窗台上,约翰再次帮她收拾好了。

到第三天,奶奶依然如故。约翰知道这是习惯使然,他想只要自己坚持,就能把奶奶的习惯纠正过来。他再次从窗台上拿起奶奶买东西找回的钱,放到了电视柜上。并顺便把那些钱清理了一下,在清理那些零钱的时候,他发现了一个奇怪的现象:奶奶的钱增加了!他记得他第一次清理的时候是368美元,可现在3天过去了,奶奶购买了不少东西,零钱的数字却变成了405美元。

难道奶奶口袋里还有钱？可是，约翰明明看到，奶奶每次买东西，都是从窗台或电视柜上把钱全拿走，回来后都要把钱全部顺手丢在窗台上，她的身上应该是不会有钱的，这增加的钱是从哪里来的呢？

晚上，约翰接到了爸爸的电话。爸爸说，他前几天查了一下奶奶的账户，发现奶奶从来没有取用过他们汇过来的钱。可奶奶手里应该只有他们走时留下的100美元现金，也就是说，这一年来，奶奶只有那100美元。她是怎么生活的？爸爸让约翰问问是怎么回事。

约翰知道，小镇上的生活费标准最低每月也得1000多美元，即使奶奶再节约，也不可能100美元用一年。于是他问奶奶："奶奶，您是不是在做什么工作？"

奶奶笑说："傻孩子，自从嫁给你爷爷后，我就从来没有工作过。现在老了，怎么会有工作呢？"

约翰把爸爸的疑问说了一遍，奶奶茫然地看着那一沓钱，说："我不知道是怎么回事，我不会从银行取钱，我也不认识美元，我不知道那是多少。"

奶奶不懂英语，不认识美元，约翰也是知道的，可他不明白的是，奶奶是怎么用钱买东西的。奶奶说："其实认不认识钱并不重要，我买东西时，总是把我身上的钱都拿出来，给卖东西的人，让他们自己拿钱和找钱。我想，别人是不会坑我这个老太太的。"

哪有这样买东西的呢？约翰感到很可笑。他决定，次日要跟踪奶奶一次，看她究竟是怎么买东西的。

次日，约翰悄悄跟在奶奶的后面。果然，奶奶在一个水果摊买水果时，又是一下子把钱全拿出来，让对方自己拿。忽然，眼尖的约翰看到，卖水果的人从奶奶手里拿出了一张10美元的钞票，却放回了两张5美元的钞票，卖水果的等于没有收奶奶的钱！

约翰纳闷了，这是什么意思呢？接下来，他看到的情况都差不多，有不收奶奶钱的，还有多找奶奶钱的……难怪奶奶的钱在不断地增加，都是这个原因呀。

约翰的眼睛湿润了——他明白了，这都是小镇上的人在帮助无依无靠的奶奶啊！

约翰决定去找镇长，向镇长表达他们一家人的感谢，感谢小镇人这一年来对奶奶的无声的照顾。

镇长听完他的来意，点点头说："是的，原来都是你爷爷跟别人打交道。他去世后，你奶奶开始进入社会生活中。刚开始小镇的人还都觉得这个老太太非常奇怪，后来才知道她根本不认识钱！没有人愿意欺骗一个不认识钱而且完全信任别人的人，于是就出现了这种现象。其实，不是我们在帮助她，而是她在帮助我们，原来我们小镇上也有坑蒙拐骗的现象，可自从碰到了对人没有丝毫防备的约翰太太后，这样的现象就没有了。要感谢的人，应该是你的奶奶啊！"

人生悟语

世上最伟大的力量是信任的力量，它把所有人的心紧紧凝聚在一起。一个用生命信任世界的人，将换取整个世界的信任。坚定、真诚的信任，犹如一双乘风飞翔的翅膀，让每一个生命都拥有更加广阔的天空。

52元钱的萍水相逢

丁立梅

那是上个世纪70年代的事了。年轻的父亲，抱着幼小的姐姐，在上海街头踯躅。姐姐那时5

岁，活泼好动，因无人照应，爬到一锅沸水里，等母亲发现时，她的双腿已被沸水严重烫伤。脱衣服时，顺带脱下一层皮来。乡下的医院简陋，这样的烫伤，根本无法医治。都说上海的大医院什么设备都先进，于是父亲变卖掉家里所有值钱的东西，带了姐姐，从苏北赶到上海。

冬天的上海，虽还是满目的流光溢彩，但寒冷却是真切的，风一阵阵袭着衣衫单薄的父亲。裹在大衣里的姐姐，因疼痛一路啼哭不止。父亲就一遍一遍哄她："乖，不哭，等找到医院后，爸爸给你买肉包吃。"姐姐那时吃过的最好的东西，莫过于肉包了。那还是母亲带姐姐走城里亲戚，亲戚家用肉包子招待母亲，姐姐至此留下深刻的印象。父亲一说肉包子，她的眼睛立即亮了，哭声也小了下去。

为了省钱，父亲舍不得坐车。他抱着姐姐，从轮船码头一路走到医院。等看到"上海市第一人民医院"那醒目的大牌子时，父亲长长舒了一口气。医院旁边刚好有卖肉包子的，父亲想起对姐姐的承诺，高兴地对姐姐说："乖，现在，爸爸就给你买肉包吃。"姐姐挂着泪花的脸上，绽出难得的笑容。然而等父亲掏钱时，才发现口袋里竟连一分钱也没有了。那揣在贴身口袋里的200多元钱，不知何时，已不翼而飞。父亲只觉得头"嗡"了一下，脑子顿时一片空白。

是姐姐的哭声，唤醒了发呆的父亲。他抱着哭泣的姐姐，喃喃问："怎么办？怎么办呢？"在那吃饭还成问题的70年代，200多块钱对乡下人来说，无疑是一笔巨款。而且没钱，姐姐就住不了医院。父亲望望四周，满目陌生。他的心，冻成了寒夜里的冰坨坨。

暮色降临，街头璀璨的灯火亮起来了。父亲抱着姐姐，茫然地走在大街上。万家灯火后，是暖暖的相守。而他，不知能往哪儿去。又饥又疼的姐姐，哭得嗓子都哑了。

被情势所逼的父亲，实在无奈了，就抱着姐姐向过路人求救。他站在路边，望了一通南来北往的人，决定先找老年妇人求救。在他的感觉里，老妇人大抵都是面善心也善的，或许可以帮一帮他。他拉住一位路过的老妇人，嗫嚅着刚想开口，那老妇人就警惕地一甩手，惊叫："你要做啥？乡巴佬！"

父亲又先后向不少人求救，大家要么冷漠地摇摇头，要么爱莫能助地叹口气。失望至极的父亲，抱着姐姐走进一个小胡同。胡同口，一家面店里，热气蒸腾。里面坐着三三两两的吃客，看样子都是外地人。父亲站在门口望了一会儿，抵挡不过那份温暖的诱惑，抱着姐姐进去了。他只想坐在里面暖和一会儿。

父亲在一个跟他年纪相仿的男人对面坐下来。那个男人正专注地喝着一碗面汤，面前摊着两个自带的馍。很显然，那人也来自乡下，父亲从他喝汤的姿势以及衣着上就可以判断出。他喝汤时，是埋着头呼呼呼地喝的，身上的衣服打着补丁不说，因洗过多次几乎分不清原有的颜色了。父亲坐下时，男人抬头看了父亲一眼，复又低头喝面汤。这时，父亲怀里的姐姐，突然用微弱的声音叫："爸爸，我饿。"父亲抱着姐姐晃，一边哄："乖，忍一忍，爸马上给你买吃的啊。"姐姐说："我要吃肉包子。"父亲答："好。"泪，再也忍不住，从他脸上滑下来。

这一切，都被对面喝汤的男人看在眼里。在一碗面汤喝完后，他问父亲："你孩子怎么了？"父亲叹口气，把发生的事从头说了一遍。当时的父亲，并不指望那个男人会帮他，他只是想倾诉。

男人听完父亲的故事，走过来，看了看父亲怀里的姐姐，转身去给父亲买了一碗面。父亲不敢相信地看着他，他只是面无表情地说："吃吧，孩子怪可怜的，别饿坏了。"说完这话，他就走了。

一碗面，足以让父亲充满感激。父亲喂饱姐姐，自己也喝了一点面汤。他脑子里还在想着那个好人时，却看到那个男人回转来，带了两个热包子。男人径直走到他跟前，把热包子给了姐姐，而后掏出一些零碎的票子，放到桌上。男人对父亲说："这些钱，你暂时应应急吧，孩子的病耽搁不得。"

当时一激动，父亲竟忘了记下对方的姓名和地址，只知道他姓刘，从安徽来的，也是带孩子来看病的。父亲问过他："那你孩子怎么办？"他说："我孩子的病是慢性的，可以拖一拖的。"

那堆零碎的票子,一共52元。父亲用这些钱,给姐姐办了住院手续。等他把姐姐安置下来,才想起得找恩人要姓名和地址,日后好把钱还给人家。他找遍医院的角角落落,也没找到那个男人。

姐姐因住院及时,烫伤得到了很好的医治,没有落下残疾。父亲带着康复的姐姐,从上海返回前,又在医院里找了一通恩人,还是没找到。父亲后来想了一个办法,在一张白纸上写下一通表白,贴在医院门口,大意是:好心的安徽刘大哥,我的女儿在你的帮助下,已康复了。由于我忘了问你的姓名和地址,没办法回报你的恩情。请你看到我的留言后,写信与我联系。我会把借你的钱还你。底下是父亲的通信地址。

头些年,父亲还存了奢望,一有空就往村部跑,看看有没有来自安徽的信。后来,也就渐渐失望了。他常常凝望着远方,喃喃自语,不知那个好人现在怎样了。

而在母亲装银坠的一个小木盒里,有父亲当年放进去的52元钱,这么多年过去了,父亲一直没有动它。他今生最大的愿望,就是能再次遇到那个男人,当面还上52元钱,然后深情地对恩人说一声:“谢谢。”

人生悟语

面对陌生人的求助,不顾亲人病痛,倾尽所有帮助更需要的人,这崇高的品格使那些整天为追逐名利不择手段的人感到汗颜。没有起码的信任,没有质朴的心,社会就会在虚伪的泥潭里沉沦;相互信任,无私助人,世界才会繁花点点。

“贼”是自己

佚名

某晚,有位妇女在机场候机,在飞机起飞之前她还有好几个小时的时间,她在机场商店里找到了一本书,买了一袋甜饼之后找个地方坐下。她沉浸在书里,却无意中发现,那个坐在她旁边的男人,竟然非常无耻,从他们中间的袋子里抓起一两块甜饼,她试着回避这件事,避免大发脾气。

当那个“偷饼贼”继续减少她的甜饼的时候,她越来越气愤。她每拿一块甜饼,他也跟着拿一块。当只剩一块时,他的脸上浮现出笑意,并且略带拘谨,抓起了最后那块甜饼,把它分成两半。他递给她半块,自己吃了另一半。她从他手中抢过半块饼,并且想道:啊,天呐,这个家伙还真有点紧张,但却很无礼。他为什么连感谢的话都不说一句?

当她的航班通知登机时,她如释重负般松了口气,收拾起自己的物品走向门口,拒绝回头看一眼那个“偷窃而且忘恩负义的人”。她登上飞机,坐好,然后寻找她那本快看完了的书。当她把手伸进行李,她因意外而紧张得透不过气来:在她面前的是她的那一袋甜饼!

那个无礼、忘恩负义的“偷饼贼”,恰恰是自己!

人生悟语

当出现问题时,人往往认为自己是对的,总是怀疑别人,而从不怀疑自己,因此人们常看到别人的缺点,却很难发现自身的错误。

把绳子割断

佚名

有一位登山者，他一生的心愿就是想要登上世界第一高的珠穆朗玛峰，经过多年的训练和准备之后，他开始了登峰的旅程。他觉得自己准备的已经够充足了，同时也希望全部的荣耀由自己独得，所以他选择了独自出发，没有人陪伴。

当他攀登到中途的时候，天已经黑了。然而，他并没有停下来准备晚上露营的帐篷，而是继续向前，继续攀登。山上的夜晚似乎来得很快，天越来越黑暗，伸手不见五指，这位冒险的登山者只觉得到处都是黑漆漆的。

尽管如此，这位登山者仍然执着地继续不断地向上攀爬。就在离山顶只剩下几米的地方，他滑倒了，并且迅速地跌了下去。跌落的过程中，他仅能看见远处一些模糊的阴影，一种被地心引力吸住而快速向下坠落的恐怖感觉笼罩着他。

他不断地下坠着……突然间，他感到系在腰间的绳子，重重地拉住了他。他整个人被吊在半空中，而那根绳子是唯一拉住他的东西。在这种上不着天、下不着地，叫天天不灵、叫地地不应的境况下，他绝望极了，一点儿办法也没有，他大声呼叫："上帝啊！救救我！"突然间，从天上有个低沉的声音回答他说："你想要我帮你做什么？"

"上帝！救救我！我想活下去。"

"你真的相信我可以救你吗？"

"我相信，当然相信！"

"那就割断你腰间的绳子吧。"

在短暂的寂静之后，登山者决定继续全力抓住那根他自认为救命的绳子。

第二天，搜救队发现了一个冻得僵硬的登山者遗体，他的尸体挂在一根绳子上，他的手也紧紧地抓着那根绳子。但他距离地面仅仅十尺。

人生悟语

一个人活在世界上，如果想成功，没有别人的帮助是很困难的，因为独木难成林。不善于接受别人帮助的人，对别人的帮助心存怀疑的人，是不可能成功的。

烦人的敲门声

湛鹤霞

王美在荷花小区买了套二手房，是一套顶楼的房子。她这样做是有原因的，因为她是个作家，有一个很特别的习惯，一旦进入写作状态后，就不能被人打扰，否则就得停下来，连前面写的都可能废掉。这个时候，她连房间外路过的脚步声都怕听到，如果有人来敲门，简直就是硬生生把她从椅子上拉起来，推到门口去。所以，她什么都能不讲究，就一样得特别讲究：安静。

事情就是这么巧。这天中午，王美正在家里赶一篇稿子，坐在电脑前好半天没理顺思路，好不容易才进入状态。正写得顺手时，门口突然传来“咚咚咚”的敲门声，一下打乱了她的思路。她急了，自己刚搬进来没几天，为了赶稿子连朋友都没告诉，是谁在这个时候来敲门呢？她气呼呼地从椅子上站起来，冲到门口，猛一下拉开门。一看，门口站着一位中年妇女，说：“刚才物业公司来了通知，让我们单元派两户代表去开会，你是新来的，我想请你去参加，顺便跟大家熟悉一下。”

这位妇女王美倒是认识的，她刚搬来那天，挺吃力地拎着个大箱子上电梯，当时这位妇女跟着也进电梯，顺手帮着王美把箱子拎了进去，王美感激地朝她笑笑，她也朝王美笑笑，大家都没吱声。

虽说这个人敲门打乱了王美的思路，让她很生气，可上回别人帮了自己，自己还欠着她一个人情，也不好意思冲着她发火。但王美紧绷的脸一下又松不下来，进也不是，退也不是，卡在那里。突然，她灵机一动，既然话说不出口，就装一回哑巴吧。于是，她用手指指自己的耳朵，又指指自己的嘴巴，比比划划地“说”：“你好，我正要出门去办点事情，不知道你在敲门，请问你有什么事吗？”

中年妇女一见王美比比划划的样子，恍然大悟，说：“原来你是个聋哑人呀，怪不得我老半天都敲不开门。既然你是这种情况，那就别参加了，我另外找人。”王美装出一副很茫然的样子，不好意思地朝中年妇女笑了笑。

中年妇女突然明白自己说的王美根本听不懂，也朝王美笑了笑，转身下了楼。“耶，成功了！”王美好不开心，马上回到房间，重新在电脑前坐下，开始写作。

没想到，王美磕磕碰碰老半天，好不容易刚刚写顺手，“咚咚咚”的敲门声又响了起来，她的思路又一次被打断了。这里的人怎么这样烦啊！她火死了，一下冲到门口，正要拉开房门，心里突然一个激灵：不好了，刚才跟那个中年妇女装了回聋哑人，如果现在突然又能跟人说话了，这不是要穿帮了吗？得，还是硬着头皮，继续装下去吧！

王美悄悄退回去，换上一身外出的衣服，把挎包挎在肩上，手上拿着一串钥匙，一把拉开房门，装作突然看见敲门人的样子，露出非常吃惊的表情，用手指指自己的耳朵，又指指自己的嘴巴，比比划划地“说”：“你好，我正要出门去办点事情，不知道你在敲门，请问你有什么事吗？”

这回敲门的又是一位女人，她一看就明白王美是位聋哑人，话都没有说，只朝王美点点头，笑了笑，转身走了。

王美一直见她下了楼，马上故意把门“砰”的一声，关得很响，让别人以为她出了门，家里已经没人了，然后悄悄退回书房，坐在电脑前，重新开始她的写作。

没想到，王美只写了半个来小时，“咚咚咚”的敲门声又响了起来。王美心里这个火啊：这里的人太不文明，太没教养了！敲门干扰人本来就不对，还将门敲得这么响，恨不得把睡得打鼾的人都敲醒过来，我是来写作的，不是来听你们敲门的，你们这样一会来一次，这让人怎么做事情呀！但她现在是聋哑人，又不能扯开嗓子训斥别人不礼貌，只能呆呆地坐在书房生着闷气。

正在这时，她听到门外有人说：“别敲了，这位新来的邻居是位聋哑人，她听不见的……”

后来，断断续续又响起三次敲门声，每次王美都听到有人对敲门者说：“别敲了，新来的是位聋哑人，她听不见的……”

总算写好那篇稿子了，王美伸了个懒腰，舒了口气，突然觉得有些饿了，就把桌上的东西收拾了一番，准备到外面去吃点东西。没想到，她拉开房门时，突然看到自己家的门上贴了好几张纸条：

“妹子，前天物业公司出了通知，说今天要停水，你刚搬来，我怕你不知道，给你说一声。我家住三楼，是城市管道直接供上来的，你要是没存上水，就到我家来取吧。301 杨紫琼”

“姐姐：我发现你是一个人住，你害怕吗？要是害怕，你别发愁，我可以来给你做伴的，我喜欢有人做伴儿。202 张晨雨”

“天气预报今天有雷阵雨，我看你在楼顶晾了被子，记得早点收哦。701 刘姐”

“孩子你爱吃饺子吗？我今天包了韭菜馅的，我也是一个人，你要是想吃，就过来吧。902 刘奶奶”

王美看着这一张张还粘着胶水的纸条，突然尖着嗓门叫了起来：“啊——啊——我能听见啦——我能讲话啦——”接着，她一家一家去敲门，“惊喜”地告诉每一位邻居：“太好啦！我突然能听得见了，突然能讲话了！这里真是个好地方，让我的毛病突然好了……”

人生悟语

信任别人，保持开放的心灵，才不会错过迷人的光芒。请相信：人之初，性本善。

陌生人的右手手势

佚名

有一天，赵波在一个不太熟悉的城市开车。当他到达一个路口想往右转的时候，交通灯亮起了红色，于是他停了下来。当时，他还不太清楚，在这个地方开车时，红灯时可以往右转。

这时，有辆车在赵波的后面停了下来，那辆车子一直闪着右转的指示灯。赵波从后视镜观望过去，正好和后面那个驾驶人的目光相撞了。驾驶人用右手做出一个手势，然后点了两下头。

他用的不是什么标准手势，但赵波完全明白了他的意思。他绝没有暴躁的表示，他只是知道赵波无所适从，提示赵波可以往右转而已。

虽然这并不是一件什么大不了的事情，但是很令赵波感动。想一想，两个陌生人无意间碰见了，于是互相信任，给予对方帮助后又各走各路。

这不得不使赵波想起自己工作了二十年的那幢大厦。那幢大厦的门口有个守卫员，谁进去都要给他出示身份证明文件。

虽然说这种情形在现在的办公室和工厂中已越来越普遍。但是，赵波仍然很讨厌这种对来人不信任的态度。

赵波认为，这种行为无异于假定人人都是坏人。就好比，要想进入商店，商店要求你要将带来的购物袋暂时留下一样。你还没有进去，他们就先怀疑你是个小偷。

赵波知道，确实有人会做顺手牵羊的事情，可是，赵波还是不喜欢去那些要你先把袋子留下的店铺，因为那些店铺不信任顾客。

最近，赵波到一家五金店的后面房间里挑选了一些螺栓。

“你要了几个螺栓？”坐在柜台的老板问赵波。

“二十个。”赵波说。

“二十乘三角三分，一共六元六角。”老板说。他没有数那些螺栓，因为他信任赵波。赵波相信，他店里失窃的东西，要比那些在门口要你把购物袋留下的店铺少。

我们可以轻松而温馨地品味母亲冲调的一杯热茶，而往往谢绝列车上坐在身边的陌生人的一杯香茗；我们可以轻易地相信朋友不经意间的一句调侃，却对一个素昧平生的陌生人的忠告感到满腹狐疑。

人生悟语

在这个复杂的世界里，信任也越来越难寻觅，就像“那些要你先把袋子留下的店铺”一样，“你还没有进去，他们就先怀疑你是个小偷”。其实，把别人看得简单，是一种深层的信任。一杯香茗，你可以品味出信任的醇香；一句忠告，你可以领略信任的意味。

莫泊桑闹出的一场笑话

佚名

秋天的时候，莫泊桑到朋友们那里去打猎。他深知，自己的朋友们是一些爱开玩笑的人。

莫泊桑到达的时候，朋友们像迎接王子那样接待了他，这引起了他的怀疑。莫泊桑对自己说：“他们朝天打枪，他们拥抱我，好像等着从我身上得到极大的乐趣。小心，他们在策划什么。”

吃晚饭的时候，朋友们欢乐得有些过头了。莫泊桑想：瞧，这些人没有明显的理由却那么高兴，他们脑子里一定想好了开一个什么玩笑。这个玩笑肯定是针对我的，小心。

整个晚上，朋友们都在笑，笑得夸张。莫泊桑仔细嗅空气里的每一个玩笑，像豹子嗅猎物一样。他既不放过一个字，也不放过一个语调、一个手势。在他看来，一切都值得怀疑。

时钟响了，是睡觉的时候了，朋友们把莫泊桑送到卧室。他们大声冲他喊晚安。他进去，关上门，并且一直站着，一步也没有迈，手里拿着蜡烛。他听见廊里有笑声和窃窃私语声。“毫无疑问，他们在窥视我。”莫泊桑用目光检查了墙壁、家具、天花板、地板。他没有发现任何可疑的地方。

他听见门外有人走动，一定是有人从钥匙孔朝里看。他忽然想起：也许我的蜡烛会突然熄灭，使我陷入一片黑暗之中。

于是，他把壁炉上所有的蜡烛都点着了。

然后，他再一次打量周围，但还是没有发现什么。他迈着大步绕房间走了一圈——没有什么。

莫泊桑走近窗户，百叶窗还开着，他小心翼翼地把它关上，然后放下窗帘，并且在窗前放了一把椅子，这样就不用害怕有任何东西来自外面了。

于是，他小心翼翼地坐下。扶手椅是结实的，然而时间在向前走，莫泊桑终于承认自己是可笑的。

他决定睡觉，但这张床在他看来特别可疑。于是，他采取了自认是绝妙的预防措施。他轻轻地抓住床垫的边缘，然后慢慢地朝自己的面前拉。床垫过来了，后面跟着床单和被子。他把所有的这些东西拽到房间的正中央，对着房门。

在房间正中央，他重新铺了床，尽可能地把它铺好，远离这张可疑的床。然后，他把所有的烛火都吹灭，摸着黑回来，钻进被窝里。

有一个多小时，莫泊桑保持清醒着，一听到可怕的声音，他吓得直打哆嗦。

一切似乎是平静的。莫泊桑睡着了。他睡了很久，而且睡得很熟。但突然之间他惊醒了，因为一个沉甸甸的躯体落到了他的身上。与此同时，他的脸上、脖子上、胸前被浇上一种滚烫的液体，他痛得号叫起来。落在他身上的那一大团东西一动也不动，把他压得喘不过气来。

莫泊桑伸出双手，想辨明物体的性质。他摸到一张脸，一个鼻子。于是，他用尽全身力气，朝这张脸上打了一拳。

他从湿漉漉的被窝里一跃而起,穿着睡衣跳到走廊里,因为他看见通向走廊的门开着。

啊,真令人惊讶,天已经大亮了。

朋友们闻声赶来,发现男仆人躺在莫泊桑的床上,神情激动。

原来,他在给莫泊桑端早茶来的路上,碰到了莫泊桑临时搭的床铺,摔倒在莫泊桑的肚子上,把早点浇在了莫泊桑的脸上。

莫泊桑一直担心会发生一场笑话,而造成这场笑话的,恰恰是关上百叶窗和到房间中央睡觉这些预防措施。

人生悟语

莫泊桑的谨慎反而导致了一场原本不应该有的笑话,这说明疑心是交往的大敌。疑心会让人误会彼此间的友谊,拉大人与人之间的距离。少些疑心,少些疑虑,我们会交往很多朋友,化解很多矛盾,会使身心更加健康。

木与林

张鸣跃

从前北方有一座小城,以字画出名,群英荟萃,引来不少文人骚客及字画商贾。

此城公认的群英之首是"双木"。凡有"双木"款印的字画,价格奇高,且极难求得。

"双木"不是一个人,是两个人。一个叫张木,一个叫王木;一个城南,一个城北。张木从小习字,王木从小习画,各随名师,苦修到老,定居此城。二木惊世服众的大功名是在相互"补白"之后。有画商买到张木的字和王木的画之后,生出灵感:若能让字画相融一体,肯定能卖出好价钱。于是,他让王木画了一张画,盖上款印,留出题字补白,拿去让张木题字,再加上款印。结果喜出望外,"双木一体"的一张字画比分开来的两张字和画卖价高出十倍!

消息传出,人们争相效仿,都以同样的方法去求字求画,二木成了居高临下的大明星。据画求字或据字求画者络绎不绝,二木互闻大名当然是欣然而为,颇为默契。

后来小城又来了一个字画商,人称李仙,年约六旬,气度不凡。此商识字断画极为精湛,不曾有误,而且出手阔绰,俨然商界巨贾。他见到"双木字画"时,伫立良久,大笑道:"我看出来了,二木联手的字画各有保留各有依赖,不如从前独创时精绝了!"人们大惊,李仙转身离去。

再后来,小城陆续来了许多索求字画者,只求"独木"泼墨之作,出价远高于"双木"。渐渐地,再也没有人求二木的联手字画了,原有的收藏者也纷纷低价出让。偶有分头补白者,二木也都是婉言相拒,明说是"本夫不才,有逊人家大名",暗想的是"吾艺已极,无须陪衬"!分头求字求画者又以价格两面刺激,二木各展其能的同时开始"评点"对方,让求字者知道画中"不足",让求画者明白字中"败笔"。

终有确切消息传来:在远离小城的大城,二木联手的字画已是价值连城,而独有此绝品居奇叫价者正是那个李仙!众皆悔悟,再求二木相互补白时,二木之间已积怨成仇,绝难再度合作了。

有人找到独卖"双木字画"的李仙,责其毁了二木。李仙又是大笑:"我乃经商之人,计谋策略必然有之,但我从来没指使二木如何写如何画。所以,毁二木者乃二木自己!"

二木闻听此言后,各自抚案叫悔。细看所写所画,已大不如从前了,人们愿买愿藏的都是从前的字和画，案头所堆已少有人问津了，二木的名声皆为过去了！至此二人才悟出艺中大道理：艺无止境，德为其首。

人生悟语

信任是人与人之间对品质、能力的充分肯定，是双方必不可少的美德和准则。只有信任，才能换取真诚的相待，从而冲淡外界纷扰带来的影响，驱散误解制造的迷惘，使合作的每一方都能发挥其最大的能力和作用。

你一定会救我

佚名

一个黑人孩子曾经经历了一场惊心动魄、死里逃生的事情。

那一年，黑人孩子不到12岁，在一艘货轮的尾部做打杂的工作。这天，货轮在烟波浩渺的大西洋上行驶，原本平稳的货轮突然晃了一下，这时小孩站在货轮的最尾部，一不小心，就掉进了波涛滚滚的大西洋。孩子大喊救命，风大浪急，船上的人谁也没有听见，无奈他只好眼睁睁地看着浪花托着货轮越来越远。

求生的本能让孩子在冷冰的水里使尽全身的力气拼命地游，他挥动着瘦小的双臂，努力使头伸出水面，睁大眼睛盯着轮船远去的方向，他担心自己迷失了方向。

船越来越远，船身越来越小，到后来，他什么都看不见了，只剩下一望无际的汪洋。孩子的力气也快用完了，他觉得自己要沉下去了，他觉得自己这次一定会葬身于这里。他在心里对自己说：放弃吧，再努力也是徒劳的。

这时，他脑子里突然出现了老船长那张慈祥的脸和友善的眼神。我不能这样放弃，船长要是知道我掉进海里后，一定会来救我的！想到这里，孩子身上仿佛又注入了活力，他鼓起勇气朝前游去。

船上的人终于发现孩子失踪了。报告给船长后，船长断定孩子一定是掉进海里了，下令立即返航，回去找人。这时，有人规劝："这么长时间了，回去也找不到了，孩子就算没有被淹死，也让鲨鱼吃了。"船长犹豫了一下，他对能否找到这个孩子，其实也不乐观。不过最后还是决定回去找。又有人说："只不过是一个黑奴孩子，值得吗？"船长大喝一声："住嘴！黑人也是人！也有尊严，生命也值得尊重！"终于，在那孩子就要沉下去的最后一刻，船长赶到了，救起了孩子，孩子刚被救上来，就因为体力不支，晕倒了。

当孩子苏醒过来之后，跪在地上感谢船长的救命之恩时，船长扶起孩子问："孩子，是什么让你坚持这么长的时间？"

孩子回答："我知道你一定会来救我的，一定会的！"

"怎么知道我一定会来救你？"

"因为你是那样的人！"

听到这里，白发苍苍的船长忍不住了，扑通一声跪在黑人孩子面前，泪流满面地说："孩子，不是我救了你，而是你救了我啊！我为我在那一刻的犹豫而感到耻辱。"

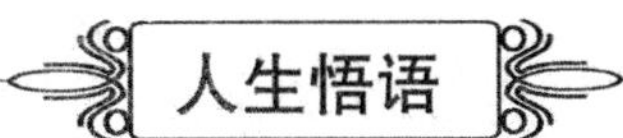

一个人在面临死亡的时候，能相信有人会来相救，是一种幸福；一个人能被相信，更是一种幸福。

信用救了两个人

佚名

很久很久以前，在意大利有一个名叫皮斯阿司的年轻人因为触犯了国王，被判绞刑，几天后将在特定的地点被处死。

皮斯阿司是个孝子，临死之前他只有一个愿望，就是能与远在百里之外的母亲见最后一面。他从小和母亲相依为命，他是这个世界上母亲唯一的亲人，母亲也是他临死之前唯一的牵挂。他不能为母亲养老送终了，他希望在处死之前能回去，向母亲表达他的歉意。

这一要求很快被告知了国王，国王被他的孝心感动，便允许他回家，只不过有一个要求：就是他回家的这段时间，必须给自己找个替身，替他坐牢。

这是一个很苛刻的条件，有谁会甘愿冒着被杀头的危险替别人坐牢呢？这简直就是自寻死路。但茫茫人海中，皮斯阿司就有一个不怕死的哥们，愿意为他坐牢，他叫达蒙。

达蒙住进牢房以后，皮斯阿司就回家与母亲诀别。因这件事情颇具有戏剧性，人们都静待事态的发展。离刑期的日子越来越近，皮斯阿司还没有回来。人们一时间议论纷纷，都怀疑皮斯阿司可能趁机溜走了，达蒙上了他的当。行刑日是个雨天，当达蒙被押赴刑场之时，围观的人中，有人在笑他的愚蠢，有人在感叹他交友不慎，最后把自己的小命也给搭进去了。而刑车上的达蒙面无惧色，神情平和，一副慷慨赴死、临危不惧的样子。

绞索已经挂在达蒙的脖子上，追魂炮也点上了。好多人吓得都闭上了眼睛，他们在内心深处为达蒙深深地惋惜，并痛恨那个出卖朋友的小人皮斯阿司。就在马上要行刑千钧一发的时刻，在淋漓的风雨中，皮斯阿司飞奔而来，他高喊着："我回来了！我回来了！"

这一幕感动了在场的所有人，这些人都以为自己是在梦中。这个消息宛如长了翅膀，迅速地传遍了整个国家，也传到了国王的耳中。国王闻听此言，也很感动，觉得这两个年轻人是自己最优秀的子民。国王万分喜悦地赶到刑场，为皮斯阿司松了绑，并亲口赦免了他的刑罚。

在赦免的现场，国王当众要求全国民众都要向皮斯阿司和达蒙学习，学习他们的友谊，学习他们的信任。同时，也宣布自己以后要以信用立国，以信用治天下，要任命皮斯阿司为司法大臣，任命达蒙为礼仪大臣，协助国王治理国家。国王说，他为自己的国家有这样信用和义气的子民感到自豪。他相信，他们两个人一定会辅助他把国家治理成信用礼仪之邦。

这两个人没有让国王失望，他们担任了大臣以后，以诚信治天下，使意大利走向了一个很辉煌的历史时代。

人生悟语

信用是一种强大的力量，无论是个人还是组织或国家，当信用成为安身立命的尺度时，就可以改变成败，甚至改变历史了。

人性的爱抚

马德

这是个不大的小镇。

中午的街道空空的，没有一个人。树叶都打着卷，黯淡而又倦怠着、耷拉着。偶尔有一阵风，也极微小、极细弱，还没有感觉到，就消逝了。在这样的大热天里，不会有什么顾客上门来买东西。这家店铺的男人也有些困乏，忍不住趴在柜台上打起盹来。

朦胧中，他被一阵窸窸窣窣的声音惊醒。果然，靠门的地方，有一个年轻人正向里张望。他正要问些什么，年轻人突然又退了出去。他警惕地四下打量了一下铺面，发现并没有少什么。他正要趴下继续打盹的时候，年轻人又探头进来。

“你要买些什么吗？”他不失时机地问。

“我，我……”年轻人支支吾吾半天，也没有说出什么来。他觉得事情有些蹊跷，仔细打量这个年轻人：除了满身的疲惫和蓬乱的头发外，穿戴还算整齐，然而最显眼的，是他背后的那把古琴，颜色红红的，像一簇火焰在燃烧。

“你到底有什么事？”这次问的时候，他故意让自己的语气变得耐心些。

“我，我是个学生。要参加明年高考，考试之前，我想去市里的师范学校找个老师辅导辅导……”男人很机敏，一下子就听出年轻人的意思，问道：“那你是问路，问去市里的路吧？”

“不，不，我不是。”年轻人显得有些局促不安，说，“我家里过得很不好，父亲老早就去世了，母亲供我已经很吃力了，我想，我想为您弹一段琴……”说完这段话，年轻人似乎用尽了自己所有的力气和勇气。

男人这才听出了年轻人的意思，刚要说什么，突然帘子一掀，女人从里屋走出来，还睡眼惺忪的，冲年轻人说：“出去，出去，你们这号人我们见得多了。说白了，你们就是想要几个钱。我们这儿每天都有讨吃要饭的，编个谎话，就想骗钱，没门。”女人嘴快，说话像连珠炮，年轻人变得更加局促起来，眼神里也藏着遮掩不住的慌乱。

男人没有听女人的，说：“孩子，坐下来，弹一曲吧。”他把自己坐的凳子拿过来，轻轻地放下，然后便静静地站立在一边，极欣赏而又极专注地看着年轻人。乐声响起的时候，偌大的店铺里，顿时像有清泉流淌一般，汩汩滔滔，又似一阵清风，在淡淡幽幽地吹拂，时而舒缓，时而低沉，时而绵长，营造出一种高雅而曼妙的意境。

一曲终了的时候，男人似乎被这乐声打动了。就在他缓步走向那个放着营业款的抽屉的时候，女人紧走几步过来，伏下身子，一把按在抽屉上，又开始数落起来。几句过后，男人有些不耐烦了，说：“我不相信他是个骗子，至少，他的琴声是纯洁的——”

几年后，一位在音乐上颇有造诣的老师，在大学课堂上为学生讲起了这个故事。他说：“当时，我在进那家店铺之前，已经去过好多家。但无一例外，都被人家轰了出来，冷眼，嘲笑，甚至是谩骂，几乎使我丧失了继续找下去的勇气。人在这个时候，往往容易走极端。其实，不瞒大家……那个中午，我看到店铺里的那个男人睡着了，我的心里陡然升起了一种事先未曾料到的邪念——我想偷一笔钱，甚至我当时想，即便在这里不成功，我也要在下一个地方这么做。然而那个男人接纳了我，他给了我钱。更重要的是，他的那句‘至少，他的琴声是纯洁的’，像一道耀眼的光芒，在我阴暗的心底闪亮起来，这是一个善良生命发出的宽容的光芒，也是厚重的爱的霞光，映照在我的心灵深处，荡涤着我内心的尘垢。也就是这么一句铭心刻骨的话，把我从那个危险的边缘拉了回来。”

“是的，”他说，“一颗在困难中的心灵本已脆弱，这时候，善良就是一双温暖的大手。而宽容和肯定就是天底下最和蔼、最慈祥的姿势，很容易把即将跌倒的生命拉起来。因为没有一个灵魂自愿蒙尘，也没有一个生命自甘堕落。”

“所以，”他顿了顿说，“当在困境或苦难中的人们向我们伸出求援之手的时候，我们不要忘掉人性原本的光辉，而在这人性的光辉中，宽容和肯定，就是对寒冷而疲惫的心灵最温暖，也是最具尊严的爱抚。”

人生悟语

没有人在绝望的时刻拒绝希望，没有谁会在风雨飘摇的日子里拒绝阳光。在饱受冷眼之后，一句肯定的信赖，就能坚定一颗犹豫的心。体谅之心，即使是在黑暗的午夜，也能闪烁出人性的光芒。

请你相信我

佚名

几年前的一个冬天，在春节到来前，成先生想添置件过年的衣服，当看到自己儿子崭新的毛呢短大衣已远离时尚，他已搁置好久不再上身，正好淘汰给他穿。这件毛呢大衣大小基本合身，就是袖子太长。这几天成先生若上街就一直注意寻找缝纫店，想把袖口剪去一截。

他在上海许昌路上找到一个专业从事衣物缝补的摊位，摊主是个三十多岁的女子，她说：“4元钱，你明天下午4点来取，行吧？”成先生一听口音，就知道她是安徽来的外来妹。就说：“你是临时摊位，明天你如若不来，我到哪儿找你呢？”摊主说：“我在这里待了6年，请你相信我。”成先生说：“空口无凭，叫我怎么相信你？”她说：“我的家就在马路对面的弄堂里面83号。”成先生听后就将大衣脱下给她，让她按要求给袖子改短。

翌日早上阴雨绵绵，成先生到街上买点心时才发现，他的钱包和手套放在大衣口袋里没取出来！心想：“糟了，钱包里有三四百元，假如让女缝纫工侵吞了，说没看见，我可是说啥都没用。下雨天她没有出工，我到她说的弄堂里走了一圈。”连问几家都说没见这样的一位缝纫工。此时成先生懊恼至极！

这一上班偏偏老板叫成先生跟着他出去办事，整整忙一天，下班时已经天色晦暗。成先生打着雨伞急匆匆直奔女缝纫工家的弄堂。忽然，暗影处有人叫他：“先生，你是取大衣的吧？”正是那位女缝纫工。成先生迫不及待地问：“我的大衣口袋里有没有钱包？”她感到惊诧：“我不晓得，我没有翻过你的口袋。”

成先生接过大衣就往口袋里摸钱包，钱包在！打开钱包一数，390.5元，一分不少。他既感动又羞愧，他感激地问：“这么冷，你一直站在这弄堂口等我？”

“是的。今天下雨，上午我出去做钟点工，下午给你做活，我4点整在这里等你。”

天哪，她打着伞在弄堂口站了一个多小时！

“你是个老实人，给你10元不用找了。”成先生从钱包里取出10元钱。

“不，说好是4元。”她接过钱，找给成先生6元，转身默默地进了弄堂。

面对女缝纫工的背影成先生责问自己:“你对外来妹的偏见是不是一种歧视?”

成先生的耳朵里至今仍然响着女缝纫工的声音:请你相信我!

人生悟语

成先生的担心和不信任被女缝纫工的举动和行为打消了。如果说一个人拥有诚信是他应该具备的品质,那么一个人对他人的信任就是他自身修养的完善和提升。我们需要认识到相信他人是对人格的尊重。

埋藏了两千年的真理

佚名

埃及的迪拉玛,被称为魔鬼城,它处在帝王谷的入口处。从比东法老到兰塞法老的600年间,凡是走进小城的外地人,没有不上当受骗的。

史书记载,第二个来到这里的外地人是位阿拉伯商人,他想贩些银器回国,结果被一个带路的小孩骗走了脚上穿着的一双皮靴。还有一个来自大马士革城的旅行者,他想到帝王谷去探宝,进城不到一刻钟,就被一个吉卜赛人连钱带行李骗了个精光。据传,印度一位道行最高的巫师漫游至此,也没逃出被骗的厄运,身上唯一的一件东西——铜蛇管被一个哑巴骗走。

对于魔鬼城之谜,历来众说纷纭。有的说,迪拉玛是狮子、水牛、天狼三个星座在地球上的重心投射点,地理位置上特殊,外地人走进这里头脑都要失灵;也有的说,是埃及法老图特安哈门的咒语在起作用,他说:“凡扰乱法老安宁的人必死。”在这个入口处,他在用“让你破财”的方式,仁慈地提醒你不要走进帝王谷。

然而,自从古希腊的一位哲学家来到这里,这些说法就被动摇了。因为他作为外地人,在城里住了一年,不仅头脑和原来一样清晰,而且随身携带的东西一件都没丢。有位罗马商人得知此事后很是兴奋。他想,一个能平安走出迪拉玛的人,一定是破解了法老咒语的人。因为他知道,迪拉玛这座小城是图特安哈门法老有意安排的。

据罗马的羊皮书上记载:图特安哈门法老的陵墓修好后,为防止盗墓贼入侵,曾把关押在监牢里的三千多名骗子秘密流放到这里。法老相信,一类人的智慧能制约另一类人的智慧。

罗马商人决定去拜访那位希腊哲学家。他随自己的商队来到希腊,可惜那位哲学家已经去世5年了。希腊人告诉他,哲学家临终前在摩西神庙的石壁上留下过一句话,那句话是他从迪拉玛漫游归来后写上去的。于是,商人来到神庙,凝视着石壁上哲学家留下的话,他禁不住喃喃自语:说得多好啊!说得多好啊!然后匍匐在地,表达对哲学家的敬意。

2300年后的一天,一位考古学家在迦勒底山脚下挖出7个巨大的石碑,其中的一块刻着这么一行字:当你对自己诚实时,天下就没人能够欺骗你。这句话,正是那位哲学家留下的。不久,希腊政府宣布:摩西神庙遗址被发现。

人生悟语

真诚待人不仅指待他人,同样应真诚对待自己,这样才不会被假相蒙蔽双眼而无由地遭人欺骗。

宋人帮邻

佚名

宋国有个富人，家里面金银如山，有万贯家财。但他总担心别人来偷他的金银财宝，于是便让人修了很高很厚的围墙。

但是有一天，下起了大雨，而且这雨下起来就没完没了，整整下了大半天。天快黑的时候，雨终于停了。但糟糕的是，因为那时又没有砖呀、水泥什么的，他家的围墙都是用土块和泥巴砌起来的，虽然修得很高很厚，也经不住大雨这样淋啊。结果这场大雨就把他家的墙淋坏了，有的地方甚至出现了缺口。

他儿子看到这种情况，就对他说："爹呀，咱们得赶快找人把围墙修好，不然一定会有人来偷窃的！"

他觉得儿子真聪明，说得很对，于是就出去查看围墙的损坏程度，然后准备找人来修。

就在他在围墙边走来走去、左右查看的时候，碰到了他家邻居。邻居关心地对他说："哎呀，你看这场大雨，把你家围墙淋得不成样子。看来，你得赶快找人来修才是，不然，就难免有贼来偷啊！"

对邻居的一番好意，他并不领情，只是鼻子哼了一下，算是答应，心里却想：这个还用你来提醒啊，我那聪明的儿子早就想到了！

结果，修围墙的人还没找来呢，他家当晚就被贼偷了，丢了很多东西。这个富人心疼坏了，心想：知道围墙淋坏了的，只有两个人，一个是儿子，一个是邻居；儿子不可能偷自家的东西，那么丢的那些东西，肯定是可恶的邻居偷的！

两个人，对富人说了同样的话，就因为一个是自己的亲人，一个是外人，所以就相信前者，而怀疑后者，真有意思啊！

人生悟语

生活中，几乎很多人都会犯这样的错误：在面对同一件事情的时候，因为某个人跟自己关系好，我们就会毫不怀疑地相信他，甚至不管他说得对与错；而对那些跟我们关系不好或有矛盾的人，我们就会无端怀疑。可见，感情的亲疏可以影响我们对人、对事的看法，甚至会使我们做出错误的判断。所以，遇事我们要抱着公平客观的态度，不能感情用事。

第十一章　不必计较人生中的不如意

代理神明

佚名

京城里有座很有名的大庙，由于非常灵验，所以香火鼎盛。

有个男子一直觉得自己运气很不好，于是到庙里拜拜。他看到香客络绎不绝，又看看香案上的佛像，不禁心想："每天都有这么多人来求神拜佛，当神明也真辛苦啊！"

就在此时，他发现身边的香客突然一动不动，就连袅袅香烟也凝结了，时间仿佛瞬间静止下来。

接着，佛陀在他面前显灵了："既然你觉得我很辛苦，何不帮我在庙里站上一天，当'代理神明'？"

男子答应了。

佛陀又说："但是，你唯一要遵守的就是，无论发生什么事，你都不可以开口发表意见。"男子也同意了。才一眨眼的工夫，男子发现自己已化为神像，立在高处俯视众生。

他也能听到信众心中千奇百怪的要求，有些很普通，有些荒唐至极，但他遵守与佛陀间的约定，始终没有说一句话。

接着，他发现一名富商前来求财，拜完后却忘记把一袋金币拿走。他虽想叫住富商，但还是忍住了。

一个乞丐也来拜佛，求神让他儿子的病快点好起来。乞丐发现富翁遗失的钱袋，非常高兴，捡起钱袋就走了。

后来，一个少年走了进来，他告诉神明自己马上要远行，希望保佑他一路平安。少年的愿望还没说完，富商就怒气冲冲地跑了进来，一口咬定是少年捡到他的钱袋，举手就要打。

"代理神明"这下再也忍不住了，开口和富商说明原委。

富商听了，忙着去找捡到钱袋的乞丐，被误会的少年也匆匆离开，以赶赴他的行程。

突然，时间又静止了。佛陀出现在男子面前，叹息地说："我不是再三叮咛你，千万不能说一句话吗？"

男子有点不服气："可是我顺利解决了一场纷争，这样不是很好吗？"

"这你就不懂了，"佛陀说，"那名富商打算用那袋金币去买妾，会因此害得一家人失去女儿。乞丐捡了钱，可以医好他的儿子，他儿子长大后会对社会大有贡献。但少了这笔钱，他儿子必死无疑。青年被富商误会，因而延误了启程的时间，才得以避开山贼，但他现在出发，必然会跟坏人遇个正着！"

人生悟语

大家都听过“塞翁失马,焉知非福”的故事,却很少有人把这个故事视为人生座右铭,而总是为了小事而患得患失。

但人生其实充满太多“未知”,所有事件都如同环环相连的锁链,将我们牵引到不同的方向。这就是人们说的“命运”。既然命运无法预知,更无法掌握,那我们何不放宽心,用正面的态度面对人生的不如意?有时,危机反而是最好的转机呢!

凡事要想开点儿

雅枫

小时候有一天,我到一间没人住的破屋里玩。玩累后把脚放在窗台上歇着时,一点儿声响惊得我一跃而起,没想到左手食指上的戒指此时钩住了一只铁钉,竟把手指拉断了。

我当时吓呆了,认为今生全完了。但是后来手伤痊愈,也就再没为这事烦恼。

现在我几乎从不想到左手只剩四根手指。

几年前,我在纽约遇见个开电梯的工人,他失去了左臂。我问他是否感到不便。他说:“只有在纫针的时候才会感到。”

人在身处逆境时,适应环境的能力实在惊人。

人可以忍受不幸,也可以战胜不幸,因为人有着惊人的潜力,只要立志发挥它,就一定能渡过难关。

小说家达克顿曾认为除双目失明外,他可以忍受生活上的任何打击。但当他六十多岁双目真的失明后,却说:“原来失明也可忍受。人能忍受一切不幸,即使所有感官都丧失知觉,我也能在心灵中继续活着。”

我并不主张人应逆来顺受,就是说,只要有一线希望,就应奋斗不止。但对无可挽回的事,就要想开点儿,不要强求不可能的结果。

话剧演员波尔赫德就是这样一位乐观的女性。她风靡在四大洲的戏剧舞台达五十多年。当她七十一岁时,突然发现自己破产了。更糟糕的是,她在乘船横渡大西洋时,不小心摔了一跤,腿部伤势严重,引起了静脉炎。医生认为必须把腿切除,他不敢把这个决定告诉波尔赫德,怕她忍受不了这个打击。可是他错了。波尔赫德注视着这位医生,平静地说:“既然没有别的办法,就这么办吧。”

手术那天,她在轮椅上高声朗诵戏里的一段台词。有人问她是否在安慰自己,她回答:“不,我是在安慰医生和护士。他们太辛苦了。”

后来,波尔赫德继续在世界各地演出,又重新在舞台上工作了七年。

用精力和不可避免的事情抗争,就不能再有精力重建新生。为什么车子的轮胎能经得起长途辗磨呢?开始人们设计出很硬的抗震车胎,但用不了多久,就被震得七零八落。后来造出有弹力的防震车胎,这才经得住磨损。如果我们也能像这种车胎一样,那我们也会生活得稳定和长久。

人生悟语

无论遇到什么事情,心里都应该记住一点:面对一切自己不想面对的事情的时候,我们需要的并不只是勇敢而已,还需要一种信念以及乐观的态度,这才是我们适应社会的必要条件。

生活不要太多的假设

矫友田

认识一位朋友，他在大学毕业之后，跟几位同学创办了一家小型电子商品销售公司。可是因为初涉商场，缺乏经验，他们的公司在一年之后，便被迫宣布破产。因此，朋友背负了几万元的债务。

无奈，他只好暂时进入一家船舶公司，做了一名线路检修员。可是，工作了还不到两个月，他的右脚就被船甲板上的铆钉扎伤了。

他只有一瘸一拐地离开那家公司，待在家里疗伤。那个时候，他的情绪消沉极了。我每次去探望他，总会见到他床头的烟灰缸里塞满了烟蒂。在此之前，他从来不吸烟。

我与其他一些去探望他的朋友鼓励他振作起来。然而，听了我们的话之后，他只是苦涩地一笑，并心灰意冷地说："如果当初我没那么莽撞，就不会陷入这种窘迫的局面；如果我当初没选择到那家船舶公司打工，自己的脚也就不会被扎伤了。"

后来，市艺术展览馆为一位残疾老画家举办了一个画展。我决定约朋友一同前去，顺便陪他散一散心。当时，他的脚伤还没有完全好利索。

在展厅里，我和朋友都被那些气势磅礴的山水画深深打动了。待参观完画展之后，我们有幸拜见了那位残疾老画家。他是一位年逾七旬、身形枯瘦、双腿截肢、坐在轮椅上的老人。

我们跟老画家聊了起来，他的性情很直爽，也很健谈。当他听了我的那位朋友讲述的"不幸"经历之后，竟朗声笑了起来。

然后，他才认真地说："刚才，从你的谈话里，我至少听到了五个'如果'。如果刚开始，你没有急于创业，就不会背负上那么多的债务；如果你没有到那家船舶公司工作，就不会扎伤脚……但是，你现在能够摆脱这些假设吗？"

我的那位朋友听了，摇了摇头。

老画家继续笑着说道："仿照你的口吻，如果当初我没有遭遇上车祸，现在也就不会坐在轮椅上了。但是，这种想法可能吗？"

我的那位朋友又摇了摇头。

此刻，那位老画家意味深长地说："其实在十多年前，我刚遭遇车祸时，也曾有过这种绝望的念头。但后来，我意识到了这种自暴自弃的念头只能使自己陷入更加悲观无为的窘地。于是，我便选择了学画。面对生活中遭遇的不幸，我们应该以果断的语气在自己的心里多默念几遍'只要……就……'。只要你在努力地付出，就一定会赢得收获！"

我们被他的话语深深地打动了。是啊，在生活中，每一个人都应该有一种果断的勇气。不久，朋友进入一家专业对口的电子公司做销售。他兢兢业业地工作，随着业绩的提高，他现在已经被提升为业务经理，一年的薪水高达数十万。

把心智和精力浪费在懊悔过去的日子上，这是我们在生活中常犯的一个错误。正是这种消极的念头，使我们在生活中变得犹豫不定、缺少自信，最终一事无成。

一个成功的人，在生活中没有假设。他们懂得活在现实，并且总是向前一次一次地专注下去。

人生悟语

过去再不幸，都已经是一段历史，不会重来；设想多么美好，都只能属于未来，无法预测。只有眼前的一切，才是真实而又容易把握的。过去的不幸，你能依靠现在的努力来改变；未来的幸福，你能通过现在的奋斗来创造。

生命的光芒

凝丝

去年，我到东南沿海的一个海滨城市参加笔会。离我们下榻处不远的地方是一个绿树掩映的海蚌养殖场。

那天吃过晚饭，我一个人散着步去了那个养殖场。养殖场里很寂静，数不清的一口一口的池塘里静静地开着几朵白莲，荡漾着微微的碧波。在池边，我遇到一位老人，他正弯着腰吃力地往池塘中放什么东西，近前一看，是在倒沙砾，那沙砾十分纯净，个个有米粒般大小。我问老人朝池子里放沙砾做什么。老人笑笑说："种珍珠。"

种珍珠？怎么用沙砾种珍珠呢？老人见我不解，说："你是北方人吧？难怪没见过呢。"老人说，海蚌一般是生长在静静的浅海区的，它们喜欢海底的沼泥，在细腻的沼泥地生活的海蚌是很难长出珍珠的，要想让海蚌长珍珠，就必须让海蚌们吃"苦头"。见我不知道"苦头"是什么意思，老人笑笑解释说："苦头就是细沙砾。海蚌本身是不会生珍珠的，只有把这些沙砾吃进它们的蚌壳里去，当这些沙砾黏附在蚌壳内壁上时，海蚌会不舒服，沙砾会迫使海蚌吐出黏液，甚至会把蚌壁磨出血来，这些黏液和蚌血把沙砾裹了一层又一层，天长日久，就长成珍珠了。"

老人说，他将沙砾放进池塘里后，就要用振动器拼命搅动池里的沙砾，让那些海蚌们一不小心吃几粒沙砾进去。老人笑笑说："这就叫种珍珠。"

热心的老人边说边带我走到了另一个池塘边，弯下腰去，用一个网兜兜上来一个褐黄色的海蚌。那海蚌碗般大小，扇形的蚌壳上布满了细密的线纹，老人将蚌壳用大手轻轻地掰开让我看说："瞧，这是刚种上半年的。"我低下头看去，只见那紫玉色的蚌壳内壁上黏附了十几粒颜色不一的小沙砾，有的已呈薄薄的玉色了，有的沙砾还没有被彻底卷裹。它们在紫色的蚌壁上像一粒粒的星星，闪烁着微微的银色光芒。老人说这个海蚌里的珍珠很一般。他又带我走到另一口池塘旁，然后又捞出一个海蚌掰开给我看。这是一个珍珠就要成熟的海蚌，紫玉色的蚌壳内壁上星星点点长满了珍珠，那珍珠一粒粒晶莹、剔透、圆润、玲珑，像一粒粒玉豆。尤其有六七颗，颜色绯红的、紫红的，甚至是通体血红的。老人说，这种珍珠是十分珍贵的，因为它们是蚌血凝成的，老人感慨地说："这些红颜色的都是蚌的心血啊，这世上，没有哪一种用心凝成的东西不珍贵啊！"

我问老人怎样才能让海蚌多长珍珠，老人说："没别的办法，要想让它多长珍珠，只有让它多吃苦头。"

多吃苦头，多承受磨难，多经历坎坷，海蚌才能多生长珍珠，那么我们人呢？那些栉风沐雨的人，他们历经沧桑，屡遇沉浮，被苦难和风雨一次次打磨着、历练着，苦难深裹在他们的心灵里，命运和岁月渐渐把它们淬铸成了生命的珍珠，于是它们有了自己熠熠的光芒，它们成了我们生命天空中的星辰。

人生悟语

不经历风雨怎能见彩虹？多么富有哲理的句子。人生也是这样，只有经历过种种磨难，历经风雨沧桑，我们的人生才会更加美好，更加成熟。

狮子的烦恼

佚名

狮子素有“森林之王”之称，他具有雄壮威武的体格、强大无比的力气，使他有足够的能力统治整片森林。虽然如此，狮子却有一个毛病，每天早上鸡鸣的时候，他总是会被吓醒。

狮子很苦恼，找到神说：“万能的神啊！感谢你赐予我这么多力量。请求你给我想个办法，让我不再被鸡鸣声吓醒。”

神听了狮子的话，微笑着说：“你先去找大象吧，你从他那里会得到一个满意的答案。”

狮子很高兴，跑到湖边找到了大象。还没走到大象身边，老远就看到大象在跺脚，发出“咚咚”的声音。走近一看，大象正生气呢。

狮子问大象：“你发这么大的脾气干什么？”

大象一边烦躁地跺脚，一边拼命摇晃耳朵，吼着：“有只讨厌的小蚊子，老是钻进我的耳朵里，我都快痒死了。”

狮子心里暗想：“原来这么强大的大象，居然会怕那么瘦小的蚊子，那我还有什么好抱怨的呢？毕竟鸡鸣也不过一天一次，而蚊子却是随时都在骚扰大象。我可比大象幸运多了。”

狮子满意地走了回去。他终于明白了，神要他来找大象，是想告诉自己一个道理：谁都会遇上麻烦，这个世界上没有十全十美的事情。反过来想，以后只要听到鸡鸣，就当作鸡是在提醒我该起床了，鸡鸣对我反而是有好处的事情。

人生悟语

在人生的路上，无论我们走得多么顺利，都会遇到一些不顺利的事情，我们应该坦然接受，看到它对自己有利的一面，祈求十全十美是徒劳的。

跳杆不断往上抬

马付才

5岁那年，因为一次车祸，我的腿受了伤，走路一瘸一拐的。为了看起来和别人一样，我不得不把一只脚稍稍踮起来，使两条腿显得平衡些。

成了瘸子后，我那颗小小的心开始自卑。体育课我不再上了，而第一位体育老师也从不要求我上体育课，就这样，渐渐地，不上体育课成了我独享的“特权”，直到我上初中。

上初中时，教我们体育课的是一位姓杨的老师。杨老师刚从体校毕业分配到我们学校，他给我们上第一节课时，我又习惯性地告诉他，我有病不能上体育课。他说："你怎么不能上体育课，我知道你腿不太好，但还不至于连体育课都不能上吧。"我固执地站着不动，杨老师看着我，口气缓和了一下，说："你和我们一起做做广播操总可以吧。"看着杨老师那坚定的目光，我点头同意了。

杨老师领我们做了一套广播体操后，就在沙坑边指导同学们跳高。我站在旁边看同学们一个个从跳杆上跳过去，突然听到杨老师叫我的名字。他说："你，该你跳了。"我不相信地看着他，什么，让我也跳高，我一个瘸子，能行吗？

杨老师以为我没听见，又大声叫我的名字。我气愤地说："不，我不行的，你明知道我是这个样子，为什么非要我这样做？"杨老师说："你看看这跳杆的高度，我知道你是能跳过去的，你为什么不跳呢？你的腿没有你想象的那么严重，你干吗一定要把自己当成一个残疾人、窝囊废，而不敢去面对这个跳杆呢？"

我突然像疯了一样向跳杆冲过去。对"残疾人"这个字眼，我是最敏感不过了，我一定要跳过那个跳杆。等跌落在沙坑之后我回头看，跳杆竟纹丝不动。我不相信我真的跳了过去。杨老师的声音又一次响起："再来一次。"起跑、冲刺、跳，我又轻松地跳过去了。他看都不看我一眼，再次说道："再跳一次。"第三次，我是含着泪水轻松地跳过了那个高度。

下课时间到了，杨老师一声解散后同学们都四散跑开了。我眼中充满着愤怒的泪水，一瘸一拐地离开操场，在路上我的肩膀被人轻轻地拍了一下，回过头，是杨老师。他说："你知道吗，其实在你第二次和第三次起跳的时候，我都暗暗地把跳杆往上抬升了，但是你仍然跳了过去。你的腿我早就观察过了，真的没那么严重，现在你正是长身体的时候，多锻炼锻炼对你那条腿是有好处的。你一直以为你不行，是因为在你的心中早已为自己设置了限制。记着，以后不管什么时候都不要给自己设限，而是要把跳杆不断往上抬。"

原来，我不但跳了过去，而且跳杆还在不断地往上升；原来，我也可以跳得很高呀。

我开始和同学们一起出早操，一起跑步，每次上体育课时，我都主动地把跳杆不断往上抬，一次次往上，一次次成功超越。初三的时候，我发现我那条残疾的腿已经很有力了，而且走路的时候似乎也不那么瘸了。

现在，大学毕业的我早已走向了社会，每当我在事业上徘徊不前的时候，我常常想起当年杨老师对我说的那句话："不要为自己设限，要把跳杆不断往上抬。"

我知道，只有不给自己的人生设限，才会不断地突破自我。

人生悟语

孩子跳过的不仅仅是横杆，还有心中无法逾越的障碍。其实很多时候，心中的樊篱束缚了我们渴望成功的心，这时，只需轻轻跨出一步，你便会发现，成功的彼岸就在眼前。

演狗的妹妹

[美]安·古德里斯

为了募捐，学校准备排练一部叫《圣诞前夜》的短话剧。告示一贴出，妹妹便热情万丈地去报名当演员。定角色那天，妹妹到家后一脸冰霜，嘴唇紧闭。“你被选上了吗?”我们小心翼翼地问她。“是。”她丢给我们一个字。“那你为什么不开心?”我壮着胆子问。“因为我的角色!”《圣诞前夜》只有四个人物:父亲、母亲、女儿和儿子。“你的角色是什么?”“他们让我演狗!”说完，妹妹转身奔上楼，剩下我们面面相觑。妹妹有幸出演“人类最忠实的朋友”，我们不知该恭喜她还是安慰她。饭后爸爸和妹妹谈了很久，但他们不肯透露谈话的内容。

总之，妹妹没有退出。她积极地参加每次排练，我们都纳闷:一只狗有什么可排练的?但妹妹却练得很投入，还买了一副护膝。据说这样她在舞台上爬时，膝盖就不会疼了。妹妹还告诉我们，她的动物角色名叫“危险”。我注意到，每次排练归来，妹妹的眼里都闪着兴奋的光芒。然而，直到看了演出，我才真正了解那光芒的含义。

演出那天，我翻开节目单，找到妹妹的名字:“珍妮——危险(狗)”。我偷偷环视四周，整个礼堂都坐满了人，其中有很多熟人和朋友，我赶紧往椅子里缩了缩。有一个演狗的妹妹，毕竟不是件很有面子的事。幸好，灯光转暗，演出开始了。

先出场的是“父亲”，他在舞台正中的摇椅上坐下，召集家人讨论圣诞节的意义。接着“母亲”出场，面对观众坐下。然后是“女儿”和“儿子”，分别跪坐在“父亲”两侧的地板上。在这一家人的讨论声中，妹妹穿着一套黄色的、毛茸茸的狗道具服，手脚并用地爬进场。

但这不是简单地爬，“危险(妹妹)”蹦蹦跳跳、摇头摆尾地跑进客厅，她先在小地毯上伸个懒腰，然后才在壁炉前安顿下来，开始呼呼大睡。一连串动作，惟妙惟肖。很多观众也注意到了，四周传来轻轻的笑声。

接下来，剧中的“父亲”开始给全家讲圣诞节的故事。他刚说到“圣诞前夜，万籁俱寂，就连老鼠……”“危险”突然从睡梦中惊醒，机警地四下张望，仿佛在说:“老鼠?哪有老鼠?”神情和我家的小狗一模一样。我用手掩着嘴，强忍住笑。

男主角继续讲:“突然，轻微的响声从屋顶传来……”昏昏欲睡的“危险”又一次惊醒，好像察觉到异样，仰视屋顶，喉咙里发出呜呜的低吼。太逼真了，妹妹一定费尽了心思。很明显，这时候的观众已不再注意主角们的对白，几百双眼睛全盯着妹妹。

因为“危险”的位置靠后，其他演员又都是面向观众坐着，所以观众可以看见妹妹，其他演员却无法看到她的一举一动。他们的对话还在继续，妹妹幽默精湛的表演也没有间断，台下的笑声更是此起彼伏。

那晚，妹妹的角色没有一句台词，却抢了整场戏。后来，妹妹说让她改变态度的是爸爸的一句话:“如果你用演主角的态度去演一只狗，狗也会成为主角。”

40年后，那句话我仍然记忆犹新。命运赐予我们不同的角色，与其怨天尤人，不如全力以赴。再小的角色也有可能变成主角，哪怕你连一句台词也没有。

人生悟语

“如果你用演主角的态度去演一只狗，狗也会成为主角。”有时候，道理很简单，关键是你有没有真正地体会。人生就像是一个大舞台，每一个人都扮演着不同的角色，无论是主角还是配角，只要认真对待，都会赢得掌声与喝彩。

在时运不济时

佚名

李·艾柯卡曾是美国福特汽车公司的总经理。后来又成为了克莱斯勒汽车公司的总经理。作为一个聪明人,他的座右铭是:“奋力向前,即使时运不济,也永不绝望,哪怕天崩地裂。”他在1985年发表的自传,成为非小说类书籍中当年最畅销的书,印数高达150万册。

艾柯卡不仅有成功的欢乐,也有挫折的懊丧。他的一生,用他自己的话来说,叫作“苦乐参半”。1946年8月,21岁的艾柯卡到福特汽车公司当了一名见习工程师。但他对和机器做伴、做技术工作不感兴趣。他喜欢和人打交道。想搞经销。

艾柯卡靠自己的奋斗,由一名普通的推销员,终于当上了福特公司的总经理。但是,1978年7月13日,他被妒火中烧的大老板亨利·福特开除了。当了8年的总经理、在福特工作一帆风顺32年、从来没有在别的地方工作过的艾柯卡,突然间失业了。昨天他还是英雄,今天却好像成了麻风病患者,人人都远远避开他,过去公司里的所有朋友都抛弃了他,这是他生命中最大的打击。“艰苦的日子一旦来临,除了做个深呼吸,咬紧牙关尽其所能外,实在也别无选择。”艾柯卡是这么说的,最后也是这么做的。他没有倒下去。他接受了一个新的挑战:应聘到濒临破产的克莱斯勒汽车公司出任总经理。

艾柯卡,这位在世界第二大汽车公司当了8年总经理的事业上的强者,凭他的智慧、胆识和魄力,大刀阔斧地对企业进行了整顿、改革,并向政府求援,舌战国会议员,取得了巨额贷款,重振企业雄风。1983年8月15日,艾柯卡把面额高达8亿多美元的支票。交给银行代表手里。至此,克莱斯勒还清了所有债务。而恰恰是5年前的这一天,亨利·福特开除了他。

如果艾柯卡不是一个坚忍的人,不敢接受新的挑战,在巨大的打击面前一蹶不振、偃旗息鼓,那么他和一个普通的失业者就没有什么区别了。正是不屈服于挫折和命运的挑战精神,使艾柯卡成为世人所敬仰的英雄。

人生悟语

一个人不可能总是一帆风顺的。小说《白鹿原》中有一段富有哲理的话:“世事就是两字:福祸。两字半边一样,半边不一样,就是说,两字相互牵连着。就好比箩面的箩筐,咣当摇过去是福,咣当摇过来就是祸。所以说你们得明白,凡遇好事的时光甭张狂,张狂过头了,后边就有祸事;凡遇到祸事的时光也甭乱套,忍过了,受过了,好事跟着就来了。”

担忧

采青

朋友有孕在身时,新房墙上,油画换成了俊男美女,天天对着“胎教”,希望宝宝生来就是闭月羞花。

产期临近，大夫说脐带缠脖，于是又想只要健康就好，长得再丑也无所谓。一直祈祷，直到听见一声响亮的哭——是个健康的男孩。

天天对着看，想象着某一天俊朗挺拔的他带着博士帽的样子。不到三个月，一个不小心，孩子从床上掉下来，抱去医院路上，当妈的哭个不停，心想千万不要摔坏了头，真要是摔傻了可怎么办。医生看完说没什么大事，不会影响到智力，当妈的又怯怯地问：额头的那一块儿会不会留疤？

孩子10岁，天天被妈妈领着去这个班那个班，当妈的也不断地跟这个比跟那个比，每逢知道孩子的考试成绩总是忍不住感慨一番。孩子突然不明原因发病，检查室外的母亲流着泪祷告：哪怕学习不好，只要他没病就好，病好后我再也不那么逼他了。结果只是虚惊，过一段后，孩子还是像以往那样被逼着到处求学。

大概很多人都是如此，还有退路的时候，就忘了曾经在绝望时许下的心愿。爱情也大抵如此。爱着一个人，开始觉得能爱便是幸福，如果恰好对方也有爱，那便是天下最完美的事；两情相悦后，觉得世上处处都是美丽，但日久便想有爱情的日子面包也要多一些；在有了足够面包的日子，无论是这一方或是那一方，都可能再有别的要求。

其实每一个人都在找一个心目中的完美，当不能实现时，退而求其次，再退而求其次，没办法就渐渐地去接受甚至喜欢这个退求来的。

人生悟语

在生活中我们似乎总是在追求完美，“完美”这个词或许在人生之中并不存在，于是我们学会了适应一切，这一切就是文中所说的退而求其次的“次”，但我们一样可以生活得如此的开心快乐。

让完美歇着去吧

［美］J. 沃尔特

那是一个完美的秋天傍晚，我和一个完美的女人在街上散步。她完美到什么程度？只要问她，你就可以得到答案。她生命之中可有一处瑕疵？“只有一个，”她常常说，“我的男朋友！”她说的就是我。

我们经过一个在路边卖旧货的男人：破烂不堪的简装书，几张伤痕累累的旧唱片，一双70年代的皮鞋。我不由自主地慢下来，折了回去。那是双绿色的，带几分俗气、鞋跟儿极高的鞋。它让我想起了一个人，并非我身边完美的这个人。我想起了麦琪，一个我努力要忘记的人。麦琪比我小12岁，当时是大学二年级学生。每逛一次街她的头发颜色就要变一次，她的装束也主要是由另类的文化衫组成。我记得其中一件上写着：“致全体女性：你们没什么好感谢的。”她的人生之路呈“之”字形，弯曲盘旋，而我身边女友的人生是高效率的直线。

“你在想什么?”完美的女友问。

“我在想象这双鞋穿在一个人的脚上的样子。”我说。

之后我告诉她这个人的名字，我们之间的一切当然也就结束了。我从此可以自由地和麦琪交往，最后我们结了婚。作为夫妻我们很难让人理解，麦琪的生命像一罐充满气体的可乐，不小心就会喷涌而出，而我是一个中西部小镇的普通人，叫沃尔特。

但生命就是混杂再搭配，我从麦琪那儿学了很多东西。

人生悟语

完美是一个虚无缥缈的东西，从来没有人见识过它的模样。我们还幻想什么呢，努力在前进的路上吧，无论身边伴随的是亲人、同学、朋友还是对手，我们都要学会从同行者中找老师，不断地丰富和完善自己。时刻保持学习和改变，勇敢地正视不完美，接受不完美，这才是真实的人生。

感谢那份让你讨厌的工作

流沙

有个中专生毕业后到邮局应聘当了邮递员，每天骑着一辆绿色自行车走街串巷。他为这份工作感到很自卑，骑车经过熟人身边时，常常加快速度，生怕别人问起。他买了副墨镜，天天戴着，轻易不肯摘下。他讨厌这份工作，但又不得不干，因为他需要这份工作养活自己。

一天，他送一封特快专递给一位客户，客户住在16楼，而电梯因为那个夏天城市限电而停运了。他诅咒着拿着那封特快专递气喘吁吁地爬上16楼，而收件人却不在家。下楼的时候，他郁闷极了。突然，一张纸片从那封信里飘了出来（信封口脱胶了），他从地上捡起那张纸片，准备塞入信封，但他突然看到了上面的一行字："A市花泥暴涨，每斤最高可卖5毛。"他养过花，知道花泥对花的重要性。他也知道城里有个人工湖正在清淤，那些淤泥经过简单处理后就是上好的花泥。

他向单位请了三天假，赶到A市最大的花鸟市场，一打听，花泥价格果然上涨。他和一位求购花泥的摊主谈妥了价格和数量，急忙赶回来雇了十几个民工处理那些被倒掉的淤泥，很快就得到了一吨花泥。花泥运到A市后，除去各种成本，他净赚5000元。尝到甜头的他又雇民工清理第二批淤泥，他又赚了一万多元。当A市的商人知道那些上好的花泥来自于人工湖的淤泥时，纷纷前来挖取，而他却已有了近两万元的收入。

三年后，这位邮递员成为一家包装袋厂厂长，他已积累了一百多万元资金，还有了一辆高级本田轿车。

他之所以创办一个包装袋厂，是因为一次在分拣信件时，邮局没有包装袋，而主任说包装袋需要到省城去购买。于是，他就用贩销花泥的两万元创办了包装袋厂。

许多人对他在短时间内从一个邮递员到企业老总的变化感慨万千。他却说："这个世界上没有一份工作是让人讨厌的，都应该好好善待，只要你眼光好，它就有可能成为你腾飞的起点。"

人生悟语

不要计较自己的工作，不管做什么样的工作，都要努力做好，在坚持不懈中，机会就会悄然出现在你身边。

失败计划

霍忠义

多年前，蜗居台湾的何应钦以“一级上将”的身份到荷兰访问，荷兰国防部接待了他，并带他参观了荷兰的国防设施。参观完后，荷兰人又做了一个国防简报，向何应钦展示了一旦战争爆发他们如何应对的计划，这份计划之缜密、全面让何应钦咋舌。但更令何应钦惊讶的是，他看到了一份更详细的计划，而且被放置在所有计划最显眼的位置，以突出它的重要地位，这个计划的名称叫——投降计划。何应钦表示很不理解，他说，在中国人眼里，投降是可耻的事情，是被所有人看不起的行为，而为投降做计划会涣散军心，是战争大忌，中国文化崇尚舍生取义。

而荷兰人的回答很从容：“我们并不认为投降是可耻的事情。经过充分分析敌我力量和战争现状后，如果胜利付出的代价太大或者完全没有取胜的可能时，我们会投降。我们不想因为自己的顽抗招致毁灭性的打击，我们需要保存实力，需要保持国家的完整。我们将把土地、建筑、河流山川都留给子孙。等待某一天真正强大了，再去夺取胜利。”

投降计划，意在未来。二战中，盟军胜利登陆诺曼底之后，最高统帅艾森豪威尔将军发表了讲话：“我们已经胜利登陆，德军被打败，这是大家共同努力的结果，我向大家表示感谢和祝贺。”可是当时谁也不知道，在登陆之前，除了这份讲话稿之外，艾森豪威尔还准备了一份截然相反的讲话稿，那其实是一份失败演讲稿。失败演讲稿是这样的：“我很悲伤地宣布，我们登陆失败，这完全是我个人决策和指挥的失误，我愿意承担全部责任，并向所有人道歉。”

两份讲稿，万般情怀。我曾经采访过一个非常成功的商人，10 年拼搏拥有了 8000 万的资产，他有过无数次利用智慧取得成功的经历。讲到惊心处，他常会停顿，强调其实自己每次行动前都会做一个详细的失败计划。这让我十分惊讶，而他向我讲述了这样做的理由。在事前假设失败，可以让狂热的心灵冷却，站在失败者的角度思考，必然会考虑到成功计划里关注不到的因素。另外，做过失败计划的人，最终面对失败时，就不会惊慌失措、无以应对，准备得悠然，心态就会坦然。

太多的悲剧大都因为把成功当作唯一的目标，其实，失败计划里深藏求胜意愿、成功契机和超然心绪。

人生悟语

在人的一生中，我们要做好迎接成功的准备，也要做好接受失败的计划。迎接成功需要勇气，而接受失败则需要坦然的心态。如果一个人为失败都已经做好了打算，那么世间还有什么再可以阻止他去追寻成功呢？

讨好自己

雪翠

昨晚室友回来就开始大倒苦水：真不知道现在的人都吃错什么药了，那位 × × 大姐整天拉着一张脸，居然能竞聘上主管。这下高升了，人也变得趾高气扬起来。早上跟她打招呼，她眼睛一斜爱理不理的，下午下班时叫她一起走，她撂出一句以前从未说过的话："我喜欢自己走。"哎哟，真是倒了几辈子霉才要去讨好她。

听完她的话我很诧异，既然如此，何必要去"讨好"她呢？身边这么多人，你不可能让所有人都成为自己的知己，更不可能让每个人都喜欢自己。何必辛辛苦苦地去迎合他们、讨好他们呢？白眼也吃了，压力也受了，可别人并不一定就喜欢你、接受你。不知不觉中，迷失了自己也烦着了别人，两头都累。

想起一位在银行中心某公司做总台小姐的只有中专学历的女孩，她给人的感觉就是"傲"。我曾经很疑惑，在这个讲文凭、讲资历、讲美貌的社会，她有什么可傲的资本。她的回答理直气壮："讨好别人是费力的无用功，与其这样不如讨好自己。"我一阵愕然，可瞬间又了然。

从此，我学会了在流言蜚语面前为自己设一道"隔音墙"：在孤独寂寞时，想方设法逗自己开心；在烦躁压抑时，纵情高歌大吼几声来发泄；在受到打击时，允许自己畅流几滴眼泪；在踏进新环境"极目"陌生时，找面镜子安慰自己："至少还有一张最熟悉的笑脸。"

"讨好自己"就像心理调节的一剂良药，让自己在并非真空的社会、生活和事业中保持一种开朗、自信、乐观的心境。

感谢那位普通的傲女孩教会我这个人生宝典："讨好自己"。

人生悟语

"金无足赤，人无完人"，每一个人都不是十全十美的，更不可能做到人人喜欢，所以没必要挖空心思去讨好别人，这样也许会适得其反。摆正心态，做好自己该做的事，你会发现生活变得更加美好。

完美与瑕疵

佚名

听一位长者讲过这么一个故事：

有一个人非常幸运地获得了一颗硕大而美丽的珍珠，然而他并不感到满足，因为那颗珍珠上面有一个小小的斑点。他想若是能够将这个小小的斑点剔除，那么它肯定会成为世界上最最珍贵的宝物。

于是。他就下狠心削去了珍珠的表层，可是斑点还在；他又削去第二层，原以为这下可以把斑点去掉了，然而它仍旧存在。他不断地削掉了一层又一层，直到最后，那个斑点没有了，而珍珠也不复存在了。后来，那个人心痛不已，并从此一病不起。临终前，他无比懊悔地对家人说："如果当时我不去计较那一个斑点，现在我的手里还会攥着一颗美丽的珍珠啊！"

每当我想起这个故事，就会联想到另一件事儿：

有一段时间，我几乎每天傍晚都要到海边去散步，因此经常会看到一对头发斑白的老人依偎在海边的一条长椅上看海。他俩总是静静地坐着，而面孔上则始终挂着一种祥和的微笑，宛如两尊神态安详的雕塑。

有一天，我好奇地走到他俩跟前，轻声地招呼道："你们也喜欢看海吗？"

老人微笑着朝我点头示意，然后抬手指了指身旁的老伴。此时，我才发觉他原来是一位聋哑人，而他的妻子竟是一位双目失明的盲人。蓦然，我为自己刚才的失言感到后悔。然而在那两位老人的脸上却找不到一丝的不悦。相反，她竟用一种极其温和、坦诚的语气说："是啊，我们老两口经常来'看'海的——你一定会感到奇怪吧。其实只要心灵间不存在着残疾，我们仍旧是两个正常的人啊！"

两位老人的神情上没有流露出半点儿的自卑与遗憾，唯有幸福、自足的笑容在流淌。

在那一刻，我恍然从那一对残疾老人的笑容里找到了幸福的定义。

人生悟语

想要获得幸福，就不要刻意地去剔除对方身上那一点点微不足道的瑕疵，而是要我们把握好自己手里那一颗实实在在的珍珠，学会包容与珍惜，然后才能从彼此心灵的和谐里感受到真正的幸福。

寻觅新家的山羊

佚名

有一只山羊住在森林里，但它一直对自己的居住环境很不满意。

最让山羊忍受不了的是，每到秋天，大树的枯叶总是不停地落到它身上，常把它从睡梦中吓醒。

于是，山羊兴起了搬家的念头。它愤愤地对住在树洞里的松鼠抱怨："我一定要找一个没有大树的地方居住！"松鼠劝它："其实这些大树也不错啊！不但能替我们遮风避雨，也能提供甜美的果实，你又何必离开呢？"但山羊很坚持："不，我再也受不了这里了！我一定要找个十全十美的地方居住！"说完，山羊头也不回地离去了。

山羊走了很远，最后找到一片一望无际的荒野，一棵树都没有。山羊十分满意，决定在这里定居。但是，才住了几天，山羊又受不了了。由于荒野太过空旷，白天太热，晚上又太冷，便打算再次迁徙。

住在附近的一只乌龟对它说："这片荒野虽然气候不佳，但没有任何豺狼虎豹的踪迹，住起来很安全，你何不考虑留下来呢？"但山羊还是选择离开。这次，山羊找到一片美丽的山坡，这儿没有大树，却有结满莓果的灌木丛；这里气候宜人，白天温暖，夜晚凉爽。山羊非常得意，觉得它不断地搬家总算有了价值。

不料，山羊很快就发现，这里其实是个可怕的地方。每天月亮才刚升起，远处就传来狼嚎，让它夜夜提心吊胆。某天，山羊竟被一群野狼团团围住，它费了好大的力气才勉强逃脱。

山羊最后还是搬回最初居住的森林，从此再也不敢抱怨。

人生悟语

故事中的山羊不停地迁移，只希望找到一个"十全十美"的居住环境，最后却发现，世上根本没有十全十美的地方！

我们总是认为自己的生活环境或者工作、家庭、伴侣不够完美，总是认为"别人的比较好"，却没想过，世上万事万物，其实无一是十全十美的啊！因此，当我们面对自己拥有的"不完美"时，与其抱怨，还不如珍惜感恩呢。

一只手臂的柔道冠军

佚名

有一个10岁的日本小男孩，在一次车祸中失去了左臂，但是他很想学柔道。

最终，小男孩拜一位柔道大师做了师傅，开始学习柔道。他学得不错，可是练了3个月，师傅只教了他一招，小男孩有点弄不懂了。

他终于忍不住问师傅："我是不是应该再学学其他招数？"

师傅回答说："不错，你的确只会一招，但你只需要会这一招就够了。"

小男孩并不是很明白，但他很相信师傅，于是就继续照着练了下去。

几个月后，师傅第一次带小男孩去参加比赛。小男孩自己都没有想到居然轻轻松松地赢了前两轮。第三轮稍稍有点艰难，但对手还是很快就变得有些急躁，连连进攻，小男孩敏捷地施展出自己的那一招，又赢了。就这样，小男孩迷迷糊糊地进入了决赛。

决赛的对手比小男孩高大、强壮许多，也似乎更有经验。开始，小男孩显得有点招架不住，裁判担心小男孩会受伤，就叫了暂停，还打算就此终止比赛。然而师傅不答应，坚持说："继续比赛！"

比赛重新开始后，对手放松了戒备，小男孩立刻使出他的那招，制伏了对手赢得了冠军。

回家的路上，小男孩和师傅一起回顾这场比赛的每一个细节，小男孩鼓起勇气道出了心里的疑问："师傅，我怎么就凭这一招就赢得了冠军呢？"

师傅答道："有两个原因：第一，你几乎完全掌握了柔道中最难的一招；第二，据我所知，对付这一招唯一的办法是抓住你的左臂。这样，你左臂的缺失反而成了你最大的优势。"

人生悟语

中国有句俗话，"金无足赤，人无完人"。每个人都不是完美的，有些人有小的瑕疵，有些人却有大的缺陷。但无论如何只要坦然接受自己的不完美，善于利用自己的长处，就会在一定领域崭露头角，就像故事中的日本小男孩，缺失的左臂都会转化为战胜对手的优势。

伯爵夫人的舞会

佚名

伯爵夫人应邀去参加一个舞会。

舞会那天，伯爵夫人早早起床，吩咐女仆为自己梳妆打扮。由于伯爵夫人头发灰白，因此，她得戴上假发。但伯爵夫人不愿别人看出这个破绽，为此她要求女仆要把假发掩饰得天衣无缝。女仆非常乖巧听话，她听从伯爵夫人的命令，细心地为伯爵夫人戴上发套。

但伯爵夫人是个非常讲究的人，她可不能容许有一点点的不完美，于是对女仆的工作非常不满意，可怜的女仆只好反复地把假发戴上、取下、再戴上、再取下，就这样来回折腾了快一个小时，才算把假发戴好。

伯爵夫人的眉毛稀疏,按照她的要求,女仆拿着眉笔开始给伯爵夫人画眉毛。但遗憾的是,她总是让伯爵夫人不满意。这不,她画得眉毛不是太粗就是太细。

夫人不知纠正了多少次,那个女仆才画出了让她满意的眉毛来。就这样,从头到脚,伯爵夫人花了近八个小时才修饰完毕。

伯爵夫人对着镜子中的自己满意地笑了,她想,这次我总算可以艳压群芳了,还有谁能跟我比美呢?

伯爵夫人登上马车,来到了舞会现场。她一出现,就迎来了阵阵惊奇的赞叹声:“上帝呀,你的气质真是好呀!”

“你的头发真漂亮!”

“您真是魅力四射!”

“你怎么一次比一次年轻了呢?”

“你的腰细了很多哦! 是怎么减的?”

伯爵夫人当然知道自己最具魅力了。“为了这场舞会,光化妆就花了我近八个小时的时间!”

“哦,你身上有那么多需要掩饰的地方吗?”从角落里传来一个男人低沉的声音。“哈……”屋子里的人哄堂大笑起来。

在笑声中,伯爵夫人突然昏倒过去。众人忙停住笑,惊恐地上前扶起她。

“没事的,请给伯爵夫人灌一碗汤吧,她是饿得发昏了,为了保持身材的苗条,她已三天没吃东西了。”伯爵夫人的女仆上前对舞会主人说。

笑声再一次充满了整个屋子。

人生悟语

你看,虽说爱美之心人皆有之,但过分地修饰自己的外表,忽略了充实自己的内心,并不是真正的美的表现。与其在镜子前花费大量时间来装扮“完美”,以此来吸引别人的眼球,倒不如用智慧和自信来充实自己,让自己赢得更多的喝彩呢?

不如意,是最好的人生试炼

佚名

森林中有一棵雄伟的百年大树,树下生长着两朵小花,一朵白,一朵红。

有一天深夜,天空突然雷声大作! 一道闪电照亮了漆黑的天空,不偏不倚打中这棵大树,大树着了火,不久应声而倒。

白花惊慌失措地说:“糟了! 糟了! 我们死定了!”

“你为什么这么说呢?”红花问。

“没有了大树,谁来为我们挡风遮雨? 我们一定很快就会死于风雨!”白花吓得发抖。

“不会的!”红花试图安慰伙伴,“只要我们撑着点,一定可以通过大自然的考验!”不久后,真的下了一场暴雨,忧心忡忡的白花,果然一下子就死了,但红花不但从风雨中存活了下来,而且长得更高,花朵开得更多!

飞来采蜜的蜜蜂好奇地问:“花儿花儿,你看起来这么柔弱,究竟是怎么抵抗狂风暴雨的呢?”

“方法很简单,”红花回答,“我一心想着,大树倒了,我就能晒到更多阳光,喝到更多露水,一定会长得更好!只要我先撑过这一关!”

人生悟语

一个人如果连一点困难都不能忍受,无法将小小的不如意当成试炼,又怎么会有进步的可能?

给落榜女儿的一封信

[美]金克雷·伍德

亲爱的女儿:

无法考上理想的大学,的确是个很大的打击,也许一直无法接受这样的事实。这是你所经历到的第一次重大失望。但此时此刻,你必须坚强起来,习惯失望。失望与快乐,都是人生的一部分,重要的是,如果你今后在希望落空时,不能把它视为仅是一时的退却或应该克服的考验,反而当作毫无道理的大失败,那么你将会被失败所击溃!这一点你应该铭记在心。只有当你甘心失败,并且失去尝试的意愿时,才是真正的失败。

在《皆大欢喜》中,莎士比亚写着:“希望往往会落空,并且是在最有希望之时。”由于你长久以来,学业十分顺利,所以自然会觉得梦想中的学校一定可以进去,并且不知道在什么时候,已经视为理所当然。在这里不就可以学到一个教训吗?当通过人生的重要阶段时,任何事都不能够想成是理所当然的,而必须预备在第一、第二,有时候是第三阶段失败时的替代计划。因为这次落榜没有心理上的准备,所以受到的创伤也就格外大,变得不容易接受。

实际上许多年轻人,阻于和你现在完全相同的障碍上,便对所追求的职业心灰意冷。他们退缩下来,说命运是冷酷的,逐渐地变成胆小的人,这实在是很遗憾的事。真正重要的,并不是形成我们人生的客观的偶发事件,而是我们如何处理这些偶发事件,并创造各个不同的人生,绝不能因为命运而阻碍了自己的前途。面临困境时,就是你向命运挑战的时候,要有拒绝失败的勇气。拒绝失败的人,在一个地方吃了闭门羹,会敲另一扇门,一次再一次不断继续敲门,一直到被接受为止。在年轻时能学习这样处世的人,应该没有不获得大成功的。

你虽然没有能考上理想的大学,但是说不定,就由于在这里绕了弯路,将来会得到意想不到的好结果。这一点,是对所有的挫折都适用的,只要把“失败”从你的心里赶出去,今后绝对不要让它在你心里存在就行了。

在彷徨路上的指引人:父亲

人生悟语

我们能保证自己足够努力,但是我们不能控制意外。所以面对突然而来的困难,我们在哭泣之后应该擦亮眼睛,看看自己的方向和目标。遭受的打击可以让我们更清醒地认识自己和世界。

活下去只需一点点理由

南云

有一位伯爵因为得罪了英国的皇室而被投入伦敦塔,囚禁在潮湿阴冷、又高又厚的石墙里,呼天天不应,叫地地不灵。伯爵彻底绝望了,要知道,没有几个人能活着走出伦敦塔,即使不生病也会因为长期与世隔绝而发疯。

伯爵的囚室里只有一扇小窗户。这一天,他照例呆坐在小窗下,沮丧地望着窗外的一小片蓝天,哀叹自己不幸的命运,陷入萎靡不振的情绪之中。突然,一个毛茸茸的东西跳到窗台上,他定睛一看,那不是他的小猫吗?这怎么可能呢?他使劲地甩了甩头,心想莫非这么快我就已经神经错乱了吗?可小猫那"喵喵"的叫声又是那么真切,他便伸出手,轻声地叫着小猫的名字。小猫闻声从铁窗缝挤进来,一下子跳到他的怀里!伯爵这才意识到他不是在做梦,他紧紧地抱住小猫,忍不住号啕大哭!原来,自从主人被抓走以后,小猫也离开了家。可究竟它是怎样发现了伯爵被关押的地方,并且顺着烟囱到了他的囚室,谁也解释不清。

狱卒知道了小猫的故事也十分惊讶,他破例允许伯爵留下了小猫。从此,伯爵在他孤独的铁窗生涯里有了一个伴侣。送来的饭,他总是让小猫先吃,他从心里感激这个自愿跑来陪他坐牢的伙伴。他俩就这样相伴着度过了一个个的春夏秋冬,直到小猫老死在狱中。伯爵又剩下了一个人,可是他没有变得沮丧,他下决心要活着出去,不然就对不起自己最忠诚的狱友——小猫儿。

1624 年,当政国王终于把伯爵放了出来,使他在被捕的 51 年后走出了伦敦塔。出狱后,他做的第一件事便是找人画了一幅小猫的肖像,挂在房间的正中央。

伯爵的故事是离奇的,我想我们绝少有人会处于他那样无助的境地。但在很多人身上存在一种通病,那就是对前途完全绝望的"萎靡不振"。其实,在许多困境中,只需一点点精神和理由就可以使人坚定地活下去。

人生悟语

如果我们沮丧地把自己的困难比喻为"牢笼",便是我们自愿把自己打入监狱,并且困住自己一年又一年。解决困难当然不太容易,我们抱怨没有动力,没有帮助。其实很简单,改变现状只需要一个理由。给自己一个进取的理由吧,把我们的信念当成伴随我们的那只"猫"。

流血不一定都是伤害

张翔

2000 年,是我最伤痛的一年。因为就在那年,我苦心经营的超市倒闭了。合作伙伴一哄而散,只留下我来收拾残局。我的情绪低落到深谷。

父亲并没有直接安慰我，他知道安慰的话都被我的亲朋好友说遍了，于是就和我聊起了多病的表哥。

表哥天生贫血，长大了也没有什么好转。于是，家里人拼命地为他补血，市面上各式各样的补品他都吃遍了，却依旧没有什么改善。但一次事故，却改变了表哥的一切。

那是一场突如其来的车祸。那天，正在念高中的表哥上了一天的课，放学从学校回家。一路上，他又感觉到自己非常疲惫，头又有些昏沉了。正当他穿过一条大道的时候，出了车祸。

那一次，他流了很多的血，把家人的魂魄都吓飞了。连医生都说，再迟 10 分钟，这个本来就贫血的孩子就会因为流血过多而丧命。

然而，令人吃惊的是，他的伤好得非常快。病好后，他变得生龙活虎起来，脸上也泛起了大大的红晕。

于是，家人再带他去检查，竟然发现他的贫血症也没了，因此他不再贫血，变得健康起来。

医生是这样解释的：正是因为他先天贫血，所以在成长的过程中一直都被人呵护，没有受过什么伤害流过血，所以他本来不好的造血机制一直都没有被激活。而这一次大出血，正好激活了他的造血机制，生出许多新鲜血液，让他的血液系统变得规律起来，身体也就健康起来。

没想到一次事故，一次大出血，却让表哥从长久的顽症中挣扎出来，健康地活在世间。

父亲讲完表哥的故事后，意味深长地对我说："孩子，其实流血并不一定都是伤害，或许也有它有益的一面。"

听罢，我恍然大悟，开始总结自己的失败，然后再重整旗鼓，投入到新的事业当中，一切都变得明朗起来。

人生悟语

顺流的鱼永远得不到强健的体魄，温室的树苗永远长不成参天大树，只有傲雪的松才有坚强不老的躯干。人同样如此，逆境的千般困苦固然包含着血泪和汗水，却能让人坚强淡定，充满了生生不息的力量，从而品尝到生命之泉的甘甜。

穿旧皮鞋的孩子

感动

他出生于英格兰西部坎伯兰的一个贫苦家庭，因为家庭经济条件常年拮据，父母靠节衣缩食才让他勉强念完小学和中学，他从来不讲究穿戴，不和同学攀比，因为他深知自己每一分学费里都渗透着父母的汗水，他对父母唯一的回报就是刻苦认真地学习。

由于成绩优秀，中学毕业后，他被学校保送进了威廉皇家学院。这所学校里的学生，大多数是有钱人家的子女，所以，衣衫褴褛的他就成了另类。那些不知贫穷艰辛的富家子弟，见他穿着寒酸，不但没有伸出同情和友谊之手，反而还经常讥笑、讽刺、奚落他，把他当作开心的点心。他在校园里行走时，习惯了低头的姿势。

一天早晨，他穿着一双旧皮鞋走进了教室。那一瞬间，所有同学的目光都聚集到了他的脚上。这是怎样的一双皮鞋呀！又旧又大，与他的脚一点也不相称。于是，大家根据鞋不合脚这件事进行了一番推理。结论是，这个穷小子穿的破皮鞋一定是偷来的。有几个同学还起哄说要把他从学校赶出去。一时间，整个校园里都流传着他是一个小偷的传闻，一些学生还到校长那里告了他的状。

他知道以后很生气，真想去揍那些造谣的家伙，好好教训他们一顿，但他更明白，这里是富家子弟的天下，自己是穷人的儿子，如果真打起架来，触犯了校规，倒霉的肯定是自己。他咬紧牙关，把眼泪咽到肚子里，尽量克制自己。但他没有想到，谣言重复多次就会变成真的。一天晚自习，在没有任何征兆的情况下，校长突然带着两个校警走进教室，把他叫到前面，双眼死死地盯着他的双脚，然后让校警去搜他的书包。整个班级鸦雀无声，那几个造谣的同学幸灾乐祸地期待着书包里的发现。

"校长先生，除了书本和一封信，什么也没有。"两个校警说。"把那封信拿给我看。"校长要过那封折得发皱、磨得起毛的信，撕开信封，展开信纸，在学生们的注视下，他开始读起来。

"孩子，刚提起笔，我就要流下眼泪，因为想到了你穿着那双又大又破的皮鞋走在校园里的情形。我的脚是40码的，而你的脚才35码，那双鞋你穿着一定不合脚。我总是梦到别的孩子拿那双鞋取笑你，孩子，希望你不要自卑，记住，穷人也一样会有出息的。最后，请原谅你贫穷的父亲吧，连为你买一双皮鞋的钱都没有……"

读着读着，校长的嘴唇竟颤抖起来。而他，再也忍不住了，"哇"的一声扑到校长的怀里痛哭起来。这哭声，诉尽了他经受过的所有不公。那一刻，整个教室沉寂至极，紧接着，一片啜泣的声音慢慢响起。

从此以后，他不再低着头走路，他决心要为贫穷的父亲争口气。就这样，他竟从贫穷里获得了无穷的动力，他的学习成绩从此成为最优秀的，同学、老师和校长也开始对他刮目相看。

后来，这个穷人的儿子在人生的道路上硕果累累，从1907年起他一直是英国皇家学会会员，1935年，他又被选为皇家学会主席。他曾担任全世界16所大学的名誉博士，而且是世界上一些主要学会的会员。他获得过的奖章和奖金不计其数，其中最引人注目的是他和他儿子共同获得了1915年的诺贝尔物理学奖。

他的名字叫亨利·布拉格。

换个角度来看，贫穷有时也会是一种无穷的动力源泉，对待贫穷的不同心态让一些人永远贫穷，而另一些人却因此走上了别人难以企及的生命之巅。

人生悟语

很多时候，我们的成功取决于我们对人生的态度。贫穷也好，富贵也罢，我们只要积极乐观地面对人生，坚定信念，就能昂起头迈向成功。

拿破仑的忠实拥戴者

佚名

拿破仑出身贵族，但是到他这一代，也只是空有一个贵族的头衔，生活却有些贫困潦倒了。他的父亲高傲而坚毅，虽然经济拮据，还是坚持把拿破仑送进了一所贵族学校。

在这所贵族学校，拿破仑交往的都是一些只知道炫耀自己、对拿破仑嘲笑讥讽的同学。这种嘲笑讥讽深深地刺伤了小拿破仑的自尊心，引起了他的强烈愤怒，然而对此他无能为力，只能为这种威势所屈服。

后来他忍受不了了,就写信给他的父亲:“我不想在这里待下去了,我不想和这些不学无术的同学为伍。为了忍受这些不知天高地厚的孩子们的嘲笑,我实在疲于解释我的贫困了,他们唯一高于我的便是金钱,至于说到高尚的思想,他们是远在我之下的。难道我要一直在这些富有而骄傲的人面前永远谦卑下去吗?”

“你必须在那里把书念完,这是你改变目前生活状况的唯一途径!”父亲坚定地回答,同时拒绝了他的要求。因此,他只能在那所学校继续待下去了。他知道无法改变目前的现实,就迅速地调整好心态,把那里的每一种嘲弄、每一种欺侮、每一种轻视的态度,都转化为一种向上努力的决心。他要以实际行动让这些愚蠢的富人们看看,他确实要比他们优秀。

这不是一件容易的事情,为此他付出了很多。他在自己心里暗暗计划、决定,决定利用这些没有头脑而又傲慢的人作为桥梁,使自己达到权力、财富、名誉的巅峰。

16 岁的时候,他当上了少尉。但就在这一年,他遭受到了另外一个打击,他的父亲去世了。这样,他不得不从他那本来就少得可怜的薪水中,抽出一部分来帮助他母亲。

他的同伴大部分的时间都在追求女人和赌博。因为他桀骜不驯的性格,使他不受女人喜欢;而他的贫困,使他赌博也没有资格。他用埋头读书的方法,去努力和他们竞争。读书是和呼吸一样自由和不受限制的事情,这使他得到了很大的收获。

没过多久,一切情形都因此而改变了。从前嘲笑他的人,现在都到他周围来,想分得一点儿他得到的奖金;从前轻视他的人,现在都希望成为他的朋友;从前揶揄他矮小、无能、死用功的人,现在变得尊重他了。他们都变成了他忠实的拥戴者。

人生悟语

对于坚强的人来说,不幸是一剂良药。不幸,可以让你学会忍耐,让你生出一分动力。任何事情都是有两面性的,不幸其实也是一种财富。

你不能施舍给我翅膀

张丽钧

在蛾子的世界里,有一种蛾子名叫“帝王蛾”。

以“帝王”来命名一只蛾子,你也许会说,这未免太夸张了吧?不错,如果它仅仅是以其长达几十公分的双翅赢得了这样的名号,那的确是有夸张之嫌;但是,当你知道了它是怎样冲破命运的苛刻设定,艰难地走出恒久的死寂,从而拥有飞翔的快乐时,你就一定会觉得那一顶“帝王”的冠冕真的是非他莫属。

帝王蛾的幼虫时期是在一个洞口极狭小的茧中度过的。当它的生命要发生质的飞跃时,这天定的狭小通道对它来说无疑成了鬼门关。那娇嫩的身躯必须拼尽全力才可以破茧而出。太多太多的幼虫在往外冲杀的时候力竭身亡,不幸成了“飞翔”这个词的悲壮祭品。

有人怀了悲悯恻隐之心,企图将那幼虫的生命通道修得宽阔一些。他们拿来剪刀,把茧的洞口剪大。这样一来,茧中的幼虫不必费多大的力气,轻易就能从那个牢笼里钻出来。但是,所有因得到了救助而见到天日的蛾子都不是真正的帝王蛾——它们无论如何也飞不起来,只能拖着丧失了飞翔功能的累赘的双翅在地上笨拙地爬行！原来，那“鬼门关”般的狭小茧洞恰是帮助帝王蛾幼虫两翼成长的关键所在，穿越的时刻，通过用力挤压，血液才能顺利送到蛾翼的组织中去；唯有两翼充血，帝王蛾才能振翅飞翔。人为地将茧洞剪大，蛾子的翼翅就失去了充血的机会，生出来的帝王蛾便永远与飞翔绝缘。

没有谁能够施舍给帝王蛾一双奋飞的翅膀。

我们不可能成为统辖他人的帝王，但是我们可以做自己的帝王！不惧怕独自穿越狭长漆黑的隧道，不指望一双怜悯的手送来廉价的资助，而是将血肉之躯铸成一支英勇无畏的箭镞，带着呼啸的风声，携着永不坠落的梦想，拼力穿透命运设置的重重险阻，义无反顾地射向那寥廓美丽的长天……

人生悟语

狭小的茧洞既是帝王蛾历经百般苦难的所在，又是它展翅飞翔的动力。请坦然面对苦难，使其成为你成长的阶梯。

摔倒的不远处就是成功

佚名

一个年轻人急于获得成功，于是他开始寻找成功。在寻找成功的路上他遇见一位智者，他向智者打听：“走哪条路才能够成功？”

智者一句话也没有说，只是把手向远处一指。年轻人看看智者指引的方向，十分激动，想成功就在智者指引的方向，成功就近在咫尺，很快便可以得到了。于是，年轻人向着智者指点的方向大步奔去。不久，年轻人摔倒了。“哎呀！”他疼得大叫了起来。

成功没找到，自己反倒弄得如此狼狈，他寻思着自己一定误解了智者的意思。于是，他从中途返回，当他满身尘土、一瘸一拐地走到智者面前，再次向智者问那个问题，智者依旧把手指向那个方向。

年轻人半信半疑，但看着智者不容置疑的神情，还是顺从地沿着这条路走去。没过多久，路上又传出咕咚一声，紧接着又是一声“哎呀！”他又摔倒了。

他又从中途返回了，不过这次他是爬着回来的，浑身血污，衣衫褴褛。他一脸愤怒，向智者咆哮道：“到底哪条路能够走向成功？我完全按照你指引的方向走，但我所得到的却只有伤痛与伤害！不要再用手指了！用嘴告诉我成功的方向。”

智者终于开了口，他说：“成功就在那个方向，其实你马上就到达成功了。在你摔倒的地方不远处就是成功，而这些摔倒都是到达成功的必经之路。”

人生悟语

成功不是那么轻而易举的事情，要获得成功，也许要经历无数次的失败，也许要经历很多意料中或者意料外的艰难困苦。而这些失败抑或艰难困苦，是成功之路的必经阶段：要学着忍耐这些不期而至的“摔倒”，正是因为这些不停的“摔倒”，才能迎来真正的成功。

活着就像在舞蹈

绘丹

女孩很小的时候,父亲就抛弃了她和母亲。坚强刚毅的母亲立志要将女儿培养成出类拔萃的人才,于是将女儿送进了一所舞蹈学校。高昂的学费并未吓倒母亲,她四处打工挣钱,7岁的女孩看见母亲整日忙碌和疲惫的身影,就会忍不住流泪。

一天,女孩对舞蹈老师说:“我想退学。”老师问:“为什么?”女孩回答:“我实在不想让母亲这样为我操劳。”老师问:“如果你退学,你觉得母亲会开心吗?”女孩回答:“至少我可以让母亲过得轻松点儿。”老师又问:“你知道母亲最大的心愿是什么吗?”女孩回答:“当然知道,母亲希望我成为舞蹈家。”老师说:“记住,只有实现了愿望的人才能变得轻松和开心;因此,你必须好好学习,了却母亲的心愿。”

女孩小小年纪就上了人生第一课,她从母亲的行动和老师的言语中受到了莫大的鼓舞。她训练比别的孩子勤奋,吃的苦比别的孩子多;但她流的泪和抱怨的话却比别的孩子都少。几年后,她成了最出色的学员,并开始登台表演。老师为她高兴,母亲为她自豪。

可命运总是在捉弄人,当女孩出落成亭亭玉立的少女,满怀信心准备迎接美好未来之时,身体却出了毛病:骨形不正,腰椎突出。这对舞蹈演员来说是致命一击。是退缩还是坚持?女孩选择了后者。她忍受疼痛和折磨,在身上装了一个“校正仪”,继续着她的舞蹈。她的努力和刚强没有白白付出,国家舞蹈团招了她,而且她很快成了领舞。此后她的足迹遍布世界各地,她优美的舞姿倾倒了无数观众。

她就是西班牙国家舞蹈团的常青树,享誉世界的弗拉门戈舞皇后阿伊达·戈麦斯。前不久来中国巡演时,记者问她:“面对贫穷和不幸,面对病痛与磨难,你是如何理解人生的?”已在舞台上舞蹈了四十余年的阿伊达笑容依旧美丽迷人,她说了这样一番话:“在我眼里,除了战争和死亡,别的都不能叫不幸;活着就像在舞蹈,一个有梦并愿为此付出一生的人没有什么东西能阻挡住她;我会永远地跳下去,直到跳不动那天为止。”

一个有梦想有追求的人,任何艰难困苦都挡不住他前进的步伐。活着就像在舞蹈——在人生的舞台上,需要的就是这股子执着和韧劲儿!

人生悟语

当我们在追求梦想的时候,总有很多东西试图阻碍我们前进,因为世界上没有什么梦想的实现是一帆风顺的。因此,任何困难甚至苦难都是我们必须承受、必须克服的。活着就像跳舞,不要被苦难打乱舞步,凭借自己那股执着和韧劲儿,力争让自己在学习、生活中保持优雅的舞姿。

折断后的翅膀更强健

盛剑云

在巴西的亚马逊平原上,生活着一种叫雕鹰的雄鹰,因其飞行时间之长、速度之快、动作之敏捷堪称鹰中之最,故有“飞行之王”的美称。被它发现的小动物,一般都难以逃脱它的捕捉。但这个“王”并不是那么容易当上的,在它称霸长空的背后,蕴藏着滴血的悲壮——

当雕鹰还是一只幼鹰的时候，便要经受母鹰近乎残酷的三步训练：第一步是母鹰带上雏鹰学习飞翔，而这时雏鹰的飞翔只不过比爬行好一些。雏鹰需要每天成百上千次地训练，才能获得母亲口中的食物；第二步，母鹰把幼鹰带到悬崖上，然后把它们一一摔下去，有的幼鹰因为胆怯而被活活摔死，但这丝毫动摇不了母鹰的“铁石心肠”；第三步，那些被母鹰推下悬崖而能胜利飞翔的幼鹰，还得经历母鹰最后一次“血淋淋”的考验：母鹰竟然把幼鹰那正在成长的翅膀骨骼折断，然后再次把它们从悬崖上推下，有的幼鹰就是在这时悲壮丧命。尽管这很残酷，但母鹰明白，虽然这种训练充满痛苦的泪水，但同时也在构筑着孩子生命的蓝天。经过这一道道“鬼门关”幸存下来的幼鹰，从此便可以不愁食物，成为新一代笑傲蓝天的“飞行之王”。

有些被折断翅膀的幼鹰，被好心的猎人带回家里养大，但这样的雕鹰长大后，那两米多长的翅膀已成累赘，只能飞到房屋那么高便要落下来。原来，母鹰“残忍”地折断幼鹰翅膀的骨骼，是决定幼鹰未来能否翱翔蓝天的关键所在。雕鹰翅膀骨骼的再生能力很强，只要在被折断后仍能忍着剧痛不停地振翅飞翔，使翅膀不断地充血，不久便能痊愈，而痊愈后的翅膀则似神话中的凤凰涅槃，将长得更强健有力。如果不这样，雕鹰也就失去了这仅有的一次机遇，它也就永远与蓝天无缘。

人生悟语

生命有生生不息的力量，那是自然赋予万物最强大的力量，如果只图一时安逸，梦想着坐享其成，无异于慢性自杀。因此，请勇敢地去接受风雨的洗礼，这样你才能明白生命的真谛！

白眼与青睐

李浅予

在15世纪的德国，艺术家一直得不到应有的尊重，甚至连艺术家本人也瞧不起自己。但有一个人却认为艺术家是推动历史前进的巨人，这个“狂人”便是德国画家阿尔布列希特·丢勒。

丢勒出生于德国纽伦堡一个普通银匠家庭，一辈子当首饰匠的父亲在丢勒很小的时候就发现了他的绘画天赋，于是将他送到纽伦堡一位画家那里学习绘画。在受了3年的艺术熏陶后，丢勒决定外出游历，他沿着莱茵河一路漫游，最后来到他一直景仰的意大利，对帕多瓦城的略那教堂中乔托的壁画进行了深入的研究，并遍访名师。

意大利之行让丢勒更加深刻地感受到了意大利艺术家所受到的尊崇，这也是意大利之所以群星璀璨并成为欧洲文艺复兴重镇的主要原因。与之相比，德国艺术家所遭受的白眼不免让人心灰意冷。但丢勒并没有绝望，他发誓要通过自己的艺术成就改变人们的偏见。

经过4年的努力，丢勒已成为一位颇有影响的青年画家了。不过，在德国人眼中，他仍然只是一个无足轻重的“匠人”，一个贵族在给友人的信中就曾不屑一顾地写道：“丢勒，他不过是一个能用机器和工具画出精密图画的画匠而已。”

起初，丢勒也感到愤愤不平，甚至还一度深陷“忧郁”(这是他作于1514年的一幅铜版画)之中。但慢慢地，他觉得与其怨天尤人、自暴自弃，不如将精力花在绘画上。通过不懈努力，他终于成为艺术界的一位巨人。1528年，这位当世罕见的艺术大师在病痛中离开了人世。但直到临终，他都未能像拉斐尔等意大利艺术家那样，获得他所期望的崇高地位。

让人欣慰的是，丢勒的声誉随着他的离世而纷至沓来，并达到了一个艺术家所能达到的最高峰——他被视为“德国的达·芬奇”。自1815年开始，全国每年都要举办以他的名字命名的节日。

如今,在丢勒位于纽伦堡的故居中,解说员会带着自豪的口吻向来自世界各地的参观者介绍这位国宝级的伟大艺术家。

白眼并不可怕,可怕的是自暴自弃。只要自强不息,就能赢得命运的青睐。

人生悟语

当你处于一个不利于自己发展的环境时,你会怎么做呢?是自暴自弃,还是自强不息?面对这样的情况,德国的画家丢勒始终坚守自己的信念,执着地在绘画的艺术道路上奋勇前行。虽然丢勒遭受了太多德国贵族的白眼,所取得的非凡成就在当时的德国也备受冷落;但"丢勒的声誉随着他的离世而纷至沓来,并达到了一个艺术家所能达到的最高峰——他被视为'德国的达·芬奇'"。从遭受白眼,到备受青睐,时间最终证明了丢勒的价值。

在生活中,很多人总是埋怨自己处境的不如意,把失败的原因归咎于社会的不公。然后自暴自弃,得过且过。其实,既然我们不能改变不如意的处境,就应该改变自己的心态。

凡事发生必有益

佚名

曾经在一次研讨会中认识一名活泼的女士,她非常幽默,热情贯穿全场,脱口而出的笑话让每个人都感染了她的快乐,谁都想不到她有过坎坷的成长经历。

那名叫子林的女子从小被视为智商不足,在智障学校待到五岁,才被发现原来不是智障,而是失去听力,于是转往特殊学校,直到十几岁时,才借助助听器过上了较为正常的生活。就在人生刚有起色时,一次意外车祸使她在医院里躺了两年。

当时她问自己,为什么我的人生有这么多的不如意呢?

但她随即深信:任何事情的发生必有其原因,并且有助于自己。因此告诉自己要咬紧牙关渡过面临的难关。

之后,子林试交了男朋友,人生再度有起色了,又因乳腺癌先后割掉两个乳房。然而,纵有千般的不如意,她还是相信:凡事发生必有其原因,并且有助于自己。

子林母亲歉然地对她说:"子林,真的很对不起,把你生成这样了。"

她回答说:"妈妈,你把我生得太好了,因为这样,我今天才有这份热忱,把自己的体验和经历与他人分享,化恐惧为力量,化压力为动力,为自己在每一个困难中,找出值得收藏的礼物。我要感谢这些所谓的不幸。"

人生悟语

"忧劳可以兴国,逸豫可以亡身"。人生路上,有顺境,但更多的是逆境。对某些人来说,逆境是学校,厄运是老师。逆境能激发一个人的斗志,把蕴藏的潜力尽情地释放,把逆境转变成一个人奋发进取的舞台。

但厄运并非总是财富,就像并非每一个身处逆境的人都能像子林那样把苦难作为通向成功的垫脚石。正如巴尔扎克所说:"世界的事情永远没有绝对的,结果完全因人而异。"苦难对于强者是一块垫脚石、一笔财富,而对弱者则是一块绊脚石。

逆风挺立的赫勒福德牛

佚名

这是一个老牛仔讲的故事：广袤的牧场上，冬天来了，暴风雪卷着牛群，温度常常降到零度以下，猛烈的暴风雪下，大多数牛对着彻骨的寒风，慢慢地被风暴卷着移走，直到被地界上的篱笆挡住，它们就互相靠着，挤作一团，僵硬而无助地抵御自然的暴怒。牛群慢慢被大雪盖住，最后统统死掉。但是，有一种赫勒福德牛，反应就完全不同，这些牛本能地逆风挺立，并着肩，低着头，抵御暴风雪的袭击，它们都活得好好的。

还记得一个曾经发生过的事情：冬天的草原上着了大火，火借风势，越刮越猛，人们一个个拼死往前奔跑，仓皇逃命。可是即使人们跑得再快，也没有风和火的速度快，他们一个个精疲力竭，最终都被大火无情地烧死了。但是，有几个人，他们没有顺着火苗往前跑，相反，他们却义无反顾地迎着火舌，向大火冲去，冲过了凶猛的火舌，到达了安全地带。他们有人虽然受了点伤，但都活了下来。

人之一生，不如意者十之八九，面对困难和挫折，不能只是一味地抱怨、沉沦和绝望。其实，命运对任何人都是公平的，所不同的，只是人们对自己的认识和对环境的理解不同罢了。要知道，环境不会控制你的命运，只有你，只有你自己应对生存和生活的态度和表现，才能够决定你的成功和失败。

就像暴风雪和大火来临时，我们不只是立刻想到逃跑，而是勇敢地迎上去，直面险恶，或许，就是一条生路。

人生悟语

困难、坎坷、挫折就像迎面的一股风，如果我们顺风而跑，就只能一直被它们追赶着，直到体力不支，束手就擒。那如果迎难而上呢？即使我们也可能会被苦难困住，但是我们多了成功的可能。

逆境面前，你愿意做什么

佚名

女儿对父亲抱怨她的生活，抱怨事事都那么艰难。她不知该如何应付生活，想要自暴自弃了。她已厌倦抗争和奋斗，好像一个问题刚解决，新的问题就又出现了。

她的父亲是位厨师，他把她带进厨房。他先往三只锅里倒入一些水，然后把它们放在旺火上烧。不久锅里的水烧开了。他往一只锅里放些胡萝卜，第二只锅里放些鸡蛋，最后一只锅里放入碾成粉末状的咖啡豆。他将它们浸入开水中煮，一句话也没有说。

女儿咂咂嘴，不耐烦地等待着，纳闷父亲在做什么。大约20分钟后，他把火关了，把胡萝卜捞出来放入一个碗内，把鸡蛋捞出来放入另一个碗内，然后又把咖啡舀到一个杯子里。做完这些后，他才转过身问女儿："亲爱的，你看见什么了？""胡萝卜，鸡蛋，咖啡。"她回答。

他让她靠近些并让她用手摸摸胡萝卜。她摸了摸，注意到它们变软了。父亲又让女儿拿一只鸡蛋并打破它。将壳剥掉后，她看到了一只煮熟的鸡蛋。最后，他让她喝了咖啡。品尝到香浓的咖啡，女儿笑了。她怯生生地问道："爸爸，这意味着什么？"

他解释说，这三样东西面临同样的逆境——煮沸的开水，但其反应各不相同。胡萝卜入锅之前是强壮的，结实的，毫不示弱，但进入开水之后，它变软了，变弱了。鸡蛋原来是易碎的，它薄薄的外壳保护着它呈液体的内脏，但是经开水一煮，它的内脏变硬了。而粉状咖啡豆则很独特，进入沸水之后，它们倒改变了水。"哪个是你呢？"问女儿，"当逆境找上门来时，你该如何反应？"你呢，我的朋友，你是看似强硬，但遭遇痛苦和逆境后畏缩了，变软弱了，失去了力量的胡萝卜吗？你是内心原本可塑的鸡蛋吗？你是个性情不定的人，但经过各种磨难，是不是变得坚强了？你的外壳看似从前，但你是不是因有了坚强的性格和内心而变得强硬了？或者你像咖啡豆，改变了给它带来痛苦的开水，并在达到高温时散发出最佳的香味。水最烫时，它的味道反倒更好了。如果你像咖啡豆，你会在情况最糟糕时，变得更有出息，使周围的情况变得更好。

问问自己是如何面对逆境的。当逆境找上门来时，你是胡萝卜，是鸡蛋，还是咖啡豆？

人生悟语

"当逆境找上门来时，你是胡萝卜，是鸡蛋，还是咖啡豆？"这是一个发人深省的问题，关系到一个人究竟以怎样的态度面对逆境。做胡萝卜，你是软弱的；做鸡蛋，你是坚强的；做咖啡豆，你是明智的。选择哪一种，都取决于你的态度。

在逆境的面前，有的人变得软弱了，有的人变得坚强了，有的人变得明智了。如果你想有出息，那么请不要抱怨生活，而要坚强自信地对待一切。

真正的支持者

刘燕敏

鲍尔士是19世纪俄国最著名的探险家，1893年，他在斯堪得纳维亚半岛探险旅游时与瑞典探险家欧文·姆斯相遇，由于两人都对极地风光具有浓厚的兴趣，于是决定一同沿北极圈做一次考察和探险，1895年春，他们从瑞典北部城市约克莫克出发，凭着三只狗、两架雪橇和一张古地图，一路向东行进。一万五千多公里的路程，本来在冬季到来之前就能走完，可他们却走了一年零三个月，原因是在翻越楚可奇山脉时，欧文·姆斯摔断了腿。

欧文·姆斯认为，能完成这次旅行，没有鲍尔士的帮助简直不可想象。在约克莫克分手时，他把一块怀表送给鲍尔士作纪念，并再一次感激他的关怀。

鲍尔士是位伟大旅行家，整整比欧文·姆斯年长20岁。他回答说，是你用一条腿走过最薄的冰，是你用一条腿翻过最狭窄的山道，总之，绝境中真正帮助你的是你自己，我没给你提供过一次真正意义上的支持，何谈感激呢？后来，在致欧文·姆斯的一封信中，他又说，记住，在探险的道路上，你就是你自己的神，你就是你自己的命运：没有人能对你具有最终的支配权，同时除你之外，也没有人能哄骗你离开最后的成功。

1902 年,欧文·姆斯来到中国,独自一人走进塔克拉玛干大沙漠,并且成为第一个活着走出来的探险者。对他创造的这一奇迹许多研究者归结为欧文·姆斯口袋中的金币和一位叫库利奇的维吾尔人的帮助。如果他们知道欧文·姆斯和鲍尔士在北极圈曾有过一段不寻常的对话,我想他们会感到自己的结论有点肤浅和平庸。

因为在这个世界上,任何成功的经验都告诉过我们:危难中,我们真正的救星是自己。

假如绝境中还有最后一根救命稻草,那一定是你自己,不放弃,抓住这根救命稻草,你就能走出绝境。记住:危难中,我们真正的救星是自己,你就是自己的神。

人生悟语

苦难中我们唯有自救,才有向上的可能。激发出骨子里战斗的激情,向困境发出挑战,更是向自我发出挑战,挑战生命的极限,书写不朽的神话。当你用自己的力量登上山顶,当你用自己的智慧赢得胜利,当你从上天那里拿来成功的钥匙,你可以对自己笑一笑:神就是我自己。

再困难也不能绝望

佚名

曹操在与吕布争夺濮阳的战斗中,屡战屡败,军队困于此地,局面很久都没有改观。恰在此时,一场历史上罕见的蝗灾铺天盖地而来。而此时吕布也在困境之中,双方都有了退兵的打算。

这时候,在一旁隔岸观火的袁绍派人来到曹营,给他捎信说:“老曹啊,一个人单打独斗太不容易了,还是与我联合吧。你可以举家迁到邺城,我都为你安排好了。”这时曹操刚刚失去兖州,军粮无存,情绪正处于低谷,就准备听从袁绍的“忠告”。

正在这时,东平相程昱出使回来,曹操把这个想法告诉了他,程昱说:“将军是否因为目前的局面而产生了自卑感呢?要不然绝不会出此下策。那袁绍占据燕赵地区,有吞并天下的野心,又岂能容忍您在他营垒之中?况且袁绍这厮,是个小人,您又能安心屈服做他的部下吗?您是人中之龙,不应该依附于人。现在兖州虽然残破,但还有三城在我们掌握之中,还有万余忠贞的将士。凭将军您的神武,有荀彧和我程昱及诸将领,收拾余部,发挥他们的力量,称霸立业的机会不是没有的,希望将军三思而后行。”

程昱的话,犹如一记警钟,惊醒了绝望中的曹操。是啊,与虎谋皮,投靠袁绍,我曹操又岂能心甘!从此,打消了与袁绍联合的念头。

人生悟语

无论有多么困难,都不要绝望。因为在绝望中所做出的选择往往是错误的。在困境中,一定要冷静,要坚强,要善于驾驭自己的情绪,而不是被情绪所左右。哪怕你遭遇第一百次挫折,也要像第一次遭遇挫折一样,要平静地去接受,坚强地去面对。只有这样,才有可能从困境中走出来。

在苦难中奋起

佚名

洪战辉是河南省周口市东下镇洪庄村人,12 岁那年他小学毕业时,家庭生活发生了改变,患有间歇性精神病的父亲从外面带回了一个弃婴。

家里太穷,负担不起哺育女婴的费用,母亲让洪战辉把女婴送人。洪战辉不忍心,就把女婴留下了,并给她起名为洪趁趁,小名"小不点"。

由于父亲患病,家庭的重担全部压在了目不识丁的母亲身上,她还经常遭受父亲无缘无故的毒打。

1995 年秋天的一天,母亲忍受不了家庭的重担和丈夫的拳头,选择了逃离。

妈妈走了,父亲是病人,刚刚满 1 岁的"小不点"怎样才能带大。久坐之后,洪战辉告诉自己:既然一切已无法改变,那就承担吧。

那时候家里太穷,为了买奶粉养妹妹,洪战辉从小学时就做起了小贩,在附近的集市上,冬天卖鸡蛋,夏天卖冰棍。实在没钱的时候,有时就带着妹妹到有小孩的人家借口奶吃。他还想着给"小不点"补充营养,最多的时候,是上树掏鸟蛋给妹妹做鸟蛋汤,为此,他不止一次从树上摔下来。

从高中起,他就带着妹妹上学,他利用假期打工所挣的钱交了学费,还在校园里利用课余时间卖起了学习书籍。就在进入高一时,父亲的病情恶化了,必须住院治疗。于是,洪战辉只得休学挣钱为父亲治病。

怀着不屈的信念,经过不懈的拼搏,2003 年 7 月,洪战辉考取了湖南怀化学院。课余时间里,洪战辉在校园里卖过电话卡,为怀化电视台《经济时代》栏目组拉过广告,还给一家电子经销商做销售代理。目的就是想挣钱带着失学在家的妹妹一起来上学。

他携妹求学 12 载的故事,经全国多家媒体报道后,已成为社会关注的焦点,不断有人表示愿意捐款,以帮助他抚养妹妹。令人意想不到的是,后来,洪战辉在某媒体上发表公开信,在这封信里,洪战辉在向关心他与妹妹的人表示感谢的同时,明确提出他可以养活自己和妹妹,不需要任何社会捐款。"因为我觉得一个人自立、自强才是最重要的。苦难和痛苦的经历并不是我接受一切捐助的资本。我现在已经具备生存和发展的能力！这个社会上还有很多处于艰难中而又无力挣扎的人们！他们才是需要帮助的!"

面对再大的苦难,洪战辉自始至终不放弃追求,不屈服于现实,虽然饱受着肉体上的折磨,但很大程度上保持了心灵的平静,这正是一个自尊、自重、自强、自爱的人面对苦难的人生态度。

苦难中能够保持镇静,是常人很难达到的一种人生境界。直面苦难,不怨天尤人,不牢骚满腹。

人生悟语

每个人的人生中都充满了苦难。人是从苦难中成长起来的,唯有把苦难当作良药,乐观奋斗,才能得到人生中最珍贵的财富。苦难激发人的潜能,把苦难当作一块成功的垫脚石,在黑暗的尽头,我们将看见光明。当然,将苦难看作生命中的一种磨砺,无疑需要很大的勇气。然而,一旦我们超越了苦难,战胜了苦难,我们所获取的必定是面对生活重新微笑的机会。

生命的劣势

佚名

一个年轻的僧人，在路上遇上一个跛腿的老头。老头的腿跛得十分厉害，走起路来一跳一跳的，但老头很快乐，走着唱着，那条吃力的腿走起来噼啪作响，像给自己打着节拍似的。

僧人很不明白，像这样腿跛得如此厉害的，自己云游四海见过的不计其数，他们要么是苦愁着脸，嘴角挂满了忧伤的叹息，要么就是拄着拐杖挎着一只破烂的竹篮，走乡串户沿街乞讨，向谁说话，开口就苦苦凄凄，一副失魂落魄让人怜悯又同情的样子。僧人十分费解，自己面前的这个跛老头，比许多残废人更残废了十倍，但他为什么还如此快乐呢？

僧人不解地问老头，老头一听就笑了，说："我有什么值得不快乐的呢？只不过腿比别人短了一截而已，而比别人短这截儿，恰恰是我最快乐的原因呀。"

因为自己残废而快乐？僧人更不解了。

老头笑呵呵地说："我天生因为腿跛，所以很小的时候，父母邻居不停要求我的哥哥弟弟干这干那，而对我百般呵护，使我享受到了哥哥弟弟们分享不到的父母溺爱。及至长大成人了，我的哥哥弟弟们被生活逼得东奔西跑，终日为生计所困所累，而我呢，因为腿跛，就没人对我期望来期望去，没有什么太大的压力。"

老头顿顿又说："别人建了一座房屋没什么，而我建起一座房，人们就常常指着我的房子说：'瞧瞧吧，那房子是一个跛子建起来的。'我们庄上的许多人在荒滩野岭上开垦了许多地，有的开垦了五六亩，有的开垦了三四亩，可没人能知道他们，而我仅仅开垦了一亩多地，就常常有人指着我开垦的地训诫他们的儿孙说：'瞧瞧吧，那是一个跛子开垦的，他跛得那么厉害，竟然还开垦出了那一块儿地。'"

老头得意地笑着说："有人建了屋舍百座，却没有人能知道他，有人开垦了良田千亩，却没有人会记住他，而我呢，盖起了一座瓦屋，人们却知道了我，开垦了一亩薄田，人们却牢牢记住了我，不都是因为我一条腿跛，仅仅比别人短了那么一点点吗？腿跛腿短，使我轻易就得到了许多人苦苦奋斗却始终望尘莫及的赞美，腿跛，是我身体的一个劣势，却是我生命的一个优势啊。"

老头指着湿漉漉的山路问僧人说："这条路经常有许多人鱼贯而过，他们曾经在这路上留下许许多多的脚印，可现在，你能找到他们的一个脚印吗？"僧人低头看了看，湿漉漉的山路上光滑如砥，根本就找不出其他一个清晰的脚印来，只有半行脚印深深地烙印在山路上。

老头得意地说："许多人在这路上走，但因为他们双脚有力平衡，所以他们连一个深的脚印都没能留下，而我呢，因为腿跛，双脚用力不平衡，所以就留下半行深深的脚印，能在自己走过的路上留下半行自己深深的脚印，也比留不下自己的一行脚印好啊。那么多人辛辛苦苦什么也没留下，而我轻而易举就印下了自己的半行脚印，你说，我不是比他们更幸运吗？"

僧人顿时明白了，这世界上，生命的幸运不一定就是人生的幸运，而生命的不幸却可能是人生的幸运，生命的劣势，恰恰是我们自己人生的优势！

人生悟语

贝多芬曾说:通过苦难,走向欢乐。所以,不要拒绝生命的劣势,而要想方设法把劣势变成自己人生的优势。

人生苦短,韶华易逝,为什么要让那艰难困苦来侵扰自己,用那无形的刀来伤害自己的生命呢?生活中,不期而至的灾难也是一味重要的调剂品,它可以磨炼我们的意志而将痛苦化成特殊的人生养分,让我们看到人生的不易而更懂得珍惜。当我们笑对困境的时候,缺陷与灾难都可以成为我们炫耀的资本——这是一笔别人用金钱也换不来的特殊经历。

有一颗心还在和我一起跳动

佚名

小晴是我的高中同学,那时她的家境是全班最好的,父亲是县里的高官,母亲是教师,是很令人羡慕的一个家庭。

今年夏天回老家探亲,在街上和小晴偶然相遇,虽然隔了十多年的岁月,我还是一眼认出了她。她的脸上没有一点沧桑的影子,和高中时一样漾满了欢快而自信的笑容。是啊,生活在那样的一个家庭之中,本是无忧无虑,不像我四处奔波,她自然是幸福而年轻的。

小晴热情地邀我去她家小坐,我愉快地答应了。上学时她也曾多次请我们到她家做客,每次我都拒绝了,因为年少时心底的那份自卑。而经过了这么多年,早已不复旧时想法,路上我问她成家没有,她一笑说:"成过!"颇让我费解。穿过几条街,她竟然把我带到一所平房前,这更让我吃惊,十多年前,县里还没有多少楼房的时候,她家就已住进了高楼,这里,可能是她自己的家吧!见我疑惑,她说:"这就是我的家,原来的那个家,只是位置换了而已!"

进了屋,小晴和我寒暄了几句,便说进去和母亲说几句话。我听见她在里屋和妈妈说着话,讲着她这一天的经历,声音轻柔,只是没有听到她母亲的声音。她出来后,我终于忍不住问她:"你家里发生了什么事吗?"她的神情一黯,可瞬间就恢复了常态说:"八年前,我爸爸因违纪被关进了监狱,我现在和妈妈在一起生活!"她说得很平静,仿佛在讲着别人的故事。她忽然对我说:"进去看看我妈妈吧!"

和她一起进到里屋,看见她妈妈正躺在床上,已经睡着了。她走到床前,左手抚在妈妈的胸口,说:"妈,我的同学来看你了,就是以前我和你说过的那个死活不肯来咱家的倔男生!"然后,她转过头对我说:"我妈妈这样睡着已经整整七年了!爸爸出事后,妈妈整日恍恍惚惚的,终于在一次事故中变成了现在的样子,只有呼吸,只有心跳,长年地睡着!"

那一刻我的心极为震动,怔了好久,才问:"那你先生呢?"小晴淡淡地说:"五年前就离婚了,因为我所有的倚仗都没有了,爸爸的官没了,为了给妈妈看病钱也花没了,还要照顾妈妈,所以他选择了离婚。"没有想到,这样的家庭居然有着如此沧桑的巨变,我问:"看你的样子,还以为你像当初一样幸福呢!怎么看不出你有那些痛苦的神情呢?"

小晴忽然笑了,说:"我依然年轻,依然微笑,因为我并不觉得痛苦,甚至仍然是幸福的。是的,最初的时候我也难过,我也绝望,可是我必须照看妈妈,她不是没有知觉的,如果她知道我痛苦,也会不安的。我常和妈妈说话,虽然是自言自语,可我还是愿意向她倾诉。有一次我无意间用手摸着她的胸口,竟能感觉到她的心是随着我说的话而跳动的,我高兴时,她的心跳也会加快。我知道了她能听见我的话,能听懂我的话,她并不是一株除了生命什么也感知不到的植物!既是这样,就是我最大的幸福了,就是我好好活着的理由!"

我的心慢慢地湿了,刚才还以为小晴只是温室中被人呵护的一朵花,却不想这朵花竟经历了太多生活的凄风冷雨。也只有经历过风雨的花朵,才会是经久的美丽。她为了母亲的心跳而幸福地活着,让自以为历尽沧桑的我汗颜无地。在我的身边,有那么多关心着我爱着我的人,可我有多少次走到绝望的边缘、有多少次想到为了他们而好好地生活?

是的,正如小晴所说,只要有一颗心还在和我一起跳动,生活中再多的苦难我也愿意去承受,也永远是幸福的。

人生悟语

在困境面前,只要一个理由,挺不过,便可放弃。但可以有千千万万个理由让你要挺过去,这个理由来自你的内心,它可以是一个微笑,可以是一个梦想,可以是一个诺言,还可以是因为有一颗心还在和你一起跳动。这颗心里盛满沉甸甸的爱,让你没有理由放弃,这颗心里有对你的期盼,对你的祝福,对你无言的鼓励。用爱的力量走出困境,前方,你将收获满园春色。

与困难掰腕子

刘岩

父亲十多岁的时候,爷爷就去世了。

当时,家里的日子过得很凄凉。为了能挣些口粮,奶奶一狠心,把父亲送进后草地换粮的车队。

冬闲的时候,雪地白茫茫的。父亲跟着车队出发了。长长的一大溜,十几辆车绵延在后山梁上,弱小的父亲夹杂在其中。奶奶送出去好远,千叮咛万嘱咐,眼中还是泪花花的。父亲说,没事,你回去吧。头也不回,跟着车队就走了。

换粮回来的半道上,骡子病了。给牲口看病的工夫,父亲在一家车马店耽搁了一天多的时间。第二天下午,父亲只好一个人往回赶。天越走越黑,风也越刮越大。地上的积雪被扬得四散,天地之间灰茫茫的,看不清前头的路。父亲本打算走到前边的一个村庄,找一个地方住下来,但是往前走了很长一段时间,还是看不到那个村庄。

天已经彻底黑了,又走了不知多少路,还是不见一星半点的灯影。父亲觉得,一定是迷路了。他把车上所有御寒的东西,都胡乱地穿在自己身上。又把两条麻袋片,搭在了还有些虚弱的骡子身上。天气越来越冷了,刺骨的寒风发着摄人心魄的怪响,毫无遮拦地穿透父亲的衣服,深入到父亲的骨髓深处。

父亲后来回忆说,他当时连车也不敢坐,也不敢选择一个背风的地方藏起来。他说,那种时候,人和牲口要是一停下来,很快就冻僵了。父亲牵着骡子,明明知道已经迷路了,还是义无反顾地往前走,他知道走下去就能活下来。然而那一次,命运好像偏偏和他作对。车走着走着,突然掉进了一个雪窟窿,父亲爬到车底下,清理了积雪,自己帮着边辕,狠命地吆喝着牲口,一连试了几次,车就是出不来。风越刮越大,后半夜更是冷得难耐。有几次父亲想舍弃了车,自己和牲口逃命。但是,一想到家里,好几口子人指望着换回去的东西活命,他就不敢再想这些。后来,父亲把车上的东西都卸下来，空车出来，再把东西装上去。父亲说，他当时冻得瑟瑟发抖而又筋疲力尽，也不知道什么力量促使他还能搬得动上百斤的盛满莜麦的麻包……

第二天天亮，父亲发现自己赶着车在雪地上转了无数个圈，而前面的村庄，就在一里远的地方。

以后的岁月，父亲偶尔说起这件事的时候，总是意味深长地说，人这一辈子，谁都会遇到点难事，关键是要学会和它掰腕子，再大的困难，只要心里不松劲，腕子永远输不了。

这句话，我记一辈子。

人生悟语

那个雪夜，寒风刺骨，一位少年拉着一只虚弱的骡子和一辆装着口粮的车子在雪地里走迷路了，一整夜都赶着车在雪地上转圈。这样的困难无疑是很大的，但是少年挺了过来。是什么支撑他战胜了这样的困难的呢？是他那种“与困难掰腕子”的坚强不屈的精神。只要坚强不屈的精神还在，就不会输。

面对困难，我们的畏缩只能导致惨败，或者吃到更多的苦头；只有心怀坚定的信念和不屈的意志去克服，才能赢得胜利。

逃出牛奶罐的青蛙

佚名

从前有两只青蛙，它们在路边蹦蹦跳跳地找食物，可兴奋了。可是，由于它们不小心，竟然跳到了路边的一个牛奶罐里。牛奶罐里还有一些牛奶，但它们却清楚地明白：我们遇到灭顶之灾了，这回死定了。因为牛奶罐太高了。

一只青蛙想：完了，全完了，这么高的一只牛奶罐啊，我怎么能爬得出去呢。我想我是永远都出不去了，只能死在这个牛奶罐里了。它好绝望啊，它想：既然一定会死，那又何必浪费那么多的力气呢？还不如痛痛快快地死掉。于是，它完全放弃了反抗，沉到牛奶罐底下去了，静静地等待着死亡。

另一只青蛙看到同伴沉没在牛奶中时，并没有沮丧和放弃。它告诫自己：上帝给了我坚强的意志和发达的肌肉，只要我不丧失勇气和希望，我一定可以跳出去，我一定能活下来！

在这种乐观情绪的鼓舞下，这只青蛙每时每刻都在鼓起勇气、鼓足力量，用尽最大的力气，一次又一次地跳跃、奋起——生命的力量和美展现在它每一次的搏击和奋斗里。

有好多次，它都觉得自己累了，快不行了，甚至觉得自己快要死了。可是，每当这个时候，它都给自己打气：我一定可以活着出去的！于是，它在片刻地休息之后，又投入到下一轮的跳跃和搏击之中了。

不知道过了多长时间，它突然发现脚下稀薄的、液体状的牛奶居然变得坚硬起来了。

原来，它无数次的踩踏与跳跃，已经把液体状的牛奶变成了一块坚硬的固体状的奶酪。

不懈的奋斗和挣扎终于换来了自由的那一刻。它踩着坚硬的奶酪，从牛奶罐里轻盈地跳了出来，重新回到了绿色的池塘里，它激动极了。因为它用自己的乐观和勇气绝处逃生了，在经历九死一生之后活了下来。

而那一只悲观丧气的青蛙就死在了牛奶罐中，它做梦都没有想到会有机会逃出险境。

人生悟语

青蛙用自己的乐观和勇气为自己赢得了生命。这个故事告诉我们:最大的力量在我们自己心里,我们的心态决定了我们的成功与失败。当我们遇到困境时,如果用一种积极乐观的心去看待它,我们就有了莫大的勇气,就有了希望。相反,如果我们自己悲观沮丧、灰心丧气,那么就只好等死了。请永远记住这样一句话:只要心中有一个火红的太阳,生命的火种就永远不会熄灭。

从难题中脱身

佚名

一只屎壳郎,堆着一个粪球,在并不平坦的山路上奔走着,路上有许许多多的沙砾和土块,然而,它推的速度并不慢。

在路正前方的不远处,一根植物的刺,尖尖的,斜长在路面上,根部粗大,顶端尖锐,格外显眼。也许是冥冥之中的安排,屎壳郎偏偏奔这个方向来了,它推的那个粪球,一下子扎在了这根"巨刺"上。

然而,屎壳郎似乎并没有发现自己已经陷入困境。它正着推了一会儿,不见动静。它又倒着往前顶,还是不见效。它还推走了周边的土块,试图从侧面使劲——该想的办法它都想到了。但粪球依旧深深地扎在那根刺上,没有任何出来的迹象。

这时的屎壳郎,它的"锲而不舍"看上去似乎有些好笑。因为对于这样一只卑小而智力低微的动物来说,实在是不能解决好这么大的一个"难题"的。但屎壳郎丝毫没有退却的意思,它仍然在积极地努力着,一会儿转到这边试试,一会儿又跑到那边试试,真是有点忙得不可开交的样子。几分钟之后,只见它突然绕到了粪球的另一面,只轻轻一顶,咕噜——顽固的粪球便从那根刺里"脱身"出来。

屎壳郎它赢了!

然而,赢了之后,没有胜利之后的欢呼,也没有冲出困境后的长吁短叹。赢了之后的屎壳郎,就像刚才什么也没有发生过一样,它几乎没有任何停留,就推着粪球急匆匆地向前去了。

人生悟语

我们任何人,都不能期待自己的人生会一帆风顺,因为压力、困难和挫折,是人生中的绊脚石,我们必然会遇到。当遇到这些绊脚石的时候,我们唯一能做的,就是以积极的、乐观的心态去应对,去想办法解决;而消极的逃避,则是懦夫的行为,是蠢不可及的。

羊群选天敌

佚名

上帝把两群羊放在草原上,一群在南,一群在北。上帝还给羊群找了两种天敌,一种是狮子,一种是狼。

上帝对羊群说："如果你们要狼，就给一只，任它随意咬你们。如果你们要狮子，就给两头，你们可以在两头狮子中任选一头，还可以随时更换。"

南边那群羊想："狮子比狼凶猛得多，还是要狼吧。"于是，它们就要了一只狼。北边那群羊想："狮子虽然比狼凶猛得多，但我们有选择权，还是要狮子吧。"于是，它们就要了两只狮子。

那只狼进了南边的羊群后，就开始吃羊。狼身体小，食量也小，一只羊够它吃几天了。这样，羊群几天才被追杀一次。

北边那群羊挑选了一只狮子，另一只则留在上帝那里。这只狮子进入羊群后，也开始吃羊。狮子不但比狼凶猛，而且食量惊人，每天都要吃一只羊。这样羊群就天天都要被追杀，每天羊群都处于惊恐之中。羊群赶紧请上帝换一头狮子。

不料，上帝保管的那只狮子一直没有吃东西，正饥饿难耐呢。它扑进羊群，比前面那头狮子咬得更加疯狂。羊群一天到晚只是逃命，连草都快吃不成了。

南边的羊群庆幸自己选对了天敌，同时嘲笑北边的羊群没有眼光。北边的羊群非常后悔，向上帝大倒苦水，要求将天敌改换为一只狼。

上帝说："天敌一旦确定，就不能更改，必须世代相随，你们唯一的权利是在两只狮子中选择。"

北边的羊群只好把两只狮子不断更换。可两只狮子同样凶残，无论换哪一只它们的处境都比南边的羊群悲惨得多。

后来，它们索性不换了，让一头狮子吃得膘肥体壮，上帝那儿的那头则饿得精瘦。眼看瘦狮子快要饿死的时候，羊群才请上帝换一只。

瘦狮子经过长时间的饥饿后，慢慢悟出了一个道理：自己虽然凶猛异常，一百只羊都不是对手，可是自己的命运是操纵在羊群手里的。羊群随时可以把自己送回上帝那里，让自己饱受饥饿的煎熬，甚至有可能饿死。

想通这个道理后，瘦狮子就对羊群特别客气，只吃死羊和病羊，凡是健康的羊它都不吃了。羊群喜出望外，有几只小羊提议干脆固定要瘦狮子，不要那只肥狮子了。一只老公羊提醒说：

"瘦狮子是怕我们送它回上帝那里挨饿，才对我们这么好。万一肥狮子饿死了，我们没有了选择的余地，瘦狮子很快就会恢复凶残的本性。"

羊群觉得老羊说得有理，为了不让另一只狮子饿死，它们赶紧把它换回来。

原先膘肥体壮的那只狮子，已经饿得只剩下皮包骨头了，并且也懂得了自己的命运是操纵在羊群手里的道理。为了能在草原上待久一点，它竟百般讨好起羊群来。而那只被送交给上帝的狮子，则难过得流下了眼泪。

北边的羊群在经历了重重磨难后，终于过上了自由自在的生活。

南边的那群羊的处境却越来越悲惨了，那只狼因为没有竞争对手，羊群又无法更换它，它就胡作非为，每天都要咬死几十只羊，这只狼早已不吃羊肉了，它只喝羊心里的血。它还不准羊叫，哪只叫就立刻咬死哪只。

南边的羊群只能在心中哀叹："早知道这样，还不如要两只狮子。"

人生悟语

伴随恶狼的羊群遭遇厄运，伴随狮子的羊群生活安逸，看似无稽的事却也理所当然。

积极的人在每一次忧患中都能看到一个机会，消极的人则在每个机会来临时都只看到某种忧患。北边的羊群面对困境积极进取，找到了生存的办法；而南边的羊只是消极抱怨，于是只能让自己的处境更加悲惨。

成功就是战胜自己

佚名

波恩和嘉琳是对孪生兄弟。在一次火灾事故中,消防员从废墟里找到了兄弟俩,他们是这次火灾中幸存下来的两个人。

兄弟俩被送往当地的一家医院救治,虽然死里逃生,但大火已把他俩烧得面目全非。“多么帅的两个小伙!”医生为兄弟感到惋惜。

波恩整天对着医生唉声叹气:自己成了这个样子以后还怎么出去见人,还怎么养活自己?波恩对生活失去了信心,再也没有了活下去的勇气,总是自暴自弃地说:“与其赖活还不如死了算了。”

嘉琳努力地劝波恩:“这次大火只有我们得救了,因此,我们的生命显得尤为珍贵,我们的生活最有意义。”

兄弟俩出院后,波恩还是忍受不了别人的讥讽偷偷地服了五十片安眠药离开了人世。嘉琳却告诉自己再艰难也要生活下去。无论遇到多大的冷嘲热讽,他都咬紧牙关挺了过来。嘉琳一次次地暗自提醒自己:“我生命的价值比谁都高贵。”

一天,嘉琳还是像往常一样送一车棉絮去加州。天空下着雨,路很滑,嘉琳车开得很慢,小心地往前行驶着。此时,嘉琳发现不远处的一座桥上站着一个年轻人,那人站在雨中,好像在桥上思考着什么。嘉琳紧急刹车,车滑到了路边的一条小沟里。还没等嘉琳靠近桥上年轻人的时候,年轻人已经纵身跳下了河。嘉琳不顾一切地跳下河去救那年轻人,可是年轻人被他救起来后还继续往河里跳,就这样反复地跳了三次,直到嘉琳自己差点被大水吞没,年轻人才放弃了轻生的想法跟着嘉琳回到了车里。

后来嘉陵发现自己救的那位年轻人竟是位亿万富翁,亿万富翁非常感激嘉琳,他邀请嘉琳和他一起干起事业。就这样嘉琳凭着自己的诚心经营发展,从一个积蓄不足10万元司机,做到了一个有3.2亿元资产的运输公司。

几年后整形的医术发达了,嘉琳用挣来的钱做了整容手术,开始了自己美好的新人生。

我们常说人在逆境中首先要战胜的不是别人而是自己。战胜了自己也就战胜了别人。我们在困难的时候战胜了自己,就能顶住外来的压力,从而成就自己。

人生悟语

即使是路边石头夹缝中的一棵小草也有它生存的权利和意义。很多时候失败只是因为我们自己的放弃,只要再坚持一下,战胜自己的懦弱,我们就一定会成功。尤其是在最艰难的时候,命运的转机也往往就在那里等待着你战胜自己,成为生活的强者,你一定会取得成功。

每一天都要好好活着

佚名

他12岁那年,一天他正和叔叔从集市回来,天空突然出现了一个奇妙的现象:一片乌云在他们头顶聚集,下雨时却没有一滴落在他们身上。这美妙的一刻,让这个出身贫寒的少年泪流满面,发誓要好好活着,“永不死去”。60年后,回忆起那一刻他仍激动不已,于是便在回忆录中动情地写道:“每一天好好活着,你便会有丰盛的收获。”

他就是葡萄牙当代著名作家若泽·萨拉马戈!

萨拉马戈1922年1月16日出生于葡萄牙东南部一个偏僻的小村庄,父母都是贫苦的农民;而他的姓氏“萨拉马戈”在葡语中的意思为当地一种草本野植物,是穷人的食物。这似乎寓意着他将一辈子受穷,像野草一样在贫瘠而荒芜的大地上自生自灭。

他的家的确太穷了,早在他出生前,家中就四壁空空,一贫如洗,矮小的土屋连个窗户都没有。迫于生计,在他两岁时,父母不得不带着他背井离乡,来到首都里斯本谋生。父亲虽然幸运地找到了一份保安的差事,但一家人的生活仍十分清贫。

虽然只在家乡生活了两年,但他对那里的一切仍很留恋,所以学校一放假他就回家乡看望祖父母。家乡的一草一木都让他魂牵梦绕,而12岁那年和叔叔从集市回来的路上看到的那奇妙的一幕,则让他坚定了一个信念:“每一天都要好好活着”。

但生活的艰辛并没有因为这个信念而发生丝毫改变。17岁时,由于家庭经济拮据,他在中学只读了两年书,便被迫中断学业。他走上社会干的第一份工作,是在一家制锁作坊当学徒,因笨手笨脚,挨过老板不少臭骂与棍棒。

18岁时,他到一家医院打工,就在这段时期,他喜欢上了读书,每天晚上都泡在附近的一家图书馆里。由于没人引导,他读的书很杂,但这却让他没有头绪地闯入了“文学”,并产生了当作家的念头。

之后,他相继做过绘图员、校对员、保险公司职员和翻译等工作,但不论做什么工作,他都一直坚持利用业余时间从事创作。1947年,在他25岁时,终于出版了第一部长篇小说,并凭借这部小说从一名焊工成为一名文学杂志编辑。

虽然小说改变了他的命运,让他成了一个“体面人”,但此后30年间,除了偶尔写一些诗歌、散文外,他一直未再动笔写作长篇小说,原因是“人人都有书写表达的欲望,但需看是否有其表达之价值”。

随后几年,他靠译稿维持生活。在解决了生存问题后,又用短短15年时间写出了一系列堪称经典的长篇小说,并很快成为著名作家。但在他看来,自己并没有什么了不起,因为写作不过“如同做椅子”,既然是做椅子,那就应该“把它做得艺术一些,甚至漂亮一些”。

1998年,在他76岁生日前夕,这位做出了“漂亮椅子”的“匠人”收到了一份来自瑞典的厚礼——他因“想象、同情和反讽所支撑的寓言,持续不断地触动我们”获得了诺贝尔文学奖,成为以葡语为母语进行写作的作家中获此殊荣的第一人。

无论身处何种逆境,都不要气馁——因为,即便在乌云下也照样可以诞生美妙的寓言,而只要“每一天好好活着,你便会有丰盛的收获”!

人生悟语

“每一天好好活着,你便会有丰盛的收获。”这是支撑葡萄牙当代著名作家若泽·萨拉马戈一生的信念,也是值得我们每一个人学习的箴言。不管生活多么贫穷和困难,萨拉马戈都没有放弃对生命和生活的热爱,他努力地工作着,做过很多苦活累活,最终通过不懈的努力成为著名作家,获得了诺贝尔文学奖。这是生活对于一个热爱生活的人的回报。

珍惜生命,热爱生活,这是我们每个人都可以做到的。无论苦难多深,都终将过去。

只要我们每天都好好地活着,就会迎来美好的前景。

第十二章　知足者常乐

良好人生

莫小米

有一位同事美丽而文静，说话语速总是慢慢的，音量总是小小的，但很能说到人的心底里去，你不知道自己是什么时候被她看穿的。

她的业绩说不上骄人，但也无可挑剔；她嫁了她爱也爱她的普通人，日子过得波澜不惊；她每天都要午睡，每天都做健美操，生活很有规律；她从不嫉妒荣誉加身的同事，也不鄙视偶犯错误的同事，只对势利小人冷眼旁观，却也不恼。她心明如镜绝顶聪明，与周围一些拼尽全力却活得不尽如人意的人相比，我总觉得她的人生本来还可以更为出彩，而她没有去做。

一个非常难得的机会我们两两相对，她说她父亲的一句话奠定了她的人生。读初中时她体质弱，任何体育活动都没法参加，学习上又非常争胜好强，偶尔有一门功课得不到第一就会难过自责。父亲对她说："以你的条件，你不必追求优秀，但你可以做到良好。"从此，她听了父亲的话，比较轻松地将每门功课成绩都保持在良好，体质也逐渐恢复。高中毕业时她给自己的定位是考上一所普通大学，压力不重反而发挥良好，她轻松地考上了重点大学；大学毕业时她学的专业人才极紧俏，重点大学毕业生又可以在全国范围内选择工作，而她却选择了中等城市的专业对口单位，她只求离父母近些，可以相互照料。

良好的人生肯定不被小说家与剧作家看好，因为良好的人生不能构成他们的创作素材，他们更感兴趣的是——事业有成而家庭破裂、幸福来临却死神紧随——有一项优秀就总有一项不及格。

人生悟语

没有天空的蔚蓝，我们可以有白云的飘逸；没有大海的壮阔，我们可以有小溪的悠然；没有草原的芬芳，我们可以有小草的青翠。人生不一定要事事追求完美，能够拥有一份属于自己的精彩、坦然与平静，也是一种成功。

百岁箴言

蒋光宇

1924 年，奥地利最负盛名的滑稽大师保罗到那不勒斯城演出，场场爆满，受到了热烈的欢迎，获得了巨大的成功。

就在全城人皆大欢喜笑破肚皮的日子，一位病人走进了意大利著名的心理医生汉克斯的诊所。他满面愁容地说："医生，我忧伤极了。好多年来，我不愿见任何人，吃饭也没胃口，每晚入睡都要靠镇静药帮助。我怀疑患了自闭症，或是患了别的什么心理疾病。我希望能得到您的帮助和指导。"

汉克斯医生听了来者的叙述，很有信心地说："自从保罗来这里演出之后，我的诊所已经3天没有病人光顾了。我想，他们肯定是被保罗逗得忘掉了病痛。现在，趁保罗还没有走，我建议您去看看他的演出，这样很可能会使您快乐起来。正如俗话所说，一个笑星的表演胜过10个医生。"

来者脸上掠过一丝无奈，迟疑了一会儿，望着汉克斯说："医生，我就是保罗。"

汉克斯听到来者原来就是当代滑稽大师保罗之后，惊讶得一时说不出话来。他想，一个声名显赫、功成名就的表演大师，为什么走下舞台后居然会不愿见任何人，甚至连每晚入睡都得靠镇静药帮助呢？

经过仔细的交谈和认真的分析，终于搞清了保罗患病的原因：巨大的压力——整天担心演出失败；高度的紧张——每次演出都要追求"最大的成功"。

这次会面，使两个人的心灵都受到了强烈的震撼和洗涤，似乎同时悟出了生命的真谛：以出世的精神做人，以入世的精神做事。既淡泊名利，又积极进取。知足知不足，有为有不为。只有这样，才能保持心理健康，才能有快乐而美好的人生。

谁把握住了美好的心态，谁就把握住了自己的天堂。自从握手道别以后，他们的生活都发生了很大的转变，变得越来越快乐，越来越美好。

1957年，汉克斯医生组织了一个康复旅行团去奥地利观光。在维也纳郊外，他们拜访了84岁的健康老人、当年的滑稽大师保罗。他虽早已淡出了舞台，失去了头上的各种令人羡慕的光环，但依然精神矍铄，风趣幽默。他对来访者说："各位客人来到这儿，如果打算向我这个'高级动物'学习，那就错了。我建议，应该向我家里的'低级动物'学习，就是向巴迪、赖斯和莫莉学习。我的狗叫巴迪，不管遭受过如何惨痛的欺凌和虐待，都会很快地把痛苦抛在脑后，投入地细嚼能找到的每一根骨头，尽情地享用美味佳肴。我的猫叫赖斯，从不为任何事发愁。如果它感到焦虑不安，即使是最轻微的情绪紧张，也会去睡一觉，恢复平静。我的鸟儿叫莫莉，最懂得忙里偷闲，享受生命。即使树丛里有吃不完的东西，它也会经常停下来，站在枝头唱一会儿。各位朋友，我相信你们不虚此行。我相信你们会更加清醒地认识到，人在很多方面，特别是在心理健康方面，应该向动物学习。因为从心理健康的角度来观察，人大概是世界上最笨的动物。"

1973年，100岁高龄的保罗仙逝。年过九旬的汉克斯医生，写了一篇题为《怀念我的朋友保罗》的纪念文章。在文章中，他回顾了他们之间长达半个世纪的友谊，还用一句话精炼地概括了他的一个重要的研究成果："在物质生活条件基本具备的前提下，要像保罗那样健康而快乐地活到100岁，心理健康的作用占50%，合理膳食占25%，其他因素占25%。"后来，人们将他的这句话称之为百岁箴言。

人生悟语

心理的作用是巨大的，一个拥有积极乐观心态的人更懂得享受自己的生命。有时候，世事的烦琐总能让你感觉到生活的压力，人无法完全改变现实的环境，但我们能改变心态，让自己多一点坦然与乐观，生命便能充满阳光。

拿不完的金币

佚名

有个男子总是期盼突然中大奖,或找到埋藏已久的宝藏。由于满脑子都是不切实际的想法,他自然无心工作,每天游手好闲,最后落得家徒四壁。男子时常感叹地说:“真想发财啊!真想发财啊!”

某天,男子房间的角落突然出现一道金光,光芒散去后,出现了一名天使。

天使拿出一个小小的钱袋,对男子说:“上帝听到了你的心愿,特意派我来。这个钱袋里永远都有一枚金币,怎么拿也拿不完。”

男子欢天喜地地接下钱袋。果真,才拿出金币,钱袋里又自动多变出了一枚金币。

“不过,想使用这个钱袋,你必须遵守一个小小的规定。你可以随意取用金币,但等你认为拿够金币后,必须将钱袋还给我,接着才可以开始花钱。若你违反规定,所有的金币都会变成树叶,钱袋也会失效。”天使说完就消失了。

男子开始从钱袋里拿钱,不一会儿,就拿了一百枚金币。他觉得肚子有点饿了,想拿金币去买食物,但他想到如此一来,就必须把钱袋还给天使,便打消了念头,继续在钱袋中拿钱。

三天过去,男子的房间已经堆满了金币,饥肠辘辘的他,好几次想召唤天使,但想想却又舍不得,便作罢了。

又过了三天,男子的房间满是金币,几乎淹没了他,而他也变得骨瘦如柴,饿得几乎昏厥过去。终于,男子决心将钱袋还给天使。

天使再度出现在男子的房间,收回了钱袋。

男子想出门买食物,这才赫然发现由于太多天没进食,身体过度虚弱,已经连走出房间的力气都没有了!男子这时候才感到害怕,他知道自己就快要饿死了!

临终之前,已经饿得不成人形的男子倒在金币堆上,不甘心地对天使说:“你为什么要送我这种害人的东西?”

此时天使露出真面目,原来是魔鬼乔装的。魔鬼狡猾地说:“你在胡说什么?我只是实现你的愿望罢了!”

最后,魔鬼取走了男子的灵魂。男子虽然如愿发了大财,却失去了最宝贵的生命。

人生悟语

故事中魔鬼的诡计之所以可以得逞,是因为掌握了人类的劣根性之一——贪婪。许多人买了一台国产车之后,就会开始羡慕别人开进口车;有人买了一个名牌皮包,就再也无法使用普通的手提袋……古人说的“由俭入奢易,由奢入俭难”,不就是这个道理吗?

打个比方,如果天天吃大餐,我们不会认为大餐有什么了不起;如果偶尔吃一顿大餐,我们会觉得这是快乐的享受!所以,学会驾驭欲望,不但让我们避免沦为金钱的奴隶,也更能享受到快乐呢!

恼人的财富

佚名

国王时常觉得心情不好,于是某天换上便服,带着几名大臣走到市集。国王听到一阵快乐的歌声,原来是一名卖水果的小贩在唱歌。国王好奇地问他:“为什么你可以这么快乐?难道你赚了很多钱吗?”

小贩笑嘻嘻地回答:“您别开玩笑了!我的收入真是少得可怜呢!”

“还是你住在豪华的屋子里?”国王又问。

“我的家只是一间茅草屋,下雨时还会漏水呢!”小贩说。

国王很不解:“既然如此,你究竟为什么可以这么快乐?”

小贩想了想:“我也不知道!”

国王追根究底:“你不觉得缺少什么吗?”

“如果硬要我说,我会说赚的钱不够用吧!”小贩说。

国王马上表明身份,掏出一大袋金币赏给小贩,小贩欢喜地收下。但是,一个星期过去,这名小贩却来到皇宫求见。小贩手中紧紧握着那袋金币,对国王说:“陛下,求求您,把这袋金币收回去吧!”

国王非常惊讶,照理说,有钱之后,这名小贩应该会更快乐才对啊!世上怎么可能有不爱钱的人呢?

小贩说:“我把金币拿回家后,花了一整晚想该把金币藏在哪里,又花了一整晚计划怎么用这些钱,再花了一整晚思考怎么样才不会被人发现我的富有……我已经一个星期没睡觉啦!实在太痛苦了,拜托您把金币拿回去吧!”

人生悟语

故事中的小贩能在贫穷的生活中保持快乐,就是他懂得“知足”二字的含义。当他发现巨额财富反而让自己困扰时,他选择放弃,以换回最珍贵的而且有钱也买不到的东西——快乐。

我们无法决定自己能不能发财、人生能不能顺利,却可以决定要用什么样的心态度过每一天。既然苦乐都要自己承受,不如笑看一切不顺心!

天堂是个大鸟笼?

佚名

有一只饱受主人疼爱的黄莺,从小就被关在笼子里。它虽然永远不愁温饱,又没有天敌的威胁,却也从来不知道什么叫“自由”。

这只黄莺足足被关了一辈子,它寿终正寝之后,上了天堂。但是在上帝的面前,它却显得不知所措。

上帝看了很心疼,于是安慰它:“你别担心,这里是天堂,不但处处开着美丽的花朵,而且有食之不尽的水果。更棒的是,你终于得到了彻底的自由!”黄莺似懂非懂,拍拍翅膀就飞走了。几天过后,上帝又在天堂遇到这只黄莺,便问:“我亲爱的孩子,你过得还习惯吗?”

“这里有吃有喝,确实是不错,但是……”黄莺显得有些为难。上帝听了十分诧异:“怎么了呢?”“上帝啊!”黄莺说,“这里唯一的缺点,就是这个笼子太大了,无论我怎么飞,都飞不到尽头啊!”

人生悟语

身处现代社会,每个人都以为自己享有自由,我们的确拥有行动、言论等自由,但是,我们的心灵自由吗?

许多人因为过度膨胀的自我、过分扩张的欲望,反而在自己的内心建立起一座坚固的牢笼,久而久之,我们就跟故事中的黄莺一样,自囚却不自知。其实,没有人能解放我们被钳制的心灵,因为打开内心牢笼的钥匙——知足、感恩,都握在我们自己手中啊!

投胎的选择

佚名

河边村落的某户人家,住了一对兄弟,他们的性格截然不同,哥哥很聪明,弟弟很老实。某天,下了一场暴雨,暴涨的溪水冲垮了堤防,淹没了村落,这两兄弟不幸在这场意外中死亡,一起到阎王殿报到。

阎王查核两人的一生,宣判:“你们两人生前都没做什么坏事,可以转世为人。”阎王又翻翻《生死簿》,告诉两兄弟:“现在有两个投胎的机会,你们可以自由选择。”

聪明的哥哥说:“敢问阎王,这两个机会有什么差异?”

阎王回答:“一个注定一生都要拿人好处,另一个注定一生都要给人好处。你们谁要先选?”

“我先!”哥哥急忙说,“下辈子当个拿人好处的人,当然比较好啊!”

阎王看看弟弟,弟弟点点头,说:“没关系,就让大哥先选吧!我下辈子愿意当个给人好处的人。”于是阎王便答应了两人的要求。不久后,两兄弟果然投胎转世。哥哥生在一户乞丐家,长大也成了乞丐,果真一生都在“拿人好处”;弟弟生在一户乐善好施的富豪家,时常四处布施,果然一生都在“给人好处”。

人生悟语

“施比受更有福”,虽是老生常谈,却是句非常有智慧的话。人生在世,我们总是有许多金钱、物质的欲求,有人追着这些欲望跑,一辈子汲汲营营,却仍不满足;相反,拥有富足心灵的人,未必是有钱的人,但永远是知足的人。能助人,表示自己是行有余力的人,这不就是最大的幸福吗?

心灵的棉被

李雪峰

一个小和尚沮丧地跟住持说:“我们这一寺两僧的小庙,如果想变得如您所说的庙宇千间,钟声不绝,香客如流,那几乎是不大可能的事儿。”

披着袈裟的老僧只是闭着眼睛静静听着,却一声不语。

小和尚又絮叨说:“每次我们下山去化缘,说起我们菩提寺,很多人都摇头说不知道这个寺庙,施舍给我们的香烛钱也往往少得不值一提,化缘得来的这么少,什么时候我们这么小的菩提寺才能变成大刹名寺呢……”

披着袈裟默默诵经的老僧沉默了一会儿终于睁开了眼睛问小和尚说:“这北风吹得真厉害,外边冰天雪地的,你冷不冷?”小和尚浑身打了个哆嗦说:“我早冻得双腿都有些麻木了。”老僧说:“那我们不如早些睡觉好。”

老僧端着烛灯走到榻前,摸着冰冷的棉被问小和尚说:“棉被也这么凉,睡一觉就暖和了。”一老一少两僧熄掉灯钻进了冰凉的棉被里。过了一个时辰,老僧忽然问躺在被窝里睡意蒙眬的小和尚说:“现在你的被窝里暖和了吗?”

小和尚说:“当然暖和了,就像睡在阳春暖融融的阳光下一样。”

老僧说:“棉被放在床上十天半月都依旧是冰凉的,可人一躺进去,不久被窝里就变得暖洋洋的,你说是棉被把人暖了,还是人把棉被暖了?”小和尚一听,扑哧就笑了说:“你真糊涂呀。棉被怎么能把人暖热,是人把棉被暖热的。”

老僧说:“既然棉被给不了我们人温暖,反而要靠我们人用身体去暖它,那我们还要盖棉被做什么?光着身子睡不暖凉棉被,我们不就更暖和了?”

小和尚想了想说:“虽然棉被不能给我们温暖,可厚厚的棉被却可以保存我们的温暖,让我们在暖融融的被窝里舒舒服服地睡觉啊。”

黑暗中,老僧会心一笑说:“我们撞钟诵经的僧人何尝不是躺在厚厚的棉被下的人?而那些芸芸众生们又何尝不是厚厚的棉被呢?只要我们一心向善向佛,冰冷的棉被也会被我们暖热的。而芸芸众生的棉被保存着我们的温暖,这大千世界不就暖融融的如同我们的被窝这样舒服了吗?那我们还会有什么金殿金宇的梦不敢做的呢?”

小和尚一听,蓦然明白了。

其实,我们谁不是睡在大千社会棉被里的一个人呢?我们用心灵的火热去温暖这个世界,世界就会为我们永驻了一个暖阳蕙风的春天。

用心灵给世界以温暖,世界就会为我们绽开温馨的花朵。

人生悟语

太多的追求,只能让自己生活得过于劳累;太多的牵涉和羁绊,只会让自己日渐憔悴。知足常乐,幸福是需要比较的,它没有止境,没有标准,而是看你对它如何认识以及怎样解释。

因小失大的猴子

佚名

有一只猴子在森林中捡到许多种子,高兴得不得了。

它用双手牢牢地握着种子,在林间小径蹦蹦跳跳,想回到巢穴后再慢慢享用。但是一不留神,突然有一颗种子滚落到了草丛中。

于是这只猴子将双手中的种子暂放在路旁,拨开草丛,眯着眼睛东翻西找,希望找到那颗滚落的种子。

过了很久,猴子终于找到那颗种子了,它小心翼翼地握着那颗种子,接着回过头去想拿刚刚放在一边的种子。

但它愣住了。因为刚刚那堆种子,已经一颗都不剩了。

猴子百思不解,只好垂头丧气地离开。

其实,它不知道,刚刚忙着找种子时,林中的鸟雀已经把整堆种子都吃光了。

人生悟语

这个故事让我想起一句话:“不要为了一株小草,放弃一整片森林。”这句话通常是用来安慰失恋的男女,但我们的人生,何尝不是如此呢?我们总是执着于自己曾经失落的,却把自己现在拥有的视为理所当然;我们花太多时间感叹自己的“错过”,我们太常说“早知道,我就……”,却迟迟不肯把握眼前的幸福。人有别于其他动物,我们的双眼长在脸部的正前方,不就理当“向前看”吗?

拥有现在就拥有快乐

慕菡

1929年,纽约股市崩盘,美国一家大公司的老板忧心忡忡地回到家里。

“你怎么了,亲爱的?”妻子笑容可掬地问道。

“完了!完了!我被法院宣告破产了,家里所有的财产明天就要被法院查封了。”他说完便伤心地低头饮泣。

妻子这时柔声问道:“你的身体也被查封了吗?”

“没有!”他不解地抬起头来。

“那么,我这个做妻子的也被查封了吗?”

“没有!”他拭去了眼角的泪,无助地望了妻子一眼。

“那孩子们呢?”

“他们还小,跟这档子事根本无关呀!”

“既然如此，那么怎能说家里所有的财产都要被查封呢？你还有一个支持你的妻子以及一群有希望的孩子；而且你有丰富的经验，还拥有上天赐予的健康的身体和灵活的头脑。至于丢掉的财富，就当是过去白忙一场算了！以后还可以再赚回来的，不是吗？”

三年后，他的公司再度成为《财富》杂志评选的五大企业之一。这一切成就仅靠他妻子的几句话而已。

人生悟语

活在当下是很好的一个生活理念，过去的生活已经过去，我们不可能回到过去，那只是一种回忆。而未来的事情我们是无法预见的，把握住现在的一切，才可以让我们真正地活在现实之中，享受其中的快乐。

用心吃饭

佚名

马克去向一位智者请教一些关于人生的问题。

智者告诉马克：“人生其实很简单，就跟吃饭一样，把吃饭的问题搞明白了，也就把所有的问题都搞明白了。”

马克一时没有转过弯儿：“人生像吃饭这么简单？”

智者不紧不慢地说：“就这么简单。只不过用嘴吃饭人人都无师自通，用心吃饭则有一定难度，即使名师指点也未必有几个能学得会。

“聪明者为自己吃饭，愚昧者为别人吃饭。聪明者把吃饭当吃饭，愚昧者把吃饭当表演。聪明者在外面吃饭时喜欢AA制，愚昧者却喜欢呼朋唤友抢着付账。聪明者吃饭既不点得太多，也不点得太少，他知道适可而止，能吃多少，就点多少，他能估计出自己的肚子容量。愚昧者则贪多求全、拼命点菜，什么菜贵点什么，什么菜怪点什么，等菜端上来时又忙着给人夹菜，自己却刚动几筷子就放下了。他们要么就是高估了自己的胃口。要么就是为了给别人做个‘吃相文雅’的姿态。

“聪明者付账时心安理得，只掏自己的一份。愚昧者结账时心惊肉跳，明明账单上的数字让他心里割肉般疼痛，却还装出面不改色心不跳的英雄气概，宛然他是大家的衣食父母似的。聪明者只为吃饭而来，没有别的动机，他既不想讨好谁，也不会得罪谁。愚昧者却思虑重重，又想拼酒量，又想交朋友，又想拉业务，他本来想获得众人的艳羡，最后却南辕北辙、弄巧成拙，不是招致别人的耻笑，就是引来别人的利用。吃饭本是一种享受，但是到了他这里，却成为一种酷刑。

“吃饭跟人生何其相似！人生在世，光怪陆离的东西实在太多。谁也无法说出哪些是好的，哪些是不好的，哪些值得追求，哪些不值得追求，哪种模式算是成功，哪种模式算是失败。唯一能说明白的也许只有三点：第一，自己的事情自己承担，不要麻烦任何人为你代劳，也不要抢着为任何人代劳；第二，要多照顾自己的情绪，少顾忌他人的眼色，太多顾忌别人，把自己弄得像个演员似的，实在是一件费力不讨好的事情；第三，凡事最好量力而行、量需而行，不要定太高的目标。就像吃饭，你有多大胃口、你有多少钱，就点多少菜，千万不要贪多求全。”

人生悟语

人生本来是一系列美好无比的享受，可是真正享受到这些乐趣者又能有几人呢？由于无视一些基本原则，那么多人的生命都白白浪费了。就像那些抢着请客的人，花掉的冤枉钱不比任何人少，得到的快乐不比任何人多，辛苦一场、劳民伤财，最后经常连坐出租车的钱都没有，只好饿着肚子步行回家，去泡方便面！

找到属于你的一切

碧巧

那是个隆冬腊月的下午，我独自一人向汽车站走去。早在一小时前，我所有的伙伴都放学回去了，但我却因为西班牙语课迟到，不得不在别人走后留下。“这太不公平了！”我愤愤地自语，对惩罚我的老师充满了怨恨。还有，上次数学测验不及格，同样也不是我的过错。我觉得这世界恨我，我反过来也恨这个世界。

离车站还很远，我沿着人行道疲惫地走着。“老师有什么权利布置家庭作业？”我憎恶拿在手里的这些课本，这些书我已勉强读了一年了。

到了车站，我把书丢在身边的公共长椅上诅咒起冰冷的天气来。不一会儿，又来了位妇女，嘴里哼着一首欢快的乐曲。我苦笑了一下，今天的遭遇全齐了——我又碰到了一位汽车站上的疯女人。

“你在街那头上学吗？”她问我。嫣然地一笑，露出满脸的皱纹。

“嗯。”我不想和她啰唆，只应了一声。出于好奇，我上下打量起她。

她是一位体格健壮的中年妇女，虽说看上去神采奕奕，但穿着破旧，也不合体。手里拎着一只浅蓝色的大塑料袋，很像我小时候背的书包，里面塞满了各种古怪的东西。她注意到我对袋子发生兴趣，便将手伸进去：“这是我从那幢公寓后面捡的。”她说。

她显得很健谈。“你是个可爱的小姑娘。”我往椅子边上挪了挪，有些窘怯。

“谢谢。”我笑着答道，接着便看我自己的书。

“记得在中学的时候，”她笑着说，“我非常想当护士，我曾经把书拿回家每天晚上苦读，梦想有一天能帮助人们。当然，我一直很清楚，像我这样的黑姑娘成为护士的希望很小。不过你知道，我还是当上了护士。”她满意地看着我，我发现自己也正注视着她。

“后来有一天，妈妈得了重病，我是家里的老大，只好回家照顾妹妹们。过了一个长长的严冬，到了春天，妈妈去世了。”她说着，仍在微笑。

“对不起！”我说，意指她母亲的死。

“不，”她笑得更响了，“妈妈常教我要有信心，我想上帝会照顾她的。不管怎样，我的命还不坏。我有个儿子，想当医生，这不就很好了吗？他是个好孩子，从不伤害别人。他靠助学金上大学，打算当医生。”我们相视而笑。

“他多想让他母亲自豪，可他得了白血病，医生大概能治好他。真是个好孩子，我每时每刻都在为他祝福，我相信奇迹会出现的。”她微笑着，这微笑把我深深地迷住了。

“你真漂亮，又年轻，看见你拿的书，我觉得你像个非常聪明的孩子。”她说什么倒无所谓，只是她对我说话的神情和那灼热的目光，以前我从来没有见到过。

在学校，我成绩平庸，屡次给自己丢脸，老师不满，同学讨厌。生物考试作弊被抓住，大家更是讥笑我，我也试图嘲笑自己，但结果却痛哭一场。

而在这儿——辛辛那提市中心的寒冷天里，一个陌生的、我自以为比我不幸得多的人向我微笑，我感到一阵温暖。

汽车缓缓驶来。“我要上车了。”我嘴上这么说，身子却没动。

“生活多美！”她说着，将手放在我的手上，“我愿你找到属于你的一切。”

我上了车，心里充满了快乐，再不觉得前面的路长，因为还有更远的路等着我。天空飘起雪花，我看得入了神，多美啊！车外，孩子们在沿途的人行道上欢快地嬉戏，伸出舌头，接落下的雪花，他们同样很可爱。我低头看着书包中的书，它们也变得可爱了！我急于要读它们，不是因为学习任务，也不是讨父母欢心，而是心里要读。

人生悟语

在我们抱怨所遇到的不公平或者挫折的时候，往往忽略了一件重要的事情，其实我们可以得到许多我们想要的，但就是因为迷失了自我，错过了很多，忽略了很多。当我们放松心态，用微笑去面对生活的时候便会发现其实我们已拥有很多。

不知足的乞丐

佚名

一个乞丐身背一个破旧的褡裢，挨家挨户乞讨。

这一天，命运女神突然出现在乞丐面前，她和蔼地说：“我搜集了一大堆金币，想帮助你。我要用金币把你的袋子装满。不过，落入袋子的金币如果从袋子里掉在地上，立刻就会化为尘埃。你的袋子已经破旧不堪，可别装得太多，以免被撑破。”

乞丐听罢，高兴得几乎无法呼吸。他连忙把袋子奋力撑开，于是，闪闪发光的金币像雨点似的流进袋子里。袋子越来越沉了。

“够了吗？”“不够。”“可不要把袋子撑破！”“无须顾虑。”“瞧，你现在已经十分有钱，就要成为大财主啦！”“请再给一点，哪怕是一枚金币！”“喂，满了！你看，袋子要破了！”

“再给一点点吧！”

袋子突然被撑破，金币全都撒在地上，变成了一堆尘土。命运女神也不见了，乞丐只剩下一个破褡裢，他只好继续沿街乞讨。

人生悟语

是什么让乞丐将要到手的金子变成了尘土？有时候，贪婪只会让自己一无所有。当你贪得无厌的时候，也就是不幸降临的时候。所以，懂得知足，才能真正得到并享受到命运的恩赐。贪多必失，这是人世间一条真理。在不同文明的古老经典中，都共同提到一条做人的戒律：不要贪婪。戒律就意味着，这是人必须遵循的生命品质。在这个世界上，就本质而言，每个人都是“贪得无厌”的。贪婪的人必将受到贪字带给你的惩罚。

牧羊人的知足

佚名

有一个天使，送信的时候在人间睡着了。醒来后，他发现翅膀被偷走了。没有翅膀的天使，能力比普通人还要小。他又冷又饿，来到一户人家门口。

“我是天使，请把门打开。”

这家人打开门，看到天使被雨淋了，衣服皱巴巴的，却问：“你给我们带来了什么礼物？”

天使回答：“我的翅膀丢了，回不到天堂去，没有礼物。”

“没有翅膀和礼物的天使不算天使！”这家人把门关上了。

他敲第二家、第三家的门，都遭到拒绝。

天使没办法，只好蹲在村口哭。一个牧羊人看他可怜，把他带回了家。

天使吃饱了饭，穿上了暖和的衣服，开始对牧羊人述说自己的遭遇。

牧羊人说：“你即使不是天使，我也会给你一顿饭吃的。如果你没有别的事做，就留下来和我一起放羊吧。”

天使在人间的确不会什么手艺，便开始牧羊。

天使每天梳理一些羊毛留下，日积月累，他为自己织了一对羊毛的翅膀，在牧羊人目瞪口呆的注视下飞走了。

过了几天，天使来答谢牧羊人，问他要什么。

牧羊人说：“让我增加 100 只羊吧。”

羊群增加了 100 只，牧羊人比过去更累了。他找到天使，请他把羊收回去，为自己盖一间大房子。牧羊人在大房子里住着，发现到处是灰尘，打扫不过来。于是他用房子换了一匹马。牧羊人骑在马背上，但不知要到什么地方去，就把马还给了天使。

天使问：“你还要什么？”

牧羊人说：“什么也不要了。”

天使说：“人从来都有很多愿望，你难道没有吗？”

牧羊人说：“愿望实现之后，我才知道我不需要这些东西，它成了我的累赘。”

天使说：“我送你一样无价之宝，那就是性格。你想有什么样的性格？”

牧羊人说：“我已经有了这样的性格，那就是知足。”

人生悟语

俗话说：“知足常乐。”是的，一个懂得从生活中得到满足的人，是幸福和快乐的，这是多少金钱财富都换不到的。欲望是永远填不满一个人的胃口的，而这个人最后会被欲望推向罪恶的深渊，所以我们一定要懂得知足常乐的道理。

鱼饵

佚名

有一位商人准备从外地经商回来，因为没有赚到什么钱而苦恼不已，旅途奔波让他觉得非常累，于是就在树下睡着了。

商人睡了好几个时辰之后，醒来时还觉得头昏脑涨，整个人沉甸甸的，所以决定到附近的河边洗把脸，让自己清醒一些，更有精神，以便能继续赶路。

到了河边，刚好遇到一位渔夫钓到一条大鱼。

商人："哇，好大的鱼啊！"

渔夫看了商人一眼，只是得意地笑了一下。

商人："你是怎么钓到这么大的一条鱼的？"

渔夫："这当然需要一些技巧。"

商人："能说来听听吗？"

渔夫："其实我也是尝试了好几次才成功的。"

商人："哦，怎么说？"

渔夫："我在这里钓了这么久的鱼，从来也没有钓过这么大的鱼，所以当我发现它的时候，也觉得很惊讶，心里想一定要钓到它。"

商人听得津津有味，很期待地追问："然后呢？"

渔夫："然后，我就按照以往钓鱼的方法，在钓鱼钩上做饵，放在水里去给它吃，谁知道，它根本就不理我，我想它可能觉得这个鱼饵实在太小了。"

商人："那就换大一点的啊！"

渔夫："是啊，于是我就把饵换成一块小乳猪，没想到这方法果然奏效，没一会工夫，大鱼就上钩了。"

商人听完后，感叹地说："鱼啊，鱼啊，河里的小鱼小虾这么多，让你一辈子都吃不完，每天自由自在多快乐呀，可你却经不住诱惑，偏偏去吃渔夫送上来的大鱼饵，可以说是大鱼因贪而死啊！"商人说完这番话不禁恍然大悟。

人生悟语

若想追逐功名利禄，一辈子也追求不完，世上有那么多的钱可以赚，赚到哪天才能赚完呢。倒不如自由自在地享受生活，开开心心地度过每一天。每个人生活都有自己的味道，每一种快乐的味道都是不同的。

幸福谁能给你

佚名

一天，上帝来到了人间，他想把幸福赐给每一个人。上帝遇到了一个农夫，便给了农夫一头耕牛，可是农夫并不高兴。上帝便问农夫："我给了你一头耕牛，你怎么还不高兴？"农夫说："您给了我一头耕牛，可是我就这么点儿活儿，您能不能再给我一些土地呢？”

农夫说得有理，于是上帝又给了农夫几亩土地。这样，农夫就可以多种庄稼，多收粮食了。可是，农夫却苦着脸说：“土地多了，我一个人忙得过来吗？您看，一个人种那么多的土地，是很累人的。”

于是，上帝便给了农夫一个贤惠的妻子。妻子可以帮助农夫，这样农夫的活儿就少些了。可是，农夫还是苦着脸，说：“哎呀，您怎么给我一个人啊？她得吃我多少粮食啊？况且我的房子又不够大，您能再给我一个大房子吗？”

上帝不再理这个农夫了。上帝想：这个农夫太不知足了，再跟他纠缠下去，只怕把整个世界给他都不能让他感到幸福。

上帝没走多远，看到了一个孩子。孩子正在捉蜻蜓。上帝看孩子捉不到蜻蜓，就捉了一只给孩子，孩子却不伸手接，他说：“您把它放了吧，我不是真的要捉到它，我只是在跟它做游戏。”上帝听后，便把蜻蜓给放了。

上帝见孩子的鞋子破了，便给了孩子一双鞋。孩子接过鞋，高兴不已。上帝说：“你把新鞋换上吧。”孩子高兴地说：“我玩的时候只穿破鞋子，新鞋子一不小心就会被我弄破的。其实，我家里有一双新鞋。现在，有了您给的这双，我就有两双新鞋了！”上帝见孩子想得周到，觉得他很可爱，便对他说：“你还要我送你点什么吗？”孩子说：“您不用再送我东西了，这双新鞋就足够了！”孩子一脸的喜悦，上帝开心地笑了。

跟孩子告别后，上帝没有再去找别人，他觉得没有必要再给人幸福了。他知道，真正能给人类幸福的其实只有人类自己。一个不知足的人，无论给他多大的幸福，他也不会觉得幸福；一个知足的人，即使你什么也不给他，他也会自己找到幸福的。

人生悟语

谁能给你幸福？答案只有一个，就是你自己。幸福不是来自于别人慷慨的赐予，而是依靠你自己用勤劳的双手去创造，从中用心感受所谓的自己的幸福。

快乐的真谛

佚名

一天早上，母亲把三个未成年的儿子叫到身边，分别给他们每人1块钱，希望这些钱能够帮助他们过得快乐。母亲还要求孩子们，在天黑以前都必须回家来讲讲自己的快乐故事。三个儿子答应了，各自去寻找快乐。

不一会儿，小儿子捧着两只蝈蝈回来了，每只蝈蝈都待在用竹篾编成的小篓子里，清脆地叫。妈妈问：“怎么这么快就回来了？讲讲你的快乐吧。”儿子说：“我一出门，看到一个乡下人在卖蝈蝈，5毛钱一只，我用1块钱买了两只。听蝈蝈唱歌蛮有趣的。”母亲点点头。

小儿子刚说完，二儿子也回来了，他两手端着一只小瓷皿。按照约定，他给妈妈讲述道：“我往集市那边走，看到有一群人斗蟋蟀，我就围着观看。最后，一只大红蟋蟀把所有的蟋蟀都打败了。我好说歹说才从摊主手里买下它来。”说着他掀开盖，让大家瞧。果然大红蟋蟀神采飞扬，活蹦乱跳的样子着实惹人喜爱。妈妈看了也很满意,点头微笑。

临近中午,小儿子听蝈蝈叫的兴致渐渐衰退,二儿子逗蟋蟀也觉得乏味了。可大儿子还没有回来。日落西山了,还是不见他的踪影。当夜幕降临、万家灯火的时候,他才气喘吁吁地走进家门。他满脸的汗水,浑身的污垢,简直成了一个泥巴人。

"我的孩子,你怎么会如此狼狈?"母亲关切地问。

"嗨,这一整天简直是倒霉透了。"大儿子便对母亲诉说他的倒霉事情,"我用您给我的钱租了一根鱼竿,买了一些鱼饵,去郊外的湖边钓鱼去了……"

"我不记得你会钓鱼呀?"母亲说。

"是的,我不会。所以我想利用这个机会学会钓鱼。"

"学会了吗?"

"没有。我拴好鱼饵,下好竿,可我总是把不准起竿的时机,不是早了就是晚了。好几次,我挑起竿一看,鱼饵都吃光了,该死的鱼却逃跑了。最后一次我把鱼饵全部放上去,要钓一只大鱼。这下子倒真的钓着一只大鱼,可惜我拽不动,结果我被拉下了水,大鱼把鱼竿也拖到湖中央去了。"说到这儿的时候,两个兄弟都哈哈大笑起来。

"鱼竿可是租的,你怎么办呢?"

"是呀,我打算下水捉鱼。弄几条大鱼给鱼竿主人,他或许一高兴,就不叫我赔钱了。"

"捉住了吗?"

"摸着不少,可一条也没有捉住。那些鱼都很滑,刚触到鳞片,它们就像精灵一样溜掉了。"

"我猜想,你肯定在浅水里摔过很多跟头。"

"可不,一尺多长的大鱼在水面掀起浪花,很有冲劲呢。我有好几次被它们掀倒。"

"给我讲讲你跟鱼竿主人交涉的情况吧。"

"我跟他一五一十地说了,请他原谅。可他最后还是让我做了四个钟点的小工,才算了结。"

"人家还是优惠你了呢。"这时候母亲也忍俊不禁了。

"可不是。他说再遇到这种情况,就不仅仅是扫地、倒垃圾、整理货架,还要……"

"肯定是这样,这很公平。不过现在让我关心一下你们兄弟的快乐故事吧。你们俩用钱去买快乐,但你们买到的是玩物,不是快乐,你们几乎没有什么过程可以回味;哥哥虽然一无所获,但快乐的过程却回味隽永。孩子们记住,快乐是不能购买的,快乐不是玩物,而是丰富的人生体验。"

有一点是可以肯定的,我辈中的不少人,如两个兄弟一样,不知道快乐是不可以购买的。我们一天天地去挣钱,可能挣到了许多钱,我们用它购买了房子、车子,用它去购物、去吃喝,但我们却不一定生活得快乐。

时光荏苒,岁月如梭,我们仿佛没有过多的时间去考虑快乐的问题,我们以为挣钱是最快乐的。其实错了,因为还有比挣钱更快乐的事情,那就是去经历、去感受丰富的人生,这才是快乐的真谛。

人生悟语

快乐的真谛是什么?很多人会说挣到很多的钱,然后用钱去买想要的东西,用钱去玩自己想玩的事物。其实这是错的。"快乐是不能购买的,快乐不是玩物,而是丰富的人生体验。"

有的人没有挣到多少钱,生活平平淡淡,却能从中感受到快乐;因为他懂得知足,懂得感恩。金钱虽然有很大的作用,但永远买不来幸福和快乐。快乐在于我们亲身去体验和感悟生活。生活是丰富多彩的,我们不要因为一味忙着挣钱而忽略了对生活的体验和感悟。否则,这将变成人生的遗憾。

快乐即成功

张振

上个世纪初，有一位犹太少年做梦都想成为帕格尼尼那样的小提琴演奏家。他一有空闲就练琴。可是就连父母都觉得这可怜的孩子拉得实在太蹩脚了，完全没有音乐天赋。

有一天，少年去请教一位老琴师。老琴师说："孩子，你先拉一支曲子给我听听。"

少年拉了帕格尼尼 24 首练习曲中的第三支，简直破绽百出，一曲终了，老琴师问少年："你为什么特别喜欢拉小提琴？"

少年说："我想成功，我想成为帕格尼尼那样伟大的小提琴演奏家。"

老琴师又问道："你拉琴快乐吗？"

少年回答："我非常快乐。"

老琴师把少年带到自家的花园里，对他说："孩子，你非常快乐，这说明你已经成功了，又何必非要成为帕格尼尼那样伟大的小提琴演奏家不可？你看，世界上有两种花，一种花能结果，一种花不能结果。不能结果的花更加美丽，比如玫瑰，又比如郁金香，它们在阳光下开放，虽说没有任何明确的目的，这也就够了。"

少年完全明白过来，快乐胜过黄金，是世间成本最低、风险也最低的成功。少年心头的那团狂热之火从此冷静下来，他仍然常拉小提琴，但不再受困于"成为帕格尼尼"这个梦想。

这位少年是谁？他就是日后名震天下的物理学家阿尔伯特·爱因斯坦。

人生悟语

玫瑰花、郁金香虽然结不出果实，但它们不会因此而失去自己的美丽和芬芳。同样，我们在做一件事情的时候，只要能感觉到快乐，并为自己的快乐而感到满足，那么事情的结果就显得无足轻重了。这是"知足常乐"的真义所在。

病因心得

佚名

传说连术尔赤和一个极愚笨的人由于意外的原因，同时得到了命运之神的宠幸。命运之神说：我给你们一次中巨额奖金的机会，有花不完的钱。

连术尔赤有额外的要求：我比那笨人更理性、有更多的智力，我应该在最后比他富有。命运之神勉强答应了。

愚笨的人果然有了横财，他只能就俗，宝马香车，美人红酒，曼联的主场包个贵宾席位，巴黎的餐馆备受尊敬，如此而已。中年以后，穷极无聊，成为赌场的常客。当钱所剩不多时，寿终正寝，结束了庸俗的一生。

连术尔赤在死的前一天中了1亿美元的六合彩。命运之神满足了他的要求。

这说明有时好处求得越多,死得越尴尬。

连术尔赤第二次和这个愚笨的人得到命运之神的宠幸,他再加上额外的要求:我要和那愚笨的人同样在年轻时富有,而且应该在最后比他富有。命运之神让他收回请求,未果,悲伤地答应了他。两个人同一天有了2亿美元。愚笨的人毫无创造性地当即过上了物质主义的生活,连术尔赤花了一天时间拟定他比愚人高妙千倍的花钱计划。第二天,他死了。命运之神再次满足了他的要求。

这说明有时好处求得更多,死得更悲惨。

命运之神宠幸他们的第三次,连术尔赤仔细思考了无缺憾的要求,以便使自己完全能占愚笨之人的上风。他说:我要和他同样在年轻时走运,终生比他有钱,而且长命百岁,这样才能对得起我的智慧。命运之神马上允许了。

愚笨的人得到了3亿美元,聪明的连尔术赤得到一个精神病医生的护理。命运之神的一条准则据说是:如果一个人处心积虑要把所有的好处拢给自己,就是有病了。

人生悟语

时刻保持一颗平常心,无论是在生活、工作,还是学习当中。看到别人拥有比自己更好的东西,不要处心积虑的非要得到不可;看到别人比自己的成绩好,也要有良好的心态,自己足够努力就行了。每天努力的同时保持一颗平常心,成功自然会靠近我们。

利用好所拥有的

佚名

安吉尔是世界上唯一用假腿来完成惊险走钢丝表演的人。但是,人们绝不会想到,她是个因患癌症动过4次手术并已截去了右腿的人。

那是1987年8月,安吉尔患病,在右踝检查中,发现了一种少见的癌细胞。她只得接受了手术,右腿膝盖以下均被截去。

在这突如其来的厄运面前,她没有失望退缩,在手术4个月后,她又用假肢成功地进行了走钢丝的试验。这以后,不幸又接踵而至,几个月中,她被诊断患有肺癌,先后将左、右肺各切除了一半。第二年,不屈服于命运之神安排的安吉尔又同丈夫一起练起了走钢丝。经过几百小时的苦练,她又能单独进行走钢丝的表演了。

在恢复走钢丝7个月后,她又被诊断为癌症扩散,已无法医治。医生估计安吉尔肯定受不住这沉重的打击,可安吉尔却心静如水:"没关系,我不想再请医生为我做什么了,让我回家去吧。只要我还活着,总能做些有益的事。""只要我活着,即使大部分器官被切除了,我还要让生命发出一点光。"此后,她仍带着病残之躯,顽强地搏击于杂技舞台。

而她丈夫的一席话真是催人泪下:"也许不久她将真的告别人世,她已让我们做好了准备,但我想她是永生的。她给予、再给予,拼搏、拼搏、再拼搏,这就是她的性格,她的美德。"

安吉尔则说:"我能留给孩子什么呢?最重要的是:我一定要他记住,要经常想到自己已有的东西，而别老是想自己没有的东西。一个人如果能充分地运用他所拥有的，那他一定能活得很好……”

人生悟语

困难、不幸也许会随时降临到我们的身边，我们该怎么办呢？所以，我们要学会珍惜自己眼前的，珍惜自己所拥有的。这样，我们就能够以一颗平和的心，去给予、去奉献、去拼搏，这样将使我们变得更坚强。

捕野鸡的领悟

佚名

汤姆和祖父进林子去捕野鸡。祖父教他用一种捕猎机。这个捕猎机就像一只箱子，用木棍支起，木棍上系着的绳子一直接到汤姆和祖父所隐蔽的灌木丛中。只要野鸡受撒下的玉米粒的诱惑，一路啄食，就会进入箱子，这时，只要一拉绳子就大功告成。

支好箱子，藏起不久，就飞来一群野鸡，共有9只。大概是饿久了，不一会儿就有6只野鸡走进了箱子。

祖父看到这种情形，悄声对汤姆说：“6只呀，这么多，赶快拉绳子！”

可汤姆却想得到更多，说：“不，我要稍等会儿，那3只也会进去的……”

他们远远盯着箱子外的那三只野鸡。汤姆紧张极了，嘴里还不时地念叨“快进去，快进去呀”。可过了一会儿，事情并不像汤姆想象的那样：那3只非但没进去，反而又走出来了另外3只，这真是太糟糕了，汤姆后悔极了。

这时，祖父不失时机地劝告他：“孩子，现在拉绳子也不晚，至少我们能收获3只，这也不算少啊！”

可汤姆很执拗，说：“不！我要再等会儿，哪怕再有一只走进去，我就拉绳子……”

没想到，过了一会儿，又有两只走了出来。汤姆真是恨死这两只野鸡了。

“孩子，现在赶快拉绳子，至少我们还能收获一只，不会一无所获。”祖父提醒道。

但汤姆终归对失去的好运不甘心，说：“不，总该有些要钻回去的吧，那时我再拉……”

结果没几分钟，连最后那一只野鸡也走出来了。汤姆最终连一只也没套住，他一脸沮丧地对祖父说：“爷爷，如果我早听您的就好了……”

祖父摸着他的头，意味深长地说：“孩子，今天就算吸取个教训吧。记住啊，做人应该懂得知足，不能太贪婪了。如果太贪婪的话，就会将本应该得到的东西也会失去。”

人生悟语

许多人的烦恼都来自于贪欲。而贪欲是无法满足的，因为一个“贪”字，往往会使我们在已经来临的机会面前奢望收获更多。但机会却是稍纵即逝的，贪欲往往不仅让我们难以得到更多，甚至连原本可以得到的也将失去。

让人快乐的上衣

佚名

有一名男子，他既有钱又有权势，但一直感到不快乐。

为了追求快乐，他吃遍山珍海味，买了一件又一件的稀世珍宝，定做最华丽的服装……但无论怎么做，他还是感觉不到丝毫的快乐。

于是他贴出告示，希望有人提供快乐的方法。不久，有人告诉这名男子，只要找到世界上最快乐的人，并穿上他的上衣，就能得到永恒的快乐。

男子于是离开豪宅，打算亲自寻找世界上最快乐的人。

男子花了好几年时间，走过一座又一座城市，最后终于在一座偏远的小镇找到线索。镇民们异口同声地说，世界上最快乐的人，就住在镇上的一间小茅屋里。

男子连忙赶到小茅屋前，高喊："请问世界上最快乐的人住在这里吗?""是啊！我就是!"里面有个声音响应。"我需要您的帮忙，您愿意帮助我吗?"男子喊道。"没问题！你说吧!"男子又说："听说只要穿上您穿过的上衣，我就可以得到永久的快乐。可以请您给我一件上衣吗?"

世上最快乐的人"哈哈"大笑两声，接着打着赤膊开门走了出来。

他对男子说："抱歉，先生，唯独这个忙我帮不上。因为我根本穷得买不起上衣啊!"

人生悟语

为什么有人坐拥金山银山，却仍然不觉得快乐？为什么有人穷到连上衣都买不起，却是世界上最快乐的人？答案很简单，那就是"知足"与否。世上的一切有形物质都不能保证我们的快乐，唯有"知足的心"，才是我们的"快乐保证书"！

第十三章　快乐比什么都重要

快乐实验

张小失

记得儿时一次与小伙伴玩耍闹了矛盾，我大骂对方是笨蛋，他当然很恼火，也骂我是大笨蛋。吵嚷间，我叫道："上次考试我得了第一名，你是第十七名，你才是笨蛋——大笨蛋！"小伙伴一下憋红了脸，站在那里不动，与我怒目相向，我们就快打起来了。

恰巧这时父亲走过来，他严肃地批评我不该骂人，要我当场向小伙伴道歉，然后拉着我回家了。

父亲刚从省城出差回来，带了些东西，他在包里摸出几本小人书给我，我高兴坏了！父亲笑眯眯地瞅着我，说："还不快去操场，在小伙伴面前炫耀一下？"我立即跑出门。

吃晚饭的时候，父亲问我："怎么样？伙伴们眼馋不？"我得意地说："那当然，那些小人书他们都没有看过！"父亲笑道："不忙，还有更好的东西给你呢！"我急了："真的？是什么嘛？"

父亲故意卖关子。直到晚饭后，天黑透，他才将"更好的东西"拿出来——一把玩具冲锋枪！乖乖，我激动得要飞！手一扣动扳机，嗒嗒嗒、嗒嗒嗒！冲锋枪上还带亮闪闪的红绿灯呢！

父亲仍然笑眯眯地说："那么，你再去操场上，在小伙伴们面前炫耀一下？"我愣住了，怀疑地望着父亲："天黑了，哪儿有人呢？"父亲说："管他有人没人，你一个人也可以去操场上炫耀一下嘛！"我使劲摇头："一个人炫耀啥？你是怎么啦，爸爸？"

父亲这时才掏出心里话："儿子，我是给你做实验呢！白天，你拿着小人书，可以在小伙伴们面前炫耀；现在天黑了，你有了更值得自豪的冲锋枪，却无法炫耀——为什么？"我没回答。父亲继续说："白天我碰见你和小伙伴吵架，你拿第一名来炫耀，伤害别人的自尊心，这是不对的，他是你的伙伴，是朋友。不要把别人当作自己的炫耀对象？"父亲摸着冲锋枪，说："如果你在炫耀中获得了心理满足，你该感谢那些伙伴才对，因为有他们在看着你炫耀；如果没有观众，你再了不起，又怎样呢……"

人生悟语

一个人未来的生活无法想象，你无法感受爱，无法去倾诉衷肠，你会感觉空虚落寞，彷徨恐惧。因此，人应珍惜身边的人，努力去爱他们，同时也要学会感激他们，是他们给了你一个幸福快乐的天地。

奔跑的快乐

美迪

我家三代都是医生。治病救人似乎是所有后辈理所当然的职业。我6岁那年就有了第一个听诊器,我听过无数个关于祖父和父亲救死扶伤的故事,看过许多他们接生的婴儿的照片。我7岁时,父亲就把家庭诊所铜牌上我的名字应该刻的位置指给我看。从很小我就认为"医生"是自己未来的职业了。

但是大学时,我渐渐发觉"医生"这个职业无法在我心里扎根。相反,"诗人"的种子却破土而出,开始控制我的心跳、呼吸和一切。我最害怕的是,我无法成为父亲一直期望的接班人,让父亲失望。对于我的犹豫我只字不敢告诉父亲,希望时间可以让我忘了"诗人"这个莫名其妙的梦想。

但暑假到来时,我内心的矛盾非但没有减轻,反而越来越重,压得我喘不过气来。幸好我得到一个散心的好机会。父亲酷爱打猎,有个病人送给他一只英国猎犬崽作为谢礼。在我家的乡间别墅里父亲养了几只猎犬,它们都是由我从小训练的。这次也不例外,父亲信任地把训练幼犬的任务交给了我。

杰瑞是一只很乖的10个月大的小狗。和大多数英国猎犬一样,它全身以白色为主,隐约带几组红斑点。它红色的大耳朵不合比例地支向两边,使它看起来像个小丑,单是这副样子就逗得我想笑。它很快掌握了基本动作:坐、停、走。它的问题是不听"来"这个命令。一旦到了草丛里,它就开始"漫游"。我招呼它,吹驯狗用的哨子,它会转身看我一眼,随后又继续它的"漫游"。

每次训练间歇时我都坐在院子里的橡树下对着杰瑞自言自语:"杰瑞,我不喜欢背一本本医学词典,不喜欢每天坐在诊所里,更不喜欢别人为我安排的将来。如果你是我,你怎么办呢?"杰瑞坐在地上,一双眼睛紧紧地盯着我,小脑袋从一边歪到另一边,努力想理解我的话。它那副认真的样子总让我忍俊不禁,把烦恼抛到九霄云外。

一天晚饭过后,我带杰瑞到草地上训练。在渐暗的光线中,一只在草丛里觅食的麻雀从杰瑞的眼前掠过。杰瑞开始追赶麻雀。麻雀好像挑衅一样在过膝的草丛上空忽左忽右地飞着。杰瑞跟在它身后,着魔般地奔跑着,仿佛突然发现了莫大的乐趣。当麻雀终于消失在远方天空时,杰瑞神气活现地跑回我身旁,大口地喘着粗气。我从没见杰瑞那么开心过。

以后的日子里,我发现杰瑞对狩猎的兴趣越来越小,相反它对奔跑的热情与日俱增。它会在草丛中发疯一样地飞奔。我知道它能闻到猎物的气味儿,因为当它跑过我事先放好的狐狸皮时会微微转一下头。它知道自己该干什么,但就是不肯照办。等终于跑够了回来,心满意足地趴在地上时,杰瑞的神情是那么陶醉,我实在不忍心训斥它。

我开始从头训练它。最初的几分钟里,杰瑞还很老实。一会儿它就从我衣袋里偷走我的手帕,风一样地向草地另一头奔去,头扬得高高的。奔跑成了它的骄傲,它生命中不可分割的一部分。我非常想把杰瑞训练成听话的猎犬,但看着它奔跑的样子,我内心深处感到一种奇特的喜悦。

训猎犬,我从没失败过,但这次我彻底辜负了爸爸的期望。9月到了,我不得不告诉父亲,这只猎犬不会狩猎。"噢,这么说杰瑞对我们是没用了。看来只好送给镇上的人家做宠物了。这个品种的狗天生是做猎犬的,不会狩猎就没有价值了。"我担心杰瑞不适合做宠物——它太爱奔跑了。第二天，我在那棵橡树下对杰瑞说了很多话："你再这么跑下去会被送人的。你知道自己应该干什么，你生下来就注定是只猎狗。忘了奔跑不行吗？"它抬头看着我，一副委屈、难为情的样子。我难过地躺在地上，杰瑞静静地走过来把头枕在我胸前。我一下下抚摩着它的大耳朵，闭上眼睛无可奈何地考虑着我和它都面临的难题。

周六早晨，父亲带杰瑞到牧场上去，想看看它到底能干什么。刚开始杰瑞表现一切正常，但几分钟后它开始奔跑。"它在干什么？"爸爸问。"奔跑，它喜欢跑。"我说。杰瑞的确在奔跑，它先是贴着栅栏跑，后来越过栅栏在牧场外飞奔起来。它的身体呈美妙的弓形，轻松而优雅地融合在绿地、阳光与空气中。

周日我收拾好行李去和即将被送走的杰瑞道别。父亲正在书房里看书，杰瑞在他脚边睡觉，看起来爸爸没有把它送走的意思。"孩子，我知道杰瑞不会干它应该干的活儿。"父亲合上书看着我说，"但是它跑起来。有种精神。"他望着我，好像可以一直看到我心里去。"看着杰瑞，我发现生命的价值在于追求生命本身。它知道自己想干什么，它不会欺骗自己。"父亲意味深长地说。

感到阳光和空气又一次回到了我周围，我深深地吸了口气："爸，我不想当医生。"父亲低下头，好像终于听到了担心已久的坏消息。他的神情变得那么黯淡，整个房间似乎都阴暗起来。但当他再次抬起头时，脸上是如释重负的笑容："我已经知道了。杰瑞在草地上飞奔时，我注意到的不是它而是你，你一脸羡慕的表情。"

"爸爸，对不起！我让您失望了。"

"孩子，我承认你不当医生的确令我难过，但是我对你并没有失望。有自己的梦想是件好事，你也要像杰瑞一样好好跑给我看！"爸爸拍了拍我的后背，离开了书房。那一刻，我突然发现自己真正了解了父亲，整个房间里弥漫着他的爱。我轻轻抚摩着还在睡梦里的杰瑞，小声说："谢谢。"它略微抬起头，舔了舔我的手，就又回到自己奔跑的梦里去了。

人生悟语

奔跑在梦想的国度里，一切都是五彩斑斓的，生命被快乐包围着，即使有挥洒的汗水，也乐此不疲。由此，当现实禁锢你的时候，请保持心中梦想的方向，沿着它的轨迹坚持不懈地努力，你就会敲开幸福的大门。

城里的孩子要放牛

王粟雪

城里的孩子要放牛

这一天，天都黑透了，高云飞的儿子还没有回家，高云飞沿着放学的路去找，在一家网吧找到儿子。他气不打一处出来，像老鹰抓小鸡似的把儿子抓回了家。

高云飞是省城大学里的教授，年纪轻轻就当上了博导，学生个个出色。可俗话说得好：自家的郎中看不了自个的病，自家的先生教不了自家的人。高云飞就是这样。他儿子小虎今年七岁，上小学一年级，成绩一塌糊涂。大人跟他说话，他也不理，成天奋拉着脑袋，唯一能提起兴趣的就是上网吧打游戏。

高云飞把儿子带回家，也不让他吃饭，直接把他推到墙边，大吼一声："说，这次期中考试你是不是又考了个倒数第一？"小虎眼睛红红的，把头一扭，什么话也不说。

"好，你不说是吧！那我自己看你的考试卷子！"

高云飞几步上前，劈头从小虎背上扯过书包，倒过来一抖，书本顿时"哗啦啦"地掉了一地。他捡起两张打满红叉的试卷一看，一巴掌就打在了小虎的屁股上。小虎"哇"的一声哭开了。

高云飞一边打一边咬牙切齿地说："你这个成绩还不如到乡下放牛！你要再不好好学习我就把你送到山里放牛去！"

谁知小虎抹了一把眼泪，大声说："放牛就放牛！"

高云飞小时候就是边放牛边读书的，感觉那时的日子真是苦，所以他一直拿这个吓唬儿子，没想到今天儿子竟这样回答自己。高云飞一下子跳了起来，指着儿子的鼻尖说："好，老子明天就送你到山里放牛！"

第二天，高云飞不顾妻子的反对，把儿子送到大山深处的老家。他交代父母，让小虎到村里的小学读书，让他一边读书，一边放牛。其实，高云飞这样做并不是一时冲动，一来是想让儿子断了网瘾；二来是让父亲教育教育小虎。毕竟父亲教了一辈子书，对付孩子有一套。更重要的是，让小虎吃点苦，让他明白城里的生活是多么幸福。

真的成了个放牛娃

过了几天，高云飞给父母打电话，询问儿子的情况。父亲笑呵呵地说："小虎好着哩，村里人都喜欢他，都叫他城里放牛娃哩。"

高云飞着急地说："村里人喜欢他有什么用，他书读得怎么样？回来做作业了没有？"

"做了，可认真了。他每天早上把牛赶到山上，再去上学。放学时，就和小伙伴一起顺道把牛赶回来。回到家里就做作业，比你小时候还要认真听话呢。昨天，老师还表扬他了！"

高云飞又好气又好笑，这小子说放牛还真的放起牛来！看来他这苦还没吃够！高云飞连忙嘱咐道："爸，你一定要盯着他做作业，我上次带回去的参考书，一定要让他做。"父亲一边答应着，一边说："你放心吧，他学习可认真呢，晚上做练习，都是他奶奶催他才睡觉。这两天，这孩子又喜欢上了书法，我还教他练毛笔字呢！"

就这样，没过几天父亲就给高云飞打来电话，说小虎读书怎么用心，村里谁又夸了小虎。高云飞也纳闷起来，没想到儿子到了乡下居然又用心学习起来。

一晃两个多月过去了，天气也渐渐凉了下来，高云飞开始忙着指导他带的博士、硕士准备毕业论文答辩，又忙着与出版社联系出版自己的学术专著。整天忙得晕头转向，也很少打电话问儿子在老家的情况。

这天晚上，高云飞刚刚从学校回来，家里恰好电话响了，接起来一听，是父亲打来的。父亲在电话那头问："是云飞吗？"高云飞的心一下子提了起来。父亲这么晚来电话，难不成……高云飞忙问道："爸，是不是小虎惹祸了？"

"什么惹祸，我孙子今天又得表扬了。"父亲在电话里高兴地说，"今天是五奶奶表扬了他。五奶奶这几天病了，家里的牛没人放，小虎子就帮她放了三天牛！你说这孩子，做了好事，也不说，还是五奶奶今天起床了，跑来跟我说的。这不，五奶奶送了十只鸡蛋，明天我就让他奶奶煮着给他吃……"

高云飞一听，气就上来了，这孩子怎么这样？自家的牛放不够，还要给别人家放！难道真想在乡下放一辈子牛？高云飞没好气地打断父亲，说：“五奶奶家里没人呀，怎么要他去放牛？真是的。”父亲说：“五奶奶身边没个人，要不是小虎，我们还不知道五奶奶生病了哩……”放下电话，高云飞心里再也平静不下来了。不行，儿子说什么都不能再放在老家了，这样下去，只怕读不成书，还真成了一个放牛娃，得把小虎接回来了。没过几天，学校放寒假了，年三十这天，高云飞带着妻子回乡下和父母过年去了，他打算开年的时候顺便把儿子带回城里读书。

放牛娃成了乡里宝

乡下过年就是比城里有味道，家家户户都在炸丸子、炒花生，香气溢满了整个村子。高云飞刚进村口，就看见村里的大人小孩，三三两两往自家方向走去。高云飞一阵纳闷，也带着妻子匆匆地往家里赶。

只见家门口的晒场上摆着一张大桌子，全村的老老少少，拿着红纸，围着桌子，正乐呵呵地瞧着。高云飞知道了，准是村里人等着父亲写春联。父亲文化高，又写得一手好字，往年都是父亲给乡亲们写春联。

高云飞一边和乡亲们打招呼，一边东张西望地四处打量，却不见小虎的身影。母亲从他手中接过大包小包，笑着说：“这孩子啊，说今天过年，牛也得过年！这不，一大早就和小伙伴们一起，把牛赶到对面山上遛牛去了！”说着，母亲就走到门口，朝着对面山谷，喊了一嗓子，“小虎！快回来，你爸你妈回来了！”

“哎——”一个童稚的声音，在云雾缭绕的山谷里回荡。不一会儿，只见小虎和小伙伴们骑在牛背上往回走，他们挥动着牛鞭，在林间的山道上开心地笑着叫着。高云飞不禁心里一热，他已经很久没听见儿子这么开心地笑过了。

小虎越走越近，高云飞细细打量着儿子，几个月不见，这小子晒黑了不少，身子也结实了不少。高云飞张开手臂，兴奋地说：“小虎，快，爸妈回来看你了！”小虎跳下牛背，高兴得正要扑过来，可转瞬又想起什么，像老鼠见了猫似的缩了回去，躲在爷爷身后不出来了。

小虎妈妈拿出一大堆花花绿绿的点心，冲小虎喊道：“快过来啊，妈妈给你带了你最爱吃的点心！”这下，小虎终于跑到妈妈身边。可他一拿到点心就又跑了回去，把点心分给伙伴们，就爬到桌边，帮爷爷磨墨裁纸地干起来。高云飞生气地摇摇头：这孩子心都玩野了，自己的爹妈都不亲近了。

正在这时，村里的五奶奶迈着碎步走过来了。她一瞧见小虎，就跷起大拇指夸道：“小虎给爷爷帮忙呢？真是乖孙子，比你老子小时候强多了。”小虎一见是五奶奶，赶忙跑上前把五奶奶搀扶过来。五奶奶把手里的红纸递给小虎，说：“小虎！你帮奶奶家写门对子好不好？”

小虎一听，眼睛一亮，接过红纸跃跃欲试。高云飞和五奶奶打过招呼却说：“五奶奶，小虎才上半年学，写的字比鸡扒的还难看，咋能让他写？贴出来不让人笑掉大牙？要不，我来帮您写。”小虎听他这么一说，刚才还亮晶晶的眼睛，一下子黯淡下来。

没想到，五奶奶却毫不领情：“谁说的，小虎写的字，又大又黑又好认，我家的门对子，就请他写！”接着村里人，你一言我一语，都同意要小虎写春联。

父亲把高云飞拉到一边，责怪说：“你咋这样说孩子？你那会儿初中毕业时，乡亲们叫你写，你还不敢写呢，哪有咱小虎的胆量。”说着，父亲转过头，对小虎说，“别信你爸的，五奶奶和村里的叔叔大爷们看得起你，你就写，爷爷给你打下手！”

“对，小虎别怕，叔叔伯伯们就要你写的春联。”说着乡亲们围了上来，把自己的红纸摆在小虎面前。小虎点点头，卷起袖子就写。那认真的样子，高云飞从没有见过，他心里忽然一动。

继续当他的放牛娃

年过完了，高云飞还是决定把小虎带回城里，让他好好收收心。小虎一听说要回城，急得眼泪都要流出来了，可在爸爸面前他不敢说“不”字，只能耷拉着脑袋跟着高云飞走。几位老人和小伙伴们跟在后面送他们，小伙伴依依不舍地问：“什么时候回来一起放牛？”

小虎不作答，只是眼泪汪汪地一步一回头。高云飞不敢停下，只是抓着儿子的手使劲往前走，很快就到了村头。就在这时，住在村头的五奶奶提着一只鸡赶了过来，她把鸡塞到高云飞的手里，说要送给小虎吃。五奶奶转身来到小虎身旁，心疼地说：“咋把这么懂事孩子带走了，就让他在村里待着多好。小虎，你什么时候回来？五奶奶可舍不得你！”小虎一听，再也迈不动步子了，他猛地甩开高云飞的手，跑到后面抱着爷爷的腿，任高云飞怎么喊，就是不走。“我不回城里去，我要留在老家上学，我要帮爷爷奶奶，还有五奶奶放牛！”

“你怎么就这么没出息啊！”高云飞气得扬起巴掌，作势要揍他。这时父亲再也忍不住了，他一挥手，把高云飞推到一边，虎着脸说：“跟你回去就是有出息啊？亏你还是个大学教授，你也不想想，孩子为什么宁可留在老家放牛，也不愿意跟你回去。我看你们这些城里的家长，嘴里说为了孩子的将来，其实就是为了自己的面子。为了那点成绩，把孩子逼得没了自由。只要成绩不好，就哪儿都不好，又是打又是骂的。”说着，父亲回头指着身后说，“你看看这家家户户门上贴的对联，你看看村里的人是咋对他的！”

高云飞红着脸，转身向村子一望。果然，村里几十户人家，门前都贴着儿子写的红红的春联。那春联上面的字，真是又大又好认。再一细看，这几十户人家的春联，竟都是一模一样的，上联是：上中下左右；下联是：天地人口手；横批写着：一二三四五。

高云飞的脚，再也迈不动了，他终于明白，为什么儿子愿意在这里当个放牛娃了。是乡亲们的宽容和爱，让儿子体会到了城里孩子体会不到的快乐啊。

父亲见高云飞不说话，缓下口气道：“你就放心吧，我和你妈身体还硬朗，当年山里条件那么差，我都能把你培养成博导，现在条件这么好，你还愁我们带不好孩子吗？”

高云飞望着父亲点点头，又走到儿子面前，说：“小虎，你要不想回去，就在老家一边读书，一边当你的城里放牛娃。爸爸现在同意了。”

儿子一听，高兴得跳了起来，抱着高云飞，在他脸上使劲地亲了一口，又抱着妈妈狠狠地亲了一口，然后就和村里小伙伴们撒着欢地跑开了。

高云飞伸手摸着脸上湿湿的印迹，眼睛红了：多少年了，儿子都没有亲过自己。现在他明白了，孩子的成长需要的是宽容和爱，还有童年应有的快乐……

人生悟语

乡亲们的宽容和爱，让孩子体会到了不一样的快乐。

第600名

陆勇强

杭州举行了一场横渡钱塘江的游泳比赛，有600位市民报名参加。对于这次比赛，杭州的媒体十分关注，纷纷派出记者进行采访。现场更是吸引了成千上万的市民前来观看。

比赛按时进行，600 位参赛者跃入钱塘江，奋力向对岸游去，人人都想争得第一。

很快，这 600 位选手拉开了距离。但是，其中有一位选手却游得慢吞吞的。其实他的泳技不错，已经处在第一方阵了，但当他看到身后还有泳者时，他开始在原地仰面漂浮，再也不愿前行一米。

许多选手争先恐后地超越他而去，而他却心平气和，仍然在清清的江水中慢慢游着。他慢慢掉队了，已经处在最后一个方阵了，但他身后还有泳者。他游到终点附近，又开始慢吞吞地游，好像在等后面的选手。

救援艇注意到了他，开过去，问他是不是需要帮助，他微笑着摆摆手。

救援艇就停在离他不远的地方看着他。艇上的救援人员实在不知道他为什么不上岸，不让自己的名次靠前些。

终于，他后面的所有泳者都游到了终点。此时，他奋力游到终点，上岸，高兴地喊："噢！我是第600 名！"

原来，他之所以不上岸，就是为了得到这最后一名：第 600 名。

现场的媒体记者和观众，都觉得这位中年人很有创意。

中年人一直在笑，他对记者说："我就是冲着这第 600 名而来的，现在终于如愿以偿。"

他说在江里等待成为这最后一名时，他仰面漂浮着，看着钱塘江上空美丽的云朵，真的十分漂亮。

对于这次横渡钱塘江大赛，没人记得前三名是谁。但是，大家都知道，最后一名是一位快乐的中年人。

人生悟语

幸福不仅仅在于那让人憧憬的终点，也在于追求过程中拥有的感觉。争得第一、获取成功固然让人喜悦，但坚持到底的过程也同样可以享受。人生应是丰富的，终点的鲜花和奖牌是一种精彩，奔跑路上的欢呼与掌声也是一种美丽。

丰富你的心灵

李雪峰

一个美国商人到非洲去寻找商机，他游历了非洲的许多地方，也拜会了非洲许多的公司和工厂，但都没有找到一笔能令自己感到十分满意的生意。

一天，商人到了一个十分偏僻的村落，见到有一种木雕工艺品。那木雕古朴、大气，又匠心独具，很有非洲粗犷、神秘的特色，商人一见顿时爱不释手，打听了一下价格又十分便宜。商人顿时欣喜若狂，如果能购买到大批量的木雕工艺品，运回美国去，转手就可以赚一笔啊。于是，商人马上找到这种木雕工艺品的雕制者。那是一个又老又穷的老头，正坐在树下跟一群人练习草编。商人对老头说："你的木雕工艺品很好，我想和你谈一笔生意。"

老头看了看商人，笑笑问："那几件您全都要买吗？"商人点了点头，又很快摇了摇头说："不，仅这几件太少了，我要买更多的木雕，希望能长期和您做这笔生意。"

“更多的?”老头笑笑说,“可是就剩这么几件了。”商人说:“你可以再做呀。如果你一个人做得太慢,你可以招一帮人跟着你做,甚至可以办一个木雕工艺品厂或公司,批量地制作。”

老头很疑惑地问:“就做这几种木雕吗?”

商人说:“是的,就做这几种就行了。”

老人说:“可是我正在练习做草编呢。”商人问:“是不是搞草编比木雕更赚钱呢?”老头笑了,说:“就我这草编制品,别说赚钱了,只要不被别人看了笑话就行了。”商人不解地说:“既然草编不能赚到钱,那您干吗要练习草编呢?为什么不多制作一些您拿手的木雕工艺品呢?”

老头说:“做那么多木雕干什么?老重复那一样工作,乏味死了。”商人说:“可是那样做您会赚到许多许多钱的。”

老头摇了摇头说:“那太没意思了,一个人怎么能旷日持久地重复一样工作呢?一辈子就在一件事上打转转,那么活着和生活还有什么意义呢?”

商人当然没能说动老头和自己合作,没能和那位老人谈成一笔生意;相反,商人却被那个非洲老头打动了。回到美国后,商人放弃了一笔又一笔他十分得心应手的生意。他先到一所学校当了两年多教师,后来又做了几年慈善机构的募捐员。然后,又徒步周游世界,创作了大量介绍世界各地风俗民情的文章,成了报刊专栏作家。这个人叫哈温·斯曼,是美国《国家地理》杂志最受欢迎的风情专栏作者,也是美国最受青睐的一位散文作家。

在一篇文章里,哈温·斯曼说:“我们不能因为沉醉于一朵花而丢掉了整个春天,我们不能因为沉迷于一件事情而消耗掉自己一生的时光,不停地丰富自己,那才是让生命幸福而欢乐的唯一方法。”

但又有多少人能真正认识到这种人生的真谛呢?我们只是把自己牢牢系在一个生活的木桩上,重复啃食着自己脚下的那一圈青草,生命的盛宴我们仅仅能尝到自己身边单调的一小片儿。

丰富自己的生命,这才是让我们的心灵充实而丰盈的唯一捷径。

人生悟语

心中撒满快乐的阳光,忧伤的阴影自然无处躲藏;心里多装一分美好,烦恼和痛苦自然就无法施展它的爪牙。快乐应该像香水,洒给自己的同时也一定会感染别人。带着爱心上路,且行且播,我们的旅程必将载满珍惜与快乐。

工作的快乐

佚名

有一次,英国游客杰克到美国观光,导游说西雅图有个很特殊的鱼市场,在那里买鱼是一种享受。游客们听了,都觉得好奇。

那天,天气不是很好,但杰克发现市场并非鱼腥味刺鼻,迎面而来的是鱼贩们欢快的笑声。他们面带笑容,像合作无间的棒球队员,让冰冻的鱼像棒球一样,在空中飞来飞去,大家互相唱着:“啊,5 条鳍鱼飞到尼苏达去了。”“8 只蜂蟹飞到堪萨斯。”这是多么和谐的生活,充满乐趣和欢笑。

杰克问当地的鱼贩:“你们为什么会保持这样愉快的心情呢?”

鱼贩说，事实上，几年前的这个鱼市场本来也是一个没有生气的地方，大家整天抱怨。后来，大家认为与其每天抱怨沉重的工作，不如改变工作的品质。于是，他们不再抱怨生活的本身，而是把卖鱼当成一种艺术。再后来，一个创意接着一个创意，一串笑声接着另一串笑声，他们成为鱼市场中的奇迹。

鱼贩说，大家练久了，人人身手不凡，可以和马戏团演员相媲美。这种工作的气氛还影响了附近的上班族。他们常到这儿来和鱼贩用餐，感染他们乐于工作的好心情。有不少没有办法提升工作士气的主管还专程跑到这里来询问："为什么一整天在这个充满鱼腥味的地方做苦工，你们竟然还这么快乐？"他们已经习惯了给这些不顺心的人排疑解难。"实际上，并不是生活亏待了我们，而是我们期求太高以至忽略了生活本身。"

有时候，鱼贩们还会邀请顾客参加接鱼游戏。即使怕鱼腥味的人，也很乐意在热情的掌声中一试再试，意犹未尽。每个愁眉不展的人进了这个鱼市场，都会笑逐颜开地离开，手中还会提满了情不自禁买下的海产品，心里似乎也会悟出一点道理来。

人生悟语

实际上，并不是生活亏待了我们，而是我们期求太高以至忽略了生活本身。并不是工作烦闷无聊，而是我们没有把它当作一件有趣的事来做。

光和影的游戏

邓笛　编译

这是一个阳光明媚的冬日。我兴致勃勃地往曼琪亚塔楼走去。在塔楼的天井里，我注意到一个盲人。他皮肤苍白，头发乌黑，身材瘦长，戴着一副墨镜，给人一种很神秘的感觉。他和我一样往塔楼的售票处走去。我心中好奇，放慢脚步，跟在他的身后。

我发现售票员像对待常人一样卖给他一张票。待盲人远离后，我走到售票台前对售票员说："你没有发现刚才那人是一个盲人吗？"售票员茫然地看着我。

"你不想想盲人登上塔楼会干什么？"我问。

他不吱声。

"肯定不会是看风景，"我说，"会不会想跳楼自杀？"

售票员张了一下嘴巴。我希望他做点什么。但是或许他的椅子太舒服了，他只毫无表情地说了句："但愿不会如此。"我交给他50块钱，匆匆往楼梯口跑去。我赶上盲人，尾随着他来到塔楼的露台。曼琪亚塔楼高102米，曾经有很多自杀者选择从这里往下跳。我准备好随时阻止盲人的自杀行为。但盲人一会儿走到这里，一会儿走到那里，根本没有想自杀的迹象。我终于忍不住了，朝他走了过去。"对不起，"我尽可能礼貌地问道，"我很想知道你为什么要到塔楼上来？"

"你猜猜看。"他说。

"肯定不是看风景。难道是要在这里呼吸冬天的清新空气？"

"不。"他说话时显得神采飞扬。

"跟我说说吧。"我说。

他笑了起来。“当你顺着楼梯快要到达露台时,你或许会注意到——当然,你不是瞎子,你也可能不会注意到——迎面而来的不只是明亮的光线,还有温暖和煦的阳光,即便现在是寒冬腊月——阴冷的楼道忽然变得暖融融起来——但是,露台的阳光也是分层次的。你知道,露台围墙的墙头是波浪状,一起一伏的,站在墙头处的后面你可以感觉到它的阴影,而站在墙头缺口处你可以感觉到太阳的温暖。整个城市只有这个地方光和影的对比如此分明。我已经不止一次到这里来了。”

他跨了一步。“阳光洒在我的身上,”他说,“前面的墙有一个缺口。”他又跨了一步。“我在阴影里,前面是高墙头。”他继续往前跨步。“光,影,光,影……”他大声地说,开心得就像是一个孩子玩跳房子游戏时从一个方格跳向另一个方格。

我被他的快乐深深感染。

人生悟语

我们所置身的这个世界如此丰富,美好的东西到处都是。我们有时感觉不到,是因为我们时常视它们为理所当然而不加以重视,不知道感谢,不懂得欣赏。这些美好的东西不但包括自然美景,也包括许多我们眼前手边随时可得的东西,比如光和影,比如人与人之间的善意、亲情和友爱。

欢笑的动力

千萍

有个小女孩到迪斯尼乐园游玩时,巧遇迪斯尼乐园的创办人沃尔特·迪斯尼,小女孩问道:“那些可爱的卡通人物,都是你创造出来的吗?”

沃尔特·迪斯尼笑着回答:“当然不是我,那是许多工作人员合作创造出来的!”

小女孩又问:“那这些有趣的故事情节是你写出来的吗?”

沃尔特·迪斯尼还是笑着回答:“当然不是,那是聪明的制作人员绞尽脑汁想出来的啊!”

小女孩看着眼前这位和蔼的老头,继续问:“那你在这里做什么?”

沃尔特·迪斯尼丝毫不以为忤,大笑:“我就像小蜜蜂四处采集花蜜一样,到处搜集一些好笑的事情,来给这些工作人员和制作人员,作为参考的素材呀!”

沃尔特·迪斯尼小的时候,很喜欢阅读笑话,他时常试着把看来或听到的笑话,写在小纸片上,和同学朋友分享。

同样,沃尔特·迪斯尼也会将这些写在小纸片上的笑话,拿给爸爸妈妈看,希望能博得他们的一笑。往往当小沃尔特把笑话拿给妈妈看时,妈妈总是会笑不可抑地称赞他写得非常好。

而当小沃尔特把他所写的笑话拿给严肃的爸爸看时,爸爸总是板着脸,摇头训诫他,说:“这一点儿也不好笑!”

满怀希望的小沃尔特,每逢遇上父亲大桶浇下的冷水,总会觉得十分沮丧。幸而妈妈在一旁,总会鼓励他,告诉小沃尔特,只要再做小部分的修改,或者换几个词儿,就能更好。

经过妈妈的激励,小沃尔特便更用心地改良他的笑话,甚至于再搜集更多的笑话,一直到严肃的爸爸看了他的笑话卡片,露出满意的笑容为止。

沃尔特·迪斯尼将父亲给他的挫折,化作自己成长的踏脚石;他从幼年便懂得藐视自己所受的沮丧,而致力于将快乐带给周遭所有的人们。经过岁月的验证,沃尔特·迪斯尼真的办到了,他带给全球的小朋友无限的欢乐与梦想。

尝试带给人欢乐,你将发现自己根本没有所谓"低潮"的存在。在你创造的快乐中,你会更加快乐,生活就是如此美妙。

人生悟语

其实,快乐的主动权在于你的那颗搏动不息的心,心能让你难也能让你易,你的心掌握着你的快乐尺度。保持心的纯洁与明净,常常清洗心灵上的尘埃,快乐才会洁净。我们还应该像一台燃烧欢乐的机器,不仅自身散发着生命热能,而且还把温暖输送到人间。

活着的成本

陆勇强

一年前买电脑时,我花了5000元。而现在,同样配置的电脑只要3000元了。一款手机两年前的市场价要3500元,而现在只卖1500元。朋友更惨,他的一部手机只隔了半个月就跌价500元。

狂跌的商品价格让我们活得很累,这就构成一种活着的成本。如果我们可以推迟一年享受那些商品,那么就可以大量减少生活的成本。但如果从享受时尚的角度来看,这是必须要花的成本。但事实上,我们并不需要那么多的时尚。

5000元的电脑你只是用来打字、玩游戏,3500元的手机到现在还有一半功能并不知晓,其实你可以配置低端些的电脑和手机,它们完全能够满足你的需要。

有一个故事耐人寻味。孩子花1500元买了一部手机,隔了3个月后降价了,只要1000元。孩子说服了同学,以1000元的价格准备卖给同学。但母亲不同意,她觉得这样的话孩子就亏了,就和丈夫商量出1000元钱买下,那叫肥水不流外人田,至少价值1500元的手机仍在手里。但孩子不同意,说1000元已经能够买到功能更多的手机,转手再购买,在使用价值上等于把跌价的钱给赚回来了。

其实,我们的生活很像故事中的孩子和父母,要么不停地追逐物质商品,要么像认定一部早已跌价的手机那样去劳心费神。

我们可以活得更简约些,这需要一种态度。生活的成本现在大都是物化的,而在这个市场化的物质世界中,几乎所有的消费品采取的都是"先高后跌"的定价策略。商人活着的成本也太高,所以他不得不这样做,他们需要很快地收回自己的投资。

从某种意义上说,生活成本与简约的心态有关,那么一个生活慢半拍的人是有福的,往往可以用最少的钱获得最多的快乐。

人生悟语

生活的质量并不在于消费的高低,而在于消费的东西是否适合自己,用最少的成本去做最适合的事情,人生才能获得更多的价值。你无法控制物价的起落,但简约的心态能让你感觉到坦然生活的幸福。

辣椒小丑茄子象

查一路

那一年的暑假，持续高温。母亲担心室外的高温会让我们中暑，将我和妹妹关在屋里。那一刻，感觉家如囚笼。若是在屋外，再无聊，也能看看蚂蚁上树比赛，听听蝉开音乐会，学学麻雀教雏儿说话。

关在屋里，连玩具也没有一个。自制的弹弓，因为父亲担心我会用它伤了同伴的眼睛而被没收。于是，我只好在屋里和妹妹打架，打得妹妹大哭。

母亲从菜园摘菜回来。她不看妹妹脸上的泪痕，用手从篮子里掏着，欣喜地制造悬念："瞧我给你们带来了什么！"我们快乐地扑过去，又失望地退回来。母亲掏出来的是司空见惯的辣椒和茄子。

母亲说："我们能不能把它们变一变呢？"她让我们从篮子里找来两粒黑豆，又从门前空地上折下几根红荆条，像一位魔术师稔熟变通之法，红辣椒长出了一对乌溜溜的大眼睛，成了马戏团的小丑，围着翠绿的围巾，红脸，又红又尖的高帽子；伸着长鼻的茄子伸出四肢，如沉稳威严的象，肚大个高，紫色表皮仿佛涂了釉彩。小丑和象开始了斗法。忽而小丑骑到了象的背上一逞滑稽之态，忽而象的蹄子摁住了小丑的帽子作为惩罚，小丑灵活地逃避着，象笨拙地追逐着……

渐渐地，"马戏团"扩展成了"动物世界"，长长的角豆饰演蛇的角色，大肚的南瓜扮演河马，一条顶花带刺的黄瓜可以瓜分成三个刺猬，土豆在铅笔刀的雕刻下千变万化，豺狼虎豹的形态呼之欲出。背景也很逼真，早晨的西红柿太阳，随着时间推移，换成了一弯扁豆月亮；葱葱郁郁的韭菜，点缀森林草丛，一碟水就是沼泽……我们并不吝啬快乐，而是愿意分享。有时，蚂蚁和昆虫也应邀友情演出。

这种欢乐的记忆，一直沉淀着，二十几年后的今天，当我的儿子如醉如痴地观看《哈利·波特》时，我对影片的内容一哂置之，我觉得它远没有我当初亲手创造的游戏世界神奇。

当生活的导演，导演自己的生活。一切情节和细节都可以由自己用心智来编排。无趣的世界有惊奇，惊奇中会发现世界原本是这样的生动。在看似了无生趣的日子里，如果我们细心挖掘，就会有新的发现：生活的真味犹如矿藏，深埋在表象之下。如果一个人只愿意做观众，他就会错过创造和发现。

人生悟语

世界上有着许多让自己喜爱的东西，但能依靠自己双手创造出来的，无论是好是坏，都是生命中最迷人、最珍贵的一份宝藏。与其把人生的快乐与幸福交托在别人的给予之上，不如牢牢把它们抓在自己的手心之中。

降低快乐的标准

流沙

澳大利亚开奥运会的时候，在这片土地上发迹的传媒大亨默多克当然会去捧场。

在现场，默多克发现座位底下躺着一枚硬币，他站起身来，然后蹲下，捡起了那枚硬币，脸上带着微笑。

这则细节被媒体爆炒，但我只记住了默多克的微笑，拥有亿万资产的他却为捡到一枚硬币而微笑。

香港的记者曾问过亚太首富李嘉诚："君以为一生之中，最快乐的赚钱一刻是何时？"李说："开一间临街小店，忙碌终日，日落打烊时，紧闭店门，在昏暗灯下与老伴一张一张数钞票。"

李嘉诚的答案令记者措手不及。但这真是妙答啊，一点都不做作，谁都会对这样的快乐会心一笑。

快乐的标准是一根可以无限拉伸的橡皮筋，你的欲望越大，它拉得就越长，快乐的标准也就越高。默多克、李嘉诚是智慧的，把快乐的标准降下来，降到人人都拥有的境地，那就快乐了。

马来西亚有位华裔企业家谢英福。当时马来西亚有一家国营钢铁厂经营不景气，亏损高达1.5亿元。首相马哈迪找到他，请他担任公司总裁，他不假思索地答应了。在别人看来，这是一个错误的决定，因为钢铁厂债重难还，生产设备落后，员工凝聚力涣散，这是一个巨大的洞、根本无法填平的洞。

但谢英福却坦然对媒体说："当年我来到马来西亚时，口袋里只有5元钱，这个国家令我成功，现在我要报效这个国家，如果我失败了，那就等于损失了5元钱。"

年近六旬的谢英福从别墅里搬出来，住进了那家破败的钢铁厂。三年后，工厂起死回生，开始大量创造财富。

5元钱每个人都拥有，但当你拥有1万元、100万元、1000万元的时候，还会以5元的标准衡量自己的快乐吗？

人生悟语

快乐像跳高，跳杆越低，我们就会越轻松，越无所谓了。

快乐百分比

易水寒

有这样一个问题：如果给你一天的时间，你会用多少时间做自己必须做的事，用多少时间做自己喜欢的事？有的说用1/3的时间做自己喜欢的事，2/3的时间做自己必须做的事，有的答案则正相反。还有一个问题：如果给你500万，你最先要做的事是什么？很多人的答案惊人的一致：辞职！或者踹开自己上司的门，臭骂他一顿，然后再辞职。

仔细看看，这两个答案背后掩藏的是怎样一种情绪？前者，无论比例如何，总归是把必须做的事和喜欢做的事对立了起来。后者更可怕，他们把工作看成了自己最不可忍受的事情，一旦咸鱼翻身，最先把它抛弃。

值得警惕的是，这种误区已经出现在越来越多的人身上。可是扪心自问：我们为什么不能把自己手头上正做着的事转变为快乐的事呢？解决了工作上一个久而未决的难题；说服了一个生性顽固的客户;和误解了多日的同事言归于好;在狂风中拼命地蹬着自行车,终于在暴雨降临之前赶回了家……这些,都是我们平日做的事,它们不是快乐的事情吗?太多的时候,我们被阴霾遮住了眼睛,把这种不用刻意寻找的快乐忽略了。

快乐的百分比在你自己的心中。你完全可以做到用100%的时间做自己必须做的事,同时用100%的时间做自己喜欢的事。这些,比中500万大奖更容易做到。而它带给你的快乐,却绝非500万可以买来的。

人生悟语

有句话是这么说的,一个人的一生中,有95%的时间是在平凡中度过的,剩下的5%中,痛苦、悲伤、意外等各占1%。如此看来,我们的时间绝大多数是由我们自己控制的。快乐所占的百分比越多,我们就驱除了越多的不快乐。

快乐的心境

佚名

清朝山西太原有一个商人,生意做得很红火,长年财源滚滚。虽然请了好几名账房先生,但总账还是靠他自己算,钱的进出又多又大,他天天从早晨打算盘熬到深更半夜,累得他腰酸背痛头昏眼花,夜晚上床后又想到明天的生意。一想到成堆白花花的银子又兴奋又激动。这样,白天忙得不能睡觉,夜晚又兴奋得睡不着觉,这老头患上了严重的失眠症。

老头隔壁靠做豆腐为生的小两口,每天清早起来磨豆浆、做豆腐,说说笑笑、快快活活、甜甜蜜蜜。墙这边的富老头在床上翻来覆去,摇头叹息,对这对穷夫妻又羡慕又妒忌。他的太太也说:“老爷,我们这么多银子有什么用,整天又累又担心,还不如隔壁那对穷夫妻,活得开心。”

老头早就认识到自己还不如穷人生活得轻松洒脱,等太太话音一落便说:“他们是穷才这样开心,富起来他们就不能了,很快我就让他们笑不起来。”说着,翻身下床从钱柜里抓了几把金子和银子,扔到邻居豆腐房的院子里。

这对夫妻正在边唱边做豆腐,突然听到院子里“扑通”、“扑通”地响,提灯一照,只见是闪闪的金子和白花花的银子。连忙放下豆子,慌手慌脚地把金银捡回来,心情紧张极了,不知把这些财富藏在哪里好,藏在房里怕不保险,藏在院里怕不安全。从此,再也听不到他们说笑,更听不见他们唱歌。邻居富老头和他太太开玩笑说:“你看!他们再笑不起来,唱不起来了吧!早该让他们尝尝富有的滋味。”

人生悟语

正如夏普所说:“财富的增加,不会保证你的幸福也会增加,一年挣3万元的人和一年有30万元收入的人相比,在幸福感上的差别非常小。”其实,最可贵的是善用眼前光阴,好好过眼前日子,一个人快乐与否,不在于他拥有什么,而在于他怎样看待自己的拥有。

快乐就像太阳

流沙

朋友告诉我这样一件事。他家请了一个保姆，来自农村，她有一个儿子在上海念大学，每年需要两万多元的开销。这笔费用是她家难以承受的，她的丈夫不得不到广东打工去了，而她选择了到城里做保姆。

她人很勤快，做事利落，但很少有笑的时候。朋友对她说："你要开心点，愁也不能解决问题。"

保姆说："一想儿子读书还缺那么多钱，哪高兴得起来。"

继而，保姆黯然。

有一次，朋友中途回家，打开大门的一刹那，突然看到了不可思议的一幕。保姆正在客厅里对着电视机学跳舞，脸上洋溢着快乐的笑容，她已然进入忘我境界。朋友的太太是小学的音乐教师，电视机柜里放满了各种舞蹈教学光盘。朋友没料想，保姆也会去学跳舞。

朋友没有开门，而是轻轻把门合上，走下楼梯的时候，不禁莞尔一笑。朋友说："现在我明白了，这个世界上其实是不存在不快乐的人的，当你用怜悯的目光去看待他人时，反倒会成为对别人的伤害。"

记得有一次我处理一堆废报纸，被我叫上楼的是位50岁左右的男人，说着一口听不出地方的方言普通话。

他满口"老板"地叫，我看着他，觉得挺像我农村的老舅，不觉有些好感，和他聊了会儿天。他说他是河南的，那地方特苦，饭能吃饱，但没钱用，娃要上学，不出来赚不行……心里突然酸酸的，于是对他说："那报纸我送你了。"他一愣，却说："不中。"说完已称好，说："10斤，5块5毛。"从兜里掏钱，一张纸币、一个硬币。他拎起报纸，说："你这报纸都还是新的，卖相好。"他下楼了，然后，我听到传来小曲声，是那人哼的。

我把头伸出窗外，看到他正在整理车上的报纸，然后上车，听到他在喊："收旧报纸！"那声音明显带着河南梆子的味道，带着花腔，惹得几个路人朝着他在笑。

谁说他们没有快乐呢？我们总是曲解快乐的来源，以为有财富、地位、权势才有快乐，其实不是。快乐就像太阳，它照射在每个人的身上，绝对不会只有一束照在你的身上。

人生悟语

快乐就像太阳光照射在每个人的身上，这世界上不存在不快乐的人。

快乐其实很简单

矫友田

有一段时间，因为工作不顺，再加上疾病缠身，我的意志变得非常消沉。有时坐在电脑前，半天竟敲不出一段顺畅的句子。

那一天下午，儿子忽然钻进我的书房，恳求说："爸爸，带我到海边玩好吗？"我看着他那渴求的眼神，不忍心再拒绝他。儿子见我点头答应了，高兴得跳了起来，然后把早已准备好的小塑料桶和塑料铲拿在了手中。

其实，我们家距离海滩不到三里路，步行不用半个小时便到了。以前，儿子曾多次提出让我带他到海边去玩，可是都被我以工作忙为理由拒绝了。儿子还是第一次亲眼见到大海，显得异常兴奋。他指着海滩上停泊的几条木船，问："那些船为什么不到海里去呢？"我告诉他，那些木船都已经破旧了，就像年纪太大的人走不了远路一样。

走到那些木船的近前，船底早就被泥沙掩盖了。我把儿子抱上木船，他站在甲板上好奇地看着那些破旧的船舱。蓦然，他的眼睛一亮，指着舱底那一洼清澈的海水，兴奋地喊道："你快看，水里面还有小鱼哩！"

而后，儿子俯下身去，仔细地观察着那些在水里游动的小鱼。又过了一会儿，他皱起眉头问我："爸爸，你说这些小鱼被困在这里会不会很孤单，它们是不是也像你一样整天不高兴呢？"我被儿子稚嫩的话语逗乐了，忽然来了兴趣，就说："让我们帮它们返回大海好吗？"儿子高兴地点了点头。

于是，我就脱下袜子，赤脚下到船舱里，将那些被困在船底的小鱼儿捉进小塑料桶里面。然后，我和儿子下了木船，走到海边，由儿子亲手把它们放到海水里面。接着，我们又走向另一条木船。当我们把最后一条木船里的鱼儿投入海里时，火红的晚霞已经映红了整个海面。

在回家的途中，儿子自豪地说："那些返回大海的小鱼儿，一定变得很快乐——"此时，我仿佛感觉有无数条快乐的小鱼儿，在心中畅然地游弋着，那纠缠已久的烦恼也烟消云散了。

是啊，在生活中，我们往往会因为一时的烦恼，把自己搞得焦头烂额，以至于整个心田都被忧郁的阴影占据了。那么，我们为什么不能暂时放下那些纷繁芜杂的事情，怀着一颗孩子般天真、纯洁的心走出来，对别人和社会做出一点善举呢？也许这样，我们就能从中收获到明媚的阳光。

快乐，其实很简单！

人生悟语

如果你有一个苹果，我有一个苹果，我们交换以后还是一人一个苹果，但如果你有一种快乐，我有一种快乐，交换以后，我们两个人便共同拥有了更多的快乐。快乐其实很简单，只要我们拥有一颗懂得分享和友善的心。

快事

佚名

诺贝尔物理奖获得者费曼教授被誉为"科学顽童"。有一年他去巴西讲学，住在一家高级宾馆，结识了当地一支桑巴乐队。没事的时候，费曼便偷偷找他们学习打鼓。

乐队的人只知道费曼来自美国，而且以前有过业余打鼓的经验，便接纳了他。费曼练习得很卖力，但经过一段时间，他还是没有打出巴西嘉年华会的味道。有人认为他的技术不过关，因为他没有按部就班地重现某种传统，有点喜欢按照自己的创意去发挥。到了准备参加游行演出的前几天，乐队被叫去接受“检验”，费曼打鼓的“创新”味道居然受到欣赏，于是他被准许参加演出。

宾馆里的服务员对费曼很熟悉，但嘉年华会举行的那天，居然看见费曼穿着乐队的衣服经过宾馆门前，大吃一惊：“那是教授！”为此，费曼得意许久。

中年的费曼还对绘画产生了浓厚兴趣，朋友们都不赞成他不务正业，认为搞理论的人不可能在绘画艺术上有什么收获。但是费曼兴致很高，难以改变，跑到美术培训班与年轻人一起画模特儿，当时他是成绩最差的一个。断断续续学了几年，费曼大有进步，但他并没对此抱很大期望，只是觉得快乐罢了。一次有人在学院里办画展，费曼也送上两幅自己的作品，不料被一位女士看中，买回去给丈夫做了生日礼物。费曼知道后，比获得诺贝尔奖还兴奋！

人生悟语

费曼教授最大的成就在我们看来当然是诺贝尔物理学奖，但是在费曼眼里不是，两幅绘画作品被买去更让他兴奋。工作令他取得成就，而兴趣让他快乐一生。在他眼里，快乐的人生是第一位的。这是一种人生境界，值得我们去学习。

守护一脸笑容

恒久

古河是个穷孩子，小的时候帮人做豆腐。古河是个非常认真的孩子，做事总是尽心尽力，而且充满信心，所以做的事情也很多。主人什么时候看到他，都是一副信心十足、笑容满面的样子，所以主人把看他做事当成件愉快的事。长大以后，他不再做豆腐了，被放债的人雇去催收钱款。

古河靠着他的笑容，把收款的事情做得很出色，多么难收的款他也能收回来。有一次，古河到一个借债的人那里要钱，这笔债早就应该还了，可是借债的硬是拖，“一千年不赖，一万年不还”。这一次，一看来了个讨债的，那人脸色立刻由晴转阴，对古河一脸冰霜，横竖不理不睬。他把古河一个人晾在那里，自己走了。晚上，直到睡觉的时候，他也没搭理古河，索性关了灯，睡大觉去了，让古河一个人摸黑枯坐。古河晚饭也没吃，又冷又饿，但他就是不生气，就是那么静静地坐着，一直坐到天亮。第二天早晨，那个借债的人看到古河仍然坐着，脸上仍然挂着笑容，没有一点生气的样子，着实被感动了，恭恭敬敬地把钱还给了古河。

古河的随和、耐心和永久的笑容，显示了一种心理的力量、意志的力量、信心的力量。两年后，古河买了一个废弃的铜矿，后来成为了日本的矿业大王。任何一种成功都有自己特有的秘诀。人们问古河成功的秘诀，古河说：“发财的秘方就是忍耐二字。”又说：“有了忍耐，就没有一件东西能阻挡你前进的步伐。”

人们这样评论他的成功：“守候着信心与笑容，一切都变得有利起来。”

人生悟语

面对自己无能为力的事情，发泄情绪也无济于事，只会让自己的心情雪上加霜，倒不如抱着希望乐观的心去面对，一切都会自然而然地好起来。就像等公交车，如果错过了一趟公车，切勿发脾气，因为走了就已经走了，不会再回来。最明智的办法：安心等待下一趟车的到来。

谁的妻子最快乐

佚名

弗兰西斯是沙特王宫的一名外籍家庭教师。主要任务是陪七位小公主阅读英文童话，每年的收入却是英国首相布莱尔的40倍。不过，她被解聘了。在重返剑桥读书的那天，有二百多名记者云集在圣凯瑟琳学院门口打探内幕。由于有协议在先，她回避了所有的提问。

一位陪同小公主阅读童话的人到底出了什么差错？人们有很多猜测。法国的一家报纸说，是因为弗兰西斯和某位王子产生了恋情，在王宫里上演了灰姑娘的故事。德国的一家报纸甚至说，弗兰西斯是被美国安全局买通的一名特工，在传递情报时露了马脚；阿拉伯的一家报纸说，弗兰西斯小姐合同期满，她的离开属正常解聘……总之，众说纷纭，谁也不知道哪一条是弗兰西斯被解聘的真正原因。

2001年圣诞节，一封来自沙特公主的电子邮件透露了实情。这封邮件是向弗兰西斯问候圣诞快乐的。在邮件中，小公主回忆了和弗兰西斯共同度过的快乐时光。她说，你还记得我们一起读《安徒生童话》时你的问题吗？我们傻乎乎的，真是愚蠢至极，以至于造成今日的离别。

原来公主们在读童话时，问了弗兰西斯这么一个问题："谁的妻子最快乐？"

当时弗兰西斯反问了她们："你们认为呢？"

七位小公主齐声回答："农夫的妻子最快乐！"

"难道国王的妻子、百万富翁的妻子、政治家的妻子、诗人的妻子不快乐吗？"弗兰西斯问。

"不快乐。"七个小公主回答。

"为什么？"弗兰西斯接着问。七个小公主答不上来，她们只知道，在童话故事里，没有一个国王的妻子是快乐的，也没有一个百万富翁的妻子是快乐的。

后来，弗兰西斯给她们讲了其中的原因，并告诉她们：在这个世界上，只有真正快乐的男人，才能带给女人真正的快乐。谁知这句话被人告密，第二天她就接到了解除聘约的通知。2001年末，美国《纽约时报》财经版评选"十大金句"，弗兰西斯的那句话被选了进去。因为那句话，令她失去了一百万英镑。

人生悟语

在生活中，真正的快乐和地位是没有关系的。追逐名利、陷身于繁杂的事务当中，即使地位显赫，也很难得到真正的快乐。

睡懒觉的小夫妻

胡忠军

大舟和小丽是一对恩爱夫妻。四个月前，小两口盖起鸡舍，架起鸡笼，买了一千只蛋鸡苗，办起了家庭养鸡场。

常言说吵吵闹闹是夫妻。大舟和小丽就是这样，两个人年轻气盛，经常因为一点鸡毛蒜皮的小事吵起来。不过，吵归吵，闹归闹，夫妻没有隔夜仇，不管头天怎么战斗，第二天一早起来就好了，照样有说有笑地一起料理鸡舍的活儿。

可是这一次，两人却赌起气来。

原来头天晚上，大舟和朋友聚会，喝醉了酒。小丽数落了几句，大舟趁着酒劲，毫不相让。两人越吵越凶，一个摔茶杯，一个摔盘子。大舟母亲赶紧来劝架。结果，越劝两个人的火气越大。老人一气之下，回到屋里，再也不管了。

按照惯例，每天都是小丽提前起床，给鸡加水添料的。可是，第二天，大舟发现小丽一反常态，出门没几分钟，就回来了，嘴里还嘟囔着："这鸡场也不是我一个人的，凭什么天天让我早起？"说完又重新躺到了床上，蒙头大睡。

小丽拿鸡赌气，大舟却舍不得。要知道，为了养好这一千只鸡，两口子起早贪黑，费了多少心血啊。眼看着这批鸡慢慢长大成熟，就要下蛋了，更是不能出一点岔子。再说，昨天自己喝醉酒，也有错。于是，大舟一骨碌爬了起来。大舟来到鸡舍，麻利地忙碌起来，喂了没两排，忽然眼前一亮：鸡蛋！

大舟有点不敢相信自己的眼睛，用力揉了揉：没错，鸡笼的托蛋网上，确实滚着一枚鸡蛋。鸡终于下蛋了！终于下蛋了！大舟激动得心里"怦怦"直跳，兴奋得脸都涨红了。

大舟伸手把鸡蛋抓在手里，吻了又吻。接着，双手捧着鸡蛋出了鸡舍，想要给妻子报喜。可是，刚走出没几步，大舟又停住了，他想了一下，又回到了鸡舍，把那枚鸡蛋重新放回了原来的地方。

为啥？原来大舟冒出个新的想法：发现第一枚鸡蛋的感觉，实在是太美好了。妻子为养鸡吃了那么多苦，这种快乐应当让她来享受。再说，她正在生闷气，这不正是哄她的好法子吗？

于是，大舟回到屋里，装着生气的样子，嘟囔了一句："哼！你想睡懒觉？我还想睡呢！"说罢，在妻子身边重新躺下，也蒙头大睡起来。

可是，过了好一会儿，妻子也没有动静，大舟心想：可不能耽搁了，再不去喂食，鸡子就要挨饿了。他只好转过身来，一把抱住妻子，哄着说："老婆，我今天确实有点不舒服，求求你了，给鸡添料去吧。"说着，还吻了妻子一下。

小丽突然"扑哧"一声笑了出来，并用手捶了大舟一下，说道："傻瓜！就你那点小把戏，当我不知道啊。老实交代，咱的鸡下蛋没有？"

大舟先是一愣，妻子怎么会知道鸡下蛋了？仔细一想，顿时明白了：妻子刚才出去那一趟，本来是为鸡加水添料的，却意外发现了这枚鸡蛋，于是回来装着睡懒觉，目的和自己一样，就是要把发现头一枚蛋的惊喜让给对方。想到这里，大舟心里顿时涌上一股暖流，他紧紧抱住妻子，在妻子耳边轻轻说道："亲爱的，快起床，咱们一起去收获丰收之果吧。"

两个人高高兴兴地一起来到鸡舍，轮流把那枚鸡蛋托在手里，又是估计它的重量，又是欣赏它的形状。过了好半天，大舟才小心翼翼地把鸡蛋放进了口袋里。

正说要添料，小丽忽然有了新主意，她从大舟口袋里掏出鸡蛋，放回了原处，说道："咱妈也为养鸡操了不少心，依我看，今天这第一枚鸡蛋，应该让她来捡，让她老人家也享受享受这份快乐。"

大舟连声说道："好！好！还是俺媳妇想得周到。"

于是，小两口来到厨房里，没进门，就异口同声地说："妈，好消息，好消息，鸡下蛋了！鸡下蛋了！"老人正在做饭，看见小两口高兴的样子，脸上也乐开了花，忙说："好啊，好啊……"

小丽一把拉住老人，说道："妈，您老为鸡场操心最多，俺俩决定：这第一枚鸡蛋，就由您来拾。"

老人笑着说:“好,我去拾,我去拾。”说着,匆匆来到鸡舍,小心翼翼地捡起鸡蛋,嘴里哼着小曲,出了鸡舍。

老人一边走,一边看着这枚鸡蛋,偷偷发笑,心想:看来,这一趟我夜里摸黑到鸡舍,真没白去。

再大的矛盾,在快乐的面前都会消失。

笑是最短的距离

宛彤

2004年年末的一天清晨,在美国底特律的街头,一辆鸣着警笛的警车疾驶着在追赶一辆慌不择路的白色面包车。面包车上,一个持枪男子疯狂地踩着油门夺路而逃。他叫道格拉斯·安德鲁,曾经是一位职业拳击手。就在二十分钟前,穷困潦倒的他持枪抢劫了一个刚从银行提款出来的妇女。他之所以铤而走险,是因为孤独的他太需要钱了,他觉得只有钱才能给他的心灵带来温暖,改变他的生活现状和命运。

在他实施抢劫后,接到报警的巡警在第一时间锁定了这辆面包车,并展开追捕。安德鲁驾驶着面包车在人潮汹涌的大街上像没头苍蝇一样疾驰,最后他被逼进一个居民区里,走投无路的他拎着巨款躲进一幢居民楼里。

他气喘吁吁地跑上楼,发现了一扇虚掩着的门,便闯了进去。首先映入眼帘的是一个身材颀长的女孩正背对着他坐在窗前插花。他将黑洞洞的枪口对准了女孩,要是她胆敢呼救或反抗的话,他就会毫不犹豫地扣动扳机。

女孩显然被他的声音惊扰了。“欢迎你,你是今天第一个来参观我插花艺术的人。”女孩说着转过身来,笑靥如花。

安德鲁惊呆了,放在扳机上的手指下意识地松弛下来,因为呈现在眼前的是一张阳光般灿烂的笑脸,而且她竟是一个盲人!她并没有意识到,此刻她所面对的是一个走投无路穷凶极恶的持枪歹徒,所以她的笑依然是那么甜美,在那些美丽鲜花的映衬下更显得楚楚动人。

“你一定是从电视上看到关于我的报道,才赶来看我插花的吧?”就在他发愣的当口儿,女孩幸福而自豪地笑着说,“没想到,在我即将离开这个世界的时候,大家都这么关心我,这几天前来看我的市民络绎不绝,都说是我对生活的热爱给了他们生活下去的勇气呢!”

女孩咯咯地笑了起来,她的天真以及对一个闯入者的毫不设防让他的情绪渐渐平稳下来。他竟真的按着女孩的指引,开始欣赏女孩的那些插花了。红的玫瑰、白的百合、黄的郁金香在窗台上展示着不可抗拒的美丽。安德鲁突然对这个女孩产生了好奇:“你刚才说你即将离开这个世界?”

“是啊,难道你不知道?我有先天性心脏病,医生说我最多只能活到19岁。还有几天就是我18岁生日了。”

“我为你感到遗憾,也许你现在和我一样最缺的就是钱了,要是能有更多的钱也许你会很快乐地生活下去!”联想起自己的困窘生活,安德鲁苦涩地笑笑。

女孩微笑着对他说:“你说错了,即使有再多的钱也治不好我的病。我现在虽然没有钱,但我感受到了活着的快乐，我反而为那些用自己的生命换取金钱的人感到悲哀！因为他们并不知道，快乐与否跟金钱无关。”

女孩的话一下子在安德鲁的心灵深处掀起了一股风暴！此时此刻的自己，不正是在用自己的生命换取金钱吗？

赶来增援的警察已经将这个居民区包围得水泄不通，他们并不知道此时在这间屋子里发生的一切。前来搜捕的脚步声越来越近。

“你的插花真美，就像你的微笑那样让人着迷。我要去上班了，再见！”说着，安德鲁拿起一束花叼在嘴里，然后轻轻关上门，走出了她的家。

荷枪实弹的警察没费一枪一弹就抓获了安德鲁。警察在给他戴手铐的时候，他只说了一句话：“请不要惊动那个女孩，更不要告诉她刚才发生的一切，好吗？”

第二天，一个人嘴里衔着一束花，高举双手向警方投降的图片在当地媒体登载出来。我是在一家网站上看到这张照片和相关报道的。也是在那个时候，我知道了女孩的名字叫凯瑟琳，一个身患重症但热爱生命的美国女孩。也许她到现在也不知道，在那个平凡的清晨发生了怎样一件震撼人心的事。坐在电脑前，我在思考到底是什么力量让穷凶极恶的歹徒放弃抵抗而得到人性的回归的，是凯瑟琳推心置腹的话语，还是安德鲁突然产生的对生命的不舍和渴望？

就在我为这个问题困惑时，一周后我又在同一家网站看到了美国当地媒体对这一事件的后续报道，报道中引述了劫匪安德鲁一番发自肺腑的话：“我最应该感谢的是凯瑟琳的微笑，如果没有她那粲然一笑，根本就没有使我俩活下来的机会。她会死在我的枪口之下，而我则会在负隅顽抗中死于乱枪之下！是她的笑救了她自己，也救了我……虽然她是一个盲人，但她显然懂得微笑对一个人的伟大意义。在此之前，要是人们对我少一些冷漠，多一些微笑，也许我就不会在茫茫人海中迷失自己，从而做出铤而走险的事来。微笑是两人间最短的距离，这是我用即将到来的十年牢狱之灾换来的最为深刻的人生感悟……”

人生悟语

生活需要微笑，每个人都应该拥有一个积极乐观的心态，让自己的脸上挂着美丽的笑容，这不仅会让自己快乐，更会感染你身边的每一个人。

心灵的自在，才是最大神通

雁丹

有个年轻人，很想能透过宗教的修持，而学到所谓的神通。

有一天，他就到一处深山去找一位灵修大师。

结果，这位灵修大师只告诉了他一个方法，就是只要这个年轻人能不断静坐、冥想，以及祷告与持诵一些咒语，他就能得到大神通。

这个年轻人本以为只要照着去做，日后一定可以习得大神通。

没想到，半年之后，这个年轻人并没有在神通上有任何的收获。

他十分气愤地去质问灵修大师。

“你不是说，只要我照着你的方法去做，就可得到大自在与大神通吗？怎么我一点儿收获都没有呢？”

只见那灵修大师一点儿都不生气，只问了这个年轻人一句话：

“当你每天醒来，你是不是感到特别的清醒呢？”

这个年轻人点了点头。

“当你能清醒地过完每一天，且很愉快地享受每天阳光的灿烂，这不正是代表，你是很自在又舒畅地在过生活吗？”

这个年轻人又点了点头。

“难道这不就是你所要追求的自在与神通吗？”

心灵上能得到的自在与愉悦，这才是人生中最大的神通所在。

奥玛哈·毕说：“农夫也许会认为，自己只不过是在田里播下了几粒种子。但如他能张开心灵的眼睛，用更宽广的视野来看自己，他就会发现，原来他所播下的种子，是可以喂饱整个世界的。”我们中很多人每天都对自己的生活不如意，或抱怨郁闷，或抱怨无聊，有的甚至饱食终日却痛不欲生。实际上，只要他们换个角度想想，他们比起辛劳的农夫来说，生活远远不是他们感受的那样。

人生悟语

幸福的人都是拥有大智慧的人。物质的丰富并不能带来幸福的感觉，很多人过着衣食无忧、奢华安逸的生活，但他们却感觉自己离幸福很远。幸福与外界条件无关，幸福是对生活的满足，是内心的澄清，是精神的自在。只有剔透的眼睛，才能看到美好的存在。只有空灵的内心，才能体验生命的和谐。真正的自在是从心灵起航，并最终回归心灵。

选择好心情

佚名

杰瑞是美国一家餐厅的经理，他总是有好心情，当别人问他最近过得如何，他总是有好消息可以说。

当他换工作的时候，许多服务生都跟着他从这家餐厅换到另一家。为什么呢？因为杰瑞是个天生的激励者，如果有某位员工今天运气不好，杰瑞总是适时地告诉那位员工往好的方面想。

有人问他：“没有人能够总是这样地积极乐观，你是怎么做到的？”

杰瑞回答说：“每天早上起来我告诉自己，我今天有两种选择，我可以选择好心情，或者选择坏心情，我总是选择好心情。即使有不好的事发生，我可以选择做个受害者，或是选择从中学习，我总是选择从中学习。每当有人跑来跟我抱怨，我可以选择接受抱怨或者指出生命的光明面，我总是选择生命的光明面。”

杰瑞接着说：“生命就是一连串的选择，每个状况都是一个选择，你选择如何应付，你选择人们如何影响你的心情，你选择处于好心情或是坏心情，你选择如何过你的生活。”

有一次杰瑞做了一件令大家意想不到的事：

有一天他忘记关上餐厅的后门，结果早上有三个武装歹徒闯入餐厅抢劫，他们威胁杰瑞打开保险箱。由于过度紧张,杰瑞弄错了一个号码,造成抢匪的惊慌,开枪射击杰瑞。幸运的是杰瑞很快被邻居发现,紧急送到医院抢救。经过18个小时的外科手术。杰瑞终于出院了,但还有颗子弹留在他身上……

有人问他当抢匪闯入的时候,他想到了什么。

杰瑞答道:“我第一件想到的事情是我应该锁后门,当他们击中我之后,我躺在地板上,还记得我有两个选择:我可以选择生,或选择死——我选择活下去。”

杰瑞继续说:“医护人员真了不起,他们一直告诉我没事,让我放心。但是当他们将我推入紧急手术间的路上,我看到医生和护士脸上忧虑的神情。我真的被吓坏了,他们的眼神好像写着——他已经是个死人了,我知道我需要采取行动。”

“当时你做了什么?”有人问。

杰瑞说:“嗯!当时有个护士用吼叫的音量问我一个问题——她问我是否会对什么东西过敏。我回答:‘有。’这时医生跟护士都停下来等待我的回答。我深深地吸了一口气喊着:‘子弹。’

“这时医生和护士都在笑,脸上的忧虑神情都渐渐消失了,听他们笑完之后,我告诉他们:‘我现在选择活下去,请把我当作一个活生生的人来开刀,不是一个活死人。’”

杰瑞能活下去当然要归功于医生的精湛医术,但同时也是由于他令人惊异的乐观态度。

人生悟语

每天你都在选择,是享受你的生命,或是憎恨你的生命。这是唯一一件真正属于你的权利——没有人能够控制或夺去的东西——就是你的态度。如果你能时时注意这个事实,你生命中的其他问题就会变得容易许多。

娱乐就是工作

佚名

曾有人向皮尔·卡丹请教过成功的秘诀,他很坦率地说:“创新!先有设想,而后付诸实践,再不断地进行自我怀疑。这就是我的成功秘诀。”

20世纪初的一天,23岁的皮尔·卡丹骑着一辆旧自行车。踌躇满志地来到了法国首都巴黎。他先后在“帕坎”、“希亚帕勒里”和“迪奥”这三家巴黎最负盛名的时装店当了五年的学徒。由于他勤奋好学,很快便掌握了从设计、裁剪到缝制的全过程,同时也确立了自己对时装的独特理解。他认为,时装是“心灵的外在体现,是一种和人联系的礼貌标志”。在巴黎大学的门前,一位年轻漂亮的女大学生引起了皮尔·卡丹的注意。这位姑娘虽然只穿了一件平常的连衣裙,但身材苗条,胸部、臀部的线条十分优美。皮尔·卡丹心想:这位姑娘如果穿上我设计的服装,定会更加光彩照人。于是,他聘请20多位年轻漂亮的女大学生,组成了一支业余时装模特队。

后来,皮尔·卡丹在巴黎举办了一次别开生面的时装展示会。伴随着优美的旋律。身穿各式时装的模特逐个登场,顿时令全场的人耳目一新。时装模特的精彩表演,使皮尔·卡丹的展示会获得了意外的成功,巴黎所有的报纸几乎都报道了这次展示会的盛况,订单雪片般地飞来。皮尔·卡丹第一次体验到了成功的喜悦。

这之后，在服装业中取得辉煌的成功之后，皮尔·卡丹又把目光投向了新的领域。他在巴黎创建了"皮尔·卡丹文化中心"，里面设有影院、画廊、工艺美术拍卖行、歌剧院等。成为巴黎的一大景观。

巴黎的一家高级餐馆"马克西姆餐厅"濒临破产。由于这家餐厅建于1893年，当店主打算拍卖时，美国、沙特阿拉伯等国家的大财团都企图买下。皮尔·卡丹不想让法国历史上有名的餐厅落到外国人手上，于是他用150万美元的高价买下了马克西姆餐厅。

皮尔·卡丹将简单的来餐厅用餐提高到一种生活享受的高度，不仅让客人品尝到驰名世界的法式大菜，同时还让客人享受到马克西姆高水平、有特色的服务。经过皮尔·卡丹的精心调治，3年后，马克西姆餐厅竟然奇迹般地复活了。它不但恢复了昔日的光彩，而且影响波及全球。

从一个小裁缝走向亿万富翁，皮尔·卡丹创造了一个商业王国的传奇。而所有这一切都是他用每天工作18个小时的代价换来的。"我的娱乐就是我的工作！"在皮尔·卡丹的那间绿色办公室里，有一个地球仪，这个没有时间娱乐的大师也许可以从中数清他的帝国在地球上有多少个站点。他从中感到了一种巨大的满足，一种生活的乐趣。

人生悟语

具有快乐心态的人认为，工作即游戏。不管做什么事，一定要快乐，一定要享受过程。把工作视为游戏，会感到工作是其乐无穷的。马克·吐温认为：成功的秘诀，是把工作视为消闲。没有前途黯淡的职业，除非你不敢承担责任、担心会失败。如果想充实、快乐地工作，就必须把游戏时的好奇心及活力，带到工作中。

快乐是一种智慧

程应峰

一位久病的患者，到他熟悉的医师那儿看病。医师给他做了全面检查，说："没什么大问题。"可他说："我吃了很多药也不见效，这是怎么回事啊？"医生说："你的病不是吃药的问题，而是能不能保持愉快心境的问题。你的家境我知道，你身体的毛病也是事实；但对你来说，需要的不是药物，而是快乐。面对自认为不如意的生活，想法子快乐起来，才是改变你目前生存状况的良方。"

听了医师的话，患者若有所悟：是啊，我的身体状况，也许真是因为自己对自己处境太过沮丧的缘故。这以后的日子，他将注意力集中到自己的爱好上，清理出搁置已久的文房四宝，泼墨挥毫，写字作画。不管是在生活中还是在虚拟的网络上，一有机会，他就主动和书画爱好者作愉快的交流。这期间，他品尝到了真正的快乐。本来，他的书画功底就不错，不到两年时间，就创作了一批有一定水准的书画作品。在朋友的鼓动和帮助下，他举办了一次书画展。就这样，他的作品不仅得到了书画同行的认可，还有几幅被人高价收藏。在忙忙碌碌、快快乐乐走过的这些日子，他竟然对自己身体曾有的不适毫无感觉。这一切，缘于他懂得怎样去营造真正的快乐。

在物质发达的今天，可以说，快乐更多来自内心的满足。真正的快乐，是一种胸怀、一种智慧，它内在而自在，深刻而持久，没有人可以动摇。

人生悟语

快乐来自内心的满足。同样的一件事情，你的心态不乐观，就觉得很痛苦；可站在另一个角度去感受，就能从中获得快乐。对于每一个人，快乐也是医治各种心理问题的良方。

快乐是一种智慧，需要我们细细品悟。不管世事怎样变迁，我们都要保持快乐的心态去面对，这样我们才生活得有滋有味。

生活需要乐观

佚名

米拉奇是一个乐观者，于是，凯特决定去拜访他。

米拉奇乐呵呵地请凯特坐下，笑嘻嘻地听她提问。

“假如你一个朋友也没有，你还会高兴么？”凯特问。

“当然，我会高兴地想，幸亏我没有的是朋友，而不是我自己。”

“假如你正行走间，突然掉进一个泥坑，出来后你成了一个脏兮兮的泥人，你还会快乐么？”

“当然，我会高兴地想，幸亏掉进的是一个泥坑，而不是无底洞。”

“假如你被人莫名其妙地打了一顿，你还会高兴么？”

“当然，我会高兴地想，幸亏我只是被打了一顿，而没有被他们杀害。”

“假如你在拔牙时，医生错拔了你的好牙而留下了患牙，你还高兴么？”

“当然，我会高兴地想，幸亏他错拔的只是一颗牙，而不是我的内脏。”

“假如你正在瞌睡时，忽然来了一个人，在你面前用极难听的嗓门唱歌，你还会高兴么？”

“当然，我会高兴地想，幸亏在这里号叫着的，是一个人，而不是一匹狼。”

“假如你的妻子背叛了你，你还会高兴吗？”

“当然，我会高兴地想，幸亏她背叛的只是我，而不是国家。”

“假如你马上就要失去生命，你还会高兴么？”

“当然，我会高兴地想，我终于高高兴兴地走完了人生之路，让我随着死神，高高兴兴地去参加另一个宴会吧。”

“这么说，生活中没有什么是可以令你痛苦的，生活永远是快乐组成的一连串乐符？”

“是的，只要你愿意，你就会在生活中发现和找到快乐——痛苦往往不请自来，而快乐和幸福往往需要人们去发现，去寻找。”米拉奇快乐地说道。

乐观者总是在做一个更坏的假设，和假设相比，事实总是更好。这种“自我欺骗”是一种思维方式，可以让你敢于面对事实的不如意，不再怨天尤人。

人生悟语

生活需要乐观，乐观者无惧生活中的一切挫折和苦难，在任何时候都保持着快乐的心态。假设突然掉进一个泥坑，他会想掉进的不是无底洞；假如被人莫名其妙地打了一顿，他会想幸亏没有被他们杀害；假设他的妻子背叛了他，他会想幸亏背叛的不是国家；假如他马上就要失去生命，他会想终于高高兴兴地走完了人生之路，等等。其实，乐观者永远不会被假设击倒。

乐观的“死刑犯”

佚名

美国印第安纳州有一名叫英格莱特的人,10年前得了一场大病,当他康复以后,却发现又得了肾脏病。他找了好多个医生,但谁也没有办法治好他。

之后不久,他又患上另一种病,血压也高了起来。

他又去看了一个医生,医生说他已经没救了,患这种病的人距离死亡不远了,因此建议英格莱特先生最好马上回去准备后事。

英格莱特只好回到家里,他弄清楚他的所有的保险全都付过了,然后向上帝忏悔自己以前所犯过的各种错误,坐下来很难过的默默沉思。

家里人看到他那种痛苦的样子,都感到非常难过,他自己更是深深地陷入颓废的情绪里。

一周过去了,英格莱特先生对自己说:“你这个样子简直像个傻瓜。你在一年之内恐怕还不会死,那么趁你现在还活着的时候,为何不快乐一些呢?”于是,他挺起胸膛,脸上开始绽出微笑,试着让自己表现出很轻松的样子。开始的时候他很不习惯,但是他强迫自己很快乐。

接着他发现自己开始感觉好多了——几乎跟他装出来的一样好,这种改进持续不断。他原以为自己早已躺在坟墓里,但现在他不仅很快乐,很健康,活得好好的,而且他的血压也降下来了。

“有一件事我可以肯定:如果我一直想到死,就会垮掉,那位医生的预言就会实现。可是,我给自己的身体一个自行恢复的机会,别的什么都没有,除非我乐观起来。”英格莱特先生自豪地说。

是的,他现在之所以还活着,是因为他发现了乐观的秘密。

人生悟语

悲观者面对半杯水说:“我就剩下半杯水。”乐观者说:“我还有半杯水呢!”乐观者面临挫折仍坚信情势必会好转,乐观能使陷入困境中的人不会感到冷漠、无力和沮丧。因此,对于乐观者来说,外在世界总是充满光明和希望。

反正我赔不起

佚名

俄国著名的寓言作家克雷洛夫一生贫困,但他却生性乐观,碰到什么事情,都能保持快乐的心情。

他一直居无定所。一次,他终于又租到了一套房子。在与房东签订租房契约时,他看见房东事先写好的契约上面有这样一句话:如果房客因为用火粗心大意,致使房子起火,必须赔偿15000卢布。

克雷洛夫看完后,不但没有异议,而且在“15000”后又另外加上了两个“0”。

“1500000卢布!”房东大为惊喜地喊道。

“先生,不要大惊小怪,”他不动声色地回答说,“我反正赔不起。”

克雷洛夫这句幽默的话,让房东大笑起来。房东觉得克雷洛夫是个幽默而又诚实的人,于是很愉快地就把房子租给了他。

人生悟语

一个具有幽默感的人,能时刻保持乐观的心态,因此,心里总是充满阳光。当他与别人接触的时候,他心里的阳光就自然会化作脸上的微笑或口中幽默的话语,这样就很容易感染别人,使别人感到快乐。这样,人与人的相处就会变得轻松、和谐、融洽。

快乐源于自己的感觉

佚名

东海的一只大甲鱼,偶然爬过一口井边。

井里的一只蛙看见了,连忙说:“稀客稀客,请来参观吧!”大甲鱼说:“你在井里过得舒服吗?”

井蛙说:“我独霸一口井的水,像是一个国王一样,怎么不舒服呢?你看,我一跳到井里,水就来扶着我的两腋,托着我的腮帮子。我高兴就钻入水底,泥巴就赶快来按摩我的脚。到了晚上,不想待在水里,就跳出来,散散心。”

听了蛙的话,大甲鱼便想到井底看一看,可是它的左脚刚刚踩进去,右脚就绊在外边动弹不得了。大甲鱼只好退了出来。

大甲鱼便对井蛙说:“你的井太小了,我进不去。我刚才是从东海上来的,让我告诉你东海的快乐吧。东海又大又深,用一千里长不足形容它的广大,用八千尺高不足以形容它的深。水灾时不会增加,旱灾时不会减少。像这样不会因时间的长短而改变,不受雨水的多少而增减,这就是大海的快乐。”

井蛙听了,翻翻眼珠,一副不知所云的样子。

人生悟语

每个人都有自己的快乐。你可以羡慕大海的壮丽和宽阔,也可以为自己的安乐窝而振奋不已。快乐源于自己的感觉。一个人的快乐并不是人人都能体会到的,保持一份美好心境,才会得到更多的快乐。

快乐不需要先决条件

佚名

有位心理医生治愈了很多性情忧郁的病人,只要有人去找他,他便向来人建议——不要为你的享乐设定先决条件：

不要说："等我赚到一万美元，我才可以好好享乐。"

不要说："等我上了那架飞往巴黎、罗马、维也纳的飞机，我就高兴了。"

不要说："等我到了六十岁退休时，我就能躺在安乐椅上享受日光浴。"

享乐不应该有"假如"等限定条件。

每天的一个基本目标是：你有权自娱，不论你是一位百万富翁或是一个不名一文的流浪汉。

一个自我意志脆弱的百万富翁可能会对自己说："如果有人把我的所有积蓄夺去，那就没有人会理我了。"

一个自我意志坚强的债台高筑的穷人可以对自己说："如果债主非得逼我和他捉迷藏不可，那我就借这机会好好活动活动。"

人生悟语

快乐纯粹是内在的，它不是由于客体，而是由于观念、思想和态度而产生的。正如萧伯纳所讽刺的那样，如果我们觉得不幸，可能会永远不幸。反之亦然。快乐不需要先决条件。

快乐的一半是过程

佚名

我们正在做一件冒点风险的事情——这样的念头从来没有扰乱过我们的决心。虽然孩子们放暑假了，但我们各自的丈夫还得继续工作。安特妮有孕在身，已经在体形上隐隐显现出来；而我，膝盖上的伤还没有好。就是在这样的情况下，我俩仍旧决定，带着我们各自的孩子到山区度暑假。要知道，不算安特妮腹中的那个，一共有5个7岁以下的孩子。我俩都清楚，这次能让孩子们度过一个快乐而难忘的旅行假期，冒点儿风险还是值得的。

我们仔细地包扎好我们的大篷车，装上了睡袋、水枪、食品以及最新的女性题材影碟，径直向山区驶去。刚上路不久，即便有《蔬菜宝贝历险记》这样备受孩子们喜爱的游戏陪伴着他们，但很快，车厢里的5个孩子已经变得不老实起来。

"他老是碰我！"

"他没办法不碰你，我们就像沙丁鱼一样被塞在这里。"

"我们到达那里还要多长时间啊？"

"嘿！孩子们，"安特妮以她特有的教师语调说，"快乐的一半是过程。如果你们厌倦了游戏，还有很多有趣的事情可以做。比如，我敢打赌，车窗外面的树木、花草还有庄稼，你们谁也认不全。"过了两三个小时，在我们循着山路绕了几圈之后，我们站在了橡木角一座房屋的门阶上，这是我父母在山区的家。

"谁拿着钥匙呢？"一个孩子急切地喊道。

钥匙！天哪！我猛然想起，在包扎大篷车的时候，我将钥匙落在了厨房的柜台上！我抓住安特妮的胳膊，对着她的耳朵悄声说道："还记得你刚说过的话吗？快乐的一半是过程。现在，这个过程必须拉长了，我将钥匙落在家中厨房的柜台上了！"

很快，沮丧的境遇变成了一场搜索游戏。安特妮、我，还有 5 个孩子开始拍打每一扇房门，搜索每一扇窗户，希望能找到一个进入房屋的途径。

“看这里！”安特妮大声喊，“厨房窗台上面的檐窗没有上锁。珍妮，如果你扶我上到窗台上，我就能爬进去把房门打开。”

“安特妮，你疯了吗？你是一个孕妇！”

“我知道的。但是，你也无法做这件事啊，你的膝盖上还有伤，所以，这件事更适合由我来做。”

当我俩开始这样做的时候，所有的孩子都围了过来，我扶着安特妮爬上了窗台，又扶着她向檐窗爬去。孩子们站在那里观看着这一切，欢呼雀跃，手舞足蹈。当安特妮从我们的视线里消失的时候，她的一个孩子兴奋地叫道：“妈咪，我明白了，快乐的一半是过程！”

我们在橡木角的度假时光真是快乐无比。孩子们大声地笑，开心地玩，愉快地爬山，甚至还学会了用橡子吹出了响亮的哨声。安特妮和我也开心至极，我们终于找到了一段时间，如同在学校时那样，两个小女生倾心交谈，我们还趁疲惫的孩子们呼呼大睡的时候，悄悄地看我们带来的那些最新的女性影碟。

如今，我和安妮特常常想起那一段带着一窝小家伙们到山区冒险的经历，其中的很多情景都不时地令我俩相对一笑。但最让我们感觉值得欣慰的是“快乐的一半是过程”这句话，不仅成为孩子们的口头禅，而且已经深深地印在了他们的脑子中。

人生悟语

旅途沉闷？孩子吵闹？钥匙忘了带？这些竟然都成了快乐的理由，而能把麻烦变成快乐的绝招，就是一句话：快乐的一半是过程。冒点儿小险，做个有点儿荒谬的决定，只要大家快乐地在一起，即使发出的是乱糟糟的闹声，那也就不那么重要了。

快乐的樱桃

佚名

从前，有这样一个村子。全村的人，无论男女老幼都每天浮躁不安、闷闷不乐的，他们为此很苦恼。

一天，这个村子的一位德高望重的老人召集来一位全村最精明强壮的小伙子，吩咐说道：“我们必须改变咱们村子里村民们的这种不愉快的状态，找回属于我们的快乐。传说在遥远的北海群岛上有一个小岛屿，那里有一株樱桃树，如果谁能吃到上面结出的樱桃果，就会天天快乐，不知烦恼，你去采吧。”

备足干粮，整好出行装备，小伙子策马扬鞭，一路风尘就朝北海群岛飞驰而去。

小伙子经历过千难万险终于到达了老人所说的北海群岛。在众多岛屿中，小伙发现一处绿树环绕的小岛。他欣喜地来到小岛上，看见岛上的居民都辛勤地劳作着。他们身穿布衣而无怨，腹裹野菜而无悔，面带喜色，不知疲倦。

小伙子向一位正在浇灌樱桃树的师傅毕恭毕敬地询问：“师傅，这些樱桃树能使你快乐吗？”

“当然。”

“能送给我几颗吗?”

“当然。不过快乐不能仅凭借几颗樱桃果,关键是要具备快乐的根。”

“埋在泥土中的根吗?”

“不,埋在心中的根。”

小伙子顿悟,原来带给人快乐的不是樱桃果实,是种樱桃让人们的心快乐。

人生悟语

忘掉烦恼、忘掉忧伤,勤勤恳恳地劳作,仔仔细细地品味人生,播种一颗快乐的种子在心里,然后让它在心里生根发芽,接触甜甜的樱桃果,快乐是埋在心里的根,根是快乐的根,果是快乐的果。

快乐和忧伤的最根本的原因

佚名

有一个快乐的农夫,每一个早晨他都有些迫不及待地向新的一天问好:“上帝,早上好!”他的邻居,一个心事重重的中年农妇,每天早上的问候语与他类似:“上帝,早上好吗?”

这两个人似乎是一个对立的世界,一个总是快快乐乐,一个总是愁容满面;一个乐观自信,一个悲观多疑。一个总是发现机会,一个总是找寻问题……

又一个阳光明媚的早晨,他欣喜地对邻居叫道:“多么明朗的天空!你曾经看到过这么壮丽的日出吗?”

“是的,天空的确很晴朗。”她回应道,“但它同时也会带来炎热,我真担心它会把农作物烤焦。”

在下午的阵雨过后,他评论道:“这真是一场及时雨啊,农作物今天可以开怀畅饮一次了!”

“但愿老天能见好就收,别一下就下个没完,那样的话,农作物可是吃不消的。”农妇忧心忡忡地说道。

“即便如此,你也大可不必如此担心,别忘了,我们都参加了洪水保险的。”农夫安慰农妇道。

为了让心事繁重的邻居开心快乐起来,农夫费尽周折地弄来了一条漂亮的狗。这可不是一条普通的狗,而是一条训练有素、身价不菲的德国犬。它有很多让人啧啧称赞的技能,农夫深信,这条不同寻常的狗一定能够让他的邻居的脸上写满惊喜。

这一天,农夫特意请来他的邻居,请她观赏德国犬的精彩表演。

“把木棍给我取回来!”农夫把一根木棍扔进湖里,大声命令道。德国犬在听到主人的命令后,立即飞快地向湖边跑去,并毫不犹豫地跳进了湖中。它在湖中上下翻腾着,一会儿浮出湖面,一会儿沉入湖底,没过多久,就口衔木棍回到了主人身边。

农夫赞赏地抚摸着德国犬的脑袋,兴高采烈地问农妇道:“怎么样?这家伙表演得还可以吧?”

农妇手捂胸口,眉头紧皱地回答道:“我都快揪心死了!我看它在湖里上下翻腾,总担心它的水性不够好,生怕它淹死在湖里!”

人生悟语

生活中,总有一些人,整天开开心心、快快乐乐,烦恼似乎永远找不到他。还总有另外一些人,天天愁云密布,眉头不展,烦忧之事似乎成了家中常客,一件紧接着一件。

快乐还是忧伤,自然有各种各样的现实原因,但最根本的原因只有一个:那就是你的心态。

萝卜花

佚名

萝卜花是一个女人雕刻的，用料是萝卜，她把它雕成一朵朵月季花的模样。花盛开，很喜人。女人在小城的一条小巷子里摆地摊，卖小炒。一小罐煤气，一张简单的操作平台，木板做的，用来放锅碗盘碟，她的摊子就摆开了。她卖的小炒只有三样：土豆丝炒牛肉、土豆丝炒鸡蛋、土豆丝炒猪肉。

女人30岁左右，瘦，皮肤白皙，长头发用发卡别在脑后。惹眼的是她的衣着，整天不离开油锅，应该很油腻才是，可事实并非如此。她的衣服极干净，外面罩着白围裙。衣领那儿，露出里面的一点红，是红毛衣，或红围巾。她每过一会儿，就换一下围裙，换一下袖套，以保持整体衣着的干净。令人惊奇且喜欢的是，她每卖一份小炒，就在装给你的方便盒里放上一朵雕刻的萝卜花。“这样装在盒子里，才好看。”她说。

不知是因为女人的干净，还是她的萝卜花，一到吃饭时间，女人的摊子前总是围满人。5块钱一份的小炒，大家都很耐心地等待着。女人不停地翻炒，而后装在方便盒里，再放上一朵萝卜花。整个过程充满美感。于是，一朵一朵素雅的萝卜花，就开到了人们的饭桌上。

我也去买女人的小炒。去的次数多了，就渐渐地知道了她的故事。女人以前有个很殷实的家。男人是搞建筑的，还算有钱。但不幸的是，在一次建筑中，男人从尚未完工的高楼上摔下来，被送进医院，医院当场就下了病危通知书。女人几乎倾尽所有来抢救男人，才捡回男人的半条命，不过男人瘫痪了。

从此，女人的生活不再优裕。年幼的孩子、瘫痪的男人，女人得一肩扛一个。她考虑了许久，决心摆摊卖小炒。有人劝她，街上有那么多家饭店，你卖小炒能卖得出去吗？女人想，也是，总得弄点和别人不一样的东西吧？于是她想到了雕刻萝卜花。

当她静静地坐在桌旁雕刻时，她突然被自己手上的美镇住了。一根再普通不过的萝卜，在眨眼之间，竟能开出一小朵一小朵的花来。女人的心，一下子充满期盼和向往。

就这样，女人的小炒摊子摆开了，并且很快成为小城的一道风景。下班后赶不上买菜的人，都会相互招呼一声，去买一份萝卜花吧，于是就都晃到女人的摊前来了。

一次，我开玩笑地问女人：“攒多少钱了？”女人笑而不答。一小朵一小朵的萝卜花，很认真地开在她的手边。

不多久，女人竟出人意料地盘下一家酒店，用她积攒的钱。她负责配菜，还把瘫痪的男人接到店里管账。女人依然衣着干净，在所有的菜肴里，依然喜欢放上一朵她雕刻的萝卜花。“菜不但是吃的，也是用来看的。”她说着，眼睛很亮。一旁的男人气色也好，没有颓废的样子。

女人的酒店慢慢地出了名。提起萝卜花，大家都知道。生活，也许避免不了苦难，却从不会拒绝一朵萝卜花的盛开。

人生悟语

女人活得认真，活得仔细，活得乐观，她相信美好的生活就在自己雕刻着的手里。生活是一面镜子，假如你给它一副愁容，它就会还给你一片阴云；你给它一个笑容，它也会还给你一个笑脸。积极、乐观地面对生活，才能让生命的每一天充满阳光。

难忘那个快乐的盲女孩

佚名

在城市里转悠了半天，夜渐深，我才上了公交车回家。车内人很少，我临窗而坐。这正是都市最迷人的时刻，平常中透着神秘，恬静中躁动着诱惑。霓虹正艳，酒正香醇，舞正酣畅，人正欢笑，正是都市人最放纵惬意的时刻，形形色色的人在物质或精神的海洋里欢快地游弋。但这种都市平安夜的好心情不属于我。高考落榜，初恋夭折，原本暗淡的青春又蒙上了一层厚重的夜色，我没有什么好开心的，我为这些付出过许多，也有过太多的憧憬和期待。但此时，我只剩下了绝望，命运很不公平，为什么有的人可以轻松地拥有成功和爱情，而我不能。我想哭，想咒骂，想呐喊。我望着车窗外流动的街景，茫然地看着这个不属于自己的世界。

"夜景很美，是吗?"一个很美的女声。我侧头一看，不知什么时候，身旁已坐了一个女孩。

我冷冷地回答道:"很美? 我看不出来有多美!"要是往常，我也许会和她热情地交谈。而今夜，对于这个城市，除了敌意，我丝毫体会不到一点儿美感。

听出我的语气不太友好，女孩轻叹了一声，开始沉默。借着窗外微弱的灯光，我看见了女孩轮廓美丽的脸，我几乎有些嫉妒和仇恨地想:你多好啊，拥有美貌，也许还有体面的工作，说不定刚和情人约会过，还沉浸在狂热而浪漫的幸福之中，你眼里的一切都可以成景入画，你哪里体会得到我这样一个卑微而平庸的人心中的痛楚和伤感。

女孩仍固执地凝视着窗外，仿佛有某种磁力很强的东西吸引着她的目光。后来，女孩竟轻轻地唱起了歌，一首动听的爱情歌曲。女孩的嗓音甜美，对歌曲的感情处理也恰到好处，虽然只是不经意的哼唱，却别有一番动人的感觉。车上的人忍不住往这边张望，她像是根本没留意到自己身上已凝聚了这么多人的目光，依然是旁若无人，是她的自信，也是她的自得。我想，这样的女孩当然属于这样的歌。如果有一天，她的生命里也有了我这样的灰色冗长的雨季，她能哼出从容而明快的歌吗?

车到终点站，车内的灯亮了，乘客纷纷下车，女孩却坐在那里不动。我提醒她到终点站了，该下车了，她才不慌不忙地站起来，扶着椅背慢慢地朝车门处挪动。我有些生气了，大声说:

"你能不能快点儿你没长眼睛吗? 车上的人都走光了。"女孩显然被这话刺痛了，肩膀微微地颤了颤，她转过头来对我抱歉地一笑:"对不起!"这时，我才真正看清楚女孩那张脸和那双眼睛，我立刻意识到我刚才说的话是多么的愚蠢和恶毒，我想不到这样的女孩，还会有那么快乐的心境和那么优美的歌声。我柔声说:"对不起，让我送你回家吧。"

女孩把手递给我，说:"谢谢!"

那夜我是唱着歌回家的，因为就在我看清女孩的那双眼睛的时候，我恍然大悟。原来上帝是不会把所有的好运都留给某一个人的，世界上没有绝对幸福的人，只有不肯快乐的心。在快乐的人那里，永远没有雨季。

在女孩回头的瞬间，我看到她有的其实是一双什么也看不见的眼睛，但她的倩影却在这一刹那，久久地定格在我的脑海里。

人生悟语

盲女孩甜美的歌声表达了她对生活深深的热爱。一个身体有缺陷的人尚且如此乐观，我们正常人又有什么理由退缩和抱怨呢？选择快乐，珍爱生命！

苏格拉底的心境

佚名

苏格拉底是单身汉的时候，和几个朋友一起住在一间只有七八平方米的小屋里。尽管生活非常不便，但是他一天到晚总是乐呵呵的。

有人问他："那么多人挤在一起，连转个身都困难，有什么可乐的？"

苏格拉底说："朋友们在一块儿，随时都可以交换思想，交流感情，这难道不是很值得高兴的事儿吗？"

过了一段时间，朋友们一个个相继成家了，先后搬了出去。屋子里只剩下了苏格拉底一个人，但是每天他仍然很快活。

那人又问："你一个人孤孤单单的，有什么好高兴的？"

"我有很多书啊！一本书就是一个老师。和这么多老师在一起，时时刻刻都可以向它们请教，这怎能不令人高兴呢？"

几年后，苏格拉底也成了家，搬进了一座大楼里。这座大楼有七层，他的家在最底层。底层在这座楼里环境是最差的，上面老是往下面泼污水，丢死老鼠、破鞋子、臭袜子和杂七杂八的脏东西。那人见他还是一副自得其乐的样子，好奇地问："你住这样的房间，也感到高兴吗？"

"是呀！你不知道住一楼有多少妙处啊！比如，进门就是家，不用爬很高的楼梯；搬东西方便，不必费很大的劲儿；朋友来访容易，用不着一层楼一层楼地去叩门询问……特别让我满意的是，可以在空地上养一丛一丛的花，种一畦一畦的菜，这些乐趣呀，数之不尽啊！"苏格拉底情不自禁地说。

过了一年，苏格拉底把一层的房间让给了一位朋友，这位朋友家有一个偏瘫的老人，上下楼很不方便。他搬到了楼房的最高层——第七层，可是每天他仍是快快乐乐的。

那人问："先生，住七层楼是不是也有许多好处呀？"

苏格拉底说："是啊，好处可真不少呢！仅举几例吧：每天上下几次，这是很好的锻炼机会，有利于身体健康；光线好，看书写文章不伤眼睛；没有人在头顶干扰，白天黑夜都非常安静。"

后来，那人遇到苏格拉底的学生柏拉图，问道："你的老师总是那么快乐，可我却感到，他每次所处的环境并不是那么好啊？"

柏拉图说："决定一个人的心情的，不在于环境，而在于心境。"

人生悟语

乐观的心态需要从生活的点点滴滴中去培养，即使是不好的事情，我们也要力图看好的一面。其实只要留心，生活中处处充满阳光，处处充满快乐。当然，那些总是对现实环境不满，怨天尤人的人是无法发现这些快乐的。乐观是一种心境，自己的心快乐了，就能给别人带来帮助，带来快乐。快乐是一种智慧，需要我们细细品悟。不管世事怎样变迁，我们都要保持快乐的心态去面对，这样我们才生活得有滋有味。

微笑的天使

志宏

事情发生在一个下午，一辆由南向北行驶的旅游中巴与对面一辆飞驰而来的大货车相撞……一位好心的过路人拨打了120急救电话。不一会儿，急救车飞驰而来。

救援行动开始了，由于大货车的车身非常庞大，而且撞击时的车速非常快，旅游中巴已经面目全非了。两辆车交叉在一起，很多乘客都被压在车身底下，这给救援增加了较大难度，如果乘客因为失血过多而休克，后果不堪设想。

伤员中有一位伤势不轻的姑娘一直在指挥救援，后来才知道她就是这个旅行团的导游，名叫文花枝。她的位置距离抢救队员最近，但她却一直指挥抢救队员先救里面的乘客。她用自己微弱的声音指挥着救援行动，每一次救援队员试图把她从车身下抢救出来的时候，她都坚持一定要先救其他人……

在抢救的过程中有一个镜头忽然定格了——文花枝面对众人露出了微笑。她在死神面前绽放出最美的微笑，微笑中蕴含着顽强的生命力和无限的希望。此时，她的微笑变成了一串美妙的音符，传递给在场的每一个人。但是她忍受的却是钻心的疼痛。当车厢内最后一位受伤乘客被抢救出来之后，她的那股子精气神儿一下子松懈了下来，昏迷过去。在场的救援人员真怕她昏迷后就不再醒来。她只是一个22岁的女孩，拥有花一般的年龄。

对她的救援远比抢救其他人困难得多，她的双腿被紧紧地压在一个车座底下，那个车座已经严重变形。当救援人员费尽九牛二虎之力把她从车座底下拉出来的时候，她已经失血过多，危在旦夕，而且她的左腿骨已经裸露在外面，连救援人员都不忍心再看了。

文花枝被送到了最近的一家医院，但是由于伤势严重、伤口感染、失血过多导致休克，随时有生命危险。于是大家用最快的速度通知了她的家人。

消息对于她的家人犹如晴天霹雳。医生说如果要保住性命，必须截去左腿，但是截去左腿后也不一定能保住性命，最好转院到省医院进行救治，大雨如注、路途遥远，若不转院文花枝将性命难保，最终大家一致决定再困难也要转院。

在她命悬一线的时候，在手术室门口，她做出了“胜利”的手势，用尽最后的力气问：“乘客怎么样？”此时周围的人甚至怀疑眼前的她是否是他们原来认识的那个俏皮可爱的小姑娘。

手术结束了。当得知手术结果后，她的母亲号啕大哭，觉得命运对她的女儿太残酷了。父亲抱着女儿被截下来的左腿也失声痛哭，血染遍了父亲的全身。

她自己得到噩耗后，只是有些惊诧，由于还在术后麻醉期，所以还感觉不到被截肢的剧痛。当时她的表现异常冷静，这一举动让很多人都不理解，之后她却擦去眼泪安慰周围的人说：“大家不要为我难过，这些都是我应该做的。”

文花枝一定是乐观者。凭着积极乐观的生活态度，没多久她就在医生的指导下进行扶拐练习了。一次妹妹跟她开玩笑说：“姐，以后你坐公交车都不用买票了。”文花枝说：“要是打车也不花钱就好了。”说完姐妹俩哈哈大笑起来。笑声让空气中充满了暖意，充满了战胜困难的勇气。后来，很多人都为她捐款，但是都被她拒绝了，当年她荣获湖南省“十大杰出青年”称号。

人生悟语

文花枝是微笑的天使,她在死神的面前所表现出来的坚强和乐观深深地感染了无数人,让人体会到活着的美好。文花枝在车祸现场镇定指挥救援,先人后己,把生的机会一次次让给别人,最后导致自己左腿被截。面对这样的灾难,文花枝没有悲观,而是坚强地站了起来,微笑着面对生活,这不能不给人以巨大的震撼!灾难可以摧残一个人的身体,但摧残不了一个人坚强和乐观的精神。具备这样的精神,未来的生活必是幸福的。

心态一变快乐来

冰破

那年,陈小欢还只是一名初一年级的学生,在她的暑假作业本里,有这样一道题目:“认识生活——请采访你周围20个熟悉或不熟悉的人,请他们说出当天自己快乐的事,并记录下来。”她用了整整两天时间,碰见人就问:“你快乐吗?”同时手上拿着个小本子,十分认真地做了“采访记录”。

爷爷:去体检,医生说没生什么病。

老爸:被老妈命令洗衣服,结果在老妈的一件衣服里,发现了50元钱,高兴地塞进自己的口袋。

老妈:下了一场大雨,发现空气真是太新鲜啦。

我自己:中午吃大闸蟹,特好吃。

我的同学陈浩:打开电视,刚好看到中国队和皇马队的比赛,中国队居然进了一个球。

我的同学梦颖:S.H.E又出新唱片了。

我的死党丽荷:早上醒来,想到居然是暑假,而且居然作业不多。

表哥:追求N个月的×小姐终于答应和他约会了。

表姐:出去“血拼”,成果非凡,共收获一件上衣、两条裙子、一个皮包。

表弟:看了一本童话书,写得非常精彩。

小叔:受到主任夸奖,被称赞大有前途。

出租车司机:正为塞车烦恼时,收音机里传来好听的歌。

小区门口卖报的阿姨:早上用10元钱买报的小伙子,不待自己找钱就走了,傍晚终于被自己碰上,把钱找还给了小伙子。

三轮车夫:下了一场大雨,生意特好,腿都踏酸了。

建筑工地上的民工叔叔:打电话回家时,听见女儿的笑声(他的女儿已经6岁,仍然没上过幼儿园)。

王阿姨5岁的女儿露露:用妈妈的洗发液吹泡泡,发现太阳照在上面五颜六色的,煞是好看。

陈奶奶:到老年大学学拉二胡,练了一个月,终于能拉出一首《茉莉花》了。

陈奶奶的老伴陈爷爷:终于不用再听陈奶奶“锯床腿的声音”了。

送快餐的服务员:快餐送到时,听见客户说“谢谢”。

我的狗狗“快乐憨憨”:虽然它不会说话,但从它那屁颠儿屁颠儿的架势来看,它还在为刚才那根骨头“大餐”而感到快乐无比。

其实，大家如果都能有陈小欢的“快乐记录”里的“主人”那样的心态，就会发现快乐无处不在，随时都有！

人生悟语

也许我们不用那么正式地用纸和笔记录下每天的快乐采访，只要我们选择光明的方向，就总能看见温暖的阳光。从消极中找积极，从烦恼中找解决办法，从伤害中找问题所在，从挫折中找技巧……只要我们把心态变成向上的快乐，那么我们的心情就永远处在快乐之上，而不是阴雨连绵。

选择快乐生活

佚名

在巴西里约热内卢有一家再平常不过的桑巴舞学校。在这个几乎男女老少都会桑巴舞的国度里，这样一家普通的桑巴舞学校一点也不显眼。然而，这所学校近百年来却有一条奇怪的校规，而正因为这条校规，它便成了远近闻名的舞蹈学校。

原来，这所学校除了在教学时间之外，其他时间都免费地向所有的人提供跳舞的场地。但是，学校对来跳舞的人却有严格的要求。如果你满面春风，欢声笑语地来到这里，那么对不起，你只能乖乖地坐在一旁为台上的舞蹈者献上自己的掌声；而如果你满面愁容，郁郁寡欢，那么即使你只是偶然路过学校的门口，也会有人劝你去里面跳一曲舞蹈再走，直到你跳得开心高兴为止。

这条奇怪的校规是当年学校的创建者定下的，那是一个善良而博爱的富翁。他们的家族几代以来都乐善好施，喜欢帮助别人，富翁在这种环境的熏陶之下从小就养成了乐于帮助他人的性格。然而，让渐渐长大的他困惑的是，无论给予别人多大的帮助，对方似乎一直是对生活充满了忧愁和伤感。

随着阅历的增长，他对人性有了越来越深刻的看法，于是便建立了这所舞蹈学校，并且在一面墙上刻下了这样一段话：“大多数人之所以还在继续生活，并非因为他们对生活多么的热爱，而是他们对死亡充满了恐惧，所以生活对他们来说只是一种无奈的举动罢了。我希望那些终日生活在焦虑、压力和痛苦之下的人们能在舞蹈中找到生活的快乐，从而使他们不是为了恐惧死亡活着，而是为了享受生命的快乐而继续生活！”

富翁认为，在短时间内让所有人都变得富有而感到充实是不可能的。既然物质条件很难在短时间内发生改变，那么就该让人们在精神上获得愉快的感受。于是，他便定下了这样一条奇怪的校规——因为舞台太小，所以那些看上去快乐的人在一边旁观就可以了，把舞台给那些感受不到快乐的人，让他们在舞蹈中感受到快乐。这样一来，台上台下都沉浸在了一片快乐之中，对所有人都是一次良好的心理按摩。

从这条校规公布之后，只要不是在教学时间，这里的舞台永远都站满了跳舞的人。这些人里有平民，也有官员，有贫者，也有富人。当所有人站在台上的一刹那时，大家都忘记了自己的身份，享受的只是当下快乐的时光。

在近百年的时间里，这条奇怪的校规让几十名轻生者放弃了不该有的悲观念头，让几百名抑郁症患者黑暗的天空中重新充满了阳光,也让成千上万的人找到了生命的乐趣。

外在的世界从未改变过,改变的只是我们的内心而已。同样是生活,因为对死亡的恐惧而勉强生活叫苟延残喘,因为在生命中寻找到快乐而微笑生活叫享受人生;同样是工作,仅仅为赚取钱财战战兢兢担心未来而生活叫随波逐流,因为在工作中找到自己的乐趣和事业目标而努力生活叫作积极向上;同样是情感,因为不能忍受孤独而勉强迁就而凑合生活叫痛苦煎熬,因为等待真爱宁缺毋滥而继续隐忍寻觅生活叫作好事多磨!

在生活中,什么样的人都有。有的人快乐无比,积极乐观,有趣有味,这是为快乐而选择生活;而有的人满脸愁容,悲观失望,消极厌世,这是为忧愁而选择生活。前者的生命充满了阳光,这是美好的;后者的生命充满了阴霾,这是危险的。正是看到这点,巴西那位富有爱心的富翁才创建了一所桑巴舞学校,让快乐的人更快乐,让忧愁的人变得快乐。

人生悟语

无论怎样,每个人都只有一辈子可活,你是愿意为焦虑而活,还是愿意为快乐而活?生命只有一次,活着多么美好,我们没有理由放弃生命,拒绝好好活着。既然生命还在,我们就应该为快乐而活着,选择快乐地活着。

变换心境

晓雪

朋友患先天性心脏病,一年中有一半的时间是在医院里。每次她住院我去看她,朋友总是显得很悲观,很颓废。这一次,我去看她的时候,她却正在医院的草坪上和久违的几个小朋友兴高采烈地玩捉迷藏。看着朋友神采飞扬的笑脸,我不胜惊愕。朋友说:“我已经停止了抱怨。没有一个健康的身体,这是我无力改变的事实。但是,生活的质量并不仅仅取决于一个健康的躯壳,我还是可以活得积极开心。变换心境也就等于变换了生命。”

我想起了一个名叫维克多·弗兰克的德国精神医学博士,他曾经在纳粹的集中营里饱受了饥寒凌虐的非人生活。在这随时都有死亡之虞的人间地狱里,弗兰克不仅没有绝望,反而在苦难中找到了生命的意义。有一次,弗兰克随着漫长的队伍由营区走向工地。天气十分寒冷,他不断想着这种悲惨生涯中层出不穷的琐事。诸如:今晚吃什么?鞋带儿断了,如何才能再弄一根来?

这种满脑子只想着芝麻小事的处境,让弗兰克十分厌倦。他强迫自己把思路转向另一个主题。突然间,他看到自己正置身于一间宽敞明亮的讲堂,正面对来宾们发表演讲,演讲的题目则是关于集中营的心理学。那一刻他感觉自己身受的一切苦难,从科学立场上看,就全都变得客观起来。此后,弗兰克以一个精神医学家的感觉来面对集中营的生活,一切难耐的苦难顿时成了弗兰克兴趣盎然的心理学研究题目,他不再感觉痛苦。

看来,朋友和这位弗兰克博士的经历倒有异曲同工之妙。想到我自己,人微言轻,一名普通的家庭主妇,每天陷于柴米油盐酱醋茶中,买菜做饭,洗衣拖地,这样手脚不停,做的却是生活中一件件微不足道的小事,而且还要日复一日、年复一年地做下去,生活是烦琐的,感觉是疲惫的。特别是在做好了饭菜,等人回家的时候,火气便在等待中渐渐燃旺,家庭中的武力摩擦便时有发生。作为一名普通的妻子、母亲,操心一家人的吃喝拉撒是我无法推卸的责任,那么,唯一可以变换的,便只有我的心境了!

有一次,我做好了饭菜等着吃饭的人归来的时候,站在阳台上,突然想到:看着天上的白云,等一个人回家,是一件要多浪漫有多浪漫的事。平生第一次,我不再觉得等待一个人的滋味可怜。这一发现让我开始试着以快乐的心情面对生活。我发现,那些曾让我怨气冲天的家务琐事,其实或多或少都包含着乐趣。几番整理,乱糟糟的家顿时变得整洁雅致。我一个人站在屋子中间高兴地对自己说:"你真能干。"孩子回来不到十分钟,沙发上的垫子已全部错位,而我,只是学着欣赏孩子的活泼。变换心境,使我从平凡琐碎的生活中找到了乐趣。

每天清晨,当我从梦中醒来,推开窗子,我最想说的一句话便是:变换心境等于变换生命。

人生悟语

找不到生命意义的人是可悲的,在遇到困难的时候,只想着逃脱,困难是很难逃避的。为何不换个思路,从苦中寻找快乐呢?这样也许会轻松地战胜困难的处境。

第十四章　予人玫瑰手留余香

两美元

星竹

美国历史上曾多次出现经济大萧条。每当这时，人人皆慌，家家皆穷，情景真是惨透了。在美国第二次经济萧条时期，百分之九十的中小企业纷纷倒闭，全都关门歇业了。克林顿的齿轮厂也像大家一样，订货单的数量一再减少。人们连饭都吃不上，谁会需要什么齿轮！

克林顿是一个心地善良、宽心大度、知道为他人着想的人。在这困难的时候，他很想去找老朋友、老客户们为他出出主意、帮帮忙。可是，当他将信写好后才发现，自己已经到了连邮票也买不起的地步了，便很发愁。

同时他想，自己连邮票都买不起，别人怎么会舍得花钱买邮票给他回信呢？大家的处境不都一样吗？不回信，别人又怎么能帮助他。

于是，克林顿将家里的东西变卖了，到邮局买了一大堆邮票。全家人看到这样多的邮票，大吃一惊。谁也没有想到克林顿变卖家产，就是为了换回这一大堆邮票。

克林顿对家人说："你们放心，我没有疯，我这是正常的举动。现在是经济萧条时期，确实到了谁买一张邮票都要思考一下的困难时候。"

克林顿开始给朋友和老用户们发信，希望能得到他们的支持，帮助他出出主意。他在每封信里都夹寄了两美元，当作邮票钱，希望朋友们能回信给他指导。

两美元，这是当作邮票费用的。朋友们打开信，在惊讶之余，都很受感动。他们从中想到了克林顿平日为人处世的方式，想起和他在一起时的愉快时光和他给大家带来的种种利益。和这样的人共事打交道，还有什么忧虑、有什么不放心吗？他什么都给你想好了，有他的，就会有你的。连一张小小的邮票，他都要为你先付邮资。当然，两美元，远远高于一张邮票的价钱。

很快，克林顿就又接到了订货单，还有朋友回信表示愿意给他投资，一起干点什么。在这次经济萧条时期，克林顿是为数不多的、站住脚并有所成就的企业家。

千万不要轻看了这两美元，这种做法是一种对他人的温暖和对别人的关心，更是一种发自内心的诚恳。要知道，在大家都困难的时候，克林顿也同样是困难的。他在同样困难的时候，却能为他人考虑。换个角度，当我们身处困境、无力回天时，我们是怎样去看待我们周围的人的，我们是怎样处理与他们的关系，与他们合作的？会不会在自己买邮票都非常困难时，还能为他人付上两美元作为邮资？

真诚有时是不能掩盖的。当然，两美元帮助不了谁，更拯救不了谁，但很多人还是无法做出这样的选择。

不要忽视了人们富有真诚情感的做事方法，不要忽视了我们心地善良的美德。在我们最为困难的时候，我们对别人的善意做法，往往正是我们内心的呼唤和拯救我们自己的唯一出路。老天赋予了我们生命中许多神奇的力量，其中必定包括了我们真诚善良的内心。

人生悟语

在你困难的时候，真诚待你的人犹如雪中送炭，让你在寒风中仍感觉到温暖。世界上没有真心创造不了的奇迹。用自己真诚的心设身处地地为他人着想，相信人间有真情，坚信人们心底的善良，你会得到意想不到的巨大收获。

一棵葱

文起

陀思妥耶夫斯基总能让我感动。一天深夜我读《卡拉马佐夫己弟》，陀氏给我讲了这样一个小故事，照录如下。

从前有一个很恶很恶的农妇死了，她生前没有一件善行，鬼把她抓去，扔到火海里面。守护她的天使站在那里，心想：我得想出她的一件善行，好去对上帝说情。他记了起来，对上帝说道："她曾在菜园里拔过一棵葱，施舍给一个女乞丐。"上帝回答他说："你就拿那棵葱，到火海边去伸给她，让她抓住，拉她上来。如果能把她从火海里拉上来，就拉她到天堂上去；如果葱断了，那女人就只好留在火海里，仍像现在一样。"天使跑到农妇那里，把一棵葱伸给她，说道："喂，女人，你抓住了，等我拉你上来。"他开始小心地拉她，已经差一点儿就拉上来了，可是在火海里的别的罪人看见有人拉她，就都抓住她，想跟她一块儿上来。这女人是个很恶很恶的人，她用脚踢他们，说道："人家在那里拉我，不是拉你们，那是我的葱，不是你们的。"她刚说完这句话，葱断了。

陀氏在故事之后指出："如果一个人做了善事，哪怕那善行只是施舍了一根又细又小的葱，上帝的爱都会有如太阳一样，照在你身上，引导你走向真理之路。"这颇有一些"勿以善小而不为"的味道。

由此我想起我的一位同学。一天她在路上看见一位老人的鞋带开了。她想，如果老人行走时不小心踩上鞋带将会很危险的，于是她弯腰帮老人系上鞋带，并搀老人过了马路及地下通道。分手时老人问她姓名及地址等，她只说了工作单位，没想到老人找到了单位。有一天老人忽然打电话给她："我摔了一跤……"她匆匆买了些东西赶到老人的住处，其实老人也只是绊了一下，并无大碍。老人拿出自己的美能达相机及进口手表死活让她收下……

聊起这些事来，我的一位同事大不以为然："她只是在最恰当的时候碰到了最恰当的人。"她颇有不平之色地说："好人总难有好报。像我，在他困难时借给他一千块钱，他现在每月挣好几千也从不提还钱的事；我费了多大的劲帮别人找到工作后，他们就再也不认识我了；我帮助……"

我不禁哑然。我真想对她说：你错了。你体会不到助人的快乐是因为你与我的同学的本质区别就在于对"那棵葱"的不同态度上。当我的同学向那位年逾八旬的陌生的老人递过"那棵葱”时，她并没有想到收回；而你在每递“一棵葱”时都想着“那是我的葱”，想着再把“那棵葱”收回来。而且，看看我们的周围，其实许多人都抱着同样的心态，这就不难解释为什么许多人会不畏艰难、尽心尽力地为亲戚、朋友、熟人帮忙，而从一个仅仅只需要搀一把的陌生人身边漠然地走过。

像陀思妥耶夫斯基所揭示的，在天堂里有许多人，每人只施舍了一棵葱，而人的某种高贵的事业就是从一棵小葱开始的。

人生悟语

不要把施予变成一种索求，不要把行善当成利益的交易。施恩不图报，因为帮助别人本身就是自身道德的升华、人格的完善，其中不夹杂任何功利色彩，而有代价的帮助只能使你背负沉重的负担。

两个穷小伙子和大钢琴家

佚名

很多年以前，有两个穷小伙子在斯坦福大学边上学边打工。他俩想和一位著名钢琴家合作，为他举办独奏音乐会，可以挣点儿钱交学费。

这位大钢琴家就是伊格纳希·帕德鲁斯基。他的经纪人和小伙子谈判，让他们交两千美元。也就是说，必须搞到两千美元，多余的钱才是小伙子们的。小伙子们答应了，开始拼命工作，但是到音乐会开完，他们发现总共只挣了一千六百美元。

小伙子们怀着忐忑的心情去找大钢琴家。他们把所挣的一千六百美元全给了他，还附了一张四百美元的空头支票，对他许诺说他们一定把余下的四百美元挣到，钱一到手，立刻就会送来。“不，孩子们，”帕德鲁斯基回答说，“不必这样，完全不必。”说完把支票撕成了两半，并把一千六百美元也送还他们手中，“从这些钱里扣除你们的食宿费和学费，剩下的钱里再多拿去百分之十，那是你们工作的报酬，其余的归我。”

许多年过去了，第一次世界大战结束了。帕德鲁斯基担任了波兰的国家总理。大战后成千上万饥饿的人民在呼救。身为总理的他四处奔波，付出了艰苦的努力。当时，能切实帮助他的只有一个人，就是美国食品与救济署的署长赫伯特·胡佛。胡佛得到了救济请求后，立刻答应了。不久，成千上万吨食品运到波兰。成千上万吨食品救了成千上万的饥民。不久，帕德鲁斯基总理在法国巴黎见到了胡佛，当面向他感谢。胡佛回答说：“不用谢，完全不用。帕德鲁斯基先生，有件事你也许早忘了。早年有两个穷大学生很困难，是你帮助了他们，其中一个就是我。”

人生悟语

助人为快乐之本，所以不要吝惜任何一次帮助他人的机会。也许只是一次微不足道的援助，就可以让一个人脱离困境，重新燃起希望，同时你的善举也将在不久的将来，拯救自己。

生活对爱的最高奖赏

马德

有一个鞋匠，在这条街的拐角处摆摊修鞋有好多个年头了。

有一年冬天，他正要收摊回家的时候，一转身，看到一个孩子在不远处站着。看上去，孩子冻得不轻，身子微蜷着，手已经冻裂了，耳朵通红通红的，眼睛直愣愣地盯着他，眼神呆滞而又茫然。

他把孩子领回家的那个晚上，老婆就和他怄了气。对于这样一个流浪的孩子，有谁愿意管呢？更何况，一家大大小小的几口人，吃饭已经是问题，再添一口人就更显困窘。他倒也不争执，低着头只是一句话：我看这孩子可怜。然后便听凭老婆劈头盖脸地骂。

尽管这样，这孩子还是留了下来。鞋匠则一边在街上钉鞋，一边打听谁家走丢了孩子。

两年多的时间过去了，并没有人来认领这个孩子，孩子却长大了许多，懂事听话，而且也聪明。这家人逐渐喜欢上了这个孩子，家里即便拮据，也舍得拿出钱来，为孩子买穿的和玩的。街坊邻居都劝他们把孩子留下来，老婆也动了心思，有一天吃饭，她对鞋匠说："要不，咱们把他留下来？"鞋匠闷了半晌没说话，末了把碗往桌上一丢：贴心贴肉，他父母快想疯了，你胡说什么。

鞋匠还是四处打听，他一刻也没有放松对孩子父母的找寻。他求人写下好多的启事，然后不辞辛苦地贴到大街小巷。风刮雨淋之后，他就重新再来一遍。甚至一旦有熟人去外地，他也要让人家带上几份，帮他张贴。他找过报社，没有人愿意帮这个忙，电视台也没有帮助他的意思。他把该想的办法都想了，心中只有一个念头：一定要找到孩子的父母。

终于有一天，孩子的父母寻到了这个地方。但只是说了几句感谢的话，就急匆匆地带着孩子走了。左右的人都骂孩子的父母没良心，鞋匠却没有计较多少。后来，一起摆摊的人都揶揄他，说他傻。他只是呵呵地笑，什么也不说。

生活好像真拿鞋匠开了玩笑，这之后便再没有了任何音信。后来，他搬离了那座小城，一家人掰着指头计算着孩子的岁数，希望长大了的孩子能够回来看看他，但是，也没有。再后来又数次搬家。然而直到他死，他也没有等到什么。

若干年后，有一个人因为帮助寻找失散的人而成了名，他在互联网上注册了一个关于寻人的免费网站。令人们惊奇的是，网站的名字竟然是鞋匠的名字。在网站显要的位置上，是网站创始人的"寻人启事"。而他要寻找的，就是很多年以前，曾经给过流落在街头的他无限爱和帮助的一个鞋匠。

网站主页上，滚动着这样一句耐人寻味的话：当你得到过别人爱的温暖，而生活让你懂得了把这温暖燃烧成火把，从而去照亮另外的人的时候，不要忘了这就是生活对爱的最高奖赏。

人生悟语

传递爱的火炬，就会照亮生命的前程。当我们被生活所感动，并因这些感动而理解生活的快乐时，请不要吝惜你的爱，让它变成火炬去温暖更多的人，这会成为他们心灵深处的感动，从而创造真正的"爱的天堂"。

一角钱的玫瑰花

佚名

今年十一岁的博贝坐在后院的雪地里，感到身上越来越冷。博贝没有穿靴子，他不是不喜欢靴子，而是他根本就没有靴子可穿。他脚上的运动鞋有几个地方开了洞，根本不保暖。

博贝在后院待了一个小时了，他使劲地想，却无论如何也想不出该给妈妈送什么礼物。他一边想一边摇头："没有用的，就算知道了送妈妈什么，也没有钱去买呀。"

自从五年前爸爸去世以后，一家五口只能勉强度日。不是妈妈不尽心，也不是妈妈不努力，只是因为花销太大了。她晚上在医院里上班，挣得的那一点儿微薄的工资只能维持成这样了。

他们虽家境贫寒，但彼此相爱。博贝有两个姐姐还有一个妹妹，妈妈不在家里的时候，她们操持家务。

姐妹们手巧，都已经给妈妈制作了漂亮的礼物。博贝感到很委屈。现在已经是圣诞节前夕了，他还两手空空呢。

博贝拭去脸上的一滴眼泪，踢了一下脚下的积雪，开始向街上走去。博贝六岁就没有了爸爸，尤其是博贝现在不能跟爸爸说心里话，真够可怜的。博贝走过一家又一家商店，透过一个个装饰华丽的窗户看里边的东西。一切都那么美丽，却又那么可望而不可即。天色就要黑下来了，博贝无奈地转身回家。就在这时，他的眼睛一下看到了有个什么东西在晚霞中闪光。他蹲下身来，发现那是一枚小小的一角钱的硬币。

没有人能像博贝捡起那枚硬币时感觉到那么富有，他拿着那枚硬币，全身掠过一股暖流。随后他就走进了眼前的一家商店。当一个个售货员告诉他说一角钱什么也买不了的时候，他那颗激动的心很快就凉了下来。

他走进了一家花卉店，在那里排队等候。店主人问他要买什么东西的时候，他掏出了那一角钱，问能不能买一朵花，当作圣诞礼物送给妈妈。店主人看看博贝，又看看他手里的一角钱，然后把手放在博贝的肩上，说："你就在这里等着，我去想想办法。"

博贝一边等一边看那些美丽的鲜花。尽管他是个孩子，也能理解为什么所有的妈妈和女孩子都爱花。

最后的一个顾客走了，屋里只剩下了他一个人，他觉得有些孤独，有些害怕。

突然，店主人出来了，他向柜台走过去。啊！博贝眼前摆放着十二朵鲜红的玫瑰花，那些花带着绿绿的叶子还有长长的茎，用一个银环跟一些小白花束在一起。店主人把花束拿起来，却把它轻轻地放进了一个长长的白色盒子里。博贝看着，心顿时凉了。

"小伙子，这个卖一角钱。"店主人一边说，一边伸手向他要那一角钱。博贝的手慢慢地移动着，慢慢地把那一角钱交给店主人。这是真的吗？一角钱，人家不是说什么都买不到的吗？店主人察觉到了博贝的疑虑，就接着说："我碰巧要贱卖一些玫瑰花。你看这些花漂亮吗？"

博贝不再犹豫了。店主人把那个盒子送到他的手里的时候，他知道那不是一个梦。店主人给博贝开门，让他回家，他听到了店主人在身后说："圣诞快乐，孩子。"店主人转身返回。这时他的妻子出来了。"你在那儿跟谁说话呢？你收拾好的花呢？"她问道。

店主人看着窗外,眼睛里含着眼泪。他回答说:"今天早晨我碰到了一件奇怪的事情。好像听到有个声音跟我说话,那个声音叫我留下十二朵最漂亮的玫瑰花当作一个特殊的礼物。后来,也就是刚才,一个小男孩进来了,他想用一角钱给他的妈妈买一朵花。

"看见了他,我好像看见了好多年前的我自己。那个时候我也是一个穷孩子,也没有一分钱给妈妈买礼物。我在街上走着的时候,一个我从来没有见过面的大胡子叫住了我,他说他要给我十块钱。

"今天晚上我见到那个孩子,就明白了那声音说的是谁了。我挑选了十二朵最最漂亮的玫瑰花。"

店主人和妻子紧紧地拥抱着。他们觉得他们得到了最好的圣诞礼物。

人生悟语

成全别人本身也是一种幸福与满足。十二朵玫瑰不仅是爱的回馈,也是善心的馈赠,它不包含世俗的欲望与名利,每一朵都是纯真的赤子之心。无论时间怎样流淌,爱都永存人间。它会使我们发现生活中真情的可贵。

爱心为首

汝荣兴

有个年轻人去参加一家公司的招聘面试。

面试地点在该公司大楼的一楼。很快地,这年轻人便回答完了主试者提出的所有问题。最后,主试者让他去十楼的老总办公室进行最后的面试,还关照地说:"很抱歉,我们这幢楼的电梯今天坏了,所以只好辛苦你从楼梯上去了。"

年轻人走到七楼。在楼梯的转角处,他看见一个头发花白、一身勤杂工穿着的老人,正手提水桶吃力地也在上楼……他就上去接过了老人手中的水桶,说:"来,大爷,我来替您拎吧。""可是,我这一直要拎到十五楼,不影响你办事吗?"老人说。"没事,"年轻人毫不犹豫地回答,"我可以给您拎到那儿后再办自己的事。"

就这样,年轻人拎着水桶,与那老人一前一后地上着楼。到了十楼的时候,后边的那个老人突然上来拍了拍年轻人的肩膀,说:"小伙子,祝贺你,你已经被本公司正式录用了,我就是公司老总。"老人继续说,"别的人都对我视而不见,所以我实在无法理解他们的为人。而你却以你的爱心,明明白白地告诉了我你是怎样的一个人!"爱心真的是一个人最应具备的,否则,你至少会失去许许多多通向成功的机会。

人生悟语

通向成功的路有千条万条,用你心底的善良与真诚为你的人生路做铺垫,它们会让你通向成功的道路充满阳光。

真正的慷慨

［美］伊丽莎白·考伯

一场龙卷风袭击了我们家附近的一座小城，那里的许多家庭都损失惨重。报纸上一张特别的照片触动了我的心。照片上，一个年轻的女人站在一座完全被毁坏的房屋前面，一个大约七八岁的小男孩低垂着眼站在她的身边。旁边，还有一个很小很小的小女孩用手抓着妈妈的裙裾，眼睛盯着镜头，目光里充满了慌乱和恐惧。在相关的文章中，作者给出了照片上每个人的衣服尺寸。我注意到他们衣服的尺寸与我和孩子衣服的尺寸很接近。这将是教育我的孩子帮助那些比他们不幸的人的好机会。

我将照片贴在冰箱上，把他们的困境向我的一对七岁的双胞胎儿子——布兰德和布雷特，以及三岁的小女儿梅格安做了解释："我们有这么多东西，而这些可怜的人现在却什么也没有。我们将把我们的东西和他们分享。"我从阁楼上拿下来五只大盒子放在地板上。当男孩子们和我一起把一些罐装食品和其他一些不易腐坏的食物以及肥皂等装进其中一只大盒子的时候，梅格安怀里抱着鲁西——她爱极了的布娃娃——来到我们面前。她紧紧地将它搂在胸前，把她圆圆的小脸贴在鲁西扁平的、被涂上颜色的脸上，给了它最后一个吻。然后，将它轻轻地放在其他玩具的最上面。"噢，亲爱的，"我说，"你不必把鲁西捐出来，你是那么喜欢它。"

梅格安严肃地点了点头，眼睛里闪烁着被她强忍着没有流出来的眼泪："鲁西给我带来了快乐，妈妈。也许，它也会给那个小女孩带来快乐的。"

我突然意识到，任何一个人都可以把他们弃之不要的东西捐赠给别人，而真正的慷慨却是把自己最珍爱的东西给予别人。诚挚的仁爱是一个三岁的孩子希望把一个虽然破旧、却是她最珍爱的布娃娃送给那个小女孩的行为。而我，本来是想教育孩子的，结果却从孩子那儿得到了教育。

男孩子们惊讶地张大了嘴巴。布兰德什么也没说，走进房间拿着他最喜欢的圣斗士出来了。他稍稍犹豫了一下，看了看梅格安，把它放在鲁西的旁边。布雷特的脸上露出了温和的微笑，眼睛里闪着光，跑回房间拿来了他的一些宝贝火柴盒汽车，郑重地放到盒子里。

我把我的那件袖口已经磨损得很厉害的褐色夹克衫从那个放着衣服的盒子里拿出来。然后，把上个星期刚买的一件绿色的夹克衫放了进去。我希望照片上那个年轻女人会像我一样喜欢它。

人生悟语

真诚的人会将心比心，将自己的心意与他人分享。我们也应该敞开心扉，传递自己的爱心，并真诚地希望我们的爱心会让他人如沐春风，倍感温暖。

爱的馈赠

丁立梅

这是发生在大地震之后的一个故事，故事发生在我们小城，故事的主人公是个残疾人。

大地震离我们的小城很远，远得须乘两天一夜的火车，方能抵达。他在小城的乡下住，从未出过远门，自然不知道大地震的那个地方。

他从小残疾，小儿麻痹症导致他双腿严重萎缩，没尝过走路的滋味。母亲在世时，都是母亲照料他的生活起居。后来母亲得病撒手人寰，他便成了孤苦伶仃的一个人。市残联下乡送温暖时，送他一辆残疾车。他摇着它，"走"出了人生的第一步。他觉得人生，幸福极了。

得知大地震的消息，是从家里那台小小的电视机里。电视里天崩地裂，他的心里，也是天崩地裂的。他一刻也待不住了，坐着残疾车，"走"出家门。他"走"了5个多小时的路，才"走"到小城。逢人便问，哪里有献血的？他要给灾区的人献血。最后却被告之，灾区暂时用不着我们这里的血，暂不接受他的献血。他很失望，对着大地震发生的方向，哭了，他说："我该怎么办？"

人们只当他一时冲动，劝他回家，说等血库里要血了，会通知他的。

他回了家。清理家里的东西，值钱的不多，也就一台电视机、一台洗衣机。还有母亲临终前，给他留下的一枚戒指，纯金的，值点钱。母亲迷信，母亲认为，金可以辟邪。是希望没有了她的日子，有戒指与他相伴，他能少些灾难。也是给他存个念想，让他看到戒指，就如同看到她，生活不至于太孤单。

他变卖了这一切。去卖戒指时，他的手，抖了几抖，他想起了母亲。但还是狠狠心，卖了。他在残疾车后，挂上一横幅，上书：灾区人民，我和你们在一起。他摇着残疾车，又"走"了5个多小时的路，再次进城，怀里揣着变卖家产得来的钱，一共是1300块。

募捐箱前，他投进他全部的家产。一个小城，为之动容。那一天，人们捐款的热情，空前高涨。

故事发展到这儿，该结束了。它给人们的震撼是，再卑微的生命，亦有高贵的灵魂。

可是，这个故事却有了后续。在他回家后不久，清晨打开门来，意外地发现，他变卖掉的东西，全部堆放在他家的门口。母亲遗留下来的金戒指，被装在一个漂亮的小盒子里，下面压了张纸条，纸条上写着这样一行字：好人，你已献出了你的心。这些东西，你还用得着，收下吧。

世上的爱与好，从来不是单一的。当你用爱温暖着这个世界的时候，世界同样的，也会用爱温暖着你。

人生悟语

人并非为获取而给予；给予本身即是无与伦比的欢乐。关爱别人就是关爱自己，因为只有你关爱了别人，在你需要帮助的时候，别人才会回报你。关爱别人其实就是在关爱我们自己，关爱别人是我们得到别人关爱的前提。

爱心让社会充满温暖

佚名

洛华德是一个公司的经理。一个冬天的晚上，洛华德的妻子不慎把包丢在了一家医院里。洛华德焦急万分，连夜去寻找，因为包内装有十万美元的现金，还有一份非常机密的市场信息，十分重要。

洛华德忐忑不安地赶到那家医院，一眼就看到一个瘦弱的女孩坐在走廊的椅子上，冻得瑟瑟发抖，她怀中紧紧抱着的，正是妻子丢失的包。

这个女孩叫丽莎，是来医院陪妈妈治病的。女孩家里很穷，母女两个相依为命，卖了家里所有的东西，凑到的钱仍然不够医药费。明天，丽莎的母亲就要被赶出医院了。

这天傍晚，绝望的丽莎一个人在医院走廊里走着，乞求上帝保佑，能有人帮助她的母亲。就在这时，一位有钱夫人急匆匆走过去，手里的包掉在了地上也没有发现。丽莎急忙捡起包，追出门外，可那位女士已经坐上轿车走了。

丽莎把包拿给妈妈看，妈妈打开包，没有发现主人的信息，却被里面的一大把钞票惊呆了。母女俩都明白，这些钱很可能会治好妈妈的病，但这钱不是自己的，怎么办呢？

妈妈让丽莎把包送回走廊去，等丢失的人回来取。丽莎理解母亲诚实的品性，她默默走到冷清的走廊，等待着钱包的主人。

洛华德感激不已，他拿回了包，并帮助她们寻找医院的帮助。不幸的是，医院还是没能挽救丽莎母亲的生命。

由于母女俩的善良之举，洛华德拿回了十万美元的现金，并因为那份至关重要的市场信息，生意日渐兴隆。不久，洛华德成了身价倍增的富翁，他收养了丽莎，并送她读完大学。

丽莎毕业后，协助洛华德料理生意。丽莎悉心学习洛华德的智慧和经验，在长期的历练中，丽莎成为一名成熟的商业人才。到了晚年，洛华德的很多商业决策都要征求丽莎的意见。

洛华德老年临危时，留下一份遗嘱："我认识丽莎母女之前，就已经很有钱了。可是，当我站在贫病交加却品德高尚的母女俩面前时，我发现她们是最富有的。我收养丽莎不仅仅是知恩图报，也不是出于同情，而是为我自己请来一个做人的楷模。她在我的身边，我在生意场上就不会迷失了自己，并能时刻铭记哪些该做、哪些不该做，什么钱该赚、什么钱不该赚。这就是我后来事业发达的根本原因。

"我死后，财产全部留给丽莎。这不仅仅是馈赠，而是为了我的事业能更加兴旺发达。我深信，我聪明的儿子能够理解爸爸的良苦用心。"

洛华德的儿子仔细看过父亲的遗嘱后，毫不犹豫地说："我同意丽莎继承父亲的全部遗产。而只请求丽莎能做我的夫人。"

丽莎幸福地说："我接受先辈留下的全部财产——包括他的儿子。"

人生悟语

我们要用爱心让这个社会充满温暖。当你的善良给别人带来温暖时，你也一定能得到温暖。

帮助人是美好的

流沙

哈斯先生是美国人，精通中文，在浙江一所大学念新闻传播学。有一天，他在一份报纸上看到一则新闻：

一位老大妈夜里因为被人偷了钱包，只得步行回家。半路上，一位好心的司机让她上车带她一程。不料，车子驶出不久就被一辆大货车追尾。司机没事，而坐在后面的大妈受了重伤，需要截肢。大妈的家属将司机告上法庭，索赔40万元。

哈斯说，一条新闻与社会公德比起来，到底哪个重要？哈斯的意思是，这则新闻把帮助陌生人的社会道德推向了危险的境地。特别是报纸用了“司机搭载他人要慎重”这样的句子。在哈斯看来，这样的提醒，完全不符合良知，让人觉得可怕。

这倒让我想起以前听堂哥讲过的一个故事。

堂哥在夏威夷工作，有一天外出锻炼摔了一跤，伤了腿，只得一瘸一拐地往回走。一辆车停下来，司机探出头问：“先生，你怎么了，需不需要帮助？”堂哥指指前面不远处的家，说：“谢谢，我没问题。”司机开车走了。过了一会儿，又有一辆车停下来，司机问：“先生，你需不需要帮助？”堂哥摇摇头。那辆车缓缓开走了，司机还回头朝他看看。没过多久，又有一辆车停下来，司机又问堂哥需不需要帮助，他车上有药箱。堂哥仍然说不用。

堂哥快走到家的时候，救护车赶来了。医生说：“是车牌号为×××的司机帮你打的电话。”

美国是一个“陌生人”的社会，同事之间、朋友之间、邻居之间好像离得很远，但一旦你需要帮助时，你会觉得大家贴得很近。

后来，堂哥终于想明白了，越是在讲效率、讲金钱、讲竞争的社会里，大家就越期盼能相互帮助，相互帮助是美好的。如果灾难发生在别人身上时他得不到帮助，发生在你身上时你也同样得不到帮助。

堂哥说，在美国工作期间，他也帮助过不少人。在国内，觉得帮助人很值得骄傲；在美国，觉得帮助别人就是在帮助自己。

人生悟语

助人为乐是中华民族的传统美德。曾几何时，人们开始怕引火上身而拒绝帮助别人。如果每个人都这样自私，那么当他们自己身陷困境时是否也渴望得到别人的帮助呢？请大家记住：善有善报。

差点错过美妙的乐曲

佚名

19世纪早期，在德国的一个小村庄里，坐落着一个由石墙围起的古老教堂。里面有精美的雕刻、彩绘玻璃和一架华美的管风琴。管风琴向来以宽广的音域和饱满的音色被赋予“乐器之王”的美称。

这一天，教堂里一位正在干活的老管理员，忽然听到教堂避难所的橡木门上传来敲门声。他打开门，看到一位穿军装的士兵站在台阶上。

“先生，您可以帮我一个忙吗？”士兵说，“请允许我弹一个小时的管风琴好吗？”

“很抱歉，年轻人，”管理员回答说，“除了我们自己的风琴演奏者外，不允许外人弹奏它。”

“但是先生，贵教堂的管风琴闻名遐迩。我远道而来，只为了能亲眼见到它，弹奏它，仅一个小时！”

老人犹豫了一下，悲伤地摇了摇头。

“好吗？”士兵请求道，“我的指挥官只允许我请假24小时。过几天我们将开跋到另外一个省，在那里将有一场残酷的战斗。恐怕这是我一生中最后一次机会弹奏管风琴了。”

老管理员不情愿地点点头。他打开门，招手让士兵进来，然后从衣袋里取出一把钥匙递给他：

"管风琴锁着呢，这是钥匙。"

士兵用钥匙打开管风琴华丽的琴盖，然后弹奏起来，宏伟的音符如一排排波浪从管风琴金色的音管中翻腾而出。

老管理员震撼了，他的眼中闪动着泪花，在门口的长椅上坐下来。不到几分钟，教堂门口已经聚满了附近教区的村民，他们朝里窥视，纷纷摘下帽子踏进避难所来倾听，优美的旋律在避难所回荡了一个小时。

拥有天才手指的风琴弹奏者完成最后一个音符后，双手从键盘上抬起。

士兵放下琴盖并锁好，当他站起来转过身的时候，惊讶地发现教堂里坐满了人，村民们是暂停手中的活儿来听他演奏的。那个士兵谦逊地接受着人们的称赞，然后从过道中央走过，把钥匙归还给老管理员。

"谢谢。"年轻人感激地说。

老人起身接过钥匙。"谢谢你！"他一边回答，一边握住年轻士兵的双手，"这是我年迈的双耳听到过的最动听的曲子，请问，你叫什么名字？"

"我叫费力克斯，"士兵回答道，"费力克斯·门德尔松。"

老管理员听到这个名字时，眼睛睁大了。眼前的这个士兵，20 岁以前就已经是享誉欧洲大陆的最著名的作曲家了。

老人注视着这个士兵离开教堂，消失在村庄的小路上，他喃喃自语道："我差一点没有给他钥匙而错过这支美妙的乐曲！"

人生悟语

给别人一把钥匙，就是为自己的心灵开启了一扇门。

给予是快乐的，你给予别人快乐，别人会回报你一个微笑；你给别人一份思想，就会变成两个思想；你给予别人帮助，别人会感激你有一颗善良的心。在这种给予中，体味人生的博大与美妙，我们将富有一生。

懂得缘去之福

佚名

龙山的善国寺有两个和尚：悟空和悟了。一开始他们每天都出去化缘，后来就只有悟空天天出去化缘了。原来，悟了发现龙山下的缘十分好化，随便到山下走走，就能化到很多，悟了就把化来的钱买很多米、面等生活必需品存放着，其余的时候就在寺庙里睡懒觉。悟空就劝悟了，让他不要虚度时光，要出去化缘。

悟了听了很烦，说："出家人岂可太贪？有吃的就行。你看我有这么多的粮食，足可以让我吃上半月，何必出去奔波劳累？"

悟空念了声"阿弥陀佛"，说："师弟，你化了这么多年缘，还没有参悟到化缘的妙处和真谛啊？"

悟了听了，就讽刺悟空，说："师兄，你倒是日出而出，日落而归，可你空手而去，空手而回，你化的缘呢？"

悟空说："我化的缘在心里。缘自心来，缘也要由心去。"

悟了听得一头雾水,说:“不明白,不明白。”

后来,悟了化到的钱物越来越少了。这让悟了很苦恼,原来化一次缘可以吃上半月,现在只可吃上几天。但悟空依旧天天日出而出,日落而归,空手而去,空手而回,但悟空天天都面带微笑。悟了想问问师兄,说:“师兄,你今天收获如何?”

悟空说:“收获多多。”

悟了说:“收获在哪里?”

悟空说:“在人间,在人心里。”

悟了感觉自己一时很难参悟师兄的话,决定第二天跟悟空一起去化缘。悟了说:“师兄,我悟性太差,我想明天跟你去化一次缘。”

悟空点头同意。

次日,悟了要跟悟空去化缘了,他又拿出了一个出去化缘用的布袋。

悟空说:“师弟,放下布袋吧。”

悟了说:“为何?”

悟空说:“你这布袋里装满私欲贪婪,拿出去,是化不来最好的缘的。”

悟了说:“那我们把化来的东西装哪儿?”

悟空说:“人心里。人心无所不容。”

就这样,悟空和悟了就上路了。悟了跟悟空每到一处,就会有很多人认出悟空。悟空还没来得及说话,他们就主动拿出东西给悟空。有的还说,幸亏悟空大师上次施舍,才使我们渡过难关。悟空大师的大恩大德,我们没齿难忘啊!悟了在心里想:不让我拿布袋,看你一会把东西往哪里搁。他们继续往前走,他们化的缘也越来越多。悟了看到今天收获不少,满怀欣喜。

恰在这时候,从远处走来一个农夫,怀里还抱着一个孩子,边走边哭。原来农夫的孩子得了重病,他拿不出钱来给孩子看病。悟空就走过去,把化来的财物全部给了农夫。他们继续前行,除了温饱外,他们一路化了就舍,舍了再化。

悟空问悟了:“师弟,跟我出来你化到了什么?”

悟了苦笑。

悟空说:“师弟,你只知道缘来之福,而不懂得缘去之福。看天地间,自然万物为何如此美丽,天地万物都在循环啊。师弟,风水、日夜、四季,哪一样不是在循环?光知道缘来之福的人,那只是片刻的欢愉,时间久了就是一池死水。我们之间的区别就是:你把化来之物放在了充满私欲贪婪的布袋里,我则把化来之物放在人心里循环,让善良和爱在人间、在人们的心里循环。”

悟了听到这里,低下了头。悟空念了声“阿弥陀佛”。

人生悟语

爱,无处不在。献上你的一份善良,献上你的一份真爱,那爱心就会充满整个人间、整个宇宙,这才是“化缘”的真谛。

富有的家庭

曾庆宁

1946年的复活节周,对我们姐妹来说是一段刻骨铭心的日子。那年,我14岁,妹妹欧西12岁,姐姐达琳16岁。我们和母亲一起生活,从小便知道了生活的艰辛。父亲那时已经离世5年。父亲没有给母亲留下什么财产,留下的只有几个学龄的孩子。母亲含辛茹苦地抚养我们。1946年,我的3个姐姐均已成家,大哥也外出工作了。

复活节到来之前的一个月,教堂的牧师告诉大家,在复活节时将举行一次对贫困家庭的捐款仪式。牧师请每个人都存些钱,慷慨地资助穷人。

从教堂回到家后,姐妹们开始讨论我们能做的事情。首先,我们决定购买50磅土豆作为一个月的口粮。这样就可以从买菜的钱里面省出20美元来捐款。接着,大家想,如果我们尽可能关掉电灯,不听收音机,我们又可以从电费中省出一笔钱。达琳决定尽可能多地找些打扫房间和庭院的活儿,我和妹妹则想尽量多地做些看护小孩的活儿。母亲说,我们还可以用15美分买上足够做3个握持热锅用的布垫子的棉线圈,每个布垫子可以卖到1美元。后来我们那个月靠做布垫子赚了20美元。那个月是我们生命中过得最清贫也是最愉快的一个月。

每天,我们都会数钱,看看到底当天挣了多少钱。晚上,我们在黑暗中讨论那些贫困家庭将会如何花掉教堂捐赠给他们的钱。我们的教堂有80个人,我想,捐款的总金额应该是我们家捐款总额的20倍。毕竟,每个星期天牧师都会提醒大家存钱捐款。

复活节前夜。姐妹们兴奋得难以入眠。我们并不介意复活节没有新衣服穿,因为我们可以为贫穷的家庭捐赠70美元。一想到要去教堂捐款,我们简直迫不及待了。星期天一早,天上下起了倾盆大雨。我们家连一把伞都没有,而教堂距离我家有一英里多,可是这些都阻挡不了我们去教堂。达琳的两只鞋上都有破洞。出门前,她用纸板堵住了那些洞。可是出门没走多远,纸板就被水冲烂了,她的脚全湿透了。

来到教堂的时候,我们都成了落汤鸡。可是,坐在教堂里,我们都很骄傲。突然,我听到一些同龄女孩在议论我们身上的衣裳破旧。看着她们身上的新衣服,我却没有任何嫉妒的感觉,我觉得我们才是最富有的。

捐赠仪式开始的时候,我们坐在靠前的第二排。母亲往捐赠箱里投了10美元,我们姐妹每人放了一张20美元的钞票到箱子里。

从教堂回家的路上,我们开心得一路高歌,这是多么美妙的事!

当天晚上,牧师突然驾车来到了我家。母亲在门口和他说了一阵话,她回来的时候,手上多了一个信封。我们问母亲,信封里面是什么。她一言不发地打开信封,一沓钱从里面掉了下来。是3张崭新的20美元、1张10美元和17张1美元的钞票。

母亲把钱放回了信封。家里变得鸦雀无声,我们静静地坐着,呆呆地看着地板。我们仿佛一下子从百万富翁变成了穷光蛋。姐妹们一直都为有一个幸福的家感到快乐,我们为那些没有拥有我们这样善良的母亲和过世的慈父,没有一个挤满兄弟姐妹,许多别的孩子都来串门的家庭感到遗憾。我们觉得能和兄弟姐妹分享餐具就是一种幸福。我们会猜,晚上能分到一个调羹还是一个叉子。家里只有两把餐刀,吃饭的时候,我们会传来传去,给需要的人,这样的感觉很温暖。我知道别人家有很多东西我们家都没有,可是,我从来没有觉得我们穷过!

在那个特殊的复活节里,我才意识到,在别人眼中,我们是穷人:牧师给我们带来了贫困家庭救助金。我想,这就是贫困家庭的标志吧:我不喜欢贫穷的感觉。我低头看了看自己的旧衣服和破袜子,第一次感到非常羞愧,我都不愿意再去教堂了。或许,教堂里的每个人都知道我们是贫困家庭了!

一家人在沉默中坐了很久。天色渐渐暗了下来,姐妹们默默地上床睡觉。之后的那个星期,我们继续去学校上课,然后回家,大家彼此很少说话。到了星期六,母亲问我们,希望用那些钱来做什么?姐妹们都不知道该怎么办。因为我们以前从来都不知道自己是穷人。星期天我们都不想去教堂,但是母亲说,我们必须要去。

星期天是个艳阳天,可是去教堂的路上,姐妹们都很沉默。母亲开始唱歌,可是我们都没有应和她,她唱了一段就停了。

在教堂里,有一个新来的传教士为我们讲述了非洲的故事。他说,那里的学校屋顶是用晒干的泥砖做的,他们非常需要钱来买能防雨的屋顶。他说,100 美元就可以给一个教室买个屋顶。传教士接着说:"我们难道不能做些牺牲,为那些穷人们做点什么吗?"我们一家听到这里,彼此交换眼色,笑了笑,这是我们一周以来脸上第一次出现笑容。

母亲从荷包里取出那个信封,把它传给了达琳,达琳又把它传给了我,我将它传给了欧西。欧西捧着它走到捐赠箱面前,小心翼翼地放了进去。

捐款被清点完的时候,传教士宣布,捐款总额略超过了 100 美元。他说,自己非常激动,因为他从来没有想过从我们那么小的教堂竟能募捐到那么多钱。他微笑着对大家说:"你们教堂里应该是有些富有的人。"这句话让我们很受用。我们在那"略超过 100 美元"的捐款中付出了 87 美元。

我们是富有的人!难道这不是传教士说的吗?从那天起,我们再也没有感到自己贫穷过。因为,我们心中有爱,有同情心,有金钱买不到的财富!

人生悟语

褴褛的衣衫不能掩盖赤诚善良的品德,真诚地帮助别人并用最大的努力,这是任何金钱也无法衡量的爱心。心里装满爱、同情的人,精神满足愉悦,生活充实多彩,乐于助人,虽然生活贫穷,却拥有最富足的精神世界。

没有围墙的花园

漠沙

米卡尔是美国北加州有名的富翁。他有美丽的洋房和大片的花园。但米卡尔也有一个令自己头痛的难题:这么多的财富肯定有好多人在打自己的主意。怎么办呢?于是米卡尔让仆人在房子四周筑起高高的围墙。

春天一到,花园里鲜花怒放,浓香飘过围墙,令全镇的人都很神往。几个好奇的孩子想:院子肯定种着奇花异草。听说有一种长着大眼睛的花还会给孩子唱歌呢。于是孩子打起主意,决心探个究竟。

朦胧的夜晚。孩子们搭起人梯跳到院子里,他们在花丛中寻找着,踏坏了许多鲜花和嫩草。后来,他们被仆人发现,赶出院子。

富翁大为恼火,把这事讲给朋友听。

朋友笑着说:"为何不把围墙拆了呢?"

富翁说:"那我会丢失好多的财产!"

朋友笑了,说:"连一群孩子都拦不住,何况身手不凡的大盗呢!"

富翁终于听从了朋友的劝告,彻底拆掉了围墙。于是,孩子们首先冲入花园。他们仔细寻找心中的神花。结果,根本没有什么奇花异草。富翁的朋友把孩子们请到客厅,并让他们美餐了一顿。然后对孩子们说:"在花园中种下你们心中的神花吧!"孩子们高兴得跳起来。然后跑到花园里去了。

富翁因为拆掉了围墙，全镇的人都可以欣赏到花园的美丽。富翁得到了全镇人的爱戴和尊敬。

一天，一伙大盗闯入米卡尔的家，准备将他家洗劫一空，刚闯入花园不远就被守护神花的孩子们发现。小卢比跑到洋房报告情况；小比尔跑去镇上通知大人们。结果大盗们被及时赶到的富翁和镇上的人们捆绑起来。

庆功宴上，富翁对所有人说："我要感谢你们，你们使我懂得了一个伟大的道理——这个世界上只有敞开的花园最安全最美丽。"富翁的话博得了所有人最热烈的掌声。

人生悟语

在我们的生活中也同样有许许多多美丽的花园，本以为封闭是最安全的方法，却总躲不过好奇者的践踏。其实打开那面围墙，你给别人一片灿烂的空间，别人就会给你最真心的呵护。

免费的汤圆

佚名

某天，宁静的村庄突然出现一个卖汤圆的摊贩，摊贩主人是一名老翁。从来没有人见过这名老翁，大家判断，老翁必定是从外地而来。

奇特的是，老翁不断地吆喝："好吃的汤圆！一颗两块钱，两颗一块钱，吃三颗不用钱！"众人听了，都感到十分诧异。有人不敢相信，问老翁："老先生，您说的是真的吗？吃三颗汤圆，真的不用付钱？"

"小伙子！你没听错！"老翁说。

这人虽然觉得奇怪，但仍壮着胆子，叫了三颗汤圆，入口后果然十分美味。

消息很快就在村里传开，大家都说："出现了一个外地来的傻老头，卖不要钱的汤圆！"

老翁的摊子从此生意极佳，但可想而知，每人点的都是三颗汤圆。

直到某天，一个年轻人来到老翁的摊子前，对老翁说："老先生，我要一碗汤圆，但我只要一颗就好。"

"一颗汤圆最贵，要两块钱；两颗汤圆比较便宜，只要一块钱；三颗汤圆免费！"老翁提醒他，"小伙子，你确定只要一颗汤圆吗？""是的。"年轻人肯定地说。"为什么呢？"年轻人回答："我已经观察很久了，您老人家已经在这里卖了一个多月的汤圆，却一毛钱也没收到。我想您工作也十分辛苦，应该得到最基本的回馈才是。"旁边有多事的人嘲笑他："原本来了一个怪老头，现在又来了一个傻小子！"不料，此时老人突然现出原形，变成一个驾着祥云的仙人。他对年轻人说："我本是天上的神仙，为了寻找善良的弟子，特别化身来到人间。你愿意成为我的弟子吗？"青年马上答应了，两人化为一阵轻烟，消失在众人面前。

吃汤圆的人赫然发现，碗里装的哪是汤圆，而是一粒粒泥巴球。接着有人指着后山惊呼，众人转头一看，那座山足足被削去了一半，原来正是他们所吃的"汤圆"啊！

人生悟语

占人便宜，我们可能会沾沾自喜，但这样的快乐是极为短暂的，而且往往必须付出更大的代价；唯有发自内心地助人、爱人，才能得到真正且永久的喜悦！乐于助人，其实不但帮助了别人，更是帮助了自己！

请您品尝

左文萍

林帆从技术学校毕业后，进了本市最大的超市“益万家”，在面点部工作，接替了一位刚退休的女工。林帆每天在浓香四溢的面包房里烤面包，然后将每种面包切一些，放进货架旁的几只塑料盒中，供顾客免费品尝。

时间久了，林帆注意到一个老太太。她从来不买面包，却几乎天天光顾。来做什么呢？每次她都熟门熟路地走到货架旁，拿起一支牙签，开始“品尝”。别人品尝只是一两块，而她一连尝了十几块，塞得嘴里鼓鼓的，等她把面包都“品尝”了一遍后，才挎起购物篮蹒跚离去。

每次老太太一离开，林帆只得重新切些面包填进盒子里。时间一长，林帆不乐意了：这老太太不是天天来吃白食吗！有一天，在老太太“品尝”的时候，林帆故意站在离她不远处微笑着观赏，希望老太太能有所觉悟，可老太太却视而不见，不紧不慢地“品尝”完后，才抹抹嘴满意地离开。

又一天，老太太如期而至，正“品尝”到兴头上时，林帆径直走了过来，不客气地说：“我说老太太，这里是让免费品尝。品尝，可不是管饱！都像您这样，我们还做不做生意呀！”老太太抬起头，满脸通红，表情尴尬，仿佛被噎住了似的。这下顾不上“品尝”了，慌慌张张地挎上购物篮逃似的离开了。林帆见老人这样子，一时间心里倒有点过意不去。

接下来的几天，林帆依旧烤面包、切面包，每天忙得不亦乐乎，但潜意识里总觉得哪里不对劲。一想，那个老太太已经好几天没露面了，不过这个念头在脑子里一闪，转身也就忘了。

有一天，林帆被经理请进了办公室。经理姓苏，三十多岁，平时因为不苟言笑，一张英俊的脸就少了些生动，而眼下林帆见他脸上挂满了霜，就预感到大事不妙。果然，苏经理开口就问林帆是不是前几天赶跑了一位老太太。他见林帆低头不语，便很生气地开始训话，三句之内把问题上升到员工素质的高度上。

这下林帆接受不了，不服气地说：“经理，这老太太天天来面点部白吃，每天吃掉的快够一个面包了，我看不下去才说她几句，要是顾客都像她这样，我们的面点还卖不卖啦？”

苏经理被她抢白得竟一时说不出话来，过了半晌，才叹了口气说：“都怪我疏忽了，没有告诉你详情。你知道那个老太太是谁吗？”接着，经理语气沉痛地说：“她是张庆的母亲。”说起张庆，整个“益万家”里无人不知。他原是一名普通的保安，有一次在超市门口见到几名歹徒公然强抢一位妇女的包。他气愤地挺身而出，与歹徒搏斗受伤过重，送到医院后抢救无效死亡，超市授予他“英雄保安”的称号。

林帆一听不由肃然起敬，但她还是不明白经理想说什么。苏经理见她不解，倒了杯水，给她讲起了下面的故事。

苏经理和张庆虽然是上下级，却是老同学、铁哥们儿。苏经理知道张庆家的光景，他有一个患有早期老年性痴呆的母亲，还有一个双目失明的妹妹。日子本就过得很艰难，张庆死了，更是雪上加霜。于是，苏经理积极向上级反映，要求除了支付抚恤金外，每月再给她们一定的津贴，上级批准了他的要求。

一天，苏经理揣上第一笔津贴来到了张庆家。老太太认得他，见了他又是让座又是敬茶，可是当苏经理说明来意后，没想到刚才还高高兴兴的老太太竟一下子沉下脸：“小苏，你们说庆子是英雄是烈士，我这个当娘的咋能白拿公家的钱？”

尽管苏经理反复解释，老太太却坚决不肯收下津贴。后来，苏经理无意中听张庆妹妹说，老太太最喜欢吃超市里卖的松软的大面包了，但以前张庆买给她吃时，她却心疼半天，说面包太贵。苏经理听了这话心里一动，下一次去看望老人时，他特意提上了好几只大面包，没想到老太太还是拒绝。苏经理无奈地说：“大娘，我和张庆是好兄弟，我不该替他尽尽孝道吗？您连这点东西都不肯收，这不是为难我吗？”

老太太叹了口气说：“小苏啊，大娘我这辈子没白拿过人家的东西，让你破费，我心里怎么过得去？就这一回，以后再买这买那的，大娘可就不欢迎了。”

苏经理见老太太认真的样子，只好点头答应。忽然，他灵机一动，装作无意地说：“大娘，去我们那超市购物，面包可以免费品尝呢。”

“免费？那不是白吃吗？”老太太半信半疑，“人家卖面包的愿意？”苏经理笑着说：“看您说的，什么叫白吃嘛！顾客愿意免费品尝，是对我们工作的信任。卖面包的那个张大姐，因为顾客品尝得少，月末评比时没奖金，为啥？人家以为她服务态度不好呗，要不怎么没人去品尝呢？”老太太瞪大了眼睛说：“听你这话，是吃得越多越好了？”

“可以这么理解！”苏经理笑了笑说，“您老可一定得去捧捧场啊，让人家张大姐也挣点奖金！”

“那……我也去品尝品尝试试？”

苏经理很高兴地说：“欢迎欢迎啊！”于是从此以后，老太太每次去超市，都兴高采烈地直奔面点部。面点部的张大姐早得到苏经理的关照，她每次一见老太太都热情地说：“大娘，可把您盼来了！刚做好的面包，您快尝尝！”老太太很实在，一边品尝，一边以为自己在“帮人家挣奖金”，于是喜滋滋地“品尝”得可卖力呢！

当然，老太太“品尝”面包的经费全是由苏经理掏的腰包，这事早就不算什么秘密了，甚至连面点部的许多老顾客都有耳闻，大家彼此心照不宣，只有老太太一个人不知情罢了。

苏经理对林帆说：“后面的事你应该猜到了。张大姐退休后你顶了她的班，我因为工作忙一直忘了嘱咐你。这不，前几天你两句话就把老太太呛跑了！”林帆怎么也没想到这中间还有这样的故事，她被深深震动了，后悔自己的冒失，赶紧央求道：“经理，都是我不对，麻烦您再跑一趟，把老太太请回来吧！”

苏经理叹了口气：“其实，这事儿也不能全怪你。唉，你不知道老太太脾气多么倔！”

林帆脑子转得很快，她连忙说：“您就说我是新来的不懂规矩，要是她不来光顾了，您就要炒我的鱿鱼！”经理一听乐了：“那我就试试吧！”接下来的几天，林帆一直期待着老太太的身影再次出现。

一天早晨，林帆在切供顾客品尝的面包时，一抬头，惊喜地发现老太太正朝面点部走来。林帆迎上去招呼道：“大娘您来了！上次是我做得不对……”老太太没说话，只是朝林帆神秘地一笑，然后回身摆摆手，只见又有三位老人走了过来。这时，老太太热情地握着林帆的手说：“闺女，甭怕，大娘不怪你，只是小苏脾气大，说你服务态度不好，非要炒你鱿鱼。我寻思着，不能让你因为我丢了工作，你看，我找了几个老姐妹来给你捧场，看谁还说你服务态度不好！”

还没等林帆反应过来，老太太就热情地招呼起来：“张姐，你尝尝这个！李姐，这个低糖……”几个老人开始还怯生生的，后来似乎被老太太的热情感染了，也就放开吃起来。林帆望着眼前这情形，差点没晕倒。下班后，林帆找到苏经理汇报情况，苏经理一听也傻眼了。突然，苏经理喜笑颜开地对林帆说：“有办法了，你明天到老太太家去一趟……”

听完苏经理的详细交代，林帆第二天就去了老太太家。一进门，林帆就笑着告诉老太太：由于老太太对他们面点部工作的大力支持，工作人员一致推荐她为这个年度的“明星顾客”！而且，只要老太太愿意，面点部还想聘请她当特约宣传员。

老太太听得一愣一愣的，林帆接着说："'明星顾客'可以长期享有我们每天免费送三只面包的待遇，作为特约宣传员，您则需要向您的亲朋好友宣传我们的产品，当然，我们会按月支付给您薪水。"

老太太惊喜地问："还有薪水啊？"林帆说："当然有啊，您是在工作嘛！"从此，老太太就经常招呼老姐妹们到自己家里品尝面包，她还不忘本职工作，经常向老姐妹们推荐、宣传"益万家"的面点……

"益万家"面点部又恢复了正常的营业秩序，苏经理和林帆都很高兴，因为发给老太太每个月的薪水，和当初苏经理为她申请的月津贴额一模一样。

一份纯洁的关爱，可以温暖人的一生。

日行一善

刘燕敏

他父亲是位大庄园主。

7 岁之前，他过着钟鸣鼎食的生活。上世纪 60 年代，他所生活的那个岛国，突然掀起一场革命，他失去了一切。

当家人带着他在美国迈阿密登陆时，全家的所有家当，是他父亲口袋里的一沓已被宣布废止流通的纸币。

为了能在异国他乡生存下来，从 15 岁起，他就跟随父亲打工。每次出发前，父亲都这样告诫他：只要有人答应教你英语，并给一顿饭吃，你就留在那儿给人家干活。

他的第一份工作是在一家海边小饭馆里做服务生。由于他的勤快和热情，他很快便得到老板的赏识。为了让他学好英语，老板甚至把他带回家，让他和他的孩子们一起玩耍。

一天，老板告诉他，给饭店供货的食品公司招收营销人员，假如他乐意的话，他愿意帮助引荐。于是，他获得了第二份工作，在一家食品公司做推销员兼货车司机。

临去上班时，父亲告诉他："我们祖上有一条家训，叫'日行一善'。在家乡时，父辈们之所以成就了那么大的家业，都得益于这四个字。现在你到外面去闯荡了，最好能记着。"

也许就是因为这四个字吧，当他开着货车把燕麦片送到大街小巷的夫妻店时，他总是做一些力所能及的善事。比如帮店主把一封信带到另一个城里，或让放学的孩子顺便搭一下他的车。就这样，他乐呵呵地干了 4 年。

第 5 年，他接到总部的一份通知，要他去墨西哥，统管拉丁美洲的营销业务。理由据说是这样的：该职员在过去的 4 年中，个人的推销量占佛罗里达州总销售量的 40%，应予以重用。

后来的事，似乎有点顺理成章了。他打开拉丁美洲的市场后，又被派到加拿大和亚太地区；1999 年，被调回了美国总部，任首席执行官。

就在他被美国猎头公司列入可口可乐、高露洁等世界性大公司首席执行官的候选人时，美国总统布什在竞选连任成功后宣布，提名卡罗斯·古铁雷斯出任下一届政府的商务部部长。这正是他的名字。

现在，卡罗斯·古铁雷斯这个名字已成为“美国梦”的代名词。然而，世人很少知道古铁雷斯成功背后的故事。前不久，《华盛顿邮报》的一位记者去采访古铁雷斯，就个人命运的话题让他谈点看法。古铁雷斯说了这么一句话：一个人的命运，并不一定只取决于某一次大的行动。我认为，更多的时候，取决于他在日常生活中的一些小小的善举。

后来，《华盛顿邮报》以“凡真心助人者，最后没有不帮到自己的”为题，对古铁雷斯做了一次长篇报道。在这篇报道中，记者说，古铁雷斯发现了改变自己命运的简单的武器，那就是日行一善。

人生悟语

点点的恩情，别人是不会忘记的，每一个善良的人都不会无动于衷。坚持把自己的善意与别人分享，即使是非常细微的举手之劳，也会让人心怀感激；即使是微不足道的恩惠，也会让自己受益终生。

我看见了天使

佚名

某天下午，一个五岁的小男孩突然跟母亲说：“妈妈，我今天要出门去找天使。”

妈妈笑着说：“好的，但记得在晚餐前回来。”

小男孩想，搞不好要走很远很远才找得到天使，于是拿出背包，在里面放了果汁和面包，然后自信满满地出门了。小男孩从来没有自己离开过家，走了两条街后，他看到一座公园，开满了花朵。小男孩喃喃自语：“我已经走了这么远，这里这么美，也许就是天堂呢！”

他觉得有点饿，于是在公园的长椅上坐下，打开背包，拿出面包就要咬。突然，他发现长椅的另一头坐着一位老太太，正微笑看着他。小男孩想了想，掰下一半面包，递给老太太：“这面包请你吃！”老太太笑了。

于是，整个下午，一老一少一起分享一个面包、一瓶果汁。傍晚，小男孩回到家，兴奋地跟妈妈说：“我今天看到天使了！天使是一个老太太！”

“真的？你怎么知道她是天使？”妈妈好奇地问。

小男很认真地说：“因为只有天使，才可能拥有那么美的微笑！”

老太太此时也回到家中。

“我今天看到天使了！”她对老伴说，“天使是一个小男孩，只有天使，才可能拥有那么美的微笑！”

人生悟语

相信每个人的心中，都存着善念，但我们常常把善行想得太困难了！“我没有钱，所以我没办法帮助别人”、“我没有时间，所以我不能当义工”……接着，我们可能会安慰自己：等我有钱，等我有时间，我一定会……其实，美好的善行时常只是突发的小事，可能只是在地铁上让座，只是帮人拾起掉落的东西。你也试试看，其实当别人的天使，一点也不难！

善是一种循环

王建兰

男孩的母亲病了。病魔在吞噬完了家里的钱财的同时，也渐渐地掠走了父亲的热忱和耐心，就连母亲曾有的战胜病魔的信心和意志也一并带走。只有男孩不言放弃，可一个十来岁的孩子，除了一颗爱着的心，又能拿什么与现实兑换？

有一次，一位同学对他说，在蓬莱阁东的海边有一观音庙，庙里新建了一尊世界上最大的露天汉白玉四面佛，游人如织，香火鼎盛，只要心诚，有求必应。

男孩眼前豁然一亮，仿佛找到了根治母亲疾病的灵丹妙药一般，兴奋地跳起来。随即，他看到了同学晃动着的那张制作精美的门票。倏地，刚刚燃起的希望之火顷刻间灰飞烟灭。三十里山路不会阻挠男孩前行的脚步，可没有钱铺垫，他知道难以跨过那道很高的门槛。

第二天就是星期天，天快放亮时，男孩终于做出了去试一试的决定。他想起老师说过的话：幸运总是光顾那些敢于一试的人。

上天好像是为了验证他的诚心和勇气，下起了雨。男孩没有迟疑，找到雨披，用塑料袋把干粮、背包和水包好，骑上自行车上路了。一路上经过雨的洗礼，又承受了太阳的炙烤，三个多小时的行程，男孩早已筋疲力尽。

他怯生生地挪到观音庙门口，对管理人员说："母亲病得厉害，我想去求观音保佑她，可我没有钱……"可以想象得出男孩无助窘迫的表情，仿佛可以看到他可怜巴巴含泪的眼神，纵是冷血心肠，也不会无动于衷。用这样一颗赤子心作通行证的，谁会忍心阻拦呢？

阳光抒情般地洒在男孩身上，他感觉像天使的吻那样的妥帖。他欢快地跑上延寿桥，抬头便看到神情安详的圣观音正慈祥地看着自己，他正要跪拜。一回头，看到有个白发苍苍的爷爷站在桥头远远地仰视佛像，一定是那些高高的台阶和打滑的路面让老人望而却步。

男孩这样想着，便转身穿过拥挤的人群，来到老爷爷面前，搀扶着他。老爷爷说："这么多人，只有你肯扶我一把，只有你心存善念啊。"

男孩跪在观音面前祷告完毕，发现膝盖处被海绵蒲垫上的雨水浸透了。他想起背包里的方便袋，如果把它拆开铺到蒲垫上，后来的人不就不会把裤子弄湿了吗？于是他把四面佛前面的垫子上都铺上了塑料布。

老爷爷看到男孩的举动，拍拍男孩的肩膀："别人礼佛却看不见佛，唯有你心中有佛，佛在你心中啊。孩子，你不用再礼拜了，心中有佛的人，把别人都当作佛来敬来待，这样的人，佛怎么能不把福泽降于他呢？放心吧孩子，你母亲的病会从此好起来。"

几天后，男孩意外地收到了一笔为母亲治病的赠款，那个署名"心是自己镜子"的人，在留言中说："爱出者爱返，福往者福来。"

人生悟语

有些人总是有点自以为是，认为为人善良是做傻事，其实不然。因为许多时候，善良是会循环的。当你遇到困难时，同样也会得到他人的帮助。

无偿奉献的报偿

克拉克

在荷兰一个小渔村里，一个年轻男孩让全世界懂得了无私奉献的报偿。

由于整个村庄都是靠渔业维生，自愿紧急救援队就成为极其重要的组织。在一个月黑风高的晚上，海上的暴风吹翻了一条渔船，紧要关头，船员们发出了 SOS 的求救信号。救援队队长听到警讯后立即率众出发，村民们也都聚集在小镇广场中望着海港。当救援队与汹涌的海浪搏斗时，村民们毫不懈怠地在海边举起灯笼，照亮他们回家的路。

过了一个多小时，救援船穿过云雾出现了，欢腾鼓舞的村民们跑上前去迎接。救援船抵达沙滩后，自愿救援队队长说，救援船无法载下所有的人，不得以留下了其中的一个。

忙乱中，队长要另一队自愿救援者去搭救还留在大海中的那一个人。16 岁的汉斯应声而出，他母亲抓着他的手臂说："求求你，不要去，你的父亲 10 年前在船难中丧生，你的哥哥保罗 13 个礼拜前出海，现在还音信全无。汉斯，你是我唯一的依靠呀！"

汉斯回答："妈，我必须去。如果每个人都不去，那会怎样？妈，这是我的责任。当有人要求救援，我们就得轮流扮演我们的角色。"汉斯吻了他的母亲，加入队伍中，消失在黑夜里。

又一个多小时过去了，对汉斯的母亲来说，这是无比煎熬的一个多小时，比永久还久。终于，救援船驶过迷雾，汉斯正站在船头。队长把手围成筒状，叫道："你们找到留下来的那个人了吗？"

汉斯高兴地大声回答："找到了，我们找到他了。告诉我妈，他是我哥保罗！"

人生悟语

助人即是助己，救人即是救己。遇到什么事情都不要推卸责任，在别人需要帮忙时伸出自己的友谊之手，那么你收获的必将是一颗和你一样滚烫的心。

廉价的翻译

佚名

美国人乔治为妻子的怪病跑遍了全世界，却是久治不愈。十四年前，他听说中国的中医专治疑难杂症，于是便带着妻子来到中国看病。

乔治为妻子看病，几乎花光了全部的家当，但既然来到中国，怎么也得请一个翻译。那时正值暑假，乔治通过关系在北京外国语学院请了学生赵小宁。

赵小宁是来自宁夏地区的一个贫困生，母亲又多年重病，他巴不得找个差事能挣点钱。有外国人找他，真是幸运。

谁想，乔治却因为没有钱，把雇用赵小宁的费用压得很低。贫困中的赵小宁挣一分钱都是好的，自然接受了这份有些委屈的差事。

乔治带着病中的妻子奔波于北京，每天都很辛苦。赵小宁不但要为他们做翻译，还要替他们挂号拿药排队跑路，做一切琐碎的事。乔治不仅是雇了一个廉价的翻译，同时还是雇了一个勤杂工，真是一举两得。

都说美国人有钱，但作为美国人的乔治却没有给赵小宁这般印象，出门如果不是有特别需要，乔治通常都是挤公共汽车。几天下来，赵小宁就看出，这个美国人其实没有钱。对此，乔治很不好意思。

谁想，赵小宁刚刚给乔治和他妻子做了几天翻译，一位同学便带着另一个外国人风风火火地来找他。原来，一个加拿大公司来北京谈生意，由于谈判项目增多，急需找两名翻译，报酬相当丰厚，同学让赵小宁赶紧辞掉乔治的工作。

乔治通过加拿大人和赵小宁的对话，知道了事情的大意，他只希望赵小宁在走之前，能尽快再给他找一名中国翻译，哪怕只是会最简单的交谈。

赵小宁抬头看着乔治，又看看他病中的妻子，半天都没有说话。

最后，赵小宁回绝了那位同学和加拿大人的请求，他说他现在已经熟悉了乔治妻子的病情，如果换个生人，在与大夫的交流中，会对乔治妻子的病不利。急需用钱的赵小宁谢绝了同学，留了下来。乔治强忍住眼里的泪花，什么也没有说。

暑假过后，乔治与他的妻子离开了中国，赵小宁回到学校的第二年，乔治的妻子离开了人世。乔治重新去照料他几乎倒闭的企业。

三年过后，赵小宁大学毕业，奔波于找工作的艰辛中。两个月过去了，班上的同学只有三分之一的人有着落。赵小宁和没有去处的同学终日惶惶，两眼茫然。

在这时，从美国飞来一封信，是乔治先生的。他说赵小宁善良的为人深深打动了他，三年来他念念不忘。如今他的公司很快就要到中国办厂，需要一名中国方面的代理人，问赵小宁愿不愿意与他合作，报酬是每月八万美金。

赵小宁万万没有想到，在他最为困难、走投无路的时候，会从大洋彼岸的美国飞来如此的幸运请求。这真是雪中送炭，算得上是人生红运了。

而这一切，仅仅是因为几年前，他做了一点与人为善的事，仅仅是付出了一点小小的牺牲。但上苍却为他带来了莫大的福音，简直就是滴水之恩，涌泉之报。

“世间自有公道，付出总有回报。”花草树木回报给春天的是绿色，回报给秋天的是收获。人生就是这样的，只要你付出真诚，能为别人多想一想，你自然会收获同样的真诚与帮助。

人生悟语

也许你的付出无法立刻得到相应的回报，但不要气馁，而是一如既往地多付出一点。回报可能会在不经意间，以出人意料的方式出现。

给他们感恩的时间

王发财

人们只知道，她是美国洛杉矶一位很富有的华籍商人。每年她都向中国内地贫困山区的孩子们捐赠高达50多万美元的助学资金。她的捐赠与别人不同，她从来不举行什么捐赠发布会也不通过慈善机构，而是委托内地的一位好朋友通过电话和信笺等形式，直接与当地学校联系。取得受助人的名单后直接把款项寄过去，并叮嘱朋友不要张扬也不要什么回报。

为此，几位学校的负责人给一些受助孩子和他们的家长发去信函，希望他们能定期给资助者写封信，在汇报自己学习情况的同时，也表达下自己的感恩之情。

但令谁也没有想到的是，在整个资助过程中，多数人没有给资助者写信。而且即便是写了信的一些受助者，内容也多数不是强调自己家庭特别困难希望多资助点，就是希望能在学习以外的生活上也能给予帮助，往往洋洋洒洒十几页，甚至没有一句“谢谢”之类的感恩话语……

但她却并没有停止捐款，整整几年时间，她一如既往资助山区的孩子们。

后来，她的事迹还是被媒体记者捕捉到了。

消息来源于一名受助者，因为连续两月没有按时收到捐款，这名受助者父母把电话打到了报社，说他们的孩子往年每月都会按时收到300元的助学款，但现在却突然断炊，他们为此很着急，甚至抱怨说：“怎么说不寄就不给寄了？”就在他们说完这话的半月后，一封加急快件把应该资助他们的款项送到了他们手中。

后来，经过记者的调查了解到，其实他们的捐款早就预备好了，只是因为她的委托人所在的城市当时正赶上百年不遇的洪水，邮路中断导致延误。

记者也因此找到了她在中国内地的委托人希望能联系到这位资助者。

但她的委托人却淡然一笑说：“免了吧，她嘱咐过我，不接受任何媒体的采访，也不能透露自己的姓名！”

通常企业和名流捐款之类的，如果受助者像这样不懂得感恩的话可能早就被取消了捐赠资格，而她却……

面对记者的疑惑，委托人笑笑说：“我曾经问过她，受助学生是否需要什么条件。她对我只说了一句话‘只要他们快乐地欣然接受就行！’”

人生悟语

真心的付出，即使没有得到对方的回报，施助者也能体会到付出后的快乐。他们更多的是拥有一颗宽容的心和对被帮助者的尊重。

虽然有些受助者不懂得及时以感恩的心态去接受帮助，但我们应该给他们改变的时间，让他们慢慢去体会感恩，体会爱……

他救了你，你也救了他

佚名

这是秋末的一天，洁白云朵在十一月碧空的衬托下悠闲地飘来飘去。贝恩和罗伯特决定利用这个好日子去爬山。爬山是他们的共同爱好，可以帮助他们减轻工作压力，增进相互的情谊，增添生活的乐趣。

面前的这座山他们已经爬过多次。这次和从前许多次一样，他们计划用三天两夜的时间。第一天他们爬到山的3/4高度，然后他们将在那块他们熟悉的巨大的花岗岩旁边扎下帐篷。第二天他们继续爬山，大约在中午到达山顶。吃完午饭，再稍稍休息一会儿，他们将从原路返回，大约在黄昏时候到达他们扎在花岗岩旁边的营地。然后,他们在帐篷里睡一夜,第三天就可以回到山下了。

第一天,他们如期到达那块花岗岩,扎下营地之后过了一夜。第二天,他们继续爬山。这天和前一天一样,天空湛蓝至极,只有一丝北风吹过。当他们到达山顶时,风却渐渐大了起来,而且远处开始有乌云聚集。“变天了。我建议吃过饭就走,不要午睡。”贝恩说。罗伯特表示同意。

两人开始下山。很快,闪电就照亮了远处的天际,还能隐隐听到低沉的雷声。一阵阵的大风席卷着灰尘、树枝将他们围住,气温也骤然下降。两个人裹紧夹克,一直把拉链拉到下巴,顶着越来越割脸的大风往山下走。

不久,天下起了雪。仅过了两个小时,地上就铺了齐踝深的厚厚一层雪。一路上,他们需要经常停下来暂时躲避冷风和暴雪,相互搓一搓对方的肩膀,来帮助身体加快血液循环产生热量。

天气越来越恶劣,气温低得犹如冰窖,几分钟就像几个小时那样漫长而折磨人,他们轮流在越来越厚的积雪中开路。下午6点钟的时候,他们到达了营地。帐篷已经被大雪压塌了。他们都知道这种风雪的厉害,若不尽早走出暴风雪的中心,他们可能会陷在里面几天甚至数周。所以他们不能按原计划在营地过夜了,必须一刻不停地往山下赶。

他们走了没有多久,忽然见到了一个很大的凸出物。贝恩四周望了一下,刷去物体上面几英寸厚的积雪。让他吃惊的是,这是一个昏迷不醒的人。这时,贝恩和罗伯特遇到了一个新的问题。

“我们别无选择,”罗伯特说,“带上他,我们可能都得死。”

“我们不能丢下他不管。如果这样,他只有死路一条。”贝恩说。

两人争执起来。

最后,罗伯特说:“我不想陪你们一起死掉。如果你一定要带上他,我们就只好各走各的路了。”他独自一人走了。贝恩使出浑身的气力背起了那个人。贝恩虽然身材魁梧,但也只是刚好能背得动他。

天越来越黑,路越来越难行,贝恩感到自己背着的那个人越来越沉了。但是,由于背人行走,他的身体开始发暖。很快,他感觉背上的人也不再像刚开始的时候冷得像块冰,而更像一件保暖的皮袄。这时如果能停下来歇一会儿多好呀!可是,他知道,一旦他歇下来,可能就再也没有力气将那人背上后背了。“我们会成功的!”他一边坚持,一边鼓励自己。

在晨曦初现的时候,他看到前面弥漫的飞雪染上了橘红色。有灯光!他用尽气力大声呼救。是警车和救护车,他得救了!

在救护车上,他看到一个人蒙着被子躺在一张担架上,被子上有他熟悉的衣物。“是罗伯特,他好吗?”他忙问。但是,他身边的救护人员沉默不语。

“非常不幸,”过了一会儿,一个救护人员说,“天气太冷了,而他的衣服……”他看了一眼同样只穿着夹克的贝恩,然后继续说:“你是幸运的。你背着一个人产生了热量,而这个人的身体又给你保温送暖。你救了他,他也救了你。”

人生悟语

有时候,一个选择,就能决定一个人一生的命运。当别人的生命面临灾难时,你是选择视而不见还是选择施以救助?在灾难面前,人是最重要的,挽救生命是人性的根本。伸出自己的援手,以自己最大的努力去挽救别人的生命,其实,也在冥冥之中挽救了自己的生命。

情人节的木兰

王悦　编译

情人节前一天，我开车来到未婚妻佩蒂实习的城市，带着我精心准备的礼物——占满整个后座的一大束木兰花。佩蒂父母家的院子里有一棵木兰树，小时候我们经常坐在树下欣赏雍容华贵的仿佛象牙雕成的花朵和绿油油的天鹅绒般的叶子。木兰一直是佩蒂最钟爱的花，今年她在离家几百英里的医院实习，从故乡花园里摘下的木兰就显得更珍贵了。

为了给未婚妻一个惊喜，我没直接去找她，而是在医院附近的旅馆订了房间。二月天虽然不热，但剪下的木兰要在阴冷的环境下才能保持新鲜。我把房间的冷气打开，小心翼翼地将装花的纸箱搬到空调附近，又用浴巾严严实实地盖起来。一切准备就绪，我这才觉得肚子饿了——晚饭时间早过了，我还什么都没吃。锁好房门，我去市中心好好犒劳了自己一番。

等填饱肚子，回到旅店，已经是午夜了。我边开门，边想象着佩蒂明早惊喜的样子，希望这是到目前为止，我们最快乐的一个情人节。房门开了，一股热气扑面而来，空调正猛吹着暖风，我几乎晕了过去！跌跌撞撞地跑到纸箱前掀起浴巾，我看到曾经奶油色的木兰花全变成了咖啡色，翠绿欲滴的叶子这会儿像是一堆烂菠菜。粗心的我把空调的暖风开关当成冷风开关了！

第二天情人节，一夜没睡好的我开车去找佩蒂。突然，路边一座房子后面，闪出一棵高大的木兰。我灵机一动，这家主人会不会送我几枝木兰呢？“他更可能把你当抢劫犯，放狗咬你，然后送你一颗子弹。”我听见自己的理智回答，但还是忍不住停下车，向房子走去……还好，没有狗冲出来。我按门铃，一位老人慢慢打开大门。

“您好！先生，我需要您的帮助……”听完我的请求，老人憔悴的脸上露出微笑：“非常愿意为您效劳。”他爬上梯子，成枝剪下大捧大捧的木兰，慷慨地送给我。不一会儿，整个车后座都被富丽堂皇的花朵淹没了，我想自己一定是遇到了天使。临走时，我对他说：“先生，您刚刚赐予我和未婚妻一个最快乐的情人节！”“不，年轻人，您不知道这房子里发生的事。”老人轻声说。“什么？”我停下脚步。“我和老伴儿结婚67年，上周她走了。周二是追悼会，周三……”他顿了一顿，我看见眼泪从他脸上淌下来，“周三我们安葬了她，周四亲戚们都回家了，陪我过完周末，孩子们也回去工作了。”

我点点头，不知该说什么好。“我今天早上坐在厨房里，突然发觉没有人再需要我了。过去的16年，老伴儿身体弱，每天都靠我照顾。”老先生继续说，“可现在她不在了，谁还需要一个86岁的老家伙？正在这时候，您来敲门并对我说，‘先生，我需要您的帮助！’我想自己一定是遇到了天使。”

人生悟语

有时候，我们在帮助他人时，也满足了自己的愿望。其实帮助他人是一件快乐的事情，看到别人欢笑，我们心中的忧伤就会荡然无存。赠人玫瑰，手留余香，能够为他人谋幸福，我们也倍感快乐。

善待别人

凤凰

我好像并没有在什么地方得罪了邻居呀,可邻居却将一大袋垃圾放在我们两家门之间的空处,只要将门一打开,就会闻到一股臭味。一周过去了,那袋垃圾还放在门外。我终于忍无可忍了,心想,你要堆垃圾在门外,那我也堆垃圾在门外好了。

那天,终于凑满了一大袋垃圾,我提着它打开了门,然后把它放在门外邻居放垃圾的地方。突然,邻居的门打开了,我还没有站直身子,于是就又一下子把我和邻居的垃圾全提了起来,我对邻居说:“这垃圾放在门口太臭了,我把它一起拿去扔了!”邻居笑着说:“不好意思,我忘了拿去扔。谢谢你了!”

我提着垃圾下了楼,边走边想,什么“忘”了,不想提垃圾就算了吧。这人真是懒,连垃圾都懒得去扔。这次算你走运,下次,我还得扔垃圾在门外。

几天后,又凑满一大袋垃圾了,我又把它放在了邻居放垃圾的地方。这次还好,邻居还没放垃圾,也许是还没凑够一大袋垃圾吧。

那天下午,我开门的时候,发现邻居正提着两袋垃圾要下楼,再一看门外我放的垃圾,没了,是邻居提了。我大声对邻居说:“我正要提垃圾去扔,你倒先提了,谢谢你!”邻居笑着说:“没啥,没啥,上次你还帮我提垃圾去扔呢!”这回邻居可真是好心,并不是装模作样,并不是像我上次那样见人开门才提的垃圾,而是在我还没开门的时候就提了垃圾。

从此,我不再放垃圾在门外了,邻居也没再放垃圾在门外。门外干干净净了。

我庆幸那次邻居及时的开门,庆幸我提走了邻居的那袋垃圾,是我先无意地善待了他,他才善待了我。

美好的生活,是从善待别人开始的。一个人,要想别人怎样对待你,你首先就得怎样对别人。

人生悟语

生活是面镜子,当你带着笑脸去面对它的时候,你看到的也会是笑脸。人与人之间需要多一点宽容,多一点坦然,能够善待别人的人也能获得他人的真诚。生活的美好,需要彼此一起来创造,更需要从善待他人开始。

帮助别人是种快乐

佚名

有个人,本来对这世界充满了灰色的想法,大概是各方面过得并不如意吧!

由于他整个人看起来气色不大好,有朋友就建议他,不妨到医院做义工。看能否因此改变心境。

这个人起先十分排斥这样的建议，他认为，医院都是病患在走动，他又没那个空闲，要他帮助人家且都是免费的，他是有点儿不大愿意去做。后经朋友苦劝，这个人才勉强应允。做义工的前几天，这个人相当不习惯，大概须主动帮助人家，在习惯上是与平时的自己有相当大的冲突。

经过两个礼拜的付出，这个人的心情有了很大的转变，他十分高兴地告诉他的朋友说："没想到，当义工会是这么快乐，他们每个人都对我很好，好像我是一个很重要的人。而且当我帮助完一个人之后，我都会得到对方很友善的感谢，我真是收获很多。"

帮助别人就是一种快乐。那种无所求的奉献，所带给自己的欢喜，更是无以形容。为自己的遭遇而抱不平时，如能多想想那些愿意奉献自己，且服务热诚的义工，是那么热心地在帮助人，相信心中的抱怨，一定会降低很多。

他自从到了医院做了一名义工后，整个人都变了，不再像以前那样对这个世界充满了灰色的想法，而是感到由衷的快乐。在帮助完一个人之后，他都会得到对方很友善的感谢。

可见，帮助别人，就是一种快乐。

人生悟语

在生活中，有人觉得无私奉献是吃亏的表现。实则不然，别人对于你的帮助和付出不会无动于衷，往往会寻找机会对你表示感激。助人为乐是我们中华民族的传统美德，把帮助别人当作一种快乐，对别人，对自己都有很大的好处。"如果我哭泣流泪，就让眼泪为你洗去恐惧，为你做一道爱的彩虹。"汤姆·特里卡给了我们另一种人生态度，值得我们去品味。

成功只是多说一句话

佚名

大专毕业的延小晟因为一时找不到工作，只好进了一家百货公司做营业员。尽管别人都认为她做营业员太可惜，但她却很珍惜这份工作。延小晟热情周到的服务很快便得到了顾客和领导的好评。

延小晟所在的柜组前面有道不起眼的台阶。每当有顾客经过时，延小晟总是善意地提醒一句：请小心前面的台阶。

同事都笑她多此一举，延小晟也从不为此争辩，总是一笑置之。

一天，公司总经理巡视时正巧经过那道台阶，延小晟还是像以前一样习惯性地提醒：请小心前面的台阶。总经理一愣，但很快便明白了是怎么回事，他没有说什么，只是看着延小晟，脸上流露出一种赞赏的笑容。很快延小晟便被提升为柜组组长，一年后，她当上了这家百货公司的副总经理。

一个人的成功，有时只是比别人多说一句话而已。

人生悟语

热情友善不仅是一种良好的品德，还是一种积极向上的人生态度。记住：勿以恶小而为之，勿以善小而不为。

雷锋助她进哈佛

佚名

李星华接到了女儿简安娜从美国打来的越洋电话，说她要学习雷锋，叫她带一些关于雷锋的资料给她。

李星华很奇怪，雷锋和美国经济挂钩的社会是截然相反的，学雷锋岂不影响女儿进哈佛吗？

等李星华飞到美国后，她才恍然大悟。原来女儿简安娜就要高中毕业了，学习成绩虽名列前茅，但学校批评她除此以外，运动、对人的亲和力、爱心、领导能力等简直是一片空白。这种表现，不要说哈佛，连普通的大学都很难进。这下简安娜急了，只得进行恶补。她参加了班级的网球队，还组织了乒乓球小组，自任教练。但如何来体现对人的亲和力与爱心呢？她想起小时候在国内参加的“学雷锋”活动，这才让自己的妈妈给她从国内带些关于雷锋事迹和精神的资料。

简安娜是个很有主意女孩，譬如那首我们大家都会唱几句的《学习雷锋好榜样》的歌曲，第二句就被她改成“热爱邻居与朋友”。简安娜又写了不少启事，请她的同学们来参加“学雷锋”小组。

李星华对女儿的行为总是不放心，女儿一回来，就盯住她问“学雷锋”活动开展得怎么样了？并强调，首先一定要获得领导的批准和支持；第二步才是发动群众，制造声势。“获得领导批准？”简安娜听了，很奇怪地看着妈妈问道：“我的行为为什么要得到领导的批准？这是我自己的事情，我自己负责。”

还跟简安娜讲了个笑话：校长看见布告后问她：“简安娜，雷锋是谁啊？是不是孔夫子的一个门生？”简安娜告诉校长说：“雷锋是中国的一名普通士兵。”校长点点头说：“对，士兵就是勇于牺牲自己来拯救别人的。”

简安娜的“学雷锋小组”星期六上午在一家大型超市门口有一场募捐活动。

李星华便悄悄跟踪简安娜他们到了超市。在超市门口的停车场上，他们已摆开了阵势，简安娜把指挥棒舞得上下翻飞，指挥乐队奏出一首首欢快的乐曲，其中就包括《学习雷锋好榜样》。其他人抱着募捐箱分发着传单。来往的人也不当一回事，因为这种活动太多了。他们有的看传单，有的理也不理。李星华走到募捐箱也捐了20元。她听见简安娜大声疾呼：“这个组织虽小，但要到最需要的地方去，帮助一切急需帮助的人。”听的人虽不多，但简安娜仍滔滔不绝地说个没完，李星华没待多久就悄悄坐上了回家的出租车。

她不愿让女儿知道她看见了这冷落的场面。

晚上女儿回来了，疲惫不堪，喉咙也哑了，但她还是兴高采烈地向宣布：募捐募得二百多元，她们用一半钱买了鲜花、糖果去老年公寓和弱智儿童收容所慰问，还为他们表演了歌舞，受到大家热烈的欢迎。这第一炮算是打响了。

“就是，就是！”李星华赶快表示支持。

她问女儿以后准备怎样进行下去，并警告简安娜账目一定要搞清楚。简安娜表示她一分钱也不保管，开箱时间由全组清点签名并存入银行，开支必须经全组同意。

好的开始是成功的一半。简安娜说：“我信心十足，也很愉快。”

李星华这才发现女儿的确是很忙，自己的功课要做好，还要打球，搞各种活动，往往到深夜才休息，第二天又一早出去了。一个月后，简安娜喜滋滋地拿回一张报纸给她看，那是本地区出的一张小报，上面登有一则消息：某中学的“学雷锋”小组在老年公寓慰问一个濒危的老妇人。九十多岁的她已失掉记忆，朋友、亲戚、子女都不来看她，但这些小天使却来给她读《圣经》，唱赞美歌曲还喂她吃蛋糕，那老妇人感激得泪流满面说，她将快乐地离开人间。文章写得很动人，上面还附有一张照片，是她们全组照片，简安娜站在中间笑容满面地在招手。

“这篇文章写得不错，很感动人。”李星华评论说，“是记者写的吗？”

“不，是我。”简安娜笑着回答。

“是你？”李星华有些担心，“你不怕别人说你作秀吗？”

“不怕。”简安娜问答，“这都是事实，是我努力创造的事实，我怕什么？”

李星华怔怔地看着女儿，觉得她确实变了，再不是小心听话、谦虚谨慎的小学生了。

李星华的签证时间到了，她很放心地回了国。半年后，简安娜打来电话说，哈佛大学已录取了她，同时也得到了奖学金。并一再感谢帮了她大忙的雷锋。

人生悟语

乐于助人是一种真诚的行为，无论在什么时代、什么时候、什么地方，都需要我们伸出援助之手，传递真挚的感情和真情的投入。

你快乐，所以我快乐

佚名

小王住在城市的远郊，这里环境好，空气好，清早起来常有好多鸟悦耳的鸣叫声，不远处就是郁郁葱葱的山林。

记得那已是秋天了，一天早晨，房外边一阵奇异的喧哗声把他吵醒了，跑到外面才知道：原来有一头小鹿误入了小区。

这是一头漂亮的小鹿，它有一身淡黄色的小绒毛，上面散落着一些漂亮的梅花：它四肢修长，体格并不健壮，却也不失矫健。邻居们的孩子们见到这个小东西格外的兴奋，把它团团围住了，他们手中都拿着一根木棍。我也随手捡了一块石头，加入了围捕的行列。

呐喊声越来越大，包围圈越缩越小，小鹿正在艰难地左冲右突，它显然已经是走投无路了。在绝望中它急忙地转了一个圈，环视四周，此时小王突然与它的双眼对视了：那是一双充满悲哀与凄凉的眼睛，闪动着泪光，生动而真实。他的心灵被震撼了，那双眼睛里有着与人类相通的地方。小王觉得它不应该成为人们餐桌上的美味，而应该在大森林里自由自在地生活。

小鹿大概看出了小王的犹豫，它朝着他这边奋力一跳，姿势是那么优美，距离短到以至于伸手就可以把它抓住。在人们的呼声中，小鹿跳出了包围圈。到手的猎物跑了，小王成了邻居们埋怨的对象。但是在小鹿逃走的一刹那，小王的心里格外的轻松和快乐。

人生悟语

快乐有时候并不是因为自己得到了什么，恰恰是因为自己的一次放手让别人得以生存、得以平安，因别人的快乐而快乐常常大于自己本身的快乐。送人玫瑰，手留余香，虽然失去了美丽的玫瑰，得到的却是来自心田的芬芳和甜蜜。

心理医生与喜剧演员

佚名

科弗洛是一位著名的心理医生，他每天要接待许多病人，并且要很有耐心地倾听病人述说心中的忧郁和焦虑。他每天所接触的都是一张张的愁眉苦脸，所以他被那些不快乐的情绪感染得也很不快乐，日子一久，他觉得心中的压力非常大。为了平衡自己的情绪、缓解压力，他时常去看歌剧，而且专门挑喜剧节目，这样好让自己开怀大笑一番缓解心理压力。

有一天，科弗洛的病人又是一个接一个，他正低头在一位病人的病历卡上记录诊断结果，却听到一个很熟悉的声音说："医生，我很不快乐，生活中没有能够让我开心的事情，活着实在是没有什么意义，我真想死。"

科弗洛抬头一看，看到一张熟悉的面孔，他居然是那个经常让自己捧腹大笑的喜剧演员。

这样的巧遇，让弗洛姆不禁哑然失笑。他低头想了一下说："你看我的建议怎么样？我们交换角色，你当一天心理医生，我当一天喜剧演员怎么样？"

喜剧演员原本以为科弗洛在开玩笑，但是看他一脸认真的表情，又不像是开玩笑，于是考虑片刻，接受了这个建议。

喜剧演员扮演了一天"代理医师"，除了药方由在幕后的科弗洛开列之外，他有模有样地询问病人的病情，并且努力开导病人要寻找一个正确的人生方向。

科弗洛在喜剧演员的教导之下，也在剧院表演了一幕喜剧。他忘却了自己的医师身份，在舞台上装疯卖傻，惹得观众捧腹大笑。科弗洛站在舞台之上，看到台下有这么多的笑脸，他的心情也好极了。

"医师，我找到了平衡点，现在我知道了，其实我的工作非常有意义，我的每一个喜剧动作所引起的每个笑容都是我的成就。我想明白了，不死了，因为我的存在可以帮助那么多不快乐的人，让他们获得生活上的些许平衡。"喜剧演员容光焕发地说。

科弗洛微笑着点了点头说："是啊！我也要谢谢你让我有机会知道，我也有能力制造许多的笑脸。"

从此以后，当病人坐在候诊室等候看病时，都能听到从科弗洛的诊疗室中所传出来的幽默话语和病人的哈哈大笑声。

人生悟语

你的快乐你做主，当你用快乐的心情去对待身边的人，去生活、去工作，相信快乐是会彼此传染的。每个人都会被快乐所感染，你也会因此成为一个快乐的人。

忘记自己做过的好事

佚名

曾经有一个年轻人，在一次火灾中，奋不顾身地救起一个小女孩。这件事情轰动了全国。不但小女孩的家人多次表示感谢，就连政府部门也给予他表彰。这位年轻人起初觉得非常过意不去，他说救人是他的责任，换了任何一个善良的人都会做的。可是人们却因此更加敬佩他了。

久而久之，这个年轻人觉得自己真的是个英雄了。他走到哪儿都有人毕恭毕敬地给他鞠躬，然后称呼他一句：我们的英雄。一位他心仪已久，但一直拒他于千里之外的女孩，在这个时候也答应了他的求婚。他学习成绩很不好，但却顺利地从大学毕业了，还找到了一份好工作。“这真是个懂得感恩的社会。”他说。他觉得现在真是幸福极了。

就这样，这个年轻人连续几年都享受着这样的荣耀，直到他终于不再年轻。他所做过的好事随着时间的流逝渐渐地被人淡忘。在他40岁的时候，他失业了。他从没想过自己会失业。失去理智的他愤怒地朝着经理吼道：“你怎么能这样对待一位英雄呢？”

这位经理只有二十来岁，当然不会知道当年他在火灾中救人的英雄事迹。他轻蔑地说：“英雄？你这样的人也能成为英雄？趁早回家去，别在这儿丢人现眼了！”

听了这句话，羞愤交加的他冲上前去，一把将这位自鸣得意的经理给掐死了。

后来在监狱中，他怎么也不明白，曾经乐观向上，满怀着美好愿望的他怎么会沦落为一个杀人犯？

同样有一个善良的年轻人，从他懂事的那天起，他就以帮助别人为自己的责任。他做过的好事、帮助过的人数也数不清。他曾经两次在海边救起溺水的儿童，他还曾为一位白血病患者捐献了骨髓。人们像感谢上一个年轻人一样感谢他，他却说：“帮助别人能给我带来快乐，因此没有什么好感谢的。”他拒绝了多项荣誉奖章，总是躲着记者采访。久而久之，人们渐渐遗忘了他。

这正是他想要的结果，他觉得自己可以不为名利所累，自由自在地做着自己想做的事情。毕业之后，他成为一名义工，真正地以助人为快乐之本。他从来不以英雄自称。他待人总是很亲切，和周围的人们像家人一样亲密无间。

在他70多岁快死的时候，有人问他：“你真的不希望那些你帮助过的人感谢你吗？”

他摇摇头，说：“每个人都希望自己帮助过的人能对自己感恩，我也不例外。但是我永远记得一句话，那就是忘记自己曾做过的好事。而人家对你曾有的帮助，你则要永远地记住！”

在人们为他竖立的墓碑上，鲜明地刻着一行字：一个真正的英雄。

人生悟语

从小时候起，我们学习做好事，帮助需要帮助的人，得到了长辈和老师的夸奖后，就更加努力地去学做好事了。慢慢地，即便不再有赞扬的奖励，我们依然会坚持去帮助别人。因为，那已经成了我们生命中的一种习惯。

自私的代价

佚名

在经过一轮接一轮的重重筛选后，我们5个来自不同地方的应聘者终于从数百名竞争对手中脱颖而出，成为进入最后一轮面试的佼佼者。

我们这5个人，可以说都是各条道路上的“英雄好汉”，彼此各有所长、势均力敌，谁都可以胜任所要应聘的职务。距面试开始时间还早，为了打破沉寂的僵局，我们还是勉强地聚在一块儿闲聊了起来。

忽然,有一个青年男子急急忙忙地赶来了。他似乎感到有些尴尬,然后就主动迎上前开口自我介绍说,他也是前来参加面试的,只是由于太过于粗心,忘记带钢笔了,问我们几个是否有带的,想借来填写“个人简历”表。我们面面相觑。我想,本来竞争就够激烈的了,半路还杀出一个“程咬金”,岂不是会使竞争更加激烈吗?要是咱们不借笔给他,那不就减少了一个竞争对手,从而加大了成功的可能?我们几个有心灵感应似的你看着我我看着你,终于没有人出声,尽管我们身上都带有钢笔。

这时,我们5人当中有一个沉默寡言的“眼镜”走了过来,双手递过一支钢笔给他,并礼貌地说:“对不起,刚才我的笔没墨水了。我掺了点自来水,还勉强可以写,不过字迹可能会淡一些。”

他接过笔,深情地握着“眼镜”的手,弄得“眼镜”感到莫名其妙。我们4个则轮番用各自的白眼瞟了瞟“眼镜”,不同的眼神传递着相同的意思——埋怨、责怪,甚至愤怒。因为他又给我们增加了竞争对手。

一转眼,规定的面试时间已经过去10分钟了,面试室却仍旧不见丝毫动静。我们终于有些按捺不住了,找到有关负责人询问情况。谁料里面走出来的却是那个似曾相识的面孔:“结果已经见分晓,这位先生被聘用了。”他搭着“眼镜”的肩膀微笑着向我们做了一个鬼脸。

此时我们这才如梦初醒,可是已经太迟了。自私的我们只因为眼前的蝇头小利,丢掉了已经到嘴边的肥肉。“眼镜”却得益于他的无私,成了这次应聘中唯一的幸运儿。这次面试必将作为我们人生永恒的一课,影响着今后的生活。

人生悟语

也许只是一个微笑、一次相扶,稍做些举动,就会为自己赢得一方晴空,自私害人害己。如果我们也不喜欢自私的人,那么就从自己做起,从现在做起,做一个能为别人着想的人。帮别人搬走挡在路上的绊脚石,也是在为自己开路,帮助别人就是帮助自己。

一个鱼缸

马世国

最近公司搬家,因为东西太多,就请了搬家公司帮忙。搬家公司将人分成几组,分部位搬运东西。为了安全起见,公司在每个组都安排了员工看管。我负责跟着的一组有个小伙子,看上去很老实很腼腆。在搬运的间隙,我跟他闲聊了几句,知道他家是外地农村的,因为生活困难,今年高中一毕业,就来城里打工了。

对搬家公司而言,搬运过程中确保客户财产的安全是一件天大的事。但是天不遂人愿,这个小伙子在搬运一个鱼缸时可能是手里滑了一下,鱼缸掉在地上摔了个粉碎。那一刻,我看到小伙子一下子愣在那里,涨红了脸,额头冒出好大的汗珠。他紧张的样子,让我于心不忍,于是我走过去对他说:“没什么,这个鱼缸是我个人的,正好我也不想要了。你放心,我不会和你们公司说的。”说完我找了一瓶矿泉水塞到他手上。小伙子感激地看着我,张了张嘴,最终什么也没说,只是憨厚地笑了笑。

很快,公司的东西全部装上了车,我又跟着车队把东西运到了公司新址。全部东西搬运完之后，那个小伙子临走时，和我说想要一张有我姓名的公司名片。我爽快地给了他。

搬家后，公司很快恢复了以前的忙碌。

一天，同事说有人给我送来了一个包裹，我打开一看，是一个鱼缸，还有一封信，上面写着：

“冯先生，不好意思，上次我不小心摔坏你们一个鱼缸，这个新鱼缸算我向你道歉，希望你能接受我迟到的歉意。我很感激你当时没有责备我，还安慰我……本来进城打工，我的心情挺灰暗的，是你还有像你一样的好人，让我感受到了生活中的阳光和亮色……”

人生悟语

如果帮助别人能给人带来快乐，我们不妨多给予别人一些帮助；如果宽容理解别人能给人带来温暖，我们不妨做一个无私的太阳，给予别人更多的阳光——温暖了别人，也温暖了自己。

请帮助另外10个人吧

金铃子

这是发生在德国的一个真实感人的故事。2003年母亲节，节日的温馨气氛再次燃起了伊特洛孤儿院孤儿德比对母亲的思念。电视上一个6岁的小男孩在帮父母修剪草坪，看到这里，德比对修女说：“我也想帮父母干活！你知道他们在哪里吗？”修女沉默了。德比伤心地跑到街上，街上有那么多母亲，却没有一个母亲是他的。

几个月后，9岁的德比到附近一所小学读书。一次课上，老师给学生讲了一个故事：“古时有个皇帝，爱上了围棋，决定嘉奖围棋的发明者。结果发明者的愿望是让皇帝赏他几粒米，在棋盘上的第一格放上一粒米，在第二格上放上两粒米，在第三格上加倍至四粒……依此类推，直到放满棋盘，结果最后是1800万亿粒米，总数相当于全世界米粒总数的10倍。”

这个故事让德比的眼睛顿时亮了。他想如果他帮助一个人，然后请他帮助另外10个人，以这样递加爱心，也许终有一天受帮助的那一个人就是自己的妈妈。这个念头令德比无比兴奋，此后他每帮别人做一件好事，别人感谢他时，他总说：“请帮助另外10个人吧，那就对我最大的感谢。”

那些受到德比帮助的人对这个孩子充满感激，更对德比这种特殊的传递爱心的方式感到震撼。他们像实现自己的诺言似的，帮助另外10个人。一个动人的无形之网就这样在该市市民中悄悄地展开了。

德比想不到，自己竟然帮助了德国著名的节目主持人瑞克，并成了德国的名人。瑞克是德国电视台的资深脱口秀主持人。也许是因为激烈的竞争和工作的压力，2003年他患上了忧郁症，他向电视台请了长假。不久，瑞克旅游到了德比所在的城市。傍晚时分，他独自沿着河边散步。突然他的心脏病发作昏倒在地。多亏在河边钓鱼的德比及时把瑞克送到诊所急救。瑞克苏醒了，他万分感激地说：“孩子，我该感谢你，如果你需要钱，我可以给你很多钱。”德比摇摇头说：“如果你能帮助10个需要帮助的人，就是对我最大的感谢！”瑞克不解地问：“可是你真的什么都不要吗？”德比笑着摇头拒绝了。

瑞克此后认真履行诺言，帮助了10个人。每次帮助别人，他觉得心里非常快乐，尤其是当别人对他真诚地说一声“谢谢”时，他觉得自己的生命特别有价值。他结束了本来还有大半年的假期，提前回到了工作岗位。所有的同事都惊讶地发现瑞克变了，他变得乐观豁达，乐于助人了。2003年11

月1日,瑞克对观众讲述了10件好事的魔力。最后他哽咽道:"请你也去帮助10个人,你的生命将会产生一种奇妙的感觉。"

通过电波,人们被这个故事深深触动。2004年1月,德比被请到了演播室。有观众问他:"你为什么会有这种想法呢?"德比道出了自己的想法,很多现场观众都热泪盈眶。整个德国掀起了一股"做10件好事"的热潮,昔日冷漠的人们都盼望着自己所帮助的那个人正是德比的母亲。电视台加紧了对德比母亲的寻找,然而德比的母亲却迟迟没有出现。

2004年2月,一件不幸的事发生在这个少年身上。德比在回学校的路上,被一群小流氓围住。因为他们在德比身上没有找到钱,便恼羞成怒地用匕首将德比刺伤。在医院里,昏迷中的德比一直在喃喃呼唤:"妈妈,妈妈……"电视台24小时转播德比的病情,所有关心德比的人都在祈祷他能苏醒,德国的几十个大学生来到亚历山大广场,手挽手连成一颗心形。

大声呼唤:"妈妈,妈妈!"呼唤声感动了路人,后来感动了更多的路人加入那颗心形。更为动人的是,自德比被刺伤后两小时内电视台接到几百个女人的电话,纷纷表示她们愿意当德比的妈妈。可是德比只能有一位妈妈,最后电视台同意让朱迪做德比的妈妈,因为她就住在德比所在的城市市,而且口音和德比相同,会更有亲切感。

2004年2月17日早晨,昏迷多时的德比睁开眼睛,朱迪捧着一束美丽的百合花出现在德比的床边,握着他的小手说:"亲爱的德比,我就是你的妈妈!"德比的眼睛突然亮了,他惊讶地说:"你真的是我的妈妈吗?"朱迪含着泪用力地点点头,所有在场的人也都朝德比微笑着点头。两行热泪从德比的眼睛里流落:"妈妈,我找了你好久啊!请你再也不要离开我,好吗?"

朱迪点点头,哽咽道:"放心吧,妈妈再也不会离开你了!"德比苍白的小脸露出了笑容,他还想说更多的话,可是已经没有力气。2004年2月18日凌晨2点,德比闭上了眼睛,永远离开了人间,他那只握着母亲的手一直没有松开。

人生悟语

一个人的力量是有限的,让我们怀着一颗感恩的心,延续这份爱吧;让我们每个人都伸出你的手,来为大家多做些事吧。只要人人都献出一点爱,世界会变成美好的人间,只要人人都付出一份力,便可战胜一切困难!

让阳光拐个弯

熊夏明

几年前,我生了一场大病,在医院里住了3个多月。病房里有4张病床,我和一个小男孩占据了靠窗的两张床;另外两张床,有一张属于一个姑娘。

姑娘脸色苍白,很少说话,长时间地闭着眼睛——只是闭着眼睛,不可能是睡着。她的身体越来越差,刚来的时候还能扶着墙壁走几步,后来只能躺在床上。

我只知道:那姑娘是外省人,父母离异了,她随母亲来到这个城市,想不到一场突然的变故使母亲永远离开了她;她在这个城市没有一个亲人,也没有一个朋友。她正用母亲留下的不多的积蓄,延续着年轻却垂暮的生命。是的,她只是无奈地延续生命。

一次,我去医护办公室,听到护士们谈论她的病情。护士长说,肯定治不好了。

小男孩也生着病，但非常活泼好动，常常缠着我，要我给他讲故事，声音喊得很大。每当这时，我总是偷偷瞅那姑娘一眼，总是发现她眉头紧锁。显然，她不喜欢病房里闹出任何声音。

小男孩的父母天天来，给儿子带好吃的，带图书和变形金刚。小男孩大大方方地把这些东西分给我们，并不识时务地分给姑娘一份。如果姑娘闭着眼睛假装睡着，他就把东西堆放在她的床头，然后冲我们做鬼脸。

一次，我去医院外面买报纸，看见小男孩的父亲抱着头蹲在路边哭，一连问了好几遍，他才说儿子患上了绝症，大夫说他儿子活不过这个冬天。

一个病房里摆着 4 张床，躺着 4 个病人，却有两个病人即将死去，并且都是一样的年轻。我心情十分压抑。

一切都是从那个下午开始改变的。

小男孩又一次抱着一堆东西送到姑娘的床头。姑娘的心情好一些了，正在听收音机里的音乐节目。她对小男孩说“谢谢”，还对小男孩笑了笑。小男孩得意忘形，赖在姑娘的床前不肯走。

小男孩说：“姐姐，你笑起来很好看。”姑娘没有说话，再次冲小男孩笑了笑。

小男孩说：“姐姐，等我长大了，你给我当媳妇吧？”病房里的人都笑了，包括那姑娘。看得出来，那是很开心的笑。

姑娘说：“好啊！”她还伸出手摸了摸小男孩的头。

小男孩问：“你的脸为什么那么苍白？”

姑娘说：“因为没有阳光。”

小男孩想了想，很认真地说：“我们把床调换一下吧，这样你就能晒到太阳了。”

姑娘说：“这可不行，你也得晒太阳。”

小男孩想了想，拍拍脑袋认真地说：“有了！我让阳光拐个弯吧！”所有的人都认为小男孩在开他那个年龄所特有的不负责任的玩笑，包括我。我想，也应该包括那姑娘。可是，小男孩真的让阳光拐了个弯。

小男孩找来一面镜子，放到窗台上，不断地调整角度，试图让阳光反射到姑娘的病床上，不过没有成功。我认为他要放弃的时候，他又找出一面镜子接着试。午后的阳光经过两面镜子的反射，终于照到姑娘的脸上。我看到，姑娘的脸庞在那一刻如花般绽放。

整整一下午，姑娘在静静享受那缕阳光，虽然还是闭着眼睛，却不断有泪水从眼角淌出，她试图擦去，却总也擦不干。

从那以后，小男孩起床后第一件事，就是仔仔细细地擦拭那两面镜子，然后调整角度，将清晨第一缕阳光洒在姑娘的病床上；而此时，姑娘早就在等待阳光了，她浅笑着，有时将阳光捧在手上，有时把阳光涂在额头。她给小男孩讲玫瑰和蜗牛的故事，给他折小青蛙和千纸鹤。慢慢地，姑娘的脸不再苍白了，有了阳光的颜色。

有时，小男孩会跟姑娘调皮，故意把阳光反射在墙上，照在姑娘抓不到的高度。姑娘会撑起身体，努力把手向上伸，靠近那缕阳光。小男孩总是在姑娘想放弃的时候把阳光移下来，移到她的手上或身上。那段时间，病房里总是响起他们的笑声。

我还记得医生惊愕的表情。每天，医生为他们检查完身体都会惊喜地说：又好些了！是的，小男孩与姑娘的身体都在康复。这是奇迹！

我出院的时候，姑娘已经可以下地行走了，她和小男孩手牵手一起送我。两人的脸庞沐浴在金色的阳光下，那是两张快乐并健康的脸。

几年后，我见过那姑娘，当然她没有给那个男孩当媳妇。她说，她每天都在感谢那个善意的玩笑。说这些的时候，她刚出嫁，浑身散发着新娘独有的幸福芳香。她说，是那个小男孩和那缕阳光救活了她，那段日子，每天睡觉前，她都要想，明天一定早早醒来，迎接小男孩送给她的清晨的第一缕阳光。她说，她不想让天真、善良的小男孩在某一天突然见不到她。她说，那段日子一直有一缕阳光照在她心里，给她温暖和希望。她还说，她不敢死去。

我也见过那男孩。他长大了，嘴边长出了褐色的细小绒毛，有了男子汉的模样。那天，我坐在他家的沙发上，问他，那时你知道自己已经被判死刑了吗？他说，知道，只是还小，对死的概念有些模糊，却仍然害怕得很。他说，好在有那个姐姐，那段日子，每天睡觉前，他都要想，明天一定早早起床，让清晨的阳光拐个弯，照在姐姐的脸上，因为她要当我媳妇呢！说到这里，男孩笑了，露出纯洁、羞涩的表情。

不过是一缕阳光，却让奇迹发生了。我想，每个人的心里都有这样一缕阳光，你给予别人的越多，剩下的就越多。

人生悟语

给予越多，你就会拥有越多。把我们心底的阳光和别人一起分享分享，得到的是两个人的快乐和温暖。让我们彼此学会珍视给予，习惯给予，因为给予是生命的延续。

第十五章　人生需要合作与分享

别动我的职责

王悦　编译

因为做论文要收集一套临床数据，有段时间，我经常进出印第安纳医学院附属儿童医院，与那里的医生、实习生接触频繁。在美国，医学院的毕业生要先做四到七年的临床实习后才能正式行医。实习期间，他们既是医生又是学生，两三人一组，由一名正式医生监督指导。负责接待我的马罗尔医生手下有两个实习医生，一男一女。

接触多了，我发现这两个人的工作态度有天壤之别。男实习生纳特总是神采奕奕、白大褂一尘不染。女实习生埃米则总是马不停蹄地从一个病房赶到另一个病房，白大褂上经常沾着药水、小病号洒的果汁和菜汤。

纳特严格遵守印第安纳州的医生法定工作时间，一分钟也不肯超时，除开夜班，他从不会在上午 8 点前出现，下午 5 点之后也是踪影全无。埃米每天清晨就走进病房，有时按时回家，有时却一直待到深夜。

虽然每次见面，纳特总是气定神闲，平易近人，但我觉得他对医生的责任划分得过于泾渭分明了。我不止一次听他说："请你去找护士，这不是医生的职责。"埃米正相反，她身兼数职：为小病号量体重——护士的活儿；给小病人喂饭——护士助理的活儿；帮家长定食谱——营养师的活儿；推病人去拍 X 光片——输送助理的活儿。真是一位热心勤奋的好姑娘。

医学院每年期末都要评选五名最佳实习医生。我想今年埃米一定榜上有名，医生如果都像她那样忘我投入就好了！评选结果却令我大吃一惊，埃米名落孙山，纳特却出现在光荣榜上。美国不是最讲究按劳付酬、多劳多得吗？每周工作超过 80 小时的埃米，竟然排在上班不到 60 小时的纳特后面！这怎么可能呢？

直到我毕业论文答辩那天，这个谜才被解开。因为马罗尔医生提供了论文中的部分数据，那天也出席了答辩会。散会后，我把马罗尔医生拉到一边，悄悄问他是否还记得最佳实习医生评选的事。

"当然记得，我是评委之一。"马罗尔医生说。

"我知道这样问很唐突，有侵犯他人隐私的嫌疑。但我实在想不通，为什么埃米没当选？她是所有实习医生中最负责的人。"我忍不住问。

接下来，马罗尔医生的回答令我终生难忘，也彻底改变了我对"职责"一词的理解。

埃米落选的原因正是她"负责过头了"。她把病人当成了自己一个人的职责，事无巨细统统包揽。但世界上没有超人，缺乏休息使她疲惫不堪，情绪波动，工作时容易出错。纳特则看到了职责的界限。他知道医生只是治疗的一个环节，是救死扶伤团队中的一员。病人必须在医生、护士、营养师、药剂师等等众多医务工作者的共同参与下，才能更快康复。他严格遵守游戏规则，不越雷池半步，把时间花在医生的职责界限内。因此，纳特能精力充沛，注意力高度集中，几乎杜绝任何错误。

马罗尔医生最后说："埃米精神可嘉，但她的做法在实践上行不通。医学院教了她四年儿科，并不是为了让她来当护士或者营养师的。我们希望她能学会真正的负责，这样才能真正不辜负自己的专业知识，有利于病人。"

我恍然大悟，现代社会任何一个团队成员的职责，都是有明确界限的。虽然热情和积极是好事，但"负责过头"并不科学。因为，团队的智慧和力量，永远大于个人的智慧和力量。只有学会分工协作，明确责任权限，才能更好地高效工作。

人生悟语

真正的智者懂得，合作是一项共同完成的活动，而不是一场自唱自演的独角戏。明确自己的分工并在职责范围内努力把它做到最好的人，就能得到别人的肯定与认可。跨越了职责的界限，也就脱离了成功的轨道。

合作者的拥抱

罗西

不久前在横渡大西洋的比赛中，一名叫孙海滨的中国大学生与丹麦人黄思远的二人组合，荣获第八名。漫长而艰难的57天海上漂泊，一叶孤舟里，他们真正是同舟共济，患难与共，轮流划桨，每两个钟头换一班。平常即使大小便都逃不过对方眼睛，因为空间很小。风浪很高，出发后，他们再也没见过其他竞争船只，面前只有一个合作者，一个有着不同肤色、文化背景迥异的合作者。

第52天时，他们才第一次看到除同伴之外的第三个人，那是一艘组委会派的"保障船"。它的使命是给另一只比赛船送食品去，"顺便看了我们一眼"，这是孙海滨的原话。在"五环夜话"节目中，他说当时他与黄思远都兴奋地欢呼，两人都热泪盈眶。

这就是人类的孤独感，很多时候，陪在自己身边一辈子的亲密的人，其作用远不及一个陌生"第三者"五秒钟的微笑，这令我困惑。据说，这次国际比赛，是从非洲大陆出发，终点为南美洲的巴巴多斯。其中至少有三条船中途放弃比赛，原因不是生病、缺乏食品，更不是碰到自然灾难，而是两个同伴合不来，吵架，成为冤家，最后只好通过卫星电话叫组委员派"保障船"把他们一个一个地接走，而不是一次性都带走，他们宁愿一个人漂在寂寞无边的大洋中等待两天，也不愿双双进入安全的船舱一起上岸。

在孙海滨与黄思远看来，他们这次成功的横渡，最骄傲的不是即使屁股被海水浸泡溃烂了仍能咬紧牙关渡过难关，而是两人的精诚合作。57个日日夜夜的相处，没有结怨成仇，这是最大的胜利，是对人性弱点发出的最正面的挑战，他们为此感到庆幸。同一只小船，同一个方向，同样开阔如海洋的心胸，让他们明白合作的意义，当他们摇摇晃晃地登岸的时候，拥抱欢呼便是对他们最好的肯定与褒奖，也是最温暖最美丽的世界通行的身体语言。

人生悟语

一滴水只有融入大海中才永不会干涸；一堆沙子，只有与泥土混凝在一起，才能成为建筑的有用材料。面对困难，单靠个人的力量行事有时反而促使事情向相反方向发展，而善于借助他人力量的人，才能为自己搭建了一座通向成功的桥梁。

他的军装是怎么回事

王悦　编译

预备役军官培训班，是美国培养军官的一个场所。1989年，我作为一名预备役军官学员被弗吉尼亚理工大学录取。

正式开学之前，新学员先要接受一个夏天的军训，教官对我们的要求很严格。这个夏天是对人心理和体能的双重考验，有很多人在军训结束前就知难而退了。幸好我哥哥是弗吉尼亚理工大学军官培训班的毕业生，他向我传授了好些窍门儿，让我多多少少有了点儿准备，军训的时候表现得比其他同学好一些。

“换装”是一个常见的训练项目，我们要在两分钟内跑步回宿舍，脱下普通制服，换上正式军装，再跑回大厅集合接受检查。制服上连一根线头、一点污渍都不能有，铜纽扣和腰带必须闪闪发亮，鞋子必须光可鉴人。

开头几次，没有人能在两分钟内穿戴整齐，大家不是被罚扫厕所，就是被罚做俯卧撑。不过我私下按哥哥教的窍门儿练习，换装的速度越来越快。终于，在一次训练的时候，我在规定时间内完成任务，笔直地站在了大厅里。

负责考核我们的欧布赖恩中尉向我投来赞许的目光。就在这时，我的室友吉米衣冠不整地跑进大厅。中尉顿时皱起眉头：“他的军装怎么这么糟糕？”吉米的样子真让人不敢恭维，上衣扣子没扣，腰带不知道哪去了，皮鞋像拖鞋一样被踩在脚下。“他的军装是怎么回事？”中尉又说了一遍，我这才意识到他是在问我。

“不知道。”我莫名其妙地回答，心想吉米没穿好军装是他的问题，跟我有什么关系啊？欧布赖恩中尉显然看透了我的心思，训斥道：“明知同伴没法完成任务，你怎么能自顾自跑出来呢？没错儿，换装这个项目，你过关了。但团队职责这项，你却不及格。”我从来没见过中尉如此生气的样子，心里既不服气，又有些不知所措。

中尉把脸转向全体预备役军官，大声说：“你们要记住，军官培训班的目的不是教你们如何换装，只要反复训练，任何人都能在两分钟内换好军装。军官培训班的目的是培养军官，培养领导者。如果你们希望成为一个团队的领导者，就必须先成为这个团队的一员。只顾自己成功，缺乏职责感的人，永远也不会是个成功的领导者。”

我想我一辈子也不会忘记欧布赖恩中尉的话了，从那天起我才开始明白领导者的真正含义。每当看到同伴有困难的时候，我就会听到中尉的声音：“他的军装是怎么回事？”

人生悟语

一朵鲜花即使再娇艳美丽，也只有和百花一起才能装扮出春天的妩媚；一颗星星即使再耀眼夺目，也只有和群星一起才能闪烁出夜空的璀璨。一个人的力量是单薄的，只有把个人放在集体中才更能体现出自己的能力和价值。

分享快乐与痛苦

佚名

一个故事,说一位犹太教的长老,酷爱打高尔夫球。

在一个安息日,他觉得手痒,很想去挥杆,但犹太教规定,信徒在安息日必须休息,什么事都不能做。这位长老却终于忍不住,决定偷偷去高尔夫球场,想着打9个洞就好了。

由于安息日犹太教徒都不会出门,球场上一个人也没有,因此长老觉得不会有人知道他违反规定。

然而,当长老在打第2洞时,却被天使发现了,天使生气地到上帝面前告状,说某某长老不守教义,居然在安息日出门打高尔夫球。

上帝听了,就跟天使说,会好好惩罚这个长老。

第3个洞,长老打出了超完美的成绩,几乎都是一杆进洞。

长老兴奋莫名,到打第7个洞时,天使又跑去找上帝:上帝呀,你不是要惩罚长老吗?为何还不见有惩罚?

上帝说:我已经在惩罚他了。

直到打完第9个洞,长老都是一杆进洞。

因为打得太神乎其技了,于是长老决定再打9个洞。

天使又去找上帝了:到底惩罚在哪里?

上帝只是笑而不答。

他打完18洞,成绩比世界级的高尔夫球手都优秀,这可把长老乐坏了。

天使很生气地问上帝:这就是你对长老的惩罚吗?

上帝说:正是,你想想,他有这么惊人的成绩,以及兴奋的心情,却不能跟任何人说,这不是最好的惩罚吗?

生活需要伴侣,快乐和痛苦都要有人分享。

没有人分享的人生,无论面对的是快乐还是痛苦,都是一种惩罚。

人生悟语

分享,是一种本能;分享,是一种需要;分享,更是一种快乐。当我们发现一件美好的事物,第一个念头就是把它分享给我们的家人和朋友;当我们遭遇痛苦挫败时,最好的解脱办法就是找一个可以信赖的人倾诉悲伤。生活,总是在分享的过程中变得越来越丰富,越来越美好。

高贵的秘密

李雪峰

一个精明的荷兰花草商人,千里迢迢从遥远的非洲引进了一种名贵的花卉,培育在自己的花圃里，准备到时候卖上个好价钱。对这种名贵花卉，商人爱护备至，许多亲朋好友向他索要，一向慷慨大方的他却连一粒种子也不给。他计划繁育三年，等拥有上万株后再开始出售和馈赠。

第一年的春天，他的花开了，花圃里万紫千红，那种名贵的花开得尤其漂亮。第二年的春天，他的这种名贵的花已繁育出了五六千株，但他今年的花没有去年开得好，花朵略小不说，还有一点点的杂色。到了第三年的春天，他的名贵的花已经繁育出了上万株，令这位商人沮丧的是，那些名贵的花的花朵已经变得更小，花色也差多了，完全没有了它在非洲时的那种雍容和高贵。当然，他也没能靠这些花赚上一大笔。

难道这些花退化了吗？可非洲人年年种养这种花，大面积、年复一年地种植，并没有见过这种花会退化呀。百思不得其解，他便去请教一位植物学家，植物学家拄着拐杖来到他的花圃看了看，问他："你这花圃隔壁是什么？"

他说："隔壁是别人的花圃。"

植物学家又问他："他们种植的也是这种花吗？"

他摇摇头说："这种花在全荷兰，甚至整个欧洲也只有我一个人有，他们的花圃里都是些郁金香、玫瑰、金盏菊之类的普通花卉。"

植物学家沉吟了半天说："我知道你这名贵之花不再名贵的致命秘密了。尽管你的花圃里种满了这种名贵之花，但和你的花圃毗邻的花圃却种植着其他花卉，你的这种名贵之花被风传授了花粉后，又染上了毗邻花圃里的其他品种的花粉，所以你的名贵之花一年不如一年，越来越不雍容华贵了。"

商人问植物学家该怎么办，植物学家说："谁能阻挡住风传授花粉呢？要想使你的名贵之花不失本色，只有一种办法，那就是让你邻居的花圃里也都种上你这种花。"

于是商人把自己的花种分给了自己的邻居。次年春天花开的时候，商人和邻居的花圃几乎成了这种名贵之花的海洋——花朵又肥又大，朵朵流光溢彩，雍容华贵。这些花一上市，便被抢购一空，商人和他的邻居都发了大财。

人生悟语

近朱者赤，近墨者黑。高贵也是这样，没有一种高贵可以遗世独立。要想保持自己的高贵，就必须拥有高贵的"邻居"；要想拥有一片高贵的花的海洋，就必须与人分享美丽，同大家共同培植美丽。只有这样，我们才能保持自身的纯洁和华贵。心灵无私，学会分享，这是我们保持自身高贵的唯一秘密。

廉颇和蔺相如

佚名

战国时期，廉颇是赵国有名的良将，他战功赫赫，被拜为上卿。蔺相如"完璧归赵"有功，被封为上大夫不久，又在渑池秦王与赵王相会的时候，维护了赵王的尊严，因此也被提升为上卿，且位在廉颇之上。

廉颇很不服气，私下对自己的门客说："我是赵国大将，立了多少汗马功劳。蔺相如有什么了不起？倒爬到我头上来了。哼！我见到蔺相如，总要给他点颜色看看。"

这句话传到蔺相如耳朵里，蔺相如就装病不去上朝。

有一天，蔺相如带着门客坐车出门，正是冤家路窄，老远就瞧见廉颇的车马迎面而来。他叫赶车的退到小巷里去躲一躲。让廉颇的车马先过去。

这件事可把蔺相如手下的门客气坏了，他们责怪蔺相如不该这样胆小怕事。

蔺相如对他们说："你们看廉将军跟秦王比，哪一个势力大？"

他们说："当然是秦王势力大。"

蔺相如说："对呀！天下的诸侯都怕秦王。为了保卫赵国，我就敢当面责备他。怎么我见了廉将军倒反怕了呢。因为我想过，强大的秦国不敢来侵犯赵国，就因为有我和廉将军两人在。要是我们两人不和，秦国知道了，就会趁机来侵犯赵国。就为了这个，我宁愿容让点儿。"

有人把这件事传给廉颇听，廉颇感到十分惭愧。他就裸着上身，背着荆条，跑到蔺相如的家里去请罪。他见了蔺相如说："我是个粗鲁人，见识少，气量窄。哪儿知道您竟这么容让我，我实在没脸来见您。请您责打我吧。"

蔺相如连忙扶起廉颇，说："咱们两个人都是赵国的大臣。将军能体谅我，我已经万分感激了，怎么还来给我赔礼呢。"

两个人都激动得流了眼泪。打这以后，两人就做了知心朋友。廉蔺和好，共事赵国，以廉颇之勇加以相如之谋，使秦兵不敢犯境。

人生悟语

蔺相如以国事为重，对廉颇忍让再三。因为他明白，自己与廉颇的团结才会形成极大的力量，对赵国有益。如果二人相斗，其中必有一伤，则后果不堪设想，蔺相如成功地协调自己与廉颇的关系，他们的和好使二人的长处相得益彰，得到了充分的体现与发挥。哲学家威廉·詹姆士曾经说过"如果你能够使别人乐意和你合作，不论做任何事情，你都可以无往而不胜。"合作是一种能力，更是一种艺术。唯有善于与人合作，才能获得更大的力量，争取更大的成功。

两只猫与一只老鼠的斗争

佚名

有一只狡猾的老鼠正坐在屋檐上，一边悠闲自得地跷着二郎腿，一边用吸管喝着它最喜欢的"酷儿"，吃着它最爱的奶酪。它仿佛都忘记了刚才被追打的惊险场面，还以为自己在大剧院的包厢里呢，而屋檐下正上演的则是一场"生死决斗"！

在下面"拼杀"得死去活来的怎么又是这两只小黑猫和小白猫？这两只猫十分好胜，说来也怪，它俩总是一起追捕那只生性狡猾的老鼠，非要比比谁先抓到它。因此，它们俩就成了一对名副其实的"对手"！

唉，可怜的小黑和小白不仅谁也没有先抓到老鼠，而且它俩每次追完老鼠都伤痕累累！

瞧，又来了。

"站住！站住！"小白怒吼着。可小老鼠却全不理睬。这时，小黑来了，它一下子扑了上去，逮了个正着，轻而易举地把老鼠压倒在地上。但小老鼠可不害怕，因为它心里很清楚，这是一只智商超低的猫，只要它随便说几句怪话就能从猫爪子下逃走。

“呦你看看，天上有鱼在飞耶！”老鼠带着怪腔说道。

“啊？”小黑惊奇地一叫，立即朝天上东看看，西望望，“没有呀！”可低头一看，老鼠早就跑得无影无踪了。

但小老鼠的运气也不怎么样，没跑多远，又被小白给抓着了！

“唉，大侠，饶了我吧，我上有老，下有小，你把我吞了，我全家可咋办啊？”狡猾的老鼠带着哭腔说道。

“想得美，我现在不吃你，还等小黑来吗？！”

小白话音未落，小黑便气势汹汹地走来，一把夺过小老鼠，嘴里还不停地骂着什么。

“老鼠给我！它是我的！”

“是我的！”小白急了。

“我的！”

“我的！”

唉，两只猫又回到了他们的第一幕——“生死决斗”。但有谁注意到了呢，狡猾的老鼠已经溜之大吉了，在屋檐上又开始享受它的美食啦！

几个月过去了，两只猫不约而同地拖着自己疲惫不堪的身子在市中心散步，这时它们都被空中大屏幕电视上的一条消息吸引了：“A、B两家竞争十分激烈的公司合作组成了C工厂，两家强强联手现在生意十分红火！”两只猫彼此对视了一下，便会心地笑了……

这也是它们第一次在咖啡馆里喝着香浓的咖啡，讨论着如何联合起来对付老鼠的合作计划呢。

看呀，原本拼得你死我活的对手，现在居然成了友好的合作伙伴，至于那只狡猾的老鼠和它的同类们，结局也就不言而喻了……

人生悟语

我们读了这篇文章，不难认识到，在我们的人生路上，总有些对手是我们难以战胜的。既然双方的目标是一致的，那么与其你死我活地拼斗，不如精诚合作，实现双赢。当双方你死我活地拼斗时，原本容易实现的目标竟会变得越来越遥远；当对手变成友好的合作伙伴后，原本遥远的目标竟会近在咫尺。两只猫的曲折经历启迪我们，善于把对手变成合作伙伴，实现双赢，是我们实现目标的很不错的选择。

蜜蜂的防卫办法

佚名

我们都知道，蜜蜂对不请自来的入侵者是毫不留情的。它们屁股上的针刺令任何垂涎蜂蜜的家伙都忌惮三分。不过当蜜蜂遇见它们的死敌——黄蜂的时候，却往往在劫难逃。

大黄蜂凶猛可怕，蜜蜂对这种强盗束手无策，只能任人宰割。

但是，我国有一种蜜蜂在与大黄蜂的长期战斗中，却发现了一种特殊的防卫方法，让入侵者有来无回。当某一只打算不劳而获的大黄蜂飞扬跋扈地闯进蜂巢时，几十只蜜蜂立即集结，把大黄蜂包围起来。它们并不打算用蜂刺进攻，而是抱成一团把大黄蜂卷了进去。过了一会儿再散开的时候,那个入侵者已经很难看地死了,被工蜂拖走,像扔垃圾一样抛出蜂巢。

这是怎么回事呢?生物学家没有在大黄蜂身上找到搏斗留下的痕迹,但是热成像相机却记录下了一种温度的变化:大黄蜂被蜜蜂包围起来以后,5 分钟之内包围圈的中心温度就达到了 45℃。莫非这就是蜜蜂战胜恶魔的关键?

为了证明这一点,科学家们把蜜蜂和黄蜂分别放进恒温箱里,有步骤地提高温度,结果大黄蜂在 45℃的时候死亡,而蜜蜂坚持到了 50℃。原来,蜂群是通过振动它们那强有力的飞行肌肉产生热量,战胜了入侵者,将大黄蜂活活烤死。

人生悟语

懂得团结合作,是一个重要的精神。一个人要想成功,除了自身要有较高的素质,还必须要有能够同别人合作的精神。合作,可以使弱者变为强者。

魔法师的诅咒

佚名

有一年的冬天,天气格外的晴朗,许多人外出去旅游。但是很不幸的是,他们突然碰上了恶劣的暴风雪,一群商人和一群妇女迷了路。

相逢便是缘分,他们相互照应着,来到了丛林深处的一所房子前。房子看上去很破旧,敲门之后,打开门出来的竟然是一个魔法师:“欢迎你们来到我的小屋,看样子,你们迷路了,对吗?而且你们缺少吃的东西。”

这么一说,大家真的觉得饥饿难耐,便齐声请求魔法师可以让他们在这里住一夜,吃点东西,好明天可以返回自己的家。

魔法师听了以后,哈哈大笑:“噢,我亲爱的朋友们,对于你们这么一个小小的要求,我怎么能不答应呢。不过,我有一个习惯,那就是进了我的房间,就得受到我小小的诅咒,希望你们不要介意。”

考虑不了那么多了,一群人蜂拥而入。

商人和妇女被分别安排在两间房内,而且魔法师果然信守诺言,给他们准备了丰盛的晚餐。正当这些人准备大大地饱餐一顿时,奇怪的事情发生了,每个人的手全都变成直的,手臂不能弯曲,眼瞅着满桌的食物却不能入口,商人们开始着急了。着急过后,便是互相责怪,埋怨别人不应该轻信可恶的魔法师的花言巧语。

正当商人们吵得不可开交的时候,魔法师悄悄地走进来,嘴里面发出“嘘”的声音,示意他们安静。这时从隔壁房间里传来了妇女们欢快的声音。

“她们怎么那么高兴,难道你没有给她们诅咒?”商人们愤愤不平。

“噢,不,我向来都是公平的。你们还是自己去看看发生了什么事情吧!”

商人们闯进了妇女们的房间,眼前的景象让他们大吃一惊:那帮妇女们的手臂也是不能弯曲,但是大家却吃得兴高采烈。原来每个人的手臂虽然不能弯曲,但是因为对面的人彼此协助,互相帮助夹菜喂食,结果大家吃得很开心。

魔法师很无奈地说:“像她们这样合作,我的诅咒是起不到任何作用的。”

人生悟语

每个人都不是孤立存在的,没有一个人可以不依靠别人而独自生活。因此,在遇到困难的时候,我们不要心里只想着自己,而要想着别人。如果大家都能这么想,就会团结合作,困难也就很容易克服了。

螃蟹、蚂蚁的合作精神

佚名

生活在海边的人常常会看到这样一种有趣的现象:几只螃蟹从海里游到岸边,其中一只也许是想到岸上体验一下水族以外世界的生活滋味,只见它努力地往堤岸上爬,可无论它怎样执着、坚毅,却始终爬不到岸上去。这倒不是因为这只螃蟹不会选择路线,也不是因为它动作笨拙,而是它的同伴们不容许它爬上去。你看每当那只企图爬离水面的螃蟹就要爬上堤岸的时候,别的螃蟹就会争相拖住它的后腿,把它重新拖回到海里。人们也偶尔会看到一些爬上岸的螃蟹,但不用说,它们一定是单独行动才上来的。

在南美洲的草原上,有一种动物却演绎出迥然不同的故事:酷热的天气,山坡上的草丛突然起火。无数蚂蚁被熊熊大火烧得节节后退,火的包围圈越来越小,渐渐蚂蚁似乎无路可走。然而,就在这时出人意料的事发生了:蚂蚁们迅速聚拢起来,紧紧地抱成一团,很快就滚成一个黑乎乎的大蚁球,蚁球滚动着冲向火海。尽管蚁球很快就被烧成了火球,在噼噼啪啪的响声中,一些居于火球外围的蚂蚁被烧死了,但更多的蚂蚁却绝处逢生。

人生悟语

这两则关于动物的故事相映成趣,说明这样一个道理:掣肘,易事难为;携手相处,难事可成。螃蟹的"拖后腿"就像人类中某些人的做法,由嫉妒心、"红眼病"和一己之私作祟,破坏了许多大好事情。蚂蚁的"抱成团"却与此大相径庭。无此一抱,蚂蚁们必将葬身于火海;蚂蚁的"抱成团"则抱出了值得人类学习、效法的伟大。人们如果能常将螃蟹的"拖后腿"与蚂蚁的"抱成团"所造成的后果对照起来好好想一想,想过以后该怎样见贤思齐、择善而从,就不言自明了。

祈求的手

佚名

15世纪,在德国纽伦堡附近的一个小村子里住着一户人家,家里有18个孩子。光是为了糊口,一家之主、当金匠的父亲丢勒几乎每天都要干上18个小时——或者在他的作坊,或者替他的邻居打零工。

尽管家境如此困苦,但丢勒家年长的两兄弟都梦想当艺术家。不过他们很清楚,父亲在经济上绝无能力把他们中的任何一人送到纽伦堡的艺术学院去学习。

经过夜晚床头无数次的私议之后，他们最后议定掷硬币——输者要到附近的矿井下矿四年，用他的收入供给到纽伦堡上学的兄弟；而胜者则在纽伦堡就学四年，然后用他卖出的作品收入支持他的兄弟上学，如果必要的话，也得下矿挣钱。

在一个星期天做完礼拜后。他们掷了钱币。阿尔勃累喜特赢了，于是他离家到纽伦堡上学，而艾伯特则下到危险的矿井，以便在今后四年资助他的兄弟。阿尔勃累喜特在学院很快引起人们的关注，他的铜版画、木刻、油画远远超过了他的教授的成就。到毕业的时候，他的收入已经相当可观。

当年轻的画家回到他的家里，村子里的人在草坪上祝贺他衣锦还乡。音乐和笑声伴随着这顿长长的值得纪念的会餐。吃完饭，阿尔勃累喜特从桌首荣誉席上起身向他亲爱的兄弟敬酒，因为他多年来的牺牲使得自己得以实现理想。"现在，艾伯特，我受到祝福的兄弟，应该倒过来了。你可以去纽伦堡实现你的梦，而我应该照顾你了。"阿尔勃累喜特以这句话结束他的祝酒词。

大家都把企盼的目光转向餐桌的另一端，艾伯特坐在那里，泪水从他苍白的脸颊流下，他连连摇着低下去的头，呜咽着再三重复："不……不……不……"

最后，艾伯特起身擦干脸上的泪水，低头瞥了瞥长桌前那些他挚爱的面孔。把手举到额前，柔声地说："不，兄弟，我不能去纽伦堡了。这对我来说已经太迟了。看……看一看四年的矿工生活使我的手发生了多大变化！每根指骨都至少遭到一次骨折，而且近来我的右手被关节炎折磨甚至不能握住酒杯来回敬你的祝词，更不要说用笔、用画刷在羊皮纸或者画布上画出精致的线条。不，兄弟……对我来讲这太迟了。"

为了报答艾伯特所做的牺牲，阿尔勃累喜特苦心画下了他兄弟那双饱经磨难的手，细细的手指伸向天空。他把这幅动人心弦的画简单地命名为《手》，整个世界几乎立即被他的杰作折服，把他那幅爱的作品重新命名为《祈求的手》。

当你看见这幅动人的作品时，请多花一秒钟看一看。它会提醒你，没有人——永远也不会有人能独自取得成功。

人生悟语

寒冷的季节，一个人在风雪中很快就会被冻死，但是一群人相拥在一起就会觉得温暖。在这个世界上如果只有我们自己，恐怕连生存下去都很难，更别说成功了。一个人是不可能把所有的事情全部做完的，能够生存在这个世界上，是因为我们都互相依靠着。

三将合力守合肥

佚名

在历史上，作为军事统帅的曹操在辨才用人方面，可以说高出孔明之上。他手下谋士云集，战将林立。每一次作战，不论守关还是夺寨，曹操一般能够做到择人任势，调度得当。

这就非常有利于争取主动，夺得胜利。其中，张辽、李典、乐进三将军守合肥，就是曹操知人善任的典型一例。

建安二十五年(公元215年)，曹操西征张鲁，东吴孙权见有机可乘，率军攻打合肥。镇守合肥的三员大将是张辽、李典、乐进。他们三人论资历、能力、地位、职务,不相上下,也正因为这样,所以三人互不服气。在讨论破敌决策时,意见不一。此刻,形势异常紧张,合肥危在旦夕。

就在这节骨眼上,曹操派遣护军薛悌从汉中送来一个木匣,里面是曹操对合肥的防御作战作的具体安排,指出:"若孙权至,张、李二将军出战,乐将军守城。"

曹操做出这一安排,是基于他对三位将军的深刻了解。张辽,文职武职都担任过,有胆有识,能顾大局;乐进是员猛将,但脾气暴躁;李典,举止儒雅,不爱争功,但难以独当一面。如果让张辽、乐进一同出战,让李典守城的话,两员猛将可能会有争执,而李典恐怕也难当大任。所以曹操做出了让张、李出战、乐进守城的安排。果然,在张辽的带动下,三人各负其责,协调一致,大破孙权。

人生悟语

张辽、乐进、李典三人,都有各自的优点和弱点。但他们在曹操的合理安排下,团结协作,取得了战争的胜利。从某种意义上说,合作就是要发挥团队每个成员的长处,避其所短,使他们形成合力,这样整个团队就是一个高效协作的团队。"扬其所长,避其所短"是我们在合作时必须遵循的方针。

上帝给的两个苹果

佚名

有两个朋友患难与共,形同亲兄弟。上帝不相信人间还有真正的友谊,于是就设计考验他们。

有一天,这两位朋友在大沙漠中迷失了方向,面临死亡。这时,上帝出现了:"我的孩子,前面一棵树上有两个苹果,吃下大的那个,就能抗拒死亡,走出沙漠,小的那个,只能令你苟延残喘,最终还会极痛苦地死去。"

两个朋友向前走了一段路,果然发现了一棵树,也发现了树上的两个苹果。可是,他们谁也不去碰那个会给一个人带来生命之光的果子。

夜深了,两个好朋友深情地凝望着对方,他们都相信,这是他们的最后一晚。

当太阳从沙漠的一端再次升起的时候,其中一个朋友醒了过来。他发现,另一位不在了,而树上只剩下了一个干巴巴的小苹果。他失望了,不是因为死亡,而是因为朋友的背叛。他悲愤地吃下了这个苹果,继续向前方走去。

大约走了半个多小时,他看见了倒在地下的朋友,朋友已经停止呼吸了,可是他的手上紧紧握着一个更小的苹果……

人生悟语

有时,分享是一种"我不入地狱,谁入地狱"的毅然选择。分享的真谛,就是分享快乐的同时,也要分担痛苦。只有心中时刻装有别人的人,才能真正做到这一点。能做到这一点的人,都是心中有大义的人。正因为如此,我们才可能拥有"我为人人,人人为我"的美好期盼。

他的肩膀你的高度

佚名

美国加利福尼亚大学的学者曾做过这样一个实验:把6只猴子分别关在3间空房子里,每间两只。房子里分别放着一样的食物,但放的位置高度不一样。第一间房子里的食物就放在地上;第二间房子里的食物悬挂在屋顶上;第三间房子里的食物则分别从易到难,挂在不同高度的位置上。几天后,打开房间发现,6只猴子的生存状况迥异:第一间房子里的两只猴子一死一伤;第二间房子里的两只猴子全死了;唯独第三间房子里的猴子安然无恙。

原因不难明白。摆放在第一间房子地上唾手可得的食物,激起膨胀的私欲,让两只猴子大动干戈,结果非死即伤;第二间房子里悬挂在屋顶上高不可攀的食物,让两只猴子在无望中,互相感染着悲观的情绪,彼此孤立地在饥饿和绝望中死去;只有第三间房子里的猴子,在独自跳跃取食难以奏效时,同时想到了对方。于是,一只猴子站在另一只猴子的肩上,取下食物,两只猴子在"叠罗汉"的过程中,惊奇地发现了一种新的高度,这种高度让它们得以饱食、生存,以致后来离开这间屋子仍然相亲相爱。

其实,人与人相处,也有类似6只猴子的景况。互相撕咬和孤立,都会加速灾难的来临。每个人都有自己的优势和局限。当感觉到自己的高度不够时,借肩膀给别人用一下。你借出的肩膀会为你赢得新的高度。你的存在,无形中就成了他人存在的重要前提。当困难袭来时,需要记住的是:你需要他的肩膀,他需要你的高度。

人生悟语

可爱的猴子都知道把"肩膀"借给对手,从而为自己赢得新的高度而不至饿死。那么生活中的我们,是不是也有猴子这样的悟性呢?把对手变成朋友,携起手来共同作战,说不定会释放出超强的能量。而一个不懂得与人合作的人,难免会画地为牢,故步自封。因为,现代社会是一个讲求"合作共赢"的社会。

启示为了分享

佚名

一个春天的下午,太阳暖洋洋地照着。街心花园里,有这样一对母女:小姑娘可能只有三岁,穿着一身鹅黄色的衣裙,头上戴着一个大大的蝴蝶结,正跌跌撞撞地跑来跑去,兴奋快乐地追逐着低飞的花蝶;年轻的母亲则静静地坐在旁边的长椅上,微笑地注视着女儿的一举一动……

渐渐地小女孩头上的蝴蝶结有些松动了,苹果般红扑扑的脸蛋上沁出了细细的汗珠。细心的妈妈看到了,心疼地叫道:"囡囡,快过来,让妈妈帮你系蝴蝶结。"为女儿重新系好蝴蝶结后,妈妈又轻巧地把一个剥开的橘子放到女儿的手掌上,"先吃完这个橘子,然后再玩吧。"

小姑娘没有马上吃，而是把这个橘子捧在手心里举起来，对着阳光，眯起眼睛来仔细地看。突然，她好奇地问妈妈：“为什么橘子是一瓣一瓣的呢？”

妈妈愣了一下，想了想，就笑着说：“你再好好听听，这个橘子是不是正在告诉你：‘我长成这个样子，就是希望你能和大家一起来分享我，而不是一个人自己吃哦！’”小姑娘似懂非懂地点了点头，然后又捧起橘子细细观看。很快，她就从上面，掰下最大的一瓣，踮起脚尖塞进了妈妈的嘴里。然后，又高举着那个橘子，向着坐在不远处的一对老夫妇跑去……

你看，这是一个多么动人的故事呀，故事中的小女孩又是多么善良、懂事呀！

人生悟语

橘子是为了分享才长成今天这样的，那么我们又应该用什么去分享这人世幸福与快乐呢？分享幸福，我们将让他人得到幸福；分享快乐，我们将让他得到快乐。让我们行动起来吧，做一个不自私的人！

铁木真和他的兄弟

佚名

铁木真，即元太祖成吉思汗，是一位叱咤风云、显赫一世的蒙古族政治家、军事家。

在铁木真9岁的时候，他的父亲便被人毒死了。他们弟兄几个只能随母亲过着艰苦的生活，这同时也养成了他坚强不屈的个性。在他成长的过程中，发生过这样一件事。他有个同父异母弟弟叫别克帖儿，经常因为一些小事与铁木真及他的胞弟闹矛盾。铁木真错误地认为，既然合不来，那便是敌人，就应该用杀仇敌的办法对付。

一天，铁木真与他的胞弟和别克帖儿三人为了争抢银鱼发生了争执，谁也不让谁。铁木真与他的胞弟两箭齐发，分别射中了别克帖儿的前胸与背部，将他射死。这件事被他的母亲月仑夫人知道后，十分恼火，她指着铁木真骂道：“你杀死自己的同父异母弟弟，简直和凶猛的野兽、害人的豺狼虎豹没有分别！自家人都不会团结，今后的日子该怎么过下去！”

母亲严厉的叱骂让他俩抬不起头来。接着，母亲又语重心长地说：“我们的祖先，一向很讲究自家人之间的团结。我们蒙古尼伦部落的女祖先看到五个儿子常闹纠纷，就将五个儿子唤到跟前，每人给一支箭叫他们去折，结果五支箭都一支支被折断了。后来，她又将五支箭捆在一块，叫五人轮番去折，结果五支箭却完好无损。女祖先告诫后代说：‘兄弟间同心协力，便如五支箭束在一起，什么人也折服不了你们。’”

铁木真和他的弟妹们听了，深受启发。从此铁木真懂得：要想做成大事，一定要善于团结。

人生悟语

合作能将单个力量团结起来，汇聚起来。这不是简单的单个力量的相加，而是单个力量的成倍增长，从而让个体能够在风险与灾难面前站稳脚跟，抵御袭击过来的风暴。团结或者合作，都是自然界群体的生存法则。不合作，就没有办法生存。

王后花园里的樱桃树

杨横波

花匠老了，他种了一辈子花儿。他的花园里什么都有，但就是缺一棵樱桃树。

在这个国家，樱桃树是稀有的，只有王后的花园里才有几棵。因此，他写信给王后，请求她开恩赐他一些樱桃树的种子。王后写了回信，派一名信使送到花匠的住处。

王后在信中说：樱桃树的种子不能轻易给予，因为种植它们花费的代价很大。如果花匠一定想要的话，可以自己来取，但必须靠自身的智慧。在信里头，她避免了可能对老人造成伤害的措辞。

花匠一筹莫展，他想不出有什么办法能取得樱桃树的种子。他日思夜想，没有心思照看园中的花草，花园一天天地荒芜了。最后，他拿起笔，给王后写了第二封信。

“我是个老人，已经风烛残年。看那些花儿生长，逐渐衰老，然后死去，我心满意足。在死神带我离开这人世之前，我还需要一棵樱桃树。对我来说，樱桃树就像是我从未见过的上帝一样。据说，它们环绕在天国宝座的四周。”

过了不久，他接到王后的复信。

“您一生种过各种花木，在您的花园里少一棵樱桃树，确实是一个遗憾。但您有那么多花儿，没有樱桃树，也算不了什么。人总是要有点遗憾的——我相信，上帝给人的是平等的。而您，是个幸福的花匠。”

几个月后，王后差不多已经忘记了这回事儿。信使却从乡间带回了花匠的第三封信。

“正像尊贵的王后所说的，留下一个遗憾，人生或许会更美一些。上个月，我到您的花园去了。遵照我们的约定，我没有走进花园。当然也无法看到樱桃树。不过，我能想象一棵樱桃树的样子，它在我的头脑里扎根了。

“您收到这封信时，我也许已经死了。在此，向尊贵的王后陛下告别。我希望去的是一个有樱桃树的地方。”

那天下午晚些时候，王后疲倦地走进花园。她发现花园里仅有的几棵樱桃树枯死了，树枝光秃秃的，连一个果子都没剩下。

“我有樱桃树，却没有像他那样的花匠。”

人生悟语

“赠人玫瑰，手有余香”，我们珍爱的东西拿出来与大家一起分享，这样它才能被更多的人所喜欢，它才更有价值。如果只是一个人独自拥有，而得不到大家的欣赏和赞美，那么它的存在就没有一点意义了。想要拥有加倍的快乐，那就让更多的人与你分享快乐吧。

一个红苹果

佚名

小熊在院子里种了一棵苹果树。小熊给苹果树浇水，小猴子看见了忙过来帮它抬水。小熊乐呵呵地对小猴子说：“等苹果熟了，我请你吃甜苹果。”

小熊给苹果树施肥，小花鹿看见了忙过来帮它挖坑。小熊乐呵呵地对小花鹿说："等苹果熟了，我请你吃甜苹果。"

小熊给苹果树捉虫子，小山羊看见了忙过来帮它一起捉。

小熊乐呵呵地对小山羊说："等苹果熟了，我请你吃甜苹果。"

小熊的苹果树长大了，满树粉嘟嘟的花儿谢了，枝头上挂满了一个个青青的苹果。小熊心里别提有多高兴啦。

可是一天夜里，突然刮了一场很大的风，把苹果都吹落了。小熊望着一地的青苹果，伤心地哭了。

小猴子、小花鹿和小山羊听见哭声都跑来安慰小熊。大家说："我们都好好帮你看管苹果树，明年你的苹果树一定会结出又红又大的甜苹果的？"

说着，小猴子去给苹果树浇水，小花鹿去给苹果树施肥，小山羊去给苹果树除草。小熊呢，也爬到苹果树上捉虫子。捉着捉着，小熊的手忽然停住了，原来它发现在一片叶子底下还藏着一个嫩嫩的小苹果。苹果，这里还有一个苹果！小熊高兴得差点儿喊出声来："就剩下这一个苹果了，小猴子它们摘了去我就没有了。"小熊想到这里，一声不响地用叶子遮住苹果，悄悄地溜下了树。

小熊的苹果越长越大，越长越红，小熊也越来越怕见小猴子它们。一天，它正在屋里想心事，小猴子、小花鹿和小山羊又跑来了。小猴子说："再给你的苹果树浇些水吧！"小花鹿说："再给你的苹果树施些肥吧！"小山羊说："再给你的苹果树捉捉虫子吧！"

多好的朋友啊！小熊想想自己，羞得脸红红的，惭愧地低下了头。小猴子它们以为小熊还为没有红苹果而伤心呢，忙安慰它说："别难过了，明年你的苹果树一定会结满又红又大的甜苹果的。"

小熊再也忍不住了，拉着大家的手说："不用等明年了，现在我就带你们去看红红的大苹果。"小熊带朋友们来到树下，大家扒开密密的叶子。"呀，大苹果，多红多大的苹果啊！"大家惊喜地叫着。小猴子攀着树枝，小花鹿伸长脖子，小山羊踮起脚，大家笑得一个个小脸蛋哟，也像红红的大苹果了。

人生悟语

当你也只有一个苹果时，你有没有像小熊那样想留给自己呢？一定有过吧！别不好意思承认哦。但是，你要知道，跟伙伴们一起分享东西才会更开心哦。小熊正是明白了这个道理，才忍不住跟伙伴们一起分享苹果的。小伙伴们在一起，一定要友爱！

学会分享别人的快乐

佚名

吉勒斯是美国著名的汽车销售员。

有一天，一位客人西装笔挺、神采飞扬地走进店里。吉勒斯明白，这位客人一定会买下车子，于是热情地接待，为他介绍不同厂牌的车子，说明车子的性能、优点。客人频频微笑点头，然后一起走向办公室，准备办手续。

不料，由展示场到办公室，短短 2 分钟，客人的脸色越来越难看，开始发脾气，最后竟然拂袖而去。

吉勒斯百思不得其解。当晚，实在按捺不住，照着名片拨通了电话。

“先生，对不起！我看您本来要买车，后来却生气不要了，能不能告诉我哪里做错了，好让我以后改进？”

“我是很生气！我是要买车子，连支票都开好带在身上了！可是，我在走廊上提到买车子的原因时，你却毫无反应。知道吗？我儿子考上医学院，全家高兴极了，所以要买车子送他！我说了三次，儿子！儿子！儿子！你却只说：车子！车子！车子！”

吉勒斯这才恍然大悟，原来错在自己根本没有真正关心客人，没有体会客人欲与人分享喜悦的心情。

人生悟语

在生活中，我们经常过于关注自己，而对别人关心不够。学会分享别人的快乐，会使双方都更加快乐，这么美妙的事情，为什么不尝试去做呢？别人取得成功的时候，希望听到真诚的赞美；别人悲伤失意的时候，希望得到善意的宽慰。让我们多倾听别人的声音吧。如果我们在嘲笑别人之前能审视一下自己的灵魂，掂量一下自己的斤两，看自己会扮演什么样的角色，也看看自己有没有嘲笑别人的资本，免得搬起石头砸自己的脚。这样双方就不会由此引起诸多的尴尬，那时自己自然也不会轻易开口嘲笑他人了。

我们的合作智慧是“常常做错事”

佚名

在我原先上班的那家公司，人际关系很复杂，谁也不服谁，可谓人才“挤挤”，互不相容，彼此敌视，上班像是去报仇，很不开心。

不久，换了一个新总经理，姓王。

王总经理第一天到任，就把我们全体员工召集起来，开了个会，他笑容可掬地说：“对不起，我年纪比你们大，所以先当总经理了！”如此开场白，逗得大伙哈哈大笑，之后是雷鸣般的掌声，他不像一个总经理，但我们喜欢。本以为老板就是“老板着脸的人”，想不到他如此有亲和力。

他说：“我们往往为了保护自己而推卸责任或与人争吵，殊不知认错未必是输，因为说声‘对不起’不但能表现出个人修养，反省自己，激励向上，还可以化干戈为玉帛。不做事就是错，虽然多做事会多犯错，但没有关系，因为知错是一种可贵的智慧。”

王总经理的一番话，让全场人鸦雀无声：我们曾经的傲慢无礼、自私与偏见，往往都是冲突的导火线。我们都曾诅咒恶劣的工作环境，可唯独忘了检讨一下自己，是否也是这个环境的始作俑者。

改变一下看事情的角度，转换一下角色，设身处地为别人想想，你就会心平气和地面对一切，哪怕你一时受伤害，也会宽容地自嘲一笑。

不久后发生的一件事，让我们更真切地看到王总经理倡导的“与人相处认错守则”的智慧光辉。那天，我的死对头林某正在宣讲自己的市场开发计划，唾沫横飞，洋洋自得。可是，我听了，却有点不舒服。不是我妒才，而是过去我提交的任何销售方案，在讨论会上，他总是站在我对立面、鸡蛋里挑骨头，不是嫌蚯蚓无骨就是怪青蛙无毛，每次我都气得双手握拳，可事后想想，其实他说的也不是没有道理，但经由他那薄得可以忽略不计的双唇发出，仿佛一切都变味了。

所以，我看他神采飞扬地向四面八方致意微笑的样子，就会条件反射般地反感。就在大家鼓掌的时候，林某挥了一下手，示意大家安静："还有，最关键的一点，我还没有说。我今天整理出的这些规划方案，不是我的创意，而是过去一段时间里我专门找何其短处时总结的。所以，这个提案都是何其的功劳！曾经为反对而反对，结果两败俱伤，现在回想起来很惭愧，我确实比较自私与狭隘！"会场片刻寂静后是王总经理的大声喝彩："好！好样的！"而"何其"就是我，林某一番推心置腹的"自我批评"令我惊讶，然后是感动。其实，竞争无罪，只要你能真诚地面对竞争对手，一切问题便迎刃而解。于是，我也情不自禁地"自我批评"起来，并感谢林先生的良苦用心。

这时，王总经理站起来总结说："好的合作，如同叠罗汉，需要有人蹲下来，而自我'认错'就是一种可贵的'低姿态'。当然，良好的合作氛围需要大家一起来创造，所以你就不必担心永远充当'蹲下'的那个角色。

在这里，我们不得不佩服王总经理的领导作风，他看透每一个员工的心，对症下药，终于让一盘散沙的公司，改变旧貌，同事之间不再剑拔弩张，上班又成为一件快乐的事。

渺小的你我，或许改变不了这个世界，但我们都可以改善自己的心境和处世模式，让阳光进驻心间，从而也给别人一些阳光。如果每一个人都能培养勇于认错、对自己的言行负责到底的态度，相信那种内心的宁静与喜乐，将会不断地扩散开来，让每个人都在谦让中成长，进而创造出更好的业绩。

后来，我离开了那家公司，临别时，同事们都与我一一拥抱。谁说同事之间没有友情？虽说我们不再为一个共同目标努力，但我已记住了王总经理的一句"名言"：我们都只是细弱的丝，但我们织成了多美的一幅花毯啊！

人生悟语

一朵花的美丽支撑不起春天的多彩，一滴水的沸腾成就不了大海的雄壮，一个人的成功也离不开别人的帮助与合作。生活就如同一张巨大的网，而人就是网上的各个点，只有彼此紧紧相连，才能捕获更多人生的精彩。

学会与人分享

佚名

20多年前，一个在美国长大的犹太裔青年到以色列访问，教堂神父给他讲了二战期间发生的一桩往事。一个冬天，德国纳粹将犹太人驱赶在一起，用火车运往欧洲某地的集中营。火车必须经过漫长一夜才能到达目的地，欧洲冬季的深夜是那样的寒冷——而每6个人中只有一人能得到一条毯子御寒。但没有人争吵，没有人抢夺。因为幸运分到毯子的那个人总会平静地将毯铺开，和周围其他5人分享，分享这难得的温暖。

故事给年轻人很大的震撼和启发。后来，他将这种理念引进到自己的企业，他不仅为公司的临时职工提供福利，还创立了美国企业历史上第一个"期股"形式，即让公司所有员工都获得公司的股权。此举开始时受到公司高层很多人的反对，而且推行之初公司经营呈现亏损。但是，他坚持和员工分享公司利益的政策，他相信通过利益共享与员工形成互相信任的密切伙伴关系，并将这种信任和真诚传递给顾客，股东的长期利益才会增加，这么做的效果比单纯广告宣传对公司的作用要大得多。事实证明他是正确的。公司业绩不但很快扭亏为盈，更被誉为全球最受尊敬公司，股票市值在10多年间上升了100倍，市值达到300亿美元。

这位年轻人名叫霍华德·舒尔茨，他领导的公司就是当今全球最炙手可热的咖啡连锁店——星巴克。

人生的成功也是如此。未来成功的新典范是，不在于你赢过多少人，而在于你帮过多少人。你帮过的人愈多，服务的地方愈广，你成功的机会就愈大。

瑞典科学家诺贝尔在读小学的时候，成绩一直是班上的第二名，第一名总是由一个名为柏济的同学所获得。有一次，柏济意外地生了一场大病，无法上学而请了长假。有人私下为诺贝尔感到高兴说："柏济生病了，以后的第一名就非你莫属了！"

诺贝尔并没有因此而沾沾自喜，反而将其在校所学，做成完整的笔记，寄给因病无法上学的柏济。到了学期末了，柏济的成绩还是第一名，诺贝尔则依旧名列第二。诺贝尔长大之后，成为一个卓越的化学家和发明家，成为了巨富。他死后，将其所有的财产全部捐出，设立了知名的"诺贝尔奖"。

因为诺贝尔的开阔心胸与乐于分享的伟大情操，他不但创造了伟大的事业，也留下了后人对他的永远怀念与追思。

人生悟语

懂得分享的人，才会受到大家的欢迎和喜爱。很多时候，给予和分享不仅会让自己感受到助人的快乐，而且会带来意想不到的收获和幸福。不会分享也就不会得到别人的帮助，相反还有可能遭遇冷漠。多关心周围的人和事，眼里不再只有自己，博大的心胸会让我们脚下的路更加广阔。

一把糖果的快乐

彭永强

每当落日的余晖照射到窗台的时候，小姑娘苏菲娜就会把自家的房门打开，站在那儿，等待着自己的朋友同时又是自己家庭教师的一位老人的到来。

苏菲娜读小学三年级。开始的时候，她的数学成绩很糟糕，但自从认识了一位老人做自己的朋友，并由他辅导学习数学之后，她的成绩就逐渐好了起来。

这位老人住在她家的斜对面。他一向衣着随便，头发是一副好像从来都没有认真打理过的样子。但时日渐长，苏菲娜发现他其实是一位很和蔼的老人，而且这位老人能够做出很难的数学题。于是，她就央求他做自己的数学家庭教师，报酬是分自己糖果的一半给他。

老人愉快地答应了。他们每天的落日时分都在一块儿。小女孩苏菲娜也很守信用，每天都拿出自己最爱吃的糖果分给老人。

这一天晚上，苏菲娜格外地高兴。因为在昨天的数学测试中，她拿到了班里的第一名。数学老师将她夸奖了一番，还奖励给她一套精彩的课外读物。

老人准时来到。他们接着就投入到了愉快的学习之中，一老一少不停地争论着……

很快，一个小时过去了，老人该告辞了。小姑娘跑进了里屋，将自己整整一盒的糖果拿了出来，然后一分为二，对老人说："这边是你的，剩下的是我的。"接着，她从自己的那一堆中抓了一把放到了属于老人的那一堆之上，"今天，老师夸奖了我，还说你是一个优秀的家庭教师，这是给你的奖励……"

老人很高兴，回到家在日记中写道："今天我过得很愉快，因为小姑娘苏菲娜多奖励了我一把糖果。这糖果分外的甜，它带给了我快乐，也带给了我珍贵的财富……"

其实，这位老人并不需要每天辛苦地做家教去赚取一把糖果的，他需要的只是从那把糖果中得到的快乐。他是一位科学家，到任何一家研究所或者一所大学做一个小时的报告，就可以得到上万元的报酬……

这位老人的名字叫艾尔伯特·爱因斯坦。

人生悟语

一把糖果的快乐，是人与人之间和谐相处的快乐，这样的快乐是花多少钱都买不到的。小女孩有幸让爱因斯坦做自己的家庭教师，而爱因斯坦从小女孩的一把糖果中获得了珍贵的快乐。作为报酬，小女孩分自己糖果的一半给爱因斯坦，把自己的快乐与他人分享。爱因斯坦毫不在乎小女孩的报酬是那么微小，他看重的是小女孩把自己的快乐与他人分享的诚心。

我们要懂得把自己的快乐与他人分享。

在分享中体验给予的快乐

佚名

这一年的圣诞节，保罗的哥哥送给保罗一辆新车作为圣诞礼物。

圣诞节的前一天，保罗从他的办公室走出来时，看到街上一个男孩儿在闪亮的新车旁边走来走去，满脸羡慕的神情。

保罗饶有兴趣地看着这个小男孩儿。从他的衣着来看，他的家庭显然不属于自己这个阶层。就在这时，小男孩儿抬起头，问道："先生，这是你的车吗？"

"是啊，"保罗说，"我哥哥给我的圣诞节礼物。"

小男孩儿睁大了眼睛："你是说，这是你哥哥给你的，而你不用花一角钱？"

保罗点点头。小男孩儿说："我希望……"

保罗认为他知道小男孩儿希望的是什么：有这样的一个哥哥。

但小男孩儿说的却是："我希望自己也能当这样的哥哥。"

保罗深受感动地看着这个小男孩儿，然后他问："要不要坐我的新车去兜风？"

小男孩儿惊喜万分地答应了。

逛了一会儿之后，小男孩儿转身向保罗说："先生，能不能麻烦你把车开到我家前面？"

保罗微微一笑，他理解小男孩儿的想法：坐一辆大而漂亮的车子回家，在小朋友的面前是很神气的事。

但他又想错了。

“麻烦你停在两个台阶那里,等我一下好吗?”

小男孩儿跳下车,三步两步跑上台阶,进入屋内。

不一会儿他出来了,并带着一个显然是他弟弟的小孩儿,因患小儿麻痹症而跛着一只脚。他把弟弟安置在下边的台阶上,靠着坐下,然后指着保罗的车子说:“看见了吗?就像我在楼上跟你讲的一样,很漂亮对不对?这是他哥哥送给他的礼物,他不用花一角钱!将来有一天我也要送你一部和这一样的车子,这样你就可以看到我一直跟你讲的橱窗里那些好看的圣诞节礼物了。”

保罗的眼睛湿润了,他走下车子,将小弟弟抱到车子前排座位上,他的哥哥眼睛闪着喜悦的光芒,也爬了上来。于是三人开始了一次令人难忘的假日之旅。

在这个圣诞节,保罗终于明白了一个道理:给予比接受真的令人更快乐!

人生悟语

分享的实质是付出,是给予,而不是自私,更不是索取。懂得分享,懂得给予,懂得付出真诚的心和爱,才会使你的生活变得更有意义。在这个拥挤不堪的世界里,能够和别人分享一份爱,那么世界将变得无比温暖。

当天使很忙的时候

丁方

丽娜近日的日子糟糕到了极点。曾经发誓要一生一世对丽娜好的丈夫,两个月前突然销声匿迹,抛下了丽娜和3个孩子。丽娜的收入本来就少得可怜,下个月的房租,丽娜肯定是付不起了,孩子们吃饭也将成为问题,生活看来难以维系。万般无奈之下,丽娜给远在加州的父母打了个电话。丽娜有些担心,后悔自己5年来一次也没有联系过他们。听说了丽娜的遭遇,母亲催促她说:“孩子,马上回来吧,这儿永远都是你的家。”

丽娜把所有的家当都塞进自己的那辆破车里,带上孩子们,立刻出发了。丽娜对孩子们说,自己要带他们去和外公外婆一起过圣诞节。从堪萨斯州开车到加利福尼亚州,是一个漫漫征程,尤其在这天寒地冻的时节。到科罗拉多州境内的时候,气温变得更低,带的干粮也吃完了,孩子们在车后座上冻得直打哆嗦。没跑多久,油表的指针就快指到了零。丽娜在高速公路旁的一个加油站停了下来,准备加点儿油,孩子们希望丽娜能在便利店里买点儿吃的。等丽娜去掏钱包的时候,丽娜突然感觉天塌下来了,她的钱包不见了!天知道,它是被偷了,还是被丽娜丢在了哪个角落。丽娜搜遍了全身的口袋,才找出5美元。总不能就待在这儿吧,丽娜决定先加一点儿油再说。留下打一个电话的钱,丽娜把剩下的4.95美元都用来加了油。

丽娜从收款处出来,捏着5美分的硬币,就像捏着一件宝贝。对丽娜来说,它从来没有像此时这样珍贵过。也许地上有冻冰的缘故,快到车旁时,突然脚下一滑,丽娜重重地摔倒在地上。此时丽娜再也克制不住自己的感情,坐在地上,泪水像断了线的珠子一样往下掉。

“你还好吧?需要帮忙吗?”忽然有个声音在丽娜耳边响起。

丽娜抬起头,看见一位女士站在她面前,关切地望着丽娜。她穿着一身职业装,大概是下班回家,路过加油的。

“没什么!”丽娜擦了擦眼泪。丽娜的样子一定难看极了:眼圈儿黑黑的,脸上泪痕斑斑,憔悴不堪。

那位热心的女士扶丽娜站起来,并把丽娜跌倒时滑掉的硬币捡起来递给丽娜。“我不想让孩子们看见他们的妈妈在哭!”丽娜挤出一丝微笑说。

那位女士把身子挪了一下,挡在了丽娜和车子之间。“我猜你一定遇到什么困难了!”她肯定地说。

“是很糟!”丽娜把自己的遭遇简单地跟她说了一下,当时并没有奢望能得到什么帮助。没想到她拿出自己的信用卡在加油泵的读卡机上刷了一下,给丽娜的车子加满了汽油。丽娜几乎不敢相信眼前发生的事情。

加完油,那位好心的女士让丽娜稍等片刻,转身跑进旁边的快餐店。回来时,她怀里抱着两大袋吃的。丽娜的几个孩子可能已经饿坏了,接过东西,便狼吞虎咽地吃起来。

临走时,好心的女士把她的手套脱下来,给丽娜戴上,轻轻地拥抱了丽娜一下说:“一路上多保重。”

丽娜感动地哭了出了,说:“你真是一位天使。”

“我们都会有遇到困难的时候,”好心的女士微笑地说,“每年这个时候天使都很忙,但有时凡人也会来做这些事情。”

人生悟语

在西方文化中,天使是善与美的化身,它惩罚坏人,帮助善良和贫苦的人,深受人们的喜爱。生活中,想受人喜欢并非难事,只要在别人最需要的时候帮他们一把,乐于助人,懂得分享,就是人见人爱的小天使了。

捕猎需要两只狗

佚名

史蒂夫是个猎人,他有两只狗——康比和索朗。因为每次捕猎都有不小的收获,所以史蒂夫经常奖励它们:让康比和索朗平分两只兔子或者两只野鸡。数年来,他的奖励措施一直都是这样的。

史蒂夫的儿子戴维是一家公司的职员。他是个实干家为公司出了不少力,可是公司领导却从来没有多给他任何奖励,他心里感到非常不平衡。这两天就是因为心情不好,他才请假回家散心的。

当他得知父亲也是这么一个“领导”时,很不理解:“难道这两只狗的捕猎水平相当,就没有强弱之分?有竞争才有进步嘛,何不让它们竞争一下,谁捕得猎物多,谁得到的奖励就多一些呢?”有了这个想法后,戴维就认真地研究了康比和索朗这两只狗的习性。

他发现,康比在捕猎时喜欢一个劲地狂吠,但不敢向前冲;索朗却一声不吭,只管往前冲。很明显,康比是一个夸夸其谈、不干实事的家伙,而索朗则是一个不说话、只会做事的实干家。

戴维决定带两只狗出猎,他要对父亲的工作进行改革。他将索朗放在东边山头上捕猎,而将康比放在西边山头上捕猎,这样,两只狗捕猎的本领很容易比较出来。没想到,一个小时过去了,两只狗都一无所获;两个小时过去了,当两只狗得到指令,气喘吁吁地来到戴维身边时,戴维却连只兔子也没看到。

这时,史蒂夫才哈哈大笑着站在了戴维的面前。他对儿子说:“孩子,其实我也很清楚康比是只会叫的狗,而索朗是一只会捕捉猎物的狗。在两只狗的合作中,索朗有可能多出了一些力气,而康比则少出了点力,但一旦将它们分开,则往往一事无成。因为在捕猎时,一般都需要一只狗叫唤,当猎物吓得失去了方向不知所措时,另一只狗则不动声色地绕到猎物的身后将其捕获,这是一个合作的过程,两者缺一不可啊。

世上没有绝对的公平,只有不顾个人得失,大家齐心协力,才能干出一番成绩。小到一个家庭,大到一个国家都是如此。

戴维恍然大悟。

人生悟语

如果仅用一根筷子吃饭,那就什么都夹不起来。集体的力量是巨大的。学会与他人真诚合作,与他人分享,才能成就大事。

懂得合作的人留下来

佚名

某个较有名气的刊物因为改版而招聘新编辑。

柳尚和张伊是应聘者中的佼佼者,她俩才思敏捷,文笔优美,反应快,干劲足,对栏目及选题策划富有创意。柳尚是文学硕士,并在一家待遇不错的杂志社有3年的工作实践,据说是想离家近点,就把单位“炒”了。张伊是名牌大学的新闻系学士,虽刚刚走出校门,但也在一家有名的大报社实习过,并拿下过几个社会热点问题的大稿子。面对两个出色的人选,老总有些举棋不定,最后决定先试用3个月,之后再优胜劣汰。

原因明摆着,位子只有一个。

竞争本来就不温情。编辑们有时也私下议论会留谁,好像认定柳尚的多一些。硕士和学士毕竟差着档次,何况她确实有能力,这点大家有目共睹。

柳尚和张伊似乎进入了冲刺阶段,为了胜出对方,她们的栏目创意和采访方案不断地呈现在老总案头,相比下来,柳尚的方案通过率要高于张伊,上稿量也领先。面对柳尚的强劲锋芒和势在必得,张伊并没有情绪上的波动,她仍然不怨不弃,认认真真做自己的工作。

编辑们也习惯性地同情起“弱者”,对张伊的处境颇为担忧,时不时给她鼓励和肯定,张伊诚意地表示感谢。大家渐渐喜欢上了张伊的踏实和不服输的韧劲儿。对工作显出驾轻就熟的柳尚,虽仍然不敢稍有懈怠,但心中的得意却越来越明朗化。

在例行的编务会上,她对分管栏目提出改进建议的同时,也不经意地“攻击”了其他编辑分管的栏目,什么老化、缺少时尚元素、定位欠准确、稿件没有新意且和别家刊物雷同,等等。尽管她的话不无道理,但编辑们一言不发,似乎要给她提供一个尽情挥洒才能的舞台。而张伊的及时发言,救了柳尚造成的冷场,她语调柔和地说:“柳尚的想法对我很有启发,不过,我也想谈谈自己对分管栏目的设想,就算抛砖引玉,请在座的各位多提宝贵意见……”

可以想象到，柳尚为这个例会耗费了多少脑细胞，她不仅考虑了自己的栏目，还对其他栏目做了研究和分析，并提出了自认为是最好的方案，但她说话语气的强硬，和对他人能力的漠视，使结果并不乐观。而张伊没有轻易对“前辈”指手画脚，她将谦逊和分寸把握得恰到好处。

柳尚没有意识到形势的微妙变化，她还是一如既往地张扬自己的才气和个性。

柳尚对工作敬业有加，可以为之拼命，在电脑前熬通宵是她的家常便饭。第二天同事们到工作间时，总是看到一片狼藉，有时还飘着韭菜花的味道。当大家皱眉摇头时，张伊总是迅速打开窗，默默地以最快的速度打扫干净“战场”，并取出自备的空气清新剂喷上几下，室内的景况霎时有了改观。老编们渐渐有了这样的印象：张伊在哪里，哪里都显得井然有序；柳尚在哪里，哪里都是那么乱七八糟。而柳尚是无暇顾及这些的，也无缘看到张伊的表现，她在为下一个采访东奔西跑着。

高度近视的柳尚，面对密密麻麻的校对稿，总是痛苦万分。她不止一次抱怨美编的审美取向，甚至说他画的版式多么多么的没特色。还好，这些话一直没当着美编面说，但其他编辑都听到过她的“高论”。张伊在手头不忙的时候，就轻轻走到要把字“吃”到眼里的柳尚面前，说：“柳尚，要不我帮你校校，你歇会儿。”

张伊主动请老编们合作策划选题，在实施采访的过程中，老编们的采访技巧，张伊都铭记在心。虽然主笔多是张伊，但完稿后，她从不忘让合作的编辑过目，并征求改稿建议；发稿时，她总是把他们的名字写在前面。编辑们都喜欢“带带张伊”，张伊的尊敬让他们感到舒服，怎么说张伊也还是个缺少经验的年轻人。于是一些“经验之谈”就在这种好感中流泻出来，让张伊受益匪浅。很快，张伊的发稿量就赶上了柳尚，她的策划方案也开始占据上风。老总对张伊说，你进步挺快，继续努力。柳尚一直是单打独干，她也曾奉命和老编们合作过，但结果都不愉快。老编们说：“她总觉着什么都懂，自己的什么都最好，合作？咱配吗？”

3个月的试用期到了，敬业的柳尚被人事部门通知“请走人”。临别时，柳尚愤愤地对送她的张伊说：“看着吧，我一定会找到‘慧眼识英才’的地方！”张伊微笑着说：“老总们需要精诚合作的智慧团体，他不能因为一个人而破坏掉这种工作氛围，你没有输在才华上，你输在了别处。”

柳尚若有所思地转过了身，在考虑片刻后，她大踏步地向前走去……

人生悟语

星光的微弱，衬托出月亮的皎洁；月亮的温柔，衬托出星光的璀璨；有星星和月亮的夜空，才是最美丽的夜空。同样，在一个团队中，学会尊重与接纳，学会与人合作、与人为友，才能真正融入其中。

与对手合作

刘晓玲

冰雪始融，春回大地。海洋里休眠了一季的动物们开始苏醒，并承担着养儿育女的重任。

这个季节，是沙丁鱼向近岸做生殖洄游、返回大海的时节。沙丁鱼是海洋中最有礼貌最守纪律的生物。在“迁徙”过程中，沙丁鱼数量庞大，多如天上的星斗，但它们非常自觉地排着整齐的队伍，似训练有素的大部队，浩浩荡荡，井然有序地向理想中的家园进发。海豚已经追随它们好几天了，只等适合的时机、适合的水域“下手”。

壮观、密集的沙丁鱼群，跟着海水的“洋流”，趟过浅水，涉过深水。当它们又一次进入浅水海域时，蓄谋已久的海豚使了一个小小的“手段”，将其中的“一股”沙丁鱼截断，使它们从大部队里分流了出来。海豚们用超声波“误导”迷路的沙丁鱼群，将它们控制在“股掌”之间。可是，它们要想在短时间内吃到可口的沙丁鱼，却相当费力和困难。

这是因为，海豚不能长期待在水底，必须每隔几分钟浮到水面呼吸一次。尽管海豚“捕猎队”团结一致，分工合作，轮流呼吸，轮流围追，可终究“一心不能二用”。在它们换气轮岗的时候，沙丁鱼不可能“坐以待毙”，而是更紧密地“抱”成一团，左冲右突、上蹿下游。这样的“战术”持续几十个来回后，海豚也会力竭，功亏一篑，失去嘴边的一顿大餐。就在海豚们有些力不从心的时候，它们的死敌——鲨鱼不期而至。鲨鱼远远地嗅到海豚的气味，快速地朝它们的食物游来，准备进行一场生与死的搏杀。

然而，当鲨鱼看到被海豚控制的沙丁鱼，如一个巨大的“鱼肉团”时，立刻自发地游到海水深处，也就是沙丁鱼群的下方，协助海豚合力“围剿”。瞬间，原本的冤家、死敌，精诚合作，目标一致：鲨鱼队“严守”沙丁鱼往下逃跑的路径，海豚队则分散在沙丁鱼上方水域的四周，进行包抄、夹击。沙丁鱼无路可逃，晕头转向，茫然无措地抱成一团，徒劳地左冲右突，却是掉进一张张“血盆大口”，水面上击起很大的声浪……

箭鸟闻“讯”赶来，箭一样“射”进水底，大快朵颐（朵颐：指鼓动腮颊嚼东西的样子）。密集的箭鸟的身影，很快招来饥饿的毛水獭。毛水獭一见被包围的滚动的大“鱼肉团”，也顾不得箭鸟，一齐加入进“饕餮”的大军中，分得一杯羹……等待沙丁鱼的，只能是“全军覆灭”的命运。

有位商界高手说：没有永远的敌人，只有永远的利益。或许，今天的两个对手，为了生存而相互争斗、厮杀；但也许明天，就会携手共进，结为联盟。这，的确是聪明之举。

人生悟语

人与人之间，合作与竞争是并存的。如果单纯想着要去打败对手，而不是想着去与他们合作，我们的世界将变得狭小。当我们学会与对手合作，天地会更开阔，视野深处的灯光会更明亮。怎样才能学会与竞争对手合作？其实很简单，在关键时刻能约束自己的行为，牺牲自己的眼前利益。

骆驼和羊的默契

佚名

骆驼和羊是好朋友，它们常常在一起。

一天，骆驼说：“我们到山的那头去玩儿吧？”

小羊说：“好的。”

于是，它们出发了。走着走着，一条小河挡住它们的去路。骆驼慢慢地下河，河水正好到肚子下面。可是，羊很矮，如果它下到河里去的话，会淹死的。

小羊说：“那怎么办？”

骆驼想了想说：“我来驮你过去吧！”就这样，骆驼驮着小羊过河了。它俩高高兴兴地赶路了。不一会儿,就到了山的那一头,它们开始玩球了。忽然,球被骆驼踢到了一个小洞里,骆驼太高,钻不进去,小羊说:“看我的。”只见小羊一下子钻了进去,把球拿出来了。骆驼说:“小羊真灵活。”骆驼饿了可是够不到灌木丛中的嫩草,这时小羊将可口的嫩草拔来与骆驼一起分享美味。就这样小羊够不到树上的野果自然就由骆驼代劳了,它们这样玩得很开心等到天要黑才回家。

回家的路上,骆驼和羊都觉得:高有高的好处,矮有矮的好处,只要大家互相合作,取长补短,就不怕困难了。

人生悟语

人各有长处和短处。当碰到困难的时候,大家能真诚合作,互相帮助,并积极地发挥各自的优势,取长补短,使合作对象之间形成合力,那么,困难就会迎刃而解,大家共同的目标也就会很快实现,生活也会因此而更加快乐。